Öffentlich-private Partnerschaft im Verkehrsbereich

Europäische Hochschulschriften
Publications Universitaires Européennes
European University Studies

Reihe V
Volks- und Betriebswirtschaft

Série V Series V
Sciences économiques, gestion d'entreprise
Economics and Management

Bd./Vol. 2324

PETER LANG
Frankfurt am Main · Berlin · Bern · New York · Paris · Wien

Carsten Thies

Öffentlich-private Partnerschaft im Verkehrsbereich

Das Beispiel der Güterverkehrszentren

PETER LANG
Europäischer Verlag der Wissenschaften

Die Deutsche Bibliothek - CIP-Einheitsaufnahme

Thies, Carsten:

Öffentlich-private Partnerschaft im Verkehrsbereich : das Beispiel der Güterverkehrszentren / Carsten Thies. - Frankfurt am Main ; Berlin ; Bern ; New York ; Paris ; Wien : Lang, 1998
(Europäische Hochschulschriften : Reihe 5, Volks- und Betriebswirtschaft ; Bd. 2324)
Zugl.: Hamburg, Univ., Diss., 1997
ISBN 3-631-33676-4

D 18
ISSN 0531-7339
ISBN 3-631-33676-4

Vorwort

Die vorliegende Arbeit lag der wirtschaftswissenschaftlichen Fakultät der Universität Hamburg im Sommer 1997 vor und wurde als Dissertation angenommen. Die Disputation fand am 19. November 1997 statt.

Mein aufrichtiger Dank geht an die Alfried Krupp von Bohlen und Halbach-Stiftung, die die Entstehung dieser Arbeit durch ein Stipendium im Rahmen ihres Programms zur Förderung von Doktoranden auf dem Gebiet der Verkehrswissenschaften großzügig unterstützt hat.

Meinem Doktorvater Herrn Professor Dr. W. Maennig danke ich für die Anleitung und Betreuung. Herrn Professor Dr. G. Krause-Junk danke ich für die Erstellung des Zweitgutachtens. Bedanken möchte ich mich bei den Mitarbeitern des Instituts für Verkehrswissenschaft und des Instituts für Außenhandel und Wirtschaftsintegration der Universität Hamburg für Anregungen und Unterstützung.

Weiterhin gilt mein Dank den zahlreichen Experten für die gewährten Gespräche, die durch ihr Fachwissen und ihre Offenheit wesentlich zum Inhalt der Arbeit beigetragen haben, sowie für das überlassene Material. Besonderer Dank gebührt den Mitarbeitern der Wirtschaftsbehörde Hamburg, von denen auch die erste Anregung für die Themenstellung ausging.

Ganz besonders danke ich meiner Freundin Doerte Friese für unermüdliches Korrekturlesen.

Düsseldorf, im April 1998

Carsten Thies

Inhaltsverzeichnis

Abbildungsverzeichnis

Tabellenverzeichnis

Anhangsverzeichnis

Abkürzungsverzeichnis

AASHO	=	American Association of State Highway Officials
AfA	=	Absetzung für Abnutzung
AGF	=	Société Centrale des Assurances Générales de France
AOM	=	mehrstreifige Außerortsstraße
AOZ	=	zweistreifige Außerortsstraße
ARL	=	Akademie für Raumforschung und Landesplanung
Aufl.	=	Auflage
BAB	=	Bundesautobahn
BASt	=	Bundesanstalt für Straßenwesen
BauNVO	=	Verordnung über die bauliche Nutzung der Grundstücke (Baunutzungsverordnung)
Bd.	=	Band
BDF	=	Bundesverband des Deutschen Güterfernverkehrs e.V.
BGBl.	=	Bundesgesetzblatt
BHO	=	Bundeshaushaltsordnung
16. BImSchV	=	Sechzehnte Verordnung zur Durchführung des Bundesimmissionsschutzgesetzes (Verkehrslärmschutzverordnung)
BIP	=	Bruttoinlandsprodukt
BMV	=	Bundesminister für Verkehr
BNatSchG	=	Gesetz über Naturschutz und Landschaftspflege (Bundesnaturschutzgesetz)
BSL	=	Bundesverband Spedition und Lagerei e.V.
BSP	=	Bruttosozialprodukt
BVWP	=	Bundesverkehrswegeplan(ung)
C	=	Kohlenstoff
CO_2	=	Kohlendioxid
CO	=	Kohlenmonoxid
c.p.	=	ceteris paribus
CV	=	Compensating Variation (englisch, Kompensationsvariation)
DB AG	=	Deutsche Bahn AG
dB(A)	=	Dezibel (A)
Diss.	=	Dissertation
DIW	=	Deutsches Institut für Wirtschaftsforschung, Berlin
DTV	=	Durchschnittliche tägliche Verkehrsmenge
DUSS	=	Deutsche Umschlaggesellschaft Schiene-Straße mbH
DVWG	=	Deutsche Verkehrswissenschaftliche Gesellschaft
DVZ	=	Deutsche Verkehrszeitung
ECMT	=	European Conference of Ministers of Transport (englisch, Europäische Verkehrsministerkonferenz)
EU	=	Europäische Union
EV	=	Equivalent Variation (englisch, Äquivalenzvariation)
FAZ	=	Frankfurter Allgemeine Zeitung
Fn.	=	Fußnote
Fs.	=	Fachserie

GA-Mittel	=	Staatliche Fördermittel nach dem Gesetz über die Gemeinschaftsaufgabe „Verbesserung der regionalen Wirtschaftsstruktur“
GBP	=	Great Britain Pound (englisch, Englische Pfund)
ges.	=	gesamt
gew.	=	gewichtet
GVFG	=	Gemeindeverkehrsfinanzierungsgesetz
GVZ	=	Güterverkehrszentrum
GVZ-E	=	Güterverkehrzentrum-Entwicklungsgesellschaft
GWB	=	Gesetz gegen Wettbewerbsbeschränkungen
HaCon	=	HaCon Ingenieurgesellschaft m.b.H., Hannover
HGB	=	Handelsgesetzbuch
HGrG	=	Gesetz über die Grundsätze des Hauhaltsrechts des Bundes und der Länder (Haushaltsgrundsätzegesetz)
IABG	=	Industrieanlagen-Betriebsgesellschaft, Ottobrunn
IFEU	=	Institut für Energie- und Umweltforschung, Heidelberg
INFRAS	=	Infrastruktur- und Entwicklungsplanung, Umwelt- und Wirtschaftsfragen
IOGK	=	Straßen mit großen Knotenabständen innerorts
IOHS	=	Hauptstraße innerorts
IOKK	=	Straßen mit geringen Knotenabständen innerorts
IVB	=	Ingenieurgesellschaft Verkehr Berlin mbH
IVE	=	Institut für Verkehrswesen, Eisenbahnbau und -betrieb, Universität Hannover
IVU	=	Gesellschaft für Informatik, Verkehrs- und Umweltplanung mbH, Berlin
Jg.	=	Jahrgang
k.A.	=	keine Angabe
KLV	=	Kombinierter Ladeverkehr
LE	=	Ladeeinheit (des Kombinierten Ladeverkehrs)
Lfg.	=	Lieferung
LZ	=	Lastzug
mKr	=	Masse Kraftstoff
m.w.N.	=	mit weiteren Nachweisen
NE-Metall	=	Nichteisen-Metall
NO_x	=	Stickoxide
o.J.	=	ohne Jahresangabe
Post-FZ	=	Frachtzentrum der Deutschen Post AG
p.a.	=	per annum
R.	=	Reihe
RLS-90	=	Richtlinien für den Lärmschutz an Straßen von 1990
ROG	=	Raumordnungsgesetz
RoV	=	Verordung zu § 6a Abs. 2 des Raumordnungsgesetzes (Raumordnungsverordnung)
S.A.	=	Société anonyme (französisch, Aktiengesellschaft)
SF	=	Solofahrzeug
SO_2	=	Schwefeldioxid
SZ	=	Sattelzug

TDM	=	tausend DM
tkm	=	Tonnenkilometer
Tox.	=	Toxizitätsfaktor
UBA	=	Umweltbundesamt
UPI	=	Umwelt- und Prognose-Institut Heidelberg e.V.
UStG	=	Umsatzsteuergesetz
Vermk.	=	Vermeidungskosten
VOC	=	Volatile organic compounds (englisch, flüchtige organische Verbindungen)
WISU	=	Das Wirtschaftsstudium
ZfV	=	Zeitschrift für Verkehrswissenschaft

Symbolverzeichnis

a	=	Annuitätenfaktor
A_i	=	Angebot an Gut i
AK	=	Alternativkostensatz für einen Arbeitsplatz
AP	=	Arbeitsplatz
B	=	Grad der Umweltbelastung
b	=	Koeffizient zur Berechnung des Mittelungspegels der Lärmbelastung
c	=	Konstante
$C(x)$	=	Kostenfunktion des Gutes x
CV	=	Kompensationsvariation
DK	=	Durchschnittskosten
dS_n	=	Minderung des Schallpegels an der n-ten Gebäudefront
Δ	=	Differenz
e	=	Ausgaben, bzw. Ausgabenfunktion
EV	=	Äquivalenzvariation
f	=	durchschnittlicher Fördersatz für Investitionen nach dem Rahmenplan der Gemeinschaftsaufgabe
F_i	=	Faktor i, bzw. Menge des Faktors i
g_n	=	Lautheitsgewicht an der n-ten Gebäudefront
GK	=	Gesamtkosten
GwE	=	Gewerbeertrag
I	=	Investitionsbetrag
i	=	Zinssatz
k	=	Index für Wirtschaftssubjekt
K	=	Menge der Wirtschaftssubjekte (Konsumenten bzw. Produzenten)
$Kö$	=	Körperschaft
l_i	=	Entlohnung des Faktors i
L	=	Lagrange-Funktion
λ	=	Lagrange-Multiplikator bzw. Grenznutzen des Einkommens
m	=	Faktor zur Berücksichtigung des Mitnahmeeffektes bei Subventionen
μ	=	gewichteter sozialer Grenznutzen der Haushalte
N_i	=	Nachfrage nach Gut i
ND	=	Nutzungsdauer
p_i^j	=	Preis von Gut i in Situation j
PR	=	Produzentenrente
q_i	=	Preis von Faktor i
r	=	regionaler Differenzierungsfaktor zur Bewertung von Beschäftigungseffekten
S	=	Schallpegel
S_M	=	Mittelungspegel
S_n	=	Schallpegel an der n-ten Gebäudefront
S_Z	=	Zielpegel
SGK	=	Schadensgrenzkosten

SK	=	Schadenskosten
St	=	Steuer
t	=	Zeitindex
T	=	Nutzungsdauer, Laufzeit
u	=	individueller Nutzen, bzw. Nutzenfunktion
v	=	indirekte Nutzenfunktion
V	=	Versandtonnage
VGK	=	Vermeidungsgrenzkosten
VK	=	Vermeidungskosten
VM_n	=	durchschnittliche stündliche Verkehrsmenge nachts
W	=	gesamtwirtschaftliche Wohlfahrt
x_i^j	=	Gut i, bzw. Menge des Gutes i in Situation j
y	=	Einkommen, bzw. wirtschaftliche Aktivitäten

1 Problemstellung und Überblick

Bei der Behebung drängender Probleme des Güterverkehrs werden von Politikern, Verkehrsplanern und Wissenschaftlern hohe Erwartungen an Güterverkehrszentren (GVZ) gestellt. In der Bündelung von Verkehrsströmen wird eine Möglichkeit gesehen, die Verkehrsleistung zu reduzieren und Verkehrsaufkommen auf die Schiene zu verlagern, um die negativen Umweltwirkungen des Straßenverkehrs zu verringern. Durch Kooperationen zwischen Transportunternehmen sollen Synergieeffekte erzeugt und die Wettbewerbsfähigkeit der Transportwirtschaft gestärkt werden. Die Infrastruktur und das logistische Leistungsangebot im GVZ werden als Mittel zur Sicherung von Beschäftigung und Steuereinnahmen angesehen. Von der Reduzierung der externen Kosten des Verkehrs sowie Schaffung und Sicherung von Arbeitsplätzen wird eine Steigerung der gesamtwirtschaftlichen Wohlfahrt erwartet. Eine wichtige Bedeutung kommt im Zusammenhang mit der Errichtung von GVZ der Integration eines Umschlagbahnhofs für den Kombinierten Ladeverkehr (KLV) zu. Die Europäische Kommission hat in ihrem Weißbuch "Wachstum, Wettbewerbsfähigkeit, Beschäftigung" den Ausbau der Verkehrs-, Telekommunikations- und Energienetze zu einem zentralen Programmpunkt ihrer Wirtschaftspolitik erklärt und dabei besonders auf die Schwächen der Verknüpfung von Verkehrsträgern in Europa hingewiesen (Vgl. Kommission der Europäischen Gemeinschaft, 1993, S. 85f).

In Deutschland ist bisher nur das GVZ in Bremen vollständig in Betrieb, über 40 Projekte befinden sich in unterschiedlichen Stadien der Planung und Realisierung. Fast alle Projekte gehen auf staatliche Initiative zurück und werden mit erheblicher staatlicher Einflußnahme und mit finanzieller Beteiligung der öffentlichen Hand erstellt. Forschungsbeiträge über GVZ haben sich bis Mitte der achtziger Jahre zunächst mit der grundsätzlichen Konzeption beschäftigt: Erörtert wurden die Organisation, der Integrationsgrad der Nutzer und die bauliche und technische Ausstattung von GVZ (Tress, 1984, Dornier/BDF, 1975). Ein Modellvorschlag, der eine Fusion der logistischen Betriebe zu einer einheitlichen Organisation vorsah (Dornier/BDF, 1975), hatte GVZ den Verdacht kollektivistischer Tendenzen eingebracht und tiefe Skepsis und entschiedene Ablehnung bei potentiellen Nutzern hervorgerufen (vgl. Eckstein, 1992, S. 1). Inzwischen hat sich in der Diskussion und in den Planungen ein Modellkonzept durchgesetzt, bei dem unabhängige logistische Betriebe die Möglichkeit haben, sich auf dem Gelände des GVZ anzusiedeln, wie in Bremen verwirklicht. Die Forschung und wissenschaftliche Diskussion hat sich vor allem auf Fragen der konkreten Planung und Gestaltung einzelner Anlagen sowie eines bundesweiten GVZ-Netzes verlagert (vgl. IVE/HaCon, 1989, Eckstein, 1992). So wurden bereits mehrere Studien auf Länderebene durchgeführt, in denen insbesondere Anforderungsprofile für die Planung und Bewertung von GVZ-Standorten erarbeitet und teilweise zugleich Makrostandorte bewertet wurden.[1] In engerer regionaler Abgrenzung wurden in zahlreichen Städten bzw. Ballungsgebieten Bedarfs- und Mikrostand-

1 Vgl. Garonor/IABG (1991), IVE (1991), IVE (1991b), Steierwald, Schönharting und Partner (1991).

ortanalysen durchgeführt.[2] Vereinzelt ist in jüngerer Zeit der Versuch unternommen worden, die Frage zu klären, ob GVZ in der Lage sind, die an sie gestellten Erwartungen hinsichtlich der Bündelung von Verkehrsströmen und damit der Entlastung von Umwelt und Infrastruktur zu erfüllen.[3] Befriedigende Ergebnisse auf methodisch und empirisch solider Grundlage sind dabei nicht erzeugt worden.

Die große Bedeutung, die den GVZ beigemessen wird, und der umfangreiche Investitionsbedarf, der zur Verwirklichung aller projektierten Anlagen erforderlich wäre, macht es vor dem Hintergrund der öffentlichen Finanzsituation unerläßlich, die Möglichkeit einer privatwirtschaftlichen Errichtung und Betreibung zu prüfen (vgl. Maennig, 1995a).[4] Auch die EU-Kommission fordert die Forcierung der Einbeziehung privater Investoren beim Ausbau der Verkehrsinfrastruktur (vgl. Kommission der Europäischen Gemeinschaft, 1993, S. 85f). In einigen Beiträgen ist die Frage einer privatwirtschaftlichen Finanzierbarkeit von GVZ untersucht worden (vgl. Deutsche Verkehrs-Bank, 1995, Reineke/Klocke, 1995). Die Ergebnisse sind jedoch nicht befriedigend. Das Problem wird hauptsächlich aus der Sicht eines potentiellen Kreditgebers beurteilt, und es fehlen besonders Erkenntnisse über die einzelwirtschaftlichen Kosten von Erstellung und Betrieb eines GVZ, die Rentabilität einer solchen Investition und den gesamtwirtschaftlichen Nutzen (vgl. auch Kossak, 1995, S. 188). Der Verfasser ist erstmals von einem Vertreter der Wirtschaftsbehörde Hamburg auf den unbefriedigenden Forschungsstand und das öffentliche Interesse an der Problemstellung hingewiesen worden.[5]

Die prinzipielle Frage nach Grund und Berechtigung der öffentlichen Beteiligung an der Errichtung von GVZ, die sich in der Marktwirtschaft zwangsläufig bei staatlichen Eingriffen in das Wirtschaftsgeschehen stellt, ist bisher nicht systematisch untersucht worden (vgl. Maennig, 1995b). Ziel dieser Arbeit ist, zu prüfen, in welchem Maße eine staatliche Beteiligung notwendig bzw. sinnvoll ist und inwieweit GVZ privatwirtschaftlich errichtet, finanziert und betrieben werden können. Vorrangig stellt sich dabei die Frage, ob GVZ tatsächlich die umfassenden, erwarteten externen Nutzen in den Bereichen Umwelt und Arbeitsplätze erzeugen. Das Vorliegen von positiven externen Effekten würde dazu führen, daß das Gut am Markt nicht in ausreichendem Maße angeboten wird und kann eine Begründung für staatliche Eingriffe sein. Da bisher keine befriedigenden Ergebnisse über die gesamtwirtschaftlichen Wirkungen von GVZ vorliegen, wird - nach Einführung in das Thema GVZ und die relevanten Rahmenbedingungen in Teil 2 - in Teil 3 eine gesamtwirtschaftliche Bewertung anhand einer Kosten-Nutzen-Analyse am Beispiel des GVZ Großbeeren bei

---

2 Der Verfasser hat Studien eingesehen, die für Augsburg, Berlin, Frankfurt am Main, Hamburg, Hannover, Kassel, Osnabrück, Regensburg und Rheine erstellt wurden.

3 Vgl. Eckstein (1991, S. 104-107), Föhse (1993), Dornier (1993a), Baumgarten u.a. (1996).

4 Der Hauptverband der Deutschen Bauindustrie und der Zentralverband des Deutschen Baugewerbes haben zu Beginn des Jahres 1997 darauf hingewiesen, daß das öffentliche Bauinvestitionsvolumen auf seinen niedrigsten Stand seit 30 Jahren gesunken ist. Wegen der Engpässe in den öffentlichen Haushalten wird ein wichtiger Ausweg aus dieser Situation von Politikern und Wirtschaftsvertretern in der Privatisierung öffentlicher Investitionen gesehen (vgl. o.V., Bauwirtschaft, 1997).

5 Die erste Anregung zum Thema kam von Michael Pirschel, Wirtschaftsbehörde Hamburg, Gespräch am 11.3.1994. Bestätigt wurde die Einschätzung des schlechten Forschungsstandes durch Dietrich Fischer, Garonor Planungs- und Betriebsgesellschaft, Gespräch am 20.6.1994.

Berlin durchgeführt. Obwohl das Instrument der Kosten-Nutzen-Analyse häufig angewendet wird, zeigen die Auseinandersetzungen in der Literatur und immer wieder auftretende Fehler in empirischen Untersuchungen, daß es sich hierbei keineswegs um ein vollkommen ausgereiftes Standardinstrument der angewandten Wirtschaftswissenschaft handelt (vgl. Suntum, 1986a, S. 13-16, 154-176). Es ist deshalb erforderlich, daß in Abschnitt 3.1 die theoretischen Grundlagen der Kosten-Nutzen-Analyse ausführlich erläutert werden und die Anwendung auf ein GVZ vorbereitet wird. In Abschnitt 3.2 erfolgt die empirische Durchführung der Kosten-Nutzen-Analyse. Ansätze zur Quantifizierung und Bewertung der Effekte orientieren sich am Bewertungsverfahren zum Bundesverkehrswegeplan (BVWP) (vgl. Planco, 1993, Planco 1991), das vielfach aktualisiert oder erweitert wird. Das Beispiel des GVZ Großbeeren wurde gewählt, weil die Planung und Realisierung im Vergleich zu anderen Projekten soweit vorangeschritten ist, daß konkrete Zahlen über die Investitionen vorliegen (vgl. LEG Brandenburg, 1994). Zudem waren Daten über die verkehrlichen Wirkungen, die unerläßlich sind, um die Umweltwirkungen des GVZ zu quantifizieren, aus einer vorliegenden Untersuchung verfügbar (vgl. Baumgarten u.a., 1996).

Die Prüfung der Möglichkeit, GVZ privat zu errichten und zu betreiben, beginnt in Abschnitt 4.1 mit einem Vergleich mit der Situation in Frankreich, wo GVZ seit ca. 30 Jahren privatwirtschaftlich betrieben werden. Der Vergleich erfolgt unter der Fragestellung, ob die französischen Erfahrungen auf Deutschland übertragbar sind, welche Schwierigkeiten es dabei gäbe und wie diese überwunden werden könnten. Neben externen Effekten gibt es weitere Arten von Markt- und Wettbewerbsversagen, die dazu führen können, daß der Markt kein gesamtwirtschaftlich optimales Ergebnis erzeugt und staatliche Eingriffe in das Wirtschaftsgeschehen erforderlich sind. In Abschnitt 4.2 wird auf der Grundlage der neueren Wettbewerbstheorie untersucht, welche Arten von Marktversagen bei der Errichtung von GVZ auftreten. Vorausgesetzt es liegen Marktversagen vor, ist damit noch keineswegs der Nachweis erbracht, daß sich infolge des staatlichen Eingriffs ein gesamtwirtschaftlich besseres Ergebnis einstellt als ohne. In Abschnitt 4.3 wird deshalb die gesamtwirtschaftliche Effizienz der staatlichen Aktivitäten im Zusammenhang mit GVZ überprüft. Daraus werden Forderungen für eine gesamtwirtschaftlich optimale Bereitstellung von GVZ entwikkelt. Ob sich diese am theoretischen Optimum orientierten Forderungen in der Praxis durchsetzen lassen, ist fraglich. Ausgehend von den Resultaten der theoretischen Analyse und unter Berücksichtigung von Widerständen und Inflexibilitäten in den Rahmenbedingungen werden in Abschnitt 4.4 praktische Handlungsempfehlungen für die Wirtschaftspolitik und beteiligte Unternehmen abgeleitet, unterschieden für die Bereiche Planung einschließlich Investitionsdurchführung, Finanzierung und Betrieb. Zur Überprüfung der einzelwirtschaftlichen Finanzierbarkeit von GVZ werden drei Investitionsrechnungen mit verschiedenen Rahmenbedingungen anhand vollständiger Finanzpläne durchgeführt.

Die Aktualität und Praxisnähe des Themas machten es erforderlich, viele Informationen und Daten direkt von beteiligten Entscheidungsträgern, Planungsbeauftragten und Betroffenen in der öffentlichen Verwaltung, Unternehmen und Forschungseinrichtungen zu beschaffen. Insgesamt wurden deshalb für die Arbeit über 30 Expertengespräche mit Vertretern von GVZ-Entwicklungsgesellschaften, zuständigen Behörden, privaten Entwicklungs- und Betriebsgesellschaften und Speditionen geführt.

2 Bedeutung von GVZ im Kontext der aktuellen Güterverkehrssituation

2.1 Aktuelle Probleme des Güterverkehrs

Um den stetigen Fortschritt der wirtschaftlichen Entwicklung zu ermöglichen, ist die ständige Verbesserung des Verkehrssystems zur Senkung der Überbrückungskosten erforderlich. Das Verkehrssystem besteht aus dem „Zusammenwirken aller technischen und organisatorischen Einrichtungen, die der Raumüberwindung von Personen, Gütern und Nachrichten dienen" (Voigt, 1973, S. 36). Die Hauptbestandteile sind die Verkehrsinfrastruktur, die Transportmittel und die logistische Organisation. Die Verbesserung des Verkehrssystems, wie sie sich im Zuge der Industrialisierung vollzogen hat bzw. vollzieht, ist durch einen gleichzeitigen Ausbau der Verkehrsinfrastruktur, verstärkten Einsatz leistungsfähigerer Transportmittel und eine effizientere Nutzung der vorhandenen Ressourcen gekennzeichnet.

Seit 1960 zeichnen sich im Güterverkehr in Deutschland folgende globale Trends ab (vgl. Ginter/Schmutzler, 1996, Kayser/Holzmüller, 1990, S. 44-47, BMV, 1996, S. 234-237):

- Die gesamte Güterverkehrsleistung gemessen in tkm ist langsamer gewachsen als das reale BIP.
- Die Verkehrsleistung der Verkehrsträger Eisenbahn und Binnenschiff stagniert seit Mitte der 70er Jahre.
- Die Verkehrsleistung des Straßengüterverkehrs ist stärker gestiegen als das reale BIP.
- Der Anteil des Straßenverkehrs am Modal Split des Güterverkehrs ist kontinuierlich gestiegen und betrug gemessen an der Verkehrsleistung 1995 für Gesamtdeutschland 64,4 %, während der der Bahn 16,6 %, der des Binnenschiffs 15,2 % und der von Rohrfernleitungen 3,8 % betrug.

Die indexierten Entwicklungen des BIP und der Güterfernverkehrsleistungen sind in Abbildung 1, die des Modal Splits im Güterfernverkehr in Abbildung 2 graphisch dargestellt.[6]

---

6 Die Berechnungen erfolgten jeweils auf der Basis von tkm. Der Güternahverkehr wird bei den Vergleichen nicht berücksichtigt, da er ohnehin ausschließlich über die Straße abgewickelt wird. Bei der Betrachtung von Zahlen zu den Leistungen des Straßengüterverkehrs ist zu berücksichtigen, daß 1994 die Güterverkehrsstatistik umgestellt worden ist. Bis 1993 erfolgte für den gewerblichen Straßengüterfernverkehr eine Auswertung der Frachtbriefe, seit 1994 werden Stichprobenerhebungen durchgeführt, die gezeigt haben, daß die Verkehrsleistung im Straßengüterfernverkehr unterschätzt worden war. Die neue Statistik ist noch mit Unsicherheiten behaftet (vgl. BMV, 1996, S. 229, o.V., Verkehrsstatistik, 1995, S. 587).

Abbildung 1: Entwicklung des realen BIP sowie der Güterfernverkehrsleistung auf der Straße, Schiene und insgesamt in der Bundesrepublik Deutschland 1960-1995

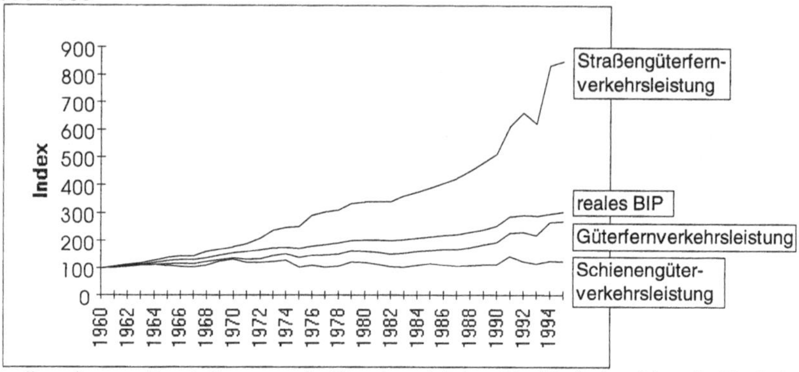

Quelle: eigene Darstellung nach Bundesminister für Verkehr (Hrsg.), Verkehr in Zahlen 1996, verantwortlich für den Inhalt: DIW, 25. Jg., Berlin, September 1996, S. 50f, 234f.

Abbildung 2: Modal Split im Güterfernverkehr in der Bundesrepublik Deutschland 1960-1995 nach Verkehrsleistung (ohne Rohrleitungen und Luftverkehr)

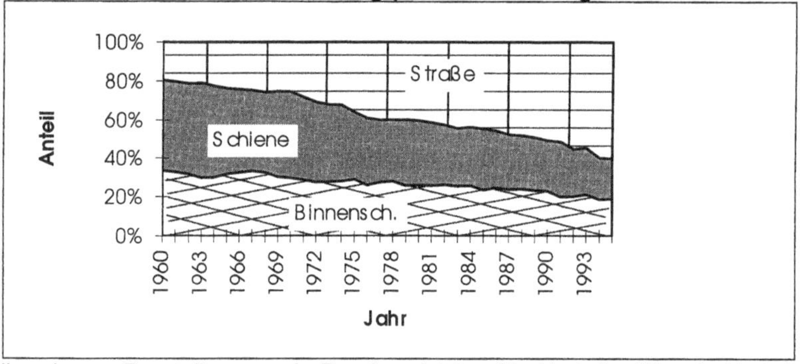

Quelle: eigene Darstellung nach Bundesminister für Verkehr (Hrsg.), Verkehr in Zahlen 1996, verantwortlich für den Inhalt: DIW, 25. Jg., Berlin, September 1996, S. 50f, 234f.

Die Ursachen für diese Entwicklung liegen in der wirtschaftlichen Entwicklung und dem damit einhergehenden Strukturwandel. Neben der zunehmenden Tertiarisierung der deutschen Wirtschaft sind für die Nachfrage nach Transportleistungen besonders Anteilsverschiebungen zwischen verschiedenen Branchen innerhalb des industriellen Sektors von Bedeutung (vgl. Puf, 1979, S. 31, Seidenfus, 1989, S. 18). Einen zunehmenden Anteil an der Wertschöpfung des industriellen Sektors haben seit 1960 human- und sachkapitalintensive Güter, während der Anteil der Grundstoff- und Produktionsgüterindustrie sowie einiger Bereiche der Verbrauchsgüterindustrie zurückgegangen ist.[7] Die Veränderungen lassen sich bei der Struktur der Transportgüter beobachten: Der Anteil der Massengüter wie Kohle, Erze, Eisen, Stahl, Rohöl und Düngemittel am Verkehrsaufkommen hat sich vermindert, während der Anteil von Fahrzeugen, Maschinen, Halb- und Fertigwaren, chemischen Erzeugnissen sowie Nahrungsmitteln[8] stark zugenommen hat (vgl. BMV, 1994a, S. 234). Diese Entwicklung wird als Güterstruktureffekt bezeichnet; seine Fortsetzung wird in Güterverkehrsprognosen erwartet (vgl. DIW, 1992, S. 494-497).

Der ursächliche Zusammenhang zwischen dem Güterstruktureffekt und der Modal Split-Verschiebung liegt in den Affinitäten zwischen Gütern und Transportmitteln begründet, die dadurch entstehen, daß ein Verkehrsmittel den Qualitätsanforderungen eines Gutes in besonders hohem Maße entspricht (vgl. Voigt, 1973, S. 108-109). Mit der Veränderung der Struktur der Transportgüter hat sich auch das Anforderungsprofil an die Qualitätsmerkmale der Transportleistungen verändert. Dem Anforderungsprofil der Investitions- und Verbrauchsgüter, bei denen Netzbildungsfähigkeit, Häufigkeit der Bedienung und die Schnelligkeit im Vordergrund stehen, entspricht besonders der Straßengüterverkehr (vgl. Suntum, 1986b, S. 10f). Die Stärken der Bahn, die in der Massenleistungsfähigkeit, Sicherheit und Zuverlässigkeit liegen, haben im Laufe dieses Strukturwandels an Bedeutung verloren und zum Rückgang der Nachfrage geführt (vgl. Suntum, 1986b, S. 4-6, Voigt, 1973, S. 122f).

Verlagerungen zwischen den Verkehrsarten sind jedoch nicht nur auf Wachstumsunterschiede zwischen verschiedenen Branchen, sondern in zunehmendem Maße auch auf veränderte Ansprüche an die Verkehrsleistung innerhalb einer Branche zurückzuführen, auch bezeichnet als Substitutionseffekt (vgl. Hopf u.a., 1994, S. 138). Diese werden durch Veränderungen bei den Produktionsstrukturen und den Materialflußkonzepten der verladenden Unternehmen verursacht.[9] Der starke Wettbewerbsdruck, dem die Unternehmen heute auf vielen Märkten ausgesetzt sind, zwingt immer wieder zu Rationalisierungen und Senkung der Produktionskosten. Nachdem Kostensenkungspotentiale im Produktionsbereich durch Rationalisierungen mehr und mehr ausgeschöpft worden sind, haben die Unternehmen ihre Bestrebungen zur Kostensenkung auf andere Bereiche ausgeweitet, darunter auf die Logistik (vgl. Hamm, 1987, S. 422, Drechsler, 1988, S. 45). Dies hat zu Effizienzsteigerungen bei Lagerhaltung, Transport- und Umschlagvorgängen geführt, die durch organisatorische Änderungen der Abläufe, verbesserte Verpackungen, Behälter, Lade- und La-

---

7 Eine Zunahme ist bei Produkten aus den Bereichen Büromaschinen und Datenverarbeitungsgeräten, kunststoffverarbeitende Industrie, Luft- und Raumfahrzeugbau, Elektrotechnik, chemische Industrie, Straßenfahrzeugbau, Druckerei und Feinmechanik zu verzeichnen. Rückläufig ist der Anteil von Produkten der Bereiche Bergbau, Gießerei, eisenschaffende Industrie, Holzbearbeitung, Stahl- und Leichtmetallbau, Steine und Erden, des Baugewerbes sowie von Verbrauchsgütern der Bereiche Ledergewerbe, Bekleidungsgewerbe, Feinkeramik, Textilgewerbe, Musikinstrumente, Spielwaren und Schreibgeräte, Ernährungsgewerbe und Tabakverarbeitung (vgl. Statistisches Bundesamt, 1994, S. 688).

8 Der Anteil von Nahrungsmitteln am Transportaufkommen hat zugenommen, während ihr Anteil an der Produktion gesunken ist. Dies deutet auf eine gestiegene Transportintensität hin, d.h., eine Wareneinheit wird durchschnittlich über eine größere Distanz transportiert als zum Vergleichszeitpunkt.

9 Ginter/Schmutzler (1996, S. 53, 56f) zeigen, daß die Modal Split Verschiebung vom Schienen- zum Straßenverkehr nur zum Teil durch den Güterstruktureffekt erklärt werden kann und daß auch innerhalb der Gütergruppen ein verstärkter Einsatz des LKW als Transportmittel zu verzeichnen ist.

gertechniken, angepaßte Produkte und neue Informationssysteme erreicht worden sind (vgl. Ihde, 1991, S. 19, Eckstein/Pautsch/Teßmann, 1992, 70). Außerdem ist die Logistik als Instrument der Leistungsdifferenzierung genutzt worden (vgl. Ihde, 1991, S. 22-26, Drechsler, 1988, S. 43f). Die Transportunternehmen müssen immer höhere Anforderungen der Verlader an die Transportzeit, -menge und -qualität sowie an begleitende Dienstleistungen beim Empfänger befriedigen. Erwartet wird heute nicht nur die Abwicklung eines Transportvorgangs, sondern es werden immer umfassendere logistische Aufgaben an externe Dienstleister übergeben und komplette, individuelle Lösungspakete verlangt (vgl. Hector, 1995a, S. 9, Schavoir, 1994, S. 3, Bretzke, 1990, S. 274-276).

Auch Maßnahmen zur Rationalisierung im Produktionsbereich haben Auswirkungen auf die Nachfrage nach Verkehrsleistungen. Spezialisierung und Beschränkung der Leistungserstellung auf Kernkompetenzen zur Bildung von Wettbewerbsvorteilen haben zu einer horizontalen und vertikalen Konzentration vieler Unternehmen geführt. Dies hat sowohl zu einer Verstärkung der vertikalen Arbeitsteilung zwischen den Unternehmen durch Reduzierung der Fertigungstiefe und Intensivierung von Zulieferbeziehungen als auch zu einer Verstärkung der horizontalen Arbeitsteilung mit Konzentration auf einen begrenzten Produktionsbereich geführt. Folge dieser Spezialisierung sind verstärkte Austausche zwischen Unternehmen sowie eine Ausdehnung des Absatzbereiches, um einen ausreichend großen Markt für das spezialisierte Produkt zu erreichen (vgl. Haubold/Stahl, 1994, Drechsler, 1988, S. 42f, Schröder, 1987, S. 30).

Der wirtschaftliche Strukturwandel hat insgesamt zu folgenden Veränderungen bei den Transportleistungen geführt (vgl. Schavoir, 1994, S. 3):

- Die Umschlaghäufigkeit der Güter hat sich erhöht,
- Bestellzyklen haben sich verkürzt,
- die Anforderungen an die Lieferzeit sind gestiegen,
- die Sendungsgrößen sind kleiner geworden, und
- die Verkehre sind stärker im Raum gestreut.

Ein nennenswertes Umsatzwachstum gibt es deshalb nur noch bei Teilladungen, das heißt Transportsendungen, deren Umfang weniger als einen Eisenbahnwaggon oder eine LKW-Ladung beträgt (vgl. Essling/Gutsche, 1992, S. 772). Diese Entwicklung wird als Logistikeffekt bezeichnet (vgl. Ihde, 1991, S. 124f, Aberle, 1992, S. B 5). Aufgrund ihrer technischen Gegebenheiten und ihrer Organisationsstruktur ist die Bahn bisher nicht in der Lage gewesen, in gleichem Maße auf die veränderten Wünsche und Anforderungen der Verlader zu reagieren, wie es Spediteure und Straßentransportunternehmen getan haben (vgl. Essling/Gutsche, 1992, S. 771).

Diese wirtschaftlichen Strukturveränderungen haben entsprechende räumliche Konsequenzen nach sich gezogen (vgl. Hesse, 1993, S. 342). Die Reduzierung der Lagerhaltung bei den Produktionsunternehmen und die hohen Anforderungen an die Zuverlässigkeit logistischer Leistungen bei fertigungssynchroner Anlieferung haben dazu geführt, daß Umschlag- und Lagerflächen der Transportunternehmen im Rahmen umfassender Logistikangebote als zeitliche Puffer für Produktionsprozesse dienen. Damit steigt bei den Unternehmen der Transportwirtschaft der Flächenbedarf und die Ansprüche an die Standorte. Dies hat dazu geführt, daß die Transportwirtschaft ebenso wie distributionsintensive Handels- und Produktionsunternehmen ihre

Betriebsanlagen zunehmend in das Umland der Ballungszentren verlagern, wo ausreichend Flächenreserven zu Verfügung stehen.

Zu den Nachfrageänderungen kommt die Liberalisierung der Märkte. Seit Ende der 80er Jahre wird im Rahmen der Realisierung des EG-Binnenmarktes die deutsche Verkehrsmarktordnung schrittweise dereguliert (vgl. Bretzke, 1990, S. 272). Die Tarifbindungen im Straßengüterverkehr wurden zum 1.1.1994 beseitigt, und die nationalen Marktzugangsbeschränkungen werden schrittweise aufgehoben (vgl. Klaus, 1994, S. 270, o.V., Kontingente, 1996). Der Marktzugang für ausländische Anbieter wird kontinuierlich ausgeweitet, und zum 1.1.1998 soll die vollständige Kabotagefreiheit[10] eingeführt werden (vgl. Lammich, 1994, S. 22). Mit der Aufhebung der Tarifbindung konnte erstmals ein freier Wettbewerb entstehen. Durch die Liberalisierung des Marktzutritts wurde das Angebot auf dem Markt für Transportleistungen vergrößert, und es sind Kapazitätsüberhänge entstanden, so daß es teilweise zu einem Verdrängungswettbewerb und zunehmender Unternehmenskonzentration kommt (vgl. z.B. o.V., Pleiten, 1996). Davon sind besonders kleinere und mittlere Transportunternehmen betroffen, die über keine ausreichende Kapitalsubstanz, solide Bilanzstruktur und geringe fachliche Kompetenz verfügen.[11]

Ein weiteres Merkmal des wirtschaftlichen Strukturwandels ist die zunehmende internationale Arbeitsteilung. Diese steht in einer Wechselwirkung mit dem inländischen Strukturwandel und wurde zum Teil durch Liberalisierungen im Außenwirtschaftsverkehr gezielt gefördert (vgl. Stahl, 1995, S. 17f, Seidenfus, 1989, S. 20-22, Puf, 1979, S. 46-50). Im Güterverkehr schlägt sich die Internationalisierung in einer überproportionalen Zunahme grenzüberschreitender Transporte nieder. Für den Modal Split bedeutet dies eine weitere Erhöhung des Anteils der Straßengütertransporte, weil internationale Verkehre überproportional stark über die Straße abgewickelt werden (vgl. Enquete-Kommission, 1994, S. 40 und 42-44). Außerdem spiegelt sich der binnenländische Strukturwandel auch in der Zusammensetzung der Güter des deutschen Exports wieder und hat zu einer Modal Split-Verschiebung zugunsten des Straßengüter- und Luftverkehrs geführt (vgl. Vogt 1990). Im grenzüberschreitenden Verkehr bilden Inkompatibilitäten der Fahrzeugtechnik und der Infrastruktur Hindernisse für den Einsatz der Bahn, die zu Wartezeiten an den Grenzen und ineffizientem Einsatz der Züge führen, während die Straßen ein einheitliches Verkehrswegenetz bilden (vgl. Enquete-Kommission, 1994, S. 195f, Hopf u.a., 1994, S. 77). Es fehlt eine länderübergreifende Abstimmung sowohl der staatlichen Bahnpolitiken als auch der Marktstrategien der nationalen Eisenbahngesellschaften (vgl. DIW, 1992, S. 497f, Hopf u.a., 1994, S. 74 und 78).

Vom Verkehr gehen erhebliche negative Wirkungen aus, die den Menschen, die Umwelt und den gesamtwirtschaftlichen Wohlstand belasten. Dazu gehören vor allem die Emission von Luftschadstoffen, Emissionen in Böden und Gewässer, Lärm, Bodenversiegelung, Trennwirkung und Beeinträchtigung des Landschaftsbildes durch Verkehrsinfrastruktur, Unfälle und der Verbrauch von Ressourcen beim Bau und Betrieb von Verkehrsinfrastruktur und Fahrzeugen (vgl. Dogs/Platz, 1990, Enquete-Kommission, 1994, S. 14-20 und 77-104). Sorge bereitet die Veränderung des

---

10 Mit Kabotage wird ein Transport innerhalb eines Landes durch einen ausländischen Transporteur bezeichnet.

11 Vgl. Klaus (1994, S. 270), Hanken/Kampfmeyer (1995, S. 7), o.V., Transportzentren (1995), o.V., Straßengüterverkehrsgewerbe (1996).

Modal Splits vor allem wegen der im Vergleich zur Bahn stärkeren Belastungen der Umwelt durch den Straßengüterverkehr (vgl. Dogs/Platz, 1990, Enquete-Kommission, 1994, S. 20).[12] Das zunehmende Bewußtsein in der Bevölkerung für die Probleme und Folgen der Umweltbelastungen ist für die Verkehrspolitik zu einem wichtigen Einflußfaktor geworden und macht es erforderlich, die Verkehrsplanung verstärkt an ökologischen Faktoren auszurichten (vgl. Stuchtey, 1991, S. 573).

Zusammenfassend ist der Güterverkehr in Deutschland heute mit folgenden grundsätzlichen Problemen konfrontiert:

- Der überwiegende Teil der Gütertransporte wird von Kraftfahrzeugen abgewickelt, die einen besonders hohen relativen Energieverbrauch haben und die Umwelt verglichen mit Bahn und Binnenschiff stark belasten (vgl. Dogs/Platz, 1990, S. 9.2-9.4, Hopf u.a., 1994, S. 399, Liebscher, 1995, S. 173f).
- Der Auslastungsgrad der vorhandenen Straßeninfrastruktur nimmt stetig zu (vgl. BMV, 1994a, S. 112f, Hopf u.a., 1994, S. 20), und regelmäßige Stauungen weisen auf Engpässe im vorhandenen Straßennetz hin (vgl. Hamm, 1987, S. 423f). Ein weiterer Ausbau ist aus ökologischen Gründen politisch nur noch begrenzt durchsetzbar (vgl. Cerwenka, 1991, S. 180). Auf dem Gebiet der neuen Bundesländer besteht ein erheblicher Nachholbedarf, und es müssen Verbindungen in die westlichen Bundesländer neu- bzw. ausgebaut werden (vgl. Klatt, 1990, S. 207, Ostrowski, 1993, S. 49-51).
- Der Anteil der Eisenbahn am Modal Split geht seit langer Zeit kontinuierlich zurück. Dies ist insofern ein Problem, als daß die Bahn als besonders umweltfreundlicher Verkehrsträger gilt (vgl. Hopf u.a., 1994, S. 399, Liebscher, 1995, S. 173f).
- Die verschiedenen Verkehrssysteme sind untereinander schlecht verknüpft (vgl. Baum, 1994, S. 52).
- Für die kommenden Jahre wird ein weiteres starkes Anwachsen der Güterverkehrsströme in Deutschland prognostiziert (vgl. Rommerskirchen, 1994, S. 136f).

Um die wirtschaftliche Entwicklung nicht zu gefährden, ist es eine wichtige Pflicht der politisch Verantwortlichen, die Mobilität von Personen und Gütern auch unter den schwierigen Rahmenbedingungen für die Zukunft zu sichern. Hieraus entsteht für die Verkehrspolitik ein Zielkonflikt, da einerseits ausreichende Kapazitäten zur effizienten Abwicklung des Verkehrs und Sicherung der Versorgung bereit gehalten werden müssen, während gleichzeitig die Umweltbelastungen reduziert werden sollen (vgl. Enquete-Kommission, 1994, S. 1-5). Um die negativen ökologischen Auswirkungen, die durch den Straßengüterverkehr hervorgerufen werden, einzuschränken und die Eisenbahn wieder stärker an der Leistungserstellung zu beteiligen, sind die Verbesserung der Integration der Verkehrsträger und die effizientere Organisation von Transportvorgängen ein vorrangiges Ziel der deutschen und europäischen Verkehrspolitik.[13] Güterverkehrszentren (GVZ) kommt hierbei als Schnittstelle zwischen Straße, Schiene und möglicherweise weiteren Verkehrsträgern eine große Bedeutung zu

---

[12] Auch wenn die Belastungen, die vom Straßenverkehr ausgehen, erheblich über denen der Bahn liegen, soll darauf hingewiesen werden, daß der spezifische Energiebedarf und die Emissionen der Verkehrsträger für eine konkrete Transportaufgabe stark von ihrem Durchschnitt abweichen können (vgl. Liebscher, 1995).

[13] Vgl. BMV (1992, S. 9-11), Kraft/Deffke/Dörries (1992, S. 368-376), o.V., Europa (1992), Wenk (1992, S. 184).

(vgl. Enquete-Kommission, 1994, S. 140f, 195f, 265-267). Durch die Kooperation von Logistik-Dienstleistern soll gleichzeitig eine Verkehrsentlastung in den Innenstadtbereichen erzielt werden. Von Kooperation und Synergieeffekten wird eine Verbesserung der Wettbewerbsfähigkeit des deutschen Transportgewerbes auf den liberalisierten europäischen Märkten erwartet.

2.2 Das Konzept der GVZ

Dieser Teil der Arbeit beschäftigt sich zunächst mit einigen Punkten der historischen Entwicklung der GVZ-Konzeption, dann werden GVZ definiert, gegen andere Güterverkehrsanlagen abgegrenzt und die Ziele, die mit der Errichtung von GVZ verfolgt werden, erläutert. Im Anschluß daran werden die erforderlichen Bestandteile eines GVZ aus den Leistungen, die in einem GVZ erbracht werden, abgeleitet. Kapitel 2.2.2 beinhaltet eine Darstellung der unterschiedlichen Interessenlagen und Ziele der Beteiligten und Betroffenen, die im Zusammenhang mit GVZ von Bedeutung sind.

2.2.1 Bedeutung und Ziele von GVZ

Die Überlastung der innerstädtischen Straßeninfrastruktur hat 1962 in Paris dazu geführt, daß der LKW-Verkehr in der Stadt gesetzlich stark eingeschränkt wurde. Es war eine Idee der Behörden, den Gütertransport in das betroffene Gebiet zukünftig über speziell einzurichtende „LKW-Bahnhöfe“[14] abzuwickeln. So sollte ermöglicht werden, daß die Verteilung und Sammlung der Güter in Paris mit kleineren Fahrzeugen und auf effizientere Weise durchgeführt wird. Den „LKW-Bahnhöfen“ sollte dabei die Rolle eines Warenumschlags-, Lager- und Verteilzentrums zukommen. 1968 wurden solche Zentren von Garonor im Norden und Sogaris im Süden von Paris in Betrieb genommen.[15] In diesen logistischen Zentren werden Lagerräume, Umschlaganlagen und Büros für Spediteure, Verlader und sonstige Dienstleister in verkehrsgünstiger Lage bereitgehalten (vgl. Garonor, 1988, S. 5, Garonor, 1989, S. 1f). Das ausschlaggebende Ziel, das mit der Errichtung der Güterverkehrsanlagen in Paris verfolgt wurde, bestand in der Reduzierung des innerstädtischen Verkehrs. Die Konzentration von Transportunternehmen und Verladern in logistischen Zentren ermöglichte außerdem die gemeinsame Nutzung von Einrichtungen bzw. Dienstleistungen und die Bündelung von Güterströmen im Fernverkehr. Französische Erfahrungen sowie Beispiele aus anderen Ländern haben der deutschen Diskussion über GVZ wichtige Impulse gegeben (vgl. Glaser, 1993, S. 219).

In Deutschland ist seit Anfang der 70er Jahre eine langwierige Diskussion um verschiedene Konzepte von Güterverkehrszentren und Güterverteilzentralen, die teilweise ebenfalls mit GVZ abgekürzt werden, geführt worden. Erste Anstöße zu dieser Diskussion stammen aus der Amtszeit des Verkehrsministers Georg Leber (1966-1972), der erstmals Maßnahmen eingeleitet hat, um die fortschreitende Verlagerung

---

14 Französische Bezeichnung: Gare Routière (vgl. Garonor, 1988, S. 5).

15 Auf das Konzept und die Entwicklung der Anlagen wird in Abschnitt 4.1 noch genau eingegangen werden.

des Güterverkehrs auf die Straße aufzuhalten. Ziel der verkehrspolitischen Maßnahmen unter Leber war die Förderung der Bahn und besonders des KLV, wobei Umschlagknoten für den Güterverkehr eine wichtige Bedeutung zukamen. In Deutschland stand damit im Vergleich zu Frankreich nicht die Entlastung der Innenstädte, sondern die Verlagerung von Fernverkehr auf die Schiene zunächst im Zentrum des Interesses (vgl. Glaser, 1993, S. 218-221).

In der Folgezeit wurden durch staatliche Forschungsaufträge Konzepte, Technologien und Nutzen zentraler Güterverkehrsanlagen untersucht. Einen wichtigen Beitrag im Verlauf der Diskussion bildete eine Studie, die der Bundesminister für Forschung und Technologie im Juli 1974 in Auftrag gegeben hat, im Rahmen derer eine Forschungsgemeinschaft aus dem Bundesverband des Deutschen Güterfernverkehrs e.V. (BDF) und der Dornier System GmbH Gestaltungshinweise für Güterverteilzentralen erarbeitet hat (vgl. BDF/Dornier, 1975). In dieser Studie wird empfohlen, die beteiligten Unternehmen in ein Kooperationsmodell einzubinden, bei dem sie am Markt weiterhin als selbständiger Anbieter von Leistungen auftreten, die Leistungserstellung selbst jedoch an die Betriebsgesellschaft der Güterverteilzentrale übergeben, die diese gegen Entgelt übernimmt. Nach Beurteilung des Bundesverbandes Spedition und Lagerei e.V. (BSL) wäre dieses Modell in der Praxis einer Teilfusion gleichgekommen, zumindest hätten die Unternehmen einen großen Teil ihrer Autonomie aufgeben müssen (vgl. BDF/Dornier, 1975, Vorwort des Herausgebers). Dieses Konzept stieß bei den potentiell zu beteiligenden Unternehmen der Transportwirtschaft auf entschiedene Ablehnung, da diese auf den Erhalt ihrer unternehmerischen Unabhängigkeit großen Wert legen (vgl. Bünck, 1994, S. 18) und hat die Diskussion über GVZ für lange Zeit gelähmt (vgl. Glaser, 1993, S. 220).

Im Rahmen der Entwicklung eines realisierbaren Konzeptes für ein GVZ in Bremen ist Anfang der 80er Jahre ein anderes Modell entstanden. Ab 1983 begann in Bremen „auf der grünen Wiese" die Erschließung eines Gewerbegebietes von rund 200 ha, das ausschließlich der Ansiedlung von Unternehmen der Transportwirtschaft, die auf dem Gelände unbebaute Grundstücke zur Errichtung eigener Umschlag- und Lageranlagen erwerben können sowie Servicebetrieben vorbehalten ist. Auf dem Gelände des GVZ Bremen ist ein KLV-Terminal neu errichtet worden, das überwiegend von der Stadt Bremen finanziert worden ist. Der geplante direkte Autobahnanschluß ist bisher noch nicht verwirklicht worden. Durch eine von der Stadt finanziell unterstützte GVZ-Entwicklungsgesellschaft werden Kooperationsprojekte initiiert und teilweise auch durchgeführt (vgl. Haller, 1993).

In Anlehnung an das Bremer Konzept hat sich heute bei Transportunternehmen, Wissenschaftlern und auf staatlicher Seite folgende Definition weitgehend[16] durchgesetzt:[17] Ein *Güterverkehrszentrum* ist ein Verkehrsgewerbegebiet mit selbständigen Verkehrs-, Logistik- und Dienstleistungsunternehmen, ausgestattet mit Transport-, Umschlag- und Lageranlagen für den Wechsel zwischen mindestens zwei Verkehrsträgern (i.d.R. Straße und Schiene). Es dient als Schnittstelle zwischen Nah-

---

16 Die Verwendung der Begriffsdefinitionen ist in der Fachliteratur und in der Tagespresse nicht einheitlich. Besonders zwischen den Begriffen Güterverkehrszentrum und Güterverteilzentrum wird nicht klar unterschieden. Außerdem können in der Praxis auch Misch- und Zwischenformen dieser Anlagen auftreten.

17 Vgl. IVE/HaCon (1991, S. 11), BDF (1991), Eckstein (1992, S. 2f), Deutsche Bundesbahn/Deutsche Reichsbahn (1992, S. 5).

und Fernverkehr und ist ein logistischer Knoten. Durch systematische Planung und Abstimmung der Beteiligten sollen Synergieeffekte bei der Anpassung und Ergänzung der Verkehrsträger erzielt werden. Unverzichtbarer Bestandteil ist eine Umschlaganlage für den KLV.

Aus dieser Definition lassen sich folgende Strukturmerkmale eines GVZ ableiten (vgl. Aberle, 1991, S. 86):

- Es ist überbetrieblich, denn es umfaßt mehrere, unabhängige Betriebe, die logistische Leistungen erbringen,
- es ist multifunktional, denn es werden eine Vielzahl unterschiedlicher logistischer Leistungen erbracht,
- der Einzugs- und Ausstrahlungsbereich eines GVZ ist überregional und
- es ist intermodal, da es Schnittstelle für mindestens zwei Verkehrsträger ist.

Zur Abgrenzung gegen andere Formen zentraler Güterverkehrsanlagen sollen einige weitere Begriffe definiert werden:

- Eine *Güterverteilzentrale* oder ein *Güterverteilzentrum* ist ein Übergangspunkt zwischen Straßengüternah- und -fernverkehr ohne Anbindung an andere Verkehrsträger. Zwei Konzepte werden unterschieden (vgl. IVE, 1991b, S. 19):
  - Der Zusammenschluß ehemals selbständiger Speditionen und anderer Verkehrsunternehmen zu einer einheitlichen Organisation in einer gemeinsam genutzten Speditionsanlage an einem verkehrsgünstigen Standort, wie in der Studie von BDF/Dornier (1975) vorgeschlagen, und
  - eine Speditionsanlage eines einzelnen großen Speditions- oder Lagereiunternehmens, das dort umfassende logistische Dienstleistungen anbietet, die über den Transport und Umschlag von Gütern hinausgehen.

  Beiden Konzepten gemein ist die Erstellung der logistischen Leistungen in einer einzigen, einheitlichen Organisation.
- Ein *Transportgewerbegebiet* ist ein Gewerbegebiet, in dem gezielt Unternehmen des Verkehrsgewerbes und solche, die transportbegleitende Dienstleistungen anbieten, angesiedelt werden. Ein GVZ ist deshalb immer auch ein Transportgewerbegebiet. Ein Transportgewerbegebiet muß jedoch keine Schnittstelle zwischen verschiedenen Verkehrsträgern oder zwischen Nah- und Fernverkehr darstellen (vgl. IVE/HaCon, 1991, S. 13f).
- Ein *logistisches Dienstleistungszentrum* entsteht durch die konzentrierte Ansiedlung von Unternehmen, die transportbegleitende Dienstleistungen wie z.B. Kfz-Wartung und -Reparatur sowie Beratungsleistungen anbieten. Unternehmen, die Transport und Umschlag abwickeln, sind im Unterschied zu einem GVZ nicht enthalten. Jedes GVZ ist jedoch auch ein logistisches Dienstleistungszentrum (vgl. IVE, 1991b, S. 20).

An der Definition von GVZ ist kritisch anzumerken, daß der explizite Einschluß eines KLV-Terminals ausschließlich auf den Gestaltungswillen beteiligter Politiker, Planungsbeauftragter und der DB AG zurückzuführen ist. Die Beispiele von Garonor in Paris und eines GVZ in Ingolstadt (vgl. Gütter, 1992b, S. 2-4) zeigen, daß ein KLV-Terminal durchaus kein zwingender Bestandteil eines GVZ sein muß. Das Gesamtaufkommen eines KLV-Terminals geht weit über den Anteil, der aus dem GVZ stammt, hinaus. Unter diesem Aspekt erscheint es nicht in jedem Fall sinnvoll, die Planung eines GVZ von der Realisierung eines KLV-Terminals abhängig zu machen (vgl. Allemeyer, 1991, S. 6). Die Einbeziehung der KLV-Umschlagbahnhöfe kann kontraproduktiv wirken, wenn der Eindruck entsteht, mit der Ansiedlung im GVZ sei die Festlegung eines bestimmten Modal Splits verbunden, so daß potentielle Ansiedler abgeschreckt werden. Insbesondere stellt sich die Frage, warum Kostensenkungs- und Leistungssteigerungspotentiale für die Unternehmen davon abhängig gemacht werden sollen, ob ein KLV-Terminal errichtet werden kann. Auch See- und Binnenhäfen als Schnittstelle zwischen Binnen- bzw. Seeschiff, Straßengüterverkehr und Eisenbahn erfüllen die Merkmale eines GVZ (vgl. Kuntscher, 1989, S. 53), sind jedoch in der obigen Definition nicht enthalten. Häfen haben in der Regel eine andere Funktion, da sie Umschlagpunkte für überwiegend durchgehende Verkehre sind, während GVZ nach obiger Definition für die Abwicklung von Verkehren dienen, deren Quelle oder Ziel im betreffenden Ballungsgebiet liegt. In dieser Arbeit wird im weiteren von der oben angegebenen Definition ausgegangen.

Mit der Errichtung von GVZ werden grundsätzlich drei zentrale Ziele verfolgt (vgl. IVE/HaCon, 1991, S. 17):

- Die negativen Auswirkungen des Güterverkehrs sollen reduziert werden. Dabei sind zwei Wirkungsbereiche zu unterscheiden: In städtischen Bereichen soll dieses Ziel durch areale Verkehrsverlagerung, Verkehrsvermeidung und -reduzierung erreicht werden. Überregional soll der Güterverkehr mit Hilfe eines GVZ-Netzes verstärkt von der Straße auf die Schiene verlagert und durch Bündelung eine Verkehrsreduzierung erzielt werden.
- Die Abwicklung des Güterverkehrs soll effizienter gestaltet werden. Mit Hilfe von Arbeitsteilung und Kooperationen zwischen den im GVZ angesiedelten Unternehmen sollen Synergieeffekte erzielt werden, die zu Einsparungen beim Faktoreinsatz und Leistungsverbesserungen führen. Diese einzelwirtschaftlichen Verbesserungen wirken sich auch gesamtwirtschaftlich positiv auf die Umwelt und die regionale Wirtschaft aus.
- Seit Errichtung des Bremer GVZ ist die Förderung der regionalen Wirtschaft zu einem Ziel der zuständigen Kommunen geworden. Durch GVZ entstehen ein verbessertes Infrastrukturangebot und neue Flächen zur Ansiedlung von Gewerbe und damit zur Schaffung und Sicherung von Arbeitsplätzen (vgl. Maennig, 1995a, Glaser, 1993, S. 227f).

Diese drei Oberziele sollen mit Hilfe einer ganzen Reihe von Teilzielen erfüllt werden (vgl. IVE, 1991a, S. VII, IVE/HaCon, 1991, S. 17-25, Dornier, 1993a, S. 7-13):

- Der Straßengüterfernverkehr soll vor der Stadt gebrochen werden (areale Verkehrsumverteilung). Das GVZ ist Ausgangs- und Zielpunkt für den Fernverkehr des Ballungsgebietes. Durch eine geeignete Standortwahl am Rande des Ballungsraumes soll der Fernverkehr weitestgehend aus dem Stadtgebiet herausgehalten werden. Dies gilt sowohl für den fließenden als auch den ruhenden Verkehr. Die Zieladressen im Stadtgebiet werden nur von kleineren Nahverkehrsfahrzeugen angefahren.
- Der Nahverkehr soll gebündelt werden, um die Fahrzeugbewegungen zu reduzieren. Vom GVZ aus wird die Sammlung und Verteilung der Güter im Nahverkehr vorgenommen. Durch die konzentrierte Ansiedlung von logistischen Betrieben können Nahverkehrstransporte verschiedener Unternehmen im Rahmen von Kooperationen gemeinsam abgewickelt werden, so daß dasselbe Transportvolumen mit einer geringeren Anzahl von Fahrzeugbewegungen durchgeführt werden kann.

- Der Fernverkehr soll gebündelt werden, um eine bessere Auslastung der Fahrzeuge und eine Reduzierung des Verkehrs zu erreichen. Ebenso wie beim Nahverkehr können im Fernverkehr durch Kooperationen bei gleichem Transportvolumen Fahrten eingespart werden.
- Verkehrsaufkommen soll von der Straße auf die Schiene und das Binnenschiff verlagert werden (modale Verkehrsumverteilung). Durch die Ausstattung der GVZ mit einem KLV-Terminal und möglicherweise einem Binnenhafen wird der Zugang zur Eisenbahn und zum Binnenschiff erleichtert, so daß diese Verkehrsträger an Attraktivität gewinnen und verstärkt genutzt werden.
- Durch die Zusammenführung von Verkehrseinrichtungen im GVZ soll Verkehr vermieden werden. Durch die Ansiedlung einer Tankstelle, Werkstatt, Waschanlage, LKW-Vermietung, Zollstelle und ähnlichen Einrichtungen innerhalb des GVZ sind keine gesonderten Fahrten zu diesen Einrichtungen mehr nötig.
- Durch eine günstige Standortwahl des GVZ in Relation zu den Quell- und Zielorten der Transportaufträge soll Verkehr vermieden werden. Inwiefern dieser Effekt wirksam wird, hängt ausschließlich davon ab, wie sich die Zentralität jedes einzelnen logistischen Betriebes, der sich im GVZ ansiedelt, gegenüber seinem Altstandort ändert. Die Zentralität bezeichnet die Nähe zu den Quell- und Zielorten der Transportaufträge. Bei einer Verbesserung der Zentralität wird Verkehr vermieden, bei einer Verschlechterung entsteht zusätzlicher Verkehr. Die Gesamtwirkung hängt also vom Standort des GVZ ab.
- Durch die Ansiedlung im GVZ soll die Wettbewerbsfähigkeit kleiner und mittelgroßer logistischer Betriebe gesteigert werden. Die räumlich konzentrierte Ansiedlung von logistischen Betrieben ermöglicht oder erleichtert Kooperationen. Durch horizontale Kooperationen können insbesondere höhere Auslastungen vorhandener Kapazitäten und eine bessere Effizienz erzielt sowie ein breiteres Leistungsangebot erstellt werden. Die gemeinsame Nutzung spezieller Anlagen und Ausrüstungen ist möglich. Durch vertikale Kooperationen mit vor- und nachgelagerten Dienstleistern können umfassendere Dienstleistungen angeboten werden. Weiterhin profitiert das Leistungsangebot der Unternehmen im GVZ durch die gute Infrastrukturausstattung.
- Durch die Verlagerung der logistischen Betriebe aus der Stadt soll eine Entlastung der Innenstädte von Emissionen erreicht werden. Emissionen, besonders Lärm, entstehen nicht nur durch den zu- und abfließenden Verkehr zu den logistischen Betrieben, sondern auch beim Umschlag auf dem Gelände der Betriebe. Durch eine geeignete Standortwahl des GVZ werden diese aus Wohn- und Erholungsgebieten in der Stadt herausgehalten.
- Durch die Verlagerung von logistischen Betrieben in ein GVZ wird der städtebauliche Handlungsspielraum in zentralen Stadtlagen erhöht. Frei werdende Flächen können entsprechend dem Umfeld des Stadtteils neuen Nutzungen durch Wohnraum, Büros oder Freizeit- und Erholungsanlagen zugeführt werden.
- Durch einen geeigneten Flächenzuschnitt, günstige Flächenaufteilung und gemeinsame Nutzung von Flächen und Anlagen soll eine Verdichtung der Unterneh-

mensaktivitäten im GVZ gegenüber den Altstandorten erreicht werden, um den Flächenverbrauch möglichst gering zu halten.[18]

- Von einem GVZ sollen direkte wirtschaftliche Impulse in der Form von Sicherung und Schaffung von Arbeitsplätzen ausgehen. Um einen positiven Effekt für eine Region handelt es sich dabei dann, wenn diese Arbeitsplätze nicht innerhalb dieser Region verlagert wurden. Durch die Attraktivität des GVZ für die logistischen Betriebe soll erreicht werden, daß neue Unternehmen angezogen werden und Unternehmen am Standort verbleiben, die andernfalls - möglicherweise nur in Ermangelung einer geeigneten Fläche - aus der Region abgewandert wären.
- Von GVZ sollen indirekte wirtschaftliche Impulse durch eine Stärkung der Standortattraktivität des Wirtschaftsraumes ausgehen. Das umfangreiche, attraktive logistische Leistungsangebot eines GVZ soll einen Anreiz für andere Unternehmen bieten, die stark von solchen Leistungen abhängen, wie Distributionsbetriebe oder distributionsintensive Produktionsbetriebe, sich am Standort des GVZ anzusiedeln.

2.2.2 Bestandteile und Funktionen eines GVZ

Die Bestandteile eines GVZ können aus den Leistungen, die in einem GVZ erbracht werden, abgeleitet werden. Es handelt sich dabei um die Leistungen, die von logistischen Betrieben, insbesondere Frachtführern, Speditionen, Umschlag- und Lagereibetrieben - den Unternehmen des Straßengütertransportgewerbes - sowie der DB AG erbracht werden.[19] Die zentrale Aufgabe von Verkehrsbetrieben besteht in der Beförderung von Waren. Das Erbringen von Transportleistungen macht mit ca. 87 % den dominierenden Anteil des Umsatzes der Unternehmen des Straßengütertransportgewerbes aus (vgl. Abbildung 3). Um den Ablauf der Transportvorgänge zu verdeutlichen, sollen die wichtigsten Arten von Beförderungsleistungen auf der Straße und der Schiene kurz vorgestellt werden.

Der Markt für Gütertransportleistungen auf der Straße läßt sich in zwei wichtige Segmente unterteilen (vgl. Bretzke, 1990, S. 272):

- den Ladungsverkehr, bei dem ein Transportauftrag mindestens eine komplette Fahrzeugladung umfaßt und
- den Sammelverkehr, bei dem Stückgüter, d.h. Transportgüter mit bis zu einer Tonne Gewicht oder Partiefrachten, d.h. Ladungen, die mehr als eine Tonne wiegen aber keine komplette Wagenladung ergeben, befördert werden.

---

18 Diese Zielsetzung wird in Hamburg und Köln verfolgt. Gemäß Angaben von Angelika Klein-Beber, Wirtschaftsbehörde Hamburg, Gespräch am 12.1.1995 und Angaben von Friedhelm Flohe, Stadt Köln, Dezernat für Wirtschaft und Stadtentwicklung, Gespräch am 5.1.1996.

19 Im Rahmen vorliegender Projektstudien sind detaillierte Untersuchungen über die potentiellen Nutzer, die Abläufe ihrer Unternehmenstätigkeiten und die Anforderungen an ein GVZ in Form von technischen Untersuchungen und Befragungen vorgenommen worden. Vgl. z.B. Dornier/MBB/ERNO (1984), IVE (1985, S. 40-62), IVE (1991a, S. 24-48), Garonor/IABG (1992, S. 2.1-2.43), HaCon (1994, S. 88-126).

Abbildung 3: Zusammensetzung der Umsatzerlöse der Unternehmen des Straßengütertransportgewerbes (Angaben in %)

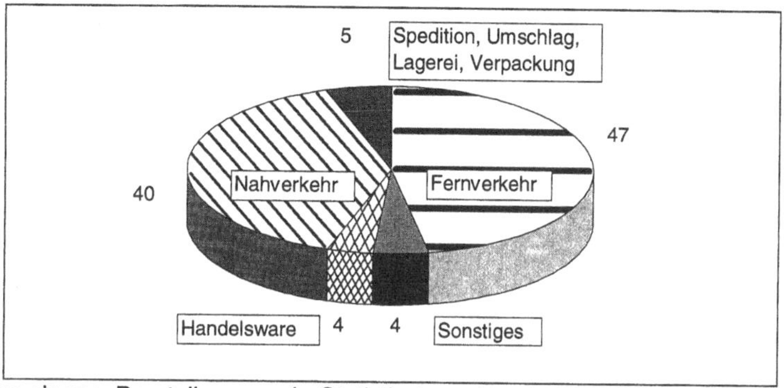

Quellen: eigene Darstellung nach Statistischem Bundesamt (Hrsg.), Fachserie 2, Unternehmen und Arbeitsstätten, Reihe 1.5.2, Kostenstruktur des gewerblichen Güterkraftverkehrs, der Speditionen und Lagereien, der Binnenschifffahrt (Güterbeförderung) und der See- und Küstenschiffahrt 1991, Stuttgart 1994, S. 20.

Ladungsverkehre werden im Direktverkehr zum Zielort gebracht und sind in der Regel Gelegenheitsverkehre, d.h., die Verkehrsleistung wird erst bei Vorliegen des spezifischen Kundenauftrags erbracht. Sammelverkehre werden in einem Nabe-Speiche-System (Hub-Spoke-System) abgewickelt, d.h., Stückgutsendungen von verschiedenen Auftraggebern werden vom Spediteur im Nahverkehr - den Speichen des Systems - gesammelt, an einer Umschlaganlage - der Nabe, die die Schnittstelle zwischen Nah- und Fernverkehr darstellt - zielspezifisch sortiert und zum Zielort verladen (vgl. Abbildung 4). Liegt der Zielort nicht im Bereich des Nahverkehrs, wird das Transportgut im Fernverkehr zusammen mit zielgleichen Gütern zu einer anderen Umschlaganlage in der Nähe des Zielortes transportiert. Dies kann eine Niederlassung des gleichen Spediteurs oder der Betrieb eines Korrespondenzpartners sein. Dort wird die Fernverkehrsladung aufgelöst, nach Empfängern sortiert und im Nahverkehr verteilt. Der Fernverkehr zwischen den Umschlaganlagen erfolgt im Linienverkehr (Stückgutlinienverkehr), d.h. über regelmäßige Transportverbindungen, die unabhängig von einzelnen Aufträgen bedient werden, und wird überwiegend im Direktverkehr abgewickelt. Zwischen Wirtschaftszentren und Großstädten wird eine Transportzeit von 24 Stunden, in Gebiete außerhalb dieser Regionen von 48 Stunden angeboten. In der Regel erfolgen Sammeln und Verteilen sowie Fernverkehr jeweils durch spezielle Nah- bzw. Fernverkehrsfahrzeuge (vgl. IVE, 1991a, S. 34). Sammelverkehre, die während ihres Transportes in Speditionsanlagen umgeschlagen werden, sind das typische Geschäft, das über GVZ abgewickelt werden soll. Das GVZ übernimmt dabei die Funktion der Nabe (vgl. auch Ihde, 1991, S. 106-111).

Sammelladungen sind einer der wichtigsten Geschäftszweige des Speditionsgewerbes. 41 % der deutschen Spediteure sind an der Sammlung und 34 % an der Verteilung von Gütern im Nahverkehr beteiligt (vgl. IVE, 1991a, S.30). Insgesamt liegt die Bedeutung des Nahverkehrs für die Unternehmen des Straßengütertransportgewerbes gemessen am Umsatz nur geringfügig unter der des Fernverkehrs, wie in Abbildung 3 ersichtlich ist.

Abbildung 4: Nabe-Speiche-System

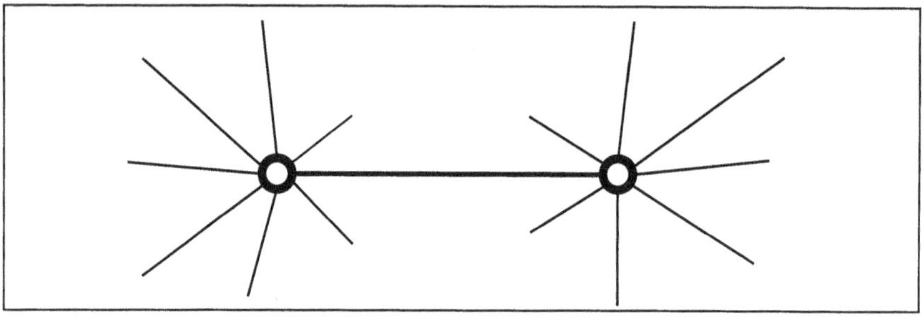

Quelle: eigene Darstellung.

Aus der Funktion von GVZ als Schnittstelle und Umladepunkt zwischen Nah- und Fernverkehr ergibt sich, daß nicht alle Güter gleichermaßen für eine Beförderung über GVZ geeignet sind. Besonders GVZ-affin sind diejenigen Güter (vgl. Gütter, 1992b, S. 4f, IVE, 1991a, S. 95),

- deren Umfang weniger als eine Komplettladung beträgt, also Teilladungen und Stückgüter, die im Laufe ihres Transportes umgeschlagen, zu größeren Einheiten zusammengefaßt und wieder in kleinere Einheiten zerlegt werden,
- deren Verteilung nicht im Direktverkehr erfolgt, sondern über Zwischenlager, wie z.B. Auslieferungslager,
- die hohe Anforderungen an transportbegleitende logistische Dienstleistungen stellen und
- die sich in genormten Behältern verladen lassen, wobei Spezialtransportgefäße wie Flüssigkeits-, Gas- und Schüttcontainer hier ausgeschlossen sind. Diese Eigenschaft wird auch als Containerisierbarkeit bezeichnet und impliziert, daß sich mehrere Teilladungen zu einer Komplettladung zusammenfassen lassen. Güter mit niedrigem Containerisierbarkeitsgrad sind z.B. sperrige Güter, Schütt- und Massengüter, für die Spezialbehälter benötigt werden.

Zu den besonders GVZ-affinen Gütergruppen gehören Nahrungs- und Genußmittel, pharmazeutische und elektrotechnische Erzeugnisse, Textilien, Bekleidung, Papier-, Pappwaren und Druckerzeugnisse (vgl. IVE, 1991a, Anhang 12). Eine Berechnung des GVZ-affinen Anteils am gesamten Transportaufkommen Deutschlands auf der Basis der aktuellsten verfügbaren Daten[20] hat ergeben, daß 16,8 % als besonders GVZ-affin und 22,3 % als bedingt GVZ-affin eingestuft werden können (vgl. Abbildung 5 und Anhang 1).

---

20 Nach der Umstellung der Güterverkehrsstatistik 1994 sind keine ausreichend detaillierten Daten über das Transportaufkommen nach Güterg ruppen veröffentlicht worden.

Abbildung 5: Anteil der GVZ-affinen Güter am Transportaufkommen in Deutschland 1993 (Angaben in %)

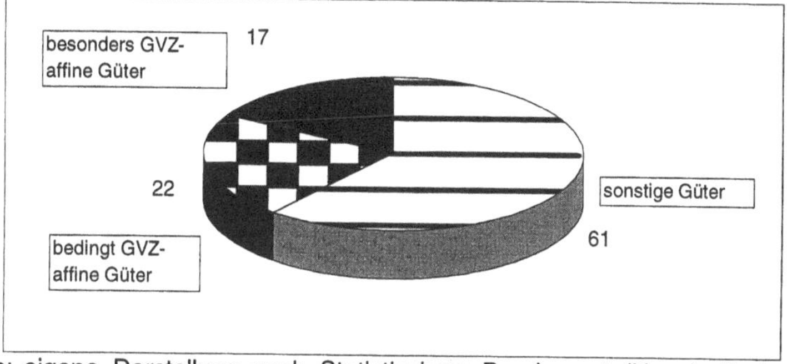

Quellen: eigene Darstellung nach Statistischem Bundesamt (Hrsg.), Fachserie 8, Verkehr, Reihe 1, Güterverkehr der Verkehrszweige 1993, Stuttgart 1994, S. 28-40, 106.

Weitere Leistungsangebote im Straßengüterverkehr neben Ladungs- und Sammelverkehren sind Expreß-, Paket- und Kurierdienste. Expreßdienste sind häufig auf bestimmte Branchen spezialisiert und werden mit PKW oder LKW durchgeführt. Expreßdienste mit LKW-Einsatz unterscheiden sich vom Sammelladungsgeschäft nur durch eine höhere Geschwindigkeit der Transportabwicklung. Bei Paketdiensten ist das Gewicht der transportierten Sendungen in der Regel auf ca. 30 kg beschränkt. Kurierdienste sind auf die besonders eilige und zuverlässige Beförderung von Kleinsendungen (Schriftstücke, kleine Pakete) spezialisiert und stehen wie Paketdienste in Konkurrenz zur Deutschen Post (vgl. IVE, 1991a, S. 36-38). Abbildung 6 gibt eine schematische Übersicht über die wichtigsten Marktsegmente von Güterverkehrsleistungen und ihre Eignung für eine Abwicklung in GVZ.

Ein wichtiges Ziel von GVZ ist, ein Teil der Straßengüterverkehrsleistung auf die Schiene zu verlagern. Zur Erläuterung, in welcher Form die Bahn in die Leistungserstellung im GVZ eingebunden werden kann und welche Anlagen erforderlich sind, wird kurz auf das Leistungsangebot der DB AG eingegangen. Die wichtigsten Bereiche des Leistungsangebots der DB AG sind (vgl. Kern, 1993, S. 833):

- der Wagenladungsverkehr mit den Bereichen Ganzzug- und Einzelwagenverkehr, wozu auch der Gleisanschlußverkehr für Großkunden gehört,
- der KLV als wichtiges Teilsegment des Wagenladungsverkehrs und
- der Teilladungs- oder Stückgutverkehr.

Einen Überblick über die Bedeutung der Bereiche innerhalb des Leistungsangebots der DB AG für 1993 gibt Abbildung 7. Container- und Huckepack-Verkehr sind die wichtigsten Angebote im KLV.

Abbildung 6: Segmentierung von Güterverkehrsleistungen nach Sendungsgröße und Beförderungsdauer

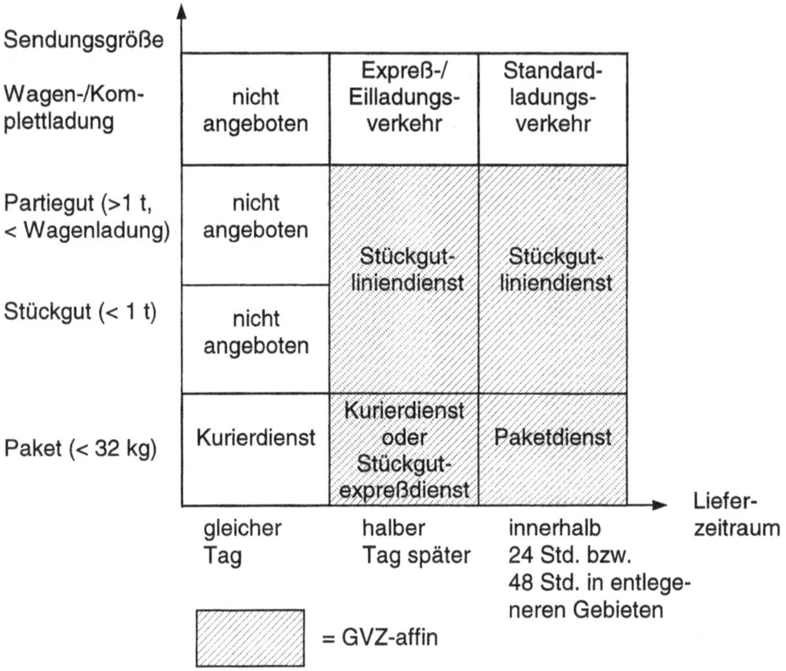

Quellen: eigene Darstellung nach Heinz Essling/Andreas Gutsche, BahnTrans. Strategische Neuausrichtung der Bahn im Teilladungsbereich, in: Die Deutsche Bahn, 68. Jg. (1992), Nr. 7, S. 773 und IVE, Kriterien und Anforderungsprofile als Planungs- und Bewertungsgrundlage für Güterverkehrszentren in Nordrhein-Westfalen. Pilotstudie, Hannover 1991, S. 30-41.

Ausgehend von den GVZ-affinen Ladungsgrößen Teilladungen, Stückgütern und genormten Behältern kann die Bahn nur mit Angeboten des KLV und des Teilladungs- und Stückgutverkehrs am Transportaufkommen eines GVZ partizipieren. Der Begriff KLV beinhaltet die Beförderung von Gütern in Ladeeinheiten mit mehreren Transportmitteln eines oder mehrerer Verkehrsträger, wobei der Übergang zwischen verschiedenen Verkehrsmitteln ohne Wechsel des Transportgefäßes (Palette, Container, Wechselbrücke, Sattelauflieger) erfolgt (vgl. Seidenfuß, 1974, S. 2f). Die wichtigsten Angebotsformen des KLV der Bahn sind der Container-Verkehr, d.h. der Transport von genormten Behältern, der Huckepack-Verkehr, der die Verladung von Wechselaufbauten und Sattelaufliegern umfaßt und die rollende Landstraße, bei der komplette LKW auf die Bahn verladen werden.

Abbildung 7: Teilbereiche des Leistungsangebots der DB AG nach ihrer Bedeutung

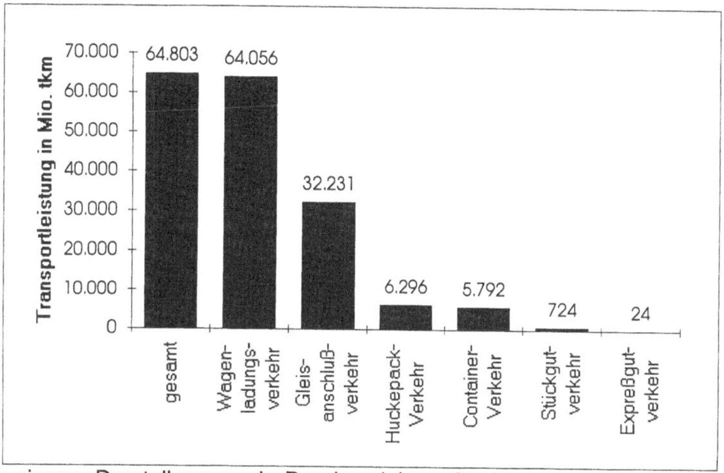

Quelle: eigene Darstellung nach Bundesminister für Verkehr (Hrsg.), Verkehr in Zahlen 1996, verantwortlich für den Inhalt: DIW, 25. Jg., Berlin, September 1996, S. 310f.

Im Bereich des Stück- und Teilladungsmarktes hat die DB AG infolge ihrer Wettbewerbsschwäche eine neue Strategie entwickelt, die 1994 zur Gründung der BahnTrans GmbH gemeinsam mit der Thyssen Haniel Logistics GmbH geführt hat. Stückgutbahnhöfe und Niederlassungen werden geschlossen und durch ein Netz von Frachtzentren ersetzt. Mit der Schließung des letzten Güterbahnhofs wird die BahnTrans das gesamte Speditionsgeschäft im Teilladungsgeschäft der DB AG übernehmen, während die DB AG den schienenseitigen Transport abwickelt (vgl. o.V., BahnTrans, 1995, S. 14). Das Strategiekonzept sieht vor, an 41 Standorten in Deutschland Frachtzentren zu errichten in denen die Teilladungen gebündelt und umgeschlagen werden. Die Abwicklung der Transporte zwischen den Frachtzentren wird über den KLV oder LKW erfolgen (vgl. Essling/Gutsche, 1992, S. 773-776, Wiedemann, 1993, S. 578). Zur Nutzung des KLV müssen die Frachtzentren, die allesamt neu gebaut werden, in unmittelbarer Nähe der KLV-Umschlagbahnhöfe entstehen, soweit diese am Standort vorhanden sind. Da die KLV-Terminals per Definition integraler Bestandteil eines GVZ sind (vgl. S. 34), werden somit auch die Frachtzentren in GVZ eingebunden. In ihrem Masterplan hatten Deutsche Bundesbahn und Deutsche Reichsbahn 1992 erstmals ein Standortkonzept für eine integrierte Planung von GVZ mit KLV-Umschlaganlagen, Frachtzentren der Bahn und Frachtbearbeitungszentren der Post vorgelegt (vgl. Deutsche Bundesbahn/Deutsche Reichsbahn, 1992).

Die Funktionen, die von Güterverkehrsbetrieben übernommen werden, sind nicht auf die Beförderung von Waren beschränkt, sondern werden um eine Reihe von komplementären sowie vor- und nachgelagerten Aufgaben ergänzt. Stabenau (1981, S. 14-16) unterscheidet drei Bereiche von Funktionen:

- Die Hauptfunktionen sind die Organisation und Durchführung des Transportvorgangs selbst.
- Die Neben- oder Ergänzungsfunktionen sind standortgebundene Funktionen wie Umschlag, Lagerung, Verpackung und damit verbundene Tätigkeiten.
- Die Sonderfunktionen sind zusätzliche Dienstleistungen, die im Zusammenhang mit der Beförderung von Waren stehen, wie die Abwicklung von Zoll oder Versicherung und Verkaufsförderungsmaßnahmen.

Ergänzend sollen im GVZ nach Vorstellung von Planern umfassende Dienstleistungen für die ansässigen Unternehmen angeboten werden (vgl. HaCon, 1994, S. 119, 123-126, Dornier, 1992, S. 27f, Garonor/IABG, 1992, S. 2.33-2.37):

- Serviceleistungen für Fahrzeuge, Fördermittel und Behälter,
- allgemeine Dienstleistungen für die Verkehrsbetriebe wie Verwaltungsdienste, Kontroll- und Sicherheitswesen, Sozialdienste und Informations- und Beratungsdienste,
- öffentliche Dienstleistungen wie Zoll und Polizei sowie
- Dienstleistungen, die direkt nichts mit den logistischen Leistungen zu tun haben, wie z.B. Bank, Hotel, Gastronomie, Post und Einzelhandel.

Die Planung der meisten GVZ sieht für diese Funktionen ein Dienstleistungszentrum vor. Ob das realisierte Angebot später tatsächlich so umfassend sein wird, hängt von der jeweiligen Nachfrage ab. Sowohl im GVZ Bremen als auch im GVZ von Garonor in Paris steht den Unternehmen ein umfangreiches Angebot an Service- und Dienstleistungen zur Verfügung.

Im Ergebnis lassen sich folgende notwendige Bestandteile eines GVZ festhalten:[21]

- Anschlüsse an das überregionale Verkehrswegenetz mehrerer Verkehrsträger, insbesondere an das Fernstraßen- und Haupteisenbahnnetz, Zugänge zu weiteren Verkehrswegenetzen (Binnen-, See- und Flughafen) sind von Vorteil,
- ein KLV-Terminal,
- Rampen, Tore und Hallenflächen für den Güterumschlag,
- Lagerhallen,
- Verkehrsflächen für den fließenden Verkehr und zum Rangieren,
- Abstellflächen für LKW, PKW und Behälter,
- Kfz-Serviceeinrichtungen,
- Büros,
- Sozialräume,
- je nach Bedarf Speziallager für Gefahrgüter, temperaturgeführte Güter und zollfreie Güter und
- sofern für den Makrostandort vorgesehen, sollte das DB-Frachtzentrum in das GVZ integriert werden.

Ansiedlungswillige Unternehmen werden i.d.R. individuelle Besitzrechte an Umschlaganlagen, Lagerflächen und Büros erwerben wollen. Alle übrigen Einrichtungen können von den Unternehmen des GVZ gemeinschaftlich genutzt werden.

---

21 Vgl. auch Pannek/Talke (1994, S. 107f), IVU/HaCon/IVE (1994, S. 86), Dornier (1992, S. 26-29), IVE/HaCon (1989, S. 37), Dornier/MBB/ERNO (1984, Bd. 1, S. 2.4-2.7).

2.2.3 Interessen und Ziele der beteiligten Akteure

Die Errichtung eines GVZ umfaßt sowohl die Planung und Ausgestaltung von Verkehrsinfrastruktur, Flächennutzung und Wirtschaftsentwicklung als auch die Planung einzelbetrieblicher Entwicklung und zwischenbetrieblicher Kooperationen. Damit werden verschiedene Akteure in die Planung und Realisierung einbezogen, die sehr unterschiedliche, teilweise konkurrierende Interessen und Ziele haben. Es lassen sich grundsätzlich vier Gruppen von Beteiligten bzw. Betroffenen unterscheiden:

- politisch Verantwortliche und Verwaltungen des Bundes, der Länder und Gemeinden,
- Anbieter logistischer Leistungen (Ansiedler),
- Nachfrager nach logistischen Leistungen in Industrie und Handel (Verlader) sowie
- Bürger, insbesondere Anwohner.

Im folgenden soll herausgearbeitet werden, welche Ziele die verschiedenen Akteure im Zusammenhang mit der Errichtung eines GVZ verfolgen und welche Anforderungen sich daraus ergeben können.

Sowohl in der staatlichen Wirtschaftspolitik als auch in Unternehmen, deren Zielsetzungen in der wirtschaftswissenschaftlichen Literatur jeweils ausgiebig diskutiert worden sind, liegen umfassende Zielsysteme vor, die eine Vielzahl von Zielelementen mit horizontalen und vertikalen Beziehungen beinhalten (vgl. Bidlingmaier/ Schneider, 1978, S. 55f). Dies ist einerseits auf die Komplexität der menschlichen Motivationsstruktur und beteiligten Individuen sowie andererseits auf die Vielzahl von äußeren Einflußfaktoren und Handlungsparametern zurückzuführen. Durch vertikale Beziehungen sind Ziele auf unterschiedlichen hierarchischen Ebenen verbunden. Vertikale Zielbeziehungen zeichnen sich dadurch aus, daß eine geringe Zahl an Ober- oder Primärzielen über mehrere Ebenen in Subziele mit immer kleinerem Geltungsbereich untergliedert wird, so daß ein pyramidenförmiges Zielsystem entsteht. Auf gleicher hierarchischer Ebene entstehen zwischen den Zielelementen horizontale Beziehungen unterschiedlicher Qualität:

- Zielneutralität oder -indifferenz,
- Zielkomplementarität oder -harmonie,
- Zielkonkurrenz und
- Zielantinomie, wenn multivariable Ziele angestrebt werden, deren Komponenten sich gegenseitig ausschließen.

Im folgenden werden nicht die kompletten Zielsysteme der beteiligten Akteure dargestellt - dafür sei auf die entsprechende Literatur verwiesen[22] -, sondern es wird direkt auf die im Zusammenhang mit GVZ relevanten Zielelemente eingegangen.

Die politische Verantwortlichkeit für die Planung und Realisierung von GVZ liegt bei den Länderregierungen und bei den Kommunen. Der Bund ist für die übergeordnete Planung und Finanzierung von Bundesautobahnen, Bundesstraßen, Binnenwasserstraßen und Schienenwegen zuständig. Ihm kommt damit die Verantwortung für den Anschluß von GVZ an das übergeordnete Verkehrswegenetz zu (vgl. Glaser,

---

22 Zum gesamtwirtschaftlichen Zielsystem des Staates vgl. z.B. Peters (1995, insbesondere S. 89-102), Brandtner (1988), Tuchtfeld (1982), zum Zielsystem der Unternehmung vgl. z.B. Gemünden (1995), Hauschildt (1977), Heinen (1976), Bidlingmaier (1973) und die dort angegebene Literatur.

1993, S. 227). Die Bundesregierung verfolgt vier grundsätzliche verkehrspolitische Ziele (vgl. BMV, 1994d, S. 1f, BMV, 1994e, S. 18, BMV, 1992, S. 9f, BMV, 1990, S. 2f):

- die Sicherung von Wirtschaftswachstum und Wohlstand durch ein leistungsfähiges Verkehrssystem,
- die Reduzierung der negativen Umwelteffekte des Verkehrs,
- die Erhöhung der Verkehrssicherheit und
- die Verbesserung der europäischen Integration im Verkehrsbereich.

Eine für den Verkehrssektor wichtige umweltpolitische Zielsetzung der Bundesregierung ist die Minderung der CO_2-Emissionen um 25 % bis 30 % im Jahr 2005 gegenüber dem Jahr 1990 zum Schutz der Erdatmosphäre (vgl. Verron, 1996, S. 17 m.w.N.). Da der Verkehr mit 20 % einen bedeutenden Anteil am gesamtwirtschaftlichen CO_2-Ausstoß hat, muß auch er einen Beitrag zur Erreichung des Minderungszieles leisten. Da das Ziel im Verkehrsbereich vergleichsweise schwer zu erreichen ist, räumen die politisch Verantwortlichen die Möglichkeit ein, daß eine unterproportionale Emissionsminderung im Verkehrsbereich durch überproportionale Verringerungen des CO_2-Ausstoßes in anderen Bereichen kompensiert werden kann (vgl. Enquete-Kommission, 1994, S. V und 5).

Die verkehrspolitischen Instrumente, der sich die Bundesregierung bei der Verfolgung ihrer Ziele bedient, entstammen der Ordnungs- und der Investitionspolitik.[23] Die verkehrspolitischen Maßnahmen werden i.d.R. auf Bundesebene durch Rahmengesetze und -pläne eingeleitet und auf Länderebene konkretisiert und umgesetzt. Die Eisenbahn ist insgesamt ein Ausnahmebereich innerhalb der Verkehrspolitik, da alle Entscheidungen auf Bundesebene gefällt werden (vgl. Maier, 1992, S. 117-119). Als wichtiges Instrument der Raumgestaltung muß die Verkehrspolitik auch den Zielsetzungen der räumlichen Entwicklung untergeordnet werden. Im Bereich der Raumordnungspolitik hat sich der Bund darauf beschränkt, materielle Grundsätze im Raumordnungsgesetz festzulegen, und es obliegt den Ländern, diese Grundsätze durch Programme und Pläne umzusetzen (vgl. Bielenberg/Erbguth/Söfker, Stand: 1989, Lfg. 8, Kennzahl J 620, S. 17). Die Planungsaufgabe der Länder ist in den einzelnen Landesplanungsgesetzen detailliert geregelt, wird ihm Rahmen einer gezielten räumlichen Entwicklungsplanung umgesetzt (vgl. Bielenberg/Erbguth/Söfker, Stand: 1980, Lfg. 5, Kennzahl M 100, S. 4, 10) und findet ihren Niederschlag in Flächennutzungsplänen und Bebauungsplänen.

In der Verkehrspolitik des Bundes besteht ein Zielkonflikt zwischen der Bereitstellung eines angemessenen, leistungsfähigen Verkehrssystems und der Vermeidung der negativen Umweltwirkungen. Um diesen Zielkonflikt zu entschärfen, setzt die Bundesregierung auf die effizientere Ausnutzung der vorhandenen Infrastruktur, bessere Verknüpfung der Verkehrsträger und Verlagerung von Verkehren auf die Schiene. Nach Auffassung der Bundesregierung leisten GVZ einen wichtigen Beitrag bei der Umsetzung dieser Strategien, und deshalb fördert sie die Errichtung von GVZ (vgl. BMV 1994e, S. 54). Neben der Entlastung der Umwelt durch Bündelung von Fernverkehren und der Verlagerung von Fernverkehr auf die Schiene verfolgt die Bundesregierung damit außerdem das Ziel der allgemeinen Mittelstandsförderung

---

23 Vgl. zu den Maßnahmen im einzelnen BMV (1994c, S. 1f), BMV (1994d), BMV (1994f), BMV (1992, S. 9f), BMV (1990, S. 3f).

(vgl. BMV, 1994b, S. 5). Im Bundesverkehrswegeplan 1992 sind 42 Standorträume aufgeführt, an denen nach Vorstellung der Länder GVZ errichtet werden sollen. Für die neuen Bundesländer hat der Bund sechs Standortstudien zur Ermittlung geeigneter Standorte finanziert, und er hat den Förderkatalog des GVFG erweitert, so daß die Anbindung von GVZ an die Verkehrsinfrastruktur mit Finanzhilfen nach dem GVFG gefördert werden kann. Weitere Finanzmittel sind für den Bau von KLV-Umschlagbahnhöfen vorgesehen (vgl. BMV, 1992, S. 57f, BMV, 1994e, S. 53f).

Die Verantwortung für Planung und Errichtung von GVZ fällt in die Zuständigkeit von Kommunen und Ländern (vgl. BMV, 1994b, S. 1). Das Interesse der Bundesländer bei der Planung von GVZ liegt vor allem in der übergreifenden Koordination und Abstimmung einzelner kommunaler und regionaler Aktivitäten im Rahmen der Entwicklungsplanung des Landes und einer Integration möglichst innovativer Lösungen in die Verkehrspolitik des Landes.[24] Über den Landesentwicklungsplan können die Länder auf GVZ-Projekte Einfluß nehmen, die Entscheidungen der Kommunen jedoch nicht direkt beeinflussen (vgl. Glaser, 1993, S. 227). Mehrere Bundesländer haben landesweite oder sogar länderübergreifende Untersuchungen zu Standorten und Gestaltungsrichtlinien von GVZ durchführen lassen.[25] Neben regionalen und verkehrspolitischen Aspekten berühren GVZ mit Ansiedlungsflächen für Unternehmen auch den Bereich der Wirtschaftsförderung. In diesem Bereich zielt die Landespolitik vor allem darauf ab, Arbeitsplätze zu schaffen und zu erhalten, um den Wohlstand der Bevölkerung und Steuereinnahmen zu sichern (vgl. Ministerium für Wirtschaft, Mittelstand und Technologie des Landes Brandenburg, 1995, S. 17).

Die Entscheidungsbefugnis über die Errichtung von GVZ liegt im Bereich der Gemeinden, da diese den vorbereitenden Bauleitplan (Flächennutzungsplan) und den verbindlichen Bauleitplan (Bebauungsplan) aufstellen und verabschieden (siehe § 2 Abs. 1 BauGB). Innerhalb der Kommunen lassen sich konkurrierende und teilweise auch gegenläufige Interessen und Ziele bezüglich GVZ ausmachen. Für die Beurteilung der Errichtung eines GVZ sind aus der Sicht einer Kommune vor allem folgende Aspekte relevant:

- die Verbesserung der Verkehrsinfrastruktur,
- die Ansiedlung von Unternehmen der Transportwirtschaft und
- die Belastung der Umwelt durch Flächenverbrauch und Verkehr.

Für die Kommunen ist die Stärkung der Attraktivität ihres Standortes ein wichtiges Ziel bei der Errichtung eines GVZ (vgl. Glaser, 1993, S. 227). Es wird die bestmögliche infrastrukturelle Ausstattung und Anbindung an das Verkehrswegenetz angestrebt, um möglichst gute Voraussetzungen für die wirtschaftlichen Aktivitäten der ansässigen Unternehmen zu bieten, sie davon abzuhalten, abzuwandern und neue Unternehmen anzuziehen. Dabei geht es besonders um den Erhalt und die Schaffung von Arbeitsplätzen aber auch um die Sicherung von Steuereinnahmen. Eine besondere Rolle spielt die Qualität der am Standort angebotenen Schienenverkehrsleistungen. Durch ein GVZ mit KLV-Terminal erhoffen sich die Kommunen eine

---

24 Die Verwirklichung einer innovativen, richtungsweisenden Lösung ist z.B. in Hamburg von Bedeutung. Angaben von Angelika Klein-Beber, Wirtschaftsbehörde Hamburg, Gespräch am 12.1.1995.

25 Vgl. IABG (1991), IVE (1991a), IVE (1991b), Steierwald, Schönharting und Partner (1991).

höherwertige Bahnanbindung (vgl. Glaser, 1993, S. 227 und 229, Stadt Regensburg, 1994, S. 4).[26]

Einige Kommunen können der Nachfrage nach Gewerbeflächen nur schwer nachkommen (vgl. Glaser, 1993, S. 229). Die Vergabe der Grundflächen durch die öffentliche Hand zur Ansiedlung von Unternehmen erfolgt deshalb nach wirtschaftspolitischen Zielsetzungen. In Hamburg werden beispielsweise Unternehmen gefördert, die folgende Kriterien erfüllen:[27]

- Sicherung oder Schaffung einer hohen Anzahl von Arbeitsplätzen in Relation zur Fläche,
- zukunftsträchtige Technologie,
- für den Wirtschaftsstandort Hamburg wichtige Leistungen,
- Beitrag zur Abfallentsorgung, da es hier einen Notstand zu verhindern gilt,
- Verkehrsentlastung und
- Flächeneinsparung.

Tabelle 1: Angestrebte Mindestarbeitsplatzdichte bei der Vergabe von Gewerbeflächen in deutschen Großstädten

Stadt	qm pro Arbeitsplatz	
	von	bis
Berlin	83	100
Hamburg	50	100
München		67
Köln		100
Essen		50
Dortmund		189
Stuttgart	33	50
Bremen		200
Leipzig		137
Dresden	25	143
Bochum		100
Wuppertal		333
Mannheim		100
Bielefeld		200
Lübeck		333
Hagen		100
Durchschnitt		144
Durchschnitt westdt. Städte über 500.000 Einwohner		94

Quelle: Freie Hansestadt Bremen, Der Senator für Umweltschutz und Stadtentwicklung Bremen, Bericht zur Gewerbeflächenumfrage, Bremen, April 1994.

26 Diese und die vorgenannte Zielsetzung bestanden auch in Bremen, nach Angaben von Heinrich Möller, Wirtschaftsförderungsgesellschaft der Freien Hansestadt Bremen mbH, Gespräch am 6.12.1994.

27 Angaben von Angelika Klein-Beber, Wirtschaftsbehörde Hamburg, Gespräch am 12.1.1995.

Bei diesen Vergabekriterien sind die Unternehmen der Transportwirtschaft wegen des großen relativen Flächenbedarfs und des starken Verkehrsaufkommens gegenüber produzierenden Gewerbebetrieben im Nachteil. Wertschöpfungs- und Beschäftigungsdichte liegen bei Unternehmen des Verkehrs durchschnittlich unter der des produzierenden Gewerbes (vgl. Hesse, 1993, S. 344). Die Arbeitsplatzdichte vieler Transportunternehmen liegt bei einem Mitarbeiter auf 200 bis 300 qm (vgl. Seebauer & Partner, o.J., S. 19, HaCon, 1995, S. 15), während produzierende Gewerbebetriebe für einen Mitarbeiter bis zu 100 qm benötigen; viele können diesen Wert noch unterbieten.[28] In Tabelle 1 sind die für eine Betriebsansiedlung auf kommunalen Gewerbeflächen geforderten Arbeitsplatzdichten für verschiedene deutsche Großstädte angegeben.

In Hamburg werden Transportunternehmen zum Erwerb einer städtischen Fläche i.d.R. nur dann zugelassen, wenn sie die geringe Beschäftigungsdichte durch eine der folgenden Qualifikationen kompensieren:[29]

- überregionale Betätigung,
- Anbieter höherwertiger logistischer Dienstleistungen wie Lagerung, Handling oder Veredelung von Waren,
- wichtige Spezialisierung oder
- aus einem anderen Grund wichtig für den Standort Hamburg.

Aus einer derartigen Flächenvergabepolitik heraus kann es zu Widerständen gegen die Errichtung eines GVZ als Gewerbegebiet speziell zur Ansiedlung von Logistikbetrieben kommen. Andererseits werden jedoch durch die Umsiedlung logistischer Betriebe in das GVZ am Altstandort Flächen frei, die an andere Gewerbebetriebe vergeben werden können oder die für andersartige Nutzungen (Wohnen, Freizeit) zur Verfügung stehen. In Kommunen mit starker Flächenknappheit, wie z.B. in Hamburg oder Köln, wird besonders darauf abgezielt, bei der Um- bzw. Neuansiedlung der logistischen Betriebe möglichst kompakte, flächensparende Lösungen zu finden, um den Dispositionsspielraum für die Stadtentwicklungsplanung so groß wie möglich zu halten[30] (vgl. Glaser, 1993, S. 229).

Ein Ziel, das als Nebenbedingung zunehmend an Bedeutung gewinnt, ist die umweltverträgliche Gestaltung der wirtschaftlichen Aktivitäten (vgl. Pirschel, 1993, S. 1-5, Stadt Regensburg, 1994, S. 4). Damit reagieren die Kommunalverwaltungen auf die Interessen der Wohnbevölkerung (vgl. Glaser, 1993, S. 229). Die Transportwirtschaft hat wegen der Emissionen des Kraftverkehrs und des relativ großen Flächenbedarfs für die Betriebsanlagen in der Öffentlichkeit einen sehr schlechten Ruf bezüglich ihrer Umweltverträglichkeiten. Durch GVZ kann eine Entlastung in den zentralen Stadtbereichen von fließendem und ruhendem Verkehr sowie der Umschlagtätigkeit in Speditionsanlagen erreicht werden. Gleichzeitig steigen jedoch die Belastungen durch die Anlagen und den Güterverkehr in unmittelbarer Umgebung des GVZ. Die Durchsetzbarkeit der Errichtung eines GVZ in den kommunalen Entschei-

---

28 Angaben von Heinz D. Bredehöft, Stadtentwicklungsbehörde Hamburg, Gespräch am 18.1.1995.

29 Angaben von Angelika Klein-Beber und Rüdiger Klee, Wirtschaftsbehörde Hamburg, Gespräch am 12.1.1995.

30 Angaben von Angelika Klein-Beber und Rüdiger Klee, Wirtschaftsbehörde Hamburg, Gespräch am 12.1.1995 und Friedhelm Flohe, Stadt Köln, Dezernat für Wirtschaft und Stadtentwicklung, Gespräch am 5.1.1996.

dungsgremien hängt deshalb von einer geeigneten Standortwahl fernab von immissionsempfindlichen Wohn- und Freizeitgebieten ab.

Der zweite Kreis beteiligter Akteure sind die potentiellen Ansiedler: Für logistische Betriebe bietet ein GVZ Produktionsfaktoren in Form eines Standorts (vgl. Krink, 1971, S. 11f), an dem Betriebsanlagen errichtet oder gemietet werden können und Verkehrsinfrastruktur, wie Zugänge zum Straßen- und Schienennetz, einschließlich eines KLV-Terminals. Die sinkende Akzeptanz von Lärm- und Abgasemissionen bei der Bevölkerung, technische und organisatorische Innovationen im Transportbereich sowie wirtschaftliches Wachstum führen dazu, daß Logistikunternehmen einen Standortwechsel wünschen. In Phasen wirtschaftlichen Wachstums besteht deshalb ein großer Bedarf an Ansiedlungsflächen.[31] Ausgehend vom Formalziel der Gewinnmaximierung (vgl. Bidlingmaier/Schneider, 1978, S. 57) läßt sich für die Unternehmen das Ziel ableiten, die Flächen zu einem möglichst niedrigen Preis erwerben zu können. Außerdem stellen die Unternehmen bestimmte, qualitative Anforderungen an die Flächen. Die verstärkte Dynamik auf den Märkten für logistische Dienstleistungen infolge des wirtschaftlichen Strukturwandels, technologischer Neuerungen und der Deregulierung der Märkte hat den Wettbewerb zwischen logistischen Betrieben wesentlich verschärft und zwingt sie zur Ausweitung ihres Leistungsangebots, Rationalisierungen und Kooperationen. Ausgehend von diesen Rahmenbedingungen, die in Kapitel 2.1 dargestellt worden sind, können zur Beurteilung der Vorteilhaftigkeit von zentralen Güterverkehrsanlagen drei Zielbereiche definiert werden (vgl. Tress, 1984, S. 43):

- die Ausdehnung des Funktionsumfangs beim Dienstleistungsprogramm,
- die Verbesserung des Leistungs- und Qualitätsprofils sowie
- die Minimierung der Kosten und Optimierung der Auslastung.

Daraus ergeben sich folgende qualitative Anforderungen an einen neuen Standort (vgl. Hesse, 1993, S. 342, Kahnert, 1993, S. 60):

- ein günstiger Flächenzuschnitt für die Errichtung moderner Lager- und Umschlaganlagen,
- eine direkte Anbindung an leistungsfähige Verkehrswege und
- ein Umfeld, das für die Emissionen des zu- und ablaufenden Verkehrs möglichst unempfindlich ist.

Aus der geschilderten Situation bei der Flächenvergabe ergibt sich für die Unternehmen als wichtigstes Ziel im Zusammenhang mit GVZ, daß überhaupt ein Flächenangebot zur Ansiedlung bereitgestellt wird (vgl. Röhling/Selz, 1994, S. 713).[32] Die Möglichkeit zur Ansiedlung in geeigneten, ausreichend großen Betriebsanlagen und eine sehr gute infrastrukturelle Ausstattung stehen für logistische Betriebe deshalb als Grund für eine Ansiedlung in einem GVZ im Vordergrund (vgl. Glaser, 1993, S. 222f, Menke, 1995, S. 27).

Über die Grundstücksfläche und die Infrastrukturausstattung hinaus bietet ein GVZ den Ansiedlern verbesserte Möglichkeiten, ihre Ziele mit überbetrieblichen Kooperationen zu verfolgen. Besonders kleineren und mittleren Unternehmen können in der Situation des verschärften Wettbewerbs Vorteile durch eine konzentrierte An-

---

31 Angaben von Kurt-Jürgen Schimmelpfeng, Verein Hamburger Spediteure e.V., Gespräch am 2.2.1995.

32 Diese Einschätzung vertritt auch Heino Köger, Zippert & Co., Internationale Spedition, Gespräch am 25.7.1995.

siedlung erwachsen (vgl. o.V., Transportzentren, 1995, S. 15). Durch Zusammenarbeit mit anderen Anbietern logistischer Leistungen kann das Leistungsangebot verbessert und erweitert sowie die Auslastung vorhandener Kapazitäten durch gemeinsame Nutzung erhöht werden (vgl. BDF, 1991, Tress, 1984, S. 267). Auch wenn die Möglichkeit zur Kooperation einen Vorteil eines GVZ darstellt, bleibt die Wahrung der unternehmerischen Unabhängigkeit ein wichtiges Ziel der Unternehmen (vgl. Heinen, 1976, S. 77-79) und ist eine Grundvoraussetzung für eine Ansiedlung in einem GVZ (vgl. Bünck, 1994, S. 18). Die Interessenvertretungen der Spediteure und Transportunternehmen, der BDF und der BSL haben ihre ausdrückliche Befürwortung von GVZ gemäß der hier verwendeten Definition gegeben (vgl. BDF, 1991, Bünck, 1994, S. 18). Die Wahrung der unternehmerischen Eigenständigkeit ist der Hauptgrund dafür, daß sich die Einstellung des Transportgewerbes zum GVZ gegenüber der Ablehnung des Konzepts Güterverteilzentrum grundlegend gewandelt hat. Neben dem veränderten Konzept ist dafür politische Überzeugungsarbeit und die verschärfte Wettbewerbssituation in der Transportwirtschaft verantwortlich (vgl. Glaser, 1993, S. 221).

Eine Sonderposition unter den Anbietern logistischer Leistungen nimmt aufgrund des Verkehrssystems und ihrer Stellung die DB AG ein. Die strategischen Ziele der DB AG im Güterverkehr sind die Konzentration auf die Systemstärken der Eisenbahn sowie die systemtechnische und unternehmerische Kooperation mit anderen Verkehrsträgern (vgl. Bödefeld-Reimer, 1990, S. 675). Diese Ziele haben auch nach der Bahnreform Gültigkeit (vgl. Ringle, 1993, S. 870f). Für die DB AG ist der Ausbau des KLV-Netzes trotz der geringen Wirtschaftlichkeit von entscheidender Bedeutung, da in der Beförderung von Wechselbehältern, Sattelaufliegern und ganzen LKW die einzige Möglichkeit besteht, an den Wachstumsbereichen des Transportmarktes teilzuhaben. Die DB AG mißt dem KLV deshalb große Bedeutung zu (vgl. Richey, 1994, Kuhla, 1990). Die Schwierigkeit des KLV, sich am Markt zu behaupten, rührt von den hohen Kosten und mangelnder Flexibilität her. Die Konzentration von Straßengüterverkehrsbetrieben an einem Ort schafft ein hohes Transportaufkommen und ermöglicht so, leistungsfähige Umschlaganlagen zu errichten und zahlreiche Transportrelationen zu bedienen. Das hohe Güteraufkommen in einem GVZ bietet damit ideale Voraussetzungen für die DB AG, ein attraktives Leistungsangebot zu erstellen. Sie ist deshalb an einer Integration der KLV-Terminals in GVZ sehr interessiert.

Die DB AG ist bestrebt, die Anzahl der GVZ-Standorte zu beschränken, um ein ausreichendes Transportaufkommen in den GVZ zu sichern und daß möglichst schnell ein bundesweites Netz von GVZ entsteht (vgl. Seufert, 1992, S. 70f, Sinnekker, 1994, S. 6f). In ihrem „Masterplan GVZ“ hat die DB AG deshalb 1992 25 Standorträume in ganz Deutschland (Deutsche Bundesbahn/Deutsche Reichsbahn, 1992) für die Errichtung von GVZ, KLV-Umschlagbahnhöfen und Stückgutfrachtzentren vorgeschlagen. Das Standortkonzept ist 1995 mit dem Masterplan II (Deutsche Bahn AG, o.J.) aktualisiert worden und enthält jetzt 39 GVZ Standorte. Darin ist neben den KLV-Umschlagbahnhöfen auch die Standortplanung für die Frachtzentren der BahnTrans enthalten. Diese Situation macht die DB AG für die Träger eines GVZ-Projektes zu einem sehr schwierigen Verhandlungspartner, und es ist entscheidend, daß eine Projektentwicklungsgesellschaft gegenüber der Bahn glaubhaft als Träger des einzigen oder zentralen GVZ des betreffenden Makrostandorts auftreten kann, um die erwartete Bündelung zu garantieren.[33] Dies setzt voraus, daß die Planungen von den betreffenden Kommunen unterstützt werden, da nur so sichergestellt werden kann, daß keine vergleichbare, konkurrierende Anlage am Makrostandort entsteht. Grundsätzlich ist die Errichtung eines KLV-Terminals auch durch andere Investoren als die DB AG möglich.[34] Die geringe Wettbewerbsfähigkeit des KLV und die mangelnde Rentabilität eines KLV-Terminals (vgl. Arthur Andersen, 1993) machen eine finanzielle Unterstützung der öffentlichen Hand jedoch unerläßlich.[35] Die DB AG kann deshalb bei der Errichtung von KLV-Umschlaganlagen keine autonomen Entscheidungen fällen.

Die Interessen der Verlader beziehen sich im Zusammenhang mit einem GVZ auf die dort erstellten logistischen Leistungen. Bei der Vergabe eines Transportauftrages sind folgende Faktoren entscheidend (vgl. Voigt, 1975, S. 14):

- eine hohe Verfügbarkeit des Verkehrsmittels,
- Pünktlichkeit,
- Schnelligkeit,
- eine geringe Schadenshäufigkeit,
- eine geringe Verlustquote und
- ein niedriger Preis.

Wie oben ausgeführt (vgl. Abschnitt 2.1), ist die Logistik zu einem wichtigen Bereich des Qualitäts- und Preiswettbewerbs geworden. Von den logistischen Betrieben werden immer weniger singuläre Leistungen gekauft, sondern zunehmend komplette, integrierte Problemlösungen erwartet, die weit über die einfache Transportleistung hinausgehen. Diesen Anforderungen sind große Speditionen mit umfangreichem Leistungsangebot oder Allianzen und Kooperationen kleinerer und spezialisierter Unternehmen am besten gewachsen (vgl. Haubold/Stahl, 1994, Bretzke, 1990, Hector, 1995b). Ein GVZ bietet eine leistungsfähige Infrastruktur, Spezialgerät und -anlagen, die von einzelnen Betrieben möglicherweise nicht vorgehalten werden können, und größere Kapazitäten, die die Disposition vereinfachen und Engpässe vermeiden. Damit kann ein GVZ wichtige Leistungsvorteile gegenüber isoliert operierenden logistischen Betrieben bieten.

2.3 Bestandsaufnahme der GVZ-Aktivitäten in Deutschland

In der Bundesrepublik Deutschland messen öffentliche Stellen den GVZ große Bedeutung zur Lösung der aktuellen Verkehrsprobleme bei. Länderregierungen und zahlreiche Städte haben entsprechend Initiativen zur Planung und Errichtung von GVZ ergriffen. Vorhandene Standortkonzepte sind in den Bundesverkehrswegeplan von 1992 aufgenommen worden (BMV, 1992, S. 57f), und finanzielle Unterstützung durch den Bund wurde über das Gemeindeverkehrsfinanzierungsgesetz ermöglicht.

---

33 Diese Einschätzung gaben Dietrich Fischer, Garonor Planungs- und Betriebsgesellschaft, Gespräch am 20.6.1994 und Toni Schaller, GVZ-Entwicklungsgesellschaft mbH Glauchau, Gespräch am 3.12.1995 ab.

34 In Bremen wurde die Roland-Umschlaganlage mit finanzieller Unterstützung der Stadt Bremen errichtet (vgl. Haller, 1993, S. 4f).

35 Angaben von Herrn Dorn, DB AG, Geschäftsbereich Umschlagbahnhöfe, Telefongespräch am 7.11.1996.

Aufgrund der Zuständigkeit der Gemeinden gibt es keinen verläßlichen Überblick über die in Deutschland geplanten GVZ und ihren Planungs- bzw. Realisierungsfortschritt (vgl. BMV, 1994b, S. 1). Das IVE und HaCon haben in einer Studie von 1991 insgesamt 55 GVZ-Projekte analysiert (vgl. IVE/HaCon, 1991, S. 26). Im Bundesverkehrsministerium waren im Sommer 1994 42 GVZ-Projekte bekannt, die sich in den unterschiedlichsten Stadien der Planung und Realisierung befanden (vgl. BMV, 1994b, S. 1).

Tabelle 2: GVZ-Standorte gemäß Masterplan II der DB AG

	GVZ	KLV-Terminal	BahnTrans	Post-FZ	GVZ-E		GVZ	KLV-Terminal	BahnTrans	Post-FZ	GVZ-E
1 Neumünster	x	x	x	x		21 Dresden	x	x	x		
2 Rostock	x	x	x		x	22 Glauchau	x	x	x		x
3 Hamburg	x	x	x	x		23 Erfurt	x	x	x	x	x
4 Bremen	x	x	x	x	x	24 Koblenz	x	x	x	x	x
5 Dörpen/Emsland	x	x			x	25 Frankfurt/M. Ost	x	x	x	x	
6 Hannover/Lehrte	x	x	x	x		26 Frankfurt/M. West	x	x	x		
7 Wustermark	x	x		x	x	27 Schweinfurt	x	x	x	x	
8 Großbeeren	x	x	x		x	28 Nürnberg	x	x	x	x	x
9 Magdeburg	x	x	x	x	x	29 Regensburg	x	x	x	x	x
10 Rheine	x	x	x		x	30 Mannheim	x	x	x		
11 Bielefeld	x	x	x	x		31 Saarbrücken	x	x	x		
12 Herne/Bochum	x	x	x	x	x	32 Heilbronn	x	x	x		
13 Dortmund	x	x	x		x	33 Karlsruhe	x	x	x		
14 Hagen	x	x	x	x		34 Stuttgart	x	x	x	x	
15 Wuppertal	x	x	x			35 Offenburg	x	x	x		
16 Duisburg	x	x	x	x	x	36 Ulm	x	x	x	x	
17 Neuss	x	x				37 Augsburg	x	x	x	x	x
18 Köln-Eifeltor	x	x	x	x		38 München	x	x	x	x	
19 Kassel	x	x	x		x	39 Weil am Rhein	x	x			x
20 Leipzig	x	x	x	x	x						

Quellen: Deutsche Bahn AG (Hrsg.), Masterplan II. Beitrag der Deutschen Bahn AG zur Planung der Güterverkehrszentren in Deutschland. Standortkonzeption für Güterverkehrszentren, Frankfurt, Berlin o.J., S. 9, Schriftliche Auskunft von Ferdinand von Peter, BMV, Gespräch am 11.2.1997.

Das GVZ Bremen ist bisher das einzige in Deutschland, das voll in Betrieb ist. Mit der Erschließung des Geländes wurde 1983 begonnen, 1989 wurde eine KLV-Umschlaganlage in Betrieb genommen, und inzwischen haben sich rund 40 Unternehmen angesiedelt (vgl. Haller, 1993, S. 2). Zu Beginn des Jahres 1997 sind eine Reihe weiterer GVZ in Bau, und in einigen sind bereits erste Unternehmen angesiedelt worden, darunter in Rostock, Erfurt, Großbeeren und Leipzig. Während in den alten Bundesländern die GVZ teilweise an bestehenden KLV-Umschlagbahnhöfen entstehen können, wie z.B. in Hamburg-Billwerder, müssen die Terminals in den neuen Bundesländern alle neu errichtet werden. 1996 hat das BMV die Finanzmittel für den Neu- bzw. Ausbau der KLV-Anlagen in Erfurt, Großbeeren bei Berlin, Köln-Eifeltor, Karlsruhe, Kornwestheim bei Stuttgart, Leipzig und Weil am Rhein bewilligt (vgl. o.V., Terminals, 1996). Für die in der Realisierung weit vorangeschrittenen GVZ in Rostock, Magdeburg und Glauchau fehlt damit eine wichtige Signalwirkung.

In Tabelle 2 sind die 39 GVZ Standorte aufgeführt, die im GVZ-Masterplan II der DB AG zum Stand Oktober 1995 enthalten sind (vgl. DB AG, o.J., S. 9). Zusätzlich ist in der Tabelle vermerkt, an welchen Standorten GVZ-Entwicklungsgesellschaften bestehen, die dem BMV Anfang 1997 bekannt waren. Außerhalb des Masterplans der DB AG gibt es GVZ-Projekte in Ingolstadt, Osnabrück, Trier, Wolfsburg und Salzgitter.[36]

In Leipzig und Frankfurt an der Oder werden GVZ in privater Initiative ohne KLV-Terminal geplant und errichtet.[37] In Frankfurt am Main gibt es Bestrebungen, ein Industrieunternehmen zu gewinnen, auf Teilen eines ehemaligen Industriegeländes, das als Bürogebiet entwickelt werden soll, ein GVZ zu errichten.[38] Weitergehende Erfahrungen zur privatwirtschaftlichen Realisierung von GVZ liegen nach Kenntnisstand des Verfassers bisher in Deutschland nicht vor. Dies ist verwunderlich, denn Erfahrungen in Frankreich zeigen, daß der private Bau und Betrieb von GVZ möglich ist. Im folgenden wird deshalb untersucht, ob die staatliche Förderung von GVZ gerechtfertigt ist und inwieweit GVZ in Deutschland einzelwirtschaftlich errichtet und betrieben werden können.

---

36 Vgl. Gütter (1992b, S. 4), Garonor/IABG (1992), o.V., Trier (1995), schriftliche Auskunft von Ferdinand von Peter, BMV, Gespräch am 11.2.1997.

37 Diese Projekte werden von Garonor durchgeführt, gemäß Angaben von Dietrich Fischer, Garonor Planungs- und Betriebsgesellschaft, Gespräch am 20.6.1994.

38 Angaben von Joachim Ziegler, Ziegler Consult, Gespräch am 8.5.1995.

3 Gesamtwirtschaftliche Bewertung (Kosten-Nutzen-Analyse)

Ziel dieses Abschnitts ist die Klärung der Frage, inwieweit ein GVZ tatsächlich die zahlreichen positiven Effekte, die von ihm erwartet werden, erzeugen kann. Nur wenn diese Effekte tatsächlich entstünden, ließe sich aus marktwirtschaftlicher Sicht eine finanzielle Beteiligung des Staates rechtfertigen. In Abschnitt 3.1 wird die der Kosten-Nutzen-Analyse zugrundeliegende Bewertungsmethodik erläutert und mögliche Probleme aufgezeigt. In Abschnitt 3.2 erfolgt die empirische Durchführung der Kosten-Nutzen-Analyse am Beispiel des GVZ Großbeeren bei Berlin.

3.1 Die Bewertungsmethodik

Die Knappheit der ökonomischen Ressourcen erfordert eine rationelle Allokation, um einen optimalen Grad der Bedürfnisbefriedigung bei den Konsumenten zu gewährleisten. Die Entscheidung über den Einsatz der Ressourcen wird in der Marktwirtschaft idealerweise dem Markt überlassen. Bei vielen Entscheidungen über die Verwendung von Ressourcen ist der Steuerungsmechanismus des Marktes außer Kraft gesetzt (vgl. Musgrave, 1969, S. 8ff). Dann entscheiden nicht Preise als Indikatoren der relativen Knappheit eines Gutes, sondern legislative und exekutive Organe des Staates über die Allokation der Ressourcen (vgl. Buchanan, 1965, S. 204-208). Das Spannungsverhältnis zwischen der Begrenztheit der Ressourcen und der Vielfalt konkurrierender Verwendungsmöglichkeiten bleibt dabei auch für die politischen Entscheidungsträger bestehen. Es wurden deshalb systematische Bewertungsmethoden entwickelt, mit deren Hilfe öffentliche Projekte hinsichtlich ihres Zielerreichungsgrades unter gesamtwirtschaftlichen Aspekten beurteilt werden können. Eines dieser Verfahren ist die Kosten-Nutzen-Analyse, die sich trotz aller methodischen und empirischen Schwierigkeiten zu einer bedeutenden Entscheidungshilfe für öffentliche Investitionen entwickelt hat (vgl. Pearce, 1983, S. 14-21, Sassone/Schaffer, 1978, S. 3-5, Andel, 1977, S. 479-482). Das deutsche Haushaltsrecht schreibt die Durchführung von Kosten-Nutzen-Analysen für „... geeignete Maßnahmen von erheblicher finanzieller Bedeutung ..." (§ 6 Abs. 2 HGrG und § 7 Abs. 2 BHO) vor, wobei sich geeignete Vorhaben durch eine Vielzahl von unmittelbaren und mittelbaren Vor- und Nachteilen für einzelne oder mehrere Betroffene auszeichnen (vgl. Piduch, 1995, 3. Kapitel, Teil 1, § 7, S. 3).

Ein vollständiges und konsistentes Verfahren zur Beurteilung und Auswahl öffentlicher Investitionsprojekte bei begrenztem Budget müßte sämtliche durchführbaren und öffentlich finanzierbaren Projekte hinsichtlich des Erreichungsgrades der vorgegebenen gesellschaftlichen Ziele unter Berücksichtigung ihrer Kosten bewerten. Gegenüber solch einem vollständigen Bewertungsverfahren stellt die traditionelle Kosten-Nutzen-Analyse in zweierlei Hinsicht eine Vereinfachung dar:

- Wegen des nicht zu bewältigenden Umfangs der zu verarbeitenden Informationen wird in der Praxis von den politischen Entscheidungsträgern eine Vorauswahl von alternativen Projekten eines Maßnahmenbereiches getroffen, so daß nur eine begrenzte Anzahl von Projekten verglichen wird (vgl. Maennig, 1991, S. 338). Eine Vergleichsalternative stellt in der Kosten-Nutzen-Analyse immer der Fall dar, daß das Projekt nicht durchgeführt wird (Ohne-Fall). Im einfachsten Fall wird die Durchführung eines Projektes (Mit-Fall) mit dem Ohne-Fall verglichen (vgl. Andel, 1977, S. 482). Damit werden auch die allgemeinen staatlichen Oberziele öffentlicher Investitionen im Rahmen einzelner Projekte auf konkretere, vergleichbare Subziele eingeengt (vgl. Musgrave/Musgrave/Kullmer, 1990, S. 174, Andel, 1977, S. 484).

- Der Bewertungsmaßstab der traditionellen Kosten-Nutzen-Analyse ist ausschließlich die effiziente Allokation der Ressourcen, die am Beitrag des Projekts zum idealtypischen Sozialprodukt gemessen wird. Damit bleiben andere gesellschaftliche Zielsetzungen, insbesondere Verteilungswirkungen regionaler, sektoraler, funktioneller oder personeller Art sowie nichtökonomische Zielsetzungen unberücksichtigt oder gehen lediglich als Nebenbedingungen ein (vgl. Andel, 1992, S. 85, Eckstein, 1961, S. 450-452).

3.1.1 Methodische Grundlagen der Kosten-Nutzen-Analyse

Im Rahmen öffentlicher Projekte werden Güter produziert, die in Form von Konsumgütern die Konsummöglichkeiten der privaten Haushalte oder als Vorprodukte die Produktionsmöglichkeiten der privaten Unternehmen verbessern. Eine Optimierung der privaten Produktionsbedingungen führt zu Kostenersparnissen bei den Unternehmen, bei funktionierendem Wettbewerb zu einer Reduzierung der Preise der Endprodukte für die Verbraucher und damit ebenfalls zu einer Besserstellung der Konsumenten. Gleichzeitig werden durch das öffentliche Projekt Ressourcen gebunden, die einer alternativen Verwendung durch Unternehmen oder private Haushalte entzogen werden, so daß die Konsummöglichkeiten der privaten Haushalte eine Verschlechterung erfahren. Die Verringerung der Konsummöglichkeiten stellen die gesamtwirtschaftlichen Kosten des Projektes dar, die nach dem Opportunitätskostenprinzip ermittelt werden (vgl. Pearce, 1983, S. 13). Die Opportunitätskosten eines Gutes oder Faktors in seiner aktuellen Verwendung entsprechen im allgemeinen seinem Wert in einer alternativen Verwendung. Damit wird das Konzept mehrdeutig, sobald es mehrere Alternativverwendungen gibt. Da es im Rahmen der Kosten-Nutzen-Analyse immer um den Vergleich mit der vorhandenen Situation geht (Ohne-Fall), ist die relevante Vergleichssituation für die Ermittlung der Opportunitätskosten der Fall, daß das Investitionsprojekt nicht durchgeführt wird (vgl. Mishan, 1988, S. 64). Ausschlaggebendes Entscheidungskriterium für die Beurteilung eines öffentlichen Projektes sind nicht die direkten Mengenänderungen der Güterversorgung oder die indirekten Wirkungen durch relative Preisänderungen, sondern die Wirkung auf die Befriedigung der individuellen Bedürfnisse der Endverbraucher. Der Grad der Bedürfnisbefriedigung wird nach dem Prinzip der Konsumentensouveränität bestimmt, d.h. Maßstab ist der individuelle Nutzen, den der einzelne Konsument einem Gut beimißt. Die gesamtwirtschaftliche Bewertung erfolgt durch die Aggregation der individuellen Nutzen der gesamten Gesellschaft, die als soziale Wohlfahrt bezeichnet wird (vgl. Hanusch, 1994, S. 2, Pearce, 1983, S. 4-7). Sinnvoll ist entsprechend der Kosten-Nutzen-Analyse die Durchführung jedes Projektes, das nach Abzug der Opportunitätskosten per Saldo einen positiven Beitrag zur sozialen Wohlfahrt leistet, d.h. einen positiven Nettonutzen aufweist. Aus mehreren Alternativen ist das Projekt auszuwählen, das den größten Nettonutzen bietet (vgl. Mishan, 1988, S. XXIX). Der Vorteil des Nutzenansatzes für die ökonomische Analyse individueller Entscheidungen ist die Zulassung der Einbeziehung völlig verschiedener Dinge wie materieller Güter, Freizeitaktivitäten oder Umweltqualität in den Entscheidungsprozeß, ohne daß ein Dimensionsproblem entsteht. Im Modell wird davon ausgegangen, daß die Individuen unter Beachtung ihrer persönlichen Restriktionen durch Einkommen und Güterpreise versuchen, ihren Nutzen zu maximieren. Dabei nimmt die ökonomische Analyse die individuelle Präferenzstruktur bis auf wenige Ausnahmen nach dem Prinzip der Konsumentensouveränität als gegeben an (vgl. Endres, 1982, S. 253f). Dieses Vorgehen impliziert das normative Urteil, daß die individuellen Präferenzen die richtige Entscheidungsgrundlage darstellen (vgl. Pearce, 1983, S. 7). Neben dem bereits genannten Problem der Außerachtlassung der Verteilungswirkungen, lassen sich noch weitere Einwände gegen das Prinzip der Konsumentensouveränität vorbringen:

- Es ist möglich, daß der Konsument seine Präferenzen aufgrund unzureichender Informationen über die tatsächlichen Wirkungen der zu beurteilenden Güter gebildet hat (vgl. Endres, 1982, S. 257). So sind z.B. die Wirkungen von Immissionen auf die Gesundheit und die Umwelt für den Verbraucher zum großen Teil nicht direkt erfahrbar und z.T. noch nicht vollständig erforscht. Den Konsumenten fehlen teilweise die Informationen, teilweise die Informationsverarbeitungskapazität, um die tatsächliche Wohlfahrtswirkung einer Maßnahme beurteilen zu können (vgl. Field, 1994, S. 52).
- Ein weiterer Einwand besteht im Problem der unzureichenden Repräsentanz zukünftiger Generationen (vgl. Ewers, 1986a, S. 12), da die Wirkungen langlebiger Investitionsprojekte z.B. im Infrastrukturbereich weit in die Zukunft reichen können.[39] Ökonomisch fundierte Aussagen über die Entwicklung der Präferenzen können bisher nicht gemacht werden. Da nicht damit zu rechnen ist, daß die Präferenzstruktur konstant ist, ist es unbefriedigend, gleichbleibende Präferenzen für die nachfolgenden Generationen anzunehmen (vgl. Endres, 1982, S. 257f).
- Unterstützung findet die Kritik am Prinzip der Konsumentensouveränität durch das Konzept der meritorischen Güter (vgl. Head, 1988, S. 4f). Der Begriff meritorische Güter geht auf Musgrave (1969, S. 14-17) zurück. Er bezeichnet damit Güter, die dem Gemeinschaftsinteresse dienen und von der öffentlichen Hand bereitgestellt werden, weil die individuellen Präferenzen der Wirtschaftssubjekte zu einem gesamtwirtschaftlich suboptimalen Verbrauchsniveau führen. Demeritorische Güter sind infolgedessen Güter, die nach Auffassung der politisch Verantwortlichen dem Gemeinschaftsinteresse abträglich sind und ohne staatliche Eingriffe ein zu hohes Verbrauchsniveau aufweisen. Gründe für das unerwünschte Verhalten der Konsumenten können mangelnde oder falsche Informationen, politisch oder ethisch unerwünschte Präferenzen wie Neidgefühle und Intoleranz oder irrationale Entscheidungen sein (vgl. Mishan, 1988, S. 163-166). Das Konzept der meritorischen Güter ist umstritten.[40] Tatsächlich greift der Staat jedoch vielfach in die Güterver-

---

39 Auf die erforderliche Diskontierung der Projektwirkungen und die zeitliche Eingrenzung der Kosten-Nutzen-Analyse wird in den Abschnitten 3.1.6 und 3.2.1 noch eingegangen.

40 Vgl. die angegebene Literatur bei Head (1988, Fn. 8, S. 3).

sorgung ein, wie z.B. in den Bereichen Bildung, Gesundheit, Altersvorsorge, Drogen, Minderheitenschutz und erschöpfbare Ressourcen. Diese Arten von staatlichen Aktivitäten könnten nicht begründet werden, wenn meritorische Güter außer Betracht blieben (vgl. Brümmerhoff, 1988, S. 94).

3.1.2 Aufbau und Durchführung der Kosten-Nutzen-Analyse

Um im Rahmen einer Kosten-Nutzen-Analyse alle Kosten und Nutzen vollständig einzubeziehen, müssen alle Projektwirkungen vollständig erfaßt und bewertet werden. Dafür müssen alle Effekte genau spezifiziert und separat erfaßt werden. Zunächst lassen sich reale und pekuniäre Projektwirkungen unterscheiden. Reale Effekte beeinflussen unmittelbar die Versorgung der betroffenen Individuen mit Gütern. Pekuniäre Effekte entstehen durch die Anpassung der Struktur der Nachfrage an die veränderten Produktions- und Konsumbedingungen und führen zu Verteilungsänderungen zwischen verschiedenen Individuen. In einer vollbeschäftigten Wirtschaft stellen sie lediglich monetäre Transfers dar, keine Nettogewinne oder -verluste. Wenn von verteilungspolitischen Zielen abstrahiert wird, sind pekuniäre Effekte für die Projektbewertung deshalb nicht von Bedeutung (vgl. Musgrave/Musgrave/Kullmer, 1990, S. 177-179, Hanusch, 1994, S. 8f). Reale Effekte können weiterhin folgendermaßen unterschieden werden, wobei eine klare Abgrenzung nicht immer möglich ist (vgl. Sassone/Schaffer, 1978, S. 32-40, Musgrave/Musgrave/Kullmer, 1990, S. 177-181):

- Direkte und indirekte Effekte werden nach der Zielbezogenheit unterschieden. Direkte Effekte sind diejenigen, mit denen die explizit definierten Ziele des Projektes verfolgt werden, während indirekte Effekte mit den eigentlichen Projektzielen nichts zu tun haben und ohne Absicht entstehen. Eine konkretere Abgrenzung ist hier nicht möglich.
- Tangible Effekte und intangible Effekte werden nach der Meßbarkeit unterschieden. Tangible Effekte können zumindest physisch gemessen werden, während intangible Effekte nicht meßbar sind und nur mit Hilfe qualitativer Angaben umschrieben werden können.
- Finale Effekte bringen den Konsumenten unmittelbar einen Nutzen, während intermediäre Effekte den privaten Produktionsbereich durch Kostenänderungen beeinflussen und an den Endverbraucher nur mittelbar über die privat erstellten Produkte weitergeleitet werden.
- Interne Effekte wirken sich direkt oder indirekt bei den Betroffenen eines Projektes aus. Sie werden über Märkte gehandelt. Externe Effekte gehen über die eigentlichen Wirkungen eines Projektes hinaus und betreffen unbeteiligte Dritte, ohne daß diesen ein Entgelt dafür abverlangt werden kann oder eine Entschädigung gezahlt werden muß, da kein Markt für diese Güter oder Leistungen besteht.[41]

Eine vollständige Analyse der Wirkungen eines Projektes wäre weder räumlich noch zeitlich zu begrenzen. Die meisten öffentlichen Projekte, die einer Kosten-Nutzen-Analyse unterzogen werden, haben jedoch nur eine begrenzte Lebensdauer, nach deren Ende auch keine meßbaren Wirkungen mehr für die Gesamtwirtschaft beste-

---

41 Eine genaue Definition von externen Effekten erfolgt weiter unten auf S. 81.

hen, so daß es sinnvoll ist, die Bewertung entsprechend der Projektlebensdauer zeitlich zu beschränken. Für die praktische Umsetzung einer Kosten-Nutzen-Analyse macht außerdem die begrenzte Prognostizierbarkeit der relevanten wirtschaftlichen Rahmenbedingungen und der Projektwirkungen eine temporäre Begrenzung erforderlich.

Die Durchführung einer Kosten-Nutzen-Analyse umfaßt folgende Schritte (vgl. Hanusch, 1994, S. 6):

- Festlegung der zu berücksichtigenden finanziellen, technischen, rechtlichen und administrativen Nebenbedingungen,
- Auswahl der zu bewertenden Projekte bzw. Alternativen,
- Ermittlung aller relevanten Wirkungen des Projektes, d.h. all jener Wirkungen, die zu veränderten Entwicklungen gegenüber dem Vergleichsfall (ohne GVZ) führen,
- Quantifizierung und monetäre Bewertung der Projektwirkungen,
- zeitliche Homogenisierung der Projektwirkungen, d.h., es muß ein einheitlicher Bezugszeitpunkt, Preisstand, Prognosehorizont sowie Nutzungszeitraum festgelegt werden, und Zusammenfassung zu einem einheitlichen Bewertungskriterium und
- geeignete Modifikation des Entscheidungskriteriums bei Vorliegen von Risiko oder Unsicherheit.

Weitere Verfahren zur gesamtwirtschaftlichen Bewertung öffentlicher Maßnahmen sind die Kosten-Wirksamkeitsanalyse und Nutzwertanalyse. Sie untersuchen die Wirkungen eines öffentlichen Projektes nicht in Hinblick auf ein übergeordnetes Ziel, sondern in Hinblick auf projektspezifische Ziele. Beide Verfahren verzichten darauf, die Outputwirkungen monetär zu bewerten und geben nur den jeweiligen Zielerreichungsgrad an. Während bei der Nutzwertanalyse die erfaßten Werte zu einem Gesamtmaß, dem Nutzwert, zusammengefaßt werden, bleiben in der Kosten-Wirksamkeitsanalyse die Ergebnisse für die Teilwirksamkeiten in einer Matrix nebeneinander stehen. Die Zusammenfassung wird den politischen Entscheidungsträgern überlassen. Ein weiterer Unterschied zur Kosten-Nutzen-Analyse besteht in der Einbeziehung der Kosten. In der Kosten-Wirksamkeitsanalyse werden sie nach dem Opportunitätskostenkonzept ermittelt, wie in der Kosten-Nutzen-Analyse. Die Nutzwertanalyse hingegen verzichtet grundsätzlich auf die Ermittlung von Kosten; sie werden lediglich als negative Teilnutzwerte aufgenommen. Im Ergebnis liefern beide Verfahren Vergleiche zwischen konkurrierenden Projekten. Die Nutzwertanalyse kann, sofern die Kosten der Projekte gleich hoch sind, eine eindeutige Rangfolge zwischen den Projekten aufstellen. Keines der beiden Verfahren kann jedoch eine Aussage über die gesamtwirtschaftliche Vorteilhaftigkeit eines Projektes machen, und es können nur Projekte mit demselben Zielsystem verglichen werden (vgl. Hanusch, 1994, S. 159-181). Für den hier verfolgten Zweck sind die Kosten-Wirksamkeitsanalyse und die Nutzwertanalyse deshalb ungeeignet.

3.1.3 Das Konzept des sozialen Überschusses

3.1.3.1 Nutzenmessung nach dem kardinalen Konzept

Mit der Festlegung der individuellen Präferenzen als Grundlage für die Bewertung von Kosten und Nutzen ist noch offen, wie die Messung des Nutzens erfolgen soll. Der Zusammenhang zwischen einer Menge von Gütern und dem empfundenen Nutzen kann durch die Nutzenfunktion

(1) $$u = u(x_1, \ldots, x_n)$$

umschrieben werden. Hierbei bezeichnet u den Nutzen und x_i mit $i = 1, \ldots, n$ die im Güterbündel enthaltene Menge des Gutes i. Für die Nutzenfunktion werden die allgemein üblichen Prämissen zugrundegelegt.[42] Außerdem wird angenommen, daß

- Nichtsättigung vorliegt, d.h., es gilt $\partial u/\partial x > 0$ und
- die Nutzenfunktion einen quasi-konkaven Verlauf hat, d.h., für die zweite Ableitung der Nutzenfunktion gilt $\partial u^2/\partial x \leq 0$.

Der Nutzenfunktion können zwei unterschiedliche theoretische Konzepte zugrunde liegen: ein kardinales oder ein ordinales Nutzenkonzept. Eine Nutzenfunktion des ordinalen Konzeptes bringt lediglich eine Ordnung zwischen verschiedenen Güterbündeln zum Ausdruck. Nutzendifferenzen zwischen einzelnen Gütern oder Güterbündeln lassen sich nicht angeben. Eine Nutzenfunktion des kardinalen Konzeptes ordnet nicht nur jeder Gütermenge ein Nutzenniveau zu, sondern kann für jede Änderung der verfügbaren Gütermenge die individuell empfundene Änderung des Nutzenniveaus angeben, so daß Nutzenunterschiede analysiert werden können (vgl. Hesse, 1980, S. 362, Hanusch, 1994, S. 16).

Auf dem Konzept einer kardinalen Nutzenfunktion basiert der Bewertungsansatz von Marshall mit Hilfe von Konsumenten- und Produzentenrente. Das Konzept der Konsumentenrente geht ursprünglich auf Dupuit (1844, insbesondere S. 106-109) zurück und wurde von Marshall weiterentwickelt. Marshall (1961, S. 124) definiert die Konsumentenrente als den Betrag, den ein Nachfrager über die tatsächlichen Ausgaben für ein Gut hinaus bereit gewesen wäre, für den Erhalt dieses Gutes zu zahlen. Die Konsumentenrente einer Maßnahme, deren Ziel die Einsparung von Kosten bei den Begünstigten ist, wird durch das Absinken des Preises für das betreffende Gut angegeben (vgl. Mishan, 1988, S. 25f). In engem Zusammenhang mit der Konsumentenrente steht die maximale Zahlungsbereitschaft, womit der Betrag bezeichnet wird, den eine Person maximal bereit ist, zu bezahlen, um in den Genuß eines Vorteils zu kommen. Die Zahlungsbereitschaft abzüglich dessen, was der Konsument für den Erhalt des Gutes tatsächlich zahlen muß, ist die Konsumentenrente

---

[42] Dies sind (vgl. Varian, 1992, S. 94f):

- Reflexivität, d.h., es gilt $u(x_1, x_2, x_3) = u(x_1, x_2, x_3)$,
- Vollständigkeit, d.h., für zwei beliebige Güterbündel kann der Konsument immer angeben, welches er höher einschätzt oder ob er beide gleich bewertet,
- Transitivität, d.h., wenn $u(x_1) > u(x_2)$ und $u(x_2) > u(x_3)$, dann gilt auch $u(x_1) > u(x_3)$ und
- Kontinuität, d.h., es treten keine Sprünge in der Nutzenfunktion auf, so daß ein Konsument zwei sehr ähnliche Güterbündel nicht vollkommen unterschiedlich bewertet.

(vgl. Mishan, 1988, S. 22f). Ein näherungsweises Maß für die Konsumentenrente ist nach Marshall (1961, S. 128f) die Fläche unterhalb der Nachfragekurve abzüglich der tatsächlichen Zahlung. Voraussetzung für die Gültigkeit dieses Maßes sind zwei Bedingungen (vgl. auch Hicks, 1941, 109f):

- Der Grenznutzen des Einkommens muß für jeden einzelnen Nachfrager konstant sein (vgl. Marshall, 1961, S. 842), d.h. unabhängig von Preisänderungen (vgl. Samuelson, 1942, S. 80). Dies ist erfüllt, wenn die Ausgaben für das untersuchte Gut nur einen kleinen Anteil an den Gesamtausgaben des Nachfragers haben oder anders formuliert, der Einkommenseffekt des betreffenden Gutes gleich null ist (vgl. Hicks, 1946, S. 40).
- Da der Grenznutzen des Einkommens mit zunehmendem Einkommen sinkt, verursacht der gleiche Geldbetrag bei verschiedenen Nachfragern einen unterschiedlichen Nutzen. Um diesem Umstand bei der Aggregation der individuellen Nutzen zur gesellschaftlichen Wohlfahrt Rechnung zu tragen, nimmt Marshall (1920, S. 130f) an, daß alle sozialen Schichten von der zu bewertenden Maßnahme gleichermaßen betroffen sind.

Eine exakte Nutzenmessung auf dieser Basis würde voraussetzen, daß die individuellen Nutzen auf einer für alle Individuen einheitlichen Wertskala kardinal meßbar und interpersonell vergleichbar sind. Die kardinale Meßbarkeit von Nutzen ist jedoch in der Praxis nicht möglich und die Vergleichbarkeit wegen individuell unterschiedlicher Bewertungsrahmen aufgrund der unterschiedlichen persönlichen Prädispositionen in allen Lebensbereichen nicht gegeben (vgl. Rothschild, 1992, S. 62f, Pommerehne, 1987, S. 234f m.w.N., Sohmen, 1976, S. 348f).

Diese Probleme sollen formal veranschaulicht werden.[43] Dazu wird für einen Konsumenten eine kardinale Nutzenfunktion unterstellt, wie sie in Gleichung (1) angegeben ist. Der Konsument verfüge über das Einkommen y, das er vollständig für den Kauf der Güter x_i mit $i = 1, ..., n$, für die die Preise p_i mit $i = 1, ..., n$ gelten, verwendet. Die indirekte Nutzenfunktion v mit

$$(2) \qquad v(p_1,\dots,p_n,y) = u[x_1(p_1,\dots,p_n,y),\dots,x_n(p_1,\dots,p_n,y)]$$

gibt dann das maximale Nutzenniveau an, das ein Konsument bei Vorliegen des Einkommens y und Gültigkeit der Preise p_i erreichen kann.[44] Kommt es nun infolge der Durchführung eines öffentlichen Projektes zu einer Änderung von Güterpreisen und möglicherweise des Einkommens des betrachteten Konsumenten, dann paßt er seine Güternachfrage an die neuen Preis- und Einkommensverhältnisse an. Entsprechend der indirekten Nutzenfunktion (2) führt dies zu einer Änderung des individuellen Nutzenniveaus in Höhe von

$$(3) \qquad dv = \sum_{i=1}^{n} \frac{\partial v}{\partial p_i} dp_i + \frac{\partial v}{\partial y} dy \ .$$

---

[43] Vgl. Hotelling (1936), Boadway (1974, S. 927-930), Hesse (1980, S. 363-369), Hanusch (1995, S. 25-35).

[44] Zur Herleitung der indirekten Nutzenfunktion v aus der direkten Nutzenfunktion u vgl. Hanusch (1994, S. 26f).

Zur Berechnung der Nutzenänderung werden die partiellen Ableitungen der indirekten Nutzenfunktion

(4) $\frac{\partial v}{\partial p_i} = -\lambda x_i$ und

(5) $\frac{\partial v}{\partial y} = \lambda$

benötigt (vgl. Varian, 1992, S. 107f). Gleichung (5) besagt, daß λ den Grenznutzen des Geldes angibt. Durch Einsetzen der partiellen Ableitungen in Gleichung (3) ergibt sich zur Messung von Nutzenänderungen

(6) $dv = -\lambda \sum_{i=1}^{n} x_i(p_1, \ldots, p_n, y)dp_i + \lambda dy.$

Die Durchführung eines öffentlichen Projektes kann zu einer Änderung der Güterpreise p und des Einkommens y führen. v^1 bezeichne das Nutzenniveau eines Konsumenten vor und v^2 nach der Durchführung eines öffentlichen Projektes. Für eine Nutzenänderung Δv gilt dann

(7) $\Delta v = v^2 - v^1 = \int dv = -\int \lambda \left[\sum_{i=1}^{n} x_i dp_i - dy \right].$

In dieser Gleichung treten zwei Probleme auf. Bei dem Integral in Gleichung (7) handelt es sich um ein Linienintegral, dessen Wert im allgemeinen nicht eindeutig bestimmt ist, weil es vom Integrationspfad abhängig ist. D.h., die Veränderungen von Preisen und Mengen eines Konsumenten zwischen Ausgangszustand und Endzustand werden entlang eines ganz bestimmten Integrationspfades gemessen (vgl. Hanusch, 1994, S. 28f, Hesse, 1980, S. 364). Das Problem der Pfadabhängigkeit wird in Abbildung 8 anhand der Nachfragekurven eines Haushalts nach zwei Gütern, die in substitutiver Beziehung stehen, graphisch dargestellt (vgl. Hanusch, 1994, S. 28f, Hesse, 1980, S. 364f). Im Ausgangsgleichgewicht gelten die Gütermenge x_1^1 und x_2^1 sowie die Preise p_1^1 und p_2^1. Es wird angenommen, die Durchführung eines öffentlichen Projektes führe dazu, daß im Endzustand die Preise p_1^2 und p_2^2 realisiert werden. Die Anpassung kann sich auf zwei unterschiedlichen Wegen vollzogen haben:

- Das Projekt könnte zu einer Senkung des Preises für das Gut 1 von p_1^1 auf p_1^2 geführt haben, so daß die Konsumentenrente um die Fläche $p_1^2BAp_1^1$ gestiegen wäre. Aufgrund der substitutiven Beziehung zwischen den Gütern führt das zu einem Rückgang der Nachfrage nach Gut 2 und die Nachfragekurve verschiebt sich von N_2^1 nach N_2^2. Aus dem Nachfragerückgang ergibt sich eine Preissenkung bei Gut 2 und die Konsumentenrente nimmt um die Fläche $p_2^2GHp_2^1$ zu. Die neuen Gleichgewichte sind durch die Punkte B für x_1 und G für x_2 angegeben.
- Das Projekt hätte zunächst den Preis für Gut 2 senken können, so daß die Konsumentenrente um die Fläche $p_2^2FEp_2^1$ gestiegen wäre. Wenn sich die Nachfrage-

kurve für Gut 1 infolge der Preissenkung für Gut 2 von N_1^1 nach N_1^2 verlagert, entsteht ein Zuwachs an Konsumentenrente in Höhe der Fläche $p_1^2CDp_1^1$. Die neuen Gleichgewichtspunkte für die beiden Gütermärkte sind jetzt *C* für x_1 und *F* für x_2.
Es zeigt sich also, daß sich die Summen der Konsumentenrentenänderungen für beide Anpassungspfade unterscheiden. Für den ersten Pfad beträgt sie $p_1^2BAp_1^1+p_2^2GHp_2^1$ und für den zweiten Pfad $p_1^2CDp_1^1+p_2^2FEp_2^1$. Das Nutzenniveau, das der Haushalt nach der Projektdurchführung erreicht, ist in beiden Fällen dasselbe, es unterscheiden sich lediglich die zu seiner Bemessung errechneten Geldbeträge.

Abbildung 8: Das Problem der Pfadabhängigkeit

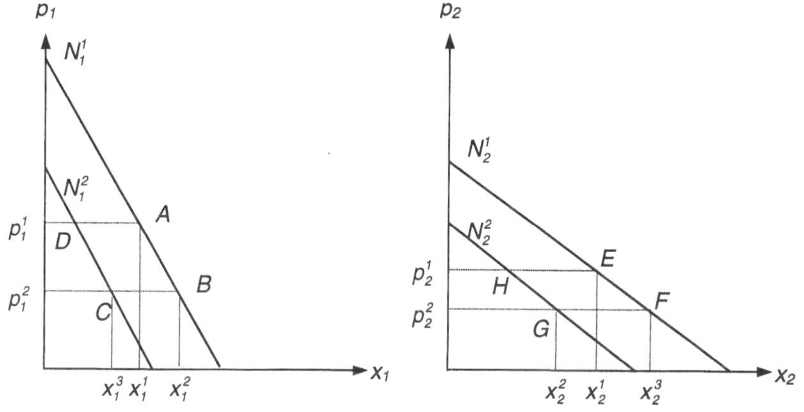

Quelle: eigene Darstellung nach Helmut Hesse, Nutzen-Kosten-Analyse I: Theorie, in: Albers, Willi u.a. (Hrsg.), Handwörterbuch der Wirtschaftswissenschaften, Bd. 5, Stuttgart u.a., S. 365.

Notwendige und hinreichende Bedingung für Pfadunabhängigkeit des Linienintegrals ist, daß für alle Preispaare p_1 und p_2 gilt (vgl. Hicks, 1946, S. 310)

(8) $$\frac{\partial x_1}{\partial p_2}+\frac{\partial x_1}{\partial y}x_1=\frac{\partial x_2}{\partial p_1}+\frac{\partial x_2}{\partial y}x_2.$$

Samuelson (1942, S. 81f) hat gezeigt, daß diese Bedingung erfüllt ist, wenn die Konsumenten homothetische Nutzenfunktionen haben. Die Konsum-Einkommenskurven der Konsumenten entsprechen dann einem Fahrstrahl aus dem Ursprung, und die Einkommenselastizität der Nachfrage ist für alle Güter gleich eins. Den Ergebnissen ökonometrischer Forschung zufolge müssen homothetische Nutzenfunktionen jedoch als weitgehend unrealistisch angesehen werden (vgl. Hesse, 1980, S. 365). Die praktische Relevanz des Problems der Pfadunabhängigkeit, das mathematisch zweifellos besteht, wird allerdings angezweifelt, weil die Preisanpassungen für verschiedene Güter in der Realität simultan vollzogen werden (vgl. Mishan, 1988, S. 41).

Das zweite Problem, das der Berechnung einer Nutzenänderung mit Gleichung (7) im Wege steht, ist der unbekannte Grenznutzen des Einkommens λ. Er ist abhängig von den Preisen p_i und dem Einkommen y (vgl. Hanusch, 1994, S. 30). Marshall (1961, S. 842) und Samuelson (1942, S. 80f) haben deshalb die Annahme getroffen, daß der Grenznutzen des Einkommens konstant sei (vgl. oben, S. 61). Dann läßt sich (7) zu

(9) $$\Delta v \frac{1}{\lambda} = -\int \left[\sum_{i=1}^{n} x_i dp_i - dy \right] = -\int \sum_{i=1}^{n} x_i dp_i + \int dy$$

vereinfachen, so daß die Änderungen der Konsumentenrente und des Einkommens getrennt berechnet werden können, wobei der Faktor $1/\lambda$ als Umrechnungswert zwischen der in Geldeinheiten gemessenen Konsumentenrenten- und Einkommensänderung und dem individuellen Nutzen interpretiert werden kann und $\int dy$ das Maß für eine Einkommensänderung Δy ist.

Die bisherigen Untersuchungen beschränkten sich auf die Betrachtung eines einzelnen Konsumenten bzw. eines Haushalts. Zur Messung des gesamtwirtschaftlichen Nutzens (vgl. Hanusch, 1994, S. 32f, Hesse, 1980, S. 368) werden die individuellen Nutzenfunktionen v_k zu einer gesamtwirtschaftlichen Wohlfahrtsfunktion zusammengefaßt. Das kardinale Nutzenkonzept geht zu diesem Zweck von einer Bergsonschen Wohlfahrtsfunktion W aus, mit

(10) $$W = W(v_1, \ldots, v_m).$$

Eine Wohlfahrtsänderung wird durch das totale Differential der Wohlfahrtsfunktion

(11) $$dW = \sum_{k=1}^{m} \frac{\partial W}{\partial v_k} dv_k$$

angegeben, wobei k der Index für den einzelnen Konsumenten ist mit $k = 1, \ldots, m$. Durch Einsetzen von Gleichung (6) in Gleichung (11) folgt

(12) $$dW = \sum_{k=1}^{m} \frac{\partial W}{\partial v_k} \lambda_k (dy_k - \sum_{i=1}^{n} x_{ik} dp_i).$$

Daraus ergibt sich für eine Änderung der sozialen Wohlfahrt ΔW durch ein öffentliches Projekt

(13) $$\Delta W = W^2 - W^1 = \int dW = \int \sum_{k=1}^{m} \frac{\partial W}{\partial v_k} \lambda_k (dy_k - \sum_{i=1}^{n} x_{ik} dp_i).$$

In dieser Gleichung stellt λ_k den individuellen Grenznutzen des Einkommens von Person *k* dar, der mit dem Faktor $\partial W/\partial v_k$ gewichtet wird, und der Ausdruck $\frac{\partial W}{\partial v_k}\lambda_k$ wird als sozialer Grenznutzen des Einkommens des Individuums *k* bezeichnet. Zur Ermittlung der gesamtwirtschaftlichen Wohlfahrtsänderung müßte der Grenznutzen des Einkommens λ für jedes Individuum *k* bekannt sein. Dies würde voraussetzen, daß Nutzen kardinal meßbar und interpersonell vergleichbar ist (vgl. Hanusch, 1994, S. 33). Die Möglichkeit, Nutzendifferenzen zwischen verschiedenen Individuen zu messen, wird jedoch von den meisten Ökonomen als nicht operabel abgelehnt (vgl. Sohmen, 1976, S. 348f, Pearce/Nash, 1981, S. 26f, Pommerehne, 1987, S. 233-235). Ein weiteres Problem liegt in der Bestimmung des Gewichtungsfaktors $\partial W/\partial v_k$. Zu seiner Bestimmung müßte genau festgelegt werden, wie sich die gesamtwirtschaftliche Wohlfahrtsfunktion *W* aus den individuellen Nutzenfunktionen v_k zusammensetzen soll (vgl. Hanusch, 1994, S. 33f). Um trotzdem eine Aggregation der individuellen Nutzeneinschätzungen zu ermöglichen, wird die stark umstrittene Annahme getroffen, daß der soziale Grenznutzen der Einkommen für alle Konsumenten gleich sei, d.h., es gilt

$$(14) \qquad \frac{\partial W}{\partial v_1}\lambda_1 = \frac{\partial W}{\partial v_2}\lambda_2 = \ldots = \frac{\partial W}{\partial v_m}\lambda_m = \mu \ .$$

Dies impliziert das normative Werturteil, daß die Einkommensverteilung in der Volkswirtschaft insofern optimal ist, als daß der soziale Grenznutzen der Einkommen für alle Konsumenten gleich ist und sich durch Umverteilung keine höhere gesamtwirtschaftliche Wohlfahrt erreichen lasse (vgl. Endres, 1982, S. 258f, Pearce/Nash, 1981, S. 26f). Diese Annahme wird durch das Argument unterstützt, daß die Gesellschaft vielfältige Möglichkeiten hätte, die Einkommensverteilung zu ändern, wenn sie sie als suboptimal empfänden (vgl. Hesse, 1980, S. 368). Gleichung (13) wird unter Berücksichtigung dieser Annahme zu

$$(15) \qquad \Delta W\frac{1}{\mu} = \int\sum_{k=1}^{m} dy_k - \sum_{k=1}^{m}\sum_{i=1}^{n} x_{ik}\,dp_i \ .$$

Der Faktor $1/\mu$ kann als Umrechnungswert zwischen der in Geldeinheiten gemessenen Konsumentenrenten- und Einkommensänderung und dem gesellschaftlichen Nutzen interpretiert werden. Das Integral der Summe der Einkommensänderungen aller betroffenen Konsumenten $\int\sum_{k=1}^{m} dy_k$ stellt die gesamtwirtschaftliche Einkommensänderung ΔY dar. Die Summen der Nachfragefunktionen $\sum_{i=1}^{n}\sum_{k=1}^{m} x_{i,k}$ für alle Güter $i = 1, \ldots, n$ und für alle Konsumenten $k = 1, \ldots, m$ repräsentieren die Summe der Marktnachfragefunktion $\sum_{i=1}^{n} X_i$ für alle Güter, so daß Gleichung (15) vereinfacht werden kann zu

(16) $$\Delta W \frac{1}{\mu} = -\int \sum_{i=1}^{n} X_i dp_i + \Delta Y \ .$$

Gleichung (16) stellt ein Bewertungsmaß dar, das die gesamtwirtschaftliche Wohlfahrtswirkung eines Projektes auf der Basis des Konzeptes der Konsumentenrente in Geldeinheiten angibt.

Analog zum Konzept der Konsumentenrente können die Wirkungen eines Projektes auch anhand der Zahlungsbereitschaften erfaßt werden (vgl. oben, S. 60). Das Konzept der Zahlungsbereitschaft unterscheidet sich von dem der Konsumentenrenten dadurch, daß es nicht auf Preis-, sondern auf Mengenänderungen abstellt. Ausgehend von Gleichung (16) kann eine gesamtwirtschaftliche Wohlfahrtsänderung mit Hilfe von Zahlungsbereitschaften folgendermaßen berechnet werden (vgl. Hanusch, 1994, S. 35):

(17) $$\Delta W \frac{1}{\lambda} = \int \sum_{i=1}^{n} p_i dX_i + \Delta Y \ .$$

Durch die Gleichgewichtung der Konsumentenrenten bzw. der Zahlungsbereitschaften der einzelnen Konsumenten bei der Aggregation entspricht das Konzept dem Kaldor/Hicks-Kriterium (vgl. Suntum, 1986a, S. 27f). Demzufolge wird ein ökonomischer Zustand 1 gegenüber einem Zustand 2 als gesamtwirtschaftlich vorteilhaft beurteilt, wenn die Begünstigten in Zustand 1 ausreichend große Vorteile haben, so daß sie den Benachteiligten einen Ausgleich verschaffen können und nach der Kompensation niemand schlechter gestellt ist als in Zustand 2 und mindestens eine Person besser gestellt ist (vgl. Kaldor, 1939, S. 550f, Hicks, 1939, S. 700-706). Dieses Kriterium baut auf dem Pareto-Optimum auf (vgl. Pareto, 1927, S. 354 und 617f), dessen Schwäche darin besteht, daß die Bewertung von Maßnahmen, die sowohl zu Nutzensteigerungen als auch zu Nutzeneinbußen führen, wie es für öffentliche Projekte charakteristisch ist, nicht möglich ist (vgl. Sassone/Schaffer, 1978, S. 8f). Das Kaldor/Hicks-Kriterium orientiert sich nicht an einer tatsächlichen Pareto-Verbesserung, bei der mindestens ein Wirtschaftssubjekt besser und niemand schlechter gestellt wird, sondern an einer potentiellen Pareto-Verbesserung, in der zwar eine Pareto-Verbesserung durch Kompensationszahlungen möglich wäre, die aber nicht realisiert wird, denn die wirkliche Durchführung der Ausgleichszahlungen wird nicht gefordert.

Abschließend muß festgehalten werden, daß die Gültigkeit der Bewertungsmaße, die durch die Gleichungen (16) und (17) angegeben werden, auf einigen sehr unrealistischen Annahmen basieren:

- homothetische Nutzenfunktionen der Konsumenten,
- konstanter Grenznutzen des Einkommens für jeden Konsumenten, d.h. vernachlässigbarer Einkommenseffekt,
- gleicher Grenznutzen des Einkommens für alle Konsumenten und
- kardinal meßbarer, interpersonell vergleichbarer Nutzen.

Ohne diese Restriktionen lassen sich keine präzisen monetären Werte für die Konsumentenrente bzw. die Zahlungsbereitschaft ermitteln. Die Tatsache, daß die Restriktionen in der Realität kaum erfüllt werden, stellt jedoch die empirische Relevanz des Konzeptes der Konsumentenrente als Bewertungsmaß für die soziale Wohlfahrt in Frage. Im folgenden Kapitel wird deshalb ein modifiziertes Konzept der Konsumentenrente erläutert, mit dem es gelingt, die Hauptprobleme des hier vorgestellten Konzeptes zu vermeiden.

3.1.3.2 Nutzenmessung nach dem ordinalen Konzept

Das Hauptproblem des auf Dupuit und Marshall basierenden Konzeptes der Konsumentenrente ist seine direkte Verbindung mit der kardinalen Nutzenmessung. Eine Neuformulierung des Konzepts der Konsumentenrente im Rahmen eines rein ordinalen Nutzensystems geht auf eine Reihe von Veröffentlichungen von Hicks in den 1940er Jahren zurück.[45] Hicks (1965, S. 40f) definiert die Konsumentenrente als den Geldbetrag, der einen Konsumenten nach einer durch eine öffentliche Maßnahme induzierten Änderung von Güterpreisen und Einkommen auf seiner ursprünglichen Nutzen-Indifferenzlinie beläßt. Hicks (1943, S. 33, 35) unterscheidet bei der Bemessung der hypothetischen Geldbeträge allgemein zwischen kompensierender Einkommensvariation (compensating variation, CV), die einen Konsumenten nach Durchführung eines Projektes wieder auf sein Ausgangsniveau zurückführen würde und äquivalenter Einkommensvariation (equivalent variation, EV), die den Konsumenten auf das Nutzenniveau nach Projektdurchführung brächte, auch wenn auf das Projekt verzichtet wird. Außerdem unterscheidet Hicks (1943, S. 35f) zwischen preiskompensierenden und mengenkompensierenden Einkommensvariationen. Während preiskompensierende Variationen Projektwirkungen ausgleichen, die zu Änderungen von Preisen und nachgefragten Mengen der betroffenen Güter führen, geben mengenkompensierende Variationen den erforderlichen Einkommensbetrag an, um Projektwirkungen zu kompensieren, die lediglich zu einer Preisänderung eines Gutes führen, während die nachgefragte Menge konstant bleibt. Daraus ergeben sich vier alternative Maße (vgl. Hicks, 1943, S. 35f, 1945/46, S. 68f, Currie/Murphy/Schmitz, 1971, S. 745-747):

- die „price-compensating variation", die einen Konsumenten nach einer projektinduzierten Änderung von Preis und nachgefragter Menge wieder auf das Ausgangsnutzenniveau zurückbringt,
- die „quantity-compensating variation", die einen Konsumenten nach einer projektinduzierten Preisänderung, aber konstanter nachgefragter Menge, wieder auf das Ausgangsnutzenniveau zurückbringt,
- die „price-equivalent variation", die einem Konsumenten das gleiche Nutzenniveau verschaffen würde wie eine öffentliche Maßnahme, die zu Preis- und Mengenänderungen bei den betroffenen Gütern führt und
- die „quantity-equivalent variation", die einem Konsumenten das gleiche Nutzenniveau verschaffen würde wie eine öffentliche Maßnahme, die nur zu einer Preisänderung bei den betroffenen Gütern führt.

Würden die Ausgangs- und die Endsituation einer öffentlichen Maßnahme vertauscht werden, so würden CV und EV genau ihre Position wechseln (Hicks, 1943, S. 35). D.h., die Angabe der CV und der EV für zwei Situationen ist immer abhängig von der Änderungsrichtung. Die beiden Maße führen im allgemeinen zu unterschied-

---

45 Vgl. Hicks (1940/41, 1943, 1945/46, 1946, S. 38-41), Henderson (1940/41).

lichen Ergebnissen. Nur im Falle eines Einkommenseffektes von null sind die Werte der Maße identisch (vgl. Little, 1963, S. 170f).

In Abbildung 9 ist der Zusammenhang zwischen der Hicksschen Darstellung der Konsumentenrente und dem Marshallschen Flächenmaß dargestellt (vgl. Currie/Murphy/Schmitz, 1971, S. 748). Auf den Achsen sind die Mengen der Güter *x* und *y* abgetragen. Zur Vereinfachung wird der Preis für *y* gleich eins gesetzt, und es wird angenommen, der Konsument gäbe sein gesamtes Einkommen für die beiden Güter *x* und *y* aus, so daß der Ordinatenabschnitt der Budgetgeraden $y^0\, y^{0/}$ gleichzeitig das Einkommen *y* des Konsumenten angibt. In der Ausgangssituation erreicht der Konsument das Nutzenniveau u^1 und verwirklicht den Optimalpunkt *A*. Die Durchführung eines öffentlichen Projektes ergebe nun einen derartigen Anstieg des Preises *p* für *x*, daß *x* nicht mehr nachgefragt wird, und der neue Optimalpunkt des Konsumenten ist y^0 auf der Indifferenzlinie u^2. Die CV wird durch die Differenz y^1-y^0 und die EV durch die Differenz y^0-y^2 angegeben.

Im unteren Teil der Abbildung 9 sind die Wirkungen in einem Preis-Mengen-Diagramm dargestellt. Ausgehend vom Einkommen y^0 wird bei Preis p^1 die Menge x^1 konsumiert. Ein Preisanstieg auf den Preis p^2 für Gut *x* führt bei konstantem Einkommen y^0 zu einem Rückgang der Verbrauchsmenge auf $x^2 = 0$. Die Abhängigkeit der Verbrauchsmenge *x* vom Preis *p* bei konstantem Einkommen $\bar{y}$ wird im unteren Diagramm durch die Marshallsche oder normale Nachfragekurve *x(p, y)* abgebildet. Hicks (1945/46, S. 68) stellt diesem Zusammenhang zwei „kompensierte Nachfragekurven" - auch Hickssche Nachfragekurven genannt - gegenüber, die die nachgefragte Menge *x* in Abhängigkeit vom Preis *p* darstellen, wobei das Einkommen *y* so variiert wird, daß der Konsument bei jedem Preis auf dem ursprünglichen Nutzenniveau verbleibt. D.h., die kompensierte Nachfragekurve $x(p, u^1)$ beschreibt alle Preis-Einkommenskombinationen sowie die Preisfunktion $p(x, u^1)$ alle Mengen-Einkommenskombinationen, bei denen der Konsument sich auf der Indifferenzlinie u^1 bewegt. Entsprechend stellt $x(p, u^2)$ die kompensierte Nachfragekurve für das höhere Nutzenniveau u^2 dar. Die kompensierte Nachfragekurve kann so interpretiert werden, daß sie angibt, wieviel ein Konsument für eine zusätzliche Einheit von Gut *x* maximal zu zahlen bereit ist, wenn er für die bisher erworbene Menge den Preis bezahlt hat, den er jeweils maximal zu zahlen bereit war (vgl. Hicks, 1945/46, S. 68). Die Marshallsche Nachfragekurve hingegen gibt an, welchen Preis *p* ein Konsument für eine zusätzliche Einheit eines Gutes zu bezahlen bereit ist, wenn er die gesamte Menge *x* zu diesem Preis *p* erhält (vgl. Hesse, 1980, S. 367). Der entscheidende Vorteil und der Grund für die Konstruktion der kompensierten Nachfragekurven besteht darin, daß mit ihrer Hilfe exakte Flächenmaße für die CV und die EV analog zu dem Marshallschen Flächenmaß für die Konsumentenrente ermittelt werden können.

Im folgenden wird gezeigt, daß die Differenz y^0-y^2 genau mit der Fläche links unter der kompensierten Nachfragekurve $x(p, u^2)$ bis zum Preis p^1 übereinstimmt und ein exaktes Maß für die EV darstellt (vgl. Suntum, 1986a, S. 34f). Aus Abbildung 9 geht hervor, daß

(18) $|EV| = y^0 - y^2$.[46]

---

[46] Die Betragsstriche wären hier nicht nötig. Im Falle eines Preisrückgangs für x wäre jedoch $y^2 > y^0$.

Abbildung 9: Der Zusammenhang zwischen Indifferenzlinien und Konsumentenrente als Konzepte der Nutzenmessung

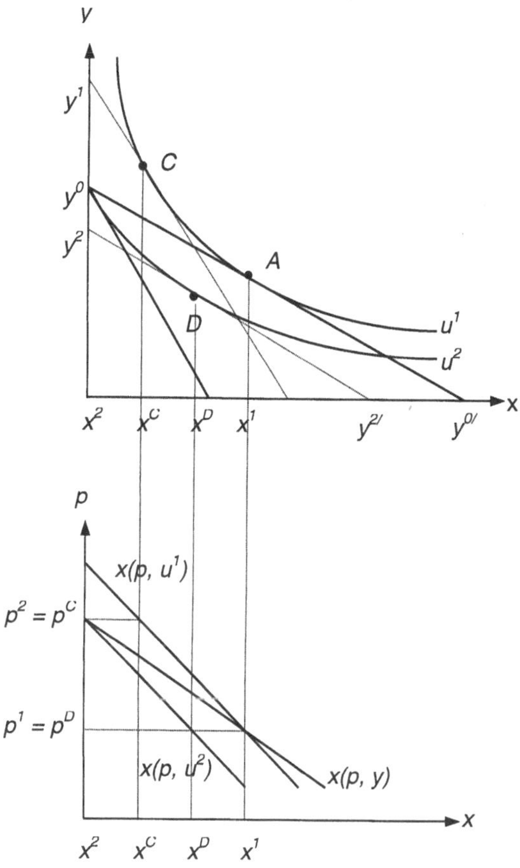

Quelle: eigene Darstellung nach Ulrich van Suntum, Konsumentenrente und Verkehrssektor. Der soziale Überschuß als Basis für öffentliche Allokationsentscheidungen (Quaestiones Oeconomicae, Bd. 8), Berlin 1986, S. 36.

Die Indifferenzlinie u^2 wird durch die Funktion $y(x, u^2)$ definiert. Für den Betrag der EV gilt dann bei einem Preisanstieg von p^1 auf p^2

(19) $$|EV| = y(x^2, u^2) - y(x^D, u^2) - [y^2 - y(x^D, u^2)],$$

(20) $$|EV| = \int_{x^D}^{x^2} \frac{d}{dx}(y(x,u^2))dx - [y^2 - y(x^D,u^2)].$$

Der Ausdruck in der eckigen Klammer entspricht genau den Gesamtausgaben des Konsumenten für x im Punkt D, also $p^1 \cdot x^D$. Da für den Preis p_y von y angenommen wird $p_y = 1$, gilt für jeden Punkt der durch das Integral beschriebenen Indifferenzlinie $dy/dx = -p$, so daß (20) sich vereinfachen läßt zu

(21) $$|EV| = \int_{x^2}^{x^D} p(x,u^2)dx - p^1 x^D.$$

Gleichung (21) gibt die Fläche links von der kompensierten Nachfragekurve $x(p, u^2)$ von p^1 bis p^2 an, d.h., es gilt

(22) $$EV = -\int_{p^1}^{p^2} x(p,u^2)dp.$$

Analog kann gezeigt werden, daß die Differenz y^1-y^0 genau mit der Fläche links unter der kompensierten Nachfragekurve $x(p, u^1)$ zwischen den Preisen p^1 und p^2 übereinstimmt und ein exaktes Maß für die CV liefert. Der Betrag für die CV läßt sich anhand der Indifferenzkurve u^1, die durch die Funktion $y(x, u^1)$ definiert wird, ermitteln. Für eine Preisänderung von p^1 auf p^2 gilt

(23) $$|CV| = y^1 - y^0 = [y^1 - y(x^C,u^1)] - y^0 + y(x^C,u^1).$$

Der Ausdruck in der eckigen Klammer entspricht genau den Gesamtausgaben des Konsumenten für x im Punkt C, also $p^2 \cdot x^C$, so daß gilt

(24) $$|CV| = [p^2 x^C] + y(x^C,u^1) - y(x^1,u^1) - (y^0 - y(x^1,u^1)),$$

(25) $$|CV| = p^2 x^C + \int_{x^1}^{x^C} \frac{d}{dx}(y(x,u^1))dx - (p^1 x^1).$$

Da für den Preis p_y von y angenommen wird $p_y = 1$, gilt für jeden Punkt der durch das Integral beschriebenen Indifferenzlinie $dy/dx = -p$, so daß (25) sich vereinfachen läßt zu

(26) $$|CV| = p^2 x^C + \int_{x^C}^{x^1} p(x,u^1)dx - p^1 x^1.$$

Gleichung (26) gibt genau die Fläche links von der kompensierten Nachfragekurve $x(p, u^1)$ in den Grenzen p^1 und p^2 an, und somit gilt

(27) $$CV = -\int_{p^1}^{p^2} x(p,u^1)dp.$$

Bisher wurde nur die Wirkung einer Preisänderung für ein einziges Gut unter der Annahme untersucht, daß die Preise für alle anderen Güter konstant bleiben. Das Konzept der EV und CV kann jedoch problemlos für den Fall mehrerer simultaner Güterpreisänderungen und möglicher Einkommensänderungen Δy erweitert werden (vgl. Suntum, 1986a, S. 58-61, Currie/Murphy/Schmitz, 1971, S. 752). Dafür ist lediglich eine Addition der Einkommensvariationen einzelner Preisänderungen erforderlich, so daß gilt

(28) $$EV = -\int_{p^1}^{p^2} \sum_{i=1}^{n} x_i(p,u^2)dp + \Delta y \quad \text{und}$$

(29) $$CV = -\int_{p^1}^{p^2} \sum_{i=1}^{n} x_i(p,u^1)dp + \Delta y.$$

Die Marshallsche Nachfragekurve befindet sich im Bereich der betrachteten Preisspanne p^1 bis p^2 zwischen den beiden Hicksschen Nachfragekurven. Für ein normales Gut verläuft die kompensierte Nachfragekurve $x(p, u^i)$, wobei $i = 1, 2$ den Zustand vor und nach der Durchführung eines öffentlichen Projektes für das geringere Nutzenniveau u^i (unabhängig davon, ob es das Ausgangs- oder Endniveau ist) links bzw. unterhalb der Marshallschen Nachfragekurve und für das höhere Nutzenniveau u^i rechts bzw. oberhalb bezeichnet. Im Falle eines inferioren Gutes verhalten sich die Positionen der kompensierten Nachfragekurven genau umgekehrt zur Marshallschen Nachfragekurve (vgl. Currie/Murphy/Schmitz, 1971, S. 750, Hicks, 1943, S. 32f).

Die Wirkung eines Projektes kann in einen Einkommens- und einen Substitutionseffekt zerlegt werden (vgl. Böbel, 1979, S. 208).[47] Während die normale Nachfragekurve den Substitutions- und den Einkommenseffekt einer Preisänderung repräsentiert, spiegelt die kompensierte Nachfragekurve nur den Substitutionseffekt wider. Im Falle eines Einkommenseffektes von null stimmen folglich die Maße von Hicks mit dem Marshallschen Maß für die Konsumentenrente überein (vgl. Currie/Murphy/Schmitz, 1971, S. 750). Dies ist von großer praktischer Bedeutung, denn im Falle eines geringen Einkommenseffektes könnte die Fläche unter der Marshallschen Nachfragekurve als Näherung für das exakte Maß der Konsumentenrente unter der kompensierten Nachfragekurve angesehen werden. Diese Argumentation hat bereits Hicks (1965, S. 40, 1943, S. 40) vertreten.

Anhand der Slutsky-Gleichung kann leicht nachgewiesen werden, daß das Problem der Pfadabhängigkeit bei der Integration der Gleichung für die EV oder die CV nicht besteht (vgl. Varian, 1994, S. 124-126). Die Bedingung für Pfadunabhängigkeit ist in Gleichung (8) angegeben, sie lautet

---

47 Formal lassen sich der Substitutions- und der Einkommenseffekt durch die Slutsky-Gleichung darstellen (vgl. Varian, 1994, S. 119f).

$$\frac{\partial x_1}{\partial p_2}+\frac{\partial x_1}{\partial y}x_1=\frac{\partial x_2}{\partial p_1}+\frac{\partial x_2}{\partial y}x_2.$$

Dies bedeutet für die Slutsky-Gleichung, daß die Substitutionseffekte symmetrisch sein müssen, d.h., die Matrix

$$\frac{\partial x_i(p,u^*)}{\partial p_j}$$

muß symmetrisch sein. Diese Bedingung ist im Falle der Slutsky-Gleichung immer erfüllt (vgl. Varian, 1994, S. 126), so daß EV und CV eindeutig bestimmt werden können.

Bisher wurde nur ein einzelner Konsument betrachtet. Die Anwendung des Kaldor/Hicks-Kriteriums setzt voraus, daß eine Aggregation der individuellen EV bzw. CV erfolgen kann. Die Summation der Einkommensbeträge bereitet jedoch keine Schwierigkeiten (vgl. Hanusch, 1994, S. 43, Currie/Murphy/Schmitz, 1971, S. 753). Interpersonelle Nutzenvergleiche sind dazu nicht notwendig. Gesamtwirtschaftlich vorteilhaft ist ein öffentliches Projekt gemäß dem Kaldor/Hicks-Kriterium, wenn die Begünstigten die Benachteiligten entschädigen können und mindestens ein Wirtschaftssubjekt besser gestellt ist als vorher, d.h., es muß gelten

(30) $\sum_{k=1}^{m} EV_k > 0$, bzw.

(31) $\sum_{k=1}^{m} CV_k > 0$,

wobei der Index k mit $k = 1, ..., m$ den einzelnen Konsumenten bezeichnet. Unter Berücksichtigung von Gleichung (28) und (29) muß also gelten

(32) $$\sum_{k=1}^{m} EV_k = -\int_{p^1}^{p^2}\sum_{k=1}^{m}\sum_{i=1}^{n} x_{i,k}(p,u^2)dp + \sum_{k=1}^{m}\Delta y > 0 \text{ bzw.}$$

(33) $$\sum_{k=1}^{m} CV_k = -\int_{p^1}^{p^2}\sum_{k=1}^{m}\sum_{i=1}^{n} x_{i,k}(p,u^1)dp + \sum_{k=1}^{m}\Delta y > 0.$$

Werden die Summen der individuellen Einkommensänderungen $\sum_{k=1}^{m}\Delta y$ durch die gesamtwirtschaftliche Einkommensänderung ΔY und die individuellen Hicksschen Nachfragefunktionen $\sum_{k=1}^{m} x_k$ durch die kompensierten Marktnachfragefunktionen X_i ersetzt, so lassen sich die Gleichungen (32) und (33) vereinfachen zu den Bewertungsgleichungen

$$(34)\quad \sum_{k=1}^{m} EV_k = -\int_{p^1}^{p^2} \sum_{i=1}^{n} X_i(p,u^2)dp + \Delta Y > 0 \text{ und}$$

$$(35)\quad \sum_{k=1}^{m} CV_k = -\int_{p^1}^{p^2} \sum_{i=1}^{n} X_k(p,u^1)dp + \Delta Y > 0.$$

Im Zusammenhang mit der Aggregation der individuellen EV und CV taucht erneut das Problem der Gewichtung auf (vgl. S. 65). Die individuellen CV und EV lassen sich zwar problemlos addieren, denn es handelt sich um Zahlungsgrößen (vgl. Suntum, 1986a, S. 80-83), da aber das Kaldor/Hicks-Kriterium nur auf einer potentiellen Pareto-Verbesserung basiert und keine tatsächliche Entschädigung der Verlierer fordert (vgl. oben, S. 66), bleibt die Frage der Verteilung von Vor- und Nachteilen offen: „The amount of the collective surplus does of course tell us nothing about the way in which this loss would be distributed among the individual consumers; ..." (Hicks, 1940/41, S. 110). Das Kaldor/Hicks-Kriterium beschränkt sich bei der Beurteilung eines öffentlichen Projektes ausschließlich auf die allokative Effizienz.

Die Durchführung von Kompensationszahlungen scheitert an der praktischen Durchführbarkeit (vgl. Sohmen, 1976, S. 307f).[48] Aber selbst wenn die Gewinner einer öffentlichen Maßnahme die Verlierer tatsächlich kompensieren würden, ließe sich nichts über die Vorteilhaftigkeit der Verteilungswirkung sagen, solange kein Werturteil über die Einkommensverteilung vor und nach dem Projekt sowie über die Gewichtung des Verteilungseffekts in Relation zum Allokationseffekt vorläge. Insofern erscheint es sinnvoll, ein Projekt allein anhand seiner allokativen Effizienz zu beurteilen und distributive Ziele anschließend durch fiskalische Maßnahmen zu verwirklichen (vgl. Pearce/Nash, 1981, S. 28). Das Problem ist jedoch, daß die Projektbewertung über Einkommensvariationen auf der bestehenden Einkommensverteilung basiert und implizit die Einschätzungen von Konsumenten mit höheren Einkommen höher bewertet (vgl. Pearce/Nash, 1981, S. 28f und 34).[49] Mit der gleichgewichteten Addition der Einkommensvariationen verschiedener Konsumenten wird somit die bestehende Einkommensverteilung als optimal anerkannt, worin wiederum ein normatives Urteil enthalten ist (vgl. Endres, 1982, S. 258f, Pearce, 1983, S. 6-8).

In der Praxis findet das Problem der Distributionseffekte in der sogenannten erweiterten Kosten-Nutzen-Analyse Berücksichtigung, indem bei der Aggregation die Wertmaßstäbe der Nutzenänderung verschiedener Einkommensgruppen unterschiedlich gewichtet werden (vgl. Hanusch, 1994, S. 151f). Hierbei stellt sich allerdings das Problem, nach wessen Werturteil die Gewichtung individueller Nutzen-

48 Für den Fall, daß ein Projekt distributive Effekte hat, die nicht ausgeglichen werden, hat Scitovsky (1941) gezeigt, daß sowohl die Durchführung eines Projektes als auch das Rückgängigmachen nach dem Kaldor/Hicks-Kriterium vorteilhaft sein können (Scitovsky-Paradoxon) und eine modifizierte Entscheidungsregel vorgeschlagen. Zu den Ursachen vgl. Hesse (1980, S. 370) und Sohmen (1976, S. 312). Die Relevanz des Scitovsky-Paradoxons für die praktische Kosten-Nutzen-Analyse wird allerdings generell als gering eingeschätzt, da die zugrundeliegende Konstellation unrealistisch ist (vgl. Mishan, 1988, S. 175-179, Hesse, 1980, S. 369f).

49 Boadway (1974, S. 938) hält deshalb eine Entscheidung nach dem Kompensationskriterium ohne eine politisch basierte Gewichtung der Verluste und Gewinne verschiedener sozialer Gruppen für nicht valide.

funktionen erfolgen sollte, und die Durchführung ist mit erheblichen praktischen Schwierigkeiten verbunden (vgl. Hanusch, 1994, S. 151-157, Pearce/Nash, 1981, S. 35-37). Little (1963, S. 101) schlägt deshalb vor, die Kosten-Nutzen-Analyse ohne Distributionsgewichte durchzuführen, um die allokative Effizienz zu beurteilen und anschließend zu überprüfen, welche Wirkungen sich für die Einkommensverteilung ergeben. Dies ist allerdings nur praktikabel, wenn keine Auswahl zwischen alternativen Projekten erfolgt, da sonst beim Vergleich der Projekte ein Problem der relativen Gewichtung von Allokations- und Einkommenseffekten entsteht (vgl. Peace/Nash, 1981, S. 31).

Ein weiteres Problem der Kosten-Nutzen-Analyse besteht darin, daß die Zahlungsbereitschaft der Begünstigten nicht abgeschöpft wird. Wegen der Sekundäreffekte kann dies zu einem Widerspruch zwischen dem Resultat der realen Gleichgewichtsverschiebungen und dem unter Annahme von Konstanz des Einkommens und aller anderen Preise ermittelten Ergebnissen der hypothetischen Zahlungsbereitschaft führen (vgl. Graaff, 1957, S. 112-115).[50] Im Falle eines GVZ wird ein entscheidender Teil der Zahlungsbereitschaft, nämlich der für die Ansiedlung im GVZ und den damit verbundenen Nutzen, abgeschöpft, denn die Flächen im GVZ werden an die Ansiedler verkauft oder verpachtet. Keine Kompensation erfolgt hingegen für die Vor- und Nachteile, die sich aus den externen Effekten, insbesondere den Umwelteffekten, ergeben. Ob sich im Rahmen der Bewertung eines GVZ signifikante Distributionseffekte ergeben oder das Scitovsky-Paradoxon auftreten kann, hängt deshalb von der Verteilung der Wirkungen der externen Effekte ab. Grundsätzlich ist davon auszugehen, daß die durch das GVZ hervorgerufenen Effekte bei Luftverschmutzung und Lärmbelästigung einen sehr geringen Anteil am Einkommen eines einzelnen Konsumenten ausmachen. Daß Konsumenten in sehr hohem Ausmaß unter negativen externen Effekten eines GVZ zu leiden haben, ist nur für einzelne Anwohner am Standort des GVZ denkbar. Insofern können signifikante Distributionswirkungen sowie das Auftreten des Scitovsky-Paradoxons durch GVZ-Projekte im allgemeinen ausgeschlossen werden.

Die Hickssche Analyse hat zwar eine Präzisierung des Konzeptes der Konsumentenrente erreicht, ihr wird aber vorgeworfen, eine Vielzahl von Interpretationsmöglichkeiten zu bieten, die nicht eindeutig und widerspruchsfrei sind (vgl. Rothengatter, 1974b, S. 114, Samuelson, 1942, S. 88f). Welchem Ansatz bei der Anwendung der Vorzug zu geben ist, ist im Einzelfall in Abhängigkeit von den Voraussetzungen und dem Ziel der Untersuchung festzulegen (vgl. Henderson, 1940/41, S. 120). Ein entscheidendes Problem des Hicksschen Konzeptes ist die Tatsache, daß kompensierte Nachfragekurven i.d.R. auf Märkten nicht beobachtbar sind. Oben (S. 71) wurde bereits darauf hingewiesen, daß bei einem Einkommenseffekt von null die Hicksschen kompensierten Nachfragekurven mit der Marshallschen Nachfragekurve übereinstimmen, so daß das Marshallsche Flächenmaß der Konsumentenrente im Falle eines geringen Einkommenseffektes als Näherungslösung für die Hicksschen Nutzenmaße herangezogen werden kann. Willig (1976) hat Fehlergrenzen für die Abweichung der CV und der EV vom Marshallschen Flächenmaß angegeben, die zu dem Schluß führen, daß das Auftreten von Einkommenseffekten i.d.R. vernachläs-

50 Vgl. auch Winch (1965) und für ein Beispiel van Suntum (1986a, S. 46-48).

sigt werden kann.[51] Im Fall von GVZ kann davon ausgegangen werden, daß es zu keinen nennenswerten Einkommenseffekten kommt. Bei den Nutzern des GVZ wird die Zahlungsbereitschaft für das GVZ abgeschöpft, so daß sie nur marginal besser gestellt sind als vor der Realisierung des Projektes. Die nicht kompensierten externen Effekte haben nur einen äußerst geringen Anteil am Einkommen eines einzelnen Wirtschaftssubjekts, so daß sie nicht ins Gewicht fallen. Somit kann in dieser Untersuchung die Fläche unter der Marshallschen Nachfragekurve als Näherungslösung für die EV herangezogen werden, die als Maß für die Berechnung von Nutzenänderungen dient.

Für „kleine" Projekte bietet es sich an, die Wohlfahrtswirkungen nach dem Konzept der Zahlungsbereitschaft zu bewerten (vgl. Hanusch, 1994, S. 55). Als „kleine" Projekte werden in diesem Zusammenhang Projekte bezeichnet, die nur regional begrenzte Wirkungen und keinen meßbaren Einfluß auf das gesamtwirtschaftliche Angebot bzw. die gesamtwirtschaftliche Nachfrage haben, so daß sie keine Preisänderungen, sondern nur Mengenänderungen verursachen. Für sie bietet sich das Konzept der Zahlungsbereitschaft als Bewertungsmaßstab an, weil es gerade auf Mengenänderungen abstellt (vgl. S. 60 und 66). Durch die Errichtung eines GVZ werden geltende Marktpreise der Volkswirtschaft nicht beeinflußt. Die Wirkungen bleiben jeweils auf die Umgebung bzw. auf den Wirtschaftsraum beschränkt. Die Errichtung eines GVZ bringt ein neues Angebot des Gutes GVZ und ansonsten vor allem mengenmäßige Änderungen bei Umweltwirkungen. Im Rahmen dieser Untersuchung werden Preisänderungen deshalb nicht weiter berücksichtigt und die Bewertung nach dem Prinzip der Zahlungsbereitschaft durchgeführt.

3.1.3.3 Die Produzentenrente

Die bisherige Nutzenermittlung beschränkte sich auf das direkt durch ein Projekt betroffene Güterangebot und auf die Nachfrageseite.[52] Weitergehende Zusammenhänge und Folgen aus der Bereitstellung eines Gutes, die sich für Komplementär-, Substitutionsgüter sowie verbundene Güter in vor- und nachgelagerten Märkten ergeben können, sind bisher außer acht geblieben. Ebenso wurden Wirkungen auf der Angebotsseite nicht berücksichtigt, wo zwischen realen Vorteilen und reinen Umverteilungsprozessen getrennt werden muß (vgl. Mishan, 1988, S. 77). Für die gesamtwirtschaftliche Beurteilung einer Preissenkung ist es nicht unerheblich, ob diese durch Effizienzgewinne, Subventionen oder einen Nachfragerückgang erreicht wurde. Insbesondere geben die bisherigen Ausführungen keine Antwort auf die Fragen,

- inwiefern Sekundäreffekte oder indirekte Effekte bei verbundenen Gütern explizit einbezogen werden müssen und
- ob Faktorrenten auf der Produzentenseite zu berücksichtigen sind.

---

51 Siehe auch das Beispiel bei van Suntum (1986a, S. 84f).

52 Dies entspricht dem Vorgehen von Hicks, der sein Konzept auf partielle Nachfragekurven basierte, denen die c.p.-Annahme bezüglich Nominaleinkommen sowie den Preisen anderer Güter zugrundeliegt und der seine Überlegungen fast ausschließlich auf die Nachfrageseite und damit auf die Konsumentenrente konzentrierte (vgl. Suntum, 1986a, S. 90 m.w.N.). Zur Diskussion der c.p.-Bedingung vgl. Yeager (1960), Schneider (1966, S. 591-598), Porstmann (1971, S. 169-179).

Marshall (1961, S. 140f, Fn. 1, S. 810-812, S. 830-832) hatte bereits die Notwendigkeit der Berücksichtigung der Produzentenrente bei der Ermittlung des sozialen Überschusses erkannt. Analog zur Konsumentenrente wird die Fläche oberhalb der Angebotskurve und unterhalb des Preises als ein näherungsweises Maß für die Produzentenrente angesehen (vgl. Hotelling, 1936, S. 245). Die Produzentenrente kann als die Differenz zwischen der tatsächlichen Entlohnung eines Produktionsfaktors in einer bestimmten Verwendung und der minimalen Entlohnung, bei dem der Eigner den Faktor in dieser Verwendung beließe, definiert werden (vgl. Mishan, 1988, S. 54). Eine Übertragung der Konzepte der CV und der EV auf die Angebotsseite hat Mishan (1981, S. 201-230) vorgenommen. Prinzipiell gelten die gleichen Zusammenhänge zwischen Indifferenzlinien[53] bzw. Isoquanten und Faktorangebotskurven wie auf der Nachfrageseite. Für jedes Nutzenniveau bzw. Outputniveau läßt sich eine kompensierte Angebotskurve konstruieren, und bei einem Einkommenseffekt von null sind diese identisch mit der „normalen" Faktorangebotskurve. Auf diese Zusammenhänge soll hier nicht noch einmal eingegangen werden.[54]

Das Konzept der Produzenten- oder Faktorrente ist nicht unumstritten. Während die gesamtwirtschaftliche Gruppe der Konsumenten eine relativ homogene Gruppe darstellt, die ihr gesamtes Einkommen in relativ kleinen Anteilen für eine Vielzahl von Gütern ausgibt, sind die Märkte für Produktionsfaktoren vielstufig untergliedert, und auf jeder Stufe zwischen dem Angebot von Arbeit und anderen Produktionsfaktoren über Zwischenprodukte bis hin zu Konsumgütern können Faktorrenten auftreten (vgl. Currie/Murphy/Schmitz, 1971, S. 754). Daraus ergibt sich das Problem, echte volkswirtschaftliche Kosten von reinen Renten der vorgelagerten Produktionsstufe zu unterscheiden.

Es können grundsätzlich zwei Arten von Produzentenrenten unterschieden werden (vgl. Currie/Murphy/Schmitz, 1971, S. 757):

- Eine ricardianische Rente entsteht dadurch, daß bestimmte Produktionsfaktoren zumindest in der optimalen Ausprägung nur in einer bestimmten Menge vorhanden sind, wie z.B. Grundstücke in bestimmter Lage, fruchtbarer Boden oder Arbeitskräfte mit bestimmten Qualifikationen, so daß eine Ausdehnung der Produktion schließlich auf weniger geeignete Formen dieses Produktionsfaktors zurückgreifen muß. Sind alle anderen Produktionsfaktoren in ausreichender Menge zu einem konstanten Preis verfügbar, dann steigt der Angebotspreis, wenn die Menge des begrenzt verfügbaren Produktionsfaktors ausgeschöpft ist, und dem Anbieter des begrenzt vorhandenen Produktionsfaktors entsteht eine Rente in Höhe der Fläche zwischen Preis und Grenzkosten (vgl. Mishan, 1968, S. 1275).
- Eine Faktorrente entsteht, wenn das Angebot von variablen Produktionsfaktoren nicht elastisch ist, so daß deren Entlohnung bei steigendem Verbrauch zunimmt. Unter der Annahme, daß das Angebot aller anderen Produktionsfaktoren vollkommen elastisch ist, stellt die Fläche über der betreffenden Angebotskurve die Rente dar, die die Anbieter des unelastischen Faktors durch die höhere Entlohnung für die intramarginalen Einheiten erhalten (vgl. Currie/Murphy/Schmitz, 1971, S. 757).

---

53 Im Falle des Arbeitsangebots eines privaten Haushalts.

54 Eine zusammenfassende Darstellung findet sich bei van Suntum (1986a, S. 38-41).

Bei der Messung der Produzentenrente bestehen prinzipielle Zweifel darüber, was mit der Fläche zwischen Angebotskurve und Preis genau gemessen wird. Dies ist davon abhängig, was die Angebotskurve angibt: die kurzfristigen, marginalen Produktionskosten oder die langfristigen, minimalen Durchschnittskosten.[55] Entsprechend der üblichen Annahme nehmen die Produzenten bei funktionierendem Wettbewerb die herrschenden Faktorpreise als gegeben hin und bieten zu Grenzkosten an. Damit die Angebotskurve den privaten Grenzkosten entspricht, muß des weiteren erfüllt sein, daß (vgl. dazu Sassone/Schaffer, 1978, S. 56-58):

- vollkommene Konkurrenz vorliegt,
- alle Steuern als Kopfsteuern erhoben werden und keine Subventionen gezahlt werden,
- keine steigenden Skalenerträge auftreten,
- alle Märkte im Gleichgewicht sind, d.h. keine Unterbeschäftigung von Produktionsfaktoren und keine Fixpreise vorliegen,
- keine externen Effekte und
- keine öffentlichen Güter auftreten.

Auf dieser Basis kann gezeigt werden, daß die Fläche zwischen der Angebotskurve und den Gesamtausgaben ein Maß für die Produzentenrente darstellt (vgl. Suntum, 1986a, S. 124-129 mit Bezugnahme auf Ellis/Fellner, 1943).

Ein weiteres Problem wird in einer möglichen Doppelzählung bei der Berücksichtigung von Konsumenten- und Produzentenrente gesehen (vgl. Marshall, 1961, S. 830f, Rothengatter, 1974a, S. 6). Mishan (1959) hat die Auffassung vertreten, daß die Konsumentenrente und Produzentenrente nur dann addiert werden dürfen, wenn der Konsument nicht gleich dem Produzenten ist. Diese Ansicht kann jedoch widerlegt werden, da die Argumentation auf relativen Preisen basiert bzw. lediglich für den Ein-Gut/Ein-Faktor-Fall untersucht wird (vgl. Suntum, 1986a, S. 147). Mit der Überführung eines Beispiels von Mishan (1968, S. 1280-1282) mit zwei Gütern und relativen Preisen in für die Ermittlung des sozialen Überschusses relevante absolute Preise weist van Suntum nach, daß keine Doppelzählung auftritt. Der in sich richtige Nachweis der Doppelzählung im Ein-Gut/Ein-Faktor-Fall ist insofern irrelevant, als daß er auf einem unrealistischen Spezialfall beruht. Wird im Ein-Gut/Ein-Faktor-Fall die Produzentenrente abgeschöpft, so tritt ein extremer Einkommenseffekt auf, da der Konsument sein gesamtes Einkommen für dieses Gut ausgibt, der wiederum zu einer Reduzierung der Nachfrage führt und sich die Konsumentenrente entsprechend vermindert. In der Realität hingegen teilen die Konsumenten ihr Einkommen auf eine Vielzahl von Gütern auf, so daß eine Abschöpfung der Konsumentenrente sich nur geringfügig auf die Zahlungsbereitschaft für das betreffende Gut auswirkt (vgl. Suntum, 1986a, S. 149). Somit können also Konsumenten- und Produzentenrente im Rahmen der Kosten-Nutzen-Analyse im Normalfall problemlos addiert werden.

Die Summe aus Konsumenten- und Produzentenrente wird als sozialer Überschuß bezeichnet. Er stellt nun das relevante Bewertungsmaß für die gesamtwirt-

---

55 Einer der wichtigsten Kritiker des Konzepts der Produzentenrente ist Mishan (1968, S. 1275-1279, 1988, S. 59-63). Er hält die Fläche über der Angebotskurve nur in Spezialfällen für ein Maß der Produzentenrente. Im allgemeinen Fall, in dem das Angebot aller Faktoren variabel ist, entspricht die Angebotskurve seiner Auffassung nach den Durchschnittskosten und enthält alle Faktorpreise und damit auch alle Renten.

schaftliche Wohlfahrtswirkung eines öffentlichen Projektes dar. Ein näherungsweises Maß für den sozialen Überschuß ist demzufolge die Fläche zwischen der Angebots- und der Nachfragekurve eines Gutes. Ausgehend von dem in gesamtwirtschaftlicher Sicht geringen Umfang des Ressourcenverbrauchs, der für die Errichtung eines GVZ erforderlich ist, sind für die Inputfaktoren keine Preisänderungen zu erwarten, so daß auch hier analog zur Konsumentenrente die Bewertung lediglich anhand von Mengenänderungen erfolgen kann. Bei einer Bewertung anhand von Mengenänderungen wird der soziale Überschuß durch die Differenz zwischen der maximalen Zahlungsbereitschaft und den mit den Faktorpreisen bewerteten eingesetzten Inputfaktoren angegeben. Lediglich bei sehr großen Projekten, die eine Änderung der Preise eingesetzter Faktoren bewirken, muß eine Einschränkung gemacht werden, da hier Faktorrenten in die einzelwirtschaftlichen Kosten einfließen können, so daß die Preise nicht mehr die gesamtwirtschaftlichen Kosten angeben.

Im Falle von GVZ stellt der Grundstückspreis eine Ausnahme bezüglich der Induzierung von Preisänderungen durch das Projekt dar. Bereits durch die Ankündigung eines GVZ-Projektes können die Bodenpreise erheblich ansteigen. Derartige Preissteigerungen stellen jedoch keinen erhöhten Ressourcenverzehr, sondern zum größten Teil reine Renten dar (vgl. Suntum, 1986a, S. 141, Fn. 109). Sie werden durch die Quasi-Monopolstellung der Grundstückseigentümer ermöglicht. Diese Situation rechtfertigt Bemühungen, ein derartiges Projekt möglichst lange geheim zu halten und den Bodenankauf vor Veröffentlichung eines Projektplanes zu vollziehen. Bei der Bewertung des gesamtwirtschaftlichen Ressourcenverzehrs ist deshalb genau darauf zu achten, ob der Grundstückspreis die volkswirtschaftlichen Kosten angibt oder Produzentenrenten beinhaltet.

3.1.3.4 Sekundäreffekte auf der Nachfrageseite und die Einbeziehung externer Effekte

Hicks hatte bereits erkannt, daß zur Einbeziehung der Wirkungen eines öffentlichen Projektes auf den Märkten verbundener Güter spezielle Nachfragekurven erforderlich sind, da die Preisänderung eines Gutes zu Veränderungen der Nachfrage nach verbundenen Gütern führt (vgl. Little, 1963, S. 177). Der Zusammenhang zwischen verbundenen Gütern kann durch die Kreuzpreiselastizität ausgedrückt werden. Van Suntum (1986a, S. 96) nennt eine Nachfragekurve, die die tatsächliche Nachfrage nach einem Gut x_1 in Abhängigkeit von ihrem Preis p_1 sowie vom Preis p_i , mit $i \neq 1$, von verbundenen Gütern angibt, zur Unterscheidung von der Marshallschen partiellen Nachfragekurve, die er als „ceteris-paribus-Nachfragekurve“ bezeichnet, „de-facto-Nachfragekurve“[56]. Die Konstruktion einer „de-facto-Nachfragekurve“ wird in Abbildung 10 anhand eines zwei-Güter-Falls demonstriert (vgl. Suntum, 1986a, S. 96f).[57] x_1 und x_2 seien zwei Güter, zwischen denen eine Substitutionsbeziehung besteht. Von der Existenz weiterer Güter wird abgesehen, so daß jede preisinduzierte Konsumänderung bei x_1 ausschließlich zu einer Änderung des Konsums von x_2 führt.

---

56 Sugden/Williams (1978, S. 138f) nennen sie „observed demand curve“, Sohmen (1963, S. 73) nennt sie „mutatis-mutandis“-Nachfragekurve.

57 Vgl. auch Sugden/Williams (1978, S. 138f) für komplementäre Güter.

In der Ausgangssituation gelten die Preise p_1^1 und p_2^1 , so daß entsprechend der inversen Nachfragekurven[58] $N_1(x_1,p_2^1)$ und $N_2(x_2,p_1^1)$ die Mengen x_1^1 und x_2^1 nachgefragt werden. Es wird angenommen, es treten keine Einkommenseffekte in nennenswertem Maß auf, so daß die Nachfragekurven Hicksschen kompensierten Nachfragekurven entsprechen. A_2 ist die Angebotsfunktion für das Gut x_2, für das angenommen wird, daß bei der Produktion keine Skaleneffekte auftreten. Durch ein öffentliches Projekt erfolgt nun eine Preissenkung für das Gut x_1 von p_1^1 auf p_1^2, so daß die Nachfrage nach x_1 unter der ceteris paribus-Annahme entlang der Nachfragekurve $N_1(x_1,p_2^1)$ auf x_1^3 stiege. Gemäß der hier angenommenen substitutionalen Beziehung zwischen den Gütern 1 und 2 kann eine Nachfrageausweitung für x_1 jedoch nur in dem Maße stattfinden, wie sie zu einem Nachfragerückgang bei x_2 führt. Annahmegemäß müssen die Mehrausgaben Δe_1 für Gut 1 genau den Minderausgaben Δe_2 für Gut 2 entsprechen. Der Einkommenseffekt, der sich ergibt, da die Preissenkung für die n-te Einheit von Gut 2 auch für alle intramarginalen Einheiten gilt, wird vernachlässigt. Die Minderausgaben Δe_2 aus dem Nachfragerückgang bei Gut 2 ergeben sich dann aus der Summe der jeweiligen Preise p_2^i und entsprechen der Fläche unterhalb der Angebotskurve A_2 zwischen x_2^2 und x_2^1 (vgl. Suntum, 1986a, S. 97f), d.h., es gilt

$$(36) \qquad \Delta e_2 = \int_{x_2^2}^{x_2^1} A_2(x_2)dx_2 .$$

Abbildung 10: Die „de-facto-Nachfragekurve"

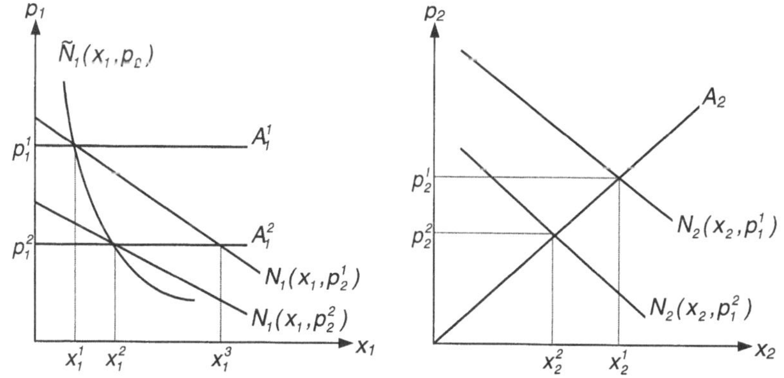

Quelle: eigene Darstellung nach Ulrich van Suntum, Konsumentenrente und Verkehrssektor. Der soziale Überschuß als Basis für öffentliche Allokationsentscheidungen (Quaestiones Oeconomicae, Bd. 8), Berlin 1986, S. 96.

58 Im Unterschied zum üblichen Verfahren stellt die inverse Nachfragekurve den Preis des jeweiligen Gutes in Abhängigkeit von der Menge und dem Preis des verbundenen Gutes dar.

Der Nachfragerückgang bei Gut 2 wird durch die Verlagerung der Nachfragekurve $N_2(x_2,p_1^1)$ auf $N_2(x_2,p_1^2)$ repräsentiert. Dieser Nachfragerückgang ermöglicht eine Ausweitung der Nachfrage nach Gut 1 bis zur Menge x_1^2 auf der Nachfragekurve $N_1(x_1,p_2^2)$.[59] Die Verbindung der beiden Gleichgewichtskombinationen im Preis-Mengen-Diagramm für Gut 1 ergibt nun die de-facto-Nachfragekurve $\tilde{N}_1(x_1,p_2)$, die angibt, welche Mengen x_1 tatsächlich nachgefragt werden, wenn der Preis p_1 gesenkt wird. D.h., für die Konstruktion der „de-facto-Nachfragekurve" gilt

(37) $N_1(x_1^i,p_2^i) = \tilde{N}_1(x_1^i,p_2)$, mit i = 1, 2, ... ∞.

Die Preissenkung für Gut 1 führt zu einer zusätzlichen Ausgabensumme Δe_1 in Höhe der Fläche unterhalb der de-facto-Nachfragekurve in den Grenzen von x_1^1 bis x_1^2 mit

(38) $$\Delta e_1 = \int_{x_1^1}^{x_1^2} N_1(x_1^i,p_2)dx_1 = \int_{x_1^1}^{x_1^2} \tilde{N}_1(x_1,p_2)dx_1 .$$

Da annahmegemäß gilt $\Delta e_1 = \Delta e_2$, muß dann gelten

(39) $$\int_{x_2^2}^{x_2^1} A_2(x_2)dx_2 = \int_{x_1^1}^{x_1^2} \tilde{N}_1(x_1,p_2)dx_1 .$$

Es läßt sich zeigen, daß die Güterkombinationen (x_1^1,x_2^1) und (x_1^2,x_2^2) als „äquivalente" Güterbündel aufgefaßt werden können, d.h. als Güterbündel, die dem Konsumenten den gleichen Nutzen verschaffen (vgl. Suntum, 1986a, S. 94f). Der gesamtwirtschaftliche Vergleich der alternativen Güterbündel kann auf die Kosten, die mit der Erstellung verbunden sind, reduziert werden. Die Durchführung des Projektes ist dann vorteilhaft, wenn die Kosten für die Erstellung der zusätzlichen x_1-Menge $(x_1^2 - x_1^1)$ geringer sind, als die eingesparten Kosten durch die Reduzierung der Produktion der x_2-Menge $(x_2^1 - x_2^2)$. Unter der Annahme, daß die Angebotspreise den Grenzkosten entsprechen, gibt die Fläche unter der Angebotskurve A_2 in den Grenzen x_2^2,x_2^1 die ersparte Kostensumme für Gut 2 an, die aber gemäß Gleichung (39) gerade der Fläche unter der de-facto-Nachfragekurve für Gut 1 $\tilde{N}_1(x_1,p_2)dx_1$ in den Grenzen x_1^1,x_1^2 entspricht. Für die Entscheidung über die Vorteilhaftigkeit eines Projektes reicht also ein Vergleich der Fläche unter der de-facto-Nachfragekurve mit der Fläche unter der Angebotskurve A_1^2 im Intervall x_1^1,x_1^2 aus. Damit kann die Beurteilung der Vorteilhaftigkeit des einen oder anderen Güterbündels alleine anhand der Konsumentenrente unter der de-facto-Nachfragekurve für Gut 1 erfolgen (vgl. Sugden/Williams, 1978, S. 137-144). Gleichzeitig wird mit dieser Darstellungsweise eine realwirtschaftliche Interpretation der Konsumentenrente geliefert.

---

59 Im Zwei-Güter-Fall sinkt die ceteris-paribus-Nachfragekurve des einen Gutes immer proportional zum Preis des anderen Gutes (vgl. Suntum, 1986a, S. 61-67).

Im Ergebnis bedeutet dies, daß unter den gegebenen Annahmen bei der gesamtwirtschaftlichen Bewertung der Preissenkung für ein Gut Sekundäreffekte bei verbundenen Gütern nicht berücksichtigt werden müssen. Dies widerspricht einer in der Literatur weitverbreiteten Meinung, derzufolge den Konsumenten ein zusätzlicher Nutzengewinn durch die Preissenkung für x_2 in Höhe der Fläche unter der Nachfragekurve $N_2(x_2,p_1^2)$ in den Grenzen p_2^1,p_2^2 entsteht (vgl. Mishan, 1988, S. 41-44, Pearce, 1983, S. 34-36). Das unterschiedliche Ergebnis beruht darauf, daß Mishan und Pearce die Bewertung auf die Konsumentenrente beschränken und den Verlust an Produzentenrente in gleicher Höhe, der durch den Produktionsrückgang für Gut 2 entsteht, nicht berücksichtigen. Die Reduzierung der x_2-Produktion führt jedoch zu keiner realen Einsparung von Ressourcen, sondern lediglich zu einer Umverteilung zwischen Konsumenten und Produzenten. Mishan und Pearce lassen außerdem den Unterschied zwischen ceteris-paribus- und de-facto-Nachfragekurve außer acht, dem aber ebenfalls ein Verlust an Produzentenrente in Höhe der Fläche zwischen $A_2,N_2(x_2,p_1^2)$ und der Preislinie p_2^1 gegenübersteht (vgl. Suntum, 1986a, S. 100).

Dieses Resultat wurde unter sehr restriktiven Bedingungen erzeugt, van Suntum (1986a, S. 104-108) zeigt jedoch, daß dieses Ergebnis sich auch auf den allgemeinen Fall ausdehnen läßt. Wenn Komplementär- und Substitutionsbeziehungen zu mehreren Gütern bestehen, können Sekundäreffekte ebenfalls unberücksichtigt bleiben, und es reicht als Entscheidungskalkül für die Produktion eines Gutes x_1 aus, wenn die Konsumentenrente als Fläche unter der „de-facto-Nachfragekurve" die Kosten der Produktion übersteigt. Für die Bewertung von GVZ bedeutet dies, daß z.B. der Preisrückgang für Gewerbegrundstücke aufgrund der Verlagerung von Betriebsanlagen von Transportunternehmen in ein GVZ nicht zu berücksichtigen ist. Die nach Errichtung des GVZ gestiegenen Einnahmen einer Tankstelle, die sich zufällig an einer Zufahrtsstraße zum GVZ befindet, sind ebenfalls nicht bewertungsrelevant. Eine Ausnahme bezüglich dieses Ergebnisses stellen technologische externe Effekte dar. Erfolgt die Verlagerung der Angebotskurve A_1 infolge eines technologischen externen Effektes, dann wäre die Preissenkung für Gut 1 nicht mit einem Verlust an Produzentenrente verbunden, sondern spiegelt eine echte Kostenersparnis wider.

Externe Effekte liegen vor, wenn in der Produktions- bzw. Nutzenfunktion u eines Wirtschaftssubjektes K außer den Aktivitäten x_i mit $i = 1, 2, ..., n$, die es selbst kontrollieren kann, Aktivitäten y_j mit j = 1, 2, ..., m, die von anderen Wirtschaftssubjekten ausgehen und auf die es keinen Einfluß hat, eingehen, so daß

(40) $$u_K = u_K(x_1,x_2,...,x_n,y_1,y_2,...,y_m).$$

Aktivitäten umfassen hierbei alle Arten abgrenzbaren, meßbaren menschlichen Handelns. Verursacher und Betroffene von Externalitäten können alle Arten von Wirtschaftssubjekten, Unternehmen und Konsumenten gleichermaßen sein (vgl. Buchanan/Stubblebine, 1962, S. 372).[60] Ein positiver externer Effekt liegt für K vor, wenn

---

60 Mit dieser Definition wird der Begriff externe Effekte auf allokativ relevante Fälle beschränkt. Ein externer Effekt, der in die Nutzenfunktionen der Betroffenen nicht eingeht, ist für das Allokationsoptimum irrelevant.

(41) $$\frac{\partial u_K}{\partial y_j} > 0.$$

Entsprechend liegt ein negativer externer Effekt für *K* vor, wenn

(42) $$\frac{\partial u_K}{\partial y_j} < 0.$$

Nicht alle Arten von externen Effekten sind mit einer Beeinträchtigung der Funktionsweise des Marktes verbunden. Auf Scitovsky (1954, S. 145-147) geht die Unterscheidung zwischen technologischen und pekuniären externen Effekten zurück. Pekuniäre externe Effekte ergeben sich infolge des Angebots- und Nachfrageverhaltens anderer Marktteilnehmer, wodurch Preis- und Mengenänderungen auf Güter- und Faktormärkten entstehen können. Sie führen lediglich zum Transfer von Geldbeträgen zwischen Wirtschaftssubjekten und sind abgesehen von Verteilungswirkungen für die Bewertung von Projektwirkungen nicht relevant (vgl. Dasgupta/Pearce, 1972, S. 120f). Im Falle technologischer Externalitäten besteht ein direkter physischer Zusammenhang zwischen den Aktivitäten und den Produktions- bzw. Nutzenfunktionen verschiedener Wirtschaftssubjekte, der nicht durch den Marktmechanismus erfaßt wird. Da für externe Effekte kein Markt existiert, wird kein Preis festgestellt, und der Verursacher eines externen Effektes wird weder im Falle eines negativen Effektes belastet noch für einen positiven Effekt kompensiert. Externalitäten, die das Nutzenniveau bzw. die Produktionskosten anderer Wirtschaftssubjekte beeinflussen, haben jedoch einen Einfluß auf den sozialen Überschuß und müssen in einer Kosten-Nutzen-Analyse berücksichtigt werden (vgl. Sassone/Schaffer, 1978, S. 85). Wichtiges Beispiel für technologische Effekte sind Umweltwirkungen, denen auch im Zusammenhang mit der Bewertung eines GVZ große Bedeutung zukommt. Für die vollständige Ermittlung aller relevanten Externalitäten ist zu beachten, daß externe Effekte im Rahmen von öffentlichen Projekten auf zweierlei Weise auftreten können (vgl. Sassone/Schaffer, 1978, S. 85):

- durch die Herstellung von Inputs für das Projekt, wie z.B. Umweltbeeinträchtigungen durch die Versiegelung und Bebauung von Boden und
- durch die Leistungen, die das Projekt abgibt, z.B. in Form positiver Umwelteffekte durch die Verkehrsbündelung im GVZ.

Im Ergebnis ist festzuhalten, daß es für die gesamtwirtschaftliche Bewertung einer Preisänderung deshalb von erheblicher Bedeutung ist, wodurch die Preisänderung verursacht wurde. Die oben dargestellten pekuniären Interdependenzen sind nicht zu berücksichtigen, da es sich lediglich um Umverteilungen von Geldbeträgen zwischen verschiedenen Wirtschaftssubjekten oder gesellschaftlichen Gruppen handelt, während technologische externe Effekte in die Analyse einzubeziehen sind (vgl. auch McKean, 1958, S. 134-144). Dieses Ergebnis gilt für den Fall vollkommenen Wettbewerbs und ist insofern einzuschränken, als daß pekuniäre externe Effekte dann zu berücksichtigen sind, wenn Marktunvollkommenheiten z.B. in Form von Marktmacht, Unterbeschäftigung, Informationsasymmetrien oder Steuern vorliegen. In diesen Fällen kann es sein, daß sich die externen Kosten und Erträge der Aktivitäten eines

Wirtschaftssubjektes nicht ausgleichen, so daß per Saldo ein realer Vor- oder Nachteil für die Gesamtwirtschaft verbleibt (vgl. Lüdeke, 1991, S. 765).[61]

Für die Bewertung von GVZ ist dies von Bedeutung, da von ihnen in erheblichem Umfang positive externe Effekte erwartet werden, deren Nachweise der Grund für die Kosten-Nutzen-Analyse ist. Es ist deshalb genau zu überprüfen, um welche Art von externen Effekten es sich handelt, und für den Fall pekuniärer Externalitäten, ob erhebliche Marktunvollkommenheiten vorliegen, um festzustellen, ob sie bewertungsrelevant sind.

3.1.3.5 Sekundäreffekte auf der Angebotsseite

Für die Durchführung eines öffentlichen Projektes, z.B. die Produktion von x_1, werden Inputfaktoren verbraucht, die damit einer Verwendung an einer anderen Stelle der Volkswirtschaft, sei es als Produktionsfaktor für das Gut x_2 oder als Konsumgut x_3, nicht mehr zur Verfügung stehen. Die Kosten für das öffentliche Projekt ergeben sich nicht aus den dort eingesetzten Faktoren, da diese in jedem Fall in der Volkswirtschaft verbraucht worden wären, sondern aus dem entgangenen Nutzen, der aus dem Produktionsrückgang von x_2 bzw. der verdrängten Nachfrage von x_3 resultiert. Der entgangene Nutzen stellt die Opportunitätskosten für die Durchführung des öffentlichen Projektes dar (vgl. Dasgupta/Pearce, 1972, S. 46f). Die Zusammenhänge zeigt Abbildung 11 für den Fall, daß nur ein Produktionsfaktor F eingesetzt wird, dessen verfügbarer Gesamtbestand fix sei. Ausgehend von einer Ausweitung der Nachfrage nach x_1, dargestellt durch die Verlagerung der Nachfragekurve von N_1^1 nach N_1^2, steigt die x_1-Produktion entlang der de-facto-Angebotskurve A_1 von x_1^1 auf x_1^2. Bei fixem Faktorbestand ist die Ausweitung der x_1-Produktion nur durch Abwerben von Produktionsfaktoren bei der x_2-Produktion möglich, so daß der Faktorpreis l von l^1 auf l^2 steigt, wie im mittleren Diagramm dargestellt. Dies führt beim Gut x_2, das mit dem Gut x_1 nachfragemäßig nicht verbunden ist, zu einem Produktionsrückgang, der im rechten Diagramm durch die Verlagerung der ceteris-paribus-Angebotskurve von $A_2(x_2, l^1)$ nach $A_2(x_2, l^2)$ zum Ausdruck kommt und zum Rückgang der nachgefragten Menge von x_2^1 auf x_2^2 führt.

Die Opportunitätskosten für die Produktion von x_1 können auf drei verschiedene Weisen berechnet werden (vgl. Stober/Falk/Ekelund, 1968, S. 563f):

- als Wert der aufgegebenen Produktion von x_2, der durch die Fläche unter der Nachfragekurve N_2 zwischen x_2^2 und x_2^1 im rechten Diagramm angegeben wird,
- als Wert der abgewanderten Produktionsfaktoren, der der Fläche unter Faktorpreisfunktion $l(F_2)$ zwischen F^1 und F^2 entspricht oder
- als Wert der zusätzlichen x_1-Produktion, der durch die Fläche unter der Angebotskurve A_1 zwischen x_1^1 und x_1^2 angegeben wird.

Bei Verwendung von de-facto-Angebots- und de-facto-Nachfragekurven führen alle drei Maße zum gleichen Ergebnis, so daß auch hier das alte Bewertungsmaß für den

61 Lüdeke (1991, S. 766) weist jedoch daraufhin, daß pekuniäre Externalitäten kein Anlaß für staatliche Budgetinterventionen sein sollten, sondern Abweichungen vom Referenzmodell der vollständigen Konkurrenz möglichst durch geeignete wettbewerbs- und ordnungspolitische Rahmenbedingungen minimiert werden sollten.

sozialen Überschuß seine Gültigkeit behält: Die Fläche unter der x_1-Nachfragekurve muß die Fläche unter der x_1-Angebotskurve überschreiten. Sekundäreffekte müssen damit nicht separat berücksichtigt werden, da bei vollständiger Konkurrenz die Opportunitätskosten der x_1-Produktion in der de-facto-Angebotskurve berücksichtigt werden. Vom gesamten Anstieg der Faktorrente unter der Faktorpreisfunktion ist lediglich das Dreieck zwischen l^1 und l^2 relevant, das den nicht-ricardianischen Teil der Produzentenrente angibt. Dieses Dreieck stellt einen echten ökonomischen Vorteil für die Gesellschaft dar. Es entspricht genau der Fläche oberhalb der Angebotskurve A_2, die üblicherweise als Maß für die Produzentenrente verwendet wird, womit noch einmal die Relevanz der Produzentenrente als Teil des sozialen Überschusses bestätigt wird (vgl. Suntum, 1986a, S. 134-136).

Abbildung 11: Die Ermittlung der Opportunitätskosten eines Projektes

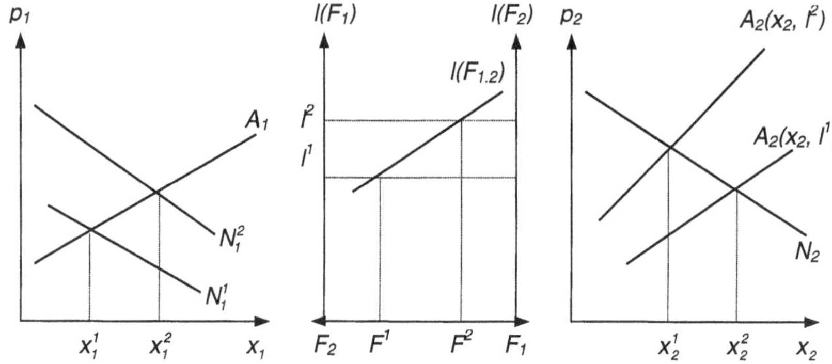

Quelle: eigene Darstellung nach Ulrich van Suntum, Konsumentenrente und Verkehrssektor. Der soziale Überschuß als Basis für öffentliche Allokationsentscheidungen (Quaestiones Oeconomicae, Bd. 8), Berlin 1986, S. 133.

Es ist möglich, daß auf Seiten eines Produktionsfaktors Präferenzen für die Verwendung in der x_1-Produktion gegenüber der x_2-Produktion auftreten, so daß für den Einsatz in der x_2-Produktion eine höhere Faktorentlohnung erforderlich ist als in der x_1-Produktion, da die Produktionsfaktoren andernfalls nicht bereit sind abzuwandern. In diesem Fall treten zusätzliche, echte Faktorrenten auf, denn die Faktorentlohnung in der x_2-Industrie enthält nicht nur die Grenzbewertung des Faktors für die Produktion, sondern zusätzlich das monetäre Äquivalent für die Nutzeneinbuße, die die Faktoren in der weniger bevorzugten Beschäftigung in der x_2-Produktion erleiden, denen kein entsprechender Vorteil z.B. in Form eines höheren Outputs gegenübersteht. Sie stellen somit echte volkswirtschaftliche Kosten für die x_2-Produktion dar, die jedoch in die Angebotskurve eingehen, so daß die Fläche zwischen der Nachfrage- und der Angebotskurve nach wie vor den sozialen Überschuß angibt (vgl. Suntum, 1986a, S. 137f).

Für die praktische Umsetzung der Kosten-Nutzen-Analyse heißt dies, daß zur Bewertung des Ressourcenverzehrs lediglich die betreffenden Marktpreise eingehen müssen, sofern diese die Grenzkosten widerspiegeln. Die Änderung von Faktorpreisen auf verbundenen Märkten muß nicht weiter berücksichtigt werden. Ausgehend von Gleichung (17) kann nun eine praktisch handhabbare Bewertungsgleichung abgeleitet werden. Es wird angenommen, das zu bewertende Projekt schaffe ein zusätzliches Angebot auf Markt 1 und auf den übrigen Märkten $i = 2, ..., n$ nur mengenmäßige Veränderungen. Gleichung (17) kann dann folgendermaßen aufgespalten werden (vgl. Hanusch, 1994, S. 55):

$$\text{(43)} \qquad \Delta W \frac{1}{\lambda} = \int \sum_{i=1}^{n} p_i dX_i = \int_{x_1^1}^{x_1^2} p_1 dX_1 + \sum_{i=2}^{n} p_i \int dX_i \ ,$$

$$\text{(44)} \qquad \Delta W \frac{1}{\lambda} = \int_{x_1^1}^{x_1^2} p_1 dX_1 + \sum_{i=2}^{n} p_i \Delta X_i \ .$$

In Gleichung (44) gibt der erste Term die Zahlungsbereitschaft für das durch das öffentliche Projekt zu schaffende zusätzliche Güterangebot und der zweite Term die Änderung der Zahlungsbereitschaft auf anderen Märkten an. Zur Bewertung der Wohlfahrtseffekte eines Projektes reicht es aus, die beobachtbaren Marktpreise vor Durchführung des Projektes und die durch die öffentliche Maßnahme verursachten Mengenänderungen zu kennen.

Um zu zeigen, wie die Bewertung der Opportunitätskosten zu erfolgen hat, sei angenommen, daß das Projekt neben der Produktion des Gutes 1 auf den Märkten $i = 2, ..., n$ lediglich negative Outputwirkungen verursache, die aus dem Abzug der durch das Projekt beanspruchten Produktionsfaktoren resultiert. Zur Herstellung des Gutes i mit $i \neq 1$ werden m Inputfaktoren F_{ki} mit $k = 1, ..., m$ benötigt, so daß

$$\text{(45)} \qquad X_i = X_i(F_{1i}, ..., F_{mi}) \ .$$

Werden nun Inputfaktoren, die in das Gut i, mit $i \neq 1$ eingehen, in dem öffentlichen Projekt zur Produktion von Gut 1 gebunden, so führt der Abzug der Inputfaktoren zu einer Änderung des Outputs von Gut i, mit $i \neq 1$, in Höhe von

$$\text{(46)} \qquad dX_i = \sum_{k=1}^{m} \frac{\partial X_i}{\partial F_{ki}} dF_{ki} \ .$$

Der Wert des gesamten verdrängten Outputs wird dann durch die Summe der mit ihrem Wertgrenzprodukt bewerteten Inputmengen

$$\text{(47)} \qquad \sum_{i=2}^{n} p_i dX_i = \sum_{i=2}^{n} \sum_{k=1}^{m} p_i \frac{\partial X_i}{\partial F_{ki}} dF_{ki}$$

angegeben. Unter der Annahme, daß die Unternehmen sich gewinnmaximierend verhalten, gilt

(48) $$p_i \frac{\partial X_i}{\partial F_{ki}} = l_k \ ,$$

wobei l_k den Faktorpreis des Faktors k angibt. Unter dieser Bedingung lassen sich die Opportunitätskosten berechnen als

(49) $$\sum_{i=2}^{n} p_i \int dX_i = \sum_{i=2}^{n} \sum_{k=1}^{m} l_k \int dF_{mi} \quad \text{mit}$$

(50) $$\int dF_{mi} = \Delta F_{ki} \ .$$

Eingesetzt in Gleichung (44) ergibt sich die Bewertungsgleichung:

(51) $$\Delta W \frac{1}{\lambda} = \int_{x_1^1}^{x_1^2} p_1 dX_1 + \sum_{i=2}^{n} \sum_{k=1}^{m} l_k \Delta F_{ki} \ .$$

Die Wohlfahrtswirkung setzt sich nun zusammen aus
- dem Output des Gutes 1, bewertet mit seinem Preis, der den Nutzen des Projektes darstellt und
- den für das Projekt verwendeten (negativen) Faktormengen multipliziert mit den Faktorpreisen, die die Opportunitätskosten angeben.

Alle Größen, die für die Bewertung eines Projektes nach Gleichung (51) erforderlich sind, lassen sich beobachten, so daß damit ein praktisch anwendbares Wohlfahrtsmaß zur Verfügung steht.

3.1.4 Die Verwendung von Schattenpreisen

Die Ableitung des sozialen Überschusses als Maß für den Nutzen erfolgte bisher unter der Prämisse, daß der Angebotspreis den privaten Grenzkosten entspricht und diese gleich den sozialen Grenzkosten sind, denn nur dieser Preis gibt den marginalen Wert an, den die Gesellschaft einem Gut beimißt (vgl. Sugden/Williams, 1978, S. 95f, Dasgupta/Pearce, 1972, S. 105). Ist eine der zugrundeliegenden Prämissen (vgl. S. 77) nicht erfüllt, so können die beobachtbaren Preise vom Grenzkostenpreis abweichen oder sie existieren für bestimmte Güter überhaupt nicht. Die beobachtbaren Preise der partiellen Märkte stellen dann keinen geeigneten Bewertungsmaßstab mehr dar, und es müssen Korrekturen vorgenommen werden bzw. wenn keine Preise vorliegen, künstliche Verrechnungspreise herangezogen werden. Solche korrigierten oder künstlichen Preise, die den tatsächlichen gesellschaftlichen Wert der betreffenden Güter angeben, werden im Rahmen der Kosten-Nutzen-Analyse als Schattenpreise bezeichnet (vgl. Drèze/Stern, 1987, S. 911, Pearce/Nash, 1981, S. 105).

3.1.4.1 Preiskorrekturen bei Marktunvollkommenheiten

Bei der Betrachtung von Bewertungsproblemen, die sich infolge des Nicht-Vorliegens vollkommenen Wettbewerbs ergeben, ist zwischen den Märkten für verbundene Güter und den Märkten für Inputfaktoren, die in das öffentliche Projekt eingehen, zu unterscheiden. Hanusch (1994, S. 59f) zeigt, daß die Verletzung der Annahme eines funktionierenden Wettbewerbs auf den Märkten für Inputfaktoren irrelevant ist. Dies hängt damit zusammen, daß der durch Marktunvollkommenheiten verzerrte Preis des Inputfaktors auch in der relevanten Vergleichssituation ohne Durchführung des Projektes gültig ist, so daß aus Gründen der Vergleichbarkeit keine Korrektur vorgenommen werden darf.

Anders liegt der Fall, wenn Marktunvollkommenheiten beim Angebot verbundener Güter vorliegen, die durch ein öffentliches Projekt vom Markt verdrängt werden. Wird ein verbundenes Gut durch einen Monopolisten oder Oligopolisten angeboten, der nicht zu Grenzkosten anbietet, sondern sich als Gewinnmaximierer verhält, dann bietet er in der Ausgangssituation eine geringere Menge an und fragt eine geringere Menge an Inputfaktoren nach, so daß die Inputregel Faktorpreis gleich Wertgrenzprodukt nicht mehr gilt. Der Faktorpreis ist dann für die verdrängte Gütermenge kein korrektes Maß mehr; sein Wert ist zu gering und müßte, um die korrekten Opportunitätskosten zu ermitteln, mit einem Aufschlag versehen werden. Für den Fall, daß bei der Herstellung eines Gutes im Rahmen eines öffentlichen Projektes Güter verbraucht werden, die direkt dem privaten Konsum entzogen werden, gibt der Marktpreis dieser Güter unabhängig von der Marktform die korrekten Opportunitätskosten wieder, und es müssen keine Schattenpreise gebildet werden (vgl. Hanusch, 1994, S. 60-62).

Ein weiterer Grund für die Abweichung des Produktpreises von den Grenzkosten kann die Belastung mit Steuern oder die Entlastung durch Subventionen sein. Erhebt der Staat eine Steuer St auf die Produktion bzw. den Verbrauch eines Gutes x_2, dann enthält der Verkaufspreis p_2 neben den Grenzkosten auch die Steuer St, so daß ein Produzent bei vollkommener Konkurrenz gemäß Inputregel den Faktorinput zu einem geringeren Preis q_1 nachfragt als ohne Besteuerung, nämlich zu

$$(52) \qquad q_1 = (p_2 - St)\frac{\partial x_2}{\partial F_1} \,.$$

Wird durch ein öffentliches Projekt ein Teil der Faktormenge F_1 von der x_2-Produktion abgezogen, werden die Opportunitätskosten für den Verbrauchsrückgang bei x_2 durch den Faktorpreis q_1 nicht korrekt angegeben und müssen mit einem Zuschlag versehen werden. Im Fall von Subventionen kehrt sich die Wirkung genau um (vgl. Hanusch, 1994, S. 65f, Hesse, 1980, S. 372). Außerdem führt die Verdrängung der Nachfrage des mit Verbrauchssteuern belasteten Gutes x_2 zu entsprechenden Einnahmeausfällen, die in der bisherigen Analyse nicht berücksichtigt sind. Im Fall von Subventionen für ein Gut x_2 würde umgekehrt ein Nachfragerückgang zu einer Einsparung des Staates führen, der einen zusätzlich zu berücksichtigenden Nutzen des Gutes x_2 darstellt (vgl. Suntum, 1986a, S. 117).

Im Fall von Preisverzerrungen durch Steuern und Subventionen sollte genau berücksichtigt werden, welches Ziel mit der Besteuerung verfolgt und wie der Preis dadurch beeinflußt wird (vgl. Pearce/Nash, 1981, S. 110). Ein Grund für die Erhebung kann der Ausgleich von Marktunvollkommenheiten sein. So kann z.B. die Mineralölsteuer als Pigou-Steuer aufgefaßt werden, mit deren Hilfe externe Effekte des Straßenverkehrs internalisiert werden sollen, so daß gerade durch ihre Erhebung die privaten Grenzkosten besser an die sozialen Grenzkosten angepaßt werden. Somit entsprächen Einsparungen bei der Mineralölsteuer tatsächlichen sozialen Kostenersparnissen in Form einer Verminderung von Unfallschäden und Umweltbelastungen. Das gleiche gilt für Subventionen, mittels derer positive externe Effekte abgegolten werden (vgl. Suntum, 1986a, S. 119f). Werden Steuern zum Zweck der Einkommensumverteilung, zur Generierung von Einnahmen für den Staat oder ohne spezifischen ökonomischen Zweck erhoben, sollten sie zur Projektbeurteilung möglichst aus den Marktpreisen herausgerechnet werden (vgl. Pearce/Nash, 1981, S. 110).

Ein weiterer Grund, warum die beobachtbaren Preise nicht die Grenzkosten angeben, kann in Marktungleichgewichten liegen, die durch Inflexibilitäten bei den Preisen verursacht werden. Ein besonders wichtiger Fall, der vielfach im Zusammenhang mit der Kosten-Nutzen-Analyse diskutiert wird, ist die unfreiwillige Unterbeschäftigung des Faktors Arbeit (Pearce/Nash, 1981, S. 108). Werden im Rahmen eines öffentlichen Projektes Arbeitskräfte eingesetzt, die arbeitslos waren, führt dies zu keinem Abzug von Arbeitskräften aus anderen Produktionen. Der Arbeitslohn gibt dann nicht die korrekten Opportunitätskosten an, die durch den Einsatz der Arbeitskräfte entstehen. Für den Zeitraum, in dem der Beschäftigte arbeitslos geblieben wäre, bestehen die Opportunitätskosten lediglich aus dem entgangenen Nutzen, der ihm aus dem Verzicht auf Freizeit und aus dem Arbeitsleid entsteht (vgl. Drèze/ Stern, 1987, S. 395, Haveman/Krutilla, 1968, S. 65).

Die Meinungen über die Notwendigkeit und Zweckmäßigkeit der Verwendung von Schattenpreisen gehen sehr weit auseinander (vgl. Dasgupta/Pearce, 1972, S. 110). Vielfach wird kritisiert, daß Korrekturen an beobachtbaren Marktpreisen ein hohes Maß an Willkür bergen, und sie werden aus diesem Grund abgelehnt. Ein wichtiges Argument gegen die Verwendung von Schattenpreisen in der praktischen Kosten-Nutzen-Analyse ist der hohe Aufwand, der u.U. mit ihrer Ermittlung verbunden ist. Dies trifft zu, wenn z.B. Produktions- und Kostendaten einzelner Unternehmen erforderlich sind, um Preiskorrekturen durchzuführen, sofern diese überhaupt zugänglich sind. Dabei bleibt möglicherweise ungewiß, ob tatsächlich eine Verbesserung gegenüber den Marktpreisen erreicht wird. Die Entscheidung, ob Preiskorrekturen vorgenommen werden, sollte deshalb im Einzelfall in Abhängigkeit von den Kosten der Informationsbeschaffung und dem Ertrag für die Verbesserung der Analyse getroffen werden (vgl. Hanusch, 1994, S. 68f, McKean, 1968, S. 56-58).

3.1.4.2 Die Bewertung externer Effekte und öffentlicher Güter

Unvermeidlich ist die Ermittlung von Schattenpreisen, wenn überhaupt keine Marktpreise vorliegen, wie im Falle von öffentlichen Gütern und externen Effekten. Bei externen Effekten[62] handelt es sich um Wirkungen, für die kein Markt existiert, wie z.B. Lärmbelästigung, so daß kein Preis festgestellt wird, mit dem der Effekt bewertet

---

62 Zur Definition von externen Effekten vgl. S. 81.

und abgegolten werden könnte. Öffentliche Güter werden in der Literatur durch das Vorliegen zweier Merkmale charakterisiert (vgl. Head, 1968, S. 219-225):

- Nicht-Rivalität im Konsum, d.h., daß ein Produktionsfaktor gleichzeitig und in gleichem Umfang in mehrere Produktionsprozesse eingehen kann, ohne daß zwischen den Produzenten eine Rivalität entsteht (vgl. Samuelson, 1954, S. 387) und
- die Nicht-Anwendbarkeit des Ausschlußprinzips, d.h., daß einzelne Wirtschaftssubjekte von der Nutzung eines Gutes nicht ausgeschlossen werden können (vgl. Musgrave, 1990, S. 55-57).

Öffentliche Güter können deshalb als Spezialfall externer Effekte interpretiert werden (vgl. Head, 1968, S. 222). Folge der Nicht-Anwendung des Ausschlußprinzips ist, daß die Wirtschaftssubjekte ihre Präferenzen für das Gut und damit ihre Zahlungsbereitschaft nicht offenlegen müssen, der Marktmechanismus versagt, und es wird kein Knappheitspreis festgestellt (vgl. Samuelson, 1954, S. 388f). In der Realität treten reine öffentliche Güter selten auf, vielmehr handelt es sich um Mischformen zwischen privaten und öffentlichen Gütern, die in bestimmtem Maße Eigenschaften öffentlicher Güter aufweisen (vgl. Bonus, 1978, 57f). Güter, die vom Staat bereitgestellt werden, obwohl es sich nicht um reine öffentliche Güter handelt, wie im Falle von Verkehrswegen, werden auch als gekorene öffentliche Güter bezeichnet (vgl. Bonus, 1978).

Im Rahmen der Kosten-Nutzen-Analyse für ein GVZ stellt sich das Problem fehlender Marktpreise insbesondere im Zusammenhang mit der Bewertung der externen Effekte des Verkehrs in Form von Umwelteffekten und Unfällen aber auch bezüglich der Kosten der Nutzung des gekorenen öffentlichen Gutes Verkehrsinfrastruktur. Umweltgüter wie saubere Luft, die Abwesenheit von Lärm oder ein intaktes Klima weisen die Merkmale öffentlicher Güter auf. Es sind eine ganze Reihe von pragmatischen Verfahren zur Ermittlung von Präferenzen für externe Effekte und öffentliche Güter entwickelt worden, die allerdings teilweise mit erheblichen Schwierigkeiten verbunden sind.[63] Grundsätzlich kann zwischen indirekten und direkten Verfahren unterschieden werden (vgl. Pommerehne, 1987, S. 10-12). Die direkte Präferenzermittlung erfolgt durch Befragung von betroffenen Wirtschaftssubjekten nach ihrer Zahlungsbereitschaft. Im Rahmen von indirekten Verfahren werden die Präferenzen von Individuen aus ihrem beobachtbaren Verhalten abgeleitet. Vorteil der indirekten Verfahren ist, daß die individuellen Entscheidungen in realen Situationen unter Beachtung der individuell relevanten Restriktionen gefällt werden (vgl. Pommerehne, 1987, S. 19).

Indirekte Verfahren greifen zur Bewertung von negativen externen Effekten auf Beziehungen zwischen den Externalitäten und privaten Gütern zurück. Die Betroffenen von Umweltschäden nehmen diese häufig nicht einfach hin, sondern reagieren mit Reparatur-, Ausweich-, Prohibitiv- oder Vermeidungsaktivitäten. Dieses Anpassungsverhalten ist mit Kosten verbunden, die anzeigen, wie groß die Wertschätzung der Betroffenen für den Erhalt oder die Wiederherstellung einer besseren Umweltqualität mindestens ist. Die Zahlungsbereitschaft für einen externen Effekt kann so-

---

63 Vgl. z.B. Hanusch (1994, S. 76-95), Pearce/Markandya (1989, S. 25-57), Pflügner (1988), Pommerehne (1987), Freeman (1979a).

mit von der beobachtbaren Zahlungsbereitschaft für ein privates Gut abgeleitet werden (vgl. Endres, 1982, S. 263f).[64]

Es liegen einige empirische Untersuchungen vor, in denen eine Quantifizierung und Evaluierung der externen Effekte des Verkehrs vorgenommen worden ist.[65] Auch das Verfahren zur gesamtwirtschaftlichen Bewertung von Verkehrswegeinvestitionen im Rahmen des BVWP sieht die Bewertung externer Effekte vor (vgl. Planco, 1991, 1993). Die Ergebnisse dieser Untersuchungen werden in dieser Arbeit zur Bewertung der externen Effekte der Verkehrsleistungen herangezogen. In diesen Untersuchungen wurden insbesondere Ausgaben zur Behebung oder Vermeidung von Schäden, Marktpreisdivergenzen für umweltsensitive Güter sowie Befragungen zur Bewertung von Externalitäten herangezogen. Diese Verfahren werden im folgenden vorgestellt und kritisch beurteilt.

3.1.4.2.1 Der Schadenskostenansatz

Bei Vorliegen von vollständiger Konkurrenz ist der Preis eines Produktionsfaktors in allen Verwendungen gleich, und er entspricht seinem Wertgrenzprodukt. Werden durch einen externen Effekt Ressourcen verbraucht, so entspricht deren Wert genau dem, den sie auch in einer anderen Verwendung gehabt hätten. Dieser Zusammenhang ermöglicht es, externe Effekte über die Kosten, die bei den betroffenen Wirtschaftssubjekten zur Schadensbeseitigung entstehen, zu messen (vgl. Hanusch, 1994, S. 83f). Das Verfahren wird auch als Ressourcenansatz bezeichnet (vgl. z.B. Rothengatter, 1989, S. 68). Die so ermittelten Schadenskosten stimmen allerdings nur dann mit der Zahlungsbereitschaft für einen externen Effekt bzw. dessen Beseitigung überein, wenn die Mittel tatsächlich aufgewendet werden, um den Schaden zu beseitigen und es sich nicht nur um fiktive Schadenskosten handelt (vgl. Schulz, 1985, S. 77f, Endres, 1982, S. 264f). Der Vorteil dieses Ansatzes besteht darin, daß er geeignet ist, Kosten für Schäden zu ermitteln, die in Ermangelung von Information oder Bewußtsein bei den Konsumenten keine ausreichende Berücksichtigung finden (vgl. Pearce/Markandya, 1989, S. 49). Damit kann das im Zusammenhang mit der Konsumentensouveränität auftretende Informationsproblem (vgl. S. 57) umgangen werden. Im Rahmen von öffentlichen Maßnahmen im Verkehrsbereich kommt dieser Ansatz vielfach zur Anwendung, indem Lärm- und Luftschadstoffemissionen anhand von Schäden an der menschlichen Gesundheit, bei Tieren, Pflanzen und Material bewertet werden. Das Verfahren kann in drei Schritte untergliedert werden (vgl. Friedrich/Bickel, 1994, S. 14):

- Im ersten Schritt müssen Schäden bzw. Vorteile, die durch die öffentliche Maßnahme verursacht werden, nach ihrer Art bestimmt werden,
- im zweiten Schritt erfolgt die Quantifizierung und
- im dritten Schritt die Bewertung anhand vorliegender Marktpreise.

---

64 Zu den verschiedenen Verfahren vgl. Andel (1977, S. 493-499), Arnold (1980, S. 393-398), Hanusch (1994, S. 76-95).

65 Vgl. Grupp (1986), Wicke (1986, 1993, S. 60-117), Dogs/Platz (1990), Kageson (1993), Teufel u.a. (1994), Mauch (1995). Für einen Überblick vgl. Becker/Bertram (1992), Glaser (1992), Bickel/Friedrich (1995).

Um die genaue Höhe der externen Kosten einer Aktivität zu ermitteln, müssen genaue Ursache-Wirkungsbeziehungen ermittelt werden, die alle relevanten Systemzusammenhänge beinhalten, quantitativ genaue Dosis-Wirkungs-Relationen angeben und übertragbar sind, um Prognosen zu ermöglichen (vgl. Pflügner, 1988, S. 49f). Entscheidend für die Art und Höhe der verursachten Schäden sind nicht die Emissionen, sondern die Immissionen an den Inzidenzbereichen. Zwischen Emissionen und Immissionen bestehen keine direkten, eindeutigen Beziehungen. Vielfach sind die Zusammenhänge zwischen Immissionen von Lärm oder Schadstoffen und auftretenden Schäden auf naturwissenschaftlichem, technischem und medizinischem Gebiet noch nicht geklärt. Der Ermittlung eindeutiger Ursache-Wirkungs-Beziehungen stehen mehrere Probleme entgegen:[66]

- Die Wirkung von Schadstoffen ist abhängig vom Umweltmedium (Luft, Boden oder Wasser), in das sie abgegeben werden und in welchem sie übertragen, gespeichert, kumuliert, abgebaut, umgewandelt, möglicherweise mit anderen Schadstoffen kombiniert und schließlich an den Inzidenzbereich (Mensch, Ökosystem, Material) abgegeben werden.
- Die Wirkung von Schadstoffen wird durch Rahmenbedingungen wie Klima, Witterung, Topographie und bauliche Umgebung beeinflußt.
- Bestimmte Schäden treten erst mit zeitlichen Verzögerungen auf, so daß Langzeitwirkungen z.T. noch nicht beobachtbar sind. Ursache dafür kann sein, daß der Schadstoff erst durch Akkumulation eine kritische Konzentration erreicht oder daß der Inzidenzbereich erst nach langanhaltender Belastung Schaden nimmt.
- Zwischen verschiedenen Schadstoffen kann es zu Synergiewirkungen kommen.
- Die Wirkung von Umwelteinflüssen ist von individuellen, teilweise subjektiven Merkmalen der Geschädigten abhängig und läßt sich nicht objektiv messen.

Psychische und soziale Schäden sowie ästhetische Beeinträchtigungen lassen sich durch Schadenskosten nicht erfassen. Insgesamt läßt sich festhalten, daß mit der Methode der Schadenskosten nur ein Teil der Schäden erfaßt werden kann und wahrscheinlich ein erheblicher Teil der externen Kosten unberücksichtigt bleibt (vgl. Glaser, 1992, S. 86).

Darüberhinaus ergeben sich erhebliche Probleme bei der monetären Bewertung der Schäden. Es stehen zwei Ansätze zur Verfügung (vgl. Rothengatter, 1989, S. 68):

- Die Bewertung kann anhand der Aufwendungen für die Wiederherstellung des Zustandes vor Eintritt des Schadens erfolgen (Kostenwertansatz).
- Alternativ kann die Bewertung anhand der entgangenen, zukünftigen Erträge erfolgen (Ertragswertansatz).

Beiden Verfahren liegt der Gedanke zugrunde, Menschen, Tiere und Pflanzen mit Kapitalgütern gleichzusetzen. Relativ unproblematisch ist dieser Ansatz deshalb bei der Verwendung für Schäden an Material, z.B. an Bauten, deren Instandsetzungs-

---

66 Vgl. Rothengatter (1989, S. 66), Pflügner (1988, S. 56-58), Ewers (1986a, S. 14-16), Willeke (1984, S. 144-146). Mit der Bestimmung von sogenannten Schadfunktionen wird versucht, die Beziehung zwischen umweltbelastenden Ursachen und physischen Schäden durch einen funktionalen Zusammenhang auszudrücken. Eine der ersten Schadfunktionen wurde von Ridker (1967) geschätzt, der den Zusammenhang zwischen Luftverschmutzung und Gesundheitsschäden untersucht hat (vgl. Marburger, 1986, S. 55). Zu den Problemen von Schadfunktionen vgl. Hautau u.a. (1987, S. 102-106).

kosten leicht zu ermitteln sind oder an Nutzpflanzen, die über ihren zukünftigen Ertragsausfall bewertet werden können. Probleme bereitet die Bewertung immaterieller Schäden, wie z.B. der ideelle Verlust historischer Bausubstanz oder der Verlust an genetischer Information beim Aussterben einer Tierart. Mit sehr großen Schwierigkeiten ist die Bewertung von gesundheitlichen Schäden und Menschenleben verbunden; darauf wird gesondert in Kapitel 3.1.4.2.5 eingegangen.

3.1.4.2.2 Der Vermeidungskostenansatz

Verwandt mit dem Schadenskostenansatz ist die Bewertung negativer externer Effekte mit den Kosten, die anfallen, um den Eintritt eines Schadens zu vermeiden (vgl. Rothengatter, 1989, S. 72). Diesem Ansatz liegt die Idee zugrunde, daß ein Umweltschaden oder Unfall[67] mindestens so hoch bewertet wird, wie die Kosten zu seiner Vermeidung (vgl. Glaser, 1992, S. 95). Der Vermeidungskostenansatz mißt die Präferenzen der Konsumenten jedoch nur dann korrekt, wenn die Bewertung auf Maßnahmen beruht, die aufgrund individueller Entscheidung ergriffen und auch tatsächlich durchgeführt werden (vgl. Endres, 1982, S. 264f). Ein grundsätzliches Problem dieses Ansatzes besteht darin, daß in empirischen Studien häufig Vermeidungskosten berechnet werden, die nicht tatsächlich anfallen, sondern anhand fiktiver Maßnahmen zur Erreichung einer staatlich vorgegebenen Umweltqualität ermittelt werden (vgl. Rothengatter, 1989, S. 73). Dabei wird die Zahlungsbereitschaft nur zufällig korrekt erfaßt. Das Problem wird in Abbildung 12 graphisch veranschaulicht.

Im oberen Teil der Abbildung sind Schadenskosten (SK) und Vermeidungskosten (VK) sowie die externen Gesamtkosten (GK) aus der Summe beider Kostenkategorien in Abhängigkeit vom Grad der Umweltbelastung abgetragen. Es zeigt sich, daß das vollkommene Beseitigen ökologischer Belastungen ökonomisch nicht optimal wäre. Das ökonomische Optimum der Umweltbelastung ergibt sich beim Minimum der Gesamtkosten bei B*, an dem die Grenzkosten der Schadensbeseitigung (SGK) und der Schadensvermeidung (VGK) ihren Schnittpunkt haben. Nur in diesem Punkt stimmen beide überein, und die Vermeidungsgrenzkosten wären ein korrekter Wertansatz für die Bemessung der Schadensgrenzkosten. Der Punkt B* wird jedoch in der Realität nicht verwirklicht und ist nicht genau bestimmbar (vgl. Hautau u.a., 1987, S. 10). Dem Ökonomen ist unbekannt, an welcher Stelle der Grenzvermeidungskostenkurve sich die Volkswirtschaft befindet. Ausgehend von der Hypothese, daß die externen Kosten tendenziell unterschätzt werden, wird eher ein Punkt rechts von B* realisiert. Es gibt allerdings keinen Anhaltspunkt, in welchem Ausmaß die Schadenskosten unterschätzt werden (vgl. Kurth, 1991, S. 45). Die Schätzung der externen Kosten anhand des Vermeidungskostenansatzes ist deshalb mit erheblichen Unsicherheiten behaftet (vgl. Willeke, 1984, S. 153, Wehner, 1976, S. 67).

Zur Verteidigung des Vermeidungskostenansatzes wird argumentiert, daß der politische Willensbildungsprozeß in der Demokratie geeignet sein könnte, die individuellen Präferenzen der Konsumenten hinsichtlich des Schutzes der Umwelt in politische Handlungsprogramme umzusetzen. Unter dieser Bedingung könnten staatliche Auflagen oder Emissionsgrenzwerte als richtiger Maßstab für die Präferenzen gelten

---

67 Im folgenden ist meist nur von Umweltschäden die Rede, um die Formulierungen einfach und lesbar zu halten. Die Ausführungen gelten entsprechend für externe Kosten aus Unfällen.

(vgl. Dogs/Platz, 1990, S. 2-6). Aus folgenden Gründen ist ein Abweichen des tatsächlichen Belastungsniveaus vom Optimum zu erwarten (vgl. Dogs/Platz, 1990, S. 2-7f):

- Das Externalitätenproblem führt dazu, daß die privaten Maßnahmen zur Verringerung der Umweltverschmutzung auf der Seite der Verursacher zu niedrig ausfallen.
- Eine starke Interessenvertretung der Verursacher der externen Kosten, möglicherweise eine schwache Interessenvertretung der Geschädigten sowie das Wiederwahlinteresse der Politiker, können dazu führen, daß es im Rahmen des demokratischen Willensbildungsprozesses nicht gelingt, die Umweltbelastung durch staatliche Eingriffe auf das optimale Niveau zu reduzieren.
- Die Bereitschaft und die Fähigkeit, die externen Kosten der Umweltbelastung tatsächlich zu tragen, hängt vom gesamtwirtschaftlichen Einkommensniveau und der Einkommensverteilung ab.

Abbildung 12: Der Zusammenhang zwischen den Vermeidungs- und Schadenskosten von Umweltschäden

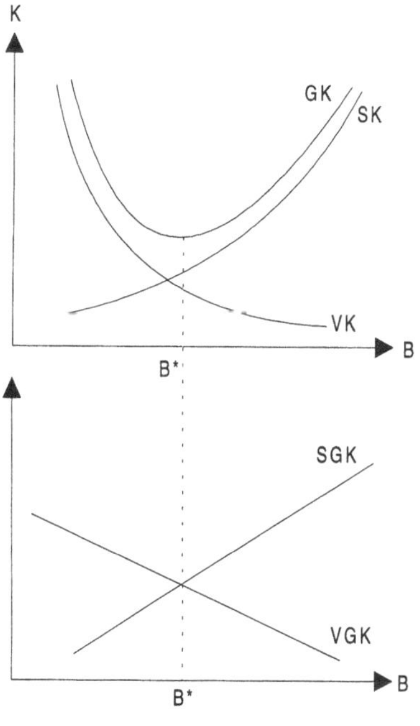

Quelle: eigene Darstellung nach Emil-Maria Claassen, Ökonomische Aspekte gesellschaftlicher Probleme, in: Vahlens Kompendium der Wirtschaftstheorie und Wirtschaftspolitik, Band 2, von Dieter Bender, 4., überarbeitete Aufl., München 1990, S. 127.

Neben diesen konzeptionellen Schwierigkeiten ergeben sich weitere Probleme bei der Quantifizierung und Messung der Vermeidungskosten:[68]

- Die Maßnahmen, mit denen die Schäden vermieden werden sollen, dienen oftmals verschiedenen Zwecken gleichzeitig. So führt z.B. eine Veränderung der Zusammensetzung von Dieselkraftstoff zu einer Reduzierung von Lärm- und Luftschadstoffemissionen. Dies birgt die Gefahr möglicher Doppelzählungen.
- Einige Maßnahmen zur Vermeidung von Schäden sind mit Opportunitätskosten verbunden, die entsprechend zu berücksichtigen wären. So wird den Betroffenen von Lärm die Bekämpfung mit Gehörschutz wegen der Unannehmlichkeit nicht zugemutet.
- Freiwillige Maßnahmen zur Vermeidung von Schäden können nicht vollständig erfaßt werden, da der Aufwand zu groß wäre.
- Ebenso wie beim Schadenskostenansatz besteht auch hier das Defizit, daß der negative Einfluß eines externen Effektes meist nur zu einem Teil beseitigt werden kann, so daß die Ausgaben für das schadenskompensierende Gut eine Untergrenze für die Bewertung des externen Effektes darstellen.

Im Vergleich bietet der Schadenskostenansatz ein verläßlicheres Bewertungskonzept. Dies liegt darin begründet, daß externe Kosten und Vermeidungskosten von prinzipiell unterschiedlicher Art sind. Der Vermeidungskostenansatz wird deshalb nur als eine Hilfslösung angesehen (vgl. Glaser, 1992, S. 97).

3.1.4.2.3 Die Verwendung von Marktpreisdivergenzen

Ein weiteres indirektes Verfahren mißt die Zahlungsbereitschaft für öffentliche Güter anhand von Divergenzen oder Änderungen von Preisen für private Faktoren und Rechte, die eng mit dem öffentlichen Gut verbunden sind. Mit Hilfe dieser Methode kann z.B. die Wertschätzung von Qualitätsänderungen bei Umweltgütern wie Wasser, Luft und Geräuschbelastung oder auch der infrastrukturellen Ausstattung anhand von Grundstücks- oder Wohnungspreisen gemessen werden. Voraussetzung ist, daß bei der zu bewertenden Umweltqualität räumliche Unterschiede vorliegen und diese von den Konsumenten wahrgenommen werden. Sofern die Konsumenten die Umweltqualität bewußt auswählen und nicht als gegeben hinnehmen, schlagen sich die Unterschiede der Umweltqualität bei funktionierendem Immobilienmarkt in den Preisen nieder. Es läßt sich dann eine hedonistische Preisfunktion in Abhängigkeit von der Umweltqualität und anderen Einflußfaktoren schätzen (vgl. Freeman, 1979a, S. 78).[69]

Die Methode läßt sich theoretisch sehr gut begründen, sie basiert jedoch auf einigen Annahmen, die in der Realität nur sehr eingeschränkt erfüllt werden (vgl. Pflügner, 1989, S. 189-192, 196-200, Pommerehne, 1987, S. 73-75):

- Auf dem untersuchten Markt muß ein Gleichgewicht bei vollständiger Konkurrenz vorliegen. Diese Bedingung ist besonders im Falle von Immobilienmärkten vielfach

---

68 Vgl. Hanusch (1994, S. 91), Rothengatter (1989, S. 72f), Endres (1982, S. 264), Andel (1977, S. 494f).

69 Vgl. für eine Darstellung des theoretischen Ansatzes Freeman (1979a, S. 78-82, 125-127).

verletzt, da sie Ziel staatlicher Eingriffe sind und besonders auf innerstädtischen Wohnungsmärkten oft ein Nachfrageüberhang herrscht.

- Es muß eine räumlich differierende Ausprägung des untersuchten Umweltgutes vorliegen, die subjektiv von den Individuen wahrgenommen wird. Die Konsumenten müssen vollständige Informationen über die Qualitätsmerkmale und Preise auf dem Markt verfügen. Gerade bezüglich der Umwelt aber sind viele Veränderungen für die Bevölkerung nicht direkt wahrnehmbar und werden erst längerfristig bemerkt.[70]
- Es wird vollständige Mobilität der Individuen unterstellt, und sie müssen sich bei der Wohnungswahl als Nutzenmaximierer verhalten.
- Es muß ein einheitlicher Wohnungsmarkt existieren. Für unterschiedliche Marktsegmente müssen getrennte hedonistische Preisfunktionen geschätzt werden (vgl. Freeman, 1979a, S. 142f).
- Der Einfluß der Umweltqualität auf den Immobilienpreis muß separierbar sein, um eine isolierte Schätzung des impliziten Preises zu ermöglichen.

Weitere Probleme ergeben sich in der praktischen Umsetzung des Ansatzes. Immobilienwerte sind von einer Vielzahl von Faktoren abhängig, wie baulichen Merkmalen, der Wohnqualität, einer Reihe von Umfeldfaktoren und Merkmalen der Umweltqualität. Wichtig ist, daß alle relevanten Charakteristika berücksichtigt werden. Gehen zu wenige Variable in die Schätzgleichung ein, kommt es zu verzerrten Ergebnissen; werden zu viele Variable berücksichtigt, werden die Schätzungen unzuverlässig. Problematisch ist, daß es Korrelationen zwischen verschiedenen Merkmalen gibt. Hier muß versucht werden, die Unterschiede über möglichst wenige geeignete Variablen zu erfassen (vgl. Holm-Müller u.a., 1991, S. 135f und 138-140, Pearce/Markandya, 1989, S. 25f). Sind die Variablen bestimmt, steht die Auswahl einer funktionalen Form an. Sie ist nicht nur eine Frage der ökonometrischen Belange, sondern dabei sind auch die ökonomischen Implikationen zu berücksichtigen (vgl. Holm-Müller u.a., 1991, S. 137f, Freeman, 1979a, S. 139-142). Weiterhin stellt sich die Frage, welche Indikatoren zur Messung der Variablen herangezogen werden sollen, insbesondere für die Immobilienpreise und die Umweltqualität (vgl. Freeman, 1979a, S. 129-131 und 138), und schließlich ergeben sich Schwierigkeiten bei der Erhebung des umfangreichen erforderlichen Datenmaterials (vgl. Pearce/Markandya, 1989, S. 25f, Freeman, 1979a, S. 131-133).

Die Ergebnisse zahlreicher empirischer Studien lassen den Schluß zu, daß das Qualitätsniveau von Umweltgütern wie Luftverschmutzung, Lärm und Wasserqualität einen Einfluß auf Immobilienpreise hat (vgl. Freeman, 1979b, S. 170).[71] Erhebliche Zweifel bestehen über die Genauigkeit der abgeleiteten Preise. Sie sollten nur als ungefähre Größenordnungen angesehen werden. Der Grund dafür liegt vor allem in der Verletzung der restriktiven Annahmen, die dem Ansatz zugrunde liegen (vgl. Pearce/Markandya, 1989, S. 26). Einschränkend muß festgehalten werden, daß bei diesem Ansatz Präferenzen gegenüber Umweltgütern nur bezüglich ihrer Qualität am Wohnort gemessen werden und nichts über die Präferenzen am Arbeits-, Freizeit-

---

70 Bei dem Informationsproblem handelt es sich allerdings um ein grundsätzliches Problem der Konsumentensouveränität.

71 Vgl. auch die Übersichten bei Freeman (1979a, S. 153-162), Freeman (1979b), Pommerehne (1987, S. 55) sowie in Kapitel 3.2.4.3.1. Vgl. aber auch z.B. Holm-Müller u.a. (1991, S. 149-211), die den Zusammenhang nicht nachweisen konnten.

oder Ferienort ausgesagt wird. Auch können keine globalen Änderungen der Umweltqualität bewertet werden (vgl. Endres, 1982, S. 266). Bei der Kombination von Nutzengrößen, die über Marktpreisdivergenzen ermittelt wurden, mit anders ermittelten Nutzen kann es zu Doppelzählungen kommen. Dies ergibt sich aus dem Mangel an Separierbarkeit beim Immobilienwertansatz. So können z.B. Schadenskosten für Materialschäden aus Luftverschmutzung im Wohnbereich wahrscheinlich nicht zu Nutzen einer Luftverbesserung, die aus Immobilienwerten ermittelt wurden, hinzuaddiert werden (vgl. Freeman, 1979a, S. 152f).

3.1.4.2.4 Die Befragung

Die Befragung der Wirtschaftssubjekte nach ihrer Zahlungsbereitschaft für öffentliche Güter und externe Effekte wird auch als direkte Form der Präferenzermittlung bezeichnet (vgl. Pommerehne, 1987, S. 141f). Dabei sind vier verschiedene Fragestellungen möglich, die in Tabelle 3 zusammengestellt sind. Die Fragestellungen unterscheiden sich hinsichtlich der Ausgangssituation, ob die Belastung bzw. Gefährdung bereits vorliegt, und der Zuteilung der Rechte an der Umwelt bzw. Verkehrssicherheit. Werden die Rechte an dem Umweltgut dem Verursacher zugesprochen, so werden die Geschädigten nach ihrer Zahlungsbereitschaft befragt. Werden die Rechte am Umweltgut den Geschädigten zugesprochen, so werden sie nach ihrer Entschädigungsforderung befragt. Je nach Ausgangssituation und Zuweisung des Rechts am Umweltgut werden CV oder EV ermittelt (vgl. Wiese, 1986, S. 84-87).

Tabelle 3: Mögliche Fragestellungen zur Ermittlung von Zahlungsbereitschaften

	Ausgangssituation: Verschmutzung liegt vor	Ausgangssituation: Verschmutzung liegt nicht vor
Zahlungsbereitschaft	1. Wie hoch ist die Zahlungsbereitschaft für eine Verbesserung? (CV)	2. Wie hoch ist die Zahlungsbereitschaft, um eine Verschlechterung zu vermeiden? (EV)
Entschädigungsforderung	3. Welcher Betrag wird verlangt, um auf eine Verbesserung zu verzichten? (EV)	4. Welcher Betrag wird verlangt, um eine Verschlechterung zu akzeptieren? (CV)

Quelle: eigene Darstellung nach Harald Wiese, Zahlungsbereitschaft kontra Entschädigungsforderung - Alternative Rentenkonzepte zur Bewertung von Umweltschäden, in: Zeitschrift für Umweltpolitik und Umweltrecht, 9. Jg., 1986, Heft 1, S. 87.

Problematisch bei der Wahl der Fragestellung ist, daß sie im allgemeinen zu sehr unterschiedlichen Ergebnissen führt (vgl. Pearce/Markandya, 1989, S. 39). Es stellt sich deshalb die Frage, wem die Rechte an der Umwelt zuzusprechen sind. Das Konzept des sozialen Überschusses läßt beide Vorgehensweisen zu. Nur unter sehr restriktiven Annahmen - u.a. volle Informationen bei den Befragten und keine Unsicherheit - müßten beide Fragestellungen zum gleichen Ergebnis führen. Bei Unsicherheit und unvollkommenen Informationen ist die Entschädigungsforderung i.d.R. wesentlich größer als die Zahlungsbereitschaft. Dies ist durchaus rational, denn die Wirtschaftssubjekte wissen zum Zeitpunkt der Befragung noch nicht, welche Folgen die Umweltbelastung für ihr Wohlbefinden und ihre Gesundheit haben wird, und ihre Zahlungsbereitschaft wird durch die Einkommensrestriktionen begrenzt (vgl. Ewers, 1986a, S. 13).

Bei einem Vergleich mit Marktdatenanalysen zeigen Zahlungsbereitschaftswerte eine gute Übereinstimmung, während die Entschädigungsforderungen erheblich höher liegen (vgl. Pflügner, 1989, S. 265). Nach Auffassung von Ewers (1986a, S. 13) muß die Entscheidung, wem die Rechte an den Umweltgütern bei einer Befragung zugesprochen werden, auf politischer Ebene gefällt werden. Wird der Ausgangszustand als gegeben hingenommen, müßten gemäß Verursacherprinzip die Begünstigten bei einer Verbesserung des Zustands nach ihrer Zahlungsbereitschaft, die Geschädigten bei einer Verschlechterung nach ihrer Entschädigungsforderung befragt werden (vgl. Ewers, 1986a, S. 14).[72] Wird in einer Kosten-Nutzen-Analyse die CV als Bewertungsmaßstab zugrundegelegt, so wären die Fragestellungen 1 und 4 aus Tabelle 3 zu verwenden. Brookshire/Randall/Stoll (1980, S. 482-487) haben einen Weg aufgezeigt, bei dem die Probleme der Ergebnisverfälschung mit Hilfe des Befragungsdesigns lösbar sind und Richtlinien entwickelt, welche Fragen fallspezifisch zu stellen sind, wie die Bewertung und Ergebniskontrollen erfolgen müssen.

Neben der Schwierigkeit der geeigneten Fragestellung gibt es eine Reihe von Problemen, die zu Verzerrungen in den Ergebnissen führen und die Validität von Befragungen beeinträchtigen können. Sie werden in der Literatur auch unter dem Oberbegriff Bias-Probleme diskutiert:

- Die Zuordnung von monetären Werten zu Umweltqualitäten oder Sicherheitsrisiken verlangt von den Befragten ein hohes Abstraktionsvermögen. Vorstellungskraft und verarbeitete Informationen reichen oft nicht aus, um valide Aussagen über die Zahlungsbereitschaft zu tätigen (vgl. Glaser, 1992, S. 64-66, Endres, 1982, S. 266).
- Bei der hypothetischen Bewertung von Gütern fehlt die Belohnung bzw. Sanktion durch die tatsächliche Markttransaktion. Die Individuen haben keinen Anreiz, ihre Wertschätzung genau zu reflektieren, da kein Verlust an Konsumentenrente droht (vgl. Pearce/Markandya, 1989, S. 36f, Endres, 1982, S. 266, Freeman, 1979a, S. 97).
- Das Trittbrettfahrerproblem, das im Zusammenhang mit öffentlichen Gütern besteht, kann bei Befragungen Anreize zu strategischem Verhalten zur Folge haben. Je nach Interessenlage der Probanden kann die Zahlungsbereitschaft gezielt über- oder untertrieben werden.[73]

---

72 Zur Diskussion über den zu verwendenden Maßstab vgl. Pflünger (1989, S. 264-275) und die dort angegebene Literatur sowie Wiese (1986, S. 89-92).

73 Dieses Problem ist in der Literatur ausführlich diskutiert worden. Vgl. z.B. Pommerehne (1987, S. 144-164), Schulz (1980, S. 101-114), McMillan (1979) und die angegebene Literatur bei Endres (1982, S. 267, Fn. 13). Bohm (1972) hat versucht, die empirische Relevanz strategischen Verhaltens zu quantifizieren.

- Verschiedene Probleme ergeben sich durch das Befragungsdesign, insbesondere kann eine Beeinflussung durch Vorgaben und Informationen, wie Antwortvorgaben oder zusätzlich gegebene Informationen zum Bewertungsgegenstand, erfolgen. Das Instrument oder der Modus, mit dem die hypothetische Zahlung erfolgen soll, z.B. über höhere Steuern, über Benutzerentgelte, Preiserhöhungen für öffentliche Leistungen, kann ebenfalls einen Einfluß auf die Höhe der Wertschätzung ausüben (vgl. Pearce/Markandya, 1989, S. 36f, Pflügner, 1989, S. 255-257).
- Schließlich können die Ergebnisse einer Befragung durch die Auswahl der Probanden, den Einfluß des Interviewers und die Auswertung verzerrt werden (vgl. Pflügner, 1989, S. 256f). Bei der Auswertung kann es besonders bei der Kombination von isoliert bewerteten Maßnahmen zu komplexen Programmbündeln wegen Interdependenzen zu Doppelzählungen kommen (vgl. Pommerehne, 1987, S. 186f).

Um die verschiedenen Bias-Probleme in den Griff zu bekommen, sind eine ganze Reihe unterschiedlicher Fragetechniken sowie spezielle Kontroll- und Testverfahren entwickelt worden, auf die hier nicht im einzelnen eingegangen werden kann.[74] Freeman (1979a, S. 97f) weist auf den Trade-off zwischen dem Belohnungsproblem und dem Trittbrettfahrerproblem hin, worin ein Hindernis bestehen könnte, beide gleichzeitig auszuschalten. Insgesamt lassen sich befragungsspezifische Verzerrungsprobleme mit Hilfe dieser Techniken weitgehend ausschalten oder zumindest kontrollieren; zum Teil ist damit allerdings ein sehr großer Aufwand verbunden (vgl. Pflügner, 1989, S. 285f).

Ein wichtiger Vorteil der Ermittlung von Präferenzen durch Befragungen liegt darin, daß sie neben der Wertschätzung des gegenwärtigen Konsums auch den Options-, Existenz- und Vermächtniswert eines Umweltgutes messen können (vgl. Glaser, 1992, S. 70). Die Relevanz dieser Werte ist durch Weisbrod (1964) und Krutilla (1967) nachgewiesen worden. Es ist der Wert, der dem Wissen, daß ein bestimmtes Umweltgut, eine intakte Umwelt vorhanden ist, beigemessen wird. Da das Gut nicht in Anspruch genommen wird, handelt es sich um ein rein öffentliches Gut, dem dieser Wert beigemessen wird. Der Optionswert bezeichnet den Wert, den die Konsumenten der Möglichkeit beimessen, ein Gut, das sie gegenwärtig wegen ihrer Einkommenssituation oder Präferenzen nicht verwenden, später zu nutzen. Die Höhe des Optionswertes ist abhängig von der Risikopräferenz der Konsumenten und kann negativ sein (vgl. Freeman, 1984, Bishop, 1982). Der Vermächtniswert ist der Wert der Tatsache, daß ein bestimmtes Umweltgut unzerstört an nachfolgende Generationen weitergegeben werden kann. Empirische Untersuchungen haben ergeben, daß die Summe aus Options-, Existenz- und Vermächtniswert 40 % bis 60 % der Gesamtwertschätzung ausmachen kann (vgl. Pommerehne, 1987, S. 178). Es besteht allerdings der Verdacht, daß es aufgrund mangelnder Separabilität in der hypothetischen Entscheidungssituation zu Doppelzählungen kommt, so daß die Größenordnung der Wertschätzungen in vielen Untersuchungen zu hoch ausfällt (vgl. Pommerehne, 1987, S. 186).

Schließlich muß darauf hingewiesen werden, daß neben den spezifischen Bias-Problemen die grundsätzlichen Einwände gegen das Prinzip der Konsumentensou-

---

[74] Vgl. Freeman (1979a, S. 89-96), Pommerehne (1987, S. 165-170), Pflügner (1989, S. 254-263, 276-284) und die dort angegebene Literatur.

veränität - Informationsprobleme, Repräsentanzprobleme und Probleme der Einkommensverteilung (vgl. S. 57) - auch bei Befragungen auftreten können. Insgesamt haben Feldexperimente jedoch gezeigt, daß sich mit Hilfe von Befragungen valide Ergebnisse ermitteln lassen, die mit den Resultaten indirekter Verfahren vergleichbar sind (vgl. Pommerehne, 1987, S. 187).

3.1.4.2.5 Die Bewertung von Leben und Gesundheit

Wegen der spezifischen Probleme, die mit der Bewertung von Leben und Gesundheit verbunden sind und dem großen Einfluß, den der Wertansatz für das Gesamtergebnis dieser Untersuchung hat, wird dies in einem eigenen Abschnitt behandelt. Ob Todesfälle monetär bewertet werden sollten, wird von einigen Ökonomen grundsätzlich in Frage gestellt. Mit der Bewertung von Todesfällen sind Probleme moralischer und ethischer Natur verbunden. Den Wert eines Menschenlebens in Geldeinheiten auszudrücken, wird von Gegnern als unmoralisch und makaber abgelehnt (vgl. Siebert, 1978, S. 76). Indem die Menschen sich jedoch tagtäglich Risiken aussetzen, wägen sie ständig zwischen dem Nutzen einer Aktivität und dem damit verbundenen Risiken für Leib und Leben ab und messen damit ihrer Gesundheit einen begrenzten Wert bei (vgl. Freeman, 1981, S. 166). Im Rahmen von ökonomischen Analysen geht es nicht darum, ein bestimmtes, individuelles Leben zu bewerten, sondern geringfügige Änderungen von Gesundheits- oder Todesrisiken in Folge einer Maßnahme zu bewerten. Im Interesse einer möglichst vollständigen Einbeziehung der Risiken und Vorteile eines Projektes für Gesundheit und Leben der Menschen ist eine ökonomische Bewertung unbedingt erforderlich (vgl. Endres, 1982, S. 260-262).

Nach Empfehlungen der Europäischen Kommission zur Vereinheitlichung der Bewertung von Unfallschäden sollte der Wertansatz für die Reduktion von Risiken für Menschenleben drei Komponenten beinhalten (vgl. Alfaro/Chapuis/Fabre, 1994, S. 10f, 68, ebenso Mishan, 1988, 344-350):

- die entgangenen Gewinne und Verluste der Gesellschaft, die, vor allem in der Arbeitskraft und dem Konsum bestehen,
- die Wertschätzung des Betroffenen für die eigene Unversehrtheit und Lebensfreude,
- die psychische Belastung, die aus der Sorge um die Möglichkeit von Verletzung oder Tod anderer Menschen erwächst.

Für die Bewertung von Gesundheitsschäden sind daneben die Kosten der medizinischen und nicht medizinischen Wiederherstellung sowie administrative und rechtliche Kosten zu berücksichtigen. Wichtig ist, zu beachten, daß es bei der Kombination verschiedener Teilwerte zu keinen Doppelzählungen kommt.

Bei der Bewertung von Gesundheit und Leben kann grundsätzlich zwischen subjektiven und objektiven Verfahren unterschieden werden (vgl. Alfaro/Chapuis/Fabre, 1994, S. 12-16, Baum/Niehus, 1993, S. 178-180). Mit objektiven Verfahren werden Ansätze bezeichnet, die auf der Berechnung von Schadenskosten basieren. Die Bewertung von gesundheitlichen Schäden nach dem Verfahren der Schadensbeseitigung erfolgt anhand der Ausgaben für Heilbehandlung, medizinische Hilfsmittel und Medikamente, wobei zu berücksichtigen ist, daß es sich bei den Preisen der medizinischen Versorgung überwiegend nicht um Wettbewerbspreise handelt. Nicht erfaßt werden bei diesem Ansatz irreparable Schäden, psychisches und physisches Leid der Betroffenen und ihrer Angehörigen sowie geringfügige Beeinträchtigungen, für die kein Schadensersatz gefordert wird (vgl. Elsholz, 1981, S. 85f).

Bei der Bewertung von Menschenleben nach dem objektiven Ansatz ist zwischen dem Kostenwert- und dem Ertragswertverfahren zu unterscheiden. Die Bewertung von Todesfällen mit dem Kostenansatz erfolgt über „Wiederbeschaffungskosten“, für die die Kosten für Ausbildung und das Aufziehen von Geburt bis zum erreichten Alter in Ansatz gebracht werden (vgl. Rothengatter, 1989, S. 68, Willeke, 1984, S. 133). Dieser Ansatz impliziert eine Analogie zwischen Mensch und reproduzierbarem Kapitalgut, die nicht akzeptierbar ist (vgl. Elsholz, 1981, S. 73f). Doch selbst aus dieser Sichtweise kann die Bewertung anhand von Kosten nicht befriedigen, da der Wert eines Kapitalgutes von seinen noch zu erwartenden Nettoerträgen abhängen würde (vgl. Suntum, 1984, S. 158). Nach dem Ertragswertprinzip werden gesundheitliche Schäden oder Todesfälle anhand der Ausfälle der zukünftig erwarteten Produktionsbeiträge bestimmt. Da die individuelle Bestimmung der zukünftigen Erträge i.d.R. nicht möglich ist, wird auf Durchschnittswerte zurückgegriffen. Dabei stellt sich die Frage, welche Größe genau für die Erträge herangezogen werden soll, wie sie abgegrenzt und worauf sie bezogen wird (vgl. Krupp/Hundhausen, 1984, S. 10-13, Freeman, 1979a, S. 170f). Bei der Errechnung des Nettowertes wird vom erwarteten Beitrag des Verstorbenen zum Sozialprodukt dessen eigener Konsum abgezogen. Es verbleibt nur das, was der Gesellschaft durch seinen Tod entgeht; streng genommen wäre auch der Verbrauch an öffentlichen Gütern abzuziehen. Der Wert eines Rentners oder Erwerbsunfähigen wäre nach dieser Methode genau genommen negativ. Die entscheidende Schwäche dieser Methode liegt darin, daß der Nachteil, den das Unfallopfer selbst erleidet, völlig außer acht gelassen wird (vgl. Mishan, 1988, S. 332f, Suntum, 1984, S. 155f). Das letztgenannte Defizit wird durch Anwendung eines Bruttowertes zu umgehen versucht. Er unterscheidet sich vom Nettowert vor allem durch die Einbeziehung des erwarteten eigenen Konsums des Verstorbenen. Damit wird der entgangene Konsum zum Wertansatz für die durch einen vorzeitigen Tod entgangene Lebenszeit. Dies ist nicht plausibel, denn der Betrag, den der Betroffene oder die Gesellschaft bereit wäre, zu zahlen, um den Tod zu verhindern, wäre wohl um ein vielfaches höher (vgl. Suntum, 1984, S. 156f, Freeman, 1979a, S. 171). Das Problem der Bewertung von Nicht-Erwerbstätigen bleibt bestehen, da sie nichts zum Sozialprodukt beitragen und ihrem Konsum ein Minderkonsum der übrigen Gesellschaft gegenübersteht. In der Praxis wird versucht, dies durch geeignete Abgrenzung und Durchschnittsbildung zu umgehen. Psychische und soziale Folgen, die in Verbindung mit gesundheitlichen Schäden und Todesfällen auftreten, bleiben außer acht (vgl. Rothengatter, 1989, S. 69).

Im Ergebnis kann festgehalten werden, daß der Nettoertragswert zumindest ein Näherungswert für die erste Komponente der Zahlungsbereitschaft für ein Menschenleben nach Mishan (1988, S. 346) darstellt. Für die Quantifizierung der eigenen Wertschätzung des Individuums und des psychischen Leids der Angehörigen stellt der objektive Ansatz kein geeignetes Konzept dar (vgl. Alfaro/Chapuis/Fabre, 1994, S. 68). Der in deutschen Untersuchungen häufig verwendete, von der Bundesanstalt für Straßenwesen jährlich ermittelte Bruttoertragswert in Höhe von 1,51 Mio. DM für 1994 (vgl. BASt, 1996), der auch im Bewertungsverfahren für den

BVWP zur Anwendung kommt (vgl. Planco, 1993, S. 144), ist insofern als den theoretischen Grundlagen nicht entsprechend abzulehnen.

Unter subjektiven Wertansätzen werden Verfahren zusammengefaßt, die auf Vermeidungskosten, Marktpreisdivergenzen oder Befragungen basieren. Die Berechnungen können auf der Beobachtung von individuellen oder gesellschaftlichen Verhalten beruhen (vgl. Alfaro/Chapuis/Fabre, 1994, S. 12-16, Baum/Niehus, 1993, S. 178-180). Die Umsetzung erfolgt vor allem über die Ausgaben für Maßnahmen zur Reduzierung von Gesundheitsrisiken, wie z.B. Sicherheitsgurten in Kraftfahrzeugen, anhand von Lohndifferenzen, in dem Lohnzuschläge für gefährliche Arbeiten mit den erhöhten Risiken in Beziehung gesetzt werden und mittels Befragungen (vgl. Alfaro/Chapuis/Fabre, 1994, S. 14). Analysen auf der Basis von gesellschaftlichem Verhalten ermitteln Wertansätze für Leben und Gesundheit anhand von öffentlichen Entscheidungen über Ausgaben zur Verminderung von Risiken, z.B. in den Bereichen Verkehrssicherheit, Arbeitsschutz, Gesundheits- oder Rettungswesen. Problematisch bei diesem Ansatz ist jedoch, daß (vgl. Baum/Niehus, 1993, S. 199f)

- die Strukturen öffentlicher Entscheidungen in der repräsentativen Demokratie nicht geeignet sind, die Präferenzen der Bevölkerung genau wiederzugeben,
- öffentliche Maßnahmen i.d.R. verschiedenen Zielen dienen und keine monokausalen Beziehungen hergestellt werden können, aus denen die Zahlungsbereitschaft für eines dieser Ziele abgeleitet werden kann.

Aus diesen Gründen werden Analysen auf der Basis von individuellen Entscheidungen generell bevorzugt (vgl. Alfaro/Chapuis/Fabre, 1994, S. 61).

Im Gegensatz zu den objektiven Verfahren basieren die subjektiven Verfahren auf theoretisch gut begründbaren Konzepten, ihre Hauptschwierigkeiten liegen in der praktischen Umsetzung. Bei allen subjektiven Verfahren ist das Problem des Informationsstandes der Individuen, das im Zusammenhang mit der Konsumentensouveränität grundsätzlich besteht, von besonderer Relevanz. Geringfügige Änderung der Eintrittswahrscheinlichkeit von Unfällen verlangen ein großes Abstraktionsvermögen, um monetär bewertet werden zu können. Die Ergebnisse der Verfahren sind abhängig von der beigemessenen Bedeutung und dem Bewußtsein der Betroffenen, so daß sich je nach Art des Risikos und dem Umfang der Risikoänderung unterschiedliche Wertschätzungen ergeben (vgl. Alfaro/Chapuis/Fabre, 1994, S. 15). In Tabelle 4 sind die Ergebnisse empirischer Studien auf der Basis verschiedener subjektiver Bewertungsansätze zusammengefaßt.

Im Rahmen der Kosten-Nutzen-Analyse eines GVZ geht es um die Bewertung der Reduktion von Todes- und Gesundheitsrisiken durch die Reduzierung des Straßengüterverkehrs. Da die Bewertung von den konkreten Umständen der Risikoänderung abhängt, kann sie nicht anhand des Werts eines durchschnittlichen statistischen Menschenlebens erfolgen, sondern sollte auf einer für den Konsumenten möglichst vergleichbaren Entscheidungssituation beruhen (vgl. Mishan, 1988, S. 353f). Der Lohn-Risiko-Ansatz, der auf den gleichen theoretischen Grundlagen wie der Immobilienpreisansatz basiert, erscheint hier deshalb wenig geeignet, da Bedenken gegenüber der Repräsentativität und Übertragbarkeit der Ergebnisse auf Gesundheitsrisiken aus Luftverschmutzung oder Verkehrsunfällen bestehen. Während sich die Beschäftigten freiwillig dem erhöhten Risiko aussetzen und dafür eine Entschädigung verlangen, ist die Bevölkerung Umwelt- und Verkehrsunfallrisiken zwangsweise ausgesetzt, und bei der Bewertung einer Reduzierung dieser Risiken geht es um die Zahlungsbereitschaft (vgl. Pearce/Markandya, 1989, S. 32-35).

Tabelle 4: Werte für ein statistisches Leben nach Lohndifferenzenstudien

	Preis-stand	Risikoänderung in Unfallzahl je 10.000 Beschäftigte	Wert in tsd. USD
Lohn-Risiko-Studien			
Arnould/Nichols (1983)	1982	11	640
Dillingham (1979)	1982	1,7	400
Olson (1982)	1982	1	7.100
Smith, R. (1974)	1982	1-1,5	7.500
Smith, R. (1974)	1982	1-1,5	3.300
Smith, R. (1974)	1982	3	3.500
Thaler/Rosen (1975)	1982	11	570
Viscusi (1978)	1982	1,2	2.900-3.900
Viscusi (1981)	1982	keine Angaben	7.000-11.000
Moore/Viscusi (1988)	1989	keine Angaben	4.600
Moore/Viscusi (1988)	1989	keine Angaben	5.300-6.400
Vermeidungskostenansatz			
Portney	1980	1	180
Dardis	1980	0,1	351
Gosh/Lees/Seal	1980	1	419
Blomquist (1979)	1980	1	466
Befragungsansatz			
Frankel	1980	10	57
Frankel	1980	0,01	3.720
Jones-Lee	1980	0,01	10.120
Acton (1973)	1980	10	59
Mulligan	1980	10	62
Mulligan	1980	1	428
Mulligan	1980	0,1	3.576
Jones-Lee/Hammerton/Philips (1985)	1982	0,5	1.952
Jones-Lee/Hammerton/Philips (1985)	1982	0,2	3.564

Quellen: nach Glenn Blomquist, Estimating the Value of Life and Safety: Recent Developments, in: Jones-Lee, Michael W. (Hrsg.), The Value of Life and Safety. Proceedings of a Conference held by the „Geneva Association“, Amsterdam u.a. 1982, S.35, Richard L. Ottinger, Environmental Costs of Electricity, New York u.a. 1991, S. 98, Michael W. Jones-Lee/M. Hammerton/P.

R. Philips, The Value of Safety: Results of a National Sample Survey, in: The Economic Journal, 95. Jg. (1985), März, S. 49-72.

Die Forderung nach einer vergleichbaren Entscheidungssituation für die Konsumenten können Vermeidungskostenansatz oder Befragung eher erfüllen. Vorteil des Vermeidungskostenansatzes gegenüber Befragungen ist, daß die Berechnung anhand von tatsächlich getätigten Zahlungen bzw. Anpassungsverhalten erfolgen. Neben den grundsätzlichen Einwänden gegen den Vermeidungskostenansatz ist die Verwendung in diesem Zusammenhang problematisch, weil er neben der individuellen Wertschätzung für die Lebensfreude teilweise die Kosten der Produktionskapazität umschließt, so daß es zu einer Doppelzählung kommen kann. Inwiefern die Kosten des psychischen Leids von Angehörigen enthalten sind, läßt sich nicht pauschal beantworten (vgl. Alfaro/Chapuis/Fabre, 1994, S. 15). Vorteil von Befragungen ist, daß diese auf ausgewählte Risikobereiche und -änderungen abstellen können (vgl. Jones-Lee/Hammerton/Philips, 1985). Praktische Erfahrungen haben gezeigt, daß durch Befragung erhobene Zahlungsbereitschaften die individuelle Wertschätzung und das psychische Leid der Angehörigen umfassen (Alfaro/Chapuis/Fabre, 1994, S. 15). Problematisch für Befragungen ist, daß die Zuordnung von monetären Werten zu Sicherheitsrisiken, die mit sehr geringer Wahrscheinlichkeit auftreten, wie bei Tod, Unfällen im Straßenverkehr oder infolge von Umweltbelastungen, von den Probanden ein sehr hohes Abstraktionsvermögen verlangt. Vorstellungskraft und verarbeitete Informationen reichen oft nicht aus, um valide Aussagen über die Zahlungsbereitschaft zu machen (vgl. Glaser, 1992, S. 64-66, Endres, 1982, S. 266).

Für die Quantifizierung der eigenen Wertschätzung des Individuums und des psychischen Leids der Angehörigen wird in dieser Arbeit auf das Ergebnis einer aufwendigen Befragung über die Zahlungsbereitschaft für die Reduzierung von Sicherheitsrisiken im Straßenverkehr in Großbritannien von Jones-Lee/Hammerton/Philips (1985) zurückgegriffen. Der ermittelte Wert beträgt für 1982 800.000 GBP. Dieser Wert ist ein Median und nicht der Mittelwert der Ergebnisse, der bei 1,5 Mio. GBP liegt. Jones-Lee/Hammerton/Philips (1985, S. 70) schlagen die Verwendung des Median vor, da der Mittelwert von einer sehr kleinen Minderheit mit hoher Sicherheitspräferenz beeinflußt wird und eine Kompensation über Transferzahlungen nicht realisierbar ist. Es ist deshalb davon auszugehen, daß die Verwendung des Mittelwertes bei demokratischen Entscheidungen über öffentliche Maßnahmen nicht durchsetzbar wäre. Unter Berücksichtigung des Wechselkurses für 1982 und Vergleich des Pro-Kopf-Volkseinkommens von Großbritannien 1982 und Deutschland 1994 ergibt sich eine Zahlungsbereitschaft für ein statistisches Menschenleben von 5,5 Mio. DM.[75] Nach den Ergebnissen von Jones-Lee/Hammerton/Philips (1985, S. 59f) ist hier kein weiterer Wert für die Verringerung der Sorge um die Unversehrtheit Dritter hinzuzufügen. Für den Ausfall der Produktionskapazität wird auf den Nettoertragswert zurückgegriffen, den Bickel/Friedrich (1995, S. 39f) auf der Basis der Berechnungen der BASt ermittelt haben und der für 1994 98.000 DM je Todesfall beträgt. Die Reproduktionskosten für Verletzte können anhand des Schadenskostenansatzes quantifiziert werden. Dafür kann auf Ergebnisse der BASt (1986) zurückgegriffen werden.

---

75 Zum Vgl.: Ottinger u.a. (1991, S. 99) wählen einen Wertansatz von 4 Mio. USD, Bickel/Friedrich (1995, S. 22f, 40) wählen einen Ansatz von 2 Mio. DM bis 6 Mio. DM.

3.1.5 Beurteilung der Methodik

Die Darstellung der Bewertungsmethodik der Kosten-Nutzen-Analyse hat eine Vielzahl von Schwächen zutage gefördert. Die wesentlichen Probleme, die mit der Verwendung des Hicksschen Konzeptes des sozialen Überschusses als Bewertungsmaßstab verbunden sind, sollen noch einmal zusammengefaßt werden:

- Die Zahlungsbereitschaft wird nicht abgeschöpft,
- Einkommenseffekte werden vernachlässigt,
- die empirische Schätzung der Marshallschen Nachfragekurven bereitet große Probleme,
- Marktunvollkommenheiten verfälschen die verwendeten Preise, so daß die beobachtbaren Marktpreise oft nicht die Grenzkosten widerspiegeln,
- Verteilungswirkungen werden nicht berücksichtigt,
- die Ermittlung von Preisen für externe Effekte ist mit großen Schwierigkeiten und Unsicherheiten behaftet.

Das entscheidende Problem der Kosten-Nutzen-Analyse liegt weniger in den Unterschieden zwischen den verschiedenen theoretischen Konzepten als in der Schätzung der Nachfragekurve bzw. von Schattenpreisen. Die Fehlerquellen der praktischen Umsetzung sind - wie sich im weiteren Verlauf der Arbeit noch hinreichend zeigen wird - so groß, daß die theoretischen Einwände gegen das eine oder andere Verfahren eher unerheblich sind (vgl. Hanusch, 1994, S. 54). Die Kritik vieler Ökonomen an der Kosten-Nutzen-Analyse richtet sich deshalb weniger gegen die Verwendung der Konsumentenrente als theoretisches Fundament als vielmehr gegen Unsicherheiten und Manipulationsmöglichkeiten bei der Schätzung der Nachfragekurven (vgl. Wink, 1995, S. 156-160, Suntum, 1986a, S. 85, Rothengatter, 1974a, S. 23f).

Entscheidend für die Anwendung des Konzeptes im Rahmen dieser Arbeit ist, wie sich die Schwächen für den Fall der Untersuchung von GVZ auswirken und wie dies zu beurteilen ist:

- Da die Grundstücke im GVZ an die Ansiedler veräußert werden, wird ein wesentlicher Teil der Zahlungsbereitschaft für das Projekt abgeschöpft, lediglich die Vor- und Nachteile aus externen Effekten bleiben unkompensiert, so daß Verfälschungen des Ergebnisses, die sich aus der Nichtabschöpfung der Zahlungsbereitschaft ergeben können, begrenzt bleiben.
- Es entstehen keine erheblichen Einkommenseffekte bzw. bleiben diese auf einzelne Haushalte beschränkt.
- Aufgrund der geringen Größe der Projekte sind keine Veränderungen von Marktpreisen auf der Angebots- oder auf der Nachfrageseite zu erwarten, so daß die Bewertung allein auf Mengenänderungen abstellen kann. Die Probleme, die mit der Schätzung von Marktnachfragekurven verbunden sind, können so weitgehend umgangen werden. Vorsicht ist lediglich bei den Grundstückspreisen geboten, die durch ein GVZ-Projekt erheblich ansteigen können, so daß eine genaue Unterscheidung zwischen gesamtwirtschaftlichen Kosten und Faktorrenten erforderlich ist.
- Marktunvollkommenheiten verschiedener Art bestehen auf fast allen Gütermärkten. Ob sie ein Ausmaß haben, das zu Preisverzerrungen führt, die für die Kosten-

Nutzen-Analyse eines GVZ erheblich sind, ist im einzelnen zu prüfen. Bedeutende Marktunvollkommenheiten bestehen auf dem Arbeits- und auf dem Grundstücksmarkt.

- Das Fehlen von Preisen für externe Effekte stellt ein schwerwiegendes Problem bei der Untersuchung von GVZ dar, zumal ihre Bewertung zentrales Anliegen dieser Untersuchung ist. Die abgeleiteten Schattenpreise können teilweise nur als Näherungswerte angesehen werden. Gerade weil keine Preise für Externalitäten vorliegen, ist diese Untersuchung erforderlich. Auch wenn die Bewertung externer Effekte mit großen Unsicherheiten und Ungenauigkeiten behaftet ist, so stellt der Versuch ihrer Evaluierung eine Annäherung an die tatsächliche Wohlfahrtswirkung eines GVZ dar und ermöglicht eine wesentliche Verbesserung der wirtschaftspolitischen Beurteilung von GVZ, die sich bisher vielfach auf Leerformeln und Vermutungen stützt (vgl. auch Endres, 1982, S. 262).
- Durch die Errichtung eines GVZ können verschiedene Verteilungswirkungen entstehen. Dabei ist zu beachten, daß sich distributive und allokative Effekte nicht immer eindeutig trennen lassen und einige Projektwirkungen sowohl allokative als auch distributive Komponenten beinhalten (vgl. Aberle, 1996, S. 412). Rein distributive Effekte entstehen durch Änderungen bei den Einnahmen aus Verkehrswegenutzungsabgaben und Einnahmen bei der Bahn, und wenn es infolge der Grundstücksnachfrage für das GVZ zu erheblichen Preissteigerungen kommt, die zu Renten bei Grundstückseigentümern führen. Effekte mit allokativen und distributiven Komponenten liegen in Beschäftigungseffekten, Erhöhung der Standortattraktivität und Förderung der Wettbewerbsfähigkeit von Transportunternehmen sowie durch lokal begrenzte Umweltbelastungen in der Umgebung des GVZ. Da Verteilungswirkungen von der traditionellen Kosten-Nutzen-Analyse nicht berücksichtigt werden, ist eine gesonderte Beurteilung im Anschluß an die Ermittlung der allokativen Wohlfahrtseffekte erforderlich.

3.1.6 Die Wahl der Diskontrate

Kosten und Nutzen einer öffentlichen Maßnahme fallen zu verschiedenen Zeitpunkten, während der Erstellung und des Bestehens des Projektes an. Wenn die betroffenen Wirtschaftssubjekte zeitliche Präferenzen haben, können Kosten und Nutzen eines Projektes, die in verschiedenen Perioden anfallen, nicht einfach addiert werden, sondern müssen entsprechend der Präferenzen der Individuen zeitlich gewichtet werden. Dies erfolgt, indem die Projektwirkungen mittels Diskontierung auf einen einheitlichen Zeitpunkt umgerechnet werden (vgl. Pearce/Nash, 1981, S. 41f). Seien U_t die Nutzen und K_t die Kosten, die in einer Zeitperiode t mit $t = 0, 1, 2, ..., n$ anfallen, und d die Diskontrate, dann beträgt der Nettogegenwartswert (NGW) aller Kosten und Nutzen eines Projektes im Zeitpunkt $t = 0$

$$(53) \qquad NGW = \sum_{t=0}^{n} \frac{U_t - K_t}{(1+d)^t} .$$

Diese Formel entspricht dem Kapitalwert für private Investitionen. Der NGW gibt den absoluten Überschuß der Nutzen über die Kosten abgezinst auf den Bezugszeitpunkt an. Vorteilhaft ist ein Projekt dann, wenn der *NGW > 0* ist. Eine wichtige Annahme dieser Formel ist, daß alle Nutzenüberschüsse $U_t - K_t$, die sich während der Projektlaufzeit ergeben, wieder zum Kalkulationszinsfuß *d* angelegt werden (vgl. dazu Mishan, 1988, S. 254f). Die Diskontierungsrate *d* muß die zeitlichen Präferenzen der Individuen widerspiegeln. Für ihre Ermittlung gibt es zwei konkurrierende Ansätze (vgl. Pearce/Nash, 1981, S. 149):

- die soziale Zeitpräferenzrate *z* und
- die sozialen Opportunitätskosten des Faktoreinsatzes *r*.

Die soziale Zeitpräferenzrate kann als die Grenzrate der Substitution zwischen Gegenwartsgütern durch Zukunftsgüter definiert werden. D.h., in einem Zweizeitpunktmodell zur Optimierung der intertemporalen Konsumwahl gibt die soziale Zeitpräferenzrate an, um wieviel Einheiten der Konsum in der zweiten Periode den Konsum in der ersten Periode übersteigen muß, um den Konsumenten den gleichen Nutzen zu stiften (vgl. Hanusch, 1994, 101). Die soziale Opportunitätskostenrate entspricht der Kapitalertragsrate einer Investition. Verzichten die Konsumenten heute auf den Konsum eines Teils der ihnen zur Verfügung stehenden Güter, um diese zu investieren, können sie in der Folgeperiode eine um die Kapitalertragsrate höhere Gütermenge konsumieren. Die Kapitalertragsrate gibt die Kosten an, die der Gesellschaft im Ausgangszeitpunkt entstehen, wenn sie (in der zweiten Periode) eine zusätzliche Einheit eines Gutes konsumieren möchten und wird deshalb auch soziale Opportunitätskostenrate genannt (vgl. Hanusch, 1994, S. 103). Unter den Bedingungen eines vollkommenen Marktes maximieren die Konsumenten ihren Nutzen, indem sie solange zusätzliche Gütereinheiten investieren, wie die Kapitalertragsrate über der Zeitpräferenzrate liegt. Die Konsumenten erreichen das intertemporale Konsumoptimum, wenn die soziale Opportunitätskostenrate *r* und die soziale Zeitpräferenzrate *z* übereinstimmen (vgl. Fisher, 1930, S. 263-269, Franke/Hax, 1990, S. 102-104). Die modellmäßige Übereinstimmung von sozialer Opportunitätskostenrate und sozialer Zeitpräferenzrate ist in der Realität nicht gegeben. Dafür werden insbesondere zwei Gründe angeführt:

- Die Belastung des Unternehmensgewinns mit Körperschaftssteuer führt dazu, daß die soziale Opportunitätskostenrate *r* über der sozialen Zeitpräferenzrate *z* liegt (vgl. Baumol, 1968, S. 789f).
- Das Vorliegen von Risiko führt dazu, daß ein risikoneutraler oder risikoscheuer Kapitalgeber eine um eine Risikoprämie erhöhte Verzinsung fordern würde, so daß der Erwartungswert der Verzinsung dem einer sicheren Anlage entspricht bzw. ihn übersteigt (vgl. Pearce/Nash, 1981, S. 150).[76]

Um die Vorzeichen der sozialen Opportunitätskostenrate und der sozialen Zeitpräferenzrate zu bestimmen, wird unterstellt, daß die Gesellschaft den Konsum heute zukünftigem Konsum vorzieht, d.h. *z > 0*. Diese Annahme ist insofern plausibel, als daß sich nur so das Vorliegen eines positiven Zinssatzes begründen läßt und wird von

---

76 Baumol (1968, S. 794-796) ist der Meinung, daß aus gesamtgesellschaftlicher Sicht kein Unterschied zwischen staatlichen und privaten Investitionen hinsichtlich ihres Risikos besteht. Die relative Sicherheit staatlicher Investitionen liegt in der großen Anzahl von unterschiedlichen Investitionen, die der Staat insgesamt tätigt, so daß sich die Risiken der einzelnen Investitionen gegenseitig ausgleichen. Aus gesellschaftlicher Sicht tätigen private Unternehmen jedoch ebenfalls eine sehr große Anzahl von Investitionen, so daß deren Risiken sich auch gegenseitig ausgleichen.

Wirtschaftswissenschaftlern allgemein akzeptiert (vgl. Schneider, 1987, S. 342f). Drei Hauptgründe können angeführt werden, warum die Wirtschaftssubjekte eine positive Zeitpräferenz haben (vgl. Pearce/Nash, 1981, S. 153-158, Andel, 1977, S. 503):

- das Risiko, zu sterben oder schwer zu erkranken und den späteren Konsumstrom nicht mehr zu erleben,
- die Annahme eines sinkenden Grenznutzens des Konsums bei gleichzeitiger Annahme eines steigenden Einkommens während der Lebenszeit und von Generation zu Generation und
- eine irrationale intertemporale Kurzsichtigkeit der Konsumenten, die ihnen den heutigen Konsum attraktiver als späteren Konsum erscheinen läßt.

Der letzte Grund würde dazu führen, daß die Individuen ihren Nutzen über die gesamte Lebenszeit nicht maximieren. Er sollte deshalb aus gesamtwirtschaftlicher Sicht die soziale Zeitpräferenzrate nicht beeinflussen und in die Diskontrate, die im Rahmen einer Kosten-Nutzen-Analyse verwendet wird, nicht eingehen. Für die Transformationskurve wird angenommen, daß die Investitionen die Produktivität der eingesetzten Güter erhöhen, so daß $r > 0$ gilt. Diese Annahme ist ebenfalls plausibel, denn bei Vorliegen einer positiven Zeitpräferenzrate wird ein Investitionsobjekt ohne positive Verzinsung keinen Kapitalgeber finden, so daß Investitionsobjekte mit negativer Rendite nicht verwirklicht werden können.

Grundsätzliche Kritik an der Diskontierung wendet ein, daß die Situation zukünftiger Generationen geringer gewichtet werden darf als die heutige, da dies sozial ungerecht, ja sogar unmoralisch sei (vgl. Pearce/Markandya, 1989, S. 60).[77] Hiergegen lassen sich zwei Argumente anführen:

- Kapital ist produktiv, d.h., sein zukünftiger Wert wird seinen heutigen Wert um eine Verzinsung übersteigen, und
- es geht bei der Diskontierung um die Maximierung von Nutzen, nicht um die Maximierung des Konsumstroms oder des Vermögens. Die Berücksichtigung der Nutzeneinschätzungen der Wirtschaftssubjekte erfolgt dabei indirekt, indem die eingehenden Güter mit ihren Marktpreisen bewertet werden, die den beigemessenen Nutzen implizit enthalten.

Wenn auch die konkrete Wahl der Diskontrate kontrovers diskutiert wird, ist die Verwendung einer positiven Diskontrate weitestgehend unumstritten (vgl. Hesse, 1980, S. 377, Pearce/Markandya, 1989, S. 61). Die in praktischen Kosten-Nutzen-Analysen vereinzelte Verwendung einer Diskontrate von 0 % ist meist Resultat einer Verlegenheitsentscheidung, um die Wahl einer Diskontrate zu umgehen (vgl. Andel, 1977, S. 509).

Für die Wahl zwischen der sozialen Opportunitätskostenrate und der sozialen Zeitpräferenzrate hat sich keine vorherrschende Meinung herausgebildet, und das Problem wird kontrovers diskutiert (vgl. z.B. Pearce/Nash, 1981, S. 143-164, Dasgupta/Pearce, 1972, S. 136-156, Marglin, 1970, Baumol, 1968). Für die Wahl der sozialen Zeitpräferenzrate spricht das Prinzip der Konsumentensouveränität, auf dem die gesamte Kosten-Nutzen-Analyse basiert. Werden die persönlichen Präferenzen für die Bewertung zugrundegelegt, so müßte die Diskontierung von Kosten

---

77 Im Zusammenhang mit Verkehrsinfrastrukturinvestitionen sprechen sich Aberle/Engel (1992, S. 15f) gegen eine Diskontierung des eingesetzten Kapitals aus.

und Nutzen eines öffentlichen Projektes mit der sozialen Zeitpräferenzrate erfolgen (vgl. Hanusch, 1994, S. 106). Für die Wahl der sozialen Opportunitätskostenrate als Diskontierungssatz spricht die Optimierung der Allokationseffizienz. Sofern die Produktionsfaktoren einer Volkswirtschaft vollbeschäftigt sind, werden die erforderlichen Inputfaktoren einer öffentlichen Maßnahme privater Nutzung entzogen und private Investitionen entsprechend reduziert. Dieser Ressourcentransfer ist gerechtfertigt, wenn der gesellschaftliche Nutzen größer ist als die Kosten, die in der entgangenen Rendite der privaten Investitionen bestehen und durch die soziale Opportunitätskostenrate angegeben werden (vgl. Baumol, 1968, S. 789f).

Die Auswahl der Diskontierungsrate muß danach getroffen werden, welche Entscheidungssituation unter den spezifischen Gegebenheiten des zu bewertenden Projektes vorliegt. Insofern sollte die Entscheidung davon abhängen, welche alternativen Verwendungsmöglichkeiten für die eingesetzten Güter bzw. Faktoren vorliegen und welche Zielsetzungen verfolgt werden (vgl. Pearce/Nash, 1981, S. 164). Öffentliche Investitionen in GVZ haben nur einen sehr geringen Anteil an den öffentlichen Haushalten, und es gibt weder eigene Haushaltspositionen für GVZ noch werden Finanzmittel speziell beschafft. Die Finanzierung staatlicher Investitionen in GVZ erfolgt ausschließlich aus bestehenden Haushaltspositionen und vorhandenen Investitions- und Förderprogrammen[78], wo GVZ mit anderen staatlichen Maßnahmen konkurrieren, so daß verdrängte private Investitionen nicht die relevante Vergleichsalternative darstellen. Da der Einsatz der öffentlichen Mittel erfolgt, um Ergebnisse der Allokation über den Markt zu korrigieren, ist die Optimierung der allokativen Effizienz weniger der geeignete Maßstab als die Präferenzen der Konsumenten, die als Souverän des demokratischen Staates letzten Endes über die Verwendung der Mittel entscheiden. Die relevante Fragestellung ist deshalb hier, welche öffentliche Maßnahme der Bevölkerung den größten Nutzen verspricht, und die soziale Zeitpräferenzrate wird als Diskontrate verwendet.

Anschließend ist zu klären, wie die Höhe der sozialen Zeitpräferenzrate zu bestimmen ist. Im Falle eines vollkommenen Kapitalmarktes mit nur einem Zinssatz würde dieser die soziale Zeitpräferenzrate (sowie auch die Opportunitätskostenrate) angeben, denn er wäre der Zinssatz, zu dem Konsumenten Einkommen sparen und ihren Konsum in die Zukunft verschöben (vgl. Fisher, 1930, S. 269-277). In der Realität liegt jedoch kein idealtypischer Kapitalmarkt vor, und es existiert eine Vielzahl unterschiedlicher Zinssätze auf verschiedenen Teilmärkten, die durch Inflationserwartungen, Risiken und andere Faktoren beeinflußt werden (vgl. Andel, 1977, S. 503f). Problematisch bei der Ermittlung der sozialen Zeitpräferenzrate ist, daß bezweifelt wird, ob sie mit der mittleren individuellen Zeitpräferenzrate übereinstimmt und aus beobachtbaren Marktgrößen abgeleitet werden kann. Der zentrale Grund für diese Zweifel besteht darin (vgl. Musgrave/Musgrave/Kullmer, 1990, S. 201f, Andel, 1977, S. 505, Baumol, 1968, S. 799f), daß mit Investitionen positive externe Effekte verbunden sein können, da die Vorteile für die Gesellschaft insgesamt größer sind als der empfundene Nutzen der Individuen und damit der Sofortkonsum im individu-

78 Staatliche Finanzmittel für GVZ stammen aus dem Haushalt des BMV für KLV-Umschlagbahnhöfe, Fernverkehrswege und Maßnahmen, die nach dem GVFG gefördert werden, aus dem Haushalt des BMWi für Maßnahmen, die mit GA-Mitteln gefördert werden und nur in Einzelfällen aus Landes- und kommunalen Budgets zur Regional- und Strukturförderung.

ellen Kalkül tendenziell überschätzt wird, so daß die individuelle Zeitpräferenzrate über der optimalen sozialen Zeitpräferenzrate *z* liegt. Ein weiterer Grund für ein systematisches Abweichen der sozialen von der individuellen Zeitpräferenz könnte im Risikozuschlag liegen, den das Individuum in seine Zeitpräferenzrate einschließt (vgl. Andel, 1977, S. 505). Aufgrund der Streuung des Risikos für die gesamte Gesellschaft über eine große Anzahl von Investitionen und Individuen, liegt das individuell empfundene Risiko höher als das gesellschaftliche, und der individuelle Risikozuschlag ist für gesamtwirtschaftliche Bewertungen zu hoch angesetzt.

Für die Praxis wird als Maßstab für die soziale Zeitpräferenzrate am häufigsten die Rendite von langfristigen, festverzinslichen Wertpapieren der öffentlichen Hand vorgeschlagen (vgl. Musgrave/Musgrave/Kullmer, 1990, S. 209f). Wird die Diskontierungsrate von einem beobachtbaren Marktzins abgeleitet, ist zu berücksichtigen, daß dieser eine Inflationskomponente beinhaltet und entsprechend höher ist (vgl. Musgrave/Musgrave/Kullmer, 1990, S. 209). Bei der Festlegung der Diskontrate ist deshalb darauf zu achten, ob die Kosten und Nutzen als nominale Werte oder reale Werte in die Berechnung eingehen. Die nominale Rendite langfristiger, festverzinslicher Wertpapiere öffentlicher Emissionen lag in Deutschland im Zeitraum von 1985 bis 1994 durchschnittlich bei 7,11 %.[79] Die durchschnittliche Steigerungsrate der Preise für die Lebenshaltung betrug im gleichen Zeitraum 2,29 % (vgl. Statistisches Bundesamt, Statistisches Jahrbuch, verschiedene Jg., Tab. 14.9.2 und 23.14), so daß sich eine reale Rendite für die öffentlichen Anleihen von 4,82 % ergibt.

Es sind Versuche unternommen worden, die Höhe der sozialen Zeitpräferenzrate *z* theoretisch-funktional zu bestimmen. Ein Ansatz, der auf Eckstein (1961, S. 456-458) zurückgeht, leitet die Zeitpräferenz aus der Unsicherheit über die Dauer des eigenen Lebens ab, wonach Konsumströme mit zunehmender Zeitdistanz unsicherer werden. Diese Unsicherheit wird nicht durch die durchschnittliche Lebenserwartung ausgedrückt, da nicht jede Person erwarten kann, diese tatsächlich zu erleben. Die Wahrscheinlichkeit P_x, das ein Individuum seine im Jahr *x* gültige, restliche Lebenserwartung LE_x tatsächlich erlebt, beträgt vielmehr

(54) $$P_x = \frac{l_{(x+LE_x)}}{l_x},$$

wobei l_x die Anzahl der lebenden Personen im Jahr *x* und $l_{(x+LEx)}$ im Jahr der Lebenserwartung angibt (vgl. Brüngger, 1972, S. 350f).[80] Unter der Annahme, daß das Individuum das Jahr $x+LE_x$ mit der Wahrscheinlichkeit P_x bewertet und daß die Zeitpräferenzrate bis zum Erreichen dieses Lebensalters konstant ist, ergibt sich die Bedingung

(55) $$P_x = (1 - z_x)^{LE_x}.$$

79 Nicht gewichteter Durchschnitt der Renditen von Pfandbriefen, Kommunalobligationen und Anleihen der öffentlichen Hand (vgl. Statistisches Bundesamt, Statistisches Jahrbuch, verschiedene Jg., Tab. 14.9.2).

80 Die Lebenserwartung und die Erlebenswahrscheinlichkeit können der amtlichen Sterbetafel Statistisches Bundesamt (1994, S. 82) entnommen werden.

Dann läßt sich z_x in Abhängigkeit von der durchschnittlichen restlichen Lebenserwartung LE_x und der Wahrscheinlichkeit P_x, ermitteln durch

$$(56) \qquad z_x = 1 - e^{(\ln P_x / LE_x)} .$$

Die Ergebnisse der Berechnung der Zeitpräferenzrate sind in Tabelle 5 angegeben. Die Werte sind nach Altersklassen berechnet und beziehen sich jeweils auf den mittleren Wert der angegebenen Spanne. Die Daten wurden anhand der Sterbetafeln des Statistischen Bundesamtes für das Jahr 1990/92 berechnet (vgl. Statistisches Bundesamt, FS. 1, R. 1, 1992, S. 160f). Die Daten für die Erlebenswahrscheinlichkeit P_x und die LE_x sind jeweils die arithmetischen Mittelwerte der Daten für Männer und Frauen. Die Zeitpräferenzrate z_x steigt mit zunehmendem Lebensalter progressiv an. Um die Altersschichtung der Bevölkerung zu berücksichtigen, wurden die Zeitpräferenzraten der Altersklassen mit der Altersstruktur der Wohnbevölkerung Deutschlands im Jahr 1992 gewichtet (vgl. Statistisches Bundesamt, 1994, S. 66), so daß sich eine soziale Zeitpräferenzrate von 2,56 % ergibt.

Tabelle 5: Errechnung der Zeitpräferenzrate

Altersklasse	p	LE	z
unter 10	58,81%	71,71	0,74%
10 bis 19	58,57%	61,82	0,86%
20 - 29	57,92%	52,14	1,04%
30 - 39	57,16%	42,53	1,31%
40 - 49	56,02%	33,15	1,73%
50 - 59	54,16%	24,29	2,49%
60 - 69	51,33%	16,33	4,00%
70 - 80	47,40%	9,66	7,44%
über 80	43,32%	4,96	15,53%
Durchschnitt			3,91%
gewichteter Durchschnitt			2,56%

Quellen: Statistisches Bundesamt (Hrsg.), Bevölkerung und Erwerbstätigkeit, Fachserie 1, Reihe 1, Gebiet und Bevölkerung, Stuttgart 1992, S. 160f, und Statistisches Bundesamt (Hrsg.), Statistisches Jahrbuch 1994, Wiesbaden 1994, S. 66, eigene Berechnungen.

Bei der Verwendung dieser Zeitpräferenzrate ist zu berücksichtigen, daß die Möglichkeit eines sinkenden Grenznutzens des Konsums nicht einbezogen wurde.[81] Dies

[81] Es existieren Vorschläge, die soziale Zeitpräferenzrate in Abhängigkeit vom Grenznutzen des Konsums zu berechnen. Eckstein (1957, S. 74-79) und Feldstein (1965) haben z in Abhängigkeit vom Bevölkerungswachstum, Wachstum des pro-Kopf-Verbrauchs, der Elastizität der Nutzenfunktion und der sogenannten „reinen" Zeitpräferenz, die auf eine irrationale Kurzsichtigkeit der Konsumenten zurückgeht, bestimmt. Bei Feldstein ergeben sich Werte zwischen 2 % und 5 %; je nachdem, welche Annahmen getroffen werden, kann der Ergebnisbereich auch noch größer sein (vgl. Eckstein, 1957, S. 77). Zu diesem Ansatz ist kritisch anzumerken, daß die

hätte bei jüngeren Menschen mit Aussicht auf ein steigendes Einkommen zur Folge, daß ihre Zeitpräferenzrate tendenziell höher ausfiele und bei älteren Menschen mit sinkendem Einkommen eine tendenziell niedrigere Diskontrate. Weiterhin könnte die Zeitpräferenz durch das Aufziehen von Kindern in jungen Jahren erhöht werden. Im Alter könnte die Zeitpräferenz durch den Wunsch, Vermögen an Angehörige zu vererben, verzerrt werden, so daß die Zeitpräferenz tendenziell geringer ausfiele (vgl. Eckstein, 1961, S. 458).

Der theoretisch ermittelte Indikator für die soziale Präferenzrate von 2,6 % liegt erheblich über dem aus der Rendite abgeleiteten Wert von 4,8 %. Neben der Nicht-Berücksichtigung des sinkenden Grenznutzens des Konsums bei der Berechnung der sozialen Zeitpräferenzrate könnte ein weiterer Grund dafür darin liegen, daß die Marktzinsen hauptsächlich die Nachfrage - und damit die Präferenzen - älterer Konsumenten mit höheren Einkommen und wegen ihres fortgeschrittenen Alters höheren Zeitpräferenz widerspiegeln. Zumindest die Altersgruppen bis 20 Jahren werden bei der Nachfrage nach Wertpapieren so gut wie gar nicht vertreten sein. Aus gesamtwirtschaftlicher Sicht wäre es deshalb angebracht, den theoretisch-funktional ermittelten Wert zu verwenden. Im Rahmen der gesamtwirtschaftlichen Bewertung von Verkehrswegeinvestitionen für den Bundesverkehrswegeplan wird bei Bewertung der Projektwirkungen zu konstanten Preisen einheitlich eine Diskontierungsrate von 3 % verwendet (vgl. Planco, 1993, S. 14). In verschiedenen Untersuchungen zur Beurteilung der Vorteilhaftigkeit des Rhein-Main-Donau-Kanals wurden Diskontierungsraten von 3,5 % und 2,8 % verwendet (vgl. Musgrave/Musgrave/Kullmer, 1990, S. 209, Fn. 31 und S. 210, Fn. 32). Da der theoretisch-funktional ermittelte Wert nah bei dem im Bewertungsverfahren zum BVWP verwendeten Wert liegt, wird hier aus Gründen der Vergleichbarkeit eine Diskontrate von 3 % verwendet.

3.1.7 Die Wahl des Entscheidungskriteriums

Nachdem sämtliche Kosten- und Nutzenelemente erfaßt und bewertet worden sind sowie die soziale Diskontierungsrate bestimmt werden konnte, müssen die Informationen in einem Entscheidungskriterium zusammengefaßt werden, um das Projekt abschließend beurteilen zu können. Der NGW wurde bereits als Entscheidungskriterium der Kosten-Nutzen-Analyse vorgestellt. Daneben gehören der interne Zinsfuß und das Nutzen-Kosten-Verhältnis zu den wichtigsten Entscheidungsgrößen (vgl. Hanusch, 1994, S. 116). Der interne Zins *r* ist der Kalkulationszins, bei dem der NGW null wird, d.h., für den gilt

$$(57) \qquad NGW = \sum_{t=0}^{T} \frac{U_t - K_t}{(1+r)^t} = 0 \,.$$

---

zugrundeliegende Annahme, daß zukünftige Generationen reicher sein werden, nicht mehr ohne Einwand akzeptiert werden kann. Auch konnte ein abnehmender Grenznutzen des Konsums bisher nicht zweifelsfrei nachgewiesen werden; einige Ökonomen bestreiten seine Meßbarkeit grundsätzlich. Auf der Grundlage der Theorie des abnehmenden Grenznutzens des Konsums wurden elegante Modelle zur Berechnung der Zeitpräferenzrate entwickelt, aber da die Elastizität der Nutzenfunktion nicht bekannt ist, lassen sich keine eindeutigen, praktisch verwendbaren Ergebnisse ermitteln (vgl. Pearce/Nash, 1981, S. 155), so daß sie für diese Arbeit keine Hilfe bieten können.

Ein Projekt ist dann gesamtwirtschaftlich vorteilhaft, wenn der interne Zinsfuß *r* über der sozialen Diskontrate *d* liegt. Bei der Verwendung des internen Zinsfußes kann allerdings das mathematische Problem auftreten, daß die Berechnung mehrere Lösungen ergibt und damit nicht eindeutig ist.[82] Ein weiterer Vorbehalt gegenüber dem internen Zinsfuß besteht darin, daß bei seiner Berechnung unterstellt wird, daß alle Nutzenüberschüsse zum Kalkulationszins *r*, der in keiner Beziehung zu den tatsächlich gegebenen alternativen Anlagemöglichkeiten steht, reinvestiert werden können (vgl. Mishan, 1988, S. 256-258).

Das Nutzen-Kosten-Verhältnis (NKV) bildet einen Quotienten aus den diskontierten Kosten und den diskontierten Nutzen des Projektes.[83] Es gilt

$$(58) \qquad NKV = \frac{\sum_{t=0}^{T} \frac{U_t}{(1+d)^t}}{\sum_{t=0}^{T} \frac{K_t}{(1+d)^t}} .$$

Nach diesem Kriterium ist ein Projekt gesamtwirtschaftlich vorteilhaft, wenn $NKV > 1$ erfüllt ist. In praktischen Kosten-Nutzen-Analysen wird allerdings i.d.R. ein höheres NKV gefordert. Damit kann den oftmals großen Unsicherheiten, die mit der empirischen Ermittlung der Kosten und Nutzen eines Projektes verbunden sind, bzw. den Restriktionen eines begrenzten Budgets Rechnung getragen werden. Im Rahmen der gesamtwirtschaftlichen Bewertung für den BVWP hat der begrenzte Finanzrahmen dazu geführt, daß nur Projekte mit einem $NKV > 3$ der Kategorien „vordringlichen Bedarf" zugewiesen und während der Laufzeit des BVWP von 1991 bis 2010 verwirklicht werden können (vgl. BMV, 1992, S. 32f). Projekte mit einem $NKV > 1$ werden der Kategorie „weiteren Bedarf" zugeordnet, deren Realisierung nur in „begründeten Ausnahmefällen" (BMV, 1992, S. 33) in Angriff genommen werden kann.

Vorteil des NKV ist, daß im Gegensatz zum NGW, der auf der absoluten Differenz zwischen Kosten und Nutzen basiert, große Projekte nicht bevorzugt werden (vgl. Planco, 1993, S. 13). Problem des NKV ist jedoch, daß es sensibel auf die Saldierung von Kosten und Nutzen bei der Bewertung reagiert, also eine genaue Trennung und vollständige Erfassung aller Kosten- und Nutzenelemente erfordert (vgl. Hanusch, 1994, S. 117).[84] Die Wahl des Entscheidungskalküls ist in Fällen wie dem vorliegenden, in denen nur die Vorteilhaftigkeit eines einzelnen Projektes untersucht wird und keine Auswahl zwischen alternativen Projekten zu erfolgen hat, unproblematisch, da alle drei vorgestellten Kriterien zum gleichen Ergebnis führen (vgl. Hanusch, 1994, S. 118).

---

[82] Vgl. zu dieser Problematik Franke/Hax (1990, S. 124-126), Mishan (1988, S. 241-243), Hanusch (1994, S. 117f).

[83] Andere Quotienten, z.B. des Nettonutzens zu den Kosten, sind ebenfalls denkbar (vgl. Mishan, 1988, S. 243).

[84] Für eine vergleichende Diskussion von NGW und NKV vgl. Mishan (1988, S. 243-245).

3.2 Ermittlung und Bewertung der Projektwirkungen

Auf der Grundlage der vorangegangenen Ausführungen zur Methodik der Kosten-Nutzen-Analyse erfolgt in diesem Abschnitt die empirische Durchführung der Kosten-Nutzen-Analyse am Beispiel des GVZ Großbeeren bei Berlin. Der entscheidende Grund für die Auswahl des Beispieles sind die verfügbaren Daten:

- Das Projekt ist in seiner Realisierung relativ weit vorangeschritten. 1996 ist die Erschließung eines Teilabschnittes des Geländes abgeschlossen worden, und erste Unternehmen haben sich angesiedelt, so daß konkrete Planzahlen über die Investitionen verfügbar sind (vgl. LEG Brandenburg, 1994).
- Es liegt eine Untersuchung zu den verkehrlichen Wirkungen des GVZ Großbeeren vor. Da die Erhebung der erforderlichen Daten zur Bestimmung der Verkehrsverlagerung den Arbeitsumfang, der im Rahmen der Doktorarbeit bewältigt werden kann, überstiegen hätte, wird auf die Ergebnisse einer Untersuchung im Auftrag der Kühne-Stiftung und des Deutschen Verkehrsforums (vgl. Baumgarten u.a., 1996) zurückgegriffen.[85]

Für die Durchführung der Kosten-Nutzen-Analyse sind zunächst alle relevanten Wirkungen zu identifizieren. Dafür müssen alle Effekte, die von einem GVZ ausgehen, daraufhin überprüft werden, ob sie einen Einfluß auf den sozialen Überschuß haben. In Tabelle 6 sind die mit einem GVZ verfolgten Ziele noch einmal zusammengestellt und konkreten Leistungszielen gegenübergestellt. Durch die Ziele werden insbesondere die positiven externen Effekte und Wirkungen auf verbundenen Märkten erfaßt. Daneben müssen jedoch auch mögliche negative externe Effekte berücksichtigt werden. Hilfreich für die Ermittlung der Effekte ist eine Untersuchung des GVZ Bremen, die von der Dornier Planungsberatung im Auftrag des BMV durchgeführt wurde (vgl. Dornier, 1993a). Aufgrund der Vermischung allokativer und distributiver Elemente sowie einer problematischen räumlichen Abgrenzung eignet sich das Ergebnis jedoch nicht, die Wirkung eines GVZ auf die gesamtwirtschaftliche Wohlfahrt anzugeben.[86] Unabhängig von den methodischen Schwächen ist durch die Mitarbeit der an der Planung und Verwaltung des GVZ Bremen Beteiligten ein umfangreiches Wissen aus der Praxis in die empirischen Grundlagen der Dornier-Studie eingeflossen, so daß davon ausgegangen werden kann, daß alle wichtigen Effekte in der Untersuchung berücksichtigt worden sind.

---

85 Vgl. zu dieser Studie im einzelnen Kapitel 3.2.4.1.

86 Elemente einer Kosten-Nutzen-Analyse finden sich in der Untersuchung von Dornier insofern wieder, als daß technologische externe Effekte einbezogen wurden und der Ressourcenverbrauch von den Nutzenelementen abgesetzt wird. Im übrigen widerspricht das Vorgehen in der Untersuchung den wesentlichen methodischen Grundsätzen einer Kosten-Nutzen-Analyse, wie sie in Abschnitt 3.1.3 dargestellt worden sind. So wird nicht zwischen allokativen und distributiven Wirkungen, die in großem Umfang einbezogen werden, unterschieden, und die ermittelten Vorteile des GVZ setzen sich zu 38 % aus Steuereinnahmen für das Land bzw. die Stadt Bremen zusammen, bei denen es sich lediglich um monetäre Transfers handelt. Ebenso handelt es sich bei den einbezogenen Beschäftigungseffekten überwiegend um rein distributive Wirkungen, deren Beitrag zur gesamtwirtschaftlichen Wohlfahrt nur aufgrund politischer Urteile bewertet werden könnte. Außerdem werden die regionalwirtschaftlichen Effekte in für Kosten-Nutzen-Analysen bedenklicher Weise in sehr enger räumlicher Abgrenzung für den Stadtstaat Bremen quantifiziert. Vgl. ähnlich kritisch auch Aberle (1994, S. 728f) und zu den Problemen der Regionalisierung der Kosten-Nutzen-Analyse Klaus/Lerch (1971).

Tabelle 6: Teilziele und Leistungsziele eines GVZ

Nr.	Teilziele:	Leistungsziele:
1.	Brechung des Straßengüterfernverkehrs vor der Stadt	Reduzierung der Anzahl der Fahrten von Fernverkehrs-LKW in die Innenstadt
2.	Bündelung von Nahverkehr	Reduzierung der Anzahl der Fahrten im Sammel- und Verteilverkehr
3.	Bündelung von Fernverkehr	Reduzierung der Anzahl der Fahrten im Fernverkehr
4.	Verlagerung des Verkehrs von der Straße auf die Schiene	Reduzierung von Straßengütertransporten zugunsten von Schienentransporten
5.	Entlastung der Innenstädte durch Verlagerung der Verkehrsbetriebe aus der Stadt	Rückgang der Emissionen von Anlagen des Güterverkehrs durch Verlagerung ins GVZ
6.	Steigerung der Wettbewerbsfähigkeit der Verkehrsbetriebe	Kosteneinsparungen und Verbesserung der Leistungen bei den GVZ-Ansiedlern
7.	Erhöhung städtebaulicher Handlungsspielräume durch Verlagerung von Verkehrsbetrieben	Gewinnung freier Flächen in zentralen Stadtlagen
8.	Verdichtung der Unternehmensaktivitäten	Nettoflächengewinn
9.	Direkte wirtschaftliche Impulse	Schaffung neuer Arbeitsplätze im GVZ
10.	Indirekte wirtschaftliche Impulse durch eine Stärkung der Standortattraktivität des Wirtschaftsraumes	Neuansiedlung von Betrieben in der Umgebung des GVZ

Quellen: eigene Zusammenstellung nach: IVE, Kriterien und Anforderungsprofile als Planungs- und Bewertungsgrundlage für Güterverkehrszentren in Nordrhein-Westfalen. Pilotstudie, Hannover 1991, S. VII, IVE/HaCon Ingenieurgesellschaft mbH, Güterverkehrszentren. Netzkonzeption und Handlungsbedarf. Memorandum zum Forum am 5. Juni 1991 in Berlin, Hannover 1991, S. 17-25, Dornier GmbH, Standortstudie für multifunktionale Güterverkehrszentren im Wirtschaftsraum Hamburg, im Auftrag der Freien und Hansestadt Hamburg, Friedrichshafen, März 1992, S. 29-36, Dornier GmbH, Kosten-/Nutzen-Analyse von Güterverkehrszentren. Pilot-Analyse am Beispiel des GVZ Bremen. Schlußbericht zum FE-Vorhaben 90366/92 im Auftrag des Bundesministers für Verkehr, Friedrichshafen, August 1993, S. 7-13.

3.2.1 Zeitliche Vereinheitlichung und räumliche Abgrenzung der Projektwirkungen

Zur zeitlichen Vereinheitlichung der Projektwirkungen werden folgende Festlegungen getroffen:

- Es ist ein einheitlicher Bezugszeitpunkt für die Aktualisierung der Kosten- und Nutzenströme zu wählen. Beginn der Investitionsausgaben für das GVZ Großbeeren ist das Jahr 1994. Als Bezugszeitpunkt für die Diskontierung wird deshalb das Jahr 1994 gewählt.[87]
- Als einheitlicher Preisstand wird der für alle eingehenden monetären Größen aktuellste verfügbare Preisstand des Jahres 1994 verwendet.
- Grundsätzlich werden in der Kosten-Nutzen-Analyse sämtliche bundesweit auftretenden Effekte berücksichtigt. Zur Beurteilung der regional wirksamen Beschäftigungseffekte ist jedoch eine räumliche Abgrenzung des Untersuchungsraumes erforderlich. Diese Abgrenzung erfolgt hier auf die Bundesländer Berlin und Brandenburg. Eine kleinräumigere Abgrenzung erscheint angesichts der Verfügbarkeit der Daten nicht sinnvoll.
- Zur zeitlichen Abgrenzung der Berechnung der Projektnutzen muß die Nutzungszeit bestimmt werden. Sie wird als gewichtetes harmonisches Mittel der Lebensdauer der Projektbestandteile gemäß Gleichung (59) berechnet (vgl. Planco, 1993, S. 10-12) und beträgt 42 Jahre. Dabei bezeichnet I_i die Investitionsausgaben für den Anlagebestandteil i mit $i = 1, ..., n$ und T_i dessen durchschnittliche wirtschaftliche Nutzungsdauer.

(59) $$T = \frac{\sum_{i=1}^{n} I_i}{\frac{I_1}{T_1} + \frac{I_2}{T_2} + \ldots + \frac{I_n}{T_n}}$$

Bei der Berechnung ist zu beachten, daß nur der Teil des Grundstücks des GVZ eingehen darf, der im Eigentum der öffentlichen Hand verbleibt, d.h. die Grundfläche für Verkehrsflächen und KLV-Terminal in einer Größe von 80 ha. Für Planung, Baustelleneinrichtung und sonstige allgemeine Ausgaben wird die mittlere Nutzungsdauer der gesamten Anlage zugrundegelegt. In Tabelle 7 wird zunächst die durchschnittliche Nutzungszeit für das KLV-Terminal berechnet[88], in Tabelle 8 die Nutzungszeit für das gesamte GVZ. Die öffentlichen Investitionen werden im Zeitraum von 1994 bis 2000 getätigt, wobei der mittlere Investitionszeitpunkt 1997 ist, so daß der Betrachtungszeitraum auf insgesamt 45 Jahre von 1994 bis zum Jahr 2039 festgelegt wird.

---

87 Da von einer unterjährigen Verzinsung abgesehen werden soll, wäre es wenig sinnvoll, einen genauen Tag als Bezugszeitpunkt festzulegen, der einen falschen Eindruck der Präzision geben würde.

88 Grundlage für die Berechnung der durchschnittlichen Nutzungsdauer des KLV-Terminals sind Daten für die KLV-Anlage Erfurt, da für Großbeeren keine ausreichend detaillierten Daten vorliegen.

Tabelle 7: Durchschnittliche Nutzungsdauer eines KLV-Umschlagbahnhofs

Anlagegegenstand	Anschaffungs-wert in Mio. DM	wirtschaftliche Nutzungsdauer in Jahren
Tiefbau	40,50	30
Kranbahn	2,92	30
Gleise	13,36	40
Betriebssicherung	0,33	20
Hochbau	0,73	50
elektrische Energieanlagen	1,47	20
Sicherungstechnik	7,74	20
Oberleitung	2,79	30
Bremsprobeanlage	0,20	10
Krane	11,17	20
Telekommunikation	1,10	8
elektrische Weichenheizung	0,42	20
gesamt	82,71	27

Quellen: Arthur Andersen Management Beratung, Untersuchung der Wirtschaftlichkeit des geplanten KV Terminals in Erfurt, im Auftrag des BMV, FE 904031/93, Juni 1993, S. 38, eigene Berechnungen.

Tabelle 8: Durchschnittliche Nutzungsdauer des GVZ Großbeeren

Anlagegegenstand	Anschaffungswert in Mio. DM	wirtschaftliche Nutzungsdauer in Jahren
Grundstück für KLV und Verkehrsflächen	20,00	
äußere Erschließung	33,91	
Anschlüsse Trink- und Abwasser	21,91	90
Anschlüsse Energieversorgung	0,27	35
Anschluß B 101	12,00	30
innere Erschließung	62,27	
verkehrliche Erschließung	32,05	
Straßen	22,86	30
Lärmschutz	2,61	20
Gleisanlagen	5,99	40
Verkehrssicherung	0,59	10
Ver- und Entsorgung	23,75	
Regenwasser	9,73	90
Schmutzwasserentsorgung	8,32	90
Trinkwasserversorgung	1,49	90
Gasversorgung	1,82	35
Stromversorgung	2,39	35
Datenverarbeitung	0,10	4
gesamt	110,07	52
Planung, Baustelleneinrichtung, sonstiges	17,12	52
gesamt	127,19	52
KLV-Terminal	45,00	27
GVZ gesamt	172,19	42

Quellen: Landesentwicklungsgesellschaft für Städtebau, Wohnen und Verkehr des Landes Brandenburg mbH (LEG Brandenburg), Voruntersuchung für die städtebauliche Entwicklungsmaßnahme GVZ Großbeeren. Zusammenfassender Bericht und Begründung, im Auftrag der Gemeinden Großbeeren und Osdorf, Juli 1994, S. 54, Planco Consulting GmbH, Gesamtwirtschaftliche Bewertung von Verkehrswegeinvestitionen. Bewertungsverfahren für den Bundesverkehrswegeplan 1992, hrsg. v. BMV, Nr. 72 der eigenen Schriftenreihe, Essen, Bonn 1993, S. 11, eigene Berechnungen.

3.2.2 Interne Projektnutzen

Die Leistung GVZ besteht aus erschlossenen Grundstücken bzw. Gebäuden zur Ansiedlung von Unternehmen der Transportwirtschaft in verkehrsgünstiger Lage mit KLV-Terminal sowie Anschlüssen an das überregionale Straßennetz. Im Gegensatz zu Leistungen, die den Nutzern unentgeltlich zur Verfügung gestellt werden und häufig Gegenstand von Kosten-Nutzen-Analysen sind, wie z.B. Straßen, wird die Leistung GVZ an die Nutzer per Kauf- oder Pachtvertrag veräußert. Das Problem der

Ermittlung einer Nachfragekurve für das zu bewertende Gut besteht damit nicht. Die Nutzer äußern ihre Zahlungsbereitschaft und damit ihre Nutzeneinschätzung, so daß ideale Voraussetzungen für eine valide Nutzenbewertung vorliegen. Die räumliche Verlagerung der Verkehrsbetriebe und der damit verbundene Einkommenseffekt hat keine Wirkung auf die gesamtwirtschaftliche Wohlfahrt sondern lediglich einen räumlichen Verteilungseffekt (vgl. z.B. Maennig, 1997).

Die Veräußerung von Flächen und Anlagen im GVZ erfolgt im Fall des GVZ Großbeeren durch Verkauf. Die Nettofläche, die im GVZ zur Ansiedlung von Unternehmen bereitgestellt wird, beträgt 152 ha[89], die zu einem gutachterlich ermittelten Durchschnittswert von 135 DM pro qm veräußert werden sollen, so daß die Gesamteinnahmen 205,2 Mio. DM betragen würden. Da die Grundstücke nicht alle im Bezugsjahr verkauft werden, wird in Tabelle 9 eine Schätzung der zeitlichen Verteilung des Verkaufs der Flächen vorgenommen, auf deren Basis der Barwert der Veräußerungserlöse berechnet werden kann.

Tabelle 9: Barwert der Verkaufserlöse aus dem Verkauf von Flächen im GVZ

Jahr		gesamt	1994	1995	1996	1997	1998	1999	2000
verkaufter Flächenanteil	%	100	2	3	5	10	20	30	30
verkaufte Fläche	ha	152	3,0	4,6	7,6	15,2	30,4	45,6	45,6
Verkaufserlös	Mio. DM	205,20	4,10	6,16	10,26	20,52	41,04	61,56	61,56
Barwert	Mio. DM	179,65	4,10	5,98	9,67	18,78	36,46	53,10	51,56

Quellen: Angaben von Hans Friedrich Rockstuhl, Projektleiter, Landesentwicklungsgesellschaft für Städtebau, Wohnen und Verkehr des Landes Brandenburg mbH, Telefongespräch am 6.11.1996, eigene Schätzungen und Berechnungen.

Es stellt sich die Frage, inwiefern der gutachterlich ermittelte Verkehrswert geeignet ist, die Zahlungsbereitschaft der anzusiedelnden Unternehmen widerzuspiegeln. Gemäß § 194 BauGB wird der Verkehrswert „durch den Preis bestimmt, der in dem Zeitpunkt, auf den sich die Ermittlung bezieht, im gewöhnlichen Geschäftsverkehr nach den rechtlichen Gegebenheiten und tatsächlichen Eigenschaften, der sonstigen Beschaffenheit und der Lage des Grundstücks ... ohne Rücksicht auf ungewöhnliche oder persönliche Verhältnisse zu erzielen wäre." Bei der Ermittlung des Preises für das GVZ Großbeeren wurde die branchenspezifische Zahlungsbereitschaft der Ansiedlungszielgruppe insofern berücksichtigt, als daß ein Endwert zwischen den Preisen für Industriebauland und Flächen für Dienstleistungsbetriebe gewählt wurde (vgl. LEG Brandenburg, 1994, S. 46). Eine vollständige Abschöpfung der Zahlungsbereitschaft ist möglich wenn vollkommene Preisdifferenzierung erfolgt (vgl. Kruse, 1985, S. 79f). Der gutachterlich ermittelte Preis entspricht den Durchschnittskosten und kann variiert werden, um auf die unterschiedliche Zahlungsbereitschaft verschiedener Unternehmen reagieren zu können. Da der endgültige Kaufpreis in indi-

---

89 Angabe von Hans Friedrich Rockstuhl, LEG Brandenburg, Telefongespräch am 6.11.1996.

viduellen Verhandlungen mit dem Käufer festgelegt wird, ist davon auszugehen, daß die Zahlungsbereitschaft weitgehend abgeschöpft wird.

Der gutachterlich vorgegebene Preis könnte die Abschöpfung der Zahlungsbereitschaft einschränken, wenn er unterhalb der vorhandenen Zahlungsbereitschaft liegt. In den benachbarten Industriegebieten „Brandenburg Park" in Genshagen, das von einem privaten Unternehmen entwickelt und vermarktet wird, und „Preußenpark" in Ludwigsfelde wurden bis 1994 durchschnittliche Verkaufspreise von 190 DM pro qm erzielt (vgl. Ministerium für Wirtschaft, Mittelstand und Technologie des Landes Brandenburg, 1995, S. 53). Inzwischen sind die Immobilienpreise im Berliner Raum generell zurückgegangen, und die Flächen im „Brandenburg Park" werden für 160 bis 180 DM pro qm angeboten. Die Zahlungsbereitschaft für Flächen liegt bei Unternehmen der Transportwirtschaft jedoch unter der von Unternehmen des produzierenden Gewerbes, da die Anzahl der Beschäftigten und die Wertschöpfung pro Flächeneinheit geringer ist. Der maximale Kaufpreis, den Speditionen und Verkehrsbetriebe im allgemeinen bereit sind, für ein Grundstück zu zahlen, beträgt 60 bis 100 DM pro qm.[90] In großen Ballungsgebieten kann die Zahlungsbereitschaft darüber liegen.[91] An dem für Spediteure wichtigen Standort Hamburg sind sie bereit, bis zu 200 DM pro qm zu bezahlen. Sind Flächen zu den genannten Preisen in den Städten nicht verfügbar, weichen die Unternehmen i.d.R. auf preiswertere Flächen im Umland aus.[92] Im Berliner Umland sind Spediteure bereit, 100 DM pro qm zu bezahlen. Wegen der relativ geringen Zahlungsbereitschaft im Vergleich zu anderen Branchen haben Transportunternehmen oft Schwierigkeiten, ein Grundstück auf dem freien Markt zu erwerben. Vor dem Hintergrund dieser Situation ist davon auszugehen, daß die Zahlungsbereitschaft der Mehrheit der Unternehmen der Transportwirtschaft bei einem Durchschnittspreis von 135 DM pro qm ausgeschöpft wird. Nach Auskunft des für die Vermarktung der Flächen im GVZ zuständigen Mitarbeiters der LEG Brandenburg erfordert die Erzielung des Durchschnittspreises meist harte Preisverhandlungen mit den Ansiedlern.[93] Es ist allerdings nicht auszuschließen, daß einzelne Unternehmen bereit wären, noch höhere Preise für ein Grundstück zu bezahlen.

---

90 Angaben von Dr. Dietrich Fischer, Garonor Planungs- und Betriebsgesellschaft mbH, Gespräch am 20.6.1994, Eckhard Kraatz, Projektgesellschaft GVZ Rostock, Gespräch am 23.1.1995 und Ulrich Männel, GVZ-Entwicklungsgesellschaft Kassel mbH, Gespräch am 24.11.1995.

91 Angaben von Ralf-Peter Koschny, Hamburgische Gesellschaft für Wirtschaftsförderung mbH, Gespräch am 13.1.1995.

92 Angaben von Heinrich Möller, Wirtschaftsförderungsgesellschaft der Freien Hansestadt Bremen mbH, Gespräch am 6.12.1994 und Dr. Dietrich Fischer, Garonor Planungs- und Betriebsgesellschaft, Gespräch am 20.6.1994. Daß es Ausnahmen gibt, zeigt das Beispiel eines mittelständischen Speditionsunternehmens, das 1993 ein Grundstück in Hamburg-Billstedt von einem privaten Eigentümer für 500 DM/qm erworben hat. Die Angabe hat der Verfasser von einem Geschäftsführer des Unternehmens erhalten.

93 Einschätzung von Joachim Gollnick, LEG Brandenburg, Telefongespräch am 18.11.1996.

3.2.3 Interne Projektkosten

Die bei der Erstellung und beim Betrieb eines GVZ gebundenen Inputfaktoren werden der Volkswirtschaft entzogen und müssen als Opportunitätskosten von den Projektnutzen abgezogen werden. Der projektbedingte Ressourcenverbrauch wird grundsätzlich anhand der Marktpreise für die eingehenden Güter und Leistungen bewertet. Wichtige Einschränkungen für die Verwendung von Marktpreisen stellen hierbei Steuern, Unterbeschäftigung und ein möglicher Anstieg der Grundstückspreise dar. Umsatzsteuer ist immer dann zu entrichten, wenn ein Unternehmer im Inland entgeltliche Lieferungen oder Leistungen ausführt. Der Umsatzsteuersatz beträgt 15 % (siehe § 12, Abs. 1, UStG 1993). Befreit von der Umsatzsteuer sind Umsätze, die unter das Grunderwerbssteuergesetz fallen (siehe § 4, Nr. 9 a, UStG 1993). Abgesehen von Personalkosten wird für alle anderen Leistungen zur Erstellung des GVZ davon ausgegangen, daß die Umsatzsteuer in Höhe von 15 % entrichtet worden ist, und die Preise werden entsprechend reduziert. Die beim Ankauf der Grundstücke für das GVZ Großbeeren zu entrichtende Grunderwerbssteuer von 2 %[94], darf in die Kosten-Nutzen-Analyse ebenfalls nicht eingehen. Die Beschäftigungswirkung wird speziell in Abschnitt 3.2.8 behandelt.

Der Ressourcenverbrauch für das GVZ umfaßt folgende Bestandteile:

- Projektplanung und -steuerung,
- Grundstückserwerb,
- Erschließung,
  - vorbereitende Erschließung,
  - externe Erschließung (Anbindung an die Verkehrsinfrastruktur, Ver- und Entsorgungsleitungen),
  - innere Erschließung (Herrichtung des Geländes, Straßen, Verkehrssicherung, Gleise, Lärmschutz, Trinkwasser, Abwasser, Regenwasser, Strom, Gas),
- Umschlaganlage für den KLV,
- Hochbauten,
- Informationstechnologie und
- Ausgaben für den Unterhalt und die Instandhaltung.

Die in einem GVZ zu errichtenden Hochbauten sind vor allem Lager- und Umschlaghallen, Büros und Bauten für Serviceeinrichtungen, wie Tankstellen, Werkstätten, Waschanlage etc. Die in Deutschland vorliegenden GVZ-Konzeptionen sehen vor, daß von den Planungsträgern keine Hochbauten errichtet werden und ausschließlich unbebaute Grundstücke an private Investoren veräußert werden. Investitionsausgaben für Hochbauten werden deshalb im Rahmen der Kosten-Nutzen-Analyse nicht als Kosten berücksichtigt.[95]

---

94 Angabe von Hans Friedrich Rockstuhl, LEG Brandenburg, Telefongespräch am 6.11.1996.

95 Die Errichtung von Hochbauten und Veräußerung zu kostendeckenden Preisen an Unternehmen der Transportwirtschaft würde lediglich die Summe der Kosten und Nutzen um jeweils den gleichen Betrag erweitern, die Höhe des Nutzen- bzw. Kostenüberschusses aber nicht beeinflussen.

3.2.3.1 Projektplanung und -steuerung

Die Entwicklung eines GVZ beginnt mit der Untersuchung des Standortraumes einschließlich einer Bedarfsanalyse, Ermittlung der erforderlichen Dimension und eines geeigneten Konzeptes. Im nächsten Schritt muß unter Berücksichtigung der Ziele der Raumordnung und Landesplanung ein geeigneter (Mikro-)Standort identifiziert werden. Im Rahmen der Bauleitplanung muß der Flächennutzungsplan gegebenenfalls geändert werden und ein Bebauungsplan aufgestellt werden, und zur Ermittlung erforderlicher ökologischer Ersatz- und Ausgleichsmaßnahmen wird eine Umweltverträglichkeitsuntersuchung durchgeführt. Sobald ein konkreter Standort gefunden ist, kann die Planung des Layouts, der Erschließung und der Finanzierung beginnen. Dann ist das Kapital zu beschaffen, und die Bereitstellung des Geländes muß durch Ankauf und möglicherweise Tausch von Grundstücken sichergestellt werden. Anschließend werden die Bauarbeiten für die Erschließung, Anbindung sowie für weitere Baumaßnahmen der Trägergesellschaft in Auftrag gegeben und überwacht. Während der Errichtung beginnt die Vermarktung der Flächen, es werden Verkaufs- oder Pachtverträge geschlossen, grundstücks- und baurechtliche Fragen geklärt und die Finanzierung und Liquidität geplant und kontrolliert.

In den Plankostenrechnungen von GVZ, die sich in der Entwicklung befinden, werden Ausgaben für die Bauleitplanung, Projektentwicklung, Vermarktung und Verwaltung unterschieden. Die Ausgaben für die Projektentwicklung sind vom Umfang der konzeptionellen Arbeit abhängig, der je nach planerischen Vorgaben sehr unterschiedlich sein kann. So sind an einigen GVZ-Standorten keine Standortuntersuchungen durchgeführt worden, weil der Standort durch bestehende Fazilitäten (KLV-Terminal, verfügbare Flächen) vorgegeben wurde.[96] In Köln wurde das Layout durch die verfügbare Fläche und vorhandene Komponenten determiniert. Die Ausgaben für die Bauleitplanung werden neben der Größe des Projektes davon bestimmt, inwieweit bestehende Flächennutzungspläne und Bebauungspläne geändert bzw. neu erstellt werden müssen.

Die Ausgaben für die Planung und Entwicklung eines GVZ bestehen aus den Personalkosten für die erforderlichen Mitarbeiter, Ausgaben für den Einkauf von externen Planungs- und Beratungsleistungen sowie Ausgaben für Büroräume, Büroausstattung, Kommunikation, Material, Präsentation und Reisen. Die Personalkosten haben den entscheidenden Anteil an den Gesamtausgaben der Planung. Bei der Bestimmung ihrer Höhe erweist es sich als problematisch, daß die GVZ-Entwicklung bzw. die GVZ-Entwicklungsgesellschaften in größere Organisationen, meist kommunale Behörden oder öffentliche Unternehmen, eingebunden sind, so daß die für die GVZ-Entwicklung beanspruchte Mitarbeiterkapazität nicht genau abgrenzbar ist. In Tabelle 10 sind die Mitarbeiterzahlen für einige GVZ-Entwicklungsgesellschaften aufgeführt, die jeweils Erschließungsträger bzw. Treuhänder sind und die Projektentwicklung koordinieren. Aus den genannten Gründen sind die Werte nur eingeschränkt vergleichbar.

Für die Bauleitplanung betragen die Kosten

- in Rostock 400.000 DM[97],

---

96 Dies trifft für die GVZ in Köln, Dörpen und Regensburg zu.

97 Angaben von Eckhard Kraatz, Projektgesellschaft GVZ Rostock, Gespräch am 23.1.1995.

- in Großbeeren 530.000 DM (vgl. LEG Brandenburg, 1994, S. 54) und
- in Kassel 1.000.000 DM[98].

Weiterhin entstehen Kosten durch die Vergabe von Untersuchungen und Gutachten zur Vorbereitung und Durchführung der Planung über Standort, Bedarf, Machbarkeit, Grundstückswerte, verkehrliche Auswirkungen, Auswirkungen der Bautätigkeit, technische Einzelheiten der Erschließung, Umweltverträglichkeit und weitere Fragestellungen an externe Dienstleister. In Großbeeren belaufen sich die Ausgaben auf jeweils ca. 2 Mio. DM (vgl. LEG Brandenburg, 1994, S. 54).

Tabelle 10: Anzahl der Mitarbeiter in Entwicklung, Vertrieb und Verwaltung von GVZ

GVZ	Nutzfläche ohne KLV in ha[99]	Planung und Entwicklung	Verwaltung	Vertrieb	gesamt	Nutzfl. pro Mitarbeiter in ha
Großbeeren	163	zusammen ca. 7		1,5	8,5	19
Leipzig	232	3	6,5	5,5	15	15
Rostock	80	2	2	1	5	16

Quellen: für Rostock: Eckhard Kraatz, Geschäftsführer, Projektgesellschaft Güterverkehrszentrum Rostock, Gespräch am 23.1.1995, für Leipzig: Jürgen Liebscher, Bevollmächtigter der Sachsen LB, Sachsen LB GVZ-Entwicklungsgesellschaft mbH, Gespräch am 29.11.1995, für Großbeeren: Hans Friedrich Rockstuhl, Projektleiter, Landesentwicklungsgesellschaft für Städtebau, Wohnen und Verkehr des Landes Brandenburg mbH, Gespräch am 20.11.1995, eigene Berechnungen.

In Tabelle 11 sind die ausgewiesenen Entwicklungs- und Verwaltungsausgaben einiger GVZ-Projekte zum Vergleich angegeben. Ein Grund für die Abweichung des Wertes von Kassel nach oben könnte in der wesentlich geringeren Flächengröße liegen, da viele Ausgaben im Rahmen der Projektplanung und -steuerung nicht proportional zur Fläche sind. Des weiteren kann die Varianz der Planungs- und Entwicklungskosten durch die allgemeinen Planungsumstände erklärt werden. So hat es in Rostock kurz nach der deutschen Vereinigung eine hohe Bereitschaft bei den politisch Verantwortlichen sowie in der Verwaltung zur Errichtung eines GVZ gegeben, die eine zügige Planung ermöglicht hat.[100] Der geringe Wert für Großbeeren läßt den Verdacht aufkommen, daß nicht alle Planungs- und Entwicklungskosten, die beim Entwicklungsträger der LEG Brandenburg aufgetreten sind, dem Projekt zugerechnet worden sind. Wegen des geringen Anteils der Planungs- und Entwicklungsausgaben an den gesamten Investitionsausgaben wird auf eine Korrektur verzichtet.

---

98 Angaben von Ulrich Männel, GVZ-Entwicklungsgesellschaft Kassel mbH, Gespräch am 24.11.1995.

99 Unter Nutzfläche des GVZ wird die Nettofläche, die als Bauland an Investoren verkauft werden kann, zuzüglich der Verkehrsflächen verstanden.

100 Angaben von Eckhard Kraatz, Projektgesellschaft GVZ Rostock, Telefongespräch am 19.1.1996.

Für das GVZ Großbeeren müssen folgende Planungs- und Entwicklungskosten in die Kosten-Nutzen-Analyse eingehen (vgl. LEG Brandenburg, 1994, S. 54)

- 2.002.000 DM für vorbereitende Gutachten,
- 530.000 DM für die Bauleitplanung und
- 2.280.000 DM Personalkosten.

Insgesamt belaufen sich die Projektplanungs- und Steuerungsausgaben damit auf 4,8 Mio. DM. Für die Personalkosten ist keine Umsatzsteuer abzuziehen, so daß 4,5 Mio. DM als Ressourcenverzehr bleiben.

Tabelle 11: Entwicklungsausgaben verschiedener GVZ-Projekte

GVZ	Entwicklungs- und Verwaltungs-ausgaben in Mio. DM	Nutzfläche in ha	Entwicklungs- und Verwaltungs-ausgaben in DM/qm
Großbeeren	4,81	163	2,95
Bremen	13,07	162	8,08
Erfurt	20,00	220	9,09
Kassel	9,40	67	13,97
Leipzig	13,88	232	5,99
Rostock	5,70	80	7,13

Quellen: für Erfurt: Albin Wolff, GVZ-Entwicklungsgesellschaft mbH Thüringen, Gespräch am 27.11.1995, für Großbeeren: Hans Friedrich Rockstuhl, Projektleiter, Landesentwicklungsgesellschaft für Städtebau, Wohnen und Verkehr des Landes Brandenburg mbH, Gespräch am 20.11.1995, für Kassel: Ulrich Männel, Geschäftsführer, GVZ-Entwicklungsgesellschaft Kassel mbH, Gespräch am 24.11.1995, für Rostock: Eckhard Kraatz, Geschäftsführer, Projektgesellschaft Güterverkehrszentrum Rostock, Gespräch am 23.1.1995, für Leipzig: Jürgen Liebscher, Bevollmächtigter der Sachsen LB, Sachsen LB GVZ-Entwicklungsgesellschaft mbH, Gespräch am 29.11.1995, eigene Berechnungen.

3.2.3.2 Grundfläche

Die für ein GVZ insgesamt erforderliche Geländegröße kann in Abhängigkeit von der lokalen Nachfrage bzw. dem Güteraufkommen überschlägig bestimmt werden. Verschiedene Experten haben entsprechende Berechnungsansätze entwickelt (vgl. Binnenbruck, 1989, S. 44-48, Dornier, 1988, S. 2-28, Tress, 1984, S. 229-238). Die erforderlichen Flächen werden nach Funktionsbereichen von der täglichen Güterumschlagmenge bzw. den einfahrenden LKW abgeleitet. Folgende Teilflächen werden nach Nutzung unterschieden (vgl. IVU/HaCon/IVE, 1994, S. 117, Binnenbruck, 1989, S. 46):

- Umschlagflächen,
- Lagerflächen,

- Verkehrsflächen,
- Flächen für Verwaltungs- und Sozialbereiche,
- Flächen für Servicebereiche und Gemeinschaftsanlagen,
- Grünflächen,
- Fläche für eine KLV-Umschlaganlage und
- Fläche für Frachtzentren von Bahn und Post.

In den Ballungsgebieten der alten Bundesländer wird die Größe eines GVZ oftmals durch das Flächenangebot bestimmt. Die starke Einschränkung der Standortwahl durch die verkehrlichen Anforderungen insbesondere in Form der Einbindung eines KLV-Umschlagbahnhofs einerseits und die geringe Verfügbarkeit freier Flächen sowie Beschränkungen der Flächendisposition durch Nutzungskonkurrenz und Planungsrecht andererseits führen dazu, daß die vom Umschlagpotential ausgehend erforderlichen Flächen oft am vorgesehenen Standort nicht zur Verfügung stehen (vgl. Gütter, 1992b, S. 11f).

Die erforderliche Investitionssumme für das Gelände ergibt sich in Abhängigkeit vom relevanten Bodenpreis. Die Preise variieren stark und werden von der Region, der Bevölkerungskonzentration und der Baulandart beeinflußt. Grundsätzlich sind die Bodenpreise in Süddeutschland höher als in Norddeutschland, im Gebiet der alten Bundesrepublik höher als in den neuen Ländern, in ländlichen Gegenden am geringsten und in Städten über 500.000 Einwohnern am höchsten. Unerschlossenes Bauland, sogenanntes „Rohbauland“[101], ist preisgünstiger als vollerschlossenes, sogenanntes „baureifes Land“ (vgl. Statistisches Bundesamt, 1993, S. 652).

Tabelle 12: Flächengröße verschiedener GVZ

GVZ	Gesamtfläche in ha	Nettoansiedlungsfläche in ha
Großbeeren	260	152
Bremen	364	138
Erfurt	340	210
Kassel	94	47
Köln	87	44
Leipzig	344	187
Rostock	170	64

Quellen: für Erfurt: Albin Wolff, GVZ-Entwicklungsgesellschaft mbH Thüringen, Gespräch am 27.11.1995, für Großbeeren: Hans Friedrich Rockstuhl, Projektleiter, Landesentwicklungsgesellschaft für Städtebau, Wohnen und Verkehr des Landes Brandenburg mbH, Gespräch am 20.11.1995, für Kassel: Ulrich Männel, Geschäftsführer, GVZ-Entwicklungsgesellschaft Kassel mbH, Gespräch am 24.11.1995, für Köln: Stadt Köln - der Oberstadtdirektor - Dezernat für Wirtschaft und Stadtentwicklung, Arbeitsgruppe Güterverkehrszentrum Eifeltor, Güterverkehrszentrum Köln-Eifeltor. Funktionsskiz-

101 Zur Definition der Baulandarten vgl. Statistisches Bundesamt (1994b, S. 5f).

ze, Köln o.J., für Rostock: Eckhard Kraatz, Geschäftsführer, Projektgesellschaft Güterverkehrszentrum Rostock, Gespräch am 23.1.1995, für Leipzig: Jürgen Liebscher, Bevollmächtigter der Sachsen LB, Sachsen LB GVZ-Entwicklungsgesellschaft mbH, Gespräch am 29.11.1995, eigene Berechnungen.

Wegen der speziellen Anforderungen der Flächenaufteilung und der Verkehrsanbindung ist davon auszugehen, daß ein GVZ nicht auf bereits erschlossenem Bauland entsteht. Für die Errichtung eines GVZ ist „Rohbauland" erforderlich, da nur hier ausreichend Gestaltungsspielraum für die Aufteilung und Erschließung der Fläche besteht. Die Preise für „Rohbauland" für das Jahr 1994 sind in Tabelle 13 angegeben. Die Preise für landwirtschaftliche Flächen liegen erheblich unter denen für Bauland.

Tabelle 13: Durchschnittliche Kaufwerte für Rohbauland im Jahre 1994

Lage	Kaufwert in DM/qm
Industriegebiet	19,55
Städte mit 100.000 bis 200.000 Einwohnern	58,89
Städte mit 200.000 bis 500.000 Einwohnern	58,69
Städte mit mehr als 500.000 Einwohnern	230,16
alte Bundesländer	46,04
neue Bundesländer	22,90

Quelle: Statistisches Bundesamt, Statistisches Jahrbuch, 1996, Wiesbaden 1996, S. 614.

In einigen Großstädten weichen die erzielten Quadratmeterpreise stark von den durchschnittlichen Werten ab (vgl. Statistisches Bundesamt, 1995, S. 627). In der Peripherie von München, der Stadt mit den durchschnittlich höchsten Bodenpreisen in Deutschland, betrug der Grundstückspreis für Gewerbeflächen am Stadtrand 1994 ca. 800 DM/qm[102]. Zu Abweichungen nach unten kann es im Einzelfall kommen, wenn Kommunen die Flächen zu einem günstigeren Preis bereitstellen. Die Ansiedlung von Unternehmen ist ein wichtiges Anliegen der Kommunen, da dadurch Arbeitsplätze geschaffen werden und Steuereinnahmen entstehen (vgl. Ministerium für Wirtschaft, Mittelstand und Technologie des Landes Brandenburg, 1995, S. 17). Die Neuerschließung von Gewerbeflächen wird überwiegend von den Kommunen selbst vorgenommen, und große zusammenhängende Gewerbeflächen werden fast ausschließlich von den Kommunen angeboten. Die Preise für öffentliche Flächen unterliegen dem politischen Gestaltungswillen und können erheblich unter denen privater Anbieter liegen. Allerdings ist die Bereitschaft der Kommunen, Flächen zu subven-

102 Angaben von Dr. Dietrich Fischer, Garonor Planungs- und Betriebsgesellschaft, Gespräch am 20.6.1994.

tionierten Preisen abzugeben, aufgrund der angespannten Situation der öffentlichen Haushalte generell als äußerst gering einzuschätzen.[103]

Bei der Bewertung des Ressourcenverzehrs ist zu beachten, daß die Preise der angekauften Grundstücke Produzentenrenten beinhalten können (vgl. Kapitel 3.1.3.3). Die Bekanntgabe eines Projektes kann zu einer erheblichen Steigerung der Grundstückspreisforderungen führen. Der erhöhte Preis stellt jedoch keinen zusätzlichen Ressourcenverzehr dar, sondern eine Produzentenrente. Im Rahmen von städtebaulichen Sanierungs- oder Entwicklungsmaßnahmen schreibt das BauGB den Kommunen oder Planungsverbänden deshalb vor, daß der Preis beim Ankauf von Grundstücken zukünftige Wertsteigerungen, die sich durch die Sanierungs- oder Entwicklungsmaßnahme ergeben, nicht beinhalten darf (siehe § 153, Abs. 3 BauGB). Der Ankauf von Flächen im Rahmen einer Sanierungs- oder Entwicklungsmaßnahme erfolgt üblicherweise zu einem gutachterlich festgesetzten Preis. Die Projekte des GVZ Großbeeren und GVZ Kassel werden von den zuständigen Planungsträgern als städtebauliche Entwicklungsmaßnahme gemäß §§ 165-171 BauGB durchgeführt[104], und der Ankauf der Flächen erfolgt zu einem gutachterlich ermittelten Grundstückspreis, der im Falle des GVZ Großbeeren 25 DM/qm, für Straßenland und Sondernutzungsflächen 8 DM bzw. 6 DM beträgt. Dieser Preis liegt unterhalb dem landesweiten Durchschnitt für 1994 von 28 DM und beinhaltet insbesondere keinen Aufschlag für die Berlinnähe, die sich generell bei den Grundstückspreisen im Land Brandenburg deutlich bemerkbar macht (vgl. Ribbert u.a., 1996, S. 16, 28, 30). Es kann deshalb davon ausgegangen werden, daß der gutachterlich ermittelte Grundstückswert keine Produzentenrente beinhaltet und als Wertansatz für den Ressourcenverzehr verwendet werden kann. Die gesamte Planungsfläche des GVZ beträgt 329 ha, wovon 97 ha auf Ausgleichs- und Ersatzflächen entfallen, so daß für die GVZ-Anlagen 232 ha verbleiben. Die Ausgaben für das Grundstück belaufen sich damit auf 58,0 Mio. DM. Davon ist die Grunderwerbssteuer abzuziehen, die 2 % des Kaufpreises beträgt, da es sich wie bei der Umsatzsteuer lediglich um einen monetären Transfer handelt, so daß der Ressourcenverzehr 56,9 Mio. DM beträgt.

3.2.3.3 Erschließung

Die Erschließung des Geländes umfaßt das Verlegen von Leitungen zur Trinkwasserversorgung, Schmutzwasserentsorgung, Regenwasserentsorgung, Strom- und Gasversorgung sowie den Bau von Verkehrswegen und Lärmschutzmaßnahmen (LEG Brandenburg, 1994, S. 49-51). Je nach Zustand und Beschaffenheit der Fläche können außerdem Maßnahmen der Flächenherrichtung, z.B. das Austauschen von Erdreich, das Aufhöhen tiefliegender Flächen, das Ausgleichen von Unebenheiten, die Sanierung verschmutzter oder vergifteter Böden, archäologische Untersuchungen oder der Bau von Brücken erforderlich sein. Die vorbereitende Erschließung beinhaltet die Umverlegung auf dem Gelände bestehender Anlagen und durch das Gelände verlaufender Versorgungsleitungen. Ausgaben für die äußere Erschließung

---

[103] Einschätzung von Ralf-Peter Koschny, Hamburgische Gesellschaft für Wirtschaftsförderung mbH, Gespräch am 13.1.1995, vgl. auch Dosch/Müller-Keißler (1996, S. 119f).

[104] Gemäß Angaben von Hans Friedrich Rockstuhl, LEG Brandenburg, Gespräch am 20.11.1995 und Ulrich Männel, GVZ-Entwicklungsgesellschaft Kassel mbH, Gespräch am 24.11.1995.

beinhalten die Anbindung an die Verkehrs- und Versorgungsinfrastruktur. Die innere Erschließung umfaßt den Bau von Verkehrswegen und Ver- und Entsorgungsleitungen auf dem Gelände. Die Erschließungsausgaben bei in Realisierung befindlichen GVZ, die Tabelle 14 entnommen werden können, liegen zwischen 32 DM/qm und 87 DM/qm; die Ausgaben für das GVZ Großbeeren nehmen im Vergleich eine mittlere Position ein.

Tabelle 14: Erschließungsausgaben bei GVZ-Projekten

GVZ	Nutzfläche (ohne Grünflächen und KLV) in ha	Erschließungs-ausgaben in Mio. DM	Erschließungs-ausgaben in DM/qm
Großbeeren	163	90,4	55,46
Bremen[105]	162	168,4	86,60
Erfurt	220	108,0	49,09
Kassel	67	27,6	41,03
Magdeburg	68	28,3	41,62
Rostock	80	25,9	32,38

Quellen: für Bremen: Haller, Frank, Regionalwirtschaftliche Effekte des Güterverkehrszentrums in Bremen, in: Traffic Networks 93. Güterverkehrszentren, City-Logistik, Datenkommunikation, Kongreß am 22. und 23. Juni 1993, Congress Centrum Bremen, hrsg. v. KPS Messe- und Ausstellungs GmbH, Bremen, S. 4 und Statistisches Bundesamt (Hrsg.), Fachserie 17, Reihe 4, Wiesbaden, Mai 1994, S. 37, für Erfurt: Angaben von Albin Wolff, GVZ-Entwicklungsgesellschaft mbH Thüringen, Gespräch am 27.11.1995, für Großbeeren: Angaben von Hans Friedrich Rockstuhl, Projektleiter, Landesentwicklungsgesellschaft für Städtebau, Wohnen und Verkehr des Landes Brandenburg mbH, Gespräch am 20.11.1995, für Kassel: Angaben von Ulrich Männel, Geschäftsführer, GVZ-Entwicklungsgesellschaft Kassel mbH, Gespräch am 24.11.1995, für Magdeburg: Dr. Seebauer & Partner, Gesellschaft für strategische Unternehmensberatung mbH, Nutzungsstruktur Güterverkehrszentrum Magdeburg. Schlußbericht. Im Auftrag des Ministeriums für Wirtschaft, Technologie und Verkehr des Landes Sachsen-Anhalt, München o.J., S. 83, für Rostock: Angaben von Eckhard Kraatz, Projektgesellschaft Güterverkehrszentrum Rostock, Gespräch am 23.1.1995.

In Tabelle 15 sind die Erschließungsausgaben für das GVZ Großbeeren nach Ausgabenarten aufgegliedert. Abzüglich der Umsatzsteuer ergeben sich Gesamtausgaben in Höhe von 78,6 Mio. DM. In diesen Erschließungsausgaben ist die Anbindung des GVZ an die überregionale Verkehrsinfrastruktur noch nicht enthalten. Wegen der

---

105 Beim GVZ Bremen beliefen sich die Ausgaben für die innere Erschließung auf 94 Mio. DM zuzüglich 30,8 Mio. DM für die Geländeherrichtung, also insgesamt 124,8 Mio. DM (vgl. Haller, 1993, S. 4). Unter Berücksichtigung einer Preissteigerung für Straßenbauarbeiten von 1983 bis 1994 von 34,7 % sind 1994 168,4 Mio. DM anzusetzen (vgl. Statistisches Bundesamt, 1994, S. 37).

großen Bedeutung, die der Anbindung an die Verkehrswege im Falle eines GVZ zukommt und dem beträchtlichen, stark variierenden Umfang wird hier gesondert auf diese Investitionen eingegangen. Ihr Volumen hängt von der Lage und den örtlichen Gegebenheiten ab. Im Optimalfall liegt das GVZ-Gelände direkt an einer Autobahnabfahrt und an einer Fernbahnstrecke, und es müssen lediglich Zufahrten in das GVZ gebaut werden. Im ungünstigen Fall müssen lange Zubringerstrecken und eine neue Autobahnanschlußstelle erstellt werden. Dies führt zu stark differierenden Ausgaben bei verschiedenen Projekten, wie aus Tabelle 16 ersichtlich ist.

Tabelle 15: Erschließungsausgaben des GVZ Großbeeren

	Mio. DM
vorbereitende Erschließung	5,93
innere Erschließung	62,27
verkehrliche Erschließung	32,05
Ver- und Entsorgung	23,75
sonstiges	6,47
äußere Erschließung	22,18
Erschließung gesamt	90,38

Quelle: Landesentwicklungsgesellschaft für Städtebau, Wohnen und Verkehr des Landes Brandenburg mbH (LEG Brandenburg), Voruntersuchung für die städtebauliche Entwicklungsmaßnahme GVZ Großbeeren. Zusammenfassender Bericht und Begründung, im Auftrag der Gemeinden Großbeeren und Osdorf, Juli 1994, S. 54.

Tabelle 16: Ausgaben verschiedener GVZ für die Anbindung an das Verkehrswegenetz

GVZ	Investitions-ausgaben in Mio. DM	Bemerkungen
Großbeeren	12,0	Anschlußstelle an B 101 mit Brücke
Bremen	83,8	Straßen- und Gleisanbindung
Kassel	18,6	BAB-Anschlußstelle
Köln	40,0	BAB-Anschlußstelle
Magdeburg	81,0	Neu- und Ausbau der Straßenanbindung
Rheine	0,0	keine Baumaßnahmen erforderlich
Rostock	3,0	-

Quellen: für Bremen: Haller, Frank, Regionalwirtschaftliche Effekte des Güterverkehrszentrums in Bremen, in: Traffic Networks 93. Güterverkehrszentren, City-Logistik, Datenkommunikation, Kongreß am 22. und 23. Juni 1993, Congress Centrum Bremen, hrsg. v. KPS Messe- und Ausstellungs GmbH, Bremen, S. 4 und Statistisches Bundesamt (Hrsg.), Fachserie 17, Reihe 4,

Wiesbaden, Mai 1994, S. 37, für Großbeeren: Angaben von Hans Friedrich Rockstuhl, Projektleiter, Landesentwicklungsgesellschaft für Städtebau, Wohnen und Verkehr des Landes Brandenburg mbH, Gespräch am 20.11.1995, für Kassel: Angaben von Ulrich Männel, Geschäftsführer, GVZ-Entwicklungsgesellschaft Kassel mbH, Gespräch am 24.11.1995, für Magdeburg: Dr. Seebauer & Partner, Gesellschaft für strategische Unternehmensberatung mbH, Nutzungsstruktur Güterverkehrszentrum Magdeburg. Schlußbericht. Im Auftrag des Ministeriums für Wirtschaft, Technologie und Verkehr des Landes Sachsen-Anhalt, München o.J., S. 83, für Rheine: Binnenbruck, Horst-Hermann, Das Rheine Güterverkehrszentrum. Bedarfsanalyse (Konzeptstudie), hrsg. v. der Stadt Rheine, Rheine 1989, S. 67 und 70, für Rostock: Angaben von Eckhard Kraatz, Projektgesellschaft Güterverkehrszentrum Rostock, Gespräch am 23.1.1995.

Das GVZ Großbeeren grenzt direkt an die Trasse der Bundesstraße 101 und die Fernbahnstrecke Berlin-Leipzig (Anhalter Bahn), so daß keine Verbindungen zu überregionalen Verkehrswegen geschaffen werden müssen. Die Bundesstraße 101 ist eine Verbindung zwischen dem Berliner Stadtgebiet und dem Berliner Autobahnring (A 10), die als vierspurige Umgehungsstraße um das Siedlungsgebiet der Gemeinde Großbeeren herumgeführt wird. Im Bereich des GVZ ist eine Anschlußstelle mit Brücke über die Bundesstraße geplant, deren Kosten zu 60 % bis 70 % vom Bund getragen werden und nicht in die Erschließungsumlage eingehen. Im Rahmen der Kosten-Nutzen-Analyse werden die Ausgaben vollständig dem GVZ zugerechnet, da die Anschlußstelle speziell für das GVZ errichtet wird. Die Erstellung einer einfachen Autobahnanschlußstelle mit nur einer Brücke über die Autobahn und einer Auf- und Abfahrtsspur für jede Richtung erfordert Investitionsausgaben von ca. 10,0 Mio. DM bis 12,0 Mio. DM ohne Grundstück.[106] Die Baukosten werden mit 12,0 Mio. DM angesetzt, so daß der Ressourcenverzehr 10,4 Mio. DM beträgt. Insgesamt umfaßt der Ressourcenverzehr für die Erschließung damit 89,0 Mio. DM.

3.2.3.4 Umschlaganlage für den Kombinierten Ladeverkehr

Ein KLV-Umschlagbahnhof wird per Definition als unverzichtbarer Bestandteil eines GVZ angesehen. Die Zuständigkeit für die Planung von KLV-Umschlagbahnhöfen liegt bei der DB AG, die Finanzierungsverantwortung gemäß Bundesschienenwegeausbaugesetz beim Bund (vgl. BMV, 1995b, S. 18). Ziel des Bundesministers für Verkehr ist, daß KLV-Anlagen, soweit wirtschaftlich möglich, privat finanziert werden (vgl. BMV, 1994b, 2). Ein Gutachten von der Arthur Andersen Management Beratung (1993) hat ergeben, daß bei Anlagen mit hohem Erschließungsaufwand („auf der grünen Wiese") je nach Gestaltung der Finanzierungsvereinbarung nur zwischen 4 % und 14 % der Investitionen privat finanziert werden können. Die genauen Finanzierungsmodalitäten und der Bundesanteil an den Investitionen wird projektspezifisch für jede Umschlaganlage zwischen BMV und DB AG ausgehandelt.[107] Für sieben

---

106 Angaben von Herrn Hoewert, Baubehörde der Stadt Hamburg, Telefongespräch am 29.11.1994.

107 Angaben von Herrn Grüneberg, BMV, Telefongespräch am 7.11.1996.

Projekte, die sich derzeit in Planung und Realisierung befinden und für die eine Finanzierungsvereinbarung zwischen DB AG und BMV geschlossen wurde, wurde festgelegt, daß 80 % der Investitionsausgaben durch einen Baukostenzuschuß vom Bund getragen werden und über die restlichen 20 % ein zinsloses Darlehen gewährt wird, das in Höhe der Abschreibungen zurückzuzahlen ist.[108]

Der Bau und Ausbau der Umschlagbahnhöfe erfolgt modulweise, wobei ein Modul i.d.R. vier Gleise von 700 m Länge und zwei bis drei Portalkräne zum Umschlag beinhaltet. Die realisierte Kapazität soll so schrittweise an die Nachfrage angepaßt werden. In Großbeeren wird zunächst nur ein halbes Modul mit halber Gleislänge verwirklicht, das je nach Bedarf innerhalb der nächsten ein bis drei Jahre auf ein Modul mit einer Kapazität von 500 Ladeeinheiten pro Tag erweitert werden soll. Die Investitionsausgaben für das gesamte Modul betragen 45,0 Mio. DM (vgl. Baier-Fuchs, 1996). Vereinfachend wird hier angenommen, daß sie je zu einem Viertel in den Jahren 1996 und 1997 für das erste halbe Modul sowie 1999 und 2000 für die zweite Hälfte anfallen. Der Ressourcenverzehr beträgt insgesamt 39,1 Mio. DM. Da 20 % der Investitionssumme als unverzinsliches Darlehen gewährt werden, muß die DB AG 9,0 Mio. DM über den Abschreibungszeitraum von 27 Jahren an den Bund zurückzahlen. Für den Bund ergeben sich daraus Einnahmen mit einem Barwert von 6,3 Mio. DM, die in der Kosten-Nutzen-Analyse als interne Nutzen verbucht werden.

3.2.3.5 Informationstechnologie

Zur Erreichung der Ziele, die mit einem GVZ im Bereich der Kooperation zwischen den Verkehrsunternehmen zum Austausch von Ladung, Steigerung der Auslastung und der Effizienz sowie Verbesserung des erstellten Leistungsangebots verfolgt werden, ist die Einrichtung eines unternehmensübergreifenden Systems zum Austausch und zur Verarbeitung von Daten erforderlich. Eine flächendeckende informationstechnische Vernetzung von Transportunternehmen ist in Berlin bisher nicht gegeben. Die Vielfalt der informationstechnischen Ausstattung verschiedener Unternehmen läßt eine Kommunikation untereinander i.d.R. nicht problemlos zu (HaCon, 1994, S. 121, 152), so daß umfassende Investitionen in die Hardware und Software erforderlich wären. Im Rahmen des Baus des GVZ Großbeeren ist der Aufbau eines einheitlichen Datenverarbeitungs- und Übertragungssystems bisher nicht geplant.

Ein Problem für den Einsatz von unternehmensübergreifenden Datenverarbeitungs- und -übertragungssystemen stellt die mangelnde Akzeptanz seitens der Transportwirtschaft dar. Eine Befragung in Hamburg (HaCon, 1994, S. 125), die Erfahrungen einer Arbeitsgruppe in Köln (Güterverkehrsrunde Köln, o.J., S. 18) und im GVZ Bremen zeigen, daß die Unternehmen der Transportwirtschaft ein geringes Interesse bzw. eine geringe Bereitschaft haben, Informationen mit Wettbewerbern über elektronische Kommunikationsnetze auszutauschen. In Hamburg existieren mit den Systemen DAKOSY und Transpotel bereits zwei Informations- und Kommunikationsdienste spezialisierter Systemanbieter, wobei DAKOSY vorrangig Hafenbezug hat. DAKOSY wird von 14% der von HaCon (1994, S. 122) befragten Unternehmen genutzt. Bei den Hamburger Transportunternehmen besteht ein größeres Interesse

108 Angaben von Herrn Dorn, DB AG, Geschäftsbereich Umschlagbahnhöfe, Telefongespräch am 7.11.1996.

daran, den Datenaustausch mit Kunden zu verbessern, wofür die Unternehmen mehrheitlich Angebote von externen Dienstleistern in Anspruch nehmen möchten (HaCon, 1994, S. 152).

Welche Anforderungen an ein Datenverarbeitungssystem für ein GVZ zu stellen sind, haben Seebauer & Partner (o.J., S. 85f) zusammengetragen:

- In der Endausbaustufe muß das System die Leistungen Informationsdienst, Auftragsabwicklung, Just-in-Time-Angebote, Vernetzung mit anderen GVZ und Textverarbeitung umfassen.
- Einmal ins System eingegebene Daten müssen überall verfügbar sein.
- Die Software (inkl. Betriebssystem) muß unabhängig von der Hardware sein, damit andere Zentren mit abweichender Hardware angeschlossen werden können.
- Es muß ein Mehrplatzsystem sein, das auch außerhalb des GVZ erweiterbar ist.
- Vom System aus muß direkter Zugriff zu den Telekomdiensten Telefon, Telex, Teletex, Telefax, BTX und ISDN möglich sein.
- Das System muß sich vom Umfang an die Anforderungen und die Entwicklung des GVZ anpassen, eine günstige Einstiegskonfiguration bieten und voll ausbaufähig sein.

Seebauer & Partner (o.J., S. 85f) kalkulieren die Ausgaben für die Anfangsinvestition in die technische Ausstattung eines derartigen Systems mit 100.000 DM. In Bremen sind 1992 360.000 DM in die Vernetzung von 20 GVZ-Unternehmen investiert worden. Dies beinhaltete die Entwicklung der Software, die Anschaffung der Hardware, die Verlegung von Leitungen durch die Post und die Schulung der Mitarbeiter.[109] Abweichend von den tatsächlichen Gegebenheiten soll der Ressourcenverzehr für ein Datenverarbeitungssystem in die Kosten-Nutzen-Analyse einbezogen werden, um möglichst optimale Voraussetzungen für die Realisierung der kooperationsinduzierten Effekte zu unterstellen. Es wird angenommen, daß die informationstechnischen Leistungen von einem externen Systemanbieter übernommen werden, dessen Leistungen über Benutzergebühren gedeckt werden und im GVZ nur Investitionen in die Hardware anfallen. Die Ausgaben dafür werden entsprechend Seebauer & Partner (o.J., S. 85f) mit 100.000 DM angesetzt, so daß der Ressourcenverzehr unter Abzug der Umsatzsteuer 87.000 DM beträgt.

3.2.3.6 Betriebsausgaben

Bei der Berechnung der Betriebskosten sind folgende Positionen zu berücksichtigen:

- Unterhalt und Instandhaltung von Ver- und Entsorgungsanlagen, Verkehrswegen und
- Zinsen für den fremdfinanzierten Investitionsbetrag.

Betrieb und Instandhaltung des KLV-Umschlagbahnhofs sind Zuständigkeitsbereiche der DB AG und werden aus den Erlösen des KLV finanziert, so daß hier keine weiteren Kosten für öffentliche Haushalte entstehen. Für die Instandhaltung der Verkehrsflächen, Erschließungsanlagen und Informationstechnologie werden jährliche Ausgaben in Höhe von 1 % der Anschaffungsausgaben von netto 89,1 Mio. DM berech-

---

109 Vgl. Kostenzusammenstellung für das GVZ Bremen der Dornier System Consult GmbH, Angaben von Herrn Dr. Pautsch, Dornier System Consult GmbH, Telefongespräch am 18.1.1996.

net (vgl. Tress, 1984, S. 254), die während der gesamten Nutzungsdauer von 1997 bis 2039 anfallen. Die jährlichen Ausgaben für Unterhalt und Instandhaltung betragen damit 891.000 DM und der Barwert für die gesamte Nutzungsdauer 20,1 Mio. DM. Die Finanzierungskosten belaufen sich gemäß Planung der LEG Brandenburg auf 6,0 Mio. DM (vgl. LEG Brandenburg, 1994, S. 54) und fallen im Zeitraum bis zur vollständigen Veräußerung des Geländes an. Da die LEG Brandenburg die Strategie verfolgt, die Flächen möglichst kurzfristig anzukaufen, zu erschließen und so schnell wie möglich an Investoren weiter zu verkaufen, wird davon ausgegangen, daß die Finanzierungskosten proportional zum Grundstücksverkauf anfallen. Der Barwert der Finanzierungskosten beträgt dann 5,3 Mio. DM und der Barwert der Betriebskosten insgesamt 25,4 Mio. DM.

3.2.3.7 Zusammenfassung der Investitionsausgaben

Umfang, Zusammensetzung und zeitliche Verteilung der Investitionsausgaben können Tabelle 17 entnommen werden. Es zeigt sich, daß die Erschließungskosten mit fast der Hälfte der Summe den größten Bestandteil der Investitionsausgaben darstellen. In der letzten Zeile der Tabelle wird der für die Kosten-Nutzen-Analyse relevante Barwert in Höhe von 175,2 Mio. DM ausgewiesen. Darin sind die Betriebsausgaben in Höhe von 25,4 Mio. DM nicht enthalten, so daß sich insgesamt für die internen Kosten des Projekts ein Barwert von 200,6 Mio. DM ergibt.

Tabelle 17: Übersicht über die Investitionsausgaben des GVZ Großbeeren

	brutto	netto (ohne Steuer)	1994	1995	1996	1997	1998	1999	2000
Planung u. Entwickl.	4.812	4.482	1.121	1.121	1.121	1.121	0	0	0
Grundstück	58.000	56.840	2.842	2.842	5.684	11.368	17.052	17.052	0
Erschließung	102.380	89.026	4.925	39.658	24.774	19.669	0	0	0
KLV-Umschlagbhf.	45.000	39.130	0	0	9.783	9.783	0	9.783	9.783
EDV/Vernetzung		87	0	0	0	0	0	0	87
gesamt	210.292	189.565	8.888	43.621	41.361	41.940	17.052	26.835	9.870
Barwert		175.169	8.888	42.350	38.987	38.381	15.150	23.148	8.266

Quelle: eigene Zusammenstellung und Berechnungen.

3.2.4 Verkehrsbedingte externe Effekte

Ein zentrales Anliegen von GVZ ist die Beeinflussung von Verkehrsströmen durch die Ansiedlung der Betriebe im GVZ. Dabei lassen sich folgende Effekte ausmachen:

- Verkehrsströme des Nah- und Fernverkehrs mit Quell- und Zielorten außerhalb des GVZ werden auf andere Strecken verlagert. Relativ zu den Altstandorten in zentralen Stadtlagen wird der Fernverkehr aus der Stadt herausgehalten. Möglicherweise nimmt die Zentralität für die Sammel- und Verteilfahrten im Nahverkehr jedoch ab. Die Zufahrtswege zu den Altstandorten werden entlastet, während es auf den Zufahrtswegen zum GVZ zu einer starken Zunahme des Verkehrs kommt (vgl. Dornier, 1993a, S. 44-47).

- Der ruhende Verkehr wird von den Altstandorten und ihrer Umgebung in das GVZ verlagert (vgl. Dornier, 1993a, S. 32f, 44f).
- Die räumlich konzentrierte Ansiedlung der Logistik-Betriebe ermöglicht bzw. erleichtert die kooperative Leistungserstellung im Bereich von Transportleistungen, wie z.B. gemeinsame Sammel- und Verteilfahrten im Innenstadtbereich (City-Logistik), in Häfen oder bei Großabnehmern sowie die gemeinsame Bedienung von Fernverkehrsrelationen. Dadurch kann eine Steigerung der Fahrzeugauslastung und Reduktion des Verkehrs bei gleichbleibender Transportleistung erreicht werden (vgl. Dornier, 1993a, S. 38-43).
- Durch die Integration des KLV-Umschlagbahnhofs in das GVZ wird eine Verlagerung von Transportaufkommen auf die Schiene erwartet (vgl. Dornier, 1993a, S. 63-67).
- Zu- und Ablaufverkehr zum KLV-Terminal werden für die im GVZ ansässigen Betriebe verkürzt (vgl. Dornier, 1993a, S. 58-62).

Aus der Verkehrsreduzierung und arealen sowie modalen Verlagerung von Transportströmen ergeben sich folgende Effekte für die Gesamtwirtschaft (vgl. Planco, 1993, S. 25-29 und 47-49):

- Transportkosteneinsparungen bei den betroffenen Unternehmen,
- Änderung von Umwelteinflüssen,
- Änderung der Verkehrssicherheit und
- Änderung der Ausgaben und Einnahmen für Verkehrswege.

Einsparungen bei den Transportkosten kommen direkt den Nutzern eines GVZ zugute und sind im Rahmen einer Kosten-Nutzen-Analyse nicht explizit zu berücksichtigen. Es handelt sich um Sekundäreffekte in nachgelagerten Märkten, die dadurch entstehen, daß ein verbesserter Inputfaktor Betriebsstandort in Form des GVZ zur Verfügung steht. Insofern, als daß die Kosteneinsparungen ursächlich auf das GVZ zurückzuführen sind, schlägt sich der Vorteil in einer entsprechend erhöhten Zahlungsbereitschaft der Nutzer für die Ansiedlung im GVZ nieder. Dies läßt sich auch beobachten, wenn die Zahlungsbereitschaft für ein Grundstück im GVZ höher ist als für andere Gewerbeflächen eines Wirtschaftsraumes.[110] Eine gesonderte Berücksichtigung von Kosteneinsparungen würde zu einer Doppelzählung dieses Nutzenbestandteils führen. Hiergegen kann eingewendet werden, daß ein Informationsproblem besteht und der Unternehmer die Kosteneinsparungen nicht antizipieren kann. Diese Möglichkeit ist grundsätzlich denkbar. Hinsichtlich der Wirkungen eines GVZ auf die Transportkosten liegen jedoch keine Informationen vor, die dem Unternehmer nicht zugänglich sind. Es ist vielmehr davon auszugehen, daß der Unternehmer das Kosteneinsparungspotential besser beurteilen kann als der außenstehende Analyst.

Bei den Effekten einer Verkehrsreduzierung oder -verlagerung auf die Umwelt handelt es sich um technologische externe Effekte, die in der Kosten-Nutzen-

110 So z.B. in Leipzig gemäß Angaben von Jürgen Liebscher, GVZ-Entwicklungsgesellschaft Leipzig, Gespräch am 29.11.1995.

Analyse explizit berücksichtigt werden müssen. Die Umwelteffekte des Straßenverkehrs bestehen aus (Teufel u.a., 1994, S. 15, Glaser, 1992, S. 13, Dogs/Platz, 1991):

- Belastungen durch Luftschadstoffe,
- Geräuschbelastung,
- Trennwirkungen und
- Boden- und Wasserbelastungen.

Effekte für die Verkehrssicherheit sind im Rahmen einer Kosten-Nutzen-Analyse insofern bewertungsrelevant, als die durch Unfälle verursachten Schäden teilweise externe Kosten darstellen. Ob es sich bei Unfallkosten um private oder externe Kosten handelt, ist differenziert nach Kostenarten zu entscheiden und wird noch im einzelnen untersucht. Die Veränderung von Kosten infolge einer Änderung der Verkehrssicherheit ist im Rahmen einer Kosten-Nutzen-Analyse nur insoweit explizit zu berücksichtigen, wie es sich um externe Kosten handelt, die nicht von den GVZ-Nutzern getragen werden und in deren Zahlungsbereitschaft für die Ansiedlung im GVZ eingehen (vgl. Suntum, 1986a, S. 167, Fn. 40).

Bei der Beurteilung von Maßnahmen, die die Verkehrssicherheit beeinflussen, wird häufig das Argument angeführt, das Gut Verkehrssicherheit habe einen meritorischen Charakter (vgl. dazu, S. 57), so daß die Konsumentensouveränität keine geeignete Entscheidungsgrundlage bildet. Es wird argumentiert, daß die Führer von Kraftfahrzeugen aufgrund von Informationsmängeln, subjektiver Verdrängung und Filterung von Informationen sowie situationsbedingten, gefühlsmäßigen Entscheidungen zu nichtrationalem Verhalten in Bezug auf die Verkehrssicherheit neigen, so daß staatliche Eingriffe zur Reduzierung von Verkehrsunfällen erforderlich sind (vgl. Rothengatter, 1989, S. 65). Die empirische Relevanz dieser Argumentation zeigt sich in den zahlreichen staatlichen Eingriffen in den Straßenverkehr in Form von Aufklärung, Reglementierung des Straßenverkehrs und Fahrzeugbaus sowie sicherheitsfördernden Straßenbaumaßnahmen und der damit einhergehenden Reduzierung der Unfallquoten (vgl. Rothengatter, 1989, S. 64). Im Rahmen der Beurteilung von GVZ werden nur Veränderungen beim Güterverkehr betrachtet. Beim Güterverkehr kann jedoch von einem stärker rational geprägten Entscheidungsverhalten ausgegangen werden, da dem Einsatz der Fahrzeuge zumeist betriebswirtschaftlich fundierte Entscheidungen zugrunde liegen und es sich bei den Fahrzeugführern um Berufskraftfahrer handelt.[111] Da die Errichtung von GVZ nicht in erster Linie auf die Erhöhung der Verkehrssicherheit abzielt, wird hier das Prinzip der Konsumentensouveränität beibehalten.

Durch die Veränderung und Verlagerung von Verkehrsströmen ergeben sich Effekte für die Betriebs- und Unterhaltungskosten der Verkehrswege sowie für die Einnahmen aus Verkehrswegenutzungsabgaben bzw. für die Einnahmen beim öffentlichen Unternehmen DB AG. Für die Nutzung der Straßenverkehrsinfrastruktur werden in Deutschland keine direkten Entgelte gefordert. Nach dem Bericht der Arbeits-

---

111 Daß im Bereich des gewerblichen Güterverkehrs betriebswirtschaftlich fundierte Entscheidungen gefällt werden, heißt nicht, daß nicht möglicherweise ein bestimmtes Maß an Risiko in Kauf genommen wird. Aufgrund ineffizienter Risikoverteilung und Informationsasymmetrien zwischen Versicherungen, Geschäftsleitung der Güterverkehrsunternehmen und angestellten Berufskraftfahrern können durchaus auch risikotheoretisch suboptimale Entscheidungen gefällt werden. Diese Probleme sollen hier jedoch ausgeklammert bleiben.

gruppe Wegekosten (1969, S. 118) sind die Einnahmen aus Kraftfahrzeugsteuer, Mineralölsteuer und Parkgebühren jedoch als Wegeentgelte anzusehen. Während es sich bei den Kosten der Verkehrswegenutzung um Ressourcenverzehr handelt und somit um allokationsrelevante Wirkungen des GVZ, handelt es sich bei den Einnahmen aus Verkehrswegenutzungsabgaben bzw. bei der DB AG um rein distributive Effekte (vgl. Aberle, 1996, S. 411f), die hier nachrichtlich aufgenommen werden sollen.

Ein weiterer Bereich externer Kosten, die durch den Straßenverkehr verursacht werden, sind Staukosten. Bei zunehmender Auslastung von Verkehrswegen sinkt die Durchschnittsgeschwindigkeit, und die Fahrzeiten verlängern sich. Ab einem bestimmten Grad der Überlastung kommt es für die Verkehrsteilnehmer zu externen Kosten in Form von Zeitverlusten und erhöhten Betriebskosten. Derartige Überlastungen der Straßenverkehrsinfrastrukturkapazität sind möglich, da es keine kapazitätsabhängige Regulierung der Nachfrage gibt. Die Besonderheit der Staukosten gegenüber den Umweltkosten besteht darin, daß die Gruppe der Verursacher und die Gruppe der Geschädigten weitgehend identisch ist, so daß die Kosten nicht die Gesellschaft insgesamt treffen, sondern bezogen auf die Gruppe der Straßenverkehrsteilnehmer internalisiert sind (vgl. Rothengatter, 1996, S. 7). Externe Kosten für die Allgemeinheit entstehen nur insofern, als daß Verkehrsstaus zu erhöhten Umweltbelastungen führen. Höhere Luftschadstoffemissionen infolge von Staus werden jedoch in den Fahrmustern zur Berechnung der Ausstoßmengen direkt berücksichtigt und müssen nicht extra berechnet werden. Die Reduzierung und räumliche Verlagerung des LKW-Verkehrs durch ein GVZ könnte zu einer Änderung der externen Staukosten führen. GVZ-bedingte Änderungen wären gemäß ihrem Grenzbeitrag zu den externen Staukosten im Rahmen einer Kosten-Nutzen-Analyse bewertungsrelevant (vgl. Dogs/Platz, 1991, S. 7-2). Wegen des geringen Anteils des GVZ-Verkehrs am Gesamtverkehr wird dieser Effekt jedoch vernachlässigt.

Von einigen Verkehrswissenschaftlern wird die Auffassung vertreten, daß Straßenverkehrsleistungen neben den unbestrittenen externen Kosten auch erhebliche externe Nutzen verursachen, die in einer gesamtwirtschaftlichen Bewertung zu berücksichtigen sind.[112] Es wird dabei vor allem auf Beiträge des Verkehrs zu Wachstum, Einkommen, Produktivität, Beschäftigung, Kostenersparnissen bei der Güterproduktion und der Entwicklung räumlicher Strukturen verwiesen (vgl. Gawel, 1994, S. 160f). Sofern jedoch die Begünstigten dieser Effekte die Nachfrager der Verkehrsleistung selbst sind, handelt es sich um interne Effekte, und die Wertschätzung dieser Nutzenelemente fließt in die Zahlungsbereitschaft der Nachfrager für die Verkehrsleistung ein. Neben den Nachfragern nach den Verkehrsleistungen kommen jedoch auch Dritte in den Genuß dieser Effekte. In diesem Fall handelt es sich um pekuniäre externe Nutzen, die jedoch - wie oben erläutert (vgl. Kapitel 3.1.3.4) - im Rahmen einer Kosten-Nutzen-Analyse nicht bewertungsrelevant sind, da sie anhand von Marktprozessen übermittelt werden und zu keinen allokativen Verzerrungen führen.[113] Auch wenn Marktunvollkommenheiten dazu führen, daß pekuniäre Externali-

---

112 Vgl. Diekmann (1990), Willeke (1992, S. 147-150), Willeke (1993, S. 222-236), Aberle/Engel (1994).

113 Das Plädoyer für die Einbeziehung externer Nutzen in die Bewertung des Straßengüterverkehrs ist als Reaktion auf die Diskussion um die externen Kosten entstanden (vgl. Gawel, 1994, S. 162, Willeke, 1992, S. 137f). Der Hinweis auf die Nutzen des Straßenverkehrs ist in-

täten absolute Wohlfahrtsänderungen bewirken, da kein allokationsneutraler Ausgleich zwischen betroffenen Wirtschaftssubjekten erzielt wird, wäre das Ausmaß zunächst genau zu überprüfen. Grundsätzlich ist von einer weitgehenden Kompensation auszugehen (vgl. Fonger, 1993, S. 44), lediglich staatliche Verteilungsziele könnten die Berücksichtigung pekuniärer externer Effekte rechtfertigen. Auf die Relevanz von pekuniären externen Effekten im Zusammenhang mit GVZ ist schon verschiedentlich hingewiesen worden. Wesentliche Marktunvollkommenheiten bestehen im Bereich des Inputfaktors Arbeit sowie auf dem Grundstücksmarkt.

Im Rahmen einer Kosten-Nutzen-Analyse wären lediglich technologische externe Nutzen zu berücksichtigen. Im Falle des Kraftfahrzeugverkehrs bestehen solche im ästhetischen Reiz, den einzelne Personen beim Anblick bestimmter Fahrzeuge empfinden, und im Verkehr als Informationsrohstoff. Das Ausmaß dieser externen Nutzen wird in bisherigen Untersuchungen als zu gering eingestuft, um ein bewertungsrelevantes Ausmaß zu erreichen (vgl. Ecoplan, 1992, S. 51, Huckestein/Strobl-Edvartsen, 1993, S. 927).

3.2.4.1 Quantifizierung der Verkehrseffekte

Zur Ermittlung der verkehrlichen Effekte muß ein Vergleich der Situationen mit und ohne GVZ durchgeführt werden. Sofern das zu bewertende GVZ noch nicht besteht, müssen die Verkehrsströme mit GVZ mit Hilfe einer Simulation der Verlagerungs- und Einsparungseffekte prognostiziert werden. Eine solche Simulation der Verkehrseffekte von GVZ ist von Baumgarten u.a. (1996) [114] im Auftrag der Kühne-Stiftung und des Deutschen Verkehrsforums e.V. durchgeführt worden. Die Ergebnisse dieser Untersuchung werden hier als Basis für die Bewertung der verkehrlichen Effekte verwendet. Im folgenden wird das Verkehrsmodell in seinen wichtigen Grundzügen vorgestellt, die eingehenden Annahmen kritisch hinterfragt und erforderliche Modifikationen erläutert.[115]

Ziel der Untersuchung im Auftrag der Kühne-Stiftung war es, eine Methodik zur Ermittlung der Umwelteffekte von GVZ zu entwickeln und anzuwenden. Schwerpunkt

---

sofern berechtigt, als daß ordnungspolitische Maßnahmen im Sinne eines Second-best Ansatzes zur Korrektur des Marktergebnisses beim Straßenverkehr bei einer Reduzierung des Straßenverkehrs zu unkalkulierbaren Nutzeneinbußen führen könnten. In diesem Sinne haben die Ergebnisse der Studie im Auftrag der International Road Transport Union, in der versucht wird, den volkswirtschaftlichen Nutzen des Straßengüterfernverkehrs zu quantifizieren (vgl. Aberle/Engel, 1993), ihre Berechtigung. Damit läßt sich die Forderung unterstützen, die Allokationsverzerrungen, die durch die externen Kosten des Verkehrs entstehen, nicht durch Auflagen und Verbote, die zu weiteren Marktverzerrungen führen würden, sondern mit Hilfe einer allokationseffizienten Abgaben- oder Zertifikatlösung (vgl. dazu Ewringmann/Hansmeyer, 1992), zu korrigieren.

114 Ausgeführt wurde die Studie von drei Forschungsinstituten: dem Institut für Verkehrsplanung, Transporttechnik, Straßen- und Eisenbahnbau der Eidgenössischen Technischen Hochschule Zürich unter Leitung von Prof. Carl Hidber, dem Bereich Materialflußtechnik und Logistik der Technischen Universität Berlin unter Leitung von Prof. Dr.-Ing. Helmut Baumgarten und dem Institut für Ökologie und Unternehmensführung der European Business School, Oestrich-Winkel unter Leitung von Prof. Dr. Ulrich Steger.

115 Die Tabellen mit den Daten des modifizierten Verkehrsmodells befinden sich in Anhang 4 und 5.

der Untersuchung sind die verkehrlichen Effekte (vgl. Baumgarten u.a., 1996, S. 2), doch es werden auch Wirkungen des Betriebs einbezogen (vgl. Baumgarten u.a., 1996, S. 70). Die Ermittlung der Wirkungen erfolgt durch einen Vergleich der Situationen mit und ohne GVZ (vgl. Baumgarten u.a., 1996, S. 4). Nach dem Prinzip einer „Umweltbilanz" werden in der Untersuchung sowohl Input-Mengen von eingehenden Ressourcen wie Heizöl, Erdgas, Diesel, Elektrizität, Wasser, Flächen und Material als auch Output-Mengen wie Luftschadstoffe, Lärm und Abfälle quantifiziert (vgl. Baumgarten u.a., 1996, S. 24-28). Dabei werden lediglich physikalische Größen ermittelt, eine Bewertung in Geldeinheiten erfolgt nicht, da sie nach Einschätzung der Verfasser kaum durchführbar und wenig aussagefähig sei (vgl. Baumgarten u.a., 1996, S. VIII). Eine tatsächliche Bilanzierung in der Form, daß ein Ergebnissaldo errechnet wird, kann deshalb nicht erfolgen, sondern es werden lediglich Belastungsprofile ausgewiesen, in denen die quantitativen Ergebnisse für die verschiedenen Untersuchungskriterien ausgewiesen werden (vgl. auch Baumgarten u.a., 1996, S. 2, 10, 71). Einige Wirkungen, wie z.B. der Flächenverbrauch, werden nur qualitativ bewertet. Die Untersuchung ist räumlich auf den jeweiligen Einzugsbereich des GVZ begrenzt, und Effekte, die außerhalb des Untersuchungsraumes anfallen, werden nicht berücksichtigt. Die Methodik ist auf insgesamt vier Güterverkehrseinrichtungen angewendet worden:

- das GVZ Bremen,
- das GVZ Großbeeren bei Berlin,
- das Warenwirtschaftszentrum Havelland bei Berlin und
- den Migros-Verteilbetrieb Neuendorf in der Schweiz.

Die Ermittlung der Verkehrseffekte mit und ohne GVZ erfolgte mit Hilfe eines Verkehrsmodells, mit dem die Änderungen der Verkehrsströme simuliert worden sind (vgl. Baumgarten u.a., 1996, S. 85-90).[116] Das Verkehrsmodell basiert auf einer Studie der Studiengesellschaft Verkehr zu den Auswirkungen des GVZ Großbeeren auf das Verkehrsaufkommen in Berlin und die südliche Peripherie (vgl. Appelt/Blödorn/ Zacharias, 1994) sowie auf den allgemeinen Daten der Prognose der Güterverkehrsentwicklung für den BVWP 1992 (Röhling u.a., 1991). Insgesamt wurde für das GVZ Großbeeren eine jährliche Güterumschlagmenge von 5,4 Mio. t angenommen, wovon 2,6 Mio. t auf den Güterfernverkehr und 2,8 Mio. t auf den Güternahverkehr entfallen.

Die Umschlagmenge wurde ausgehend vom gesamten GVZ-affinen Güterumschlag in Berlin, Erfahrungen aus dem GVZ Bremen, dem verfügbaren Flächenangebot und der Kapazität der KLV-Umschlaganlage ermittelt. Bei einem Güterfernverkehrsaufkommen von 35,4 Mio. t für Berlin im Jahr 1993 (vgl. Statistisches Bundesamt, 1993, S. 46) entsprechen 2,6 Mio. t einem Anteil von 7,3 % und liegen damit im Rahmen einer allgemeinen Abschätzung des ausschöpfbaren Potentials für den Endausbau eines GVZ durch das IVE (1991a, S. 103). Diese Abschätzung basiert auf der Ermittlung des GVZ-affinen Anteils am Güterfernverkehrsaufkommen - nach aktuellen Zahlen sind 16,8 % des bundesweiten Güterfernverkehrsaufkommens als besonders GVZ-affin und 22,3 % als bedingt GVZ-affin einzustufen (vgl. S. 40 und

116 Fragen, die über die Dokumentation in der veröffentlichten Fassung der Studie hinausgehen, habe ich in einem Gespräch mit dem Koautor Jens Jörke, Technische Universität Berlin, Bereich Materialflußtechnik und Logistik, am 3.7.1996 geklärt.

Anhang 1), und der Annahme, daß ein GVZ in der Anfangsphase 10% und im Endausbau 20 % der affinen Gütermenge auf sich ziehen kann.

Abbildung 13: Anteil des GVZ Großbeeren am Güterfernverkehrsaufkommen Berlin

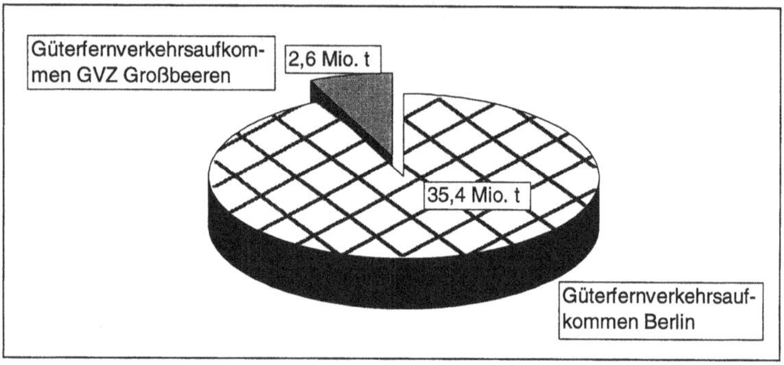

Quellen: Helmut Baumgarten u.a., Güterverkehrszentren und Umwelt. Ein Forschungsprojekt im Auftrag der Kühne-Stiftung mit Beteiligung des Deutschen Verkehrsforums, Bern u.a. 1996, S. 228, Statistisches Bundesamt (Hrsg.), Fachserie 8, Verkehr, Reihe 1, Güterverkehr der Verkehrszweige 1993, Stuttgart 1994, S. 46.

Aus mehreren Gründen sind Zweifel an der Annahme bezüglich der gesamten Güterumschlagmenge im GVZ angebracht. Die strukturell schlechte wirtschaftliche Entwicklung im Berliner Raum in Form einer unvorhersehbaren Verlagerung von Industriebetrieben in andere Regionen Deutschlands und die schwache konjunkturelle Entwicklung werden möglicherweise zu einem geringeren Anstieg der Transportmengen von und nach Berlin führen, als in den zugrundeliegenden Verkehrsprognosen vorhergesagt. Die schwierige Situation des Transportgewerbes im allgemeinen (vgl. S. 31) in Kombination mit den speziellen Problemen des Berliner Wirtschaftsraumes bewirken eine große Zurückhaltung der Transportunternehmen hinsichtlich Investitionen und damit zur Zeit eine sehr geringe Bereitschaft zur Standortverlagerung (vgl. Menke, 1996). Bisherige Standortschwerpunkte von Speditionen in Berlin liegen im Bereich Lehrter Bahnhof/Heidestraße, wo zahlreiche Unternehmen als Pächter auf Gelände der DB AG angesiedelt sind, deren Pachtverträge noch Laufzeiten zwischen zwei und fünf Jahren haben, und um den Moritzplatz in Kreuzberg. In Voraussicht der zukünftigen Entwicklung Berlins ist zu erwarten, daß beide Gegenden als Standort für Unternehmen der Transportwirtschaft an Bedeutung verlieren werden. Im Falle des Lehrter Bahnhofs ist dies insbesondere wegen der unmittelbaren Nähe zum zukünftigen Regierungsviertel, der Verlagerung des KLV-Umschlagbahnhofs, der sich bisher dort befand, und Errichtung des zentralen Berliner Personenfernbahnhofs, im Falle des Moritzplatzes wegen seiner Nähe zum

Stadtzentrum zu erwarten.[117] Dann werden weitere Speditionen ihren Betrieb in die Peripherie der Stadt verlagern, so daß in naher Zukunft durchaus ein Nachfragepotential für das GVZ vorhanden ist.[118] Unter Berücksichtigung dieser Situation soll die Annahme der Studie von Baumgarten u.a. (1996, S. 113) über die Aufnahme des Betriebes im GVZ Großbeeren geändert werden, und es wird unterstellt, daß die für 1998 prognostizierte Güterumschlagmenge erst im Jahr 2000 erreicht wird.

Die Quellen und Ziele der Transportströme haben Baumgarten u.a. mit Hilfe der Studie der Studiengesellschaft Verkehr bestimmt. Die aktuellen Standorte der Speditionen wurden durch eine Bestandsaufnahme ermittelt. Die lange Planungszeit des GVZ Großbeeren hat dazu geführt, daß einige Speditionen bereits einen Standortwechsel vollzogen und sich in anderen Gewerbegebieten in der südlichen Peripherie von Berlin angesiedelt haben. Diese Entwicklung ist in der Studie berücksichtigt worden, und es wurden detaillierte Annahmen zur Ansiedlung im GVZ gemacht (vgl. Baumgarten u.a., 1996, S. 114). Die Verkehrsströme wurden nach den Sektoren „Handel“, „Industrie“, „Baugewerbe“ und „Sonstiges“ sowie nach den Räumen „City“, „restliches Stadtgebiet“, „Region“, „Umland“ sowie „Fernverkehr“ differenziert. Beim Gebiet „City“ handelt es sich um den Berliner Bezirk Mitte sowie Teile der Bezirke Tiergarten und Charlottenburg, das „restliche Stadtgebiet“ umfaßt die übrigen Berliner Stadtbezirke innerhalb des Untersuchungsgebietes, die „Region“ beinhaltet den Güternahverkehr außerhalb Berlins innerhalb des Untersuchungsraumes und „Umland“ den Güternahverkehr mit Quellen und Senken außerhalb des Untersuchungsraumes. Differenziert nach den vier Räumen und vier Sektoren wurde die Ausgestaltung der Verkehrsströme mit und ohne GVZ bestimmt. Dabei werden für die Transportaufträge folgende Merkmale bestimmt:

- der benutzte Verkehrsträger Bahn oder LKW,
- die Fahrzeugklasse, d.h. bei der Bahn KLV, Wagenladungsverkehr oder BahnTrans und beim LKW die Gewichtsklasse,
- die transportierten Mengen,
- die Transportweite,
- im Fernverkehr die genaue Fahrtroute im Untersuchungsraum

sowie beim LKW

- der Auslastungsgrad des Fahrzeugs und
- die Fahrmodi, d.h. die Verkehrssituation und eine daraus abgeleitete Geschwindigkeitsbandbreite (vgl. Baumgarten u.a., 1996, S. 42).

Die Ausgestaltung der Verkehrsströme ohne GVZ entspricht der prognostizierten Situation im Jahr 1998. Dabei wurde insbesondere berücksichtigt, daß im Falle, daß kein GVZ errichtet würde, Transportunternehmen ihren Standort ebenfalls aus der Stadt heraus in die Peripherie verlagern würden (vgl. Baumgarten u.a., 1996, S. 117). Die Verkehrsströme für den Fall mit GVZ wurden prognostiziert, wobei davon ausgegangen wird, daß die zu befördernden Gütermengen konstant bleiben und sich eine Veränderung der Verkehrsströme aus einer Verlagerung der Unternehmensstandorte, einer Verkürzung der Tourenlänge, einer Erhöhung der Auslastung und

---

117 Im Falle des Lehrter Bahnhofs ist das Ziel der Bundesregierung, die Transportunternehmen wegen der Nähe zum Regierungsviertel aus diesem Gebiet fortzuverlagern.

118 Einschätzung von Klaus-Dieter Martens, Verband der Spediteure Berlin und Brandenburg e.V., Gespräch am 4.7.1996.

einer Verlagerung auf andere Strecken und Verkehrsträger ergibt. Für die Verkehrsströme nach Realisierung des GVZ Großbeeren wurden folgende Annahmen getroffen (vgl. Baumgarten u.a., 1996, S. 116 und 228-233):

- Der Anteil der Bahn am gesamten Güterfernverkehrsaufkommen wird von 21 % auf 32 % steigen. Dies beinhaltet den Wagenladungsverkehr, KLV und Stückgutverkehr. Im einzelnen wird angenommen, daß der Anteil des Wagenladungsverkehrs am Güterfernverkehr von 6 % auf 5 % sinkt, der Anteil des KLV von 13 % auf 24 % und der Anteil des Stückgutverkehrs über die BahnTrans GmbH von 2 % auf 3 % steigt. Die Mengenänderungen betragen beim Wagenladungsverkehr einen Rückgang von 25 %, beim KLV eine Steigerung von 88 % und bei der BahnTrans eine Steigerung von 50 %, so daß sich insgesamt eine Erhöhung der mit der Bahn transportierten Menge von 50 % ergibt.
- Durch Bündelung und Kooperationen steigt die Auslastung der Fahrzeuge im Straßengüterfernverkehr um 10 %-Punkte von durchschnittlich 58 % auf 68 %, wobei nach Größenklassen von unterschiedlichen Auslastungsraten ausgegangen wird.
- Bezüglich der Erhöhung der Auslastung der Fahrzeuge im Nahverkehr wird angenommen, daß die Unternehmen im GVZ bei einzelnen Touren maximal 10 % der Tonnage kooperativ sammeln und verteilen werden, im Gebiet City auch bis zu 20 %, wobei nach Einsatzgebieten und LKW-Größenklasse unterschiedliche Kooperationspotentiale unterstellt werden. Insgesamt führen die Kooperationen gemäß Prognose zu einer durchschnittlichen Erhöhung der Fahrzeugauslastung im Nahverkehr von 7 %-Punkten, darunter im Bereich City um 14 %-Punkte, im übrigen Stadtgebiet um 5 %-Punkte, in der Region und im Umland um 4 %-Punkte.
- Für den Nahverkehr in das Gebiet City wird davon ausgegangen, daß ein Shuttle-Zugsystem bis zum Güterbahnhof Tempelhof eingerichtet wird, der einen Teil des Sammel- und Verteilverkehrs nach dem Prinzip der rollenden Landstraße, d.h., es werden komplette LKW mit ihren Fahrern auf Züge verladen, ins Zentrum bringt (vgl. Baumgarten u.a., 1996, S. 115f). Es wird angenommen, daß 66,7 % des Nahverkehrs in die Innenstadt über das Shuttle-Zugsystem abgewickelt werden.

Die Annahmen über die Kooperationen und Verkehrsverlagerungen stützen sich im wesentlichen auf drei Informationsquellen[119]:

- den Erfahrungen des GVZ Bremen,
- einer Befragung der Spedition Kühne & Nagel im GVZ Bremen und
- einer Befragung von Unternehmen in Berlin.

Somit basiert die Prognose zumindest teilweise auf vorliegenden praktischen Erfahrungen. Zum Vergleich seien die Annahmen bzw. Prognosen anderer Untersuchungen der verkehrlichen Effekte von GVZ genannt:

- In einer Untersuchung zu den Verkehrswirkungen eines GVZ in Kassel wird für den Nahverkehr in das Stadtgebiet eine Erhöhung der Auslastung durch City-Logistik um 15 %-Punkte von 70 % bis 75 % auf 85 % bis 90 % angenommen (vgl. HaCon, 1995, S. 40).
- Im Rahmen einer Untersuchung zur Entwicklung eines GVZ-Konzeptes für das Rhein-Main-Gebiet wurde eine Simulation des Sammel- und Verteilverkehrs

---

119 Angaben von Jens Jörke, Technische Universität Berlin, Bereich Materialflußtechnik und Logistik, Gespräch am 3.7.1996.

durchgeführt. Dabei wird von einer Steigerung des Auslastungsgrades von 55 % auf 65 % ausgegangen. Diese Verbesserung wird unter Verweis auf andere Untersuchungen als vorsichtige Schätzung bezeichnet (vgl. Dornier, 1991, S. 172, Sturm, 1992, S. 392).

Im Vergleich zu anderen Studien erweisen sich die Annahmen von Baumgarten u.a. als vorsichtige Schätzungen innerhalb der Größenordnung, die in vergleichbaren Untersuchungen vorausgesetzt bzw. ermittelt worden sind. Bei der Verwendung von Auslastungsgraden ist allerdings der Leerfahrtenanteil zu berücksichtigen. Planco (1993, S. 127) hat Auslastungsgrade von 60 % im Nahverkehr und 85 % im Fernverkehr ermittelt. Unter Berücksichtigung der Leerfahrtenanteile von 45 % im Nahverkehr und 40 % im Fernverkehr reduziert sich die durchschnittliche Auslastung auf 33 % bzw. 51 %.[120] Da aufgrund der unpaarigen Verkehrsströme im Berliner Wirtschaftsraum, der durch einen zweieinhalbfach höheren Wareneingang als Warenausgang gekennzeichnet ist (vgl. Statistisches Bundesamt, Fs. 8, R. 1, 1993, S. 46), davon auszugehen ist, daß eine Senkung des Leerfahrtenanteils auch durch Kooperationen nur in Einzelfällen erreicht werden kann, muß die Steigerung der Auslastung ausschließlich bei den beladenen Fahrten erzielt werden. Eine Steigerung der Auslastung bei den beladenen Fahrten um 10 %-Punkte bewirkt jedoch nur eine Erhöhung der durchschnittlichen Auslastung über alle Fahrten um 5,5 %-Punkten bzw. 6 %-Punkten. Um diesem Zusammenhang Rechnung zu tragen, werden die Zuwächse der durchschnittlichen Auslastungsgrade hier gegenüber den Annahmen von Baumgarten u.a. reduziert, so daß im Fernverkehr von einer Steigerung des Auslastungsgrades um 6 %-Punkte und im Nahverkehr von 4 %-Punkten im Durchschnitt ausgegangen wird.

Zur Einschätzung des erwarteten Modal Splits im GVZ Großbeeren wird in Abbildung 14 ein mehrfacher Vergleich des Anteils von Bahn und LKW vorgenommen. Es zeigt sich, daß der von Baumgarten u.a. (1996, S. 228) für das GVZ unterstellte Modal Split genau mit dem des Gesamtaufkommens GVZ-affiner Güter in Deutschland von 1993 übereinstimmt und insofern eine plausible Annahme darstellt. Ein Problem bei diesem Vergleich ist die Unzuverlässigkeit der bis dahin verwendeten Güterverkehrsstatistik auf der Basis von Frachtbriefen. Nach der Umstellung auf eine Stichprobenerhebung 1994 hatte sich gezeigt, daß der Straßengüterverkehr in seinem absoluten Umfang erheblich unterschätzt worden war (vgl. BMV, 1996a, S. 229, 231). Dies wird durch die Unterschiede der beiden unteren Balkenpaare widergespiegelt, die zeigen, daß der Anteil der Eisenbahn am Güterfernverkehrsaufkommen in der alten Statistik ca. 6 %-Punkte zu hoch ausgewiesen wurde. Übertragen auf die GVZ-affinen Güter würde dies bedeuten, daß der Bahnanteil zu hoch angesetzt ist und nur ca. 17 % betragen würde. Ein Vergleich mit dem Berliner Güterfernverkehrsaufkommen zeigt, daß hier bereits nach der alten Güterverkehrsstatistik ein geringerer Bahnanteil am Modal Split von 30,7 % bestand. Im folgenden wird mit einem Bahnanteil von 21,3 % gerechnet.

---

120 Bei dem Vergleich von Auslastungsgraden ergibt sich weiterhin die Schwierigkeit, daß im gewerblichen Güterverkehr höhere Quoten erreicht werden als im Werkverkehr. Es ist deshalb berechtigt, daß Baumgarten u.a. (1996) etwas höhere Werte ansetzen als Planco (1993, S. 127).

Abbildung 14: Modal Split des GVZ Großbeeren im Vergleich

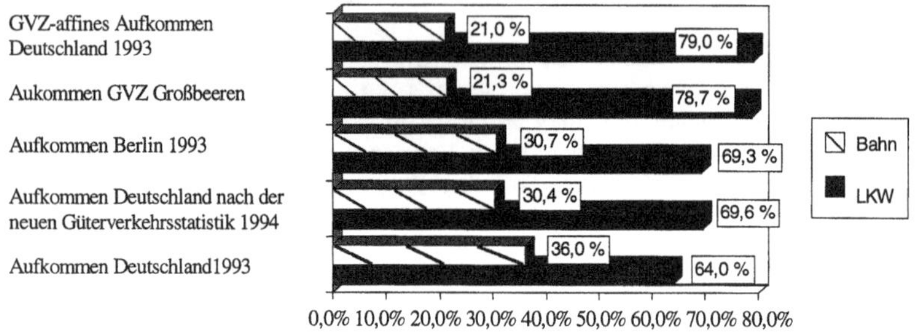

Quellen: Helmut Baumgarten u.a., Güterverkehrszentren und Umwelt. Ein Forschungsprojekt im Auftrag der Kühne-Stiftung mit Beteiligung des Deutschen Verkehrsforums, Bern u.a. 1996, S. 228, Bundesminister für Verkehr (Hrsg.), Verkehr in Zahlen 1996, verantwortlich für den Inhalt: DIW, 25. Jg., Berlin, September 1996, S. 231, Statistisches Bundesamt (Hrsg.), Fachserie 8, Verkehr, Reihe 1, Güterverkehr der Verkehrszweige 1993, Stuttgart 1994, S. 28-40, 106, eigene Berechnungen.

Zur Ermittlung der Verlagerung des Güterfernverkehrs vom LKW auf den KLV wurde im Rahmen der Kosten-Nutzen-Analyse zum GVZ Bremen ein Vergleich zwischen der Entwicklung des KLV in Bremen und der bundesdurchschnittlichen Entwicklung für den Zeitraum 1974 bis 1992 gemacht. Dieses Vorgehen wird damit gerechtfertigt, daß die Entwicklungen bis zur Errichtung des GVZ über lange Zeit parallel verlief. Im Jahr 1989 wurde die KLV-Umschlaganlage im GVZ Bremen in Betrieb genommen, und im Jahr 1992 lag die mit dem KLV transportierte Gütermenge um 28 % über der des Vergleichsfalls.[121] Der Modal Split-Anteil des KLV am Fernverkehr des GVZ Bremen ist nicht bekannt und kann aus vorliegenden Daten nicht ermittelt werden. Der von Baumgarten u.a. unterstellte Anstieg der auf der Schiene transportierten Menge um 50 % erscheint im Vergleich dazu als zu hoch, und das Verkehrsmodell wird dahingehend modifiziert, daß der Anstieg auf 30 % reduziert wird. Keine Erkenntnisse liegen bisher über die Wirkungen eines GVZ-Netzes auf die modale Verlagerung sowie auf die Erhöhung der Auslastung im Fernverkehr vor. Durch die Bündelung von Transportzielen in GVZ und die lokale Zusammenführung von Transportzielen und KLV-Terminals könnte eine weitergehende modale Verlagerung und Stei-

121 Vgl. Dornier (1993a, S. 63-65). Die genauen Zahlenwerte stammen von Herrn Dr. Pautsch, Dornier System Consult GmbH, Friedrichshafen.

gerung der Auslastung im Fernverkehr erreicht werden. Zu diesem Effekt können Bremer Erfahrungswerte keine Hinweise liefern.

Das Konzept, den Güternahverkehr in das Berliner Zentrum mit der Bahn abzuwickeln, geht auf eine Idee der Berliner Senatsverwaltung Bauen, Wohnen und Verkehr zurück. Das Konzept umfaßt ursprünglich die Errichtung eines Netzes von sechs bis acht sogenannten GVZ-Subzentren (GVS) an den Standorten der vorhandenen Berliner Güterbahnhöfe zur Ver- und Entsorgung der zentralen Berliner Stadtbereiche, die nach dem Vorbild der Warenverteilung von Karstadt über den Güterbahnhof Treptow auch direkt von Fernverkehrszügen angefahren werden sollen.[122] Nach Auskunft der zuständigen Senatsverwaltung geht der aktuelle Planungsstand über die konzeptionelle Idee nicht hinaus, und es wird derzeit kein administrieller Handlungsbedarf gesehen. Die Planung und Umsetzung eines Shuttle-Zugsystems wäre nach Auffassung der Senatsverwaltung Aufgabe der DB AG als Anbieter der Leistung, der nutzenden Unternehmen und der GVZ-E. Zunächst muß die Entwicklung der in Bau befindlichen GVZ abgewartet werden, dann könnte ein Shuttle-Zugsystem als Reaktion auf den starken LKW-Verkehr in die Stadt eingerichtet werden.[123] Die Idee für ein Shuttle-Zugsystem basiert auf ökologischen Zielsetzungen und wäre unter gesamtwirtschaftlichen Gesichtspunkten möglicherweise sinnvoll. Problematisch ist jedoch, daß jeder Umschlag der Waren, jedes Handling von Gütern Kosten verursacht, so daß eine Verteilung über ein Shuttle-Zugsystem einzelwirtschaftlich ungünstiger wäre als die Verteilung per LKW. Zudem entstehen Kosten für den Ausbau der Infrastruktur und den Betrieb des Zugverkehrs, die über den entsprechenden Kosten für die Verteilung mit LKW liegen. Unter den gegebenen Umständen ließe sich ein derartiges Konzept nur unter finanzieller Beteiligung der öffentlichen Hand verwirklichen, die derzeit als nicht realistisch gelten kann oder im Rahmen eines gesamtheitlichen Verkehrskonzeptes, das die Rahmenbedingungen für den Transport in die Innenstadt so ändert, daß ein Shuttle-System einzelwirtschaftlich vorteilhaft wäre oder erzwungen würde.[124] Auch die Senatsverwaltung ist der Auffassung, daß die Realisierung des Konzeptes die Schaffung eines ordnungspolitischen Rahmens voraussetzen würde.[125] Abschließend muß die Wahrscheinlichkeit der Realisierung eines Shuttle-Zugsystems in absehbarer Zeit als gering eingeschätzt werden. Unabhängig davon ist die Einrichtung einer solchen Eisenbahnleistung eine eigenständige Maßnahme, die zwar erst nach Errichtung eines GVZ sinnvoll wird, aber zusätzliche Investitionen erfordert und Betriebskosten verursacht, denen ein abgrenzbarer Nutzen zugeordnet werden kann. Insofern wäre die gesamtwirtschaftliche Vorteilhaftigkeit einer solchen Maßnahme in einer separaten Untersuchung zu überprüfen und soll hier auch wegen der geringen Relevanz für andere GVZ-Projekte ausgeklammert bleiben. Die Ergebnisse von Baumgarten u.a.

---

122 Angaben von Jens Jörke, Technische Universität Berlin, Bereich Materialflußtechnik und Logistik, Gespräch am 3.7.1996.

123 Angaben von Herrn Billwitz, Land Berlin, Senatsverwaltung Bauen, Wohnen und Verkehr, Telefongespräch am 1.7.1996.

124 Einschätzung von Günter Teßmann, ETC Transport Consultants GmbH, Gespräch am 29.1.1997 und von Klaus-Dieter Martens, Verband der Spediteure Berlin und Brandenburg e.V., Gespräch am 4.7.1996.

125 Angaben von Herrn Billwitz, Land Berlin, Senatsverwaltung Bauen, Wohnen und Verkehr, Telefongespräch am 1.7.1996.

werden deshalb dahingehend modifiziert, daß von einer vollständigen Abwicklung des Nahverkehrs mit LKW ausgegangen wird.

Da die Untersuchung von Baumgarten u.a. (1996, S. 88) räumlich auf den Einzugsbereich des GVZ begrenzt ist, gehen die Fernverkehrsströme und die Nahverkehrsströme ins Umland nur mit einem Teilstück von ca. 50 km ein. Um die verkehrlichen Effekte komplett zu erfassen, müssen diese Verkehrsströme auf ihre gesamte Länge hochgerechnet werden. Im Fernverkehr betrug die durchschnittliche Transportweite 1995 im Eisenbahnverkehr 213 km und 1993 im Straßengüterfernverkehr 296 km (vgl. BMV, 1996a, S. 254, 256).[126] Es zeigt sich jedoch, daß die durchschnittlichen Transportweiten nach Gütergruppen erheblich voneinander abweichen. Wegen der spezifischen Zusammensetzung der Güter, die im GVZ umgeschlagen werden, soll die Hochrechnung der Fernverkehrstransporte deshalb auf der Basis der durchschnittlichen Transportweite der GVZ-affinen Gütergruppen[127] Nr. 1 (Nahrungs- und Futtermittel), Nr. 5 (Eisen, Stahl und Nichteisen-Metalle) sowie Nr. 9 (Fahrzeuge, Maschinen, Halb- und Fertigwaren) erfolgen. Sie betrug 1995 im Bundesdurchschnitt für Eisenbahntransporte und Straßengüterfernverkehr 320 km.[128] Zur Hochrechnung des Nahverkehrs liegen keine statistischen Durchschnittswerte vor. Es handelt sich um Nahverkehr mit Transportweiten über 49,7 km, so daß sich für diese Transporte eine Spanne der Transportweite von 50 km bis 75 km ergibt. Hier wird eine durchschnittliche Entfernung von 60 km unterstellt.

Eine Schwäche der Untersuchung von Baumgarten u.a. (1996, S. 85) besteht darin, daß der Personenverkehr, der durch die Beschäftigten des GVZ verursacht wird, nicht berücksichtigt wird. Die Fahrten zum Arbeitsplatz verursachen ebenfalls externe Effekte, die in der Bewertung des GVZ zu berücksichtigen sind. Es ist zu erwarten, daß die Beschäftigten der Transportunternehmen nach dem Umzug in das GVZ, das außerhalb der Hauptsiedlungsbereiche liegt, längere Anfahrtswege zu ihren Arbeitsstätten zurücklegen. Langfristig kann dieser Effekt zurückgehen, da verstärkt Arbeitskräfte aus der Umgebung eingestellt werden bzw. Beschäftigte ihren Wohnsitz in die Nähe des GVZ verlegen. Durch eine gute Anbindung des GVZ an das Netz des öffentlichen Personennahverkehrs, z.B. durch eine S-Bahn Haltestelle, könnte ein Ansteigen der negativen Effekte durch die Verlagerung der Arbeitsplätze von vornherein begrenzt oder unterbunden werden.

Die von Baumgarten u.a. ermittelten Wirkungen beziehen sich auf einen Zeitraum von einem Jahr, im Falle des GVZ Großbeeren auf das Jahr 1998, da vorher keine signifikanten verkehrlichen Effekte erwartet werden (vgl. Baumgarten u.a., 1996, S. 113). Daraus ergibt sich die wohl erheblichste Einschränkung der Aussagefähigkeit der Untersuchung, da keine dynamische Analyse der Effekte über die gesamte Nutzungsdauer des GVZ erfolgte. Der Grund für die Beschränkung auf ein Jahr nach der vollen Inbetriebnahme des GVZ liegt in den Schwierigkeiten, die mit der Prognose der relevanten Einflußfaktoren verbunden sind (vgl. Baumgarten u.a., 1996, S. 13). Neben der Unsicherheit über die zukünftige Entwicklung der Determinanten be-

126 Die zugrundeliegende Statistik für den Straßengüterverkehr ist nach 1993 eingestellt worden.

127 Unter Verwendung der Gütergruppeneinteilung des Statistischen Bundesamtes.

128 Eigene Berechnungen auf der Basis von BMV (1996a, S. 254, 256). Der Bundesdurchschnitt wird verwendet, da die Transportverflechtungen der Bundesländer nicht nach Gütergruppen ausgewiesen werden und diese Werte für Berlin nur mit erheblichem Aufwand zu ermitteln wären.

steht ein besonderes Problem in der Vielzahl der zu berücksichtigenden Einflußfaktoren. Insbesondere müßte bekannt sein:

- wie die orts- und mengenmäßige Entwicklung des Verkehrsaufkommens verlaufen wird,
- welche Standortverlagerungen Speditionen ohne GVZ vornehmen würden,
- welche verkehrspolitischen Eingriffe insbesondere bezüglich der Abgabenbelastung der Verkehrsträger aber auch im Bereich der Investitions- und Ordnungspolitik vorgenommen werden und welche Verhaltensänderungen daraus resultieren,
- wie sich die Emissionswerte der Fahrzeuge und
- die Einschätzungen und Zahlungsbereitschaften für Umweltgüter entwickeln werden.

Da eine Prognose der Entwicklung dieser Rahmenbedingungen im Rahmen dieser Arbeit nicht geleistet werden kann, muß sich die Beurteilung der Effekte eines GVZ insofern auf eine statische Analyse beschränken, die zwar die Lebensdauer der Investitionen berücksichtigt, aber von einer Konstanz der Rahmenbedingungen ausgeht. Dies entspricht dem Vorgehen des Bewertungsverfahrens für den BVWP, bei dem die Effekte ebenfalls nur für ein Bezugsjahr ermittelt werden (vgl. Planco, 1993).

3.2.4.2 Effekte für die Luftschadstoffbelastung

3.2.4.2.1 Art und Wirkung der Luftschadstoffe

Die Emission von Luftschadstoffen durch den Verkehr ist eine Folge der Verwendung fossiler Brennstoffe als Energieträger. Die bei der Verbrennung von Energieträgern entstehenden Emissionen können Schäden an Mensch, Ökosystem und Material verursachen, weil die Verbrennungsprozesse nicht vollständig verlaufen und die verwendeten Brennstoffe nicht rein sind, d.h., es sind zusätzliche chemische Substanzen gebunden, die nicht oder nicht vollständig verbrannt werden (vgl. Wiegand, 1986, S. 35). Mit den Abgasen werden aus Verbrennungsmotoren vor allem Kohlendioxid (CO_2), Kohlenmonoxid (CO), Kohlenwasserstoff (CH) und Stickoxide (NO_x) emittiert. Spezifisch für Dieselmotoren, die im Güterverkehr weit überwiegend zum Einsatz kommen, sind außerdem der Ausstoß von Schwefeldioxid (SO_2) und Rußpartikeln. Spezifisch für Ottomotoren sind Bleiemissionen, sofern sie nicht mit bleifreiem Kraftstoff betrieben werden. Weiterhin werden durch Verdunstung auf dem Weg der Kraftstoffzuführung organische Verbindungen (VOC) freigesetzt, und es entstehen Staubemissionen durch Abrieb von Reifen und Reibbelägen (vgl. Grupp, 1986, S. 360, Kurth, 1991, S. 20). Der Anteil des Verkehrs am Ausstoß dieser Schadstoffe ist in Abbildung 15 dargestellt.

Der Verkehr ist mit Abstand der größte Emittent von Kohlenmonoxid mit steigender Tendenz. Die durchschnittliche Verweildauer des Schadstoffes in der Atmosphäre beträgt 0,2 Jahre (vgl. Dogs/Platz, 1991, S. 1-11). Kohlenmonoxid führt zu Gesundheitsschäden beim Menschen durch direktes Einatmen; negative Wirkungen auf die Natur sind nicht bekannt. Für den Menschen führen sowohl hohe Konzentrationen zu einer akuten Gefährdung als auch geringere Konzentrationen bei langfristiger Einwirkung zu Schäden am Nerven- und Herz-Kreislaufsystem, indem sie die Sauerstoffaufnahme im Blut behindern (vgl. Wiegand, 1986, S. 36-39). CO-Konzentrationen, die zu akuten Gesundheitsschäden führen, werden weder an stark befahrenen innerstädtischen Straßen noch in Fahrzeuginnenräumen erreicht (vgl. Enquete-Kommission, 1994, S. 85).

Stickoxide schädigen den Menschen durch Reizungen der Schleimhäute, Atemwege und Lungenbläschen. Außerdem wird vermutet, daß Stickstoffsäuren mit anderen biogenen Stoffen gesundheitsschädigende Folgeprodukte bilden. Distickstoffoxid schränkt den Gasaustausch im Blut ein und führt zu Atembeschwerden (Dogs/Platz, 1991, S. 1-12). Pflanzen nutzen Stickoxide als Nährstoff, bei zu hoher Konzentration kommt es jedoch zu Schädigungen. In Verbindung mit Wasser entsteht aus Stickoxiden Salpetersäure, die eine Ursache für den sauren Regen ist, der für das Waldsterben mitverantwortlich gemacht wird sowie zur Zersetzung von metallischen Oberflächen und Schädigung von Farbanstrichen aus organischen Polymeren führt (vgl. Hautau u.a., 1987, S. 93, 100, Enquete-Kommission, 1994, S. 86f).

Abbildung 15: Anteil des Verkehrs an den Emissionen ausgewählter Luftschadstoffe in Deutschland im Jahr 1994

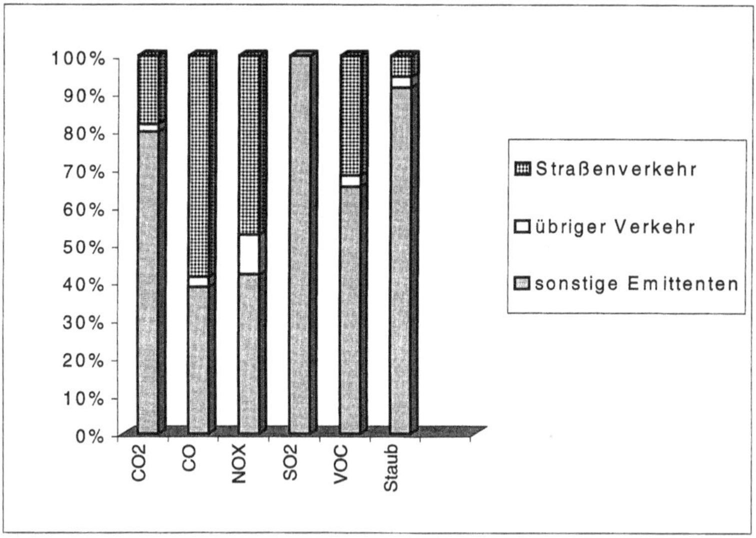

Quelle: UBA, Emissionen nach Emittentengruppen, Schriftliche Mitteilung von Herrn Strogies, Stand: Juni 1996.

Schwefeldioxid entsteht hauptsächlich in Kraftwerken, in denen schwefelhaltige fossile Energieträger wie Kohle und Erdöl verbrannt werden. Der Anteil des Verkehrs an den Schwefeldioxidemissionen ist ausschließlich auf den Einsatz von Dieselkraftstoff zurückzuführen und relativ gering. Schwefeldioxid führt zu Gesundheitsschäden durch Reizung der Atemwege und der Haut. In Verbindung mit Wasser kommt es zur Bildung von schwefliger Säure sowie Schwefelsäure, und es entsteht saurer Regen, der für Schäden an der Vegetation verantwortlich gemacht wird und zu einer Versauerung von Gewässern führt. Der saure Regen wird als eine Ursache des Waldsterbens angesehen (vgl. Glaser, 1992, S. 19, Enquete-Kommission, 1994, S. 86f). Schwefeldioxid und seine Säuren schädigen Natursteine, Beton und Mörtel, begünstigen das Rosten von Stahl und werden als Hauptursachen für Schäden an historischen Glasfenstern verantwortlich gemacht (vgl. Hautau u.a., 1987, S. 88-101).

Unter dem Oberbegriff flüchtige organische Verbindungen werden sehr unterschiedliche, organische Substanzen zusammengefaßt, insbesondere polyzyklische aromatische Kohlenwasserstoffe, Benzol und Benzo(a)pyren. Die Verbindungen entstehen durch unvollständige Verbrennungsprozesse und bei Verdunstung (vgl. Grupp, 1986, S. 360f). Von den VOC gehen verschiedene Wirkungen für die Gesundheit des Menschen aus, die noch nicht alle genau erforscht sind. Wegen ihrer Fettlöslichkeit können Kohlenwasserstoffe das Zentralnervensystem angreifen. Flüchtige Kohlenwasserstoffe können zu Atem- und Schleimhautreizungen führen und betäubend wirken. Als erwiesen gilt die kanzerogene Wirkung von Benzol und Benzo(a)pyren (Dogs/Platz, 1991, S. 1-12f).

Mit Staub werden feinteilige, feste Emissionen in die Luft bezeichnet. Schädigende Wirkungen gehen einerseits vom Staub selbst oder von Anlagerungen anderer Substanzen an die Staubpartikel aus (vgl. Dogs/Platz, 1991, S. 1-13). Hauptemittent von Staub ist der Güterverkehr. Bei den Staubemissionen sind im Straßenverkehr die Rußpartikel der Dieselverbrennung und der bei der Verbrennung von Ottokraftstoff entstehende Bleistaub von besonderer Bedeutung. Von Bleiemissionen gehen erhebliche Risiken für die menschliche Gesundheit aus. Gebunden an Staubteilchen verbleibt das Blei für längere Zeit in der Luft und kann mit Wind und Luftströmungen weiträumig verteilt werden. Blei wird über die Haut, die Atemwege oder die Nahrung aufgenommen, hemmt die Bildung von rotem Blutfarbstoff und führt zu Schäden am Nervensystem (vgl. Wiegand, 1986, S. 43-47). Durch die Verwendung von bleifreiem Ottokraftstoff, der 1994 ca. 92 % des gesamten Vergaserkraftstoffs ausmachte (vgl. BMV, 1995a, S. 282), werden diese Schädigungen weitgehend ausgeschlossen (vgl. Enquete-Kommission, 1994, S. 85). Auch die Partikelemissionen von Dieselmotoren gelten als gesundheitlich bedenklich, da von einer krebserregenden Wirkung ausgegangen wird (vgl. Enquete-Kommission, 1994, S. 86).

Kohlendioxid nimmt eine Sonderposition unter den betrachteten Emissionsstoffen ein. Es gehört zu den regulären Endprodukten eines vollständigen Verbrennungsprozesses und ist ein natürlicher Bestandteil der Luft, von dem keinerlei schädigende Wirkungen für Menschen, Tiere oder Pflanzen ausgehen. Die Hauptproblematik liegt in seiner Wirkung für die Erdatmosphäre, die unter dem Stichwort „Treibhauseffekt" in den letzten Jahren lebhaft diskutiert worden ist. Die Gefahr besteht in der Zunahme des CO_2-Gehalts der Luft, die zu einer Störung des Strahlungshaushalts der Erdatmosphäre führen kann, wodurch eine Erwärmung der Erdatmosphäre und eine Veränderung des Klimas mit bisher noch unabsehbaren Folgen verursacht werden kann. Der Anteil des Kohlendioxid an dem durch menschliche Aktivitäten verursachten „Treibhauseffekt" beträgt etwa 50 %, weitere beteiligte Gase sind Fluorchlorkohlenwasserstoffe, Methan, Ozon und Distickstoffoxid (vgl. Enquete-Kommission, 1994, S. 6f, 10f, 14). Durch die Bildung von Kohlensäure kann allerdings auch vom

Kohlendioxid über die Bildung von saurem Regen eine schädigende Wirkung sowohl für die Vegetation als auch für Bauten und Materialien ausgehen (vgl. Hautau u.a., 1987, S. 89f, Dogs/Platz, 1991, S. 1-16f). Der Anteil des Verkehrs an den Kohlendioxidemissionen ist in den alten Bundesländern in den vergangenen Dekaden von 11,9 % im Jahr 1970 auf 21,2 % 1994 angestiegen, bei nahezu gleicher Gesamtemission.[129] Eine Reduzierung des Kohlendioxidausstoßes läßt sich bei dem derzeitigen technologischen Stand nur durch eine Verringerung des Verbrauchs fossiler Brennstoffe erreichen (vgl. Glaser, 1992, S. 16).

Weiterhin gehen auch von den Emissionsstoffen Kohlenmonoxid (CO), Stickstoffoxiden (NO_x), Distickstoffoxid (N_2O), Methan (CH_4) und organischen Verbindungen (VOC) klimarelevante Wirkungen aus. Zum einen beeinflußt ihre Konzentration in der Atmosphäre direkt den Strahlungshaushalt der Erde, zum anderen kommt es zu einer Zunahme der photochemischen Bildung von Ozon (O_3) in der Troposphäre sowie von anderen toxischen und phytotoxischen Luftschadstoffen. Eine erhöhte Ozonkonzentration in den erdnahen Luftschichten der Troposphäre führt unmittelbar zu Schäden an Menschen, Tieren und Pflanzen, verstärkt den anthropogenen Treibhauseffekt und hat indirekte Folgen für luftchemische Reaktionen. Neben der Saure-Regen-Hypothese wird die Ozoneinwirkung als eine wichtige Hauptursache des Waldsterbens angesehen. Stickoxide sind bei geringerer Konzentration außerdem an der Reduktion der Ozonmenge in der Stratosphäre beteiligt, wo die Ozonschicht als Filter für die gefährliche kurzwellige Strahlung der Sonne wirkt (vgl. Enquete-Kommission, 1994, S. 6-9, 11-14, Planco, 1991, S. 46f).

3.2.4.2.2 Quantifizierung der Effekte für die Luftschadstoffbelastung

Die ausgestoßenen Mengen der Schadstoffe sind von fahrzeugtechnischen Determinanten, den Fahrtstrecken und dem Fahrverhalten abhängig. Fahrzeugtechnische Einflußgrößen der Schadstoffemission sind u.a. die Antriebsart, die Größe des Antriebsaggregats, möglicherweise eingesetzte Abgasfilter und das Gesamtgewicht des Fahrzeugs. Die Fahrtstrecke beeinflußt das Emissionsverhalten durch Steigungen, Gefälle, Kurven sowie Verkehrskreuzungen, und das Fahrverhalten ist durch Beschleunigung, Abbremsen und die gefahrene Geschwindigkeit gekennzeichnet. Das Fahrverhalten wird zudem durch die Fahrtstrecke und die Verkehrsdichte beeinflußt (vgl. Glaser, 1992, S. 13f, Willeke, 1984, S. 144). Bei der Ermittlung der Emissionsfaktoren berücksichtigen Hassel u.a. (1995)

- die Fahrzeugkategorie und das zulässige Gesamtgewicht,
- das Fahrverhalten nach verschiedenen Straßenkategorien,
- die Längsneigung der Fahrbahn,
- die Verkehrsdichte und
- den Beladungsgrad der Fahrzeuge.

Beim Verkehrsträger LKW unterscheiden Baumgarten u.a. (1996, S. 87) sieben Fahrzeugklassen nach dem zulässigen Gesamtgewicht:

- weniger als 3,5 t,

---

129 UBA, Emissionen nach Emittentengruppen, Schriftliche Mitteilung von Herrn Strogies, Stand: Juni 1996.

- 3,5 t bis 7,5 t,
- 7,5 t bis 12 t,
- 12 t bis 16 t,
- 16 t bis 20 t,
- 20 t bis 28 t und
- mehr als 28 t.

Die Luftschadstoffemissionen der Fahrzeuge wurden mit Hilfe von Emissionsfaktoren für das Bezugsjahr 1980 berechnet, die vom TÜV Rheinland ermittelt und vom UBA veröffentlicht wurden (vgl. Baumgarten u.a., 1996, S. 41 und 45f). Dieses Vorgehen erscheint sehr unbefriedigend, da sich die Emissionen aufgrund technischer Änderungen an den Fahrzeugen in der Zwischenzeit geändert haben. Die aktuellsten vom UBA veröffentlichten Emissionsfaktoren für Nutzfahrzeuge, die wiederum vom TÜV Rheinland ermittelt wurden, beziehen sich auf das Jahr 1990 (vgl. Hassel u.a., 1995). Wegen der gestiegenen relativen Bedeutung der Emissionen der Nutzfahrzeuge wurde der Untersuchungsaufwand gegenüber der Untersuchung für 1980 erheblich erhöht (vgl. Hassel u.a., 1995, S. 0.1). Die Ermittlung der GVZ-bedingten Emissionsänderung wird zur Verbesserung der Ergebnisse erneut mittels der aktuellen Faktoren durchgeführt. Da Hassel u.a. (1995, S. 12.7) eine andere Unterteilung der Nutzfahrzeuge verwenden, müssen die von Baumgarten u.a. prognostizierten Güterverkehrsmengen auf diese Fahrzeugklassen, die in Tabelle 18 zusammengestellt sind, übertragen werden. Die Verteilung der Gütermengen auf die Fahrzeugklassen erfolgt dabei nach den Annahmen, die bei Baumgarten u.a. getroffen worden sind, wobei die Gütermengen der einzelnen Sektoren „Handel", „Industrie", „Baugewerbe" und „Sonstiges" addiert werden, da eine Differenzierung für diese Untersuchung nicht weiter von Bedeutung ist.

Tabelle 18: Differenzierung der Fahrzeugklassen

Fahrzeugkategorie	Abkürzung	zulässiges Gesamtgewicht in t
Solofahrzeuge	SF	3,5 - 7,5
		7,5 - 14
		14 - 20
		20 - 24
Lastzüge	LZ	< 20
		20 - 28
		28 - 32
		32 - 40
Sattelzüge	SZ	< 32
		> 32

Quelle: Dieter Hassel u.a., Abgasemissionsfaktoren von Nutzfahrzeugen in der Bundesrepublik Deutschland für das Bezugsjahr 1990, Umweltforschungsplan des Bundesministers für Umwelt, Naturschutz und Reaktorsicherheit, bearbeitet durch TÜV Rheinland Sicherheit und Umweltschutz GmbH, hrsg. v. UBA, Berichte 5/95, Berlin 1995, S. 12.7.

Um allen von Baumgarten u.a. berücksichtigten Fahrzeugklassen Rechnung tragen zu können, mußte die Unterteilung der Untersuchung von Hassel u.a. (1995) noch um die Klasse der leichten Nutzfahrzeuge bis 3,5 t zulässiges Gesamtgewicht ergänzt werden, wobei lediglich Fahrzeuge mit Dieselantrieb berücksichtigt wurden, da diese so gut wie ausschließlich im gewerblichen Güterverkehr zum Einsatz kommen (vgl. BMV, 1994a, S. 290f, 296). Emissionsfaktoren für leichte Nutzfahrzeuge sind zusammen mit den Werten für PKW bei Hassel u.a. (1994, S. 11.9) ausgewiesen.[130]

Für die unterschiedenen Verkehrsdichten und die Beladungsgrade werden auf der Basis einer detaillierten empirischen Untersuchung gewichtete Durchschnittswerte gebildet (vgl. Hassel, 1995, S. 12.1-12.6, Regniet/Schmidt, 1994), so daß die Emissionsfaktoren getrennt nach Fahrzeuggruppen (vgl. Tabelle 18), Straßenart und Längsneigung ausgewiesen werden. Das Fahrverhalten wird nach sechs Straßenkategorien unterschieden (vgl. Hassel u.a., 1995, S. 4.11f und 12.4):

- Autobahn (BAB),
- mehrstreifige Außerortsstraße (AOM),
- zweistreifige Außerortsstraße (AOZ),
- Hauptstraße innerorts (IOHS),
- Straßen mit großen Knotenabständen innerorts (IOGK) und
- Straßen mit geringen Knotenabständen innerorts (IOKK).

Es werden sieben Längsneigungsklassen > 5 %, 5 % bis 3 %, 3 % bis 1 %, 1 % bis -1 % , -1 % bis -3 %, -3 % bis -5 % und < -5 % unterschieden. Für die Berechnung des Luftschadstoffausstoßes im Nahverkehr werden in dieser Arbeit aufgrund der topographischen Verhältnisse im Berliner Raum nur die Faktoren der Längsneigungsklasse 0 % herangezogen. Bei den Verkehrsleistungen, die im Fernverkehr auf den BAB erbracht werden, werden die Längsneigungsklassen nach ihrem bundesweiten Durchschnitt berücksichtigt (vgl. Palm/Regniet/Schmidt, 1996, S. 52, 54, 57).

Der Ausstoß an Schwefeldioxid verhält sich proportional zum Kraftstoffverbrauch und dem Schwefelgehalt des Kraftstoffs, so daß er direkt aus dem Kraftstoffverbrauch errechnet werden kann (vgl. Hassel u.a., 1995, S. 12.1). Hassel u.a. haben deshalb keine Emissionsfaktoren für SO_2 ermittelt. Der Schwefelgehalt des Dieselkraftstoffes wurde durch eine EG-Richtlinie vom Dezember 1993 zum 1. Oktober 1996 auf 0,05 % der Kraftstoffmasse begrenzt. In freiwilliger Selbstbeschränkung hat sich die deutsche Mineralölindustrie gegenüber der Bundesumweltministerin bereit erklärt, diese Auflage bereits ein Jahr früher zu erfüllen. Erfahrungen des UBA haben gezeigt, daß die Industrie den Grenzwert in der Produktion um eine Sicherheitsmarge von 10 % unterschreitet, so daß ab Herbst 1995 von einem Schwefelgehalt von 0,045 % ausgegangen werden kann.

Neben den Schadstoffen, die beim Verbrennungsprozeß in den Kraftfahrzeugen entstehen, müssen auch die Emissionen, die bei der Herstellung und Umwandlung der Energierohstoffe in Kraftstoffe entstehen, berücksichtigt werden (vgl. Hopf u.a., 1994, S. 295f). Dafür sind durchschnittliche Anteile des Verkehrs an den Verbräuchen und Emissionen der Raffinerien berechnet worden, die in Tabelle 19 angegeben sind.

---

130 Die verwendeten Emissionsfaktoren für LKW sind in Anhang 6 und 8, die Anteile der Längsneigungsklassen am Netz der BAB in Anhang 7 ausgewiesen.

Tabelle 19: Emissionsfaktoren für Raffinerien

	Einheit	VOC	CO	NO_x	CO_2	Partikel	SO_2
gesamt	kg/TJ	15,90	7,08	36,50	8.620	1,84	47,70
innerorts	kg/TJ	0,17	1,56	5,71	4.683	0,00	13,10
Energiewert Diesel	TJ/t	0,0427	0,0427	0,0427	0,0427	0,0427	0,0427
gesamt	g/kg	0,679	0,302	1,559	368	0,079	2,037
innerorts	g/kg	0,007	0,067	0,244	200	0,000	0,559

Quellen: Andreas Patyk, Energiebereitstellung. IFEU-Materialien: Basisdaten zur ökologischen Bilanzierung Teil 1, Heidelberg 1996, eigene Berechnungen.

Während Kraftfahrzeuge des Straßenverkehrs ausschließlich durch Verbrennungsmotoren angetrieben werden, werden Eisenbahnzüge teilweise mit elektrischem Strom und teilweise von Diesellokomotiven mit eigenen Verbrennungsmotoren angetrieben. Bei der Deutschen Bundesbahn hatte die Dieseltraktion 1988 einen Anteil von 9,5 % am gesamten Güterverkehr und beim KLV einen Anteil von 3,3 % (vgl. Hopf u.a., 1994, S. 353). Die Anteile des KLV-Verkehrs und des Wagenladungsverkehrs werden aus dem Verkehrsmodell von Baumgarten u.a. übernommen. Das Transportaufkommen der BahnTrans wird über den KLV abgewickelt. Weiterhin ist zu berücksichtigen, daß auch im Betrieb mit Elektrotraktion ein Teil der Rangierleistung mit Diesellokomotiven sowie umgekehrt beim Dieselbetrieb ein Teil des Rangierens mit Elektroantrieb erbracht wird. Die spezifischen Energieverbräuche je tkm für 1988 sind in Tabelle 20 angegeben.[131]

Im Falle der elektrischen Traktion wird die Energie in Kraftwerken unter Verwendung von Steinkohle, Braunkohle, Gasen, anderen Brennstoffen, Wasserkraft und Kernkraft mit unterschiedlichem Emissionsverhalten erzeugt. Entsprechend der Anteile, die die verschiedenen Energieträger an der Energieerzeugung haben, lassen sich durchschnittliche Emissionsfaktoren ermitteln, die auf eine abgegebene Energieeinheit umgerechnet werden. Die Deutsche Bundesbahn bezog 1988 82 % ihrer elektrischen Energie aus eigenen Kraftwerken und 18 % aus Kraftwerken der öffentlichen Versorgung. Wegen der abweichenden Anteile der eingesetzten Primärenergieträger ergeben sich unterschiedliche Emissionsfaktoren, die in Tabelle 21 angegeben sind (vgl. Hopf u.a., 1994, S. 298).

131 Aktuellere Verbrauchs- und Emissionsfaktoren sind für die Bahn nach telefonischer Auskunft von Herrn Gorissen, Leiter der Abteilung Verkehr und Umwelt, UBA, vom 13.8.1996 bisher nicht verfügbar. Bei der Dieseltraktion ergeben sich gegenüber 1988 keine Änderungen der Faktoren. Bei der Elektrotraktion sind geringfügige Änderungen bei den Kraftwerken zu verzeichnen.

Tabelle 20: Spezifischer Energieverbrauch der DB AG im Güterverkehr

Elektrotraktion			
KLV (inkl. BahnTrans)	elektrische Energie	Wh/tkm	50,76
	Dieselkraftstoff (beim Rangieren)	g/tkm	0,22
Wagenladungsverkehr	elektrische Energie	Wh/tkm	65,92
	Dieselkraftstoff (beim Rangieren)	g/tkm	2,20
Dieseltraktion			
KLV (inkl. BahnTrans)	Dieselkraftstoff	g/tkm	14,01
	elektr. Energie (beim Rangieren)	Wh/tkm	0,35
Wagenladungsverkehr	Dieselkraftstoff	g/tkm	21,55
	elektr. Energie (beim Rangieren)	Wh/tkm	1,83

Quelle: Rainer Hopf u.a., Verminderung der Luft- und Lärmbelastungen im Güterfernverkehr 2010, Umweltforschungsplan des Bundesministers für Umwelt, Naturschutz und Reaktorsicherheit, Forschungsvorhaben Nr. 10405962, im Auftrag des UBA, bearbeitet durch DIW, IFEU, IVU/HaCon, Berlin 1994, S. 358.

Tabelle 21: Emissionsfaktoren für den Bahnbetrieb

	Elektrotraktion		Dieseltraktion
	Bahneigene Erzeugung g/kWh	Öffentliche Versorgung g/kWh	g/kg
CO_2	578,00	581,00	3.175,00
CO	0,09	0,08	18,00
NO_x	1,90	1,58	55,00
SO_2	1,22	1,19	0,45
VOC	0,02	0,02	6,40
Partikel	0,06	0,07	3,00

Quelle: Rainer Hopf u.a., Verminderung der Luft- und Lärmbelastungen im Güterfernverkehr 2010, Umweltforschungsplan des Bundesministers für Umwelt, Naturschutz und Reaktorsicherheit, Forschungsvorhaben Nr. 10405962, im Auftrag des UBA, bearbeitet durch DIW, IFEU, IVU/HaCon, Berlin 1994, S. 300, 374.

Aus den vorliegenden Angaben über Energieverbräuche und Emissionen lassen sich nun auf der Basis des Verkehrsmodells die Wirkungen des GVZ auf den Luftschadstoffausstoß quantifizieren (vgl. Anhang 7-15). Die Ergebnisse sind in Tabelle 22 zusammengefaßt. Sie setzen sich aus den Emissionen des Straßengüterverkehrs, des Schienenverkehrs mit Diesel- und Elektrotraktion und der Kraftstoffbereitstellung zusammen. Insgesamt ergeben sich Reduzierungen des Schadstoffausstoßes zwischen rund 10 % und 20 %, innerorts bis 30 %. Der Dieselkraftstoffverbrauch geht um 16,6 % zurück, dem allerdings ein Mehrverbrauch an elektrischer Energie im Bahnbetrieb gegenübersteht. Da im Rahmen der Kosten-Nutzen-Analyse keine Saldierung vorgenommen werden darf, sind in den unteren Zeilen Reduzierung und Zunahme der Emissionen explizit ausgewiesen.

Tabelle 22: Wirkungen des GVZ auf die Luftschadstoffbelastung

			VOC	CO	NO_x	CO_2	mKr	Partikel	SO_2
ohne GVZ	gesamt	t	184,9	324,9	953,9	99.689,7	27.687,8	73,9	92,6
	innerorts	t	92,0	142,3	249,0	34.266,9	8.354,6	32,5	28,7
mit GVZ	gesamt	t	160,3	271,1	832,7	85.997,7	23.100,6	59,9	82,3
	innerorts	t	78,1	109,4	194,4	26.651,3	5.973,4	22,9	25,6
Differenz	gesamt	t	-24,6	-53,9	-121,2	-13.692,0	-4.587,2	-14,0	-10,2
	innerorts	t	-13,9	-32,8	-54,5	-7.615,5	-2.381,3	-9,6	-3,1
Veränderung	gesamt	%	-13,3%	-16,6%	-12,7%	-13,7%	-16,6%	-18,9%	-11,1%
	innerorts	%	-15,1%	-23,1%	-21,9%	-22,2%	-28,5%	-29,5%	-10,8%
Reduzierung	gesamt	t	-24,6	-54,1	-126,1	-15.226,4	-4.587,2	-14,2	-13,5
	innerorts	t	-13,9	-32,9	-57,0	-8.382,7	-2.381,3	-9,7	-4,7
Zunahme	gesamt	t	0,1	0,2	4,9	1.534,4	0,0	0,2	3,2
	innerorts	t	0,0	0,1	2,4	767,2	0,0	0,1	1,6

Quelle: eigene Berechnungen.

3.2.4.2.3 Bewertung der Effekte für die Luftschadstoffbelastung

Im letzten Schritt muß die Reduzierung des Luftschadstoffausstoßes monetär bewertet werden. Bei der Bewertung werden Schäden in den Bereichen menschliche Gesundheit, Ökosystem und Material berücksichtigt. In vorliegenden Untersuchungen wurden zur Bewertung der Schadenskostenansatz und Befragungen verwendet[132], dabei greifen verschiedene Studien auf die gleichen Basisuntersuchungen zurück.[133] Kageson (1993) sowie Mauch u.a. (1995) haben die externen Effekte der Schadstoffemissionen mit Hilfe des Vermeidungskostenansatzes bewertet. Wegen der sehr kritischen Beurteilung des Vermeidungskostenansatzes in der Literatur finden die Ergebnisse dieser Studien hier nur am Rande Berücksichtigung.[134] Ziel der

132 Zu den grundsätzlichen Problemen der Ansätze zur Ermittlung der externen Kosten vgl. Abschnitt 3.1.4.2.

133 Vgl. Teufel u.a. (1994), Planco (1991), Dogs/Platz (1990), Wicke (1986, 1993), Grupp (1986).

134 Die Verwendung des Vermeidungskostenansatzes wird von Mauch u.a. (1995, S. 40) zum einen damit begründet, daß die Vermeidungskosten dann den korrekten Ansatz darstellen, wenn sie niedriger sind als die Schadensgrenzkosten. Gerade dadurch werden aber die verursachten Schäden systematisch unterschätzt. Richtig ist, daß der wohlfahrtsökonomisch optimale Grad der Umweltverschmutzung ausgehend von einer Situation, in der Vermeidungsgrenzkosten unter den Schadensgrenzkosten liegen, erreicht wird, wenn alle Vermeidungsmaßnahmen ergriffen werden, solange bis die Vermeidungsgrenzkosten das Niveau der Schadensgrenzkosten erreichen. Der Wert der verursachten Schäden hingegen kann nur

Untersuchungen von Kageson und Mauch u.a. war es, europaweit vergleichbare Ergebnisse mittels einer einheitlichen Methodik zu ermitteln. Die Ermittlung der externen Kosten erfolgt ausgehend von einem Referenzland, für das eine explizite Kostenschätzung vorliegt, die als verläßlich angesehen wird und dann mit Hilfe eines Anpassungsfaktors, der die länderspezifischen Gegebenheiten berücksichtigt, auf alle anderen Länder hochgerechnet wird (vgl. Mauch u.a., 1995, S. 51-53). Hierin besteht jedoch eine weitere mögliche Fehlerquelle, da nicht von einer Übereinstimmung der Schäden und Präferenzen in allen europäischen Ländern ausgegangen werden kann.

Eine der grundlegenden Untersuchungen von Schadenskosten der Luftbelastung stammt von Marburger (1977, 1979, 1986). Basis der Berechnung für Gesundheitsschäden sind statistische Daten über Erkrankungen der Atmungsorgane, aus denen die gesamtwirtschaftlichen Kosten von Atemwegserkrankungen errechnet werden. Hierin sind die Kosten für ambulante und stationäre medizinische Behandlung, Arbeitsausfall und im dritten Beitrag (Marburger, 1986) auch die Kosten für Todesfälle enthalten. Mögliche andere gesundheitliche Schäden als Atemwegserkrankungen, z.B. an Haut, Herz und Kreislauf, sowie Erkrankungen ohne Arztbesuch oder Krankmeldung und Arbeitsunfähigkeit Nichterwerbstätiger, bleiben unerfaßt. Die Außerachtlassung der Möglichkeit, daß Invalide eine andere Beschäftigung aufnehmen, führt zu einer Überschätzung der Produktionsausfälle (vgl. Planco, 1991, S. 56f). Als besonders problematisch erweist sich bei Marburger die Wahl der Bewertungsansätze für die Kosten der Arbeitausfälle und der Todesfälle (vgl. Glaser, 1992, S. 106-110). Marburger (1986, S. 54f) verwendet das Volkseinkommen und bezieht es auf die Zahl der Erwerbsfähigen, um auch die unentgeltlich erbrachten Leistungen Nichterwerbstätiger einzubeziehen. Der ermittelte Wert für ein Menschenleben beträgt für 1984 290.000 DM (vgl. Marburger, 1986, S. 56). Das Volkseinkommen mißt jedoch nur die Leistungen der Erwerbstätigen, so daß die Gruppe der Erwerbsfähigen eine zu große Bezugsmenge darstellt und der Sozialproduktausfall bei Verletzung oder Tötung eines Erwerbstätigen unterschätzt wird. Um auch die unentgeltlich erbrachten Leistungen Nichterwerbstätiger einzubeziehen, bewertet Planco (1991, S. 57) die Ressourcenausfälle mit dem Nettoinlandsprodukt aus unselbständiger Arbeit

---

durch die Schadensgrenzkosten gemessen werden, die nur im wohlfahrtsökonomischen Optimum mit den Vermeidungsgrenzkosten übereinstimmen. Als weiteres Argument für die Verwendung von Vermeidungskosten als Bewertungsgrundlage für die negativen externen Effekte führen Mauch u.a. (1995, S. 40-44) die stochastische Natur der Verbindung zwischen Verkehrsaktivitäten, Unfällen und Umweltverschmutzung an. Diese Argumentation kann aber im Falle der Luft- und Lärmbelastung nicht akzeptiert werden. Risikotheoretischen Überlegungen folgend müsse dann die Verhinderung des Schadens im Vordergrund der ökonomischen Betrachtungen stehen, nicht die Beseitigung eines Schadens. Die Wertschätzung der Konsumenten für unsichere Schäden gäben die Vermeidungskosten aber nur dann an, wenn die Vermeidungsmaßnahmen auch tatsächlich durchgeführt würden, und dies gilt um so mehr, wenn die Eintrittswahrscheinlichkeit für das die negativen Externalitäten verursachende Ereignis in der Bewertung zu berücksichtigen ist. Die Kritik am Vermeidungskostenansatz bleibt somit bestehen. Neben der Willkür bei der Festsetzung der zu erreichenden Umweltqualität ergibt sich zusätzlich das Problem der Ermittlung der Kosten, die nötig sind, um die hypothetischen Vermeidungsmaßnahmen durchzuführen. Dabei werden bei der empirischen Bewertung im einzelnen gar nicht immer die Kosten für Vermeidungsmaßnahmen ermittelt, sondern im Falle des Lärms z.B. ein Wert aus dem Bewertungsverfahren für Verkehrswegeinvestitionen in Schweden herangezogen, ohne daß dargelegt wird, mit welchem Ansatz dieser Wert ermittelt wurde (vgl. Mauch u.a., 1995, S. 116f).

als Maß für den durchschnittlichen Wertschöpfungsbeitrag des Faktors Arbeit. Kritisch anzumerken ist weiterhin, daß Marburger (1985, S. 55) keine Diskontierung der zukünftigen Einkommen vornimmt.

Tabelle 23: Kosten von Atemwegserkrankungen in Deutschland

		Arbeitsunfähigkeit	Krankenhaustage	Krankheitsfälle	Todesfälle	Invaliditätsfälle
Fälle	Anzahl	44.369.132	3.623.054	3.449.124	9.801	19.829
Kosten pro Fall 1989	DM	130	284	121		209.946
Preisänderung	%	17,8	25,4	6,0		17,8
Kosten pro Fall 1994	DM	153	356	128	5.500.000	247.255
Gesamtkosten	Mio. DM	6.793	1.290	442	53.906	4.903

Quellen: Planco Consulting GmbH, Modernisierung von Methoden der BVWP, Gutachten im Auftrag des BMV, FE-Nr. 90298/90, Schlußbericht, Essen 1991, S. 56f, Statistisches Bundesamt, Statistisches Jahrbuch 1995, Stuttgart 1995, S. 46, 635, 674, eigene Berechnungen.

Auf die Probleme bei der Bewertung von Änderungen von Todesrisiken ist bereits oben (vgl. Kapitel 3.1.4.2.5) eingegangen worden, und zur weiteren Verwendung in dieser Arbeit wurde ein Wert von 5,6 Mio. DM für ein statistisches Menschenleben festgelegt. Insgesamt ergeben sich bei Planco (1991, S. 57) Kosten für Atemwegserkrankungen in Höhe von 15,9 Mrd. DM für das Jahr 1989. Unter Berücksichtigung der Einkommens- und Preissteigerung[135] wären für 1994 17,5 Mrd. DM zu veranschlagen, und unter Verwendung des höheren Wertansatzes für Todesfälle ergeben sich 67,3 Mrd. DM.

Im nächsten Schritt muß für die Ergebnisse von Marburger (1986) der Anteil, den die Luftverschmutzung als Verursacher an den Atemwegserkrankungen hat, bestimmt werden. Dazu greift Marburger (1986, S. 55f) auf die Ergebnisse von Ridker (1967), der einen Anteil von 20 % und Lave/Seskin (1970), die einen Anteil von 50 % ermittelt haben, zurück. Die Spannweite dieser Werte zeigt, mit welcher Unsicherheit diese Untersuchungen behaftet sind (vgl. dazu auch Pearce/Markandya, 1989, S. 50-53). Planco (1991, S. 57f) nimmt ausgehend von einer Untersuchung von Glück/Krassert/Koppen (1982, S. 48) und einem Vergleich der Ergebnisse von Marburger (1986) mit einer statistischen Auswertung von Krankenkassendaten von Heinz/Klaaßen-Mielke (1990) einen Anteil der luftverschmutzungsbedingten Erkrankungen

135 Zur Aktualisierung der Kostensätze wurden folgende Preisindizes verwendet:
- für die Arbeitsunfähigkeitstage und Invaliditätsfälle die Entwicklung des verfügbaren Einkommens privater Haushalte nach der Umverteilung (vgl. Statistisches Bundesamt, 1995, S. 46, 674),
- für die Krankenhaustage der Preisindex für Dienstleistungen der Krankenhäuser, Sanatorien, Pflegeheime u.ä. (vgl. Statistisches Bundesamt, 1995, S. 635),
- für die Krankheitsfälle der Preisindex für Dienstleistungen von Ärzten (vgl. Statistisches Bundesamt, 1995, S. 635).

von 50 % an. Damit beträgt der Schaden aus luftverschmutzungsbedingten Atemwegserkrankungen für 1994 33,7 Mrd. DM. Glück/Krassert/Koppen (1982, S. 48) gehen davon aus, daß Gesundheits- und Gebäudeschäden durch innerörtliche Emissionen und Vegetationsschäden durch außerörtliche Emissionen verursacht werden. Für einen derartigen räumlichen Zusammenhang spricht, daß gesundheitliche Schäden überwiegend durch hohe Abgaskonzentrationen in Siedlungsgebieten herbeigeführt werden. Gegen diese Zurechnung lassen sich die komplexen Ausbreitungs- und Wirkungsmechanismen anführen, an denen die innerörtlichen Emissionen mit beteiligt sind. Vegetations- und Gebäudeschäden sind weniger Folge direkter Begasung als sekundärer Wirkungen über die weiträumige Bildung sauren Regens und von Ozon. Wegen des hohen Anteils der außerörtlichen Emissionen von 50 % bis 65 % am gesamten Schadstoffausstoß und der Ozonproblematik ist außerdem von einer Schädigung der menschlichen Gesundheit durch außerörtliche Emissionen auszugehen (vgl. Planco, 1991, S. 51f). Planco (1991, S. 70f) unterstellt deshalb folgenden Wirkungszusammenhang:

- Gesundheitsschäden werden zu 90 % von innerörtlichen und zu 10 % von außerörtlichen Emissionen verursacht,
- Gebäude- und Vegetationsschäden werden von den Gesamtemissionen verursacht.

Heinz/Klaaßen-Mielke (1990) haben die Kosten der Luftverschmutzung durch statistische Auswertung von Krankenkassendaten ermittelt. Dafür wurden Behandlungs- und Arbeitsunfähigkeitskosten von Atemwegs-, Herz- und Kreislauferkrankungen, die durch erhöhte Schadstoffbelastung verursacht werden können, in Gebieten mit unterschiedlichem Belastungsniveau verglichen. Nicht berücksichtigt wurden in dieser Studie die Kosten für die Behandlung von Nichterwerbstätigen, Kosten für Rehabilitationsmaßnahmen, die von Rentenversicherungsträgern übernommen wurden, Krankheiten, die nicht ärztlich behandelt wurden, mögliche schadstoffbedingte Krebserkrankungen sowie Ressourcenausfälle infolge von Invaliditäts- und Todesfällen. Vorteil dieser Vorgehensweise ist, daß der Anteil der Luftverschmutzung an den Krankheitsfällen nicht geschätzt werden mußte. Dafür besteht das Problem, daß mögliche andere Einflußfaktoren wie berufliche Belastung oder Freizeitverhalten das Ergebnis verzerren können und die Vergleichsgebiete mit geringer Schadstoffbelastung keine Reinluftgebiete darstellen (vgl. Bickel/Friedrich, 1995, S. 52-54, Glaser, 1992, S. 114f).

Tabelle 24: Kosten von Herz-Kreislauferkrankungen pro Arbeitsunfähigkeitstag

Ausgaben pro Arbeitsunfähigkeitstag	ambulante Behandlung	stationäre Behandlung	Krankengeld	Lohnfortzahlung	gesamt
DM 1989	6,29	29,79	19,07	85,45	140,60
Änderung 1989-94	6,0%	25,4%	24,0%	24,0%	23,5%
DM 1994	6,67	37,36	23,65	105,98	173,66

Quellen: Planco Consulting GmbH, Modernisierung von Methoden der BVWP, Gutachten im Auftrag des BMV, FE-Nr. 90298/90, Schlußbericht, Essen 1991, S. 58f, eigene Berechnungen.

Zur Vervollständigung der gesundheitlichen Folgen der Luftverschmutzung übernimmt Planco (1991, S. 58) die in Tabelle 24 aufgeführten Mehrausgaben für Herz-Kreislauferkrankungen von Heinz/Klaaßen-Mielke. Unter Berücksichtigung von 45,5 Mio. Fällen entstehen für 1989 Mehrausgaben in Höhe von 6,4 Mrd. DM. Bei Berücksichtigung der Preis- und Einkommenssteigerung[136] ergibt der aktualisierte Wert für 1994 7,9 Mrd. DM.

Materialschäden bestehen in Funktionsbeeinträchtigungen durch schnellere Korrosion und Verwitterung (vgl. Isecke, 1986, S. 67). Die Bewertung erfolgt anhand von Zusatzkosten bei der Materialinstandhaltung durch Konservierungsmittel, Schutzanstriche, Beschichtungen, Schutzverglasungen und die Verwendung widerstandsfähigerer Werkstoffe insbesondere an Bauwerken aus Naturstein, Glasmalereien, Stahlkonstruktionen und bestimmten Gebäudeteilen aus empfindlichen Materialien (vgl. Heinz, 1986, S. 83). Planco (1991, S. 59) verwendet für die Bewertung von Materialschäden im BVWP den 2. Gebäudeschädenbericht der Bundesregierung von 1988, in dem die Schäden mit 4 Mrd. DM jährlich veranschlagt werden. Isekke/Weltchev/Heinz (1991, S. 147) ermitteln Materialschäden für das Bezugsjahr 1988 in Höhe von 2,1 Mrd. DM bis 3,6 Mrd. DM. Problematisch bei der Quantifizierung der schadstoffbedingten Material- und Gebäudeschäden sind mangelnde Kenntnisse über die Ursache-Wirkungszusammenhänge. Schwierigkeiten bereiten hier besonders die komplexen Wirkungszusammenhänge der verschiedenen Einflußfaktoren (vgl. Heinz, 1986, S. 90, Glaser, 1992, S. 121). Überragende Bedeutung für Schäden an Materialien kommt dem Schwefeldioxidgehalt der Luft zu (vgl. Isekke, 1986, S. 80). Hier wird der Wert von Planco (1991, S. 59) übernommen, der für 1989 mit 4,1 Mrd. DM pro Jahr angegeben wird. Unter Berücksichtigung der Preissteigerung von 31,5 % für die Instandhaltung von Wohngebäuden[137] sind 1994 5,4 Mrd. DM anzusetzen.

Bei der Bewertung von Schäden am Ökosystem stehen Waldschäden im Vordergrund (vgl. Planco, 1991, S. 61-66, Dogs/Platz, 1991, Grupp, 1986, S. 363). Die Berechnungen von Planco basieren auf einer Studie von Ewers u.a. (1986). Zentrales Problem bei der Bewertung von Waldschäden sind die komplexen Wirkungszusammenhänge, die von anthropogenen und nicht anthropogenen Faktoren ausgelöst werden. Dies hat zur Folge, daß sich (vgl. Ewers, 1986, S. 121f)

- die Schäden nicht eindeutig den Schädigern zuordnen lassen,
- die Zusammenhänge zwischen Ursache und Wirkung nicht geklärt sind und
- die Schäden weder zeitlich noch sachlich ausreichend abgegrenzt werden können.

Erfaßt werden in der Studie forstwirtschaftliche Schäden, Beeinträchtigungen bei Freizeit- und Erholungsaktivitäten sowie Schäden an Wasser und Boden. Beein-

---

136 Zur Aktualisierung der Kostensätze wurden folgende Preisindizes verwendet:
- für die Kosten der ambulanten Behandlung der Preisindex für Dienstleistungen von Ärzten (vgl. Statistisches Bundesamt, 1995, S. 635),
- für die Kosten der stationären Behandlung der Preisindex für Dienstleistungen der Krankenhäuser, Sanatorien, Pflegeheime u.ä. (vgl. Statistisches Bundesamt, 1995, S. 635),
- für Krankengeld und Lohnfortzahlung der Index der tariflichen Wochenlöhne in der gewerblichen Wirtschaft und bei Gebietskörperschaften (vgl. Statistisches Bundesamt, Fs. 16, R. 4.3).

137 Vgl. Statistisches Bundesamt, Fachserie 17, Reihe 4, verschiedene Jg.

trächtigungen klimatischer und kleinklimatischer Funktionen des Waldes[138] sowie landschaftsästhetische und kulturelle Bedeutung werden nicht berücksichtigt (vgl. Planco, 1991, S. 66). Die Quantifizierung der Waldschäden erfolgte anhand eines Vergleichs der Entwicklung von Waldbestand und Schäden, die für den Zeitraum 1983 bis 2060 simuliert wurden. Verglichen werden zwei Szenarien - die Fortschreibung des Status-Quo und ein Trend-Szenario, in dem von einer Reduzierung der Emissionen ausgegangen wird - mit dem Referenzfall, bei dem die Waldbestandsentwicklung ohne Änderung der Luftschadstoffemissionen seit Anfang der 1940er Jahre prognostiziert wird (vgl. Ewers, 1986, S. 2-1-2-11). Zur Ermittlung, welches der beiden Szenarien der Realität entspricht, werden in Tabelle 25 die prognostizierten Emissionswerte des Trendszenarios mit den tatsächlich eingetretenen Werten der für Waldschäden wichtigsten Schadstoffe SO_2 und NO_x verglichen. Während die Reduzierung der SO_2-Emissionen die Vorhersage bereits erheblich übertroffen hat, blieb die NO_x-Reduktion um die Hälfte hinter den Erwartungen zurück. Gewichtet mit den Toxizitätsfaktoren fiel die tatsächliche Reduktion der Emissionen beider Schadstoffe zusammen um 2 % geringer aus, als prognostiziert.

Im Gegensatz zur Einschätzung von Planco (1991, S. 61), die auf älteren Daten beruht, werden die Erwartungen des Trendszenarios jetzt global betrachtet nahezu erfüllt, so daß die im Trendszenario ermittelten Schäden als Wertansatz für die Bewertung von Waldschäden verwendet werden.

Tabelle 25: Vergleich der SO_2- und NO_x-Emissionen des Trendszenarios bei Ewers u.a. mit der realen Entwicklung

Schadstoff	Toxizitätsfaktor	tatsächliche Entwicklung				Trendszenario Ewers u.a.		
		1980	1990	1980-90	1990	1990	1980-90	1990
		in Mio. t	in Mio. t	in %	in Mio. t CO-Äquivalente	in Mio. t	in %	in Mio. t CO-Äquivalente
SO_2	125	3,30	1,00	-70%	125	1,98	-40%	248
NO_x	333	3,10	2,60	-16%	867	2,17	-30%	723
gesamt					992			971

Quellen: Hans-Jürgen Ewers u.a., Zur monetären Bewertung von Umweltschäden. Methodische Untersuchung am Beispiel der Waldschäden, im Auftrag des UBA, Berichte 4/86, Berlin 1985, S. 2-10, BMV (Hrsg.), Verkehr in Zahlen 1995, verantwortlich für den Inhalt: DIW, 24. Jg., Berlin, September 1995, S. 289, eigene Berechnungen.

138 Zu diesen Funktionen gehören die CO_2-Assimilation, Temperaturspeicherung, Luftfilterung und der Schutz vor Lärm und Wind.

Tabelle 26: Monetäre Bewertung von Waldschäden

	1989 in Mio. DM	Veränderung in %	1994 in Mio. DM
Bereich Forstwirtschaft			
Ertragsausfälle	765	0,00	765
Bestandswertunterschiede	150	0,00	150
Kulturkosten für Umwandlungsflächen	292	14,99	336
Verwaltungskosten für Umwandlungsflächen	129	22,56	158
Düngungskosten	203	-6,12	191
Restschaden	163	3,93	169
gesamt	1.702		1.769
Bereich Freizeit und Erholung			
Nutzungsausfälle Naherholung	993	18,52	1.177
Nutzungsausfälle Fernerholung	143	18,52	169
Optionsnutzungsausfälle	24	17,77	28
Einkommensausfälle d. Fremdenverkehrswirtsch.	1.242	17,77	1.463
Restschaden	255	18,13	301
gesamt	2.657		3.139
Bereich Wasserwirtschaft, Bodenschutz			
erhöhte Kosten der Hochwasserhaltung	63	33,82	84
erhöhte Kosten des Erosionsschutzes	177	33,82	237
erhöhte Kosten der Trinkwasseraufbereitung	40	61,65	65
Restschaden	30	37,79	41
gesamt	310		427
gesamt	4.669		5.335

Quellen: Hans-Jürgen Ewers, Zur Monetarisierung der Waldschäden in der Bundesrepublik Deutschland, in: UBA (Hrsg.), Kosten der Umweltverschmutzung, Tagungsband zum Symposium im Bundesministerium des Innern am 12. und 13. September 1985, Berichte 7/86, Berlin 1986, S. 132, 137, 140, eigene Berechnungen.

Bei den Waldschäden handelt es sich um langfristig auftretende Schäden, die für einen Zeitraum von insgesamt 77 Jahren kalkuliert worden sind. Ewers u.a. weisen den Gesamtschaden als Barwerte und Annuitäten abgezinst zu 0 %, 1 %, 2 % und 3 % aus. Entsprechend der hier verwendeten Diskontrate wird für die Kosten der Waldschäden auf die Annuitäten zu 3 % zurückgegriffen. Die Wertansätze der einzelnen Schadensbestandteile für 1989 und ihre Aktualisierung gemäß der spezifischen Preis- bzw. Einkommensentwicklung[139] sind in Tabelle 26 zusammengestellt. Den Bewertungen liegen folgende Annahmen zugrunde:

139 Zur Aktualisierung der Kostensätze wurden folgende Preisindizes verwendet:

- für die Ertragsausfälle und Bestandswertunterschiede wird von konstanten Preisen ausgegangen (vgl. Ewers, 1986, S. 131),

- Die Schäden der Forstwirtschaft beinhalten Ertragsausfälle, Bestandswertunterschiede, Kulturkosten und Verwaltungskosten für die Umwandlung von Flächen, die nicht mehr als Wirtschaftshochwald genutzt werden können, und Düngungskosten. Die Berechnungen basieren auf der Annahme, daß die Holzpreise im Zeitablauf konstant bleiben und keine knappheitsbedingten Preissteigerungen auftreten werden. Der Restschaden gibt jeweils den Schaden an, der nach der Untersuchungsperiode anfällt. Er entspricht jeweils dem Wert der betrachteten Periode (vgl. Ewers, 1986b, S. 131). Wirkungen auf die Holzbearbeitung sowie in vor- und nachgelagerten Wirtschaftsbereichen sind nicht berücksichtigt worden (vgl. Ewers, 1986b, S. 134f).
- Bei der Bewertung der Beeinträchtigungen der Freizeit- und Erholungsfunktion werden Nutzungsausfälle der Nah- und Fernerholung über die Nutzerzeitwertmethode berechnet (vgl. Ewers, 1986b, S. 135-136). Bei dieser Methode wird die Wertschätzung für Freizeitaktivitäten auf der Basis der durchschnittlich für eine Freizeitstunde getätigten Aufwendungen ermittelt.[140] Im Falle eines Waldbesuchs von durchschnittlich zwei Stunden ergibt sich demzufolge für 1984 eine Wertschätzung von knapp 10 DM je Besuch. Problematisch ist, daß der Wertansatz auf Durchschnittsausgaben basiert. Dieser Wert entspricht jedoch insofern tatsächlich getätigten Ausgaben, als daß bei der Naherholung Anfahrten von 10 km bis 20 km einfache Wegstrecke in Kauf genommen werden. Der Optionswert wurde durch eine Befragung ermittelt, wobei davon ausgegangen wird, daß nur 62 % der Erwerbstätigen auch tatsächlich zur Zahlung bereit wären. Die Einkommensausfälle der Fremdenverkehrswirtschaft wurden über durchschnittliche Tagesausgaben von Feriengästen unter Verwendung eines regionalen Einkommensmultiplikators von 1,5 ermittelt.
- Die Ermittlung der Schäden bei Wasser und Boden ist besonders schwierig, da im Rahmen der Simulation keine detaillierten Wirkungsfolgen abgeleitet und keine gravierenden Störungen prognostiziert werden konnten. Die Auswirkungen auf die Hochwasserabflüsse wurden für das Land Hessen anhand zusätzlicher Investitionen monetarisiert und auf das Bundesgebiet hochgerechnet. Die Kosten für den Erosionsschutz wurden aus einer vorhandenen lokalen Untersuchung übernommen und hochgerechnet. Die Kosten infolge einer Trinkwasserverschlechterung

---

- für die Kulturkosten der Umwandlungsfläche der Preisindex für Erzeugnisse von Forstbaumschulen (vgl. Statistisches Bundesamt, Fs. 17, R. 1),
- für die Verwaltungskosten für die Umwandlungsfläche der Index der tariflichen Wochenlöhne der Arbeiter in der gewerblichen Wirtschaft und bei Gebietskörperschaften (vgl. Statistisches Bundesamt, Fs. 16, R. 4.3),
- für die Düngungskosten der Preisindex für Düngemittel (vgl. Statistisches Bundesamt, 1995, S. 629),
- für Nutzungsausfälle in der Nah- und in der Fernerholung der Index der Lebenshaltung gesamt (vgl. Statistisches Bundesamt, 1995, S. 634),
- für Optionsnutzungsausfälle und Einkommensausfälle in der Fremdenverkehrswirtschaft der Anstieg des verfügbaren Einkommens privater Haushalte nach der Umverteilung (vgl. Statistisches Bundesamt, 1995, S. 46, 674),
- für erhöhte Kosten der Hochwasserhaltung und des Erosionsschutzes die Preise für Erdarbeiten (vgl. Statistisches Bundesamt, Fs. 17, R. 4) und
- für erhöhte Kosten der Trinkwasseraufbereitung der Index der Jahresgebühr für Abwasserbeseitigung (vgl. Statistisches Bundesamt, 1995, S. 638).

140 Vgl. zu dieser Methode auch Hanusch (1994, S. 79-82).

basieren auf einer vorsichtigen Kalkulation erhöhter Kosten der Trinkwasseraufbereitung.

Weitere Schäden an der Freilandvegetation, die durch Ertragsausfälle in der Landwirtschaft, Qualitätseinbußen bei pflanzlichen Produkten, Beeinträchtigung von Wasser- und Klimahaushaltsfunktionen der Vegetation und an nicht wirtschaftlich genutzten Wildpflanzen entstehen, werden von Planco (1991, S. 60) mit Hilfe eines Schätzwertes in Höhe von 1,0 Mrd. DM für das Jahr 1986, der von Wicke (1986, S. 45-48) übernommen wurde, bewertet. Für Schäden bei der Rindviehhaltung und Milchwirtschaft wird ein Schätzwert von 100 Mio. DM angesetzt (vgl. Planco, 1991, S. 59), der ebenfalls von Wicke (1986, S. 42) übernommen wurde. Mögliche Schäden am Wildbestand sowie an nicht wirtschaftlich genutzten Tieren werden nicht einbezogen. Unter Berücksichtigung der Entwicklung der Preise für pflanzliche Produkte der Landwirtschaft von 1986 bis 1994, die insgesamt um 6,9 % zurückgingen (vgl. Statistisches Bundesamt, Statistisches Jahrbuch, verschiedene Jg., Tab. 23.2), reduziert sich der Betrag für Schäden an Pflanzen auf 931 Mio. DM. Die Preise für tierische Produkte der Landwirtschaft sind von 1986 bis 1994 um 8,7 % zurückgegangen, so daß sich der Wert für die Schäden auf 91 Mio. DM reduziert (vgl. Statistisches Bundesamt, Statistisches Jahrbuch, verschiedene Jg., Tab. 23.2). Damit sind die luftverschmutzungsbedingten Schäden in allen wichtigen Wirkungsbereichen festgestellt worden. Wie bei allen Schadenskostenberechnungen tritt auch hier wiederum das Problem auf, daß nicht alle Schäden erfaßt und behoben werden, so daß die Erfassung der externen Kosten unvollständig bleibt. Weiterhin ergibt sich das Problem, daß die Ermittlung des Mengengerüstes für die Schäden teilweise auf sehr alten Untersuchungen beruht. Da sich die Zusammensetzung der Schadstoffe und das Belastungsniveau inzwischen teilweise geändert haben, wäre eine Aktualisierung der zugrundeliegenden Untersuchungen unbedingt erforderlich. In Tabelle 27 sind die Ergebnisse unter Berücksichtigung des verursachenden Emissionsbereiches zusammengestellt.

Tabelle 27: Zusammenfassung der luftverschmutzungsbedingten Schadenskosten

	Emissionsbereich		Gesamt-
	überall in Mio. DM	innerorts in Mio. DM	schaden Mio. DM
Gesundheitsschäden	3.367	38.205	41.572
Atmungsorgane	3.367	30.300	33.667
Herz-Kreislauferkrankungen		7.905	7.905
Materialschäden	5.400		5.400
Summe (Schäden an Gesundheit u. Material)	**8.767**	**38.205**	46.972
Waldschäden	5.335		5.335
Schäden an Nutzpflanzen	931		931
Schäden in der Rindviehhaltung	91		91
Summe (Schäden an Flora und Fauna)	**6.357**		6.357
gesamt	15.123	38.205	53.328

Quelle: eigene Zusammenstellung.

Teufel u.a. (1994), Dogs/Platz (1991) und Wicke (1986, 1993) verwenden als Grundlage zur Bewertung der externen Kosten der Luftverschmutzung die Befragung von Schulz (1985). Im Rahmen dieser Untersuchung wurden 1983 2.000 Berliner Bürger nach ihrer Zahlungsbereitschaft für eine Verbesserung der Luft in Berlin bzw. für den Erhalt der vorhandenen Qualität befragt, d.h., es wurden sowohl Werte für eine CV als auch für eine EV ermittelt. Die Frage nach der Zahlungsbereitschaft impliziert, daß die Rechte an der Umwelt den Verschmutzern zugesprochen wurden. Um das Informationsproblem kontrollieren zu können, wurde mit Hilfe von zwei Fragen der Informationsstand der Befragten zum Problem der Luftverschmutzung ermittelt. Mit Hilfe von Kontrollerhebungen wurde festgestellt, daß strategisches Verhalten zu einer sehr geringfügigen Verzerrung der Zahlungsbereitschaft nach unten geführt hat (vgl. Schulz, 1985, S. 192-195). Als wichtigste Einflußfaktoren auf die Zahlungsbereitschaft wurden der Informationsstand und das Alter identifiziert, während das Einkommen nur eine geringe Rolle spielt (vgl. Schulz, 1985, S. 207, 221-224). Schulz (1985, S. 224f) nimmt dieses Ergebnis zum Anlaß, die Zahlungsbereitschaften der Befragten mit schlechtem Informationsstand entsprechend der Zahlungsbereitschaft der gut informierten hochzurechnen. Diese Vorgehensweise ist umstritten, denn sie verletzt das Prinzip der Konsumentensouveränität (vgl. Glaser, 1992, S. 135f). Problematisch ist auch die Hochrechnung der Ergebnisse auf die gesamte Bundesrepublik, da Wohnsituation und Luftverhältnisse erheblich von den Berliner Bedingungen abweichen, was nicht berücksichtigt wird (vgl. Glaser, 1992, S. 135). Dogs/Platz (1991, S. 3-42f) führen deshalb eine eigene Hochrechnung der Ergebnisse auf die Bundesrepublik mit differenzierteren Annahmen durch (siehe auch Planco, 1991, S. 72-76). Ein Zurechnung der Zahlungsbereitschaftswerte zu einzelnen Schadenstatbeständen ist nicht möglich.

Wegen der geringen Differenziertheit der Befragungsergebnisse bezüglich der Schadensbereiche und Befragten, der Unsicherheiten, die sich bei einer Hochrechnung ergeben, sowie möglicher Verzerrungen, die durch den schlechten Informationsstand entstehen, wählt Planco (1991, S. 77) in Abstimmung mit dem Bundesministerium für Umwelt, Naturschutz und Reaktorsicherheit den Schadenskostenansatz als Grundlage für das Bewertungsverfahren zum BVWP. Die wichtigsten Probleme, die mit dem Schadenskostenansatz verbunden sind, sollen noch einmal kurz zusammengefaßt werden (vgl. Planco, 1991, S. 67, 70, 77):

- Es bestehen z.T. noch erhebliche Forschungsdefizite bezüglich der Wirkungen einzelner Schadstoffe,
- Immissionen können nicht genau quantifiziert werden,
- genaue Dosis-Wirkungs-Beziehungen sind nicht bekannt und werden stark vereinfachend mit Hilfe von Toxizitätsfaktoren kalkuliert,
- die verwendeten Schadenskosten spiegeln nur dann die individuelle Wertschätzung wieder, wenn sie von den Betroffenen tatsächlich aufgewendet werden,
- da nicht alle Schäden vollständig beseitigt werden, stellen die berechneten Schadenskosten nur eine Wertuntergrenze für die tatsächlich anfallenden Schäden dar.

Zur Verwendung der Schadenskosten zur Bewertung von Projektwirkungen müssen spezifische Schadenskosten pro Schadstoffeinheit berechnet werden. Dazu muß zunächst der Anteil des Straßenverkehrs als Verursacher an den Schäden bestimmt werden. Dies erfolgt über die Anteile des Straßenverkehrs am Gesamtausstoß der

Luftschadstoffe, wobei die einzelnen Schadstoffe nach ihrem Schadensbeitrag gewichtet werden. Die Gewichtung erfolgt mit Hilfe von Toxizitätsfaktoren, die die Giftigkeit der Schadstoffe in Relation zum Kohlenmonoxid angeben und aus Immissionsgrenzwerten berechnet werden (vgl. Grupp, 1986, S. 362). Dieses Verfahren unterstellt, daß eine Schädigung erst nach Überschreiten des Grenzwertes einsetzt und daß sich der Schadensbeitrag der einzelnen Stoffe proportional zu ihrer Konzentration in der Luft verhält. Grenzwerte werden jedoch oftmals nicht streng nach toxikologischen Gesichtspunkten festgelegt und stellen einen politischen Kompromiß dar oder sind an der technischen Realisierbarkeit orientiert (vgl. Huckestein/Verron, 1995, S. 14). Planco (1991, S. 53f) hält sich deshalb bei der Ermittlung von Toxizitätsfaktoren nicht an gesetzliche, sondern von der Wissenschaft vorgeschlagene Grenzwerte (vgl. Tabelle 28).[141] Besonders schwierig ist bei diesem Verfahren die Gewichtung der VOC, da hierin Stoffe mit ganz unterschiedlicher Toxizität enthalten sind, und für kanzerogene Stoffe gibt es grundsätzlich keine untere Wirkungsschwelle. Der heutige Kenntnisstand über die Wirkungszusammenhänge reicht jedoch nicht aus, um eine genaue Zuordnung der Schadenskosten zu den Immissionen vornehmen zu können, so daß es keine Alternative zur Verwendung von Toxizitätsfaktoren gibt (vgl. Huckestein/Verron, 1995, S. 14).

Tabelle 28: Ermittlung von Toxizitätsfaktoren

Schadstoff	Wirkungsbereich	Immissionsgrenzwert in mg/cbm	Toxizitätsfaktor CO-Äquivalent
CO	Mensch	10	1
	Material	10	1
	Vegetation	10	1
NO_x	Mensch	0,05	200
	Material	0,05	200
	Vegetation	0,03	333
SO_2	Mensch	0,1	100
	Material	0,1	100
	Vegetation	0,08	125
VOC	Mensch	0,02	500
	Material	0,02	500
	Vegetation	0,02	500
Partikel	Mensch	0,1	100
	Material	0,1	100
	Vegetation	0,1	100

Quelle: Planco Consulting GmbH, Modernisierung von Methoden der BVWP, Gutachten im Auftrag des BMV, FE-Nr. 90298/90, Schlußbericht, Essen 1991, S. 54.

141 Ein Vergleich mit den aktuell empfohlenen Grenzwerten ergab keine Änderungen (vgl. Wichmann/Schlipköter/Fülgraff, 1992, Anhang XI-1.1).

In Tabelle 29 werden die ermittelten Schadenskosten (fettgedruckte Werte in Tabelle 27) unter Berücksichtigung des gesamten Luftschadstoffausstoßes in der Bundesrepublik Deutschland und der Toxizitätsfaktoren auf Emissionseinheiten umgelegt. Die Umlegung der Schadenskosten erfolgte mit Emissionsmengen von 1990, da keine aktuelleren Werte verfügbar waren. In der untersten Zeile sind die spezifischen Schadenskosten je t CO-Äquivalent angegeben, mit denen die Projektwirkungen bewertet werden.

Zur Bewertung der Effekte des GVZ auf die Luftschadstoffemissionen wird auf die Reduktion und die Zunahme der Ausstoßmengen für die Fälle mit und ohne GVZ, die in Tabelle 22 zusammengefaßt sind, zurückgegriffen. Die Monetarisierung erfolgt, indem die Veränderungen der Emissionen mit den Toxizitätsfaktoren gewichtet und mit den spezifischen Schadenskosten je t CO-Äquivalent aus Tabelle 29 bewertet werden. Insgesamt ergibt sich eine Reduzierung der Schadenskosten von 1,0 Mio. DM für das Jahr 2000 in Preisen von 1994 (vgl. Tabelle 30).

Tabelle 29: Ermittlung spezifischer Schadenskosten für die Luftverschmutzung

	Gesundheit				Gesundheit und Material				Flora und Fauna			
Schadstoff	Tox	Emissionen in tsd. t p.a. Straßenverkehr	andere	gesamt	Tox	Emissionen in tsd. t p.a. Straßenverkehr	andere	gesamt	Tox	Emissionen in tsd. t p.a. Straßenverkehr	andere	gesamt
CO	1	2.828	1.328	4.156	1	6.266	2.655	8.921	1	6.266	2.655	8.921
NO_x	200	341	682	1.024	200	1.182	1.364	2.546	333	1.182	1.364	2.546
SO_2	100	25	1.087	1.112	100	56	2.172	2.228	125	56	2.172	2.228
VOC	500	650	747	1.396	500	963	1.493	2.456	500	963	1.493	2.456
Partikel	100	18	230	248	100	36	459	495	100	36	459	495
	Mit Toxizitätsfaktoren gewichtete Emissionen (in Mio. t CO-Äquivalenten)											
		Straßenverkehr	andere	gesamt		Straßenverkehr	andere	gesamt		Straßenverkehr	andere	gesamt
CO		2,8	1,3	4,2		6,3	2,7	8,9		6,3	2,7	8,9
NO_x		68,2	136,5	204,7		236,4	272,8	509,2		394,0	454,7	848,7
SO_2		2,5	108,7	111,2		5,6	217,2	222,8		7,0	271,5	278,5
VOC		324,9	373,3	698,1		481,5	746,5	1.228,0		481,5	746,5	1.228,0
Partikel		1,8	23,0	24,8		3,6	45,9	49,5		3,6	45,9	49,5
gesamt		400,3	642,7	1.043,0		733,4	1.285,1	2.018,4		892,4	1.521,2	2.413,6
Gesamtschäden in Mio. DM (gemäß Tabelle 27)				38.205				8.767				6.357
Schaden je t CO-Äquivalent in DM				36,63				4,34				2,63

Quellen: Planco Consulting GmbH, Modernisierung von Methoden der BVWP, Gutachten im Auftrag des BMV, FE-Nr. 90298/90, Schlußbericht, Essen 1991, S. 71, eigene Berechnungen.

Die Kosten des Treibhauseffektes sind im Bewertungsverfahren zum BVWP noch nicht berücksichtigt worden. Die Diskussion um die Klimawirkungen des CO_2 ist relativ jung, und wegen des schlechten Forschungsstandes hat Planco (1991, S. 40) auf eine monetäre Bewertung verzichtet und nimmt wegen der relativ geringen Wirkung von Infrastrukturmaßnahmen auf das CO_2-Emissionsniveau auch keine nutzwertanalytische Würdigung vor. Die naturwissenschaftlichen Zusammenhänge des Treibhauseffektes sind zwar unbestritten, es bestehen jedoch mangelnde Kenntnisse über das Ausmaß und die Geschwindigkeit eines Temperaturanstiegs, über die zukünftige Entwicklung der Emissionen und über die komplexen Auswirkungen auf Klima, Wetter, Ökosysteme und landwirtschaftliche Produktion (vgl. Bickel/Friedrich, 1995, S. 65-67, Cline, 1992). Wegen der zunehmenden Bedeutung, die dem Problem international und besonders auch in Deutschland beigemessen wird, ist es angebracht, die Reduzierung der CO_2-Emissionen in der Kosten-Nutzen-Analyse zu berücksichtigen.

Tabelle 30: Bewertung der Effekte des GVZ auf die Luftschadstoffemissionen

	VOC in t CO-Äquiv.	CO in t CO-Äquiv.	NO_x in t CO-Äquiv.	Partikel in t CO-Äquiv.	SO_2 in t CO-Äquiv.	Ausstoß gesamt in t CO-Äquiv.	Schadenskosten pro t in DM	Nutzen gesamt in DM
Reduzierung der Emissionen								
Mensch	-6.962	-32,9	-11.392	-965	-471	-19.822	36,63	726.097
Material	-12.308	-54,1	-25.211	-1.417	-1.346	-40.337	4,34	175.199
Vegetation	-12.308	-54,1	-42.019	-1.417	-1.683	-57.482	2,63	151.388
gesamt								1.052.685
Zunahme der Emissionen								
Mensch	13	0,1	489	8	161	671	36,63	-24.588
Material	27	0,2	977	16	322	1.343	4,34	-5.831
Vegetation	27	0,2	1.629	16	403	2.075	2,63	-5.464
gesamt								-35.883
Saldo								1.016.802

Quelle: eigene Berechnungen.

Die Bewertung der externen Kosten durch den Treibhauseffekt erfolgte bisher auf drei verschiedenen Wegen (Ottinger, 1991, S. 138):

- anhand des Schadenskostenansatzes,
- anhand von aktiven Vermeidungskosten, d.h. über die Kosten von Maßnahmen zur Reduktion der Emissionen und
- anhand von passiven Vermeidungskosten, d.h. über die Kosten von Maßnahmen zum Abbau des CO_2 in der Atmosphäre durch Anpflanzungen, die das Treibhausgas während der Photosynthese aufnehmen.

Die Quantifizierung der Schadenskosten einer Klimaänderung durch den Treibhauseffekt ist problematisch, da beim gegenwärtigen Forschungsstand erhebliche Unsicherheiten über die Art und den Umfang der Effekte bestehen (vgl. Bickel/Friedrich, 1995, S. 67, Nordhaus, 1991). Die Ergebnisse von Schadenskostenschätzungen werden deshalb bisher als nicht verläßlich genug angesehen, um Maßnahmen oder Projekte zu bewerten (vgl. Ottinger, 1991, S. 138-140).

Mauch u.a. (1995, S. 170-172) verwenden einen Wertansatz, den Infras/Bundesamt für Energiewirtschaft (1992) anhand von aktiven Vermeidungskosten ermittelt haben, wobei ein Reduktionsziel für die CO_2-Emissionen von 1990 bis 2025 von 40 % unterstellt wurde. Die Berechnung erfolgte auf zwei verschiedene Weisen:

- Zum einen werden die aktiven Vermeidungskosten anhand der Kosten für Maßnahmen zur Reduzierung des Kraftstoffverbrauchs wie technische Verbesserungen an Fahrzeugen und Förderung des öffentlichen Verkehrs ermittelt. Danach ergeben sich Kosten in Höhe von 59 DM je Tonne CO_2 in Preisen von 1990.
- Alternativ werden die aktiven Vermeidungskosten anhand des Wohlfahrtsverlustes bestimmt, der sich aus einer Erhöhung der Mineralölsteuer, durch die die Verbrauchsmenge auf das angestrebte Niveau gesenkt wird, ergibt. Danach ergeben sich Kosten in Höhe von 141 DM je Tonne CO_2 in Preisen von 1990.[142]

Bei der Verwendung des Vermeidungskostenansatzes tritt im Falle einer CO_2-Reduzierung neben die Schwierigkeit der Willkür bei der Festsetzung des Emissionsminderungszieles das Problem einer Doppelzählung. Da eine Minderung der CO_2-Emissionen nur durch eine Senkung der Verbrennungsleistung insgesamt erreicht werden kann, werden gleichzeitig die Emissionen aller anderen Schadstoffe reduziert. Die Verwendung von aktiven Vermeidungskosten in Addition zu Schadenskosten anderer Luftschadstoffe ist damit ausgeschlossen.

Anders ist der Ansatz von passiven Vermeidungskosten zu beurteilen. Der Anstieg des CO_2-Gehaltes in der Luft könnte durch Aufforstung bzw. Verhinderung von Abholzung aufgehalten werden. Diese Maßnahmen dienen mit Einschränkungen nur zur direkten Vermeidung des Treibhauseffektes, so daß das Problem der Doppelzählung nicht auftritt. Zwar ist von der Aufforstung nur eine begrenzte Wirkung zu erwarten, da nur solange CO_2 gebunden wird, bis die Bäume ihr volles Lebensalter erreicht haben, so daß die Wirkung nach ca. 35 Jahren endet. Außerdem stellt die begrenzte Verfügbarkeit von Flächen ein Limit dar (vgl. Cline, 1992, S. 152, 231). Langfristig müssen deshalb weitere Maßnahmen zur Lösung des Problems ergriffen werden. Kurzfristig stellt die Verhinderung von Abholzung und Aufforstung jedoch eine effektive Maßnahme dar, die verglichen mit anderen Vermeidungsmaßnahmen geringe Kosten verursacht (vgl. Cline, 1992, S. 221, 231). Insofern erscheint der Ansatz zur Bewertung der CO_2-Reduzierung durch ein GVZ als am ehesten geeignet. In Tabelle 31 sind die Ergebnisse einiger Untersuchungen zu den Kosten des Treibhauseffektes zusammengefaßt.

Hier soll ein unterer Wert aus der Bandbreite der auf der Basis von passiven Vermeidungskosten ermittelten Ergebnisse in Höhe von 39 DM je t CO_2 verwendet werden, wie er von Cline (1992) ermittelt wurde. Unter Berücksichtigung eines Anstiegs der Preise von 1990 bis 1994 nach dem Preisindex für Erzeugnisse von Forstbaumschulen um 16 % ergibt sich für 1994 ein Wert von 45 DM je Tonne CO_2. Die Reduzierung der CO_2-Emissionen durch das GVZ um 15.000 t pro Jahr erzeugt damit ei-

---

[142] Angaben in Schweizer Franken umgerechnet zum jahresdurchschnittlichen Wechselkurs für 1990 von 1,1725 DM für einen Schweizer Franken (vgl. Statistisches Bundesamt, 1995, S. 359).

nen Nutzen von rund 686.000 DM, die Zunahme der Emissionen um 1.500 t Kosten von 69.000 DM. Per Saldo führt die Reduktion der Ausstoßmengen aller Luftschadstoffe zu Einsparungen von volkswirtschaftlichen Kosten in Höhe von 1,6 Mio. DM.

Tabelle 31: Spezifische externe Kosten des Treibhauseffektes

	Reale Diskontrate	Ansatz	Preisstand	DM/ t CO_2
Nordhaus (1991)	1 % über der Wachstumsrate	aktive Vermk.	1989	47
Nordhaus (1992)	3 % über der Wachstumsrate	aktive Vermk.	1989	34
Peck/Teisberg (1993)	3 %	aktive Vermk.	1990	62
Frankhauser (1993)	k.A.	aktive Vermk.	1990	114
Buchanan (1989)	3 %	passive Vermk.	1987	109
Dudek/Le Blanc (1990)	3 %	passive Vermk.	1989	338
Reichmuth/Robison (1989)	3 %	passive Vermk.	1989	40
Schilberg/Nahigan/Marcus (1989)	3 %	passive Vermk.	1989	345
Chernick/Caverhill (1989)	k.A.	passive Vermk.	1989	766
Conservation Foundation/ World Wildlife Fund (1988)	3 %	passive Vermk.	1987	39
Cline (1992)	jährl. Basis	passive Vermk.	1990	39

Quellen: Peter Bickel/Rainer Friedrich, Was kostet uns die Mobilität? Externe Kosten des Verkehrs, Berlin u.a. 1995, S. 69f, Richard L. Ottinger, Environmental Costs of Electricity, New York u.a. 1991, S. 176, 179, 181-183, William R. Cline, The Economics of Global Warming, Institute for International Economics, Washington 1992, S. 230, Statistisches Bundesamt (Hrsg.), Statistisches Jahrbuch, Tab. 14.10, verschiedene Jg., Wiesbaden.

Zum Vergleich werden nachrichtlich die Vermeidungskosten für eine Reduktion der CO_2-Emissionen von 1990 bis 2025 um 40 % nach der Untersuchung von Infras/Bundesamt für Energiewirtschaft (1992) berechnet. Dabei wird auf den zweiten Bewertungsansatz zurückgegriffen, da dieser den Vorteil hat, die Nutzeneinbußen, die die Konsumenten durch eine Reduzierung der Fahrleistung oder Änderung des Fahrverhaltens erleiden, mit einzubeziehen. Unter Berücksichtigung eines Anstiegs des verfügbaren Einkommens der privaten Haushalte je Einwohner von 1990 bis 1994 um 8,5 % (vgl. Statistisches Bundesamt, 1995, S. 46, 674) ergibt sich für 1994 ein Wert von 153 DM je Tonne CO_2. Die Reduzierung der CO_2-Emissionen durch das GVZ per Saldo um 13.700 t pro Jahr ergibt damit einen Nutzen von 2,1 Mio. DM. Eine zusätzliche Berücksichtigung der Schäden anderer Luftschadstoffemissionen darf bei diesem Wertansatz nicht erfolgen, so daß dieser Wert den berechneten Schadenskosten von 1,6 Mio. DM gegenübersteht.

3.2.4.3 Effekte für die Geräuschbelastung

3.2.4.3.1 *Wirkung und Bewertung der Geräuschbelastung*

Lärm ist in technischem Sinne Schall, der von seiner Umgebung als störendes Geräusch wahrgenommen wird und Belästigungen sowie Schäden hervorrufen kann (vgl. Weinberger/Thomassen/Willeke, 1991, S. 46).[143] Verkehrslärm entsteht durch Antriebs-, Abroll- und Windgeräusche. Folgende Faktoren beeinflussen die Lärmemission des Straßenverkehrs (Fonger, 1993, S. 213, Dogs/Platz, 1991, S. 5-2):

- die Verkehrsmenge,
- die Geschwindigkeit und das Fahrverhalten,
- das Emissionsverhalten einzelner Fahrzeugteile (z.B. Reifen- und Windgeräusche),
- die Zusammensetzung des Verkehrs nach Fahrzeugen (insbesondere der LKW-Anteil),
- die Beschaffenheit der Verkehrswegoberfläche,
- die Streckenführung (Kurven, Neigung).

Die lautesten Fahrzeuge des Straßenverkehrs sind Krafträder und LKW. Die Lärmemission eines LKW wird durch die Antriebsgeräusche bestimmt, da sie in jedem Geschwindigkeitsbereich über den Abroll- und Windgeräuschen liegen. LKW dominieren PKW bei der Schallemission derart, daß bei einem LKW-Anteil von über 10 % am Straßenverkehr die Nutzfahrzeuge den Lärmpegel bestimmen (vgl. Glaser, 1992, S. 23). Die Lärmimmissionen werden von weiteren Faktoren bestimmt (Fonger, 1993, S. 213, Dogs/Platz, 1991, S. 5-3):

- klimatischen Faktoren,
- der Topographie des Umfelds,
- der Randbebauung der Verkehrswege,
- passiven Schallschutzeinrichtungen und
- dem subjektiven Empfinden der Betroffenen.

Lärm kann sowohl das psychische Wohlbefinden als auch die körperliche Gesundheit beeinträchtigen. Bei einem Schallpegel von 120 dB(A)[144] wird die Schmerzgrenze für das menschliche Gehör erreicht, unterhalb dieses Niveaus sind die Empfindungen subjektiv verschieden. Je nach individueller Disposition, Einstellung, Sensibilisierung, Kompensations- und Anpassungsmöglichkeiten wird die gleiche Geräuschbelastung unterschiedlich empfunden (vgl. Weinberger/Thomassen/Willeke, 1991, S. 51f). Deshalb können keine einheitlichen Schwellenwerte für bestimmte Schädigungen festgelegt werden (vgl. Fonger, 1993, S. 93, Grupp, 1986, S. 363). Eine Schädigung des Gehörs kann sowohl durch kurzen hohen Schalldruck als auch durch langanhaltende geringere Immissionen verursacht werden (vgl. Weinberger/

---

143 Für eine Einführung in die naturwissenschaftlichen Grundlagen von Schall vgl. z.B. Weinberger/Thomassen/Willeke (1991, S. 37-51).

144 DB(A) (Dezibel (A)) ist die gebräuchliche Maßeinheit für relativ gleichmäßig auftretende Schallwellen. Sie ist ein Einzahlwert, der durch Mittelwertbildung über zeitlich wechselnde Schalldruckpegel berechnet wird. Das A steht für ein nach DIN festgelegtes Bewertungsnetzwerk (vgl. Weinberger/Thomassen/Willeke, 1991, S. 44, 48).

Thomassen/Willeke, 1991, S. 51f). Nächtlicher Lärm kann die Quantität und Qualität des Schlafes beeinträchtigen und neben der subjektiven Gestörtheit zu gesundheitsschädigender Wirkung führen, weil die Tiefschlafphase verkürzt wird (vgl. Weinberger/Thomassen/Willeke, 1991, S. 56-58). Lärm führt zu einem Anstieg des Blutdrucks, und ab einem Pegel von 65 dB(A) besteht erhöhte Gefahr von Herz-Kreislauferkrankungen (vgl. Glaser, 1992, S. 23). Weiterhin werden durch Lärm Streßgefühle, Frustrationen und eine Verringerung der Konzentrationsfähigkeit verursacht. Bei dauerhafter Immission wird das Rekreationsbedürfnis gestört, und es kann zu einer nachhaltigen Beeinträchtigung des Wohlbefindens kommen (vgl. Fonger, 1993, S. 94). Lärm beeinträchtigt die Kommunikation, und durch Kompensations- und Anpassungsreaktionen werden das Wohn- und Sozialverhalten beeinflußt (vgl. Weinberger/Thomassen/Willeke, 1991, S. 58f).

Die deutsche Verkehrslärmschutzverordnung sieht für Wohngebiete Grenzwerte von 59 dB(A) tagsüber und 49 dB(A) nachts vor (§ 2, Abs. 1, 16. BImSchV). Für die städtebauliche Planung werden in Wohngebieten nach DIN Lärmpegel von 55 dB(A) tagsüber und 45 dB(A) nachts angestrebt (vgl. Hopf u.a., 1994, S. 422). Die Zielsetzung des UBA für den Lärmschutz in Wohngebieten besteht langfristig in einer Begrenzung auf die Pegelwerte 50 dB(A) tagsüber und 40 dB(A) nachts (vgl. Huckestein/Verron, 1995, S. 28). Im Rahmen des Bewertungsverfahrens für den BVWP werden Kosten für Lärmschäden berücksichtigt, sofern ein Pegelwert von 40 dB(A) nachts überschritten wird (vgl. Planco, 1993, S. 155).

Das Ausmaß des Problems der Lärmbelästigung durch den Verkehr ist beträchtlich. In Abbildung 16 sind die Ergebnisse einer Umfrage, die im Auftrag des Bundesministers für Umwelt durchgeführt wurde, zusammengefaßt. Es zeigt sich, daß der Straßenverkehr als Hauptverursacher von Lärm empfunden wird.

Abbildung 16: Lärmbelästigung der deutschen Bevölkerung nach Lärmquellen 1994

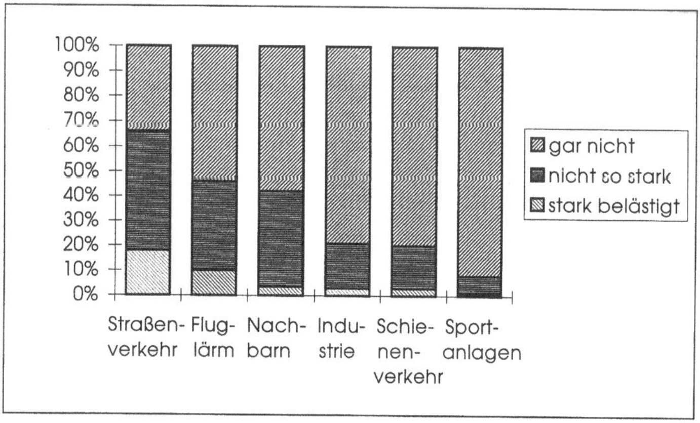

Quelle: UBA (Hrsg.), Daten zur Belästigung der Bevölkerung durch Lärm, Berlin 1996, S. 4.

Mit Hilfe eines Simulationsmodells wird im Auftrag des UBA die Gesamtbelastung der Bevölkerung durch Lärm ermittelt. In Abbildung 17 ist ersichtlich, mit welcher Intensität Straßenlärm auf die Bevölkerung einwirkt. Dabei zeigt sich daß tagsüber mehr als 80 % und nachts nahezu 50 % der Bevölkerung Straßenlärm mit Pegelwerten von über 45 dB(A) ausgesetzt ist. Die ermittelten Werte geben die Immissionsstärke an den Gebäudefassaden und nicht die effektive Lärmbelastung der Betroffenen an, die sich unter Berücksichtigung von Vermeidungsmaßnahmen und Anpassungsreaktionen ergeben. Diese werden allerdings als korrekte Bewertungsgrundlage für die Ermittlung der externen Kosten angesehen, da der Zwang zur Anpassung bereits eine Belastung darstellt (vgl. Dogs/Platz, 1991, S. 5-17).

Abbildung 17: Lärmbelastung der deutschen Bevölkerung durch den Straßenverkehr nach Pegelstärke 1992

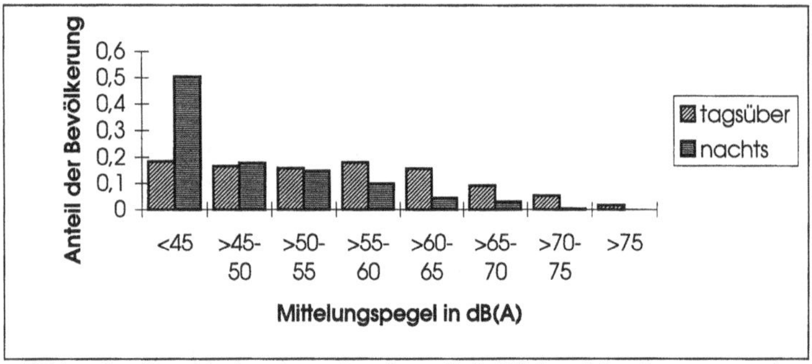

Quelle: UBA, Geräuschbelastungssituation, Schriftliche Mitteilung von Jens Ortscheid, Fachgebiet II.5.2, Stand: 1992.

Schäden durch Lärm sind schwer zu quantifizieren und zu bewerten. Da es sich bei den Schäden vor allem um psychische Wirkungen handelt und individuelle Faktoren eine große Rolle spielen, ist die Ermittlung von Ursache-Wirkungszusammenhängen besonders problematisch. Im Vergleich zur Luftschadstoffbelastung ist die Erforschung von Ursache-Wirkungszusammenhängen bisher wesentlich weniger weit fortgeschritten (vgl. Weinberger/Thomassen/Willeke, 1991, S. 109, Dogs/Platz, 1991, S. 5-38). Der Schadenskostenansatz kommt hier deshalb kaum zum Einsatz. Wicke (1986) sowie Teufel u.a. (1994) verwenden den Immobilienpreisansatz, wobei sie als Grundlage eine Untersuchung verwenden, die Pommerehne (1986, S. 199-213) in Basel durchgeführt hat.

Für den Zusammenhang zwischen dem meßbaren Lärmpegel und der subjektiv empfundenen Lärmbelastung wird in der Fachliteratur von einer Verdoppelung des empfundenen Lärmniveaus für alle zehn dB(A) ausgegangen (vgl. Pommerehne, 1986, S. 202f). Der Zusammenhang läßt sich durch eine log-lineare Funktion abbilden (vgl. Abbildung 18). Diese Beziehung wird auch im Rahmen des Bewertungsverfahrens für den BVWP für die Gewichtung der ermittelten Lärmbelastung verwendet (vgl. Planco, 1993, S. 157).

Abbildung 18: Zusammenhang zwischen objektiv gemessener und subjektiv empfundener Lärmbelastung

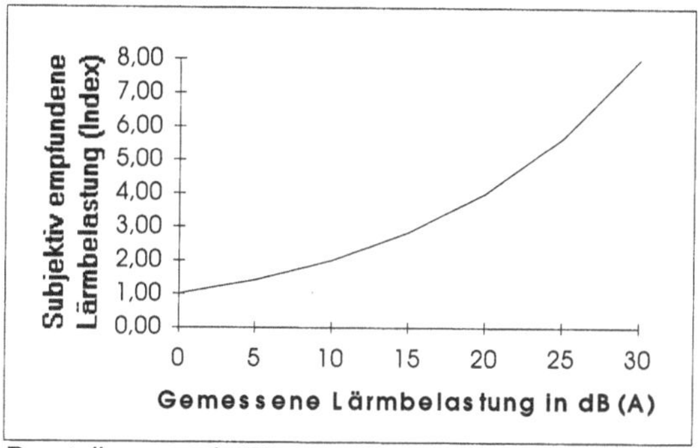

Quelle: eigene Darstellung nach Planco Consulting GmbH, Gesamtwirtschaftliche Bewertung von Verkehrswegeinvestitionen. Bewertungsverfahren für den Bundesverkehrswegeplan 1992, hrsg. v. BMV, Nr. 72 der eigenen Schriftenreihe, Essen, Bonn 1993, S. 157.

Abbildung 19: Mietpreisrückgang in Abhängigkeit vom Straßenlärmniveau nach Pommerehne

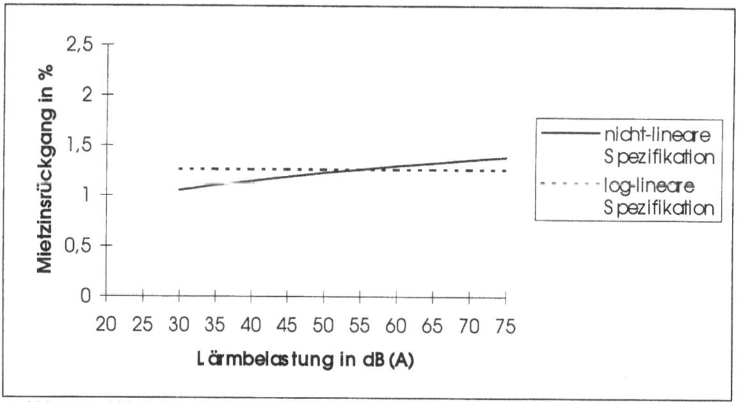

Quelle: Werner W. Pommerehne, Präferenzen für öffentliche Güter. Ansätze zu ihrer Erfassung, Tübingen 1987, S. 57.

Für die Spezifizierung einer hedonistischen Mietzinsfunktion wählt Pommerehne (1986, S. 203-206) neben der log-linearen alternativ eine nicht-lineare Funktionsform. Nur so ist es möglich, unterschiedliche Zahlungsbereitschaften für Ruhe in Abhängigkeit vom herrschenden Lärmpegel zu ermitteln. Ein weiteres Argument für eine nicht-lineare Spezifikation besteht in den Unteilbarkeiten der eingehenden Merkmale. Beide Spezifikationen ergeben einen statistisch signifikanten negativen Einfluß der Lärmbelastung auf den Mietpreis, wobei die nicht-lineare Funktion etwas bessere

Schätzergebnisse liefert. Daraus läßt sich schlußfolgern, daß die Zahlungsbereitschaft für Ruhe vom Ausgangsniveau der Belastung beeinflußt wird. Pommerehne (1986, S. 208) zeigt außerdem, daß sie vom Einkommen abhängig ist. In Abbildung 19 ist die Mietpreisminderung, die sich nach der Untersuchung von Pommerehne bei einem Anstieg des Lärmpegels um 1 dB(A) ergibt, als Anteil an der Gesamtmiete angegeben. Bei der log-linearen Spezifikation beträgt sie 1,26 %.

Es liegen eine ganze Reihe weiterer Untersuchungen über Immobilienwertänderungen in Abhängigkeit von Straßenverkehrslärm vor, von denen die meisten in den USA durchgeführt worden sind. Die Ergebnisse sind in Tabelle 32 zusammengestellt. Bei einem Vergleich zeigt sich, daß das Ergebnis von Pommerehne deutlich über allen anderen Resultaten liegt. Zum Vergleich der Werte ist anzumerken, daß die amerikanischen Studien auf eine Ermittlung der Kosten von Autobahnlärm abzielten, während sich die europäischen Studien auf städtischen Straßenlärm beziehen. Borjans (1983, S. 241) hat die lärmbedingte Wertminderung getrennt für Eigenheime und Mietwohnungen untersucht, wobei sich erhebliche Unterschiede ergaben: Bei Ein- und Zweifamilienhäusern hat sie eine Wertminderung von 0,51 DM pro dB(A), bei Mehrfamilienhäusern von 0,16 bis 0,61 DM pro dB(A) ermittelt; der Mittelwert über alle berücksichtigten Immobilienformen beträgt 0,50 DM pro dB(A).

Die Differenzen zwischen den Ergebnissen der verschiedenen Studien deuten darauf hin, daß sie mit einigen Unsicherheiten und Ungenauigkeiten behaftet sind und daß von einer Repräsentativität und Verallgemeinerbarkeit nicht ausgegangen werden kann. Neben den prinzipiellen Einwänden gegen die hedonistische Marktpreismethode (vgl. Kapitel 3.1.4.2.3) stellt sich bei der Ableitung der Wertschätzung für Ruhe insbesondere die Frage, ob der Einfluß des Lärms auf den Mietpreis hinreichend isolierbar ist oder ob nicht weitere Faktoren, die eng mit der Lärmsituation verbunden sind, wie die Luftschadstoffbelastung und das Unfallrisiko, zu einer Überhöhung des Ergebnisses führen.

Zur Überprüfung seiner Ergebnisse hat Pommerehne (1986, S. 209-212) zusätzlich eine Befragung der Betroffenen durchgeführt. Die dabei ermittelte Zahlungsbereitschaft lag fast durchgängig geringfügig unter den Mietzinsdaten. Im mittleren Bereich (55 dB(A), mittleres Haushaltseinkommen) wich die Zahlungsbereitschaft um ca. 5 % ab. Willeke/Weinberger/Thomassen (1991, S. 120-195) haben eine Befragung von 3.300 Personen in verschiedenen Gemeinden in ganz Deutschland durchgeführt. Bei der Fragestellung wurde davon ausgegangen, daß das Recht der Lärmemission grundsätzlich beim Verursacher liegt, so daß nach der Zahlungsbereitschaft für eine Lärmreduktion gefragt wurde (vgl. Willeke/Weinberger/Thomassen, 1991, S. 134f). Um das Informationsproblem kontrollieren zu können, wurde auch hier der Informationsstand der Befragten ermittelt, so daß Ergebnisse differenziert nach dem Informationsstand ermittelt werden konnten (vgl. Willeke/Weinberger/Thomassen, 1991, S. 135). Die Befragung hat für 1989 eine marginale Zahlungsbereitschaft von 1,97 DM im Monatsdurchschnitt für die Reduzierung der Lärmbelastung um ein dB(A) ergeben (vgl. Willeke/Weinberger/Thomassen, 1991, S. 183). Unter Berücksichtigung der Einkommenssteigerung von 17,78 % ergibt sich für 1994 ein Wert von 2,32 DM pro dB(A).

Tabelle 32: Wertminderung von Immobilien durch Straßenverkehrslärm in verschiedenen empirischen Untersuchungen

Autor	Ort	Wertminderung in % pro dB(A)
USA:		
Allen (1980)	Northern Virginia	0,15
	Tidewater	0,14
Anderson/Wise (1977)	North Springfield	0,18
	Towson	0,54
	vier Gebiete	0,31
Bailey (1977)	North Springfield	0,38
Gamble u.a. (1974)	North Springfield	0,26
	Towson	0,54
	vier Gebiete	0,32
Hall u.a. (1977)	Toronto Suburbs	1,05
Langley (1976)	North Springfield	0,40
Langley (1980)	North Springfield	0,50
Nelson (1978)	Washington D.C.	0,88
Palmquist (1980)	Kingsgate	0,48
	North King County	0,30
	Spokane	0,08
Vaughan/Huckins (1975)	Chicago	0,65
Mittelwert	amerikanische Studien	0,42
Standardabweichung		0,26
Europa:		
Borjans (1983)	Köln	0,50
Iten (1990)	Zürich	0,85
Pommerehne (1986)	Basel	1,26
Soguel (1991)	Neuchâtel	0,91
Mittelwert	europäische Studien	0,88
Mittelwert	alle Studien	0,51

Quellen: Claude Jeanrenaud u.a., Die sozialen Kosten des Verkehrs in der Schweiz: eine Gesamtrechnung nach Verkehrsträgern, Studie im Auftrag des Dienstes für Gesamtverkehrsfragen, Auftrag Nr. 174, bearbeitet durch IRER-Universität Neuburg, Bern 1993, S. 50, Marius Weinberger/Hans-Günter Thomassen/Rainer Willeke, Kosten des Lärms in der Bundesrepublik Deutschland, im Auftrag des UBA, Berichte 9/91, Berlin 1991, S. 114, eigene Zusammenstellung.

Bei Zugrundelegen einer durchschnittlichen Miete von 9,04 DM/qm monatlich für 1994 (vgl. Statistisches Bundesamt, 1995, S. 253, 634) und einer durchschnittlichen Wohnfläche von 35,4 qm pro Person 1993 (Statistisches Bundesamt, 1995, S. 249) ergibt sich gemäß dem Mittelwert des Immobilienwertansatzes von 0,51 % pro dB(A) eine monatliche Zahlungsbereitschaft von 1,63 DM pro dB(A) und gemäß dem Mittelwert der europäischen Untersuchungen von 0,88 % pro dB(A) eine Zahlungsbereitschaft von 2,81 DM. Das Ergebnis der Befragung von Willeke/Weinberger/Thomassen liegt etwa in der Mitte dieser Spanne.

Gupp (1986), Dogs/Platz (1991) und Planco (1991) verwenden einen Vermeidungskostenansatz, bei dem die Ausgaben für Schallschutzfenster zugrundegelegt werden. Für 1989 ergaben sich dabei 72,50 DM je gewichtetem Betroffenen pro Jahr (vgl. Planco, 1991, S. 32) und unter Berücksichtigung eines Preisanstiegs für Bauelemente aus Holz von 20,92 % für 1994 ein Wert von 87,70 DM (vgl. Statistisches Bundesamt, 1995, S. 622). Die Gewichtung der Betroffenen erfolgt entsprechend dem in Abbildung 18 dargestellten Zusammenhang zwischen gemessener und subjektiv empfundener Lärmbelastung anhand der Funktion

(60) $g_n = 2^{0,1 * S_n}$, für $S_n > 0$, sonst $g_n = 0$,

wobei g_n das Lautheitsgewicht und S_n den Schallpegel an der n-ten Gebäudefront angibt. Verglichen mit den Ergebnissen von Pommerehne (1986) und der Befragung von Willeke/Weinberger/Thomassen (1990) führt der Vermeidungsansatz zu einer Unterschätzung der externen Kosten des Verkehrslärms (vgl. Glaser, 1992, S. 159, Planco, 1991, S. 32-34). Für den BVWP wird dennoch am Vermeidungskostenansatz mit dem Argument festgehalten, daß andernfalls Belastungen in unbesiedelten Gebieten (z.B. Erholungsgebieten) unbewertet bleiben (vgl. Planco, 1991, S. 34).

3.2.4.3.2 Quantifizierung der Effekte des GVZ für die Lärmbelastung

Bewertungsrelevante Änderungen der Geräuschbelastung können nur unter Berücksichtigung der vorliegenden Grundbelastung quantifiziert werden. Dies hängt damit zusammen, daß die Lärmimmissionen durch die gesamte Verkehrsmenge und -zusammensetzung eines Verkehrsweges bestimmt werden, so daß der Grenzbeitrag einer zusätzlichen Fahrt von der vorliegenden Zahl der Fahrten bestimmt wird. Der Zusammenhang zwischen Verkehrsstärke und Lärmbelastung ist beispielhaft in Abbildung 20 dargestellt.

Im folgenden wird untersucht, welche bewertungsrelevanten Veränderungen sich durch das GVZ Großbeeren ergeben:

Die Verlagerung von Speditionsanlagen führt im Berliner Stadtgebiet und im Umland zur räumlichen Verlagerung von Nahverkehrsströmen. Dadurch kann es auf einzelnen Strecken zu einer Zu- oder Abnahme der Geräuschbelastung kommen. Da der GVZ-Verkehr nur einen kleinen Anteil in Höhe von 3,4 %[145] am gesamten Güterverkehr der Stadt Berlin ausmacht, wird es auf einzelnen Strecken zu äußerst geringfügigen Änderungen der Gesamtverkehrsmenge kommen. Die Reduzierung der Verkehrsleistung, die sich gemäß der Verkehrsprognose durch Einsatz größerer

---

145 Dieser Wert ergibt sich bei Zugrundelegung der Verkehrsleistung des Nahverkehrs innerhalb der Stadt im Falle mit GVZ in Höhe von 36,6 Mio. km pro Jahr, 254 Werktagen pro Jahr und Vergleich mit der werktäglichen Gesamtfahrleistung des Güterverkehrs in Berlin, die bei Sonntag/Meimbresse/Castendiek (1995, S. 44, Tab. 11) mit 4,18 Mio. km pro Tag angegeben wird. Die Anzahl von 254 Werktagen pro Jahr ergibt sich aus 365 Tagen abzüglich 52 Wochenenden à zwei Tagen sowie acht Feiertagen, von denen vier (Weihnachten, Neujahr, Nationalfeiertag) auf ein Wochenende fallen können, so daß im Durchschnitt nur sieben Feiertage auf Wochentage entfallen und abzuziehen sind.

Fahrzeuge und Erhöhung der Auslastung ergibt, beträgt im Berliner Stadtgebiet 0,8 %[146] der gesamten täglichen Verkehrsleistung des Güterverkehrs. Bei diesen Größenordnungen scheint es vertretbar zu sein, die Änderungen der Geräuschbelästigung innerhalb der Stadt zu vernachlässigen.

Abbildung 20: Zusammenhang zwischen Verkehrsstärke und Lärmbelastung[147]

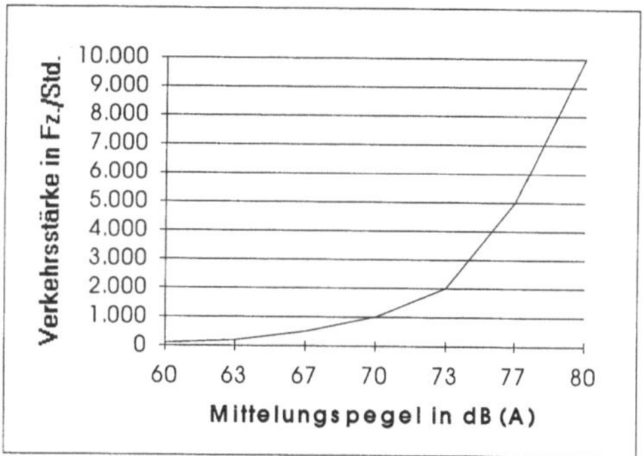

Quelle: Sechzehnte Verordnung zur Durchführung des Bundesimmissionsschutzgesetztes (Verkehrslärmschutzverordnung - 16. BImSchV) vom 20.6.1990, BGBl. I S. 1038.

Bewertungsrelevante Änderungen der Lärmbelastung können sich allerdings auf den Zufahrtsstrecken zum GVZ ergeben, da es hier zu einer starken Zunahme des LKW-Verkehrs kommen wird. Die Zufahrt zum GVZ Großbeeren erfolgt über die Bundesstraße 101, die vom Berliner Autobahnring bis zur Berliner Stadtgrenze vierspurig ausgebaut wird und im Bereich der Gemeinde Großbeeren als Umgehungsstraße um das Siedlungsgebiet herumgeführt wird. Diese Straße wird im Bereich des GVZ 100 % des ein- und ausgehenden Verkehrs aufnehmen, da keine andere Zufahrt zum GVZ vorgesehen ist. Das Bewertungsverfahren für den BVWP sieht jedoch für Außerortsstrecken keine belastungsbezogene Bewertung vor, sondern legt pauschal eine Überschreitung des Zielpegels um 5 dB(A) zugrunde (vgl. Planco, 1993, S. 158f). Insofern ist die Zunahme des Verkehrs auf der B 101 außerorts nicht bewertungsrelevant.[148] Weiterhin ist mit einer starken Zunahme des Verkehrs auf der Verlängerung der B 101 im südlichen Berliner Stadgebiet und insbesondere auf den Strecken des City-Verkehrs in Richtung der Bezirke Charlottenburg (= West) und

---

146 Dies entspricht dem Anteil der im Stadtgebiet eingesparten Fahrleistung von 8,57 Mio. km jährlich bzw. bei Zugrundelegung von 254 Arbeitstagen 34.000 km täglich an den insgesamt vom Güterverkehr zurückgelegten 4,18 Mio. km pro Tag (vgl. Sonntag/Meimbresse/Castendiek, 1995, S. 44, Tab. 11).

147 Angenommene Ausgangsdaten: Messung in 2,25 m Höhe in 25 m Abstand von der Mitte des Fahrstreifens, zulässige Höchstgeschwindigkeit 100 km/h, LKW-Anteil 10 %, freie Schallausbreitung.

148 Eine Kontrollrechnung nach dem Muster der innerstädtischen Belastung (vgl. folgenden Absatz) unter Annahme einer Grundbelastung von 50.000 Fahrzeugen täglich, 50 betroffenen Anwohnern pro km (vgl. Planco, 1993, S. 158) und einem Koeffizienten b = 35 ergibt eine Zunahme der Lärmkosten um 6.000 DM pro Jahr.

Mitte (= Ost) zu rechnen. Für diese Strecken werden deshalb die Kosten der zusätzlichen Lärmbelastung im folgenden quantifiziert.

In Tabelle 33 sind die beiden Strecken mit ihren Teilabschnitten sowie den erforderlichen Annahmen über die Bebauung, Verkehrsgrundbelastung und zusätzliche Belastung durch das GVZ zusammengefaßt.

Tabelle 33: Grunddaten für die Ermittlung der Lärmbelastung auf den Hauptverbindungsstrecken zwischen Stadtzentrum und GVZ

Nr. Richtung		I. Ost u. West	II. Ost	III. Ost	IV. Ost	V. Ost	VI. West	VII. West	VIII. West
Straße		Marienfelder Allee	Marienfelder Allee	Großbeeren Str., Alt Mariendorf	Mariendorfer Damm, Tempelhofer Damm	Tempelhofer Damm, Mehring Damm	Malteser Str., Paul Schneider Str.	Leonoren Str., Siemens Str.	Albrecht Str., Filanda Str., Tiburtius Brücke
Länge des Abschnitts	km	1,5	1,6	2,2	3,3	3,3	3,6	1,4	2,8
Anteil am Stadt-Modellbaustein	M 3 M 5 M 7	 60%	 80%	 60%	75% 	25% 40% 10%	35% 10% 35%	30% 40%	30% 10% 40%
Grundbelastung (DTV)	Fz./Tag	18.000	18.000	32.000	40.000	48.000	16.000	31.000	32.000
Grundbelastung nachts	Fz./Std.	198	198	352	440	528	176	341	352
Anteil an den Fahrten im Bereich	City	90%	40%	40%	40%	40%	50%	50%	50%
Anteil an den Fahrten im Bereich	Stadt	80%	40%	40%	20%	10%	40%	30%	20%
Zusatzbelastung durch GVZ	Fz./Tag	3.989	1.850	1.850	1.504	1.331	2.139	1.966	1.793
nächtliche Zusatzbelastung durch GVZ	Fz./Std.	44	20	20	17	15	24	22	20

Quellen: Senatsverwaltung für Bauen, Wohnen und Verkehr Berlin, Straßenverkehrserhebungen H VIII E 5, Jahresmittelwert 1993, alle Werktage, DTV, eigene Erhebungen und Schätzungen.

Die Stadtmodellbausteine werden aus dem Bewertungsverfahren für den BVWP übernommen. Die Daten der verwendeten Stadtbausteine sind in Tabelle 34 angegeben. Sie enthalten Annahmen über die Bausituation und geben die Anzahl der betroffenen Anwohner und den Koeffizienten b zur Berechnung des Mittelungspegels an.

Tabelle 34: Stadtmodellbausteine zur Abschätzung von Lärmbelastungen in Innerortsbereichen

Stadt-modell-baustein	Abstand Häuserfront von Straßenmitte in m	Art der Bebauung	Geschoß-zahl	Anwohnerzahl Einw./km	Koeffizient b nach Straßentyp planfrei	mehrstreifig	einstreifig
M1	5	beidseitig geschlossen	3	1000	-	-	45,2
M2	10	beidseitig geschlossen	3	1000	-	48,4	40,9
M3	20	beidseitig geschlossen	4	1700	45,2	42,8	36,3
M4	40	beidseitig geschlossen	5	2200	40,5	38,4	32,4
M5	20	einseitig geschlossen	3	500	44,2	41,8	35,3
M6	5	beidseitig offen	2	300	-	-	42,2
M7	10	beidseitig offen	3	500	-	46,4	38,9
M8	20	beidseitig offen	2	300	44,2	41,8	35,3
M9	40	beidseitig offen	3	500	39,5	37,4	31,4

Quellen: Planco Consulting GmbH, Gesamtwirtschaftliche Bewertung von Verkehrswegeinvestitionen. Bewertungsverfahren für den Bundesverkehrswegeplan 1992, hrsg. v. BMV, Nr. 72 der eigenen Schriftenreihe, Essen, Bonn 1993, S. 153 und 156.

Wegen der Probleme, die mit dem Vermeidungskostenansatz des BVWP verbunden sind und nachgewiesenermaßen zu einer Unterschätzung der Lärmkosten führen, wird bei der Bewertung auf die von Willeke/Weinberger/Thomassen (1990) ermittelte marginale Zahlungsbereitschaft in Höhe von 2,32 DM pro dB(A) zurückgegriffen. Die Bewertung erfolgt wie im Verfahren zum BVWP anhand der Überschreitung des nächtlichen Zielpegels S_Z von 40 dB(A).

Der Mittelungspegel der Lärmbelastung an der Häuserfront der ersten Gebäudereihe S_M wird mit der Formel

(61) $$S_M = 10 * lgVM_n + b$$

errechnet, wobei VM_n die durchschnittliche stündliche Verkehrsmenge nachts und b einen Koeffizienten, der die relevanten Merkmale des Stadtmodellbausteins erfaßt und in Tabelle 34 angegeben ist, bezeichnen (vgl. Planco, 1993, S. 155). VM_n wird als durchschnittlicher Anteil aus der durchschnittlichen täglichen Verkehrsmenge (DTV) berechnet. Der Anteil beträgt nach den Richtlinien der Forschungsgesellschaft für Straßen- und Verkehrswesen für den Lärmschutz an Straßen (RLS-90) 1,1 % (vgl. Planco, 1993, S. 156). Die Bewertung umfaßt neben der Lärmbelastung in der ersten Gebäudereihe je nach Stadtmodellbaustein bis zu vier weitere Häuserreihen. Der bewertungsrelevante Lärmpegel in der n-ten Gebäudereihe S_n wird wie folgt berechnet:

$$(62) \qquad S_n = S_M - dS_n - S_z \,.$$

Dabei bezeichnet dS_n die Pegelminderung für die n-te Gebäudereihe gemäß Tabelle 35. Zur Vereinfachung wurden nur drei Stadtmodellbausteine verwendet, mit denen die wichtigen baulichen Situationen erfaßt werden. Diese wurden nach einer Ortsbesichtigung anhand der Einwohnerzahl und dem Abstand der Häuserfront von der Straße so gewählt, daß sie der relativ hohen Bebauungsdichte in Berlin möglichst gut Rechnung tragen.

Tabelle 35: Pegelminderung infolge Abschirmung und Distanz nach Gebäudereihen

Stadtmodell-baustein	dS1	dS2	dS3	dS4	dS5
M 3	0	26			
M 5	0	25			
M 7	0	10	15	19	22

Quelle: Planco Consulting GmbH, Gesamtwirtschaftliche Bewertung von Verkehrswegeinvestitionen. Bewertungsverfahren für den Bundesverkehrswegeplan 1992, hrsg. v. BMV, Nr. 72 der eigenen Schriftenreihe, Essen, Bonn 1993, S. 158.

Die Bewertung der Veränderung der Lärmbelastung ergibt sich aus dem bewertungsrelevanten Lärmpegel und der marginalen Zahlungsbereitschaft. Die Berechnung des Anstiegs der lärmbedingten externen Kosten auf den Hauptverbindungsstrecken zwischen GVZ und Berliner Stadtzentrum ist in Anhang 18-20 angegeben. Im Ergebnis führt das GVZ zu einem Anstieg der externen Lärmkosten um 228.000 DM.

Im Fernverkehr wird Transportaufkommen vom LKW auf die Bahn verlagert und die Straßengüterfernverkehrsleistung durch die Erhöhung der Auslastung reduziert. Zur Monetarisierung der Verringerung der Geräuschbelastung durch die Verlagerung von Transportaufkommen kann auf einen speziellen Ansatz des Bewertungsverfahrens für den BVWP zurückgegriffen werden. Bei diesem Ansatz wird der Nutzen anhand von eingesparten aktiven Schallschutzmaßnahmen bei LKW berechnet, die anfallen würden, um die Geräuschemissionen auf das Niveau der Bahn zu senken (vgl. Planco, 1991, S. 34-38). Bei diesem Bewertungsansatz treffen zwei Probleme zusammen:

- Vermeidungskosten stimmen nur zufällig mit den Schadenskosten überein.
- Dieses grundsätzliche Problem gewinnt dadurch an Bedeutung, daß aktive Vermeidungsmaßnahmen das Emissionsverhalten zwar ändern, daraus aber nur indirekt Aussagen über Lärmimmissionen und entstehende Schäden abgeleitet werden können. Da einzelne Fahrzeuge die Lärmbelastung eines Verkehrsweges kaum beeinflussen, sind Schallminderungsmaßnahmen an einzelnen Fahrzeugen eines Verkehrsstroms nicht bewertungsrelevant.

Die Vorgehensweise ist auch insofern nicht schlüssig, als Veränderungen von Verkehrsmengen auf Außerortsstraßen nicht bewertet werden und eine pauschale Überschreitung des Zielpegels angesetzt wird (vgl. oben, S. 175 und Planco, 1993, S. 158f). Eine Reduzierung des LKW-Verkehrs müßte aber grundsätzlich einen größeren Nutzen bezüglich der Lärmreduzierung stiften als eine Verlagerung auf die Bahn. Kritisch ist weiterhin anzumerken, daß bei dem Ansatz zur Berechnung des Verlagerungsnutzens die gesamte zurückgelegte Fahrtstrecke berücksichtigt wird und nicht nur lärmrelevante Abschnitte. Zudem werden räumliche sowie zeitliche Verschiebungen, die mit der Verlagerung verbunden sein können, nicht einbezogen. Auf die Bewertung der Verminderung von Lärm durch die Verlagerung und Reduzierung des Straßengüterfernverkehrs wird deshalb verzichtet. Der Anteil der Veränderungen des Fernverkehrs durch das GVZ in Großbeeren bei Berlin am Verkehrsaufkommen auf den bundesdeutschen Fernstraßen ist zu gering, als daß von relevanten weiträumigen Änderungen der Lärmbelastung ausgegangen werden muß.

Durch die Umsiedlung von Speditionsanlagen, deren Altstandorte sich in Wohngebieten befanden, können kleinräumige Entlastungen für die Anwohner entstehen. Problematisch für eine Quantifizierung dieser Effekte ist, daß keine ausreichend genauen Annahmen über die Altstandorte der Ansiedler des GVZ vorliegen. An einem Beispiel soll ermittelt werden, welche Größenordnung die zu erwartenden Kosteneinsparungen aus diesem Effekt haben können. Eine Spedition, in der täglich eine Gütermenge von 500 t[149] umgeschlagen wird, benötigt bei einer durchschnittlichen Beladung von 15 t pro Fernverkehrs- und 4,2 t pro Nahverkehrs-LKW insgesamt 152 Fahrten pro Tag zum An- und Abtransport der Güter. Gemäß Umrechnungsfaktor für den nächtlichen Verkehr in Höhe von 1,1 % (vgl. Planco 1993, S. 156) ergibt sich daraus eine Anzahl von zwei nächtlichen LKW-Fahrten pro Stunde. Bei Annahme des Stadtmodellbausteins M 7 würde sich dann ein Mittelungspegel an der ersten Gebäudefront von 41,9 dB(A) ergeben und somit keine bewertungsrelevante Überschreitung des nächtlichen Zielpegels von 40 dB(A) um mehr als 2 dB(A).

In den Spitzenzeiten der Verkehrsbelastung in den Morgenstunden zwischen 6 Uhr und 9 Uhr ist mit 19 LKW-Fahrten pro Stunde zu rechnen (vgl. IVE, 1991a, S. 118, Dornier, 1988, S. 9). Das IVE (1991a, S. 118) ermittelt für diese Zeit nach den RLS-90 einen Lärmpegel von 58 dB(A)[150], der den Richtwert für die Lärmbelastung tagsüber von 50 dB(A) um 8 dB(A) überschreitet. Bei einer angenommenen Anzahl von 200 betroffenen Anwohnern und einer Zahlungsbereitschaft von 2,32 DM pro

---

149 Diese Umschlagmenge kann von einer großen mittelständischen Spedition erreicht werden (vgl. z.B. Hector, 1995b).

150 Unter der Annahme eines LKW-Anteils von 80 % bis 90 % am Verkehr und einer Höchstgeschwindigkeit von 50 km/h.

dB(A) monatlich ergäbe sich dabei ein Nutzen der Lärmreduzierung von 44.544 DM pro Jahr. Ob die Zahlungsbereitschaft im konkreten Fall einer Spedition tatsächlich so hoch ausfallen würde ist fraglich, da die starke Lärmbelastung nur während eines relativ kurzen Zeitraums von drei Stunden am frühen Morgen auftreten würde. Dennoch zeigt sich, daß die Verlagerung einer Spedition durchaus zu erheblichen Nutzen durch Lärmreduzierung führen kann. Eine genaue Quantifizierung des Effektes ist nur in Abhängigkeit einzelner Speditionsanlagen möglich. Um den Effekt nicht zu übergehen, soll hier pauschal ein Nutzen in Höhe von 100.000 DM pro Jahr für Lärmreduzierungen durch die Verlagerung von Speditionen in das GVZ veranschlagt werden. Per Saldo ergeben sich durch das GVZ zusätzliche Lärmkosten in Höhe von 128.000 DM pro Jahr, die durch die Konzentration von Verkehr auf einigen Strecken zwischen Innenstadt und GVZ verursacht werden.

3.2.4.4 Effekte für die Verkehrssicherheit

Ein Vergleich der Unfallzahlen der Verkehrsträger Schiene und Straße in Abbildung 21 zeigt, daß die Verkehrssicherheit im Eisenbahnverkehr sehr viel höher ist. Es ist deshalb zu erwarten, daß die Reduzierung des Straßengüterverkehrs und eine Verlagerung auf die Schiene zu einer Reduzierung von externen Kosten aus Verkehrsunfällen führt. Die Schäden, die durch Verkehrsunfälle verursacht werden, lassen sich in Sach- und Personenschäden unterteilen. Bei den Personenschäden wird in der amtlichen Unfallstatistik des Straßenverkehrs zwischen

- Leichtverletzten, die ambulant behandelt werden,
- Schwerverletzten, die unmittelbar nach dem Unfall für mindestens 24 Stunden stationär behandelt werden und
- Todesfällen, die innerhalb von 30 Tagen an den Folgen eines Unfalls sterben,

differenziert (vgl. Bickel/Friedrich, 1995, S. 33). Bei Unfällen mit Sachschäden wurde bis 1994 zwischen Unfällen mit leichtem und schwerem Sachschaden unterschieden, wobei die Grenze bei 4.000 DM Sachschaden pro Geschädigtem liegt (vgl. Deffke u.a., 1995, S. 25). Die neue Untergliederung der Sachschäden, die seit dem 1.1.1995 gültig ist, wird hier noch nicht berücksichtigt, da als Preisstand das Jahr 1994 gewählt wurde.[151]

Die amtliche Straßenverkehrsunfallstatistik enthält alle Unfälle, zu denen die Polizei herangezogen wurde. Vergleiche der amtlichen Unfallstatistik mit den Schadensmeldungen bei den Versicherungen lassen auf eine erhebliche Dunkelziffer schließen (vgl. Deffke u.a., 1995, S. 24).[152] Es wird jedoch davon ausgegangen, daß es sich bei den polizeilich nicht erfaßten Unfällen ausschließlich um weniger schwere Unfälle handelt, bei denen nur Sachschäden entstanden sind. Wie noch im weiteren zu zeigen sein wird, entstehen dabei außer Rechtsfolgekosten, die nicht dem Verursacher angelastet werden, keine externen Kosten, so daß die Berücksichtigung von

---

151 In der neuen Abgrenzung werden Unfälle, denen eine Verkehrsordnungswidrigkeit zugrunde liegt, getrennt ausgewiesen (vgl. Deffke u.a., 1995, S. 25).

152 Während den Versicherungen 1994 insgesamt 4,3 Mio. Schäden gemeldet worden sind, sind in der polizeilichen Unfallstatistik nur 2,3 Mio. Schäden erfaßt worden (vgl. Statistisches Bundesamt, 1996, S. 35, 432).

polizeilich nicht erfaßten Unfällen in diesem Untersuchungszusammenhang nicht erforderlich ist.

Abbildung 21: Unfälle mit Personenschaden im Straßen- und Eisenbahnverkehr in Deutschland 1994

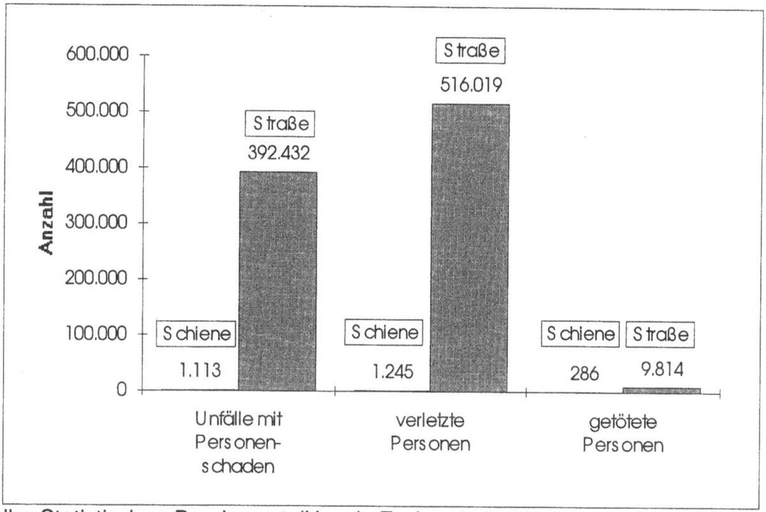

Quelle: Statistisches Bundesamt (Hrsg.), Fachserie 8, Verkehr, Reihe 7, Verkehrsunfälle, Stuttgart 1996, S. 35, 435.

Die Bewertung von Unfallschäden erfolgt in den vorliegenden Untersuchungen überwiegend mit dem Schadenskostenansatz. Bei den schadensbedingten Kosten können Reproduktions- und Ressourcenausfallkosten unterschieden werden (vgl. Fonger, 1993, S. 227). Reproduktionskosten beinhalten Kosten für die

- Heilbehandlung und Rehabilitation verletzter Personen,
- Reparatur von Sachschäden und
- Beseitigung von Umweltschäden.

Ressourcenausfälle entstehen, wenn volkswirtschaftliche Ressourcen infolge eines Unfalls zeitweilig oder dauerhaft in ihrer Einsatz- bzw. Leistungsfähigkeit eingeschränkt werden. Dazu gehören

- Wohlfahrtsverluste durch Krankheit, Invalidität und Tod bei den Betroffenen,
- Wohlfahrtsverluste für mittelbar am Unfall Beteiligte, wie psychisches Leid bei Angehörigen und Zeitverluste durch Verkehrsstauungen sowie
- Wohlfahrtsverluste der Gesellschaft durch Ausfall von Human- oder Sachkapital einschließlich unfallbedingter Umweltbeeinträchtigungen.

Die meisten Untersuchungen der externen Kosten des Verkehrs in Deutschland greifen zur Ermittlung der Kosten aus Verkehrsunfällen auf Schätzungen der Bundesanstalt für Straßenwesen (BASt) zurück.[153] Die Berechnungen der BASt basieren auf einer Grundabschätzung der Kostensätze für das Jahr 1983 (vgl. Krupp/Hundhausen, 1984), die seither jährlich aktualisiert werden (vgl. BASt, 1996). Die Ergebnisse für das Jahr 1994 sind in Tabelle 36 zusammengefaßt. Die Kosten für Sachschäden beinhalten die Reparatur-, Polizei-, Rechtsfolge-, Anwalts- und Gerichtskosten; Verwaltungskosten der Versicherungen sind nicht enthalten (vgl. Deffke u.a., 1995, S. 24). Die Kosten für Personenschäden umfassen Reproduktions- und Ressourcenausfallkosten, wobei letztere den weitaus größeren Anteil ausmachen.[154] Die Reproduktionskosten beinhalten Kosten für ambulante und stationäre Heilbehandlung, Hilfsmittel und Fördermaßnahmen, wenn der Unfall zu einer Minderung der Erwerbstätigkeit geführt hat, sowie Polizei-, Rechtsfolge-, Anwalts- und Gerichtskosten. Die Ressourcenausfallkosten werden nach dem Ertragswertansatz bestimmt. Krupp/Hundhausen (1984, S. 31-44) berechnen den Bruttoproduktionswert, verwenden als Bewertungsmaßstab das Volkseinkommen je Erwerbstätigen und bilden eine Durchschnittsgröße über alle Unfallopfer, so daß das Problem der Bewertung Nichterwerbstätiger umgangen wird. Es gilt allerdings hier die gleiche Kritik wie an Marburger (1986), daß der Bezug des Volkseinkommens auf alle Erwerbsfähigen beim Ausfall eines Erwerbstätigen zu einem zu niedrigen Ausweis der Ressourcenausfallkosten führt (vgl. oben, S. 154).

Die Bewertung von Schäden anhand von Reproduktionskosten ist vom Wertansatz relativ unproblematisch, da sie auf tatsächlich getätigten Zahlungen beruhen, die auf der Basis von Marktpreisen erfolgen, um den Zustand vor dem Unfall wiederherzustellen. Einschränkungen bezüglich der Korrektheit des Wertansatzes ergeben sich aus Marktunvollkommenheiten, besonders im Gesundheitswesen, Schwierigkeiten, die Gemeinkosten wie Polizei-, Rechtsfolge- und Verwaltungskosten zuzuschlüsseln und der Tatsache, daß möglicherweise nicht alle Schäden beseitigt werden.

Tabelle 36: Mittlere gesamtwirtschaftliche Kostensätze je Unfall 1994

Unfallkategorie	innerorts DM/Unfall	außerorts DM/Unfall	BAB DM/Unfall
leichter Sachschaden	6.500	6.000	6.100
schwerer Sachschaden	20.700	24.700	30.700
mit Personenschaden	13.700	24.200	45.200
Verletzungsgrad	DM/Person		
Getötete	1.510.000		
Schwerverletzte	70.000		
Leichtverletzte	6.600		

Quelle: Bundesanstalt für Straßenwesen (Hrsg.), Schätzung der gesamtwirtschaftlichen Unfallkosten für das Jahr 1994, vom 18.3.1996.

153 Vgl. Teufel u.a. (1994), Planco (1993, S. 144-146), Dogs/Platz (1991), Wicke (1986, 1993), Grupp (1986).

154 Im Falle von Leichtverletzten liegt der Anteil der Ressourcenausfallkosten bei ca. 40 %, bei Schwerverletzten bei 75 % bis 80 % und bei Getöteten über 99 % (vgl. Glaser, 1992, S. 170).

Wegen der Schwächen des Schadenskostenansatzes zur Bewertung eines Menschenleben wird hier wie bereits im Zusammenhang mit luftverschmutzungsbedingten Todesfällen auf die Ergebnisse von Befragungen zurückgegriffen und ein Wert von 5,6 Mio. DM für ein statistisches Menschenleben zugrundegelegt (vgl. Kapitel 3.1.4.2.5). Da für die Abwehr von nicht-tödlichen Gesundheitsrisiken keine Zahlungsbereitschaften aus Marktdaten abgeleitet worden sind (vgl. Bickel/Friedrich, 1995, S. 40), werden für sie die Schadenskosten der BASt verwendet, die für den Preisstand 1994 in Tabelle 36 aufgeführt sind.

Zur Quantifizierung der externen Kosten durch Verkehrsunfälle ist eine genaue Abgrenzung erforderlich, welche Schäden intern und welche extern sind. Sachschäden und heilbare Personenschäden sind zum größten Teil kompensierbar und werden durch die Kraftfahrzeughaftpflichtversicherung abgedeckt bzw. von den Unfallverursachern selbst getragen. Über Versicherungsbeiträge gelten die Kosten als weitgehend internalisiert (vgl. Fonger, 1993, S. 228).[155] Ein Teil der Heilbehandlungskosten werden jedoch von Krankenversicherungen und gesetzlichen Unfallversicherungen getragen. Da die Beitragszahlungen hier nicht vom Risiko der Verkehrsteilnahme abhängen, können die übernommenen Kosten nicht als internalisiert gelten (vgl. Bickel/Friedrich, 1995, S. 42). Externe Kosten bestehen weiterhin in dauerhaften Personenschäden, psychischen Belastungen und ideellen Verlusten, die bei Dritten anfallen und nicht kompensiert werden können, sowie Ressourcenausfallkosten für die Gesellschaft.

Bei der Bewertung von Personenschäden stellt sich die Frage, inwieweit die Sicherheitsrisiken des Straßenverkehrs als interne oder externe Kosten zu betrachten sind. Im allgemeinen ist davon auszugehen, daß den Teilnehmern des Straßenverkehrs das Unfallrisiko bekannt ist und sie den Nutzen ihrer Teilnahme höher einschätzen als die damit verbundenen Risiken, so daß es sich bei dem nicht kompensierten Verlust an Lebensfreude um externe Kosten handelt, die für die Gruppe Straßenverkehrsteilnehmer internalisiert sind und in einer Kosten-Nutzen-Analyse nicht zu berücksichtigen sind. Anders verhält es sich mit Risiken, die die Individuen nicht vermeiden können, d.h. den Personenschäden, die extern bezüglich der Gruppe der Straßenverkehrsteilnehmer sind und die Gesellschaft im allgemeinen betreffen (vgl. Mishan, 1988, S. 343f). Externe Kosten bezogen auf den Straßenverkehr entstehen durch Risiken, denen Fußgänger und Radfahrer durch den Straßenverkehr ausgesetzt sind. Bezogen auf das GVZ sind die Risiken sämtlicher Verkehrsteilnehmer, die nicht im GVZ stationiert sind, extern und werden in die Bewertung einbezogen.

Fraglich ist, welche Schäden den GVZ-Nutzern anzulasten sind: Nur die, in denen sie Verursacher des Unfalls sind oder alle Schäden von Unfällen, an denen sie beteiligt sind. Für eine Anlastung der Schäden nach Beteiligten spricht, daß die Unfallschwere unabhängig vom Verschulden in entscheidendem Maße von den beteiligten

---

155 Mögliche externe Effekte, die sich aufgrund von Anreizproblemen durch ineffiziente Ausgestaltung der Versicherungsverträge ergeben können, werden hier nicht weiter berücksichtigt. Externe Kosten können aufgrund des moralischen Risikos entstehen, daß sich infolge der Informationsasymmetrie zwischen Versicherer und Versichertem ergibt. Da der Versicherer das individuelle Risikoverhalten des Versicherungsnehmers nicht beobachten kann und die Versicherungsprämie aufgrund von Durchschnittswerten kalkuliert wird, besteht für den einzelnen ein Anreiz, eine suboptimale Schadensvorbeugung zu betreiben (vgl. Krupp, 1991).

Fahrzeugen und die Unfallhäufigkeit von der Verkehrsdichte abhängt. Kommt es z.B. durch das Fehlverhalten eines Kindes zu einem Unfall mit einem PKW, so wird die Schadenshöhe durch den PKW bestimmt. Dogs/Platz (1991, S. 6-16f) rechnen die externen Unfallkosten deshalb den beteiligten Verkehrsmitteln zu, nicht dem Verursacher. Die gesamten externen Kosten werden dann nach Maßgabe der Beteiligungshäufigkeit und der Unfallschwere verteilt. Für die gesamtwirtschaftliche Sicht in einer Kosten-Nutzen-Analyse erscheint diese Vorgehensweise einleuchtend: Für die Quantifizierung externer Kosten von Verkehrsunfällen ist die Frage der Verschuldung zweitrangig. Würde der gesamte Straßengüterverkehr auf die Schiene verlagert, würden die Unfallzahlen nicht nur um die von LKW verursachten Unfälle zurückgehen, sondern auch um die durch andere Verkehrsteilnehmer verursachten Unfälle mit LKW, weil die Verkehrsdichte sinkt.

Im einzelnen werden Unfallkosten wie folgt klassifiziert (vgl. Glaser, 1992, S. 37-39, Elsholz, 1981, S. 79):

- Reproduktionskosten für Sachschäden, die von den Verursachern selbst getragen werden[156] oder durch Kfz-Haftpflichtversicherungsbeiträge abgedeckt sind, sowie anteilige Verwaltungskosten der Versicherungen sind interne Kosten.
- Rechtsfolgekosten werden überwiegend den Verursachern angelastet bzw. von deren Rechtsschutzversicherungen übernommen und können als interne Kosten gelten.
- Polizeikosten sind externe Kosten, da sie dem Verursacher nicht angelastet werden.
- Kosten für ambulante und stationäre medizinische Behandlung, die durch die Kfz-Haftpflichtversicherung getragen werden, sind interne Kosten, diejenigen, die durch die Gemeinschaft der Krankenversicherten oder Unfallversicherungen getragen werden, sind externe Kosten.
- Verwaltungskosten bei anderen Versicherungen, die mit der Abwicklung von Unfallfolgen beschäftigt sind, namentlich die gesetzlichen Kranken-, Unfall- und Schülerunfallversicherungen, sind externe Kosten.
- Der unfallbedingte Ausfall von Arbeitskräften im Produktionsprozeß stellt externe Kosten dar.[157]
- Der dauerhafte Verlust von Gesundheit und Todesfälle bei Dritten stellen externe Kosten dar.
- Verluste an Unversehrtheit und Lebensfreude, die dem Verursacher eines Unfalls entstehen, sind interne Kosten.
- Leid und psychischer Schmerz bei Unfallopfern und Angehörigen sowie der Verlust ideeller Werte sind externe Kosten, sofern sie nicht beim Verursacher selbst anfallen. Hierbei handelt es sich allerdings um intangible Effekte.

Aus Tabelle 37 ergibt sich, daß für die Bewertung der entgangenen Lebensfreude aus Krankheit, Tod und Invalidität eine Unterscheidung zwischen Unfallverursachern und unverschuldeten Unfallopfern vorgenommen werden muß. Bei den Reproduktionskosten bei Personenschäden muß zwischen den Kosten, die die Kraftfahrzeug-

---

156 Probleme der Anlastung von Kosten zwischen einem angestellten Kraftfahrer und Fuhrunternehmen bleiben hierbei ausgeklammert, da sie im Innenverhältnis durch verträgliche Regelungen gelöst werden können. Der Fahrer eines Güterkraftfahrzeugs wird als vollkommen eigenverantwortlich handelndes Wirtschaftssubjekt behandelt.

157 Der Anteil, der dem Unfallverursacher zugekommen wäre, wird dabei vernachlässigt.

haftpflichtversicherung trägt, und Kosten, die von anderen Versicherungen insbesondere den Krankenversicherungen übernommen werden, unterschieden werden. Die Höhe des Anteils der von den Kranken- und Unfallversicherungen getragenen Reproduktionskosten wird zwischen den Versicherungen größtenteils pauschal ausgehandelt, in Teilungsabkommen festgelegt und liegt bei ca. 45 %.[158]

Tabelle 37: Klassifizierung der gesamtwirtschaftlichen Unfallkosten

Kostenart	entstanden bei Verursacher	Unfallopfer	der Allgemeinheit
Sachschadenskosten			
Reparaturkosten	intern	intern	intern
Polizei	-	-	extern
Rechtsfolgekosten	intern	intern	intern
Personenschadenskosten			
Reproduktionskosten			
getragen v. Kfz-Haftpflichtversicherungen	intern	intern	intern
getragen von Kranken-, Unfall- oder Schülerunfallversicherungen	extern	extern	extern
Ressourcenausfallkosten	extern	extern	extern
Lebensfreude	intern	extern	-
Leid bei Angehörigen	extern	extern	-

Quelle: eigene Zusammenstellung.

In den beiden folgenden Tabellen werden die durchschnittlichen Werte für die externen Kostenbestandteile gemäß Klassifikation in Tabelle 37 auf der Basis der Unfallkosten der BASt ermittelt. Neben den veröffentlichten Daten (vgl. BASt, 1996) wurden dazu weitere Aufgliederungen der Unfallkosten herangezogen.[159]

158 Angabe von Herrn Sager, Verband der Schadensversicherer, Telefongespräch am 31.10.1996. Ein Vergleich der direkten Reproduktionskosten infolge von Unfällen nach den Ergebnissen der BASt (1996) in Höhe von ca. 19,36 Mrd. DM mit den Gesamtaufwendungen für Schäden der Kfz-Haftpflichtversicherungen von 24,1 Mrd. DM ergäbe sogar eine Überdeckung dieses Kostenteils. Dieser Vergleich ist jedoch wegen der bereits erwähnten Differenz zwischen der Zahl der Schadensmeldungen bei den Versicherungen von 4,3 Mio. und der polizeilich erfaßten Unfälle von 2,3 Mio. nicht aussagefähig (vgl. Statistisches Bundesamt, Fs. 8, R. 7, 1996, S. 35, 432).

159 Diese sind auf Anfrage bei Renate Bamberg, BASt, Postfach 100150, 51427 Bergisch-Gladbach, Tel. 02204/43-412 erhältlich. Den Nettoertragswert haben Bickel/Friedrich (1995, S. 39) auf der Basis der gesamtwirtschaftlichen Unfallkosten der BASt ermittelt, aktualisiert gem. BASt (1996).

Tabelle 38: Externe Kostensätze für Unfälle nur mit Sachschaden

	schwerer Sachschaden			leichter Sachschaden		
	innerorts	außerorts	BAB	innerorts	außerorts	BAB
Polizeikosten in DM	344	405	517	283	333	425
Anteile	58,3%	25,7%	16,0%	77,6%	17,5%	5,0%
Mittelwert in DM	387			299		

Quelle: Bundesanstalt für Straßenwesen (BASt) (Hrsg.), Schätzung der gesamtwirtschaftlichen Unfallkosten für das Jahr 1994, vom 18.3.1996.

Tabelle 39: Externe Kostensätze bei Unfällen mit Personenschaden

externe Schadenskosten in DM	Getötete	Schwer-verletzte	Leicht-verletzte
Sachschadenskosten pro Unfall			
Polizei	244	232	226
Personenschadenskosten pro Opfer			
Polizei	1.314	1.314	230
Verwaltungskosten von Kranken- und Unfallversicherungen	2.195	2.195	82
externe Behandlungskosten	814	4.741	205
externe Reproduktionskosten gesamt	4.323	8.250	517
Ressourcenausfallkosten (netto)	98.000	3.073	147
entgangene Lebensfreude	5.500.000	47.281	2.268

Quellen: Bundesanstalt für Straßenwesen (BASt) (Hrsg.), Schätzung der gesamtwirtschaftlichen Unfallkosten für das Jahr 1994, vom 18.3.1996, Peter Bikkel/Rainer Friedrich, Was kostet uns die Mobilität? Externe Kosten des Verkehrs, Berlin u.a. 1995, S. 39f, eigene Berechnungen.

In Tabelle 40 wird der GVZ-bedingte Rückgang der externen Kosten bei Unfällen, bei denen nur Sachschaden entsteht, ermittelt. Die Berechnung erfolgt über die relative Unfallzahl je Mio. gefahrener Fahrzeugkilometer.

Bei der Ermittlung der externen Kosten für Unfälle mit Personenschäden stellt sich die Schwierigkeit, daß zwischen unverschuldeten und selbstverschuldeten Unfallopfern zu unterscheiden ist. Die Anzahl der Unfälle, an denen LKW - verschuldet oder unverschuldet - beteiligt waren, sind in der amtlichen Unfallstatistik ausgewiesen (vgl. Statistisches Bundesamt, Fs. 8, R. 7, 1995, S. 43, 166). Eine Schwierigkeit bei der Abgrenzung der externen Kosten ist, daß der Verursacher eines Unfalls nicht immer eindeutig bestimmt werden kann (vgl. Glaser, 1992, S. 39). In der Statistik wird für jeden Unfall ein Hauptverursacher ausgewiesen, der hier im folgenden als alleiniger Verursacher angesehen wird. Es muß dann ermittelt werden, wieviele der Opfer bei Unfällen mit LKW selbstverschuldet und wieviele unverschuldet verunglückt sind. In der amtlichen Unfallstatistik ist die Anzahl der verunglückten Insassen von LKW angegeben (vgl. Statistisches Bundesamt, Fs. 8, R. 7, 1995, S. 82, 85, 89).

Nach Abzug der Hälfte der Unfallopfer, die bei Unfällen zwischen zwei LKW verunglückt sind, kann diese Zahl mit den selbstverschuldeten Unfallopfern gleichgesetzt werden (vgl. Zeile 9 in Tabelle 41). Um die Anzahl der unverschuldet Verunglückten (Zeile 10) zu ermitteln, wird von der Anzahl der insgesamt an Unfällen mit LKW beteiligten Unfallopfer die Anzahl der selbstverschuldeten (Zeile 9) abgezogen. Die Zahl der insgesamt beteiligten Unfallopfer ergibt sich aus der Anzahl der Unfälle mit LKW-Beteiligung (Zeile 2) multipliziert mit der durchschnittlichen Anzahl der Opfer pro Unfall (Zeile 6).

Tabelle 40: Änderung der externen Unfallkosten nur mit Sachschäden im Straßenverkehr durch das GVZ

	Einheit	Unfälle mit	
		Schwerem Sachschaden	leichtem Sachschaden
Unfälle	Anzahl	258.732	1.619.332
davon mit Beteiligung von LKW	Anzahl	53.673	335.924
Fahrleistung Straßengüterverkehr	Mio. Fz-km	60.400	60.400
relative Unfallzahl mit LKW-Beteiligung	Anzahl/Mio. Fz-km	0,889	5,562
Fahrleistungsreduktion durch GVZ	Mio. Fz-km	23	23
Reduzierung der Unfallzahlen pro Jahr	Anzahl	20,47	128,14
Reproduktionskosten	DM/Unfall	387	299
Reduzierung der externen Unfallkosten durch das GVZ	DM	7.929	38.288

Quellen: Statistisches Bundesamt (Hrsg.), Fachserie 8, Verkehr, Reihe 7, Verkehrsunfälle 1994, Stuttgart 1995, S. 35, 43, 166, 185, Bundesminister für Verkehr (Hrsg.), Verkehr in Zahlen 1995, verantwortlich für den Inhalt: DIW, 24. Jg., Berlin, September 1995, S. 159, eigene Berechnungen.

Über die Gesamtverkehrsleistung des Güterverkehrs können dann relative Unfall- und Verunglücktenzahlen und über die Reduzierung der Verkehrsleistung durch das GVZ die Minderung der externen Unfallkosten ermittelt werden. Insgesamt ergibt sich aus der Reduzierung von Unfällen mit Personen- und Sachschäden durch das GVZ eine Einsparung von externen Kosten in Höhe von 4,5 Mio. DM pro Jahr.

Analog zum Straßengüterverkehr werden auch beim Schienenverkehr, unabhängig vom Verschulden, alle Unfälle berücksichtigt, an denen die Eisenbahn beteiligt ist. Bei Unfällen im Güterverkehr der DB AG sind hauptsächlich bahneigene Beschäftigte und Produktionsmittel betroffen. Die Kosten für Schäden an den eigenen Anlagen und Betriebsmitteln trägt die DB AG selbst, und sie gehen in ihre Kostenrechnung ein.

Tabelle 41: Änderung der externen Unfallkosten mit Personenschäden im Straßenverkehr durch das GVZ

		Berechnung nach Zeilennr.	Einheit	Unfälle mit Getöteten	Unfälle mit Schwer-verletzten	Unfälle mit Leicht-ver-letzten
1.	Unfälle		Anzahl	8.853	104.118	279.783
2.	davon mit Beteiligung von LKW		Anzahl	1.924	12.694	31.284
3.	davon mit Hauptverursacher LKW		Anzahl	752	6.038	19.068
4.	Unfallopfer gesamt		Anzahl	9.814	126.723	389.692
5.	davon mit Hauptverursacher LKW		Anzahl	853	7.439	26.285
6.	relative Anzahl der Opfer	= 5./3.	Ofer/Unfall	1,13	1,23	1,38
7.	davon Unfallopfer in LKW		Anzahl	268	2.682	9.864
8.	Anteil der Unfälle, bei denen der Gegner kein LKW war		%	93,0	93,0	93,0
9.	davon Unfallopfer in LKW, die Verursacher waren	= 7. ·(1-8.·0,5)	Anzahl	259	2.589	9.521
10.	davon unverschuldete Unfallopfer	= 2. ·6.-9.	Anzahl	1.924	13.051	33.604
11.	Fahrleistung Straßengüterverkehr		Mio. Fz-km	60.400	60.400	60.400
12.	relative Unfallzahl mit LKW-Beteiligung	= 2./11.	Anzahl/Mio Fz-km	0,032	0,210	0,518
13.	relative Anzahl selbstverschuldeter Unfallopfer	= 9./11.	Azahl/Mio. Fz-km	0,004	0,043	0,158
14.	relative Anzahl unverschuldeter Unfallopfer	= 10./11.	Azahl/Mio. Fz-km	0,032	0,216	0,556
15.	Fahrleistungsreduktion durch GVZ		Mio. Fz-km	23	23	23
16.	Reduzierung d.Unfallzahlen pro Jahr	= 12. ·15.	Anzahl	0,73	4,84	11,93
17.	Reduzierung d. Anzahl der selbstverschuldeten Verunglückten	= 13. ·15.	Anzahl	0,10	0,99	3,63
18.	Reduzierung der Anzahl der unverschuldeten Verunglückten	= 14. ·15.	Anzahl	0,73	4,98	12,82
19.	Reproduktionskosten für Sachschäden	Tabelle 39	DM/Unfall	244	232	226
20.	Reproduktionskosten für Personenschäden	Tabelle 39	DM/Opfer	4.323	8.250	517
21.	Ressourcenausfallkosten (vgl. S. 181)	Tabelle 39	DM/Opfer	98.000	3.073	147
22.	entgangene Lebensfreude	Tabelle 39	DM/Opfer	5.500.000	47.281	2.268
23.	Reduzierung der externen Unfallkosten durch das GVZ	=19.·16. +20.·(17.+18.) +21.·(17.+18.) +22.·18.	DM	4.121.281	304.048	42.705

Quellen: Statistisches Bundesamt (Hrsg.), Fachserie 8, Verkehr, Reihe 7, Verkehrsunfälle 1994, Stuttgart 1995, S. 35, 43, 82, 85, 89, 145, 184, 185, 234, Bundesminister für Verkehr (Hrsg.), Verkehr in Zahlen 1995, verantwortlich für den Inhalt: DIW, 24. Jg., Berlin, September 1995, S. 159, eigene Berechnungen.

Für die Reproduktionskosten zur Wiederherstellung von Beschäftigten kommt ebenfalls die DB AG auf, so daß ein großer Teil der Unfallkosten als internalisiert angesehen werden kann (vgl. Fonger, 1993, S. 235). Dogs/Platz (1991, S. 6-24) stufen nur die Ressourcenausfallkosten der Unfallopfer als externe Kosten ein und wählen als Wertansatz den von der BASt ermittelten Bruttoproduktionswert. Dieser beinhaltet jedoch auch die Wertschätzung des Verunglückten für seine eigene Lebensfreude. Unter der Annahme, daß Bahnbedienstete ihre Berufsentscheidung in vollem Bewußtsein des damit verbundenen Risikos für ihr Leben und ihre Gesundheit getroffen und die Vor- und Nachteile des Berufs vollständig abgewogen haben, muß das Risiko als internalisiert gelten (vgl. Bickel/Friedrich, 1995, S. 43f). Der Wertansatz für die Ressourcenausfallkosten darf deshalb nur noch den Nettoertragswert umfassen. Daneben weist die Unfallstatistik bahnfremde Verunglückte aus, die vor allem bei Zusammenstößen mit Nutzern von anderen Verkehrsmitteln und persönlichen Unfällen zu Schaden kommen (vgl. Statistisches Bundesamt, Fs. 8, R. 7, 1996, S. 435).

Tabelle 42: Änderung der externen Unfallkosten im Straßenverkehr durch das GVZ

	Deutschland gesamt	relative Anzahl	GVZ-bedingt	Kostensätze	Reduzierung der externen Kosten durch das GVZ
Zugleistung in Mrd. tkm	71,180		0,058		
	Anzahl	Unfälle pro Mrd. tkm	Anzahl Unfälle	DM pro Opfer	DM
Getötete	47	0,66	0,038		
Reisende	1	0,01	0,001	5.598.000	3.273
Bahnbedienstete	3	0,05	0,003	98.000	272
Bahnfremde	43	0,60	0,035	5.598.000	193.932
Schwerverletzte	75	1,06	0,062		
Reisende	15	0,21	0,012	50.354	623
Bahnbedienstete	27	0,38	0,022	3.073	68
Bahnfremde	33	0,47	0,027	50.354	1.365
Leichtverletzte	34	0,48	0,028		
Reisende	7	0,10	0,006	2.415	37
Bahnbedienstete	12	0,17	0,010	147	4
Bahnfremde	15	0,21	0,012	2.415	80
gesamt					196.380

Quellen: Bundesanstalt für Straßenwesen (BASt) (Hrsg.), Schätzung der gesamtwirtschaftlichen Unfallkosten für das Jahr 1994, vom 18.3.1996, Statistisches Bundesamt (Hrsg.), Fachserie 8, Verkehr, Reihe 7, Verkehrsunfälle

1995, Stuttgart 1996, S. 435, Bundesminister für Verkehr (Hrsg.), Verkehr in Zahlen 1995, verantwortlich für den Inhalt: DIW, 24. Jg., Berlin, September 1995, S. 59, Peter Bickel/Rainer Friedrich, Was kostet uns die Mobilität? Externe Kosten des Verkehrs, Berlin u.a. 1995, S. 39f, eigene Berechnungen.

Von den verunglückten Bahnreisenden ist nur der Teil relevant, der bei einem Zusammenstoß mit einem Güterzug zu Schaden gekommen ist. Bei diesen Unfallopfern ist neben dem Ressourcenausfall auch der Verlust an Lebensfreude als Externalität zu berücksichtigen. Die Zurechnung der Unfälle zum Güter- und Personenverkehr erfolgt mangels genauerer Daten nach Maßgabe der Verkehrsleistung in den beiden Sparten gemessen in der Anzahl der Züge, woraus sich der Anteil des Güterverkehrs von 18 % an der Gesamtverkehrsleistung ergibt (vgl. BMV, 1995a, S. 55). Da die amtliche Statistik keine Aufteilung in Schwer- und Leichtverletzte vornimmt, wird hier die von Planco (1993, S. 86) ermittelte Aufteilung übernommen, nach der 45 % der Verletzten schwer- und 55 % leichtverletzt waren. Durch die Verlagerung von Güterverkehr auf die Bahn ergeben sich jährlich zusätzliche Kosten in Höhe von 196.000 DM.

3.2.4.5 Effekte aus der Nutzung der Verkehrsinfrastruktur

3.2.4.5.1 Probleme der Wegekostenrechnung

Die Veränderung und Verlagerung von Transportströmen durch das GVZ führt zu einer Änderung der Abnutzung der Verkehrsinfrastruktur. Um die Änderungen des damit verbundenen Ressourcenverzehrs zu bewerten, müssen die Wegekosten der betroffenen Verkehrsträger, die der öffentlichen Hand entstehen, ermittelt werden. Die Frage der Wegekosten und ihrer Deckung durch Wegeeinnahmen wird seit langer Zeit in der verkehrswissenschaftlichen Literatur diskutiert, da sie mit erheblichen Problemen verbunden ist.[160] Grundsätzlich werden drei Ansätze zur Berechnung von Wegekosten unterschieden (vgl. Holocher, 1988, S. 43-46, Arbeitsgruppe Wegekosten, 1969, S. 19-25):

- In der volkswirtschaftlichen Rechnung werden die sozialen Grenzkosten erfaßt. Sie umfassen die durch ein zusätzliches Fahrzeug verursachten Kosten der Wegebenutzung, die der öffentlichen Hand entstehen, und die externen Grenzkosten des Verkehrs, die von Dritten getragen werden.
- Der finanzwissenschaftliche Ansatz ist eine Ausgabenrechnung, die keine Periodisierung der Zahlungsströme vornimmt, sondern die budgetrelevanten Ausgaben dem Zeitraum ihrer Entstehung in voller Höhe zurechnet.
- Nach der betriebswirtschaftlichen Methode der Vollkostenrechnung werden alle Kosten für die Bereitstellung und den Unterhalt von Verkehrswegen nach den Grundsätzen des bewerteten Ressourcenverzehrs erfaßt. Die wichtigsten Unter-

---

160 Vgl. z.B. Böttger u.a. (1962), Köhler (1967), Arbeitsgruppe Wegekosten (1969), Holocher (1988), Aberle/Engel (1992), Engel (1996).

schiede zur Ausgabenrechnung bestehen darin, daß Investitionen entsprechend ihrer Nutzungszeit als Abschreibungen eingehen und das gebundene Kapital verzinst wird.

Da die Grenzkosten der Infrastrukturnutzung für die Ermittlung des Wegekostendekkungsgrades nicht geeignet sind, da sie die Gesamtkosten nicht erfassen (vgl. Arbeitsgruppe Wegekosten, 1969, S. 20), wird ihnen in der Diskussion kaum Aufmerksamkeit geschenkt. Für eine Rechnung, die die Deckung der Wegekosten ermitteln soll, wird die betriebswirtschaftliche Vollkostenrechnung als besonders angemessen gehalten, da sie über ein ausgereiftes Instrumentarium verfügt, mit dessen Hilfe die Wegekosten in Form laufender Kosten und Kapitalkosten den Einnahmen einer Periode gegenübergestellt werden können (vgl. Böttger u.a., 1962, S. 47f, Arbeitsgruppe Wegekosten, 1969, S. 22-24). Die Übertragung des betriebswirtschaftlichen Kostenansatzes auf die Wegerechnung ist allerdings mit erheblichen Schwierigkeiten - besonders wegen mangelnder Verfügbarkeit erforderlicher Daten - verbunden (vgl. Holocher, 1988, S. 94-110). Ein Problem grundsätzlicher Art stellt das der Vollkostenrechnung implizite Prinzip der Eigenwirtschaftlichkeit dar, da es nicht der Entscheidungssituation des Staates beim Verkehrswegebau entspricht (vgl. Arbeitsgruppe Wegekosten, 1969, S. 23, Holocher, 1988, S. 91-93). Obwohl sich die Methode der Vollkostenrechnung zunächst durchgesetzt hatte (vgl. Suntum, 1986a, S. 121), werden in der Literatur immer wieder gewichtige Argumente für die Verwendung einer Einnahmen-Ausgabenrechnung vorgebracht (vgl. Aberle/Mager, 1980, Holocher, 1988, S. 108-110, Aberle/Engel, 1992, S. 13-16). Die betriebswirtschaftliche Vollkostenrechnung unterstellt, daß die Errichtung und Erhaltung der Verkehrswege eine unternehmerische Aufgabe sei und der Staat bei seinen Entscheidungen von der Zielsetzung der Erwirtschaftung einer Rendite geleitet wird. Für das eingesetzte Kapital werden deshalb unabhängig von der tatsächlichen Finanzierung kalkulatorische Zinsen berechnet, die bei den Straßen 1991 den erheblichen Anteil von 31 % an den gesamten Wegekosten ausgemacht haben. Als Zinssatz wird eine soziale Zeitpräferenzrate von real 2,5 % angesetzt (vgl. Enderlein/Link, 1992, S. 5f, Übersicht 5). Das Problem der Verzinsungsforderung bei öffentlichen Maßnahmen ist bereits an anderer Stelle ausführlich behandelt worden (vgl. Kapitel 3.1.6), und die Verwendung einer positiven Diskontrate bei öffentlichen Investitionen wurde als berechtigt angesehen. Die Höhe von Abschreibungen und damit auch der kalkulatorischen Zinsen hängt vom Wertansatz für das Infrastrukturkapital und den Abschreibungen ab und wird von den Bewertungsgrundsätzen bestimmt. Wegen der Langlebigkeit des Infrastrukturkapitals wirft die Bewertung erhebliche Probleme auf. Gegen eine Einnahmen-Ausgabenrechnung wird eingewendet, daß die Ausgaben für die Verkehrswege von der allgemeinen Haushaltslage abhängen, Schwankungen unterworfen sind und keinen Zusammenhang mit den tatsächlich entstehenden Kosten haben.

Das DIW hat seit dem Bezugsjahr 1972 im Auftrag des BMV regelmäßig Berechnungen der Wegekosten und ihrer Deckung durch die Einnahmen für die Verkehrsträger Straße, Schiene, Binnenschiff und Luft durchgeführt (vgl. Enderlein/Link, 1992, S. 2). Die Berechnungen des DIW basieren auf den methodischen Grundlagen der Arbeitsgruppe Wegekosten (1969), sind zwischenzeitlich modifiziert und erweitert worden (vgl. Enderlein/Link, 1992, S. 2). Die aktuellsten verfügbaren Resultate für Nutzfahrzeuge sind in Tabelle 43 zusammengefaßt und dem Ergebnis für den

Schienengüterverkehr gegenübergestellt. Der Vergleich der Werte für die Straßeninfrastruktur zeigt die empirische Relevanz der Diskussion um die zu verwendende Methode.

Tabelle 43: Wegekosten des Güterverkehrs in Deutschland (alte Bundesländer) nach Berechnungen des DIW

Verkehrsträger	Methode	1987 Mio. DM	1991 Mio. DM
Straße	betriebswirtschaftl. Kostenrechnung	10.133	12.994
	Einnahmen-Ausgabenrechnung	7.166	8.694
Schiene	betriebswirtschaftl. Kostenrechnung	5.625	

Quellen: Heinz Enderlein/Uwe Kunert, Berechnung der Kosten und der Ausgaben für die Wege des Eisenbahn-, Straßen-, Binnenschiffs- und Luftverkehrs in der Bundesrepublik Deutschland für das Jahr 1987, Gutachten im Auftrag des BMV, DIW, Berlin 1990, S. 72, 82, 99, Heinz Enderlein/Heike Link, Berechnung der Wegekosten- und Wegeausgabendeckungsgrade für den Straßenverkehr in der Bundesrepublik Deutschland für das Jahr 1991, Gutachten im Auftrag des BMV, DIW, Berlin 1992, Übersichten 11, 17.

Neben der grundsätzlichen Kritik an der Verwendung des betriebswirtschaftlichen Kostenansatzes gibt es einige weitere strittige Punkte an der Durchführung der Wegekostenrechnungen des DIW, auf die hier kurz eingegangen werden soll, da zur Ermittlung der Effekte des GVZ auf Berechnungen des DIW zurückgegriffen wird (vgl. Suntum, 1986b, S. 124-131, Holocher, 1988, S. 47-134, Aberle/Engel, 1992, S. 13-32):

- Problematisch ist die verursachungsgemäße Zurechnung der Wegekosten zu verschiedenen Fahrzeugkategorien oder einzelnen Fahrzeugen. Die Zurechnung ist erforderlich, um den Wegekostendeckungsgrad einzelner Fahrzeuge oder Fahrzeugkategorien ausweisen zu können. Während Grenzkosten prinzipiell einzelnen Nutzern zugerechnet werden können, können echte Gemeinkosten nicht verursachungsgemäß aufgeteilt werden. Kostendeckungsgrade, die unter Aufschlüsselung der Gemeinkosten ermittelt werden, sind deshalb mit entsprechender Vorsicht zu interpretieren. Schwierigkeiten treten bereits bei der Abgrenzung der Grenzkosten von den Gemeinkosten auf. In den Wegekostenrechnungen des DIW werden die Gemeinkosten nach raum- und geschwindigkeitsabhängigen Äquivalenzziffern gewichtet, so daß die zugerechneten Kapazitätskosten mit zunehmendem Raumbedarf und sinkender Durchschnittsgeschwindigkeit des Fahrzeugs steigen (vgl. Enderlein/Link, 1992, S. 9). Wegen des großen Anteils der Kapazitätskosten an den gesamten Wegekosten hat die Zurechnung große Relevanz für die Gesamthöhe der kategoriespezifischen Wegekosten. Die Äquivalenzfaktoren werden in allen Untersuchungen des DIW aus dem Wegekostenbericht von 1969 (Arbeitsgruppe Wegekosten, 1969, S. 112-114) übernommen. Aberle/Engel (1992, S. 23) vertreten die Auffassung, daß aufgrund der veralteten fahrzeug- und straßentechnischen Grundlagen, auf denen die Äquivalenzziffern basieren, die schweren LKW und Sattelzüge zu stark belastet werden.

- Die Grenzkosten der Wegebenutzung umfassen Kosten für den Betrieb, die Sicherung, die Unterhaltung und die Erneuerung der Verkehrswege. Die Zurechnung der Grenzkosten erfolgt in Berechnungen des DIW auf Basis der Ergebnisse des AASHO-Road-Tests und in der letzten Studie alternativ entsprechend der Verteilung der Kapazitätskosten (vgl. Enderlein/Link, 1992, S. 9f). Bei dem AASHO-Road-Test handelt es sich um einen aufwendigen Feldversuch, der 1958 bis 1960 in den USA durchgeführt wurde, um den Zusammenhang zwischen Achslast und Straßenverschleiß zu ermitteln. Gegen die Verwendung der Äquivalenzziffern des AASHO-Road-Tests zur Verteilung der Grenzkosten wird eingewandt, daß sie nur eine adäquate Grundlage für die Grenzkosten der Erneuerung bilden, nicht jedoch für die Grenzkosten der Straßenunterhaltung. Weiterhin wird argumentiert, daß der Zusammenhang zwischen Achslast und Abnutzung falsch modelliert sei und die Ergebnisse auf veralteten technischen Bedingungen basieren (vgl. Arbeitsgruppe Wegekosten 1969, S. 98-103, Aberle/Engel, 1992, S. 21f).
- Eine weitere Schwierigkeit stellt im Zusammenhang mit der Zurechnung der Wegekosten zu Fahrzeugkategorien die Behandlung abgabenfreier bzw. begünstigter Verkehrsteilnehmer dar. Dabei handelt es sich um Fahrräder, landwirtschaftliche Fahrzeuge, Fahrzeuge von Behinderten und Fahrzeuge öffentlicher Körperschaften und Organisationen.
- Grundsätzliche Kritik wendet sich gegen die Behandlung von Kraftfahrzeugsteuer und Mineralölsteuer als Wegeeinnahmen, da sie keine Gegenleistung für eine bestimmte staatliche Leistung darstellen und für ihre Verwendung im öffentlichen Haushalt keine Zweckbindung besteht. Es gibt jedoch keine andere ökonomische Begründung für die spezifische Belastung des Kraftfahrzeugverkehrs mit den genannten Steuern, und die vom Gesetzgeber eingesetzte Enquete-Kommission hat diese Steuern eindeutig als Entgelte für die Wegenutzung bezeichnet (vgl. Arbeitsgruppe Wegekosten, 1969, S. 118).
- Die auf den Kraftstoffpreis erhobene Mehrwertsteuer geht nicht in die Wegeeinnahmen ein. Aberle/Engel (1992, S. 19) sind jedoch der Auffassung, daß der auf die im Kraftstoffpreis enthaltene Mineralölsteuer erhobene Teil der Mehrwertsteuer in die Wegeeinnahmen eingehen sollte.
- Da das Straßennetz nicht nur dem Kraftfahrzeugverkehr dient, sondern auch regional- und verteidigungspolitische Zwecke erfüllt, wird ein Teil der Wegekosten als nicht dem Kraftfahrzeugverkehr zurechenbarer Teil abgezogen. Strittig ist die Höhe dieses Anteils, der von Enderlein/Link (1992, Übersicht 5) mit rund 6 % veranschlagt wird. Holocher (1988, S. 51) schlägt einen Anteil von mindestens 20 % vor. Auch im Falle der Schienen, für die in den Rechnungen des DIW keine verkehrsfremden Funktionen unterstellt werden, könnte in Anbetracht großer unökonomischer Netzbereiche ein Staatsanteil gerechtfertigt erscheinen (vgl. Holocher, S. 52).

3.2.4.5.2 Quantifizierung des Effektes

Nachdem die verschiedenen methodischen Ansätze und die wichtigsten Probleme der Wegekostenrechnung erläutert worden sind, ist zu entscheiden, nach welchem Ansatz die Wirkungen des GVZ möglichst zweckentsprechend berücksichtigt werden, d.h., welcher Ansatz geeignet ist, den gesamtwirtschaftlichen Ressourcenverbrauch zu quantifizieren. Dafür stellt sich die Frage, welche Ausgaben bzw. Kosten und Einnahmen der Verkehrswege durch die GVZ-bedingten Änderungen des Verkehrsaufkommens beeinflußt werden. Verglichen mit dem gesamten Verkehrsaufkommen kommt es zu äußerst geringfügigen Reduzierungen und Verlagerungen von Verkehrsaufkommen. Es ist deshalb davon auszugehen, daß Investitionsentscheidungen im Verkehrswegebau - außer denen, die direkt mit dem GVZ zusammenhängen und explizit berücksichtigt werden - nicht betroffen sind. Bei den Ausgaben für die vorgehaltene Verkehrswegekapazität kommt es deshalb zu keinen Änderungen. Relevant für die Bewertung der Effekte des GVZ sind lediglich die Grenzkosten der Benutzung der Verkehrswege, die der öffentlichen Hand entstehen (vgl. auch Holocher, 1988, S. 44f). Der Anteil der Grenzkosten an den Gesamtkosten beträgt für Nutzfahrzeuge des Güterverkehrs durchschnittlich 21 % und bei Güterzügen der Bahn 3 % der gesamten Wegekosten (vgl. Arbeitsgruppe Wegekosten, 1969, S. 116, Tab. 19, S. 111, Tab. 16 b).

Tabelle 44: Aktualisierung der Wegekostenberechnung des DIW für den Straßenverkehr

	Einheit	1991	1994
Bruttoanlagevermögen	Mio. DM	662.469	697.463
Kapitalkosten	Mio. DM	30.398	32.004
Abschreibungen	Mio. DM	14.238	14.990
kalkulatorische Zinsen	Mio. DM	16.160	17.014
laufende Kosten	Mio. DM	15.232	16.037
Unterhaltung	Mio. DM	3.392	3.571
Betrieb und Verwaltung	Mio. DM	11.840	12.465
gesamt	Mio. DM	45.630	48.040
dem Verkehr zuzurechnende Wegekosten	Mio. DM	41.080	43.250
Wegekosten der Güterkraftfahrzeuge	Mio. DM	12.994	13.680
Wegegrenzkosten der Güterkraftfahrzeuge	Mio. DM	2.729	2.873

Quellen: Heinz Enderlein/Heike Link, Berechnung der Wegekosten- und Wegeausgabendeckungsgrade für den Straßenverkehr in der Bundesrepublik Deutschland für das Jahr 1991, Gutachten im Auftrag des BMV, DIW, Berlin 1992, Übersicht 11, eigene Berechnungen.

Zur Berechnung der Änderung der Wegegrenzkosten wird auf die letzte Wegekostenstudie des DIW zurückgegriffen. Der genaue Anteil der Grenzkosten an den Gesamtkosten ändert sich von Jahr zu Jahr insbesondere durch schwankende Jahresfahrleistungen. Die Größenordnung des Anteils liegt zwischen 10 % und 30 % (vgl.

Aberle, 1992, S. 20). Deshalb wird hier das Ergebnis der Untersuchung der Arbeitsgruppe Wegekosten (1969, S. 116) in Höhe von 21 % der Gesamtkosten zugrundegelegt. Die Aktualisierung der Wegekosten erfolgt in Tabelle 44 entsprechend dem Anstieg des Werts des Bruttoanlagevermögens in Straßen und Brücken (BMV, 1995a, S. 35).

Tabelle 45: Einsparung bei den Wegegrenzkosten des Straßenverkehrs durch das GVZ

Wegekosten der Güterkraftfahrzeuge	Mio. DM	13.680
Wegegrenzkosten des Güterverkehrs	Mio. DM	2.873
Fahrleistung der Güterkraftfahrzeuge	Mio. km	60.400
spezifische Wegekosten	DM/km	0,226
spezifische Wegegrenzkosten	DM/km	0,048
eingesparte Verkehrsleistung	tsd. km	-23.039
eingesparte Wegekosten	tsd. DM	-5.218
eingesparte Wegegrenzkosten	tsd. DM	-1.096

Quellen: Bundesminister für Verkehr (Hrsg.), Verkehr in Zahlen 1995, verantwortlich für den Inhalt: DIW, 24. Jg., Berlin, September 1995, S. 35, 159, eigene Berechnungen.

Die eingesparten Wegegrenzkosten der Benutzung betragen gemäß Tabelle 45 1,1 Mio. DM. Zum Vergleich werden auch die Gesamtkosten ausgewiesen.

Im Bereich der Bahn umfaßt das öffentliche Verkehrsinfrastrukturkapital nicht nur die ortsfesten Wege und Umschlaganlagen, sondern auch Verkehrsmittel, Personal und Organisation. Da es sich bei der Bahn um ein öffentliches Unternehmen handelt, müßten nicht nur die Grenzkosten der Wegebenutzung, sondern des gesamten Betriebs in die Kosten-Nutzen-Analyse eingehen. Problematisch ist die Frage, welchen Status die Bahn zukünftig haben wird. Im Zuge der Bahnreform sind entscheidende Änderungen eingetreten und noch geplant. Mit Gründung der DB AG zum 1.1.1994 ist eine rechnerische und organisatorische Trennung von Betrieb und Netz erfolgt. Nach Gründung getrennter Betriebsgesellschaften für den Personennah-, Personenfern-, Güterverkehr und einer Fahrweg AG, in die das Schienennetz innerhalb einer DB-Holding eingebracht werden wird, soll im Jahr 2002 mit Auflösung der Holding eine echte institutionelle Trennung zwischen Netz und Betrieb erfolgen. Das Schienennetz steht seit Anfang Juli 1994 auch Dritten offen, die die Schienentrassen der DB AG entgeltlich nutzen können.

Während für die Fahrweg AG auch zukünftig eine staatliche Mehrheitsbeteiligung vorgesehen ist, können die Verkehrsbetriebsgesellschaften auch materiell privatisiert werden (vgl. Aberle, 1996, S. 127-133, BMV, 1995b). Mit der Öffnung des Netzzugangs für Dritte könnte der GVZ-bedingte zusätzliche Schienentransport auch von anderen Unternehmen als der DB AG durchgeführt werden. Es wird deshalb davon ausgegangen, daß der Schienenverkehrsbetrieb von privaten Unternehmen übernommen wird, deren Nutzen über die Zahlungsbereitschaft für die Infrastrukturnutzung internalisiert ist, und diese Untersuchung wird sich auf die Betrachtung der Wegekosten beschränken.

Tabelle 46: Aktualisierung der Wegekostenberechnung des DIW für den Schienenverkehr

	Einheit	1987	1994
Bruttoanlagevermögen	Mio. DM	126.102	191.867
Kapitalkosten	Mio. DM	5.448	8.289
Abschreibungen	Mio. DM	2.940	4.473
kalkulatorische Zinsen	Mio. DM	2.508	3.816
laufende Kosten	Mio. DM	4.331	6.590
Unterhaltung	Mio. DM	2.044	3.110
Betrieb und Verwaltung	Mio. DM	2.287	3.480
gesamt	Mio. DM	9.779	14.879
Wegekosten des Güterverkehrs	Mio. DM	5.625	8.559
Wegegrenzkosten des Güterverkehrs	Mio. DM	169	257

Quellen: Heinz Enderlein/Uwe Kunert, Berechnung der Kosten und der Ausgaben für die Wege des Eisenbahn-, Straßen-, Binnenschiffs- und Luftverkehrs in der Bundesrepublik Deutschland für das Jahr 1987, Gutachten im Auftrag des BMV, DIW, Berlin 1990, Übersicht 5, S. 71, eigene Berechnungen.

Die Ermittlung der Änderung der Wegekosten für das Schienennetz in Tabelle 46 orientiert sich ebenfalls an den Berechnungen des DIW (vgl. Enderlein/Kunert, 1990), in denen ein Bruttoanlagevermögen von 126 Mrd. DM zugrundegelegt worden ist und wird entsprechend des Anstiegs des Bruttoanlagevermögens bis 1994 aktualisiert (vgl. BMV, 1995a, S. 39).

Tabelle 47: Änderungen der Wegekosten des Schienennetzes durch das GVZ

Wegekosten des Güterverkehrs	Mio. DM	8.559
Wegegrenzkosten des Güterverkehrs	Mio. DM	257
Transportleistung des Güterverkehrs	Mio. tkm	71.100
spezifische Wegekosten	DM/tkm	0,120
spezifische Wegegrenzkosten	DM/tkm	0,004
zusätzliche Transportleistung durch das GVZ	tsd. tkm	57.994
zusätzliche Wegekosten	tsd. DM	6.981
zusätzliche Wegegrenzkosten	tsd. DM	209

Quellen: Bundesminister für Verkehr (Hrsg.), Verkehr in Zahlen 1995, verantwortlich für den Inhalt: DIW, 24. Jg., Berlin, September 1995, S. 39, 225, eigene Berechnungen.

Gemäß Tabelle 47 führt die GVZ-bedingte Verlagerung von Fernverkehr auf die Eisenbahn zu einem Anstieg der Grenzkosten der Schienenwegebenutzung um 209.000 DM im Jahr.

3.2.4.6 Sonstige verkehrliche Wirkungen

Neben den oben behandelten Luftschadstoff- und Lärmemissionen erzeugt der Verkehr weitere externe Effekte durch Emissionen in Böden und Gewässer sowie Trennwirkungen. Ablagerungen von Reifen- und Bremsabrieb, Schmierstoffen, Kraftstoffen und Streusalz auf Fahrbahnen und Rändern gelangen in Böden und Gewässer und können die Vegetation schädigen. Mit dem Regenwasser werden die Schadstoffe in das Grundwasser geleitet, so daß sie über die Nahrungsaufnahme zu Schäden an der menschlichen Gesundheit führen können (vgl. Glaser, 1992, S. 164f, Dogs/Platz, 1991, S. 4-1). Durch die Elektrifizierung sind derartige Belastungen bei der Bahn weitgehend ausgeschaltet worden, entlang der Gleise kommt es allerdings zum Einsatz von Pestiziden (vgl. Bickel/Friedrich, 1995, S. 81).

Das GVZ bewirkt eine Reduzierung des Kraftfahrzeugverkehrs und somit einen Rückgang dieser Schäden mit Ausnahme der Streusalzbelastung, da es durch die relativ geringe Reduzierung des LKW-Verkehrs zu keiner Senkung des Streusalzeinsatzes kommen wird. Dogs/Platz (1991, S. 4-2f) bewerten die Schäden der Emissionen in Böden und Gewässer über den Vermeidungskostenansatz, indem die hypothetischen Reinigungskosten für das Abwasser der gesamten deutschen Straßenfläche berechnet werden. Abgesehen von den grundsätzlichen Zweifeln, die der Berechnung hypothetischer Vermeidungskosten entgegenzubringen sind, ist eine fahrleistungsabhängige Berechnung der Kosten mit diesem Ansatz nicht möglich. Teufel u.a. (1994, S. 27f) bewerten bei der Wasserbelastung nur Schäden, die durch Streusalz verursacht werden. Da im Bewertungsverfahren zum BVWP Schäden aus Schadstoffimmissionen in Boden und Gewässer nicht berücksichtigt werden (vgl. Planco, 1993, S. 47) und keine geeigneten Schadenskostensätze vorliegen (vgl. auch Bickel/Friedrich, 1995, S. 83), wird hier auf eine Bewertung verzichtet.

Für die Anwohner von Straßen bewirkt der Kraftfahrzeugverkehr eine Trennwirkung, da sie die Verkehrswege nicht ungehindert überqueren können. Durch die Errichtung eines GVZ können Trennwirkungen auf den Zufahrtsstraßen zum GVZ entstehen oder verstärkt werden. Die Verkehrsströme auf den GVZ-Zufahrtswegen sind bereits im Zusammenhang mit der Bewertung der Lärmbelastung ermittelt worden (vgl. Tabelle 33). Im Rahmen des Bewertungsverfahrens zum BVWP werden die Kosten der Trennwirkung über die Zeitverluste aus Warte- und Umwegzeiten ermittelt. Der Ansatz unterstellt für Stadtautobahnen sowie mehr- und einspurige Innerortsstraßen mit einer durchschnittlichen täglichen Verkehrsmenge von mehr als 13.000 Fahrzeugen einen von der Verkehrsmenge unabhängigen pauschalen Zeitverlust (vgl. Planco, 1993, S. 163). Da die vom GVZ-Zufahrtsverkehr betroffenen Straßen gemäß Tabelle 33 eine Grundbelastung von über 13.000 Fahrzeugen täglich aufweisen, ergeben sich hier keine bewertungsrelevanten Änderungen. Die Verkehrsreduzierungen auf anderen Strecken werden als zu geringfügig erachtet, als daß sich hieraus Änderungen der Trennwirkung ergeben könnten.

3.2.5 Betriebsbedingte externe Effekte

Vom Betrieb der Transportunternehmen und dem KLV-Terminal können Emissionen von Lärm, Luftschadstoffen und Belastungen von Grundwasser und Boden durch feste und flüssige Schadstoffe wie Reifen- und Bremsabrieb oder Mineralölkohlenwasserstoffe ausgehen. Bei den dadurch entstehenden Schäden handelt es sich um negative externe Effekte, die in der Kosten-Nutzen-Analyse berücksichtigt werden müssen. Luftschadstoffemissionen entstehen durch den Betrieb von Umschlag- und Beförderungsgerät. Eine Änderung gegenüber der Situation ohne GVZ ergibt sich durch die Zunahme der Umschlagvorgänge des KLV infolge der Verlagerung von Transportaufkommen von der Straße auf die Schiene. Die Umschlagvorgänge erfordern einen zusätzlichen Energieeinsatz, der Luftschadstoffemissionen zur Folge hat. Da im GVZ Großbeeren ein KLV-Umschlagbahnhof mit einer Hochleistungskrananlage gebaut wird (vgl. Baier-Fuchs, 1996), wird davon ausgegangen, daß der zusätzliche Umschlag vollständig mit elektrisch betriebenen Portalkränen erfolgt. Der Endenergieverbrauch elektrisch betriebener Umschlaganlagen beträgt 0,9 kWh je umgeschlagene Tonne (vgl. Hopf u.a., 1994, S. 393). Das GVZ bewirkt eine Verlagerung von 168.000 t Transportaufkommen von der Straße auf die Schiene (vgl. Anhang 4), so daß sich ein Mehrverbrauch von 151.200 kWh ergibt. Zur Ermittlung der externen Kosten der Luftschadstoffemissionen wird hier auf die Emissionsfaktoren des Zugbetriebs mit Elektrotraktion (vgl. Tabelle 21) zurückgegriffen. Dabei ist zu berücksichtigen, daß die DB AG 82 % ihrer elektrischen Energie aus eigenen Kraftwerken und 18 % aus Kraftwerken der öffentlichen Versorgung bezieht. In Tabelle 48 werden die Gesamtemissionen durch den gestiegenen KLV-Umschlag ermittelt.

Tabelle 48: Luftschadstoffemissionen durch zusätzlichen KLV-Umschlag

		VOC	CO	NO_x	Partikel	SO_2	CO_2
Emissionsfaktoren	g/kWh	0,02	0,09	1,84	0,06	1,21	578,5
GVZ-bedingte Emissionsänderung							
gesamt	kg	3,0	13,3	278,6	9,3	183,6	87.475
innerorts	kg	1,5	6,7	139,3	4,7	91,8	-
Toxizitätsfaktoren							
Mensch		500	1	200	100	100	-
Material		500	1	200	100	100	-
Vegetation		500	1	333	100	125	-
mit Toxizitätsfaktoren gewichtete Emissionsänderung							
Mensch	kg	756	6,7	27.857	467	9.182	-
Material	kg	1.512	13,3	55.714	934	18.364	-
Vegetation	kg	1.512	13,3	92.857	934	22.955	-

Quellen: Rainer Hopf u.a., Verminderung der Luft- und Lärmbelastungen im Güterfernverkehr 2010, Umweltforschungsplan des Bundesministers für Umwelt, Naturschutz und Reaktorsicherheit, Forschungsvorhaben Nr. 10405962, im Auftrag des UBA, bearbeitet durch DIW, IFEU, IVU/HaCon, Berlin 1994, S. 300, 374, Planco Consulting GmbH, Modernisierung von Methoden der

BVWP, Gutachten im Auftrag des BMV, FE-Nr. 90298/90, Schlußbericht, Essen 1991, S. 54, eigene Berechnungen.

Tabelle 49: Bewertung der Emissionsänderung durch KLV-Umschlag

	Emissions-änderung gesamt in t	Spezifische Schadens-kosten in DM/t	Schadens-kosten gesamt in DM
Mensch	38,3	36,63	1.402
Material	76,5	4,34	332
Vegetation	118,3	2,63	311
CO_2-Emissionsänderung	87,5	45,08	3.943
gesamt			5.989

Quelle: eigene Berechnungen.

In Tabelle 49 werden die zusätzlich entstehenden externen Kosten entsprechend dem Schadenskostenansatz für die Verkehrsleistungen (vgl. Kapitel 3.2.4.2.3) berechnet. Pro Jahr ergeben sich zusätzliche Schadenskosten in Höhe von 5.989 DM. Wegen des geringen Umfangs der Änderung der Schadenskosten durch den erheblichen zusätzlichen KLV-Umschlag kann auf die Bewertung anderer Änderungen beim Güterumschlag, z.B. durch Rationalisierungen innerhalb von Speditionsbetrieben, die vergleichsweise wesentlich geringfügiger ausfallen werden, verzichtet werden.

Zur Bewertung relevanter Änderungen der Lärmbelastung müssen die Immissionen ermittelt werden. Dabei stellt sich die Frage, inwiefern von den Unternehmen der Transportwirtschaft beim Betrieb relevante Lärmemissionen ausgehen. Die wichtigste Lärmquelle von Transportunternehmen sind im allgemeinen die an- und abfahrenden Fahrzeuge, die bereits in Kapitel 3.2.4.3.2 berücksichtigt worden sind. Weitere Lärmemissionen können sich durch Umschlagarbeiten ergeben. Während die Verkehrsbetriebe in der Situation ohne GVZ im Berliner Stadtgebiet bzw. Umland verstreut angesiedelt sind, führt das GVZ zu einer Konzentration der Betriebe, so daß der negativ beeinflußte Bereich kleiner wird. Da keine Informationen oder Annahmen über die Altstandorte der zukünftigen GVZ-Nutzer vorliegen, ist eine Quantifizierung dieses Effektes nicht möglich. Er wird jedoch auch als äußerst gering eingeschätzt, da von den Umschlagtätigkeiten keine großen Lärmbelästigungen zu erwarten sind.[161] Bezüglich der Belästigung der Wohnbevölkerung in der Umgebung des GVZ Großbeeren ist festzuhalten, daß das Gelände im Südosten durch die Bundesstraße 101 vom Siedlungsgebiet der Gemeinde Großbeeren getrennt wird, das durch einen Lärmschutzwall von der Umgehungsstraße abgeschirmt werden wird und nur im Norden direkt an ein Wohngebiet grenzt. Zur Vermeidung von Lärmbelastungen werden in unmittelbarer Nähe zum Siedlungsgebiet Betriebe mit geringen Schallemissionen - d.h. vor allem, die nicht im Nachtschichtbetrieb arbeiten -

161 Zu diesem Ergebnis führte ein Besuch der Garonor-Anlage bei Paris.

angesiedelt.[162] Lärmbelastungen des Betriebs werden deshalb nicht explizit berücksichtigt.

Durch den Betrieb von Fahrzeugen und Umschlaggerät und besonders bei der Wartung, Reparatur, Betankung, Pflege und bei Unfällen kann es zum Austritt von diversen festen und flüssigen Schadstoffen kommen, die Boden, Oberflächen- und Grundwasser schädigen können (vgl. Emch und Berger, 1995, S. 26-28). Durch geeignete Vorbeugungsmaßnahmen insbesondere Entsorgung und Reinigung von Regen- und Schmutzwasser werden Schäden weitgehend vermieden, so daß die Kosten über Erschließungsausgaben und Abwassergebühren als internalisiert gelten können. Weitergehende Schäden, die durch die Versiegelung von Flächen entstehen, werden in Kapitel 3.2.6.1 bewertet.

3.2.6 Externe Effekte der Anlagen

Neben den externen Effekten, die sich aus dem Betrieb und dem Verkehrsaufkommen ergeben, gehen auch von den Anlagen des GVZ selbst externe Effekte aus (vgl. Emch und Berger, 1995, S. 19), die dadurch entstehen, daß (vgl. Dornier, 1993a, 74-77)

- Flächen versiegelt werden,
- das Landschaftsbild verändert wird und
- Speditionsanlagen aus innerstädtischen Standorten abwandern.

Die Veränderung des Landschaftbildes ist ein externer Effekt des GVZ, der in der Kosten-Nutzen-Analyse zu berücksichtigen ist. Es handelt sich dabei jedoch um einen intangiblen Effekt, dessen Wirkung sich nicht präzise quantifizieren und monetär bewerten läßt. Der Flächenverbrauch durch das GVZ ist grundsätzlich nicht explizit in die Kosten-Nutzen-Analyse einzubeziehen. Der Ressourcenverbrauch an Grundfläche geht über den Kaufpreis für das Grundstück ein. Darüber hinaus können jedoch externe Effekte vorliegen, wenn die Bebauung der Fläche zu Schäden oder Beeinträchtigungen von Flora, Fauna, Wasserhaushalt oder Klima führt.

Weiterhin kann ein Nutzenzuwachs durch die freiwerdenden Altstandorte der umgesiedelten Betriebe entstehen, die zukünftig für andere Nutzungen zur Verfügung stehen. Treten für die freiwerdenden Grundstücke der GVZ-Ansiedler Nachfrager mit einer höheren Zahlungsbereitschaft als Transportunternehmen, wie z.B. Bauherren von Wohnungen, Büros oder verarbeitendes Gewerbe auf, wird es zu einem Anstieg der Grundstückspreise kommen. Den Grundstückseigentümern fließt dadurch eine höhere Produzentenrente zu, die einen Nutzenzuwachs darstellt. Wenn die Zahlungsbereitschaft nachfolgender Nutzer signifikant über der Nutzeneinschätzung der heute dort ansässigen Transportunternehmen liegt, geben die Transportunternehmen ihre Grundstücke auf und ziehen an einen Standort mit geringeren Grundstückspreisen. Über die Grundstückspreise ist dieser Nutzen allerdings bereits internalisiert und in der Kosten-Nutzen-Analyse nicht extra zu berücksichtigen.

Ein weiterer Vorteil der Verlagerung von Transportunternehmen in ein GVZ wird darin gesehen, daß der stadtplanerische Handlungsspielraum zunimmt (vgl. Dornier, 1993a, S. 76). Im Zuge der Planung eines GVZ in Hamburg wird der Verlagerung

---

162 Angaben von Hans Friedrich Rockstuhl, LEG Brandenburg, Gespräch am 20.11.1995.

von Speditionen aus zentralen Stadtlagen in Hammerbrook und Hamm-Süd in das geplante GVZ in Billwerder von einigen Behörden (Teile der Baubehörde und Stadtentwicklungsbehörde[163]) eine große Bedeutung beigemessen. Büros und Wohnungen sollen auf den freiwerdenden Flächen der Speditionen entstehen. Es stellt sich die Frage, ob dieser kommunale Gestaltungsfreiraum einen gesellschaftlichen Nutzen darstellt. Der Nutzen für die Gesellschaft kann nicht im Planungsspielraum an sich liegen, sondern lediglich in ihrem Resultat. Durch den Planungsspielraum kann eine Nutzungsmischung erzeugt werden, die den Bürgern einen höheren Nutzen stiftet als die frühere. Dabei geht es an dieser Stelle nicht um die Bewertung reduzierter Lärm- und Schadstoffemissionen, auf die bereits eingegangen worden ist. Eine veränderte Nutzungsmischung kann positive externe Effekte bewirken, wie z.B. eine als angenehm empfundene belebte Einkaufsstraße oder eine optisch als reizvoll angesehene Umgebung. Bei diesen Nutzenelementen handelt es sich um intangible Effekte, die sich lediglich qualitativ bewerten lassen.

In einigen Wirtschaftsräumen streben die für die GVZ-Planung zuständigen Behörden eine kompaktere Ansiedlung der Betriebsanlagen[164] gegenüber dem Flächenbedarf der gleichen Anlagen ohne GVZ an, um einen Vorteil aus dem geringeren Flächenverbrauch zu ziehen. Ein gesamtwirtschaftlicher Nutzen könnte darin insofern bestehen, als daß die negativen externen Effekte, die mit der Bebauung und Versiegelung von naturbelassener oder naturnaher Bodenfläche verbunden sind, entsprechend geringer ausfallen würden. Damit wird allerdings unterstellt, daß ein Flächenbedarf in Größe der Altstandorte der zukünftigen GVZ-Ansiedler besteht, der bei Nichterrichtung des GVZ durch neu erschlossenes Land gedeckt würde. Diese Annahme ist insofern schlüssig, als daß im Rahmen dieser Arbeit kein Rückgang der Grundstückspreise bei Aufgabe der Altstandorte erwartet wird, da eine ausreichend große Nachfrage angenommen wird. Der Vorteil einer kompakteren Ansiedlung fließt jedoch automatisch in die Bewertung ein, wenn die externen Kosten des Flächenverbrauchs (negativ) berücksichtigt werden, da ihre Höhe von der Flächengröße bestimmt wird, die durch die Verdichtung entsprechend kleiner ausfällt. Im übrigen spielt die Zielsetzung der Verdichtung beim GVZ Berlin-Großbeeren keine Bedeutung, da in Brandenburg ausreichend Flächen vorhanden sind (vgl. Ministerium für Wirtschaft, Mittelstand und Technologie des Landes Brandenburg, 1995, S. 60).

3.2.6.1 Ökologische Kosten des Flächenverbrauchs

Negative externe Effekte durch den Flächenverbrauch entstehen durch die Versiegelung von Flächen, die zu einer Einschränkung des Lebensraumes von Tieren und Pflanzen sowie einer negativen Beeinflussung des Wasserkreislaufs und der lokalen Klimaregulation führen (vgl. Bickel/Friedrich, 1995, S. 83f, Dogs/Platz, 1991, S. 8-7). Die Quantifizierung und Bewertung der dabei entstehenden Kosten ist schwierig, da

---

163 Angaben von Heinz Bredehöft, Freie und Hansestadt Hamburg, Behörde für Stadtentwicklung, Gespräch am 18.1.1995.

164 Die Realisierung der vorliegenden Planungen für das GVZ Köln-Eifeltor und des GVZ Hamburg-Moorfleet würde zu einer Verdichtung führen; in Bremen und den Planungen für die neuen Bundesländer wurde keine Verdichtung erreicht.

für die betroffenen Güter keine Marktpreise vorliegen, so daß meist auf Kosten für Ausgleichsmaßnahmen zurückgegriffen wird (vgl. Bickel/Friedrich, S. 86).

Bei der Errichtung von GVZ müssen in Deutschland ökologische Ersatz- und Ausgleichsmaßnahmen durchgeführt werden. Das Bundesnaturschutzgesetz verlangt „vermeidbare Beeinträchtigungen von Natur und Landschaft zu unterlassen sowie unvermeidbare Beeinträchtigungen innerhalb einer zu bestimmenden Frist durch Maßnahmen des Naturschutzes und der Landschaftspflege auszugleichen" (§ 8 Abs. 2 BNatSchG). Mit einer Änderung des Bundesnaturschutzgesetzes von 1993 ist die Durchführung ökologischer Ersatz- und Ausgleichsmaßnahmen bei der Aufstellung, Änderung oder Ergänzung von Bebauungsplänen bundesweit verbindlich vorgeschrieben worden (siehe § 8a Abs. 1 Satz 1 BNatSchG). Sind die vorzunehmenden Eingriffe nicht ausgleichbar oder vorrangig, fordert das Gesetz Ersatzmaßnahmen, die nicht näher bestimmt werden. Das Gesetz unterscheidet vier Möglichkeiten, um negative Umweltwirkungen zu begrenzen (siehe § 8 Abs. 2, 3, 9 BNatSchG):

- die Vermeidung durch Verzicht auf den Eingriff,
- die Verminderung der negativen Auswirkungen auf die Natur durch geeignete Maßnahmen, wie beispielsweise die Verwendung wasserdurchlässiger Bodenbeläge zur Verminderung der Flächenversiegelung,
- den Ausgleich von Eingriffen, die nicht vermieden oder vermindert werden können durch Maßnahmen, die die Qualität des Naturhaushaltes ausgleichen, d.h. die ökologische Aufwertung benachbarter Flächen oder
- der Ersatz für Eingriffe, die nicht ausgeglichen werden können, da in Nachbarschaft oder in Zusammenhang mit dem Eingriff keine Ausgleichsmöglichkeiten bestehen, indem neue ökologisch wertvolle Flächen angelegt werden.

Tabelle 50: Flächengröße und Ausgaben für ökologische Ersatz- und Ausgleichsmaßnahmen in verschiedenen GVZ

GVZ	Ersatz- und Ausgleichsflächen in ha	GVZ-Gesamtfläche in ha	Anteil an der Gesamtfläche in %	Ausgaben (ohne Flächenankauf) in Mio. DM	Ausgaben pro qm Ausgleichsfläche in DM/qm
Großbeeren	97	329	29	8,50	8,76
Bremen	185	364	51	28,69	15,51
Erfurt	70	340	21	12,00	17,14
Kassel	27	94	28	k.A.	k.A.
Leipzig	112	414	27	k.A.	k.A.
Magdeburg	38	106	36	5,70	15,00
Rostock	70	170	41	1,50	2,14

Quellen: für Bremen: Haller, Frank, Regionalwirtschaftliche Effekte des Güterverkehrszentrums in Bremen, in: Traffic Networks 93. Güterverkehrszentren, City-Logistik, Datenkommunikation, Kongreß am 22. und 23. Juni 1993, Congress Centrum Bremen, hrsg. v. KPS Messe- und Ausstellungs GmbH, Bremen, S. 4 und Statistisches Bundesamt (Hrsg.), Fachserie 17, Reihe 4, Wiesbaden, Mai 1994, S. 37, für Erfurt: Angaben von Albin Wolff, GVZ-

Entwicklungsgesellschaft mbH Thüringen, Gespräch am 27.11.1995, für Großbeeren: Angaben von Hans Friedrich Rockstuhl, Projektleiter, Landesentwicklungsgesellschaft für Städtebau, Wohnen und Verkehr des Landes Brandenburg mbH, Gespräch am 20.11.1995, für Kassel: Angaben von Ulrich Männel, Geschäftsführer, GVZ-Entwicklungsgesellschaft Kassel mbH, Gespräch am 24.11.1995, für Leipzig: Jürgen Liebscher, Bevollmächtigter der Sachsen LB, Sachsen LB GVZ-Entwicklungsgesellschaft mbH, am 29.11.1995, für Magdeburg: Seebauer & Partner, Dr., Gesellschaft für strategische Unternehmensberatung mbH, Nutzungsstruktur Güterverkehrszentrum Magdeburg. Schlußbericht. Im Auftrag des Ministeriums für Wirtschaft, Technologie und Verkehr des Landes Sachsen-Anhalt, München o.J., S. 83, für Rostock: Angaben von Eckhard Kraatz, Projektgesellschaft Güterverkehrszentrum Rostock, Gespräch am 23.1.1995.

Mit der Errichtung von GVZ geht die Versiegelung und Bebauung großer Flächen einher, die nicht vermieden oder vermindert werden kann, so daß entsprechende Ausgleichs- und Ersatzmaßnahmen durchzuführen sind. Sofern Maßnahmen zur Verminderung der Eingriffe in die Natur durchgeführt werden, gehen diese in die Investitionskosten ein und werden über den Ressourcenverbrauch in der Kosten-Nutzen-Analyse erfaßt. In Tabelle 50 sind die Kosten für die Umgestaltung von ökologischen Ausgleichs- und Ersatzflächen für das GVZ Großbeeren und einige andere GVZ-Projekte angegeben, sie betragen für Großbeeren 8,5 Mio. DM, nach Abzug der Umsatzsteuer 7,2 Mio. DM (vgl. LEG Brandenburg, 1994, S. 55). Zu den Umgestaltungskosten kommen die Ausgaben für die Flächen, die ökologisch aufgewertet werden, in Höhe von 25 DM/qm für 97 ha abzüglich der Grunderwerbssteuer von 2 % hinzu. Die externen Kosten des Flächenverbrauchs belaufen sich damit auf 31,0 Mio. DM.

3.2.6.2 Wirkungen auf Landschaftsbild und Stadtraum

Im Falle des GVZ Großbeeren handelt es sich um einen gravierenden Eingriff in das Landschaftsbild, da zuvor landwirtschaftlich genutzte Flächen außerhalb eines Siedlungsgebietes bebaut worden. Das Gelände befindet sich westlich und nördlich der Siedlungsgebiete der Gemeinde Großbeeren und grenzt im Norden an Siedlungsgebiete der Gemeinden Teltow und Osdorf (vgl. Anhang 3). Es handelt sich vom Zuschnitt um ein 3.500 m langes und zwischen 350 und 1.800 m breites Gelände, das sich zum größten Teil zwischen der neuen Trasse der Bundesstraße 101 und den Gleisen der Bahnlinie Berlin-Leipzig erstreckt. Durch die Verkehrswege ist das Landschaftsbild von beiden Seiten bereits vorbelastet.

Eine Verbesserung der Nutzungsmischung an den Altstandorten der Speditionen könnte insbesondere dann entstehen, wenn sich einzelne Betriebsanlagen in Umgebungen mit einer anderen Nutzung befinden, die durch die Speditionen gestört wird. Zur Quantifizierung dieses Effektes wären Informationen über die Verteilung der Speditionsanlagen im Berliner Stadtgebiet und Prognosen, welche ihren Standort in das GVZ verlagern, erforderlich. Darüber liegen jedoch keine Informationen vor. Da es sich um intangible Effekte handelt, ist der Aufwand einer näheren Quantifizierung im Rahmen dieser Arbeit nicht zu rechtfertigen. Ob es über die oben explizit berücksichtigte Lärmkostenreduktion (vgl. S. 179) bei der Standortverlagerung zu weiteren erheblichen Nutzen kommt, ist fraglich. Durch die Wiedervereinigung der Berliner Stadthälften und die Entscheidung über die Verlegung des Regierungssitzes der Bundesregierung nach Berlin kommt es im Berliner Stadtgebiet zu umfangreichen baulichen Maßnahmen und Änderungen der Nutzungsstruktur in einzelnen Gebieten. Ein Siedlungsschwerpunkt von Unternehmen der Transportwirtschaft ist die Heidestraße in der Nähe des Hamburger und Lehrter Güterbahnhofs und unmittelbar nördlich des zukünftigen Regierungsviertels. Es wäre denkbar, daß eine Änderung der Nutzung dieses Gebietes einen gesellschaftlichen Nutzen stiftet.

3.2.7 Förderung von Unternehmen der Transportwirtschaft

Ein Ziel der Errichtung von GVZ ist die Verbesserung der Wettbewerbssituation mittlerer und kleinerer Unternehmen der Transportwirtschaft. Diesen Unternehmen, die einen großen Teil der Branche ausmachen, soll durch die Ansiedlung im GVZ die Möglichkeit zur Kooperation erleichtert und damit geholfen werden, sich den ändernden Marktanforderungen anzupassen und im Wettbewerb mit größeren Unternehmen zu bestehen. Die räumlich konzentrierte Ansiedlung der Logistik-Betriebe ermöglicht bzw. erleichtert ihnen die Kooperation bei der Erstellung von Transportleistungen, so daß das Leistungsspektrum erweitert und qualitativ verbessert werden kann. Anlagen können gemeinsam genutzt werden, wie z.B. Abstellflächen für LKW, PKW und Behälter, Fördertechnik, Umschlaganlagen, Speziallager, Werkstatt und Waschanlage. Damit wird die Vorhaltung dieser Anlagen bei den einzelnen Betrieben überflüssig, und die Kosten ihrer Nutzung können gesenkt werden. Weitere potentielle Einsparungsmöglichkeiten durch Kooperation bestehen in den Bereichen Personaleinsatz sowie Beschaffung von Material und Dienstleistungen. Dies kann den Büromaterialeinkauf, die Gebäudereinigung, den Brandschutz, den Sicherheitsdienst, einen Gefahrgutbeauftragten und die DV-Vernetzung umfassen. Die DV-Vernetzung erschließt weitere Kooperationsfelder und spart Kosten bei der Informationsübermittlung ein. Kooperationen können auf bilateraler Ebene ablaufen oder von einer GVZ-Entwicklungsgesellschaft initiiert und koordiniert werden. Den Kosteneinsparungen durch Kooperation stehen die Kosten der Koordinationsleistung in den Unternehmen bzw. in der GVZ-Entwicklungsgesellschaft entgegen (vgl. Dornier, 1993a, S. 88-90). Neben Verbesserungen der Leistungen und Kosteneinsparungen können die höhere Qualität der Infra- und Suprastruktur sowie ein positives Image des GVZ den Nutzern Vorteile verschaffen, indem sie eine bessere Markterschließung ermöglichen und zu überproportionalen Umsatzsteigerungen führen (vgl. Dornier, 1993a, S. 92).

Die allokative Wirkung der Kooperationen besteht in einem effizienteren Einsatz der Produktionsfaktoren im Produktionsprozeß der Unternehmen, die sich im GVZ ansiedeln. Da die Produkte der Transportunternehmen über Märkte gehandelt werden, werden die Vorteile internalisiert und müssen im Rahmen der Kosten-Nutzen-Analyse nicht explizit berücksichtigt werden. Sofern solche Effekte antizipiert werden können, fließen sie bereits in die Zahlungsbereitschaft der Nutzer für die Ansiedlung im GVZ ein. Da die Verbesserung der Faktoreinsatzmöglichkeiten auf eine ganz bestimmte Gruppe von Unternehmen abzielt - kleine und mittlere Unternehmen der Transportwirtschaft -, beinhaltet sie neben der allokativen auch eine distributive Wirkung (vgl. dazu Kapitel 3.3.1).

Die verladende Wirtschaft, d.h. die Unternehmen, die Aufträge an die Logistik-Unternehmen im GVZ vergeben, könnten von dem GVZ profitieren, wenn ihnen ein erweitertes und verbessertes Leistungsangebot zur Verfügung steht und die bei ihnen anfallenden Logistikkosten sinken (vgl. Dornier, 1993a, S. 93-98). Die Entstehung dieses Effektes hängt nicht allein mit der Errichtung des GVZ zusammen, sondern in entscheidendem Maß von der konkreten Ausgestaltung der Zusammenarbeit der beteiligten Unternehmen. Auch dieser Effekt ist nicht bewertungsrelevant. Es handelt sich hierbei ebenfalls um einen Sekundäreffekt in einem nachgelagerten Markt, dessen Nutzeneinschätzung sich in der Zahlungsbereitschaft der Unternehmen für eine Ansiedlung im GVZ niederschlägt.

3.2.8 Raumstrukturelle Effekte

Im Zusammenhang mit Verkehrswegeinvestitionen konzentriert sich das Interesse an raumstrukturellen Effekten auf die Verbesserung der Erreichbarkeitsverhältnisse von Regionen oder Betrieben und auf die Beschäftigungswirkung (vgl. Aberle, 1996, S. 415f., Moosmayer, 1994, S. 286f). Im Bewertungsverfahren zum BVWP werden unter der Nutzenkomponente Erreichbarkeit Zeitersparnisse von Transportdauerverkürzungen bewertet (vgl. Planco, 1993, S. 29f). Eine Verbesserung der Erreichbarkeit im Sinne von Zeitersparnissen durch die Nutzung neuer Verkehrswege ergeben sich durch ein GVZ nicht. Zeitersparnisse für Nutzer des GVZ sind über die Zahlungsbereitschaft für die Ansiedlung im GVZ internalisiert und nicht extra zu berücksichtigen. Die Schaffung von Arbeitsplätzen durch direkte und indirekte wirtschaftliche Impulse gehört zu den Zielen, die mit der Errichtung von GVZ verfolgt werden. Beschäftigungswirkungen können auf zwei verschiedene Weisen entstehen:

- durch private und öffentliche Investitionen für den Bau des GVZ sowie der Speditionsanlagen und
- während der Nutzungsphase durch die Ansiedlung von Unternehmen im GVZ und in seiner Umgebung. Die günstige Lage und gute infrastrukturelle Ausstattung des Standortes sollen Unternehmen dazu bewegen, sich im GVZ oder in unmittelbarer Nähe anzusiedeln. Durch das Angebot an logistischen Dienstleistungen im GVZ können weitere Unternehmen angezogen werden, sich im Umkreis des GVZ anzusiedeln, wie z.B. distributionsintensive Nahrungs- und Genußmittelhersteller oder Handelsunternehmen. Dies ist im Falle des GVZ Bremen zu beobachten.[165]

Bei der Bewertung von Beschäftigungseffekten ist zu beachten, daß sowohl allokative als auch distributive Nutzenkomponenten auftreten. Ein allokativer Nutzen durch Beschäftigung entsteht dann, wenn ein neuer Arbeitsplatz mit einem Arbeitslosen besetzt wird. Häufig handelt es sich bei neu geschaffenen Arbeitsplätzen lediglich um eine räumliche Umverteilung von Beschäftigung. Da in Deutschland regional unterschiedliche strukturelle Unterbeschäftigung herrscht, kann jedoch auch die Um-

---

165 Angaben von Heinrich Möller, Wirtschaftsförderungsgesellschaft der Freien Hansestadt Bremen mbH, Gespräch am 6.12.1994.

verteilung von Arbeitsplätzen einen allokativen Nutzen haben (vgl. Planco, 1993, S. 38, 44f). Während in einer strukturschwachen Region beschäftigungslose Arbeitskräfte eingesetzt werden, werden in Gebieten mit Vollbeschäftigung die Arbeitskräfte aus einer anderen Verwendung abgezogen. Der gesamtwirtschaftliche Vorteil entspricht der Differenz zwischen den Opportunitätskosten der Arbeit in der wirtschaftlich stärkeren und schwächeren Region. Der distributive Effekt von Beschäftigung besteht in der regionalen Verteilung von Arbeitseinkommen. Darauf wird in Abschnitt 3.3.1 eingegangen.

3.2.8.1 Der Bewertungsansatz für Beschäftigungseffekte

Durch den Bau des GVZ werden Arbeitskräfte gebunden, deren Entlohnung im Rahmen der Bewertung des Ressourcenverzehrs in die gesamtwirtschaftlichen Kosten des Projektes eingeht. Im Falle von Unterbeschäftigung liegen die gesamtwirtschaftlichen Kosten der Arbeit unterhalb der gezahlten Faktorentlohnung. Für Arbeitskräfte, die ohne das Projekt arbeitslos geblieben wären, müssen dann entsprechend niedrigere Schattenpreise für die Arbeit angesetzt werden (vgl. dazu S. 88). Für die Quantifizierung dieses Beschäftigungseffektes ist zu berücksichtigen, daß immer nur ein Teil der neu eingestellten Arbeitskräfte aus der Gruppe der zuvor Arbeitslosen stammt, während der andere Teil aus ihrer bisherigen Beschäftigung abgezogen wird (vgl. Mishan, 1988, S. 326-329, Haveman/Krutilla, 1968, S. 70). Wie groß der Anteil der Arbeitslosen an der Gesamtheit der neu Beschäftigten ist, hängt von der Arbeitslosenquote und dem durch die zusätzliche Nachfrage verursachten Anstieg des Faktorpreises ab. Ein weiteres Problem der Quantifizierung des Beschäftigungseffektes ist die Frage, wie lange eine Arbeitskraft ohne das öffentliche Projekt tatsächlich beschäftigungslos geblieben wäre (vgl. Andel, 1977, S. 492). Haveman/Krutilla (1968, S. 70-85) haben einen Versuch unternommen, Beziehungen zwischen den Ausgaben für ein öffentliches Projekt, der Unterbeschäftigungsquote und dem Anstieg der Faktorentlohnung für Kapital und Arbeit zu ermitteln. Das Verfahren basiert jedoch weder auf theoretisch noch auf empirisch fundierten Beziehungen zwischen Arbeitslosenquote und der Wahrscheinlichkeit der Beschäftigung ansonsten Arbeitsloser.

Weiterhin stellt sich das Problem, einen geeigneten Angebotspreis für die ansonsten Arbeitslosen zu bestimmen. Die Opportunitätskosten des Einsatzes eines Arbeitslosen bestehen für den Zeitraum, in dem der Beschäftigte arbeitslos geblieben wäre, lediglich aus dem entgangenen Nutzen, der ihm aus dem Verzicht auf Freizeit entsteht, und dem Arbeitsleid (vgl. Drèze/Stern, 1987, S. 395, Andel, 1977, S. 492), und sind geringer als der gezahlte Marktpreis für die eingesetzte Arbeit (vgl. Haveman/Krutilla, 1968, S. 65). Für den Fall, daß Arbeitslosengeld oder Arbeitslosenunterstützung gezahlt werden, betragen die Opportunitätskosten die Differenz zwischen dem minimalen Arbeitslohn, bei dem ein Arbeitsloser bereit wäre, in der betreffenden Industrie zu arbeiten und dem Arbeitslosengeld. Schwierigkeiten entstehen dadurch, daß von individuell sehr unterschiedlichen Präferenzen bezüglich Freizeit und Arbeitsleid auszugehen ist (vgl. Mishan, 1988, S. 69-71, Pearce/Nash, 1981, S. 108). Es zeigt sich, daß die Quantifizierung der Beschäftigungswirkung erhebliche Probleme aufwirft, eine monetäre Bewertung jedoch konkret kaum durchführbar ist, so daß die Opportunitätskosten im Anwendungsfall meist unter Annahme von Vollbeschäftigung berechnet werden (vgl. Hanusch, 1994, S. 144f).

Darüber hinaus sind in einer Situation mit Arbeitslosigkeit pekuniäre externe Effekte explizit zu berücksichtigen (vgl. Prest/Turvey, 1965, S. 694). Durch die Beschäftigung ansonsten Arbeitsloser werden zusätzliche Einkommen geschaffen (primärer Einkommenseffekt), die über einen Multiplikatoreffekt zu einer Steigerung des Realeinkommens in der übrigen Wirtschaft führen (sekundärer bzw. induzierter Einkommenseffekt). Da nur ein Teil der Ausgaben in der untersuchten Region verbleibt, werden die Ausgaben nicht in voller Höhe im Untersuchungsraum einkommenswirksam. Außerdem kommt es zu Verdrängungseffekten, weil auch Arbeitskräfte eingestellt werden, die aus einer anderen Beschäftigung abgezogen werden. Dem Gesamteinkommenseffekt wird in Kosten-Nutzen-Analysen meist durch die Anwendung eines pauschalen Einkommensmultiplikators, i.d.R. zwischen 1,5 und 1,8, Rechnung getragen.[166] Die Höhe der zu verwendenden Multiplikatoren ist sehr umstritten. Langfristig sind Einkommensmultiplikatoren theoretisch gleich null, sofern die zusätzlichen öffentlichen Ausgaben nicht dauerhaft sind. Grundsätzlichere Kritik stellt die Gültigkeit der zugrundeliegenden Wirkungskette und damit die Verwendung eines Multiplikators an sich in Frage. Dem Prinzip des Mit-und-Ohne-Vergleichs folgend stellt sich schließlich die Frage, inwiefern die Ausgaben für ein GVZ nicht auch ohne das Projekt in anderen Verwendungen in der Region getätigt worden wären.

Aufgrund der Kritik an Einkommensmultiplikatoren greift das Bewertungsverfahren für den Bundesverkehrswegeplan auf einen anderen Ansatz zurück und erfolgt dort anhand der Alternativkosten, die bei der öffentlichen Förderung von Arbeitsplätzen nach dem Gesetz über die Gemeinschaftsaufgabe „Verbesserung der regionalen Wirtschaftsstruktur" durchschnittlich entstehen (vgl. Planco, 1993, S. 34-37). Durch diesen an einem Referenzfall ausgerichteten Wertansatz soll eine Überschätzung des Nutzens vermieden werden (vgl. Planco, 1993, S. 35). Der Alternativkostensatz AK pro Jahr und Arbeitsplatz wird nach folgender Gleichung errechnet:

$$(63) \qquad AK = I * f * m * a_{AP} .$$

Dabei bezeichnet I den durchschnittlichen Investitionsaufwand je neu geschaffenem Arbeitsplatz, f den durchschnittlichen Fördersatz als Anteil an der Investition, m einen Faktor zur Berücksichtigung des Mitnahmeeffektes und a_{AP} den Annuitätenfaktor bei einer durchschnittlichen Lebensdauer der Arbeitsplätze von t = 8 Jahren und einer Verzinsung i von 3 % p.a. Der Annuitätenfaktor a_{AP} entspricht dem Kehrwert des Rentenbarwertfaktors (vgl. Franke/Hax, 1990, S. 120f)

$$(64) \qquad a = \frac{i}{1-(1+i)^{-t}}$$

und beträgt 0,1425. Mit Hilfe des Faktors m soll berücksichtigt werden, daß die Fördermittel oftmals von Investoren in Anspruch genommen werden, die ihre Investition

---

166 Vgl. zur Verwendung von Multiplikatoren in der Kosten-Nutzen-Analyse Fischer (1984, S. 193-200) und zur Höhe der Multiplikatoren Klaus (1981) sowie Dallmann (1988, S. 151f) und die dort angegebene Literatur.

auch ohne Förderungsanreiz getätigt hätten. In der Berechnung wird der Faktor *m* mit 3 angesetzt (vgl. Planco, 1993, S. 37). Für die Durchführung der Förderung nach dem Gesetz über die Gemeinschaftsaufgabe „Verbesserung der regionalen Wirtschaftsstruktur“ wird in jedem Jahr ein Rahmenplan aufgestellt, in dem die zu fördernden Gebiete, Ziele, Maßnahmen und Voraussetzungen, Art und Intensität der Förderung aktualisiert werden (siehe § 4, 5 Gesetz über die Gemeinschaftsaufgabe „Verbesserung der regionalen Wirtschaftsstruktur“, vgl. Fünfundzwanzigster Rahmenplan, 1996). Das Bundesamt für Wirtschaft führt eine Statistik über die bewilligten Förderfälle[167], aus der die durchschnittliche Förderung pro neu geschaffenem Arbeitsplatz und die Alternativkosten *AK* errechnet werden können. Da Investitions- und Fördersummen von Jahr zu Jahr Schwankungen unterworfen sind, wird zur Berechnung des aktuellen Wertes in Tabelle 51 auf die Statistik der Jahre 1992 bis 1995 zurückgegriffen.[168]

Tabelle 51: Alternativkostensatz pro Arbeitsplatz gemäß öffentlicher Förderung 1992-1995

	Investitionsvolumen in Mio. DM	bewilligte GA-Mittel in Mio. DM	zusätzliche Arbeitsplätze Anzahl	Investition pro neuem Arbeitsplatz in DM	Förderung pro neuem Arbeitsplatz in DM	*AK* nach Gleichung (63) in DM
alte Länder	18.698	1.959	47.852	175.836	18.422	7.873
neue Länder	111.681	20.638	424.105	188.836	34.896	14.914
Deutschland	130.379	22.597	471.957	186.855	32.385	13.841
Brandenburg	18.653	3.723	61.886	238.734	47.650	20.364

Quellen: Fünfundzwanzigster Rahmenplan der Gemeinschaftsaufgabe „Verbesserung der regionalen Wirtschaftsstruktur“ für den Zeitraum 1996 bis 1999 (2000), Unterrichtung durch die Bundesregierung, Bundestags-Drucksache 13/4291 vom 9.4.1996, S. 20f, 32, eigene Berechnungen.

Wegen der starken Abweichung des Brandenburger Wertes vom Durchschnitt der neuen Länder wird hier auf den durchschnittlichen Wert für die neuen Länder zurückgegriffen. Die Alternativkosten pro Arbeitsplatz betragen somit gerundet 15.000 DM. Dieser Wertansatz wird für Beschäftigungseffekte der Bau- und der Nutzungsphase angewendet.[169]

---

167 Ergebnisse werden z.T. im Rahmenplan veröffentlicht und können beim Bundesamt für Wirtschaft, Referat II.6, Herr Hoffmann, Postfach 5171, 65726 Eschborn, Tel. 06196/404-255 erfragt werden.

168 Zur Berechnung des Anteils der Investitionssumme, die auf neu geschaffene Arbeitsplätze entfällt, wird davon ausgegangen, daß die durchschnittliche Investitionssumme pro zusätzlichem und pro gesichertem Arbeitsplatz im Verhältnis 2:1 steht (vgl. Fünfundzwanzigster Rahmenplan, 1996, S. 32).

169 Zum Vorgehen von Planco (1993, S. 36f) ist kritisch anzumerken, daß für 1989 mit 15 % ein viel zu hoher durchschnittlicher Förderungssatz f_i pro Arbeitsplatz zugrundegelegt wird. Dieser wird aus den Förderungshöchstsätzen abgeleitet. Im Durchschnitt der Förderung der Jahre

3.2.8.2 Die Beschäftigungswirkung der Bauphase

Im Bewertungsverfahren zum BVWP erfolgt die Quantifizierung von baubedingten Beschäftigungseffekten, indem die erzeugten Arbeitseinkommen bzw. die Anzahl der eingesetzten Arbeitskräfte über die Bauinvestitionssumme anhand von Input-Output-Tabellen ermittelt wird. Dazu werden aus verschiedenen Verkehrswegebaumaßnahmen die Investitionsvektoren gebildet, aus denen sich die Produktionseffekte ableiten lassen. Durch Multiplikation mit den sektoralen Arbeitskoeffizienten wird die Anzahl der direkten und über intersektorale Verflechtungen die Anzahl der indirekten Beschäftigten errechnet (vgl. Schmidt, 1976, Baum, 1982). Wegen geringer Abweichungen des Beschäftigungseffektes zwischen den verschiedenen Investitionsmaßnahmen wird für den BVWP ein Durchschnittswert verwendet (vgl. Planco, 1993, S. 33f). Zur Vereinfachung der Ermittlung des Wertes für 1994 wird der Wert aus dem BVWP 1992 gemäß seiner Entwicklung seit dem BVWP 1985 fortgeschrieben.[170] Danach ergibt sich für 1994 ein durchschnittlicher Beschäftigungseffekt von 820 Beschäftigtenjahren je 100 Mio. DM Bauinvestitionsvolumen.

Zur Quantifizierung des Beschäftigungseffektes werden Angaben über die Höhe der öffentlichen und privaten Bauinvestitionen benötigt. Die öffentlichen Investitionen sind bereits im Zusammenhang mit dem Ressourcenverzehr ermittelt worden und werden aus Abschnitt 3.2.3 übernommen.[171] Das Volumen der privaten Bauinvestitionen in Speditionsanlagen im GVZ ist noch zu bestimmen (vgl. Tabelle 52): Die privaten Bauinvestitionen setzen sich aus der Errichtung von Lager- und Umschlaghallen und der Befestigung von Lade- und Rangierflächen zusammen. Ausgehend von der verkauften Grundstücksfläche und der zu erwartenden Bebauungsdichte wird das Bauvolumen bestimmt und über spezifische Baukosten die Investitionssumme errechnet. Für die zeitliche Verteilung wird vereinfachend davon ausgegangen, daß die komplette Bautätigkeit jeweils im Jahr nach Erwerb des Grundstücks anfällt.[172] Eine Verdichtung der Bebauung wird im GVZ Großbeeren nicht gezielt angestrebt. Auf einer Fläche von 30 ha, die von Garonor bebaut wird, ist eine Überbauung von 39 % der Grundfläche geplant.[173] Die verbleibenden 122 ha werden in einzelne Grundstücke aufgeteilt und an die Nutzer veräußert. Im GVZ Bremen wurde auf diese Weise ein Anteil von 17 % überbauter Fläche erreicht (vgl. Dornier, 1993b, S. 3). Es soll deshalb hier von einem Überbauungsanteil von 20 % ausgegangen werden. Es wird weiterhin ein Anteil von 20 % Grünfläche an den Grundstücken an-

---

1985 bis 1989 wird jedoch nur eine Förderung von 3,3 % des Investitionsvolumens erreicht. Gegenüber der von Planco (1993, S. 36) ermittelten Fördersumme von 48.000 DM je neugeschaffenem Arbeitsplatz ergibt sich bei Zugrundelegung des durchschnittlichen Förderanteils eine Fördersumme von 7.000 DM je neugeschaffenem Arbeitsplatz. Die Förderhöchstsätze liegen im Fünfundzwanzigsten Rahmenplan (1996, S. 31) bei 18 % bis 35 %, deren Ausschöpfung jedoch an besondere Bedingungen gebunden ist.

170 Für den BVWP 1985 war auf der Basis der Input-Output-Tabelle für 1978 ein Wert von 1.900 Mannjahren und für den BVWP 1992 auf der Basis der Input-Output-Tabelle für 1986 ein Wert von 1.250 Mannjahren je 100 Mio. DM Investitionssumme ermittelt worden (vgl. Planco, 1993, S. 32).

171 Vgl. die Werte in Tabelle 17, ohne Grundstück und ohne Steuern.

172 Der zeitliche Verlauf des Grundstücksverkaufs wird aus Tabelle 9 übernommen.

173 Angaben von Philippe Manson, Garonor S.A., Gespräch am 3.1.1996.

genommen[174], die restlichen 60 % entfallen auf befestigte Verkehrsflächen. Zur Ermittlung der Kosten für die Errichtung der Hochbauten setzen Glaser/Gleim/Hilse (1996, S. 64) einen Wert von 896 DM/qm inklusive der Baunebenkosten an. Der Baukostenberatungsdienst der Architektenkammer Baden-Württemberg ermittelt Einheitspreise für die Errichtung aller wichtigen Gebäudetypen (vgl. Nehm u.a., 1992, S. 172f). Demnach betrugen die Kosten für die Errichtung von Gewerbehallen inklusive Büros und sämtlicher Baunebenkosten im Durchschnitt 165 DM/cbm für 1993, so daß sich für 1994 ein Preis von 168 DM/cbm ergibt.[175] Hier wird ein mittlerer Wert gewählt, der einem Quadratmeterpreis von 1.000 DM und bei einer Hallenhöhe von 6 m einem Kubikmeterpreis von 167 DM entspricht. Für die Herrichtung befestigter Außenanlagen auf den Betriebsgrundstücken wird ein Wert von Glaser/Gleim/Hilse (1996, S. 63) in Höhe von 100 DM/qm übernommen.

Tabelle 52: Ermittlung des Volumens privater Investitionen in Speditionsanlagen im GVZ

	verkaufter Flächenanteil %	verkaufte Fläche ha	Fläche Hochbauten qm	Investitionen in Hochbauten Mio. DM	Verkehrsflächen qm	Investitionen in Verkehrsflächen Mio. DM	Grünflächen qm	Gestaltung Grünflächen Mio. DM	Investitionssumme Mio. DM
1994	2	3,0							
1995	3	4,6	6.080	6,1	18.240	1,8	6.080	0,1	8,0
1996	5	7,6	9.120	9,1	27.360	2,7	9.120	0,2	12,0
1997	10	15,2	15.200	15,2	45.600	4,6	15.200	0,3	20,0
1998	20	30,4	30.400	30,4	91.200	9,1	30.400	0,5	40,0
1999	30	45,6	60.800	60,8	182.400	18,2	60.800	1,0	80,1
2000	30	45,6	91.200	91,2	273.600	27,4	91.200	1,6	120,1
2001	0	0	91.200	91,2	273.600	27,4	91.200	1,6	120,1
ges.	100	152,0	304.000	304,0	912.000	91,2	304.000	5,2	400,4

Quelle: eigene Berechnungen.

Zur Bestimmung des Beschäftigungseffektes ist zu berücksichtigen, daß nur ein Teil der Investitionen ursächlich auf das GVZ zurückzuführen sind und ein Teil der Unternehmen auch ohne GVZ in neue Betriebsanlagen investiert hätte. Hier wird ein Anteil von 50 % der Investitionen angesetzt, die auf das GVZ zurückzuführen sind. Aus den öffentlichen und privaten Bauinvestitionen ergibt sich gemäß Tabelle 53 ein Effekt von 2.730 Mannjahren. Zur Vereinfachung wird für die weiteren Berechnungen

174 Dieser Anteil wird gemäß Angabe von Philippe Manson, Garonor S.A., Gespräch am 3.1.1996 für die von Garonor bebauten Flächen verlangt.

175 Gemäß Preisindex für gewerbliche Betriebsgebäude (vgl. Statistisches Bundesamt, 1996a, S. 613).

von einer durchschnittlichen jährlichen Beschäftigtenzahl von 341 für den Zeitraum von 1994 bis 2001 ausgegangen.

Tabelle 53: Quantifizierung der Beschäftigungswirkung in der Bauphase des GVZ

		ges.	1994	1995	1996	1997	1998	1999	2000	2001	Durchschnitt p.a.
öffentl. Investitionen	Mio. DM	132,7	6,0	40,8	35,7	30,6	0,0	9,8	9,9	0,0	16,6
private Investitionen	Mio. DM	200,2	0,0	4,0	6,0	10,0	20,0	40,0	60,1	60,1	25,0
gesamt	Mio. DM	332,9	6,0	44,8	41,7	40,6	20,0	49,8	69,9	60,1	41,6
Beschäftigte	Anzahl	2.730	50	367	342	333	164	409	573	492	341

Quellen: Landesentwicklungsgesellschaft für Städtebau, Wohnen und Verkehr des Landes Brandenburg mbH, Voruntersuchung für die städtebauliche Entwicklungsmaßnahme GVZ Großbeeren. Zusammenfassender Bericht und Begründung, im Auftrag der Gemeinden Großbeeren und Osdorf, Juli 1994, S. 55, eigene Berechnungen.

Bei der Quantifizierung des Beschäftigungseffektes ist weiter zu berücksichtigen, daß nur ein Teil der Investitionsnachfrage regional wirksam wird und ein erheblicher Teil der Einkommen in andere Regionen abfließt (vgl. Aberle, 1996, S. 415). Da keine detaillierten Erkenntnisse über die lokalen Affinitäten einzelner Gewerbezweige vorliegen, wird im Bewertungsverfahren zum BVWP ein pauschaler Anteil von 40 % der Beschäftigungswirkung als regional zurechenbar angenommen (vgl. Planco, 1993, S. 33). Weiterhin ist zu berücksichtigen, daß nur ein Teil der zusätzlich Beschäftigten aus der Gruppe der Arbeitslosen stammt. Planco (1993, S. 33f) verwendet Quoten der strukturellen Arbeitslosigkeit zur Ermittlung des nutzenrelevanten Anteils der Beschäftigungswirkung. Während für die alten Bundesländer nach 79 Planungsregionen differenzierte Werte für die strukturelle Arbeitslosigkeit für das Jahr 1990 vorlagen, auf deren Basis ein regionaler Differenzierungsfaktor r bestimmt wurde, wurde für die neuen Bundesländer aufgrund einer schlechten Datenbasis pauschal der maximale Differenzierungsfaktor von $r = 0{,}8$ zugrundegelegt. Der Faktor 0,8 unterstellt, daß 80 % der im Rahmen des Projektes Beschäftigten sonst arbeitslos geblieben wären. In den alten Bundesländern wurde der maximale Differenzierungsfaktor in allen Regionen angewendet, in denen die Arbeitslosenquote den Grenzwert von 10 % überstieg (vgl. Planco, 1993, S. 34). Bei einer durchschnittlichen Arbeitslosenquote für 1995 von 14,2 % in Brandenburg, 14,3 % in Berlin-West und 12,4 % in Berlin-Ost wird deshalb hier r = 0,8 angenommen (vgl. Statistisches Bundesamt, 1996a, S. 123f). Der Nutzen N_{BE} aus baubedingten Beschäftigungseffekten ergibt sich schließlich nach folgender Gleichung

(65) $N_{BE} = AP * AK * r * 0{,}4$

und beträgt 13,1 Mio. DM bezogen auf die gesamte Bauzeit, bzw. 1,64 Mio. DM jährlich in der Zeit von 1994 bis 2001. Dabei bezeichnet *AP* die Anzahl der geschaffenen Arbeitsplätze, *AK* die Alternativkosten zur Schaffung eines Arbeitsplatzes im Rahmen der Gemeinschaftsaufgabe, *r* den regionalen Differenzierungsfaktor und 0,4 den regional zurechenbaren Einkommensanteil an.

3.2.8.3 Die Beschäftigungswirkung in der Nutzungsphase

Für die Quantifizierung des Beschäftigungseffektes während der Nutzung des GVZ ist zu ermitteln, welche Arbeitsplätze zusätzlich geschaffen werden und welche Arbeitsplätze aus Regionen mit geringerer Arbeitslosigkeit in den untersuchten Raum verlegt werden, verglichen mit dem Fall ohne GVZ. Die Beschäftigungswirkung in der Nutzungsphase tritt in zwei Formen auf:

- Arbeitsplätze, die im GVZ entstehen und
- Arbeitsplätze bei Unternehmen, die sich in der Umgebung des GVZ ansiedeln.

Die Quantifizierung dieses Effektes ist vollkommen auf Schätzungen angewiesen, da auf keine empirischen Ergebnisse zurückgegriffen werden kann. In der Kosten-Nutzen-Analyse zum GVZ Bremen werden alle Arbeitsplätze, die im GVZ entstanden sind, dem GVZ mit dem Argument zugerechnet, daß sie sonst aus der Stadt in das benachbarte Niedersachsen abgewandert wären. Eine derart kleinräumige Abgrenzung einer Kosten-Nutzen-Analyse ist im Aussagegehalt jedoch äußerst problematisch (vgl. Klaus/Lerch, 1971). Eine genauere Analyse der Herkunft der angesiedelten Unternehmen wird nicht vorgenommen (vgl. Dornier, 1993, S. 84, 105). Hier wird davon ausgegangen, daß die Unternehmen, die sich im GVZ ansiedeln, alle aus dem Raum Berlin-Brandenburg stammen oder sich dort auch ohne GVZ angesiedelt hätten und daß das GVZ nur die intraregionale Standortentscheidung beeinflußt hat.[176] Weiterhin wird für die Unternehmen, die sich im GVZ ansiedeln, unterstellt, daß durch Optimierung der Betriebsanlagen, Kooperationen, Out-Sourcing und Reduzierung des Verkehrsaufkommens innerhalb des GVZ Produktivitätssteigerungen erzielt werden können und gegenüber dem Vergleichsfall tendenziell Arbeitskräfte eingespart werden (vgl. Baumgarten u.a., 1996, S. 91, 94). Zusätzliche Arbeitsplätze könnten in den Bereichen des Betriebs und der Verwaltung des GVZ und durch Ausgliederung von Unternehmensfunktionen entstehen. Dadurch werden die Arbeitsplatzeinsparungen bei den Unternehmen z.T. aufgefangen (vgl. Baumgarten u.a., 1996, S. 94). Zuwächse der Beschäftigung bei den GVZ-Unternehmen infolge einer verbesserten Wettbewerbsposition gegenüber Unternehmen außerhalb des GVZ stellen keine allokative Verbesserung dar, da sie zu Lasten anderer Unternehmen der Region gehen. Insgesamt ergeben sich unter diesen Annahmen keine relevanten Arbeitsplatzeffekte im GVZ, und es wird von einem unveränderten Beschäftigungsstand gegenüber dem Vergleichsfall ausgegangen.

Es bleibt die Quantifizierung der Beschäftigungswirkung durch die Ansiedlung von Unternehmen im Umkreis des GVZ. Dieser Effekt läßt sich theoretisch durch das

---

176 Vgl. zur Standortwahl von Transportunternehmen S. 274.

Auftreten von Agglomerationseffekten begründen.[177] Danach erzeugt die räumliche Konzentration von Produktion und Konsum besondere Formen von internen und externen Vorteilen. Interne Vorteile der Produktion entstehen durch Unteilbarkeiten, die zu Größendegressionseffekten führen. Bei externen Vorteilen können Branchenagglomerations- und Verstädterungseffekt unterschieden werden (vgl. Isard, 1956), deren wichtigste Vorteile

- ein gemeinsamer, großer Absatzmarkt,
- ein großer Arbeitsmarkt,
- gemeinsame Zulieferbetriebe und Dienstleistungsangebote,
- die Verfügbarkeit von Forschungseinrichtungen und Beratungsleistungen,
- das Angebot an Verkehrsinfrastruktur und
- die Ausstattung mit öffentlichen Versorgungsbetrieben und Verwaltungseinrichtungen sind (vgl. Böventer, 1979, S. 11f).

Branchenagglomerationseffekte beinhalten zusätzlich die Möglichkeit der Zusammenarbeit mit anderen Unternehmen der Branche. Verstädterungsvorteile führen für die Unternehmen zu besseren Marktchancen und sinkender Unsicherheit (vgl. Böventer, 1980, S. 423). GVZ können Verstädterungsvorteile insbesondere durch ein gutes Angebot an logistischen Dienstleistungen sowie durch ihre infrastrukturelle Ausstattung erzeugen. Die Probleme der empirischen Ermittlung und Quantifizierung der externen Effekte und speziellen Agglomerationsvorteile sind weitgehend ungelöst (vgl. Böventer, 1980, S. 418).

Um das Potential dieses Beschäftigungseffektes beurteilen zu können, ist grundsätzlich die Frage zu klären, ob im Status quo die logistischen Leistungsangebote der untersuchten Region einen ökonomisch relevanten Engpaß für die Ansiedlung von Unternehmen darstellen. Dabei ist zu beachten, daß ein relevanter Engpaß nur dann besteht, wenn keine anderen Engpaßfaktoren vorliegen, z.B. im Bereich der Nachfrage oder anderer Produktionsfaktoren (vgl. Aberle, 1985, S. 100). Ohne eingehendere Analyse des Untersuchungsraumes läßt sich diese Frage nur äußerst pauschal beantworten. Zwar kann bezogen auf den gesamten Berliner Raum davon ausgegangen werden, daß kein Engpaß bei logistischen Dienstleistungen vorliegt, aber die Möglichkeit, sich in unmittelbarer Nähe der Leistungsanbieter mit der entsprechenden Infrastrukturausstattung anzusiedeln, ist in Berlin, wo ein vergleichbares Angebot bisher nur um den Hamburger und Lehrter Bahnhof besteht, sicherlich nicht gegeben. Insofern wird hier davon ausgegangen, daß das Leistungs- und Infrastrukturangebot des GVZ weitere Unternehmen anziehen wird. Der Eintritt dieses Effektes wird erst mit zeitlicher Verzögerung von fünf Jahren erfolgen. Haller (1993, S. 2) nimmt zur Quantifizierung dieser Beschäftigungswirkung im Falle des GVZ Bremen einen Arbeitsplatzmultiplikator von 1,3 an, der aus anderen Erfahrungswerten abgeleitet worden ist. Hanser (1985, S. 285) ermittelt in einer empirischen Untersuchung über Produktionsverflechtungen einen Arbeitsplatzmultiplikator infolge von Industrieansiedlung in Höhe von 1,14. Hier wird ein mittlerer Wert von 1,2 verwendet, d.h., für jeden Arbeitsplatz, der im GVZ entsteht, werden 0,2 Arbeitsplätze in der Umgebung des GVZ geschaffen.

---

177 Die Theorie der Agglomerationseffekte geht zurück auf Weber (1909) und wurde von Isard (1956) ausführlich behandelt.

Die LEG Brandenburg geht in Schätzungen davon aus, daß im GVZ zwischen 2.500 und 3.000 Arbeitsplätze geschaffen werden (vgl. Vogt, 1995).[178] Ausgehend vom unteren Wert und dem Multiplikator von 1,2 ergibt sich ein indirekter Beschäftigungseffekt von 500 Arbeitsplätzen. Zur Quantifizierung der allokativen Wirkung müßte nun der Anteil der Arbeitsplätze geschätzt werden, die durch das GVZ in Regionen mit höherer struktureller Arbeitslosigkeit entstehen, und die Höhe der Arbeitslosenquote im einzelnen berücksichtigt werden. Wegen der Langfristigkeit des indirekten Beschäftigungseffektes stellt sich hier noch das zusätzliche Problem, daß Prognosen über die zukünftige Entwicklung der Arbeitslosigkeit in den verschiedenen Regionen zu treffen wären. In dieser Situation erscheint es angemessener, eine pauschale Annahme über den Anteil der Beschäftigten zu treffen, die durch das GVZ zusätzlich aus der Gruppe der Arbeitslosen rekrutiert wird. Dabei ist zu berücksichtigen, daß die Arbeitslosigkeit im gesamten Bereich der neuen Bundesländer 1995 im Jahresdurchschnitt 14,9 % betragen hat und geringfügig über der in Berlin und Brandenburg liegt und in den alten Bundesländern mit 9,3 % 1995 nur geringfügig unter der 10 % Marke lag, ab der im BVWP der Maximalfaktor 0,8 verwendet wird (vgl. Statistisches Bundesamt, 1996a, S. 123f). Während der Nutzungszeit des GVZ könnte die Arbeitslosenquote in der Region Berlin-Brandenburg erheblich sinken, so daß der allokative Vorteil zurückgehen würde. Der bewertungsrelevante Anteil der Beschäftigung wird hier deshalb mit 20 % angenommen, so daß ab dem Jahr 2005 ein allokativer Vorteil von 100 Arbeitsplätzen pro Jahr entsteht. Bei einem Alternativkostensatz von 15.000 DM ergibt sich somit ein jährlicher Nutzen von 1,5 Mio. DM. Dieser Wert stellt allerdings nur einen Schätzwert dar, der mit großer Vorsicht zu verwenden ist, weil der Vorteil einen beträchtlichen Anteil am Gesamtnutzen des GVZ darstellt.

3.3 Beurteilung der Verteilungswirkungen

3.3.1 *Arten distributiver Effekte eines GVZ*

Die Kosten-Nutzen-Analyse nimmt bei der Bewertung der gesamtwirtschaftlichen Effekte eines GVZ keine Rücksicht auf die Verteilung der Wirkungen unter bestimmten Gruppen und Individuen der Gesellschaft. Zur Beurteilung der distributiven Effekte eines GVZ wäre eine gesonderte Untersuchung erforderlich. Eine Bewertung würde jedoch ein Werturteil über die Wohlfahrtsverteilung vor und nach Errichtung des GVZ erfordern, und ein Gesamturteil über allokative und distributive Wirkungen könnte nur abgegeben werden, wenn beide Kategorien gegeneinander gewichtet würden (vgl. S. 73). Eine Diskussion oder gar Bewertung der Einkommensverteilung und verteilungspolitischer Ziele kann hier im Rahmen der Kosten-Nutzen-Analyse

---

178 Das brandenburgische Wirtschaftsministerium erwartet für die Gewerbegebiete des Landes eine Arbeitsplatzdichte von 30 bis 50 Arbeitskräften pro ha (vgl. Ministerium für Wirtschaft, Mittelstand und Technologie des Landes Brandenburg, 1995, S. 19). Bei einer Ansiedlungsfläche von 152 ha ergäbe das im GVZ Großbeeren 4.560 bis 7.600 Arbeitsplätze. Die Schätzungen der LEG Brandenburg tragen der geringen Arbeitsplatzdichte in der Transportwirtschaft Rechnung und können als vorsichtig gelten.

nicht erfolgen und soll den politisch Verantwortlichen überlassen bleiben. Im folgenden werden deshalb überwiegend nur qualitative Hinweise auf die Art und Wirkung der Verteilungseffekte gegeben.

Einige der bereits bewerteten Effekte haben neben den allokativen auch distributive Wirkungen:

- Mit den Umwelteffekten sind distributive Wirkungen für die Bevölkerung verbunden, da die Umweltbelastungen in unmittelbarer Umgebung des GVZ und an den Zufahrtswegen zum GVZ zunehmen und an den Altstandorten zurückgehen werden. Die räumliche Verteilung der Wirkungen ist im Rahmen der Lärmbelastung ermittelt worden. Wie die Verteilungswirkung zu beurteilen ist, hängt von einer Bewertung der Einkommensverteilung zwischen den negativ und positiv betroffenen Haushalten ab.
- Die Förderung kleiner und mittlerer Unternehmen der Transportwirtschaft ist ein verteilungspolitisches Ziel, daß explizit mit der Errichtung von GVZ verfolgt wird.[179] Durch die konzentrierte Ansiedlung im GVZ sollen für kleinere und mittlere Unternehmen optimale Voraussetzungen zur Kooperation und damit zur Einsparung von Kosten und Verbesserung des Leistungsangebots geschaffen werden (vgl. Kapitel 3.2.7). Inwiefern das distributive Ziel erreicht wird, hängt von der Zusammensetzung der angesiedelten Unternehmen und der tatsächlichen Umsetzung der theoretischen Kooperationsmöglichkeiten ab. Neben der Unmöglichkeit, die Wirkung ex ante zu quantifizieren, stellt sich das Problem, wie eine höhere Wettbewerbsfähigkeit einiger Unternehmen zu bewerten wäre.
- Neben der Förderung kleinerer und mittlerer Unternehmen der Transportwirtschaft ist die Sicherung und Schaffung von Arbeitsplätzen das zweite Ziel mit verteilungspolitischer Wirkung, das explizit mit der Errichtung von GVZ verfolgt wird. Oben wurden unter den raumstrukturellen Effekten des GVZ bereits die allokativen Wirkungen zusätzlicher Arbeitsplätze berücksichtigt (vgl. Kapitel 3.2.8). Die Ansiedlung von Unternehmen und Arbeitsplätzen im GVZ und in der Umgebung entscheidet jedoch gleichzeitig über die räumliche Verteilung von Arbeitsplätzen und Wertschöpfung und hat somit eine räumliche Verteilungswirkung. Im GVZ ist mit der Entstehung von 2.500 bis 3.000 und in seiner Umgebung mit weiteren 500 Arbeitsplätzen zu rechnen (vgl. S. 214). Um den Verteilungseffekt zu bewerten, wäre zu ermitteln, wo diese Arbeitsplätze im Fall ohne GVZ entstanden wären und die Verteilung der beiden Fälle zu vergleichen.

Des weiteren verursacht ein GVZ Effekte mit ausschließlich distributiver Wirkung:

- Die Änderung und Verlagerung von Verkehrsaufkommen hat Wirkungen auf die Einnahmen aus Verkehrswegenutzungsabgaben und Einnahmen bei der DB AG. Dabei handelt es sich um monetäre Transfers zwischen den Nutzern der Verkehrsmittel LKW bzw. Eisenbahn und der öffentlichen Hand. Da dieser Effekt sich genau und eindeutig abgrenzen läßt, wird er in Kapitel 3.3.2 quantifiziert.
- Durch die Grundstücksnachfrage für das GVZ und in seiner Umgebung kann es zu Preissteigerungen kommen, die zu Renten bei den Grundstückseigentümern führen. Im Falle des GVZ Großbeeren wurde die Entstehung derartiger Renten dadurch verhindert, daß der Ankauf der Grundstücke zu einem gutachterlich fest-

179 Die grundlegende Frage, ob ein GVZ eine geeignete Maßnahme ist, um die verfolgten distributiven Ziele zu erreichen, wird in Abschnitt 4.3.3 untersucht.

gelegten Preis erfolgte (vgl. LEG Brandenburg, S. 46, siehe § 153, Abs. 1 BauGB).

- Durch die räumliche Umverteilung von Unternehmen und Arbeitsplätzen wird auch die Nachfrage nach Waren und Dienstleistungen, wie z.B. Wohnraum, gastronomischen Leistungen, Kfz-Serviceleistungen und Gütern des täglichen Bedarfs, verlagert. Diese vielfältigen pekuniären externen Effekte können im Rahmen dieser Untersuchung nicht quantifiziert werden. Es ist allerdings davon auszugehen, daß der überwiegende Teil dieser Nachfrage nur kleinräumig innerhalb von Berlin und seiner südlichen Peripherie verlagert wird.

3.3.2 Quantifizierung der Einnahmeänderungen aus Verkehrswegenutzungsabgaben

Das GVZ führt zu einer erheblichen Reduzierung des Straßengüterverkehrs. In der Kosten-Nutzen-Analyse schlägt sich dies in einer Senkung von Umweltbelastungen, Unfallkosten und der Abnutzung von Verkehrswegen nieder. Dem steht ein Rückgang der Einnahmen des Staates aus den Abgaben des Kraftfahrzeugverkehrs gegenüber. Es handelt sich dabei um monetäre Transfers zwischen den Haltern der Kraftfahrzeuge und dem Staat und somit um eine rein distributive Wirkung, die hier nur nachrichtlich quantifiziert wird (vgl. Aberle, 1996, S. 412, Suntum, 1986a, S. 116-120). Als Wegeeinnahmen der Straßenverkehrsinfrastruktur gelten die Kraftfahrzeugsteuer, Mineralölsteuer und Parkgebühren (vgl. Arbeitsgruppe Wegekosten, 1969, S. 118). Das DIW verzichtet bei seinen Berechnungen auf eine Schätzung der Höhe der Einnahmen aus Parkuhren, da der Verwaltungsaufwand die Erlöse meist übersteigt (vgl. Enderlein/Link, 1991, S. 15). Bei der Berechnung der Wegeeinnahmen stellt sich das Problem, daß ihre Höhe entscheidend vom politischen Gestaltungswillen abhängt und die zukünftige Entwicklung somit größerer Unsicherheit unterworfen ist als ökonomische oder technische Zusammenhänge. Grund zur Annahme einer zukünftigen Änderung der Ausgestaltung des Abgabensystems für den Straßenverkehr geben[180]

- die Einführung einer Autobahnbenutzungsgebühr zum 1.1.1995 für LKW in Deutschland, die im Jahr 2000 verdoppelt werden soll und nach Vorstellung der Bundesregierung möglichst bald in eine streckenabhängige Benutzungsgebühr umgewandelt werden soll,
- die beschlossene Umlegung der Kraftfahrzeugsteuer auf die Mineralölsteuer ab dem Jahr 2003,
- das Ziel einer Harmonisierung der Abgabenbelastung in der EU,
- die Bestrebungen, eine vollständige Deckung der Wegekosten zu erreichen sowie
- Vorschläge, die externen Effekte der Umweltbelastung zukünftig über Abgaben zu internalisieren[181].

---

180 Vgl. Zobel (1994), Reihlen (1995), o.V., Preispolitische Instrumente (1996), o.V., Sonderbelastung, (1996), o.V., Lastwagen (1996), Europäische Kommission (1996).

181 Dies wäre bei der Berechnung der externen Kosten zu berücksichtigen.

Ob es tatsächlich schnell zu einer gravierenden Änderung der Abgabenbelastung des Kraftfahrzeugverkehrs kommen wird, ist fraglich, und mehrere Gründe sprechen dagegen:

- Im europäischen Vergleich ist der Straßengüterverkehr in Deutschland bereits relativ hoch mit Abgaben belastet (vgl. BDF, 1996), so daß im Rahmen der europäischen Harmonisierungsbestrebungen von keiner weiteren Erhöhung der Abgabenbelastung und damit der Wegeeinnahmen zu rechnen ist.
- Für die Realisierung der Pläne der Bundesregierung, eine volle Deckung der Wegekosten im LKW-Verkehr mit Hilfe einer streckenbezogenen Straßenbenutzungsgebühr zu erreichen, erscheint nur ein satellitengestütztes Erhebungssystem vorstellbar (vgl. o.V., Preispolitische Instrumente, 1996, S. 38), für dessen Einführung noch kein Zeitplan vorliegt (vgl. o.V., Lastwagen, 1996).
- Der Kraftfahrzeugverkehr weist im Vergleich zur Bahn und zum Binnenschiff in Deutschland bereits den höchsten Wegekostendeckungsgrad auf (vgl. Enderlein/Kunert, 1990, S. 75f, 86, 95), so daß eine Anhebung der Abgaben nur schwer zu rechtfertigen wäre. Der Arbeitskreis „Preispolitische Instrumente der Verkehrslenkung" der Forschungsgesellschaft für Straßen und Verkehrswesen kommt zu dem Schluß, daß kurzfristig nur eine belastungsneutrale Umgestaltung der Preise tragbar wäre, um wirtschaftliche Verwerfungen zu vermeiden, und nur im Rahmen einer umfassenden ökologischen Reform des Steuersystems eine reale Erhöhung der Abgaben durchsetzbar ist (vgl. o.V., Preispolitische Instrumente, 1996).
- Zahlreiche Fragen im Zusammenhang mit der Internalisierung der externen Effekte und der Anlastung der Wegekosten sind noch nicht geklärt, so daß verschiedene Interessengruppen - insbesondere die Straßenlobby - ausreichend Ansatzpunkte finden, um eine grundlegende Änderung des Abgaben- und Preissystems im Verkehr zu verhindern (vgl. Rothengatter, 1996, S. 7).

Die Mineralölsteuer fällt direkt verbrauchsabhängig an, die Kraftfahrzeugsteuer und die Autobahnbenutzungsgebühr werden maximal als jährliche Festbeträge gezahlt (siehe § 5 Kraftfahrzeugsteuergesetz). Da die Reduzierung der Fahrleistungen zu einer Reduzierung des Fahrzeugbestandes führen wird, können die Wegeeinnahmen als proportional zur Verkehrsleistung angesehen werden. Für die Ausgestaltung der Abgabenbelastung des Straßenverkehrs im Jahr 2000, dem Zeitpunkt, ab dem die Verkehrseffekte voll wirksam werden, wird angenommen, daß die zeitbezogene Autobahnbenutzungsgebühr für LKW über 12 t zulässiges Gesamtgewicht auf 1.500 ECU bzw. 2.858 DM für LKW mit bis zu drei Achsen und 2.500 ECU bzw. 4.763 DM[182] für LKW mit vier Achsen und mehr verdoppelt wird (vgl. o.V., Autobahngebühren, 1994, o.V. Lastwagen, 1996). Für die Ermittlung der GVZ-bedingten Änderungen der Einnahmen aus der Autobahngebühr werden zunächst in Tabelle 54 die relevanten Änderungen in der Struktur der eingesetzten Fahrzeuge gemäß der Verkehrsprognose des GVZ Großbeeren ermittelt und in Tabelle 55 die Änderungen der Einnahmen errechnet. Insgesamt ergibt sich eine Reduzierung des Aufkommens an Autobahngebühr von 684.000 DM pro Jahr.

182 Bei Zugrundelegung des jahresdurchschnittlichen Wechselkurses für 1994 von 1,9053 DM pro ECU (vgl. Statistisches Bundesamt, 1995, S. 359).

Tabelle 54: Ermittlung der relevanten Fahrzeugzahl für die Änderung der Einnahmen aus der Autobahngebühr

Fahrzeugart	zulässiges Gesamtgewicht	Nutzlast	Veränderung der benötigten Fahrzeugzahl < 12 t	> 12 t	bis 3 Achsen	4 und mehr Achsen	gesamt
	t	t	Anzahl	Anzahl	Anzahl	Anzahl	Anzahl
SF	< 3,5	1,5	-775				-775
SF	3,5 - 7,5	3	82				82
SF	7,5 - 14	6	42	18	18		60
SF	14 - 20	8		16	16		16
SF	20 - 24	12		-37	-37		-37
LZ	< 20	7	18	10		10	28
LZ	20 -28	13		-42		-42	-42
LZ	28 - 32	17		-36		-36	-36
LZ	> 32	24		-13		-13	-13
SZ	< 32	11		-34		-34	-34
SZ	> 32	22		-27		-27	-27
gesamt			-633	-145	-3	-142	-777

Quelle: eigene Berechnungen.

Tabelle 55: Änderung der Einnahmen aus der Autobahngebühr

	Einheit	bis 3 Achsen	4 und mehr Achsen	gesamt
Änderung der gehaltenen LKW	Anzahl	-3	-142	
Gebühr pro LKW	ECU	1.500	2.500	
Jahresdurchschnittskurs 1994	DM/ECU	1,9053	1,9053	
Gebühr pro LKW	DM	2.858	4.763	
Änderung des Gebührenaufkommens	tsd. DM	-9	-674	-684

Quelle: eigene Berechnungen.

Für die Besteuerung wird von unveränderten Sätzen ausgegangen, d.h., die Mineralölsteuer beträgt 0,62 DM (vgl. BMV, 1995a, S. 278). Die Höhe der Kraftfahrzeugsteuer für Güterkraftwagen ist differenziert nach Gewicht und Umweltbelastungsklassen stark gestaffelt; Anhänger werden mit einer eigenen Kraftfahrzeugsteuer nach Gewicht belegt (siehe § 9, Abs. 1, Nr. 4, § 10 Kraftfahrzeugsteuergesetz 1994). Bei der Berechnung der Kraftfahrzeugsteuern wurde in jeder Gewichtsklasse von dem mittleren Gewicht ausgegangen, bei Lastzügen die Gewichtsanteile von Fahrzeug und Anhänger jeweils als gleich hoch angenommen und eine gleichmäßige Verteilung auf die vier Umweltklassen unterstellt. Insgesamt ergibt sich eine Reduzierung der Einnahmen aus der Kraftfahrzeugsteuer in Höhe von 597.000 DM.

Tabelle 56: Rückgang der Einnahmen aus Kraftfahrzeugsteuer

Fz.-art	zulässiges Gesamtgew.	Fahrzeuge	Kfz.-Steuer in DM pro 200 kg nach Umweltklassen				Kfz.-Steuer in DM pro Fz. nach Umweltklassen				Steuer für Anhänger	gesamt
	t	Anzahl	S2	S1	G1	Altfz.	S2	S1	G1	Altfz.	DM	tsd. DM
SF	< 3,5	-775	13,5	13,5	20	24	169	169	250	300		-172
SF	3,5 - 7,5	82	16	16	24	28	440	440	660	770		47
SF	7,5 - 14	60	23	23	35	41	1.236	1.236	1.881	2.204		99
SF	14 - 20	16	31	71	106	124	1.300	2.000	3.000	3.500		38
SF	20 - 24	-37	31	71	106	124	1.300	2.000	3.000	3.500		-91
LZ	< 20	28	16	16	24	28	240	240	360	420	730	29
LZ	20 -28	-42	25	25	38	45	1.300	2.000	3.000	3.500	876	-140
LZ	28 - 32	-36	31	71	106	124	1.300	2.000	3.000	3.500	1.168	-130
LZ	> 32	-13	31	71	106	124	1.300	2.000	3.000	3.500	1.750	-54
SZ	< 32	-34	23	23	35	41	1.300	2.000	3.000	3.500	876	-113
SZ	> 32	-27	31	71	106	124	1.300	2.000	3.000	3.500	1.750	-112
ges.		-777										-597

Quellen: § 9, Abs. 1, Nr. 4, § 10 Kraftfahrzeugsteuergesetz 1994, vom 21.12.1927 (BGBl. I, S. 509) in der Fassung der Bekanntmachung vom 24.12.1994 (BGBl. I S. 1102), eigene Berechnungen.

In Tabelle 57 wird die Reduzierung der Einnahmen aus der Mineralölsteuer errechnet. Diese läßt sich leicht aus dem Rückgang des Kraftstoffverbrauchs ermitteln und beträgt 3,4 Mio. DM pro Jahr.

Tabelle 57: Rückgang der Einnahmen aus Mineralölsteuer für den Kraftfahrverkehr

Änderung des Dieselkraftstoffverbrauchs	t	-4.565
Umrechnungsfaktor Gewicht in Volumen	kg/l	1,200
Änderung des Dieselkraftstoffverbrauchs	tsd. l	-5.478
Mineralölsteuer	DM/l	0,62
Änderung des Mineralölsteueraufkommens	tsd. DM	-3.397

Quellen: Bundesminister für Verkehr (Hrsg.), Verkehr in Zahlen 1995, verantwortlich für den Inhalt: DIW, 24. Jg., Berlin, September 1995, S. 278, Planco Consulting GmbH, Gesamtwirtschaftliche Bewertung von Verkehrswegeinvestitionen. Bewertungsverfahren für den Bundesverkehrswegeplan 1992, hrsg.

v. BMV, Nr. 72 der eigenen Schriftenreihe, Essen, Bonn 1993, S. 257, eigene Berechnungen.

Die Zusammenfassung in Tabelle 58 zeigt, daß die Einnahmen aus dem Kraftfahrzeugverkehr GVZ-bedingt um 4,7 Mio. DM zurückgehen werden. Ein Vergleich mit den Wegekosten ergibt einen Deckungsgrad von 90 %. Dieser hat gegenüber dem letzten Ergebnis des DIW in Höhe von 66 % für das Jahr 1991 zugenommen, weil die Einnahmen aus Steuern und Gebühren überproportional gestiegen sind (vgl. Enderlein/Link, 1992, Übersicht 33).

Tabelle 58: Gesamteffekt aus der Änderung von Wegekosten und Wegeeinnahmen der Straßeninfrastruktur

	gesamt tsd. DM
Änderung der Wegeeinnahmen	-4.677
Mineralölsteuer	-3.397
Kfz.-Steuer	-597
Autobahngebühr	-684
Änderung der Wegekosten (vgl. Tabelle 45)	-5.218
Wegekostendeckungsgrad	90 %

Quelle: eigene Berechnungen.

Bei der Bahn erfolgt - wie schon bei den Ausgaben (vgl. oben, S. 195) - eine Beschränkung auf die Wegeeinnahmen, deren Ermittlung allerdings erhebliche Schwierigkeiten bereitet. Bis zur Bahnreform mußte die Deutsche Bundesbahn de jure für die Erstellung und den Unterhalt des Schienennetzes selbst aufkommen, und es gab keine spezifischen Wegeeinnahmen. Die Deutsche Bundesbahn mußte ihre betrieblichen Kosten und ihre Wegekosten aus den Gesamterlösen decken. Durch das erhebliche jährliche Defizit der Deutschen Bundesbahn, das die Ausgaben für gemeinwirtschaftliche Aufgaben bei weitem überstieg und aus allgemeinen Haushaltsmitteln des Bundes gedeckt wurde, bestand jedoch nach Abzug der Betriebskosten faktisch eine erhebliche Unterdeckung der Wegekosten (vgl. Enderlein/Kunert, 1990, S. 75f, Suntum, 1986b, S. 123).

Die Verantwortlichkeiten für Bau, Unterhaltung und Betrieb der Schieneninfrastruktur bleibt auch nach der Bahnreform beim Bund (vgl. BMV, 1995b, S. 5f). Die Zuständigkeit für Finanzierung und Investitionen in das Schienennetz sind im Gesetz über den Ausbau der Schienenwege des Bundes neu geregelt worden. Es wurde festgelegt, daß der Bund für die Finanzierung von Neu- und Ersatzinvestitionen in das Schienenwegenetz aufkommt, die der DB AG als zinsloses Darlehen und in Sonderfällen, in denen kein unternehmerisches Interesse der DB AG gegeben ist, als nicht rückzahlbarer Baukostenzuschuß gewährt werden. Die Rückzahlung der Darlehen erfolgt mindestens in Höhe der jährlichen Abschreibungen. Die Finanzierungskosten trägt der Bund (siehe § 8, Abs. 1, § 10, Abs. 1, § 11 Bundesschienenwegeausbaugesetz). Kosten für den Unterhalt und die Instandsetzung der Schienenwege trägt die DB AG (siehe § 4 Bundesschienenwegeausbaugesetz). Wegen der schlechten finanziellen Situation des Bundes hat sich die DB AG inzwischen entschlossen, im Zeitraum von 1996 bis 1999 Schienenwegeinvestitionen in Höhe von 35,7 Mrd. DM selbst über den Kapitalmarkt zu finanzieren und somit Finanzierungskosten in Höhe von jährlich rund 350 Mio. DM zu übernehmen, die ansonsten der Bund getragen hätte (vgl. o.V., Streckeninvestitionen, 1996, S. 7f).

Die Wegeeinnahmen des Eisenbahnverkehrs werden in Zukunft aus den von der Fahrweg AG erhobenen Entgelten für die Schienenwegebenutzung bestehen. Die derzeit festgelegte Höhe dieser Trassenpreise ist nicht endgültig, und es ist mit erheblichen Änderungen zu rechnen, so daß die bisherigen Entgelte ein schlechter Indikator für den zukünftigen Deckungsgrad der Wegekosten wären (vgl. Aberle, 1996, S. 303f). Ausgehend von den Bestimmungen des Bundesschienenwegeausbaugesetzes müssen die Trassenpreise so gestaltet werden, daß sie die laufenden Kosten für Unterhaltung, Betrieb und Verwaltung sowie die Abschreibungen auf das gebundene Kapital decken. Für die Kalkulation der Einnahmen aus dem Schienenverkehr wird unterstellt, daß diese Anforderungen eingehalten werden.

Für die Ermittlung der zukünftigen Wegekostendeckung der DB AG ist zu berücksichtigen, daß in der Eröffnungsbilanz der DB AG zum 1.1.1994 das Anlagevermögen des Schienennetzes mit 20 Mrd. DM zu einem erheblich niedrigeren Wert angesetzt worden ist als in der Schlußbilanz der Deutschen Bundesbahn, in der es mit 98 Mrd. DM verbucht war (vgl. o.V., Eröffnungsbilanz, 1994, S. 7). Dieser Bilanzansatz stellt eine Anschubsubvention durch den Bund dar, der der DB AG in Form einer umfangreichen Sonderabschreibung gewährt worden ist. Die Wirkung für die DB AG besteht darin, daß zukünftig wesentlich geringere Abschreibungen fällig werden, als sich beim ursprünglichen Wertansatz ergeben hätten (vgl. BMV, 1995b, S. 7f). Das mit der Bahnreform angestrebte Maß an Deckung der Wegekosten wird somit erst für zukünftige Investitionen erreicht werden. Wegen der Langlebigkeit von Anlagen der Schieneninfrastruktur wird der effektive Wegekostendeckungsgrad noch auf Jahre hinaus durch die Sonderabschreibung gesenkt.[183] Die DB AG gewinnt damit Zeit, ihre Wettbewerbsfähigkeit gegenüber den anderen Verkehrsträgern zu verbessern. Bisher ist das Leistungsangebot der DB AG im Güterverkehr von Preis und Qualität her gegenüber dem Straßengüterverkehr wenig wettbewerbsfähig (vgl. z.B. o.V., Kombiverkehr, 1996), so daß eine Erhöhung des Wegekostendeckungsgrades unter wirtschaftlichen Gesichtspunkten nicht realisierbar erscheint.[184] Bei der Ermittlung der Höhe der Einnahmen aus Abschreibungen auf das Anlagevermögen, die die Fahrweg AG an den Bund abzuführen hat, muß der reduzierte Wert des Nettoanlagevermögens der Eröffnungsbilanz der DB AG von 20 Mrd. DM zugrundegelegt werden (vgl. o.V., Eröffnungsbilanz, 1994). Zur Ermittlung der Höhe des Abschreibungsbetrages wird angenommen, daß er den gleichen Anteil am Nettoanlagevermögen hat, wie in der Rechnung des DIW für das Jahr 1987 (vgl. Enderlein/Kunert, 1990, S.

---

183 Im Bewertungsverfahren für den BVWP wird für den Bahnkörper ein Abschreibungszeitraum von 90 Jahren sowie für elektrische Anlagen ein Abschreibungszeitraum von 35 Jahren angesetzt. Eine beispielhaft vorgestellte Neubaustrecke hat eine durchschnittliche Lebensdauer von 38 Jahren (vgl. Planco, 1993, S. 11, 231).

184 Diese Einschätzung vertritt Heike Link, DIW, Telefongespräch am 18.9.1995, die an einem Gutachten über den Wegekostendeckungsgrad im Auftrag der Deutschen Bahn AG mitgearbeitet hat, das 1994 fertiggestellt wurde, aber vom Auftraggeber nicht veröffentlicht worden ist.

67f).[185] Der erforderliche Betrag zur Deckung der laufenden Ausgaben wird aus Tabelle 46 übernommen.

Tabelle 59: Zunahme der Einnahmen zur Deckung der laufenden Kosten und der Abschreibungen

	Jahr	Einheit	Betrag
Nettoanlagevermögen	1987	Mio. DM	85.224
Abschreibungen	1987	Mio. DM	2.940
Anteil d. Abschreibungen am Bruttoanlagevermögen	1987	%	3,4
Nettoanlagevermögen	1994	Mio. DM	20.000
Abschreibungen	1994	Mio. DM	690
Wegeeinnahmen zur Deckung der laufenden Kosten	1994	Mio. DM	3.790
Wegeeinnahmen gesamt	1994	Mio. DM	4.480
spezifische Wegeeinnahmen	1994	DM/tkm	0,063
Wegeeinnahmen durch GVZ-Verkehr	1994	Tsd. DM	3.655

Quellen: Heinz Enderlein/Uwe Kunert, Berechnung der Kosten und der Ausgaben für die Wege des Eisenbahn-, Straßen-, Binnenschiffs- und Luftverkehrs in der Bundesrepublik Deutschland für das Jahr 1987, Gutachten im Auftrag des BMV, DIW, Berlin 1990, Übersicht 1, 2, S. 67f, o.V., Eröffnungsbilanz der Deutsche Bahn AG stimmt nachdenklich, in: Internationales Verkehrswesen, 46. Jg. (1994), Heft 1, S. 7., eigene Berechnungen.

Auch der Dieselkraftstoffverbrauch der Eisenbahnen unterliegt der Mineralölsteuer. Aus Tabelle 60 ergibt sich, daß das Mineralölsteueraufkommen aus dem Schienenverkehr durch das GVZ reduziert wird. Das liegt an dem absoluten Rückgang des Wagenladungsverkehrs, der verglichen mit dem KLV und den BahnTrans-Leistungen mit höherem Einsatz von Diesellokomotiven durchgeführt wird.

Tabelle 60: Änderung der Einnahmen aus Mineralölsteuer für den Schienenverkehr

	Einheit	Betrag
Änderung des Dieselkraftstoffverbrauchs (Masse)	t	-22
Umrechnungsfaktor	kg/l	0,832
Änderung des Dieselkraftstoffverbrauchs (Volumen)	tsd. l	-26
Mineralölsteuer	DM/l	0,62
Änderung des Mineralölsteueraufkommens	tsd. DM	-16

Quelle: eigene Berechnungen.

185 Das Nettoanlagevermögen ohne Grundstücke ergibt sich, indem die Differenz aus Bruttoanlagevermögen mit Grundstück und Bruttoanlagevermögen ohne Grundstück in Höhe von 15.035 Mio. DM (dem Wert der Grundstücke, die keiner Abschreibung unterliegen) vom Nettoanlagevermögen mit Grundstück subtrahiert wird.

In Tabelle 61 werden die GVZ-bedingten Änderungen der Wegeeinnahmen zusammengefaßt. Insgesamt entstehen Mehreinnahmen von 3,6 Mio. DM. Ein Vergleich mit den gesamten Wegekosten, die ebenfalls in der Tabelle angegeben sind, zeigt, daß die Einhaltung der Regeln des Bundesschienenwegeausbaugesetzes zu einem Wegekostendeckungsgrad von 52 % führen würde, immerhin eine erhebliche Steigerung gegenüber den für 1987 von Enderlein/Kunert (1990, S. 76) ermittelten Dekkungsgrad von 14 %.

Tabelle 61: Gesamteffekt aus der Änderung von Wegekosten und Wegeeinnahmen der Schieneninfrastruktur

	tsd. DM
Änderung der Wegeeinnahmen	3.638
Mineralölsteuer	-16
Deckung der laufenden Kosten u. Abschreibungen	3.655
Änderung der Wegekosten (vgl. Tabelle 47)	6.981
Wegekostendeckungsgrad	52%

Quelle: eigene Berechnungen.

Insgesamt ergeben sich durch die GVZ-bedingten Verkehrsverlagerungen Mindereinnahmen von 4,7 Mio. DM beim Güterkraftverkehr und Mehreinnahmen von 3,6 Mio. DM aus dem Schienengüterverkehr.

3.4 Ergebnis der Kosten-Nutzen-Analyse

In Tabelle 62 sind die Ergebnisse der Bewertung der externen Effekte zusammengefaßt und die Barwerte für die gesamte Nutzungsdauer ausgewiesen. Die Nutzenelemente werden mit positivem Vorzeichen berücksichtigt, die Kosten mit negativem Vorzeichen. In Tabelle 63 ist das Gesamtergebnis der Kosten-Nutzen-Analyse angegeben. Die Anteilsangaben beider Tabellen haben die gleiche Bezugsgröße: die Summe der Nutzen bzw. Kosten gemäß Tabelle 63.

Das GVZ Großbeeren ist im Ergebnis als gesamtwirtschaftlich vorteilhaft zu beurteilen. Die Kosten-Nutzen-Analyse ergibt einen Nutzenüberschuß von 128,9 Mio. DM und ein Verhältnis von Nutzen zu Kosten von 1,53. Damit bestätigen sich die unterstellten positiven Effekte eines GVZ auf Umwelt und Beschäftigung. Die positiven externen Effekte machen 50 % des Gesamtnutzens aus. Der wichtigste Bereich der externen Nutzen ergibt sich erwartungsgemäß aus der Reduzierung des Straßengüterverkehrs. Den weitaus wichtigsten Anteil hat hierbei die Steigerung der Verkehrssicherheit, während die Umwelteffekte nur 9,9 % des Gesamtnutzens ausmachen. Die Lärmsituation verschlechtert sich sogar geringfügig gegenüber dem Fall ohne GVZ. Die externen Kosten der Errichtung des GVZ, die über die Hälfte aus der Bebauung und Versiegelung der Flächen bestehen, bleiben mit 40,8 Mio. DM weit hinter den externen Nutzen zurück und haben mit 16,9 % einen vergleichsweise geringen Anteil an den Gesamtkosten.

Tabelle 62: Zusammenfassung der Ergebnisse der Bewertung der externen Effekte

	Nutzen in tsd. DM p.a.	Kosten in tsd. DM p.a.	Wirkungszeit von	bis	Barwert der Nutzen in tsd. DM	Anteil am Gesamtnutzen in %	Barwert der Kosten in tsd. DM	Anteil an den Gesamtkosten in %
Externe Effekte (mit allokativer Wirkung)								
Verkehr	7.449	-739	2000	2039	148.528	40,1	-14.740	6,1
Luftschadstoffe	1.053	-36	2000	2039	20.989	5,7	-715	0,3
Treibhauseffekt	686	-69	2000	2039	13.685	3,7	-1.379	0,6
Lärm	100	-228	2000	2039	1.994	0,5	-4.554	1,9
Unfallkosten	4.514	-196	2000	2039	90.010	24,3	-3.916	1,6
Wegegrenzkosten	1.096	-209	2000	2039	21.850	5,9	-4.176	1,7
Betrieb	0	-6	2000	2039	0	0,0	-119	0,0
Boden	0	-27.838	1997		0	0,0	-25.925	10,7
direkter Beschäftigungseffekt	1.638	0	1994	2001	11.843	3,2	0	0,0
indirekter Beschäftigungseffekt	1.500	0	2005	2039	23.983	6,5	0	0,0
Verteilungseffekte (nachrichtlich)								
Wegeeinnahmen	3.638	-4.677	2000	2039	72.541		-93.261	

Quelle: eigene Berechnungen.

Tabelle 63: Ergebnisse der Kosten-Nutzen-Analyse

	tsd. DM	Anteil
Barwert Nutzen gesamt	370.298	100%
Barwert der internen Nutzen	185.944	50%
Barwert der externen Nutzen	184.354	50%
Barwert Kosten gesamt	-241.351	100%
Barwert der internen Kosten	-200.567	83%
Barwert der externen Kosten	-40.784	17%
Nutzen-Kosten-Differenz	128.947	
Nutzen-Kosten-Verhältnis	1,53	
Barwert der Änderung der Verkehrswegeeinnahmen	-20.720	

Quelle: eigene Berechnungen.

Abbildung 22: Ergebnis der Bewertung der externen Effekte des GVZ Großbeeren

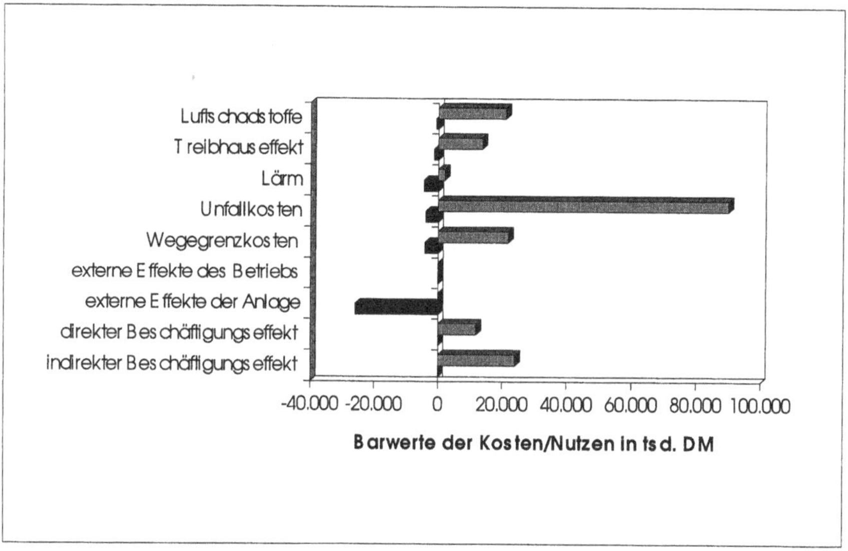

Quelle: eigene Berechnungen.

Abbildung 23: Nutzen und Kosten des GVZ Großbeeren und ihre wichtigsten Bestandteile

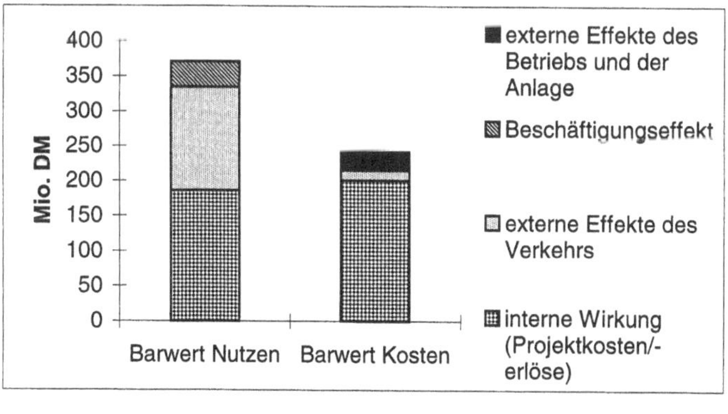

Quelle: eigene Berechnungen.

Bemerkenswert ist, daß die Bilanz der Umwelteffekte nur einen geringen Nutzen ergibt: Vorteilen aus der Reduzierung von Luftschadstoffen, Lärm und Treibhauseffekten in Höhe von 36,7 Mio. DM stehen Schäden in Höhe von 32,7 Mio. DM gegenüber, die vor allem durch den Bodenverbrauch und zusätzliche Lärmbelastung verursacht werden.

Mit einem Nutzen-Kosten-Verhältnis von 1,53 wäre das Projekt im Rahmen des BVWP 1992 nach dem geltenden Auswahlkriterium, das ein Nutzen-Kosten-Verhältnis von 3 verlangt, nicht in den vordringlichen Bedarf aufgenommen worden und hätte im Zeitraum 1991 bis 2010 grundsätzlich keine Aussicht auf Realisierung gehabt (vgl. BMV, 1992, S. 32f und Kapitel 3.1.7).

Für zahlreiche Größen, die in die Kosten-Nutzen-Analyse eingegangen sind, liegen keine empirischen Erfahrungswerte vor, und es mußten Annahmen über ihre Werte getroffen werden. Für die wichtigsten Schlüsselgrößen, über deren Werte keine gesicherten Erkenntnisse vorliegen und die einen großen Einfluß auf das Gesamtergebnis haben - das sind insbesondere die Annahmen über die Verkehrseffekte und den indirekten Beschäftigungseffekt - werden deshalb Sensitivitätsanalysen durchgeführt. Das Ergebnis des Basisszenarios ist in den Tabellen jeweils fettgedruckt:

- Der Modal Split-Anteil des Schienenverkehrs am Fernverkehr des GVZ Großbeeren wurde entsprechend dem bundesweiten Anteil der Bahn am Transportaufkommen GVZ-affiner Güter in der Ausgangssitutation mit 21,3 % angesetzt. Die Berechnung des Modal Splits beruht auf Zahlen der alten Güterverkehrsstatistik bis 1993. Nach Umstellung der Güterverkehrsstatistik auf ein Stichprobenverfahren 1994 hat sich gezeigt, daß die Güterverkehrsleistung der LKW erheblich unterschätzt worden war. Eine Sensitivitätsanalyse in Tabelle 64 zeigt jedoch, daß der Modal Split der Ausgangssituation einen unerheblichen Einfluß auf das Ergebnis der Kosten-Nutzen-Analyse hat.

Tabelle 64: Sensitivitätsanalyse für den Anteil der Bahn am Modal Split des Güterfernverkehrs in der Ausgangssituation

Modal Split-Anteil der Bahn	%	10	15	**21,3**	25
Reduktion d. externen Kosten d. Verkehrs	tsd. DM	128.493	130.991	**133.788**	135.269
Nutzen-Kosten-Differenz	tsd. DM	123.715	126.185	**128.947**	130.406
Nutzen-Kosten-Verhältnis		1,52	1,53	**1,53**	1,54

Quelle: eigene Berechnungen.

- Die Verlagerung des Güterfernverkehrs von der Straße auf die Schiene wurde ausgehend von den Erfahrungen des GVZ Bremen geschätzt. Dabei wurde eine Zunahme des Schienengüterverkehrs um 30 % unterstellt, während Baumgarten u.a. (1996) von einer Steigerung um 50 % ausgegangen waren. Die Ergebnisse verschiedener Steigerungsraten sind in Tabelle 65 zusammengefaßt. Insgesamt erweist sich das Ergebnis der Kosten-Nutzen-Analyse als robust gegen eine Änderung der Höhe der modalen Verkehrsverlagerung, und selbst wenn der Effekt nicht auftreten sollte, ändert sich nichts an der gesamtwirtschaftlichen Vorteilhaftigkeit des GVZ, und es bleibt bei einer beträchtlichen Reduzierung der negativen externen Effekte des Verkehrs um 110,8 Mio. DM.

Tabelle 65: Sensitivitätsanalyse für modale Verlagerung im Güterfernverkehr

Zunahme des Schienenverkehrs	%	0	5	20	**30**	50
Reduktion der externen Kosten des Verkehrs	tsd. DM	110.811	114.642	126.136	**133.788**	149.122
Nutzen-Kosten-Differenz	tsd. DM	106.089	109.900	121.334	**128.947**	144.201
Nutzen-Kosten-Verhältnis		1,45	1,47	1,51	**1,53**	1,59

Quelle: eigene Berechnungen.

- Über die Steigerung der Auslastung im Straßengüterfernverkehr durch ein GVZ liegen bisher keine empirisch gesicherten Erkenntnisse vor. Für den Straßengüterfernverkehr wurde in dieser Untersuchung eine Zunahme der durchschnittlichen Auslastung (unter Einschluß von Leerfahrten) um 6 % angenommen, während Baumgarten u.a. (1996) von 10 % ausgegangen sind. Insgesamt zeigt sich auch hier, daß das Ergebnis der Kosten-Nutzen-Analyse robust gegen eine Änderung des Auslastungsgrades ist. Das Ergebnis der Reduzierung des Effektes auf null zeigt, daß sein Einfluß auf die Reduzierung der externen Effekte des Verkehrs im Basisszenario geringfügig größer ist als der Einfluß der modalen Verkehrsverlagerung.

Tabelle 66: Sensitivitätsanalyse für die Auslastung im Straßengüterfernverkehr

Steigerung der Auslastung im Straßengüterfernverkehr	%-Punkte	0	3	**6**	10
Reduktion der externen Kosten des Verkehrs	tsd. DM	96.236	115.996	**133.788**	154.964
Nutzen-Kosten-Differenz	tsd. DM	91.195	111.154	**128.947**	150.122
Nutzen-Kosten-Verhältnis		1,38	1,46	**1,53**	1,62

Quelle: eigene Berechnungen.

- Ebenso wie für den Straßengüterfernverkehr liegen für den Straßengüternahverkehr keine gesicherten Erkenntnisse der Wirkung eines GVZ vor. Für den Straßengüternahverkehr wurde hier eine Steigerung der Auslastung von durchschnittlich 3,89 % angenommen, während Baumgarten u.a. (1996) 7 % unterstellen. Die Sensitivitätsanalyse demonstriert, daß die Auslastung im Nahverkehr einen stärkeren Einfluß auf das Gesamtergebnis hat als die modale Umverteilung und Auslastung im Fernverkehr. Die Reduzierung des Effektes auf null zeigt, daß von der

Bündelung des Nahverkehrs im Basisszenario ungefähr die Hälfte der Einsparungen bei den externen Kosten des Verkehrs in Höhe von 71,6 Mio. DM[186] ausgeht.

Tabelle 67: Sensitivitätsanalyse für die Auslastung im Straßengüternahverkehr

Steigerung der Auslastung im Straßengüternahverkehr	%-Punkte	0	2	**3,89**	7	10
Reduktion der externen Kosten des Verkehrs	tsd. DM	62.189	78.998	**133.788**	153.951	173.358
Nutzen-Kosten-Differenz	tsd. DM	57.347	74.156	**128.947**	149.110	168.516
Nutzen-Kosten-Verhältnis		1,24	1,31	**1,53**	1,62	1,70

Quelle: eigene Berechnungen.

- Ein wichtiger Effekt des GVZ besteht in der indirekten Beschäftigungswirkung durch den Agglomerationseffekt, die 6,5 % der externen Nutzen ausmacht. Im Basisszenario wurde von 2.500 Arbeitsplätzen im GVZ und einem Multiplikator von 1,2 ausgegangen. Über beide Größen liegen keine gesicherten Erkenntnisse vor. In der Sensitivitätsanalyse wird nur der Multiplikator variiert, eine Änderung der Arbeitsplatzzahl im GVZ hätte die gleiche Wirkung auf das Ergebnis. Auch hier zeigt sich, daß das Endergebnis stabil gegenüber der Änderung einer einzelnen Eingangsgröße ist. Eine Verdoppelung der indirekt geschaffenen Arbeitsplätze gegenüber dem Basisszenario (Multiplikator 1,4) würde den Nutzenüberschuß des Projektes immerhin um ein Drittel erhöhen.

Tabelle 68: Sensitivitätsanalyse für den indirekten Beschäftigungseffekt

Arbeitsplatzmultiplikator für indirekte Beschäftigung		1,0	1,1	**1,2**	1,3	1,4	1,5
in der Umgebung geschaffene Arbeitsplätze	Anzahl	0	250	**500**	750	1.000	1.250
Nutzen des indirekten Beschäftigungseffektes	tsd. DM	0	11.991	**23.983**	35.974	47.966	59.957
Nutzen-Kosten-Differenz	tsd. DM	104.973	116.965	**128.947**	140.947	152.939	164.930
Nutzen-Kosten-Verhältnis		1,43	1,48	**1,53**	1,58	1,63	1,68

Quelle: eigene Berechnungen.

---

186 Dieser Wert ist die Differenz zwischen dem Barwert der externen Effekte des Verkehrs im Basisszenario von 133,8 Mio. DM und 62,2 Mio. DM im Szenario ohne Auslastungserhöhung.

- Während bei den vorausgegangenen Sensitivitätsanalysen Annahmen des Mengengerüstes variiert wurden, geht es bei der letzten Größe um einen Wertansatz: den Schattenpreis für die individuelle Lebensfreude bei der Bewertung eines statistischen Menschenlebens. Alternativ zu dem in dieser Untersuchung verwendeten Wert von 5,5 Mio. DM wird das Ergebnis der Kosten-Nutzen-Analyse für den im BVWP verwendeten Wertansatz der BASt (1996) in Höhe von 1,5 Mio. DM für 1994 errechnet (vgl. Planco, 1993, S. 144). Die Sensitivitätsanalyse zeigt, daß der Wertansatz über den Rückgang von Straßenverkehrsunfällen und luftverschmutzungsbedingten Todesfällen einen sehr großen Einfluß auf den Barwert der externen Effekte des Verkehrs hat. Gegenüber dem Basisszenario werden die eingesparten externen Kosten des Verkehrs halbiert. Auch wenn das Endergebnis der Kosten-Nutzen-Analyse dadurch nicht geändert wird, erscheint der große Einfluß unbefriedigend. Aus diesem Grund wurde die Problematik des korrekten Schattenpreises in Kapitel 3.1.4.2.5 ausführlich diskutiert und im Ergebnis der höhere Wertansatz eindeutig favorisiert.

Tabelle 69: Sensitivitätsanalyse für den Ansatz zur Bewertung eines Menschenlebens

Wert eines Menschenlebens	tsd. DM	1.510	**5.500**	Differenz
Barwert d. externen Effekte d. Verkehrs	tsd. DM	70.976	**133.788**	62.812
Barwert d. Kosten d. Luftverschmutzung	tsd. DM	13.080	**20.274**	7.194
Barwert der Unfallkosten	tsd. DM	30.473	**86.094**	55.621
Nutzen-Kosten-Differenz	tsd. DM	66.149	**128.947**	62.798
Nutzen-Kosten-Verhältnis		1,28	**1,53**	

Quelle: eigene Berechnungen.

Das Gesamtergebnis der Kosten-Nutzen-Analyse ist wenig anfällig gegenüber der Variation einzelner Teileffekte. Die völlige Ausschaltung des bedeutendsten Einzeleffektes, die Bündelung im Straßengüternahverkehr, reduziert das Nutzen-Kosten-Verhältnis von 1,53 auf 1,24 (vgl. Tabelle 67). Der Grund für die Robustheit des Gesamtergebnisses liegt zum einen daran, daß die mit Unsicherheiten behafteten externen Nutzen nur 50 % des Gesamtnutzens ausmachen und die restlichen 50 % des Gesamtnutzens internalisiert sind. Zum anderen liegt ein Grund für die Robustheit darin, daß der externe Nutzen des GVZ aus vier Effekten besteht, die relativ stark sind. Diese vier Effekte, für die Sensitivitätsanalysen durchgeführt wurden, machen zusammen 42 % des Gesamtnutzens aus, wobei die Nahverkehrsbündelung mit 19 % am stärksten ist, gefolgt von der Bündelung im Straßengüterfernverkehr mit 10 %, vom indirekten Beschäftigungseffekt und der modalen Verlagerung mit je 6 %.

4 Möglichkeiten der Beteiligung privater Unternehmen an der Errichtung und Betreibung von GVZ

4.1 Erfahrungen aus der privatwirtschaftlichen Errichtung und Betreibung von GVZ in Frankreich

In Frankreich werden GVZ seit nahezu 30 Jahren privatwirtschaftlich betrieben. Es stellt sich die Frage, ob die französischen Erfahrungen auf Deutschland übertragbar sind. Dafür ist zum einen zu klären, ob das Konzept der französischen Logistikzentren[187] mit dem deutschen GVZ-Konzept übereinstimmt und zum anderen, inwieweit sich die rechtlichen, administrativen und wirtschaftlichen Rahmenbedingungen unterscheiden.[188] Diese Aufgabe wird dadurch erleichtert, daß die französische Betreibergesellschaft inzwischen Planungen für Beteiligungen an zwei GVZ in Deutschland - Köln-Eifeltor und Großbeeren bei Berlin - entwickelt hat.

Die Betreibergesellschaft der privaten Logistikzentren in Frankreich ist die Garonor S.A., die zum französischen Versicherungskonzern Assurances Générales de France (AGF) gehört. Ursprung und Stammanlage von Garonor ist ein Logistikzentrum von 80 ha Größe in Aulnay-sous-Bois in der nördlichen Peripherie von Paris, das überwiegend als Referenz für die folgenden Ausführungen dient. Daneben betreibt Garonor vier kleine Logistikzentren in Frankreich (zwischen 3 ha und 12 ha Gesamtfläche), davon zwei im Pariser Raum. Neben den beiden Anlagen in Deutschland sind drei weitere Logistikzentren in Planung, zwei in Frankreich und eins in Rotterdam.

Die Entwicklung der ältesten französischen Logistikzentren von Garonor im Norden von Paris und Sogaris im Süden von Paris wurde 1962 durch die Pariser Kommunalverwaltung initiiert, deren Ziel es war, über Logistikzentren in der Peripherie eine City-Logistik zur Versorgung der Innenstadt zu organisieren. Das Gelände von Garonor in Aulnay-sous-Bois gehörte zu dieser Zeit einer privaten Gesellschaft, die in der Entwicklung und Vermarktung von Wohn- und Freizeitimmobilien engagiert war und vorgesehen hatte, auf dem Gelände Wohnungen zu errichten. In diese Zeit fiel der Bau einer Autobahn (A1), die das Gelände durchschnitt. Die Immobiliengesellschaft wurde von der Kommunalverwaltung überzeugt, anstelle von Wohnungen ein Logistikzentrum zu errichten. Dafür wurde 1963 eine neue Gesellschaft gegründet, die Garonor S.A., in die die Immobiliengesellschaft als Kapital das Grundstück einbrachte. Im Süden von Paris entstand das Logistikzentrum Sogaris auf einem Gelände, das die private Gesellschaft Sogaris S.A. von den Kommunen pachtete. Das Eigenkapital von Sogaris bestand aus einer Bareinlage der Gesellschafter.

Die Konzeption und Errichtung der Logistikzentren von Garonor und Sogaris erfolgte im weiteren auf die gleiche Weise. Beide Gesellschaften mußten für die komplette Erschließung des Geländes finanziell selbst aufkommen. Dies umfaßte sowohl

---

187 Die französischen GVZ entsprechen nicht der in dieser Arbeit verwendeten Definition für GVZ. Die Anlagen werden deshalb im weiteren allgemeiner als Logistikzentren bezeichnet.

188 Hauptquelle für die Informationen in diesem Abschnitt ist ein Gespräch mit Philippe Manson, Projektleiter bei Garonor Services in Aulnay-sous-Bois, am 3.1.1996.

die innere Erschließung des Geländes und der Grundstücke als auch die äußere Anbindung an Straßennetz, Eisenbahn, Wasserversorgung, Abwasser und Elektrizität. Die straßenseitige Anbindung umfaßte für Garonor eine Autobahnanschlußstelle mit Brücken und Zufahrtsstraßen. Ein KLV-Umschlagbahnhof gibt es in keinem der französischen Logistikzentren. Die Erschließungsausgaben erwiesen sich für Garonor und Sogaris als Problem, denn sie waren im Wettbewerbsnachteil gegenüber anderen Gewerbegebieten, bei denen üblicherweise der Staat die Anbindung an das Straßennetz sowie die Ver- und Entsorgungsleitungen übernimmt und die Käufer von Grundstücken nur die innere Erschließung tragen müssen. 1968 nahm das Logistikzentrum von Garonor den Betrieb auf. Ein weiteres Problem für Garonor und Sogaris war die Durchführung der City-Logistik durch die Betreibergesellschaften selbst. Sie führte dazu, daß die Betreibergesellschaften von den angesiedelten Transportbetrieben als Wettbewerber wahrgenommen wurden und nur unattraktive Frachten erhielten. Beiden Problemen ist zuzuschreiben, daß Garonor 1971 überschuldet war und nahezu zahlungsunfähig wurde. Die City-Logistik wurde eingestellt, die Gesellschaft konnte stabilisiert werden und hat ohne staatliche Unterstützung überlebt. Über Sogaris hingegen wurde 1975 ein Konkursverfahren eröffnet, und die Gesellschaft wurde mehrheitlich von Kommunen bzw. öffentlichen Unternehmen übernommen, so daß heute ca. 90 % des Eigenkapitals im Eigentum der öffentlichen Hand sind.

Garonor plant, bebaut und vermarktet komplette Transportgewerbegebiete einschließlich der inneren Erschließung mit Lager- und Umschlaghallen sowie Serviceeinrichtungen. Die Hallen werden als Kompaktanlagen, d.h. blockweise gebaut, und in Modulen zwischen 1000 und 1500 qm vermietet. Dieses Bebauungskonzept hat sich für Garonor bisher als zweckmäßig erwiesen, die Errichtung eines Logistikzentrums durch Garonor ist aber nicht an diese Flächenaufteilung gebunden und wäre auch in der Form einzelner Speditionsanlagen denkbar. Um den Anforderungen verschiedener Nutzungen zu entsprechen, werden verschiedene Hallentypen angeboten: Zwischen- und Verteilungslager in verschiedenen Höhen und Abmessungen sowie Umschlaghallen. Außerdem können Hallen für Gewerbebetriebe gemietet werden, um distributionsintensiven Produktionsbetrieben eine Ansiedlung im Logistikzentrum zu ermöglichen. Alle Hallen sind mit Büros ausgestattet, darüber hinaus können Büros in separaten Gebäuden gemietet werden (vgl. Garonor, o.J.). Somit ist es offensichtlich gelungen, ein standardisiertes Angebot zu erstellen, das vom Markt angenommen wird. Die Betriebe können sich, sofern Flächen vorhanden sind, flexibel ausdehnen oder verkleinern. Die Nutzerstruktur ist durch die Bebauung vorgegeben, ist aber nicht auf Unternehmen der Transportwirtschaft beschränkt, sondern grundsätzlich für jedes Unternehmen offen. Die Zusammensetzung der Nutzerstruktur ist in Tabelle 70 angegeben.

Zur Ansiedlung stehen den Interessenten drei Vertragsformen zur Auswahl (vgl. Garonor, o.J.):

- Sie können einen langfristigen Mietvertrag mit ein- oder dreijähriger Kündigungsfrist abschließen, der von der überwiegenden Mehrheit der Mieter gewählt wird (vgl. Garonor, 1990, S. 18).
- Es werden kurzfristige Mietverträge mit Laufzeiten zwischen einem und 23 Monaten angeboten. Kurzfristige Mietverträge machen nur einen geringen Anteil an der

gesamten vermieteten Fläche zwischen 1 % und 3 % aus (vgl. Garonor, 1990, S. 18).

- Garonor bietet schlüsselfertige Gebäude zum Kauf oder zum Leasing an.

Tabelle 70 : Nutzerstruktur im Logistikpark Garonor in Aulnay-sous-Bois

Unternehmensart	Anteil an der Anzahl	Anteil an der Fläche
Transportunternehmen	58 %	50 %
Verlader (Gewerbe, Handel)	20 %	42 %
Dienstleister, Sonstige	22 %	8 %

Quelle: Garonor S.A., Garonor in einigen Worten und Zahlen, Januar 1993, S. 1.

Unbebaute Grundstücke werden nicht angeboten. Garonor strebt an, mindestens ein Viertel bis ein Drittel der Flächen einer Anlage im Eigentum zu behalten. Am Hauptstandort Aulnay-sous-Bois ist ein sehr geringer Teil der Hallenflächen verkauft worden, um den vollständigen Einfluß auf die Entwicklung des Geländes zu behalten. Im Gegensatz zu diesem Bebauungs- und Vermarktungskonzept sehen die meisten deutschen GVZ-Planungen vor, erschlossene, unbebaute Grundstücke direkt an Unternehmen der Transportwirtschaft zu verkaufen. Die Vermarktung fertig erstellter Hallen ist in kleinem Umfang, als sogenannte Fuhrleutehöfe durch private Immobiliengesellschaften, in einigen Planungen vorgesehen oder optional möglich. Die Ansiedlung im GVZ soll in den meisten GVZ soweit wie möglich auf logistische Dienstleistungen beschränkt werden.

Die französischen Anlagen besitzen - ebenso wie beim GVZ-Konzept vorgesehen - gute Anbindungen an das überregionale Straßenverkehrsnetz. Die Garonor-Anlagen verfügen zwar mehrheitlich über einen Gleisanschluß, nicht aber über einen KLV-Umschlagbahnhof; eine Verlegung vorhandener Terminals erwies sich in Frankreich bisher als wirtschaftlich unmöglich. Ein Anschluß an das Binnenwasserstraßennetz ist nicht vorhanden. Damit entspricht die Garonor-Anlage nicht der in Deutschland gebräuchlichen Definition eines GVZ, die eine direkte Anbindung an mindestens zwei Verkehrsträger und ein KLV-Terminal fordert. Der Anteil am Güterverkehr, der in der Garonor-Anlage Aulnay über die Schiene abgewickelt wird, ist nicht bekannt, da eine KLV-Umschlaganlage außerhalb des Logistikzentrums genutzt wird. Von einem multimodalen Umschlagpunkt kann insofern nicht die Rede sein. Eine einheitliche Frachtbörse gibt es nicht, ebensowenig eine City-Logistik. Kooperationen erfolgen, wenn sie überhaupt existieren, nur auf Basis individueller Absprachen. Eine einheitliche datentechnische Vernetzung der Betriebe auf den Garonor-Anlagen besteht ebenfalls nicht. Jeder Betrieb arbeitet mit seiner eigenen Hard- und Software.

Kühl- und Gefahrgutlager werden von Garonor nicht angeboten. Kühlgutlager werden, wenn benötigt, von den Klienten selbst innerhalb der vorhandenen Hallengebäude installiert. Die Einrichtung von Gefahrgutlagern ist für Garonor wegen der strengen, nach Gefahrgütern unterschiedlichen Auflagen aus wirtschaftlichen Gründen, nicht möglich. Eine einheitliche datentechnische Vernetzung der Betriebe, wie sie in GVZ angestrebt wird, gibt es auf den Garonor-Anlagen nicht. Jeder Betrieb arbeitet mit seiner eigenen Hard- und Software. Wie in deutschen GVZ-Planungen vorgesehen, steht den Betrieben in Aulnay ein breites Dienstleistungsangebot zur Verfügung. Eine Reihe von Dienstleistungen wird von einer speziellen Garonor Tochtergesellschaft angeboten.[189] Für ein wirtschaftliches Angebot dieser Leistungen ist eine kritische Masse erforderlich, die in den kleinen Anlagen oft nicht erreicht wird. Das Angebot wird durch öffentliche Dienstleistungen und Leistungen externer Unternehmen ergänzt.[190] Neben der Planung und dem Betrieb der eigenen Anlagen hat Garonor an der Planung und Entwicklung zahlreicher Anlagen in verschiedenen Ländern mitgewirkt (vgl. Garonor, 1993, S. 1, Garonor, 1989, S. 27-31). Mit Hilfe seiner Tochtergesellschaften bietet Garonor alle Leistungen am Markt an, die im Zusammenhang mit der Realisierung und Betreibung eines Logistikzentrums benötigt werden (vgl. Garonor 1990, S. 4-9).[191]

Die Finanzierung der Logistikzentren erfolgt mit einem Eigenkapitalanteil von ca. 20 %, das erforderliche Fremdkapital wird vor allem durch langfristige Bankkredite beschafft, aber auch durch Leasing über eine Tochtergesellschaft der AGF. Die ausgewählten Projekte müssen eine Eigenkapitalrendite von mindestens 8 % abwerfen. Die Investitionen werden vollständig von den Einnahmen aus der Vermietung der Hallen und Büros getragen. Die Mieten betragen in Aulnay ca. 8 bis 11 DM pro qm für Lagerhallen und 9 DM bis 12 DM pro qm für Umschlaghallen und entsprechen damit den Preisen in deutschen Großstädten. Das Angebot von Dienstleistungen ist ein eigenständiges Geschäft, d.h., eine interne Quersubventionierung erfolgt nicht.

Das Bebauungskonzept von Garonor bietet den Vorteil, eine größere Verdichtung der Bebauung und der Unternehmensaktivitäten zu ermöglichen. Wegen der Bedeutung, die einige Kommunen dieser Frage beimessen (vgl. S. 48f) soll der Effekt im folgenden etwas näher erläutert und quantifiziert werden. Am Standort Aulnay-sous-Bois verfügt Garonor über ein Grundstück von 80 ha, auf dem Gebäude mit einer Fläche von 400.000 qm entstanden sind, sich 270 Betriebe angesiedelt haben und 4.000 Personen beschäftigt sind. In Aulnay-sous-Bois sind pro Arbeitsplatz 200 qm Grundstücksfläche nachgefragt worden. Im GVZ Bremen sind zum Vergleich auf einer Nutzfläche von 133 ha[192] bisher 2.000 Arbeitsplätze entstanden, bis zur vollen

---

189 Die angebotenen Dienstleistungen sind Schwergutbehandlung, Lagerung, auch zollfrei, Warenbehandlung, Wachdienst, Feuerschutz, Einrichtungsarbeiten in Gebäuden, die Bereitstellung von Empfangs- und Konferenzräumen, Instandhaltung und Pflege der Infrastruktur und der Gebäude, Abfallentsorgung (vgl. Garonor, o.J.).

190 Das Angebot öffentlicher Dienstleistungen beinhaltet ein Zollamt, ein Postamt, ein Finanzamt, ein Arbeitsamt und Anschlüsse an den öffentlichen Personennahverkehr. Von privaten Unternehmen werden folgende Leistungen angeboten: Reparatur und Wartung von LKW, Tankstelle, LKW-Parkplätze, Hotel und Gaststätten, Einzelhandelsgeschäfte, Reisebüro, Versicherungsagentur und Fahrzeugvermietung (vgl. Garonor, o.J.).

191 Dies beinhaltet Studien zur Wirtschaftlichkeit, technischen Machbarkeit und logistische Konzepte, Planung von ganzen Anlagen oder einzelnen Gebäuden, Leitung der Durchführung von Baumaßnahmen, Finanzierung der Investitionen, Vermarktung der Gebäude, wirtschaftliche, verwaltungsmäßige und technische Betreuung der Anlagen sowie Serviceleistungen für die Ansiedler.

192 Um die Bezugsfläche des GVZ Bremen mit der Fläche der Garonor-Anlage vergleichbar zu machen, beinhaltet diese die gewerblich nutzbare Nettofläche (138,5 ha), abzüglich des nichtüberbaubaren Anteils (27,7 ha), zuzüglich der Verkehrsflächen für Straßen (14,3 ha) und Gleisanschluß (8,0 ha) (vgl. Dornier, 1993a, S. 74).

Entwicklung soll diese Zahl auf 4.000 ansteigen (vgl. Haller, 1993, S. 2). Wenn diese Zahl erreicht wird, bestünde ein Verhältnis von einem Arbeitsplatz auf 332 qm Grundstücksfläche. Gemäß Planungen für die GVZ in Leipzig und Rostock soll dort eine Dichte von einem Arbeitsplatz auf rund 300 qm erreicht werden (vgl. Seebauer & Partner, o.J., S. 19). Das Ansiedlungskonzept von Garonor zeigt, daß eine flächensparende Ansiedlung von Betrieben der Transportwirtschaft möglich ist.

Nach Angaben von Garonor wird in Aulnay-sous-Bois eine jährliche Gütermenge von 8 bis 9 Mio. t umgeschlagen (vgl. Garonor, 1993, S. 1). Bei 254 Arbeitstagen pro Jahr entspricht dies einer täglichen Umschlagmenge von 31.000 bis 35.000 t. D.h., es wird für eine Tonne umgeschlagener Gütermenge eine Fläche zwischen 23 und 26 qm Gesamtgrundstücksfläche für die Anlage benötigt. Das IVE hat in einem grundlegenden Gutachten zur Gestaltung von GVZ einen Flächenbedarf von rund 60 qm pro täglich umgeschlagener Gütermenge errechnet (vgl. IVE, 1991a, S. 108f). Dies bestätigt das Ergebnis des Flächenbedarfs pro Arbeitsplatz: Die Ansiedlungsdichte in der Garonor-Anlage ist bedeutend höher als nach herkömmlicher Planung in Deutschland. Das IVE nennt als Grund für den geringeren Flächenbedarf bei Garonor, daß fast die gesamte Warenversorgung für Paris über die Logistikzentren abgewickelt wird, so daß der Güterumschlag im Tagesablauf relativ ausgeglichen erfolgt („geglättete Tagesganglinie"), was einen höheren Güterdurchsatz ermöglicht (vgl. IVE, 1991a, S. 110). Dieser Punkt mag dazu beitragen, daß ein höherer Umschlag pro Fläche erfolgen kann. Es ist jedoch auch zu berücksichtigen, daß die Bebauungsdichte sehr viel höher liegt. In Aulnay-sous-Bois wurden auf 80 ha Grundfläche ca. 400.000 qm Lagerhallen und Büros errichtet, d.h., die bebaute Fläche hat einen Anteil von 50 %. In Köln-Eifeltor soll mit einer von Garonor geplanten Kompaktanlage ein Bebauungsanteil von 34 % an der Grundfläche erreicht werden (vgl. Stadt Köln, o.J.), in Bremen sind 17 % der verkauften Fläche, d.h. der zur Ansiedlung von Nutzern zur Verfügung stehenden Nettofläche, überbaut worden (vgl. Dornier, 1993b, S. 3).

Die rechtlichen Rahmenbedingungen zur Planung und zum Bau von Verkehrswegen und Hochbauten sind in Frankreich den deutschen prinzipiell sehr ähnlich, besonders in der Pariser Region, in der strengere Auflagen herrschen als im übrigen Land. Die Planungshoheit für Verkehrswege und Gewerbegebiete liegt in Frankreich ebenfalls bei den Gebietskörperschaften. Grundsätzlich wird bei der Einrichtung von Gewerbegebieten in Frankreich wie in Deutschland die äußere Erschließung öffentlich bereitgestellt und die innere Erschließung auf die Investoren umgelegt. Die Reglementierung und Starrheit des Bebauungsplanes ist in Deutschland höher und erfordert eine sehr frühzeitige Festlegung und enge Abstimmung der Planung.
In Frankreich ist seit ca. 4 Jahren für die Errichtung von Gewerbegebieten die Durchführung einer Umweltverträglichkeitsprüfung vorgeschrieben. Ersatz- und Ausgleichsflächen müssen in Frankreich nicht angelegt werden. Die Initiative zur Errichtung größerer Logistikzentren geht immer von der öffentlichen Verwaltung aus. Wegen der möglichen rechtlichen und administrativen Hindernisse und der Erfordernis der Übernahme der äußeren Erschließung durch die öffentliche Hand hat Garonor nie Planungen in eigener Initiative eingeleitet, da die Aussicht auf Realisierung zu gering wäre.

Die Situation des Speditions- und Transportgewerbes ist nach Auffassung von Philippe Manson sowohl in Deutschland als auch in Frankreich durch Überkapazitäten gekennzeichnet, die durch Produktivitätszuwächse entstanden sind, denen kein entsprechender Aufkommenszuwachs gegenübersteht. Dies führt dazu, daß es unter den Transportunternehmen zu einem Ausleseprozeß kommt, der sich in einer schlechten wirtschaftlichen Situation vieler Transportunternehmen äußert, hat aber gleichzeitig auch zur Folge, daß die Anforderungen an die Qualität des Standorts bezüglich Zentralität, infrastruktureller Ausstattung und Anbindung zunehmen. Unterschiede in der Transportwirtschaft bestehen zwischen beiden Ländern nach Einschätzung von Philippe Manson insofern, als daß in Frankreich sehr kleine Speditionen verbreiteter sind, französische Speditionen Transportaufträge so gut wie ausschließlich im Selbsteintritt ausführen und die in Deutschland tarifbedingt starke Trennung zwischen Nah- und Fernverkehr in Frankreich nicht so ausgeprägt ist.

Erschlossenes Bauland kostet in der Pariser Peripherie ca. 300 DM pro qm und im restlichen Land durchschnittlich 35[193] bis maximal 60 DM pro qm. Der Pariser Bodenpreis ist mit dem westdeutscher Ballungszentren vergleichbar, der 1994 im Schnitt bei 230,16 DM pro qm[194] zuzüglich Erschließungskosten lag (vgl. Statistisches Bundesamt, 1996a, S. 614). Das Preisniveau der französischen Provinz liegt erheblich unter den in Deutschland gültigen Preisen. Der Mietpreis für Hallenflächen beträgt in der Pariser Peripherie 10 bis 11 DM pro qm monatlich und entspricht dem deutscher Großstädte, in der Provinz liegt er bei ca. 7,5 DM pro qm. Die Situation der Flächenverfügbarkeit für Unternehmen der Transportwirtschaft ist nach Einschätzung von Philippe Manson in der Pariser Region vergleichbar mit der westdeutscher Ballungszentren, tendenziell ist sie in der französischen Hauptstadt etwas besser. In der französischen Provinz stehen ausreichend Flächen zur Verfügung.

Im Ergebnis werden die Erfahrungen der Logistikzentren von Garonor zusammengefaßt und dem deutschen GVZ-Konzept gegenübergestellt:

- Garonor hat in Aulnay-sous-Bois ein Logistikzentrum aufgebaut und in Betrieb, das wesentliche Elemente eines GVZ beinhaltet. Hauptdefizit der infrastrukturellen Ausstattung ist das Fehlen eines KLV-Terminals. Die Entwicklung von Garonor hat gezeigt, daß die Betreibergesellschaft nicht in der Lage ist, die Investitionen in die äußere Erschließung zu übernehmen, da sie sich damit im Wettbewerbsnachteil gegenüber anderen Gewerbegebieten befindet. In noch stärkerem Maße würde dies bei der Errichtung eines defizitären Umschlagbahnhofs gelten.
- Die Errichtung von Lager- und Umschlaghallen durch Garonor folgt dem Layout-Konzept der blockweisen Bebauung. Ein wichtiger Vorteil der von Garonor durchgeführten Kompaktbauweise besteht in der größeren Verdichtung und besseren Ausnutzung des Grundstücks. GVZ-Planungen in Deutschland sehen bisher mehrheitlich vor, daß Transportunternehmen ihre Speditionsanlagen auf eigenen Grundstücken, in eigener Verantwortung, räumlich getrennt voneinander errichten.
- Garonor hat kein Logistikzentrum auf eigene Initiative errichtet. Die Planungshoheit der Gebietskörperschaften macht es erforderlich, daß die Initiative von der öffentlichen Verwaltung ausgeht.
- Für die Verfechter der „GVZ-Idee“ mag es sehr enttäuschend sein, daß es in der Garonor-Anlage in Aulnay kaum unternehmensübergreifende Kooperationen und

---

193 D.h., unter Berücksichtigung der Erschließungskosten ist der Preis für Ackerland nahezu gleich null.

194 Durchschnittlicher Preis für Rohbauland, d.h. ohne Erschließung in Städten mit 500.000 Einwohnern und mehr.

insbesondere keine City-Logistik gibt. Die lange Betriebszeit des Logistikzentrums seit 1968 und der große Wettbewerbsdruck, der auch in Frankreich auf den Unternehmen der Transportwirtschaft lastet, hätte ausreichend Motivation und Gelegenheit geben müssen, um die in der Literatur vielfach genannten betriebswirtschaftlichen Vorteile und Synergien (vgl. Haubold/Stahl, 1994, Deecke u.a., 1993, Eckstein, 1985) durch Kooperation auszunutzen. Das Pariser Beispiel legt die Schlußfolgerung nahe, daß sich die theoretisch begründbaren Vorteile in der Praxis nicht realisieren lassen.

Abschließend wird der Frage nachgegangen, inwiefern das Garonor-Konzept auf Deutschland übertragbar ist:

- Die Bedingungen und das Preisgefüge der Märkte für Grundstücke sowie Lager- und Umschlaghallen in Paris sind denen deutscher Ballungsgebiete sehr ähnlich. Aus wirtschaftlicher Sicht ist eine Übertragung des Konzepts deshalb grundsätzlich möglich. Deutschland ist nach Angaben von Philippe Manson wegen des latenten Flächenmangels, der daraus resultierenden starken Nachfrage und der hohen Preise ein attraktiver Markt für Garonor. Schwierigkeiten bereiten teilweise die Umwelt- und Sicherheitsauflagen, da sie hohe Kosten verursachen und neue Gewerbeimmobilien dadurch an Konkurrenzfähigkeit gegenüber älteren Immobilien verlieren, die ohne diese Auflagen errichtet wurden. Ein Beweis für die Übertragbarkeit des Garonor-Konzeptes auf Deutschland sind die vorliegenden Planungen für die GVZ Großbeeren und Köln-Eifeltor. In beiden Fällen übernimmt Garonor nur einen Teil des GVZ: Planung und Bau von Lager- und Umschlaghallen inklusive der inneren Erschließung des Geländes. In Köln führt Garonor die Errichtung des gesamten Ansiedlungsbereiches für Transportbetriebe durch (vgl. Güterverkehrsrunde Köln, 1995, S. 12), in Großbeeren nur in einem Teilbereich, daneben bietet die LEG Brandenburg unbebaute Einzelgrundstücke zum Verkauf an Unternehmen an. In beiden Fällen sind die Garonor-Planungen integraler Bestandteil der GVZ-Planungen der zuständigen öffentlichen Planungsträger.
- Mit der Kompaktbauweise wird ein wichtiges Ziel einiger westdeutscher Kommunen erfüllt, Unternehmen flächensparend anzusiedeln.[195] Die Argumentation, daß die Unternehmen im Pariser Raum wegen der Lage auf dem Gewerbeimmobilienmarkt gezwungen sind, diese Bauform zu akzeptieren[196] und von Unternehmen in Deutschland nicht angenommen würde, kann nicht überzeugen, da die Situation im Pariser Raum nicht schlechter ist als in westdeutschen Ballungszentren. Unternehmer und Experten bestätigen zwar, daß es „Berührungsängste" zwischen Speditionen gibt[197], so daß sie einer Ansiedlung in räumlicher Nähe zu Wettbewerbern kritisch gegenüberstehen; dieses Problem stellt sich aber ebenso in einem GVZ mit einzelnen Speditionsanlagen.

---

195 Z.B. in Köln und Hamburg (vgl. Güterverkehrsrunde Köln, 1995, S. 11f und 15-17, Glaser/Gleim/Hilse, 1996, S. 34-38 und 44f).

196 Dieses Argument vertritt Heinrich Möller, Wirtschaftsförderungsgesellschaft der Freien Hansestadt Bremen mbH, Gespräch am 6.12.1994.

197 Dieses Argument vertritt Heinrich Möller, Wirtschaftsförderungsgesellschaft der Freien Hansestadt Bremen mbH, Gespräch am 6.12.1994 und wird von Herrn Nobel, Speditionsgesellschaft Hamburg Transport mbH, Gespräch am 17.5.1995 sowie Kurt-Jürgen Schimmelpfeng, Verein Hamburger Spediteure e.V., Gespräch am 2.2.1995 bestätigt.

- Ein Hindernis für die Übertragbarkeit des Konzepts wird in der Vermarktung der Hallenflächen durch Mietverträge gesehen, da deutsche Speditionen mehrheitlich Eigentum an ihren Betriebsanlagen erwerben möchten, um sie als Sicherheit für Bankdarlehen einsetzen zu können.[198] In Gesprächen mit Spediteuren und Interessenvertretungen des Transportgewerbes ist dieses Argument jedoch nicht bestätigt worden.[199] Befragungen von 30 Betrieben in Hamburg durch die Hamburger Wirtschaftsförderungsgesellschaft haben ergeben, daß die Unternehmen zu jeweils gleichen Teilen Miete und Eigentum wünschen (vgl. Glaser/Gleim/Hilse, 1996, S. 55).
- Obwohl die französischen Erfahrungen zeigen, daß die Transportunternehmen kaum Interesse an Kooperationen haben, lassen die in Deutschland bestehende höhere Kooperationsbereitschaft sowie die bereits vorhandenen City-Logistik-Projekte (vgl. Wittenbrink, 1995) hoffen, daß sich einige Vorteile durch Zusammenarbeit realisieren lassen.

Für die Frage, inwiefern GVZ in Deutschland privatwirtschaftlich errichtet und betrieben werden können, führen die Erfahrungen von Garonor zu dem Schluß, daß nur Teile eines GVZ privatwirtschaftlich realisierbar sind: Lager- und Umschlaghallen sowie Büros zur Ansiedlung von Unternehmen sowie die innere Erschließung. Für die Planung der Anlagen sowie die Finanzierung der äußeren Erschließung, insbesondere der Anschlüsse an die Verkehrsinfrastruktur und eines KLV-Terminals ist nach den vorliegenden Erkenntnissen eine staatliche Beteiligung erforderlich.

4.2 Normativ-theoretische Gründe für die staatliche Unterstützung von GVZ

4.2.1 *Weitere Markt- und Wettbewerbsversagen bei der Bereitstellung von GVZ*

Im Abschnitt 3.2 ist der empirische Nachweis erbracht worden, daß ein GVZ in erheblichem Umfang negative externe Effekte reduziert und positive externe Effekte erzeugt. Konsequenz dieser positiven Externalitäten ist eine Divergenz zwischen der individuellen und der gesamtwirtschaftlichen Kosten-Nutzen-Einschätzung, die dazu führt, daß das Gut GVZ nicht in ausreichendem Maße vom Markt bereitgestellt wird. Dies kann nach der normativen Theorie der Regulierung[200] ein Grund sein, um eine

---

198 Vgl. Seebauer & Partner (1994, S. 11) und Angabe von Heinrich Möller, Wirtschaftsförderungsgesellschaft der Freien Hansestadt Bremen mbH, Gespräch am 6.12.1994.

199 Angaben von Heino Köger, Zippert & Co. Hamburg, Internationale Spedition (GmbH & Co.), Gespräch am 25.7.1995, Klaus-Dieter Martens, Verband der Spediteure Berlin und Brandenburg e.V., Geschäftsstelle Berlin, Gespräch am 4.7.1996, Dirk Naujokat, Verband für das Güternahverkehrsgewerbe Hamburg e.V., Gespräch am 6.3.1995, Herrn Nobel, Speditionsgesellschaft Hamburg Transport mbH, Gespräch am 17.5.1995 und Kurt-Jürgen Schimmelpfeng, Verein Hamburger Spediteure e.V., Gespräch am 2.2.1995.

200 Während die normative Theorie der Regulierung der Frage nachgeht, in welchen Fällen staatliche Eingriffe in Markt- und Wettbewerbsprozesse ökonomisch sinnvoll und notwendig sind, versucht die positive Theorie zu erklären, welche politischen, ökonomischen und historischen Gründe tatsächlich zum Ergreifen und Aufrechterhalten von Regulierungsmaßnahmen führen (vgl. Werner, 1988, S. 64-70, Soltwedel u.a., 1986, S. 4). Eine positiv-theoretische Erklärung für die Beteiligung der öffentlichen Hand soll hier nicht gegeben werden.

staatliche Beteiligung an der Errichtung und Betreibung von GVZ zu rechtfertigen. Vor der Zustimmung zu einem staatlichen Eingriff ist zu prüfen, ob dies ein effizienter Weg ist, um die Fehlsteuerung des Marktes zu beseitigen. Bevor dieser Frage nachgegangen wird, soll untersucht werden, ob die Bereitstellung von GVZ mit weiteren Markt- oder Wettbewerbsversagen verbunden ist.

Marktversagen wird in der neueren Wettbewerbstheorie als Fehlsteuerung im wettbewerblichen Koordinationsprozeß definiert (vgl. Soltwedel u.a., 1986, S. 5). Diese Definition ersetzt die ältere Sichtweise, die die Funktionsfähigkeit von Markt- und Wettbewerbsprozessen von dem Erreichen eines pareto-optimalen Konkurrenzgleichgewichts im statischen Referenzmodell der vollkommenen Konkurrenz abhängig gemacht hat (vgl. Sohmen, 1976, S. 73-99). Die neue Sichtweise orientiert sich nicht mehr an statischen Abweichungen von hypothetischen Optimalzuständen, die eine Vielzahl kaum realisierbarer Bedingungen voraussetzen, sondern an der Funktionsfähigkeit des Allokationsverfahrens (vgl. Bögelein, 1992, S. 28-34, Laaser, 1991, S. 54f, Eickhof, 1986b, S. 125). Die Funktion des Marktes besteht in der Koordination dezentral gebildeter Einzelpläne mit Hilfe des Informationsinstrumentes Preis, das im Ergebnis zu einer Markträumung führt. Ein funktionsfähiger Markt bewirkt, daß Angebot und Nachfrage unter Ausschluß übermäßiger Preisschwankungen und Ausgleich der Renditen zu einem Gleichgewicht tendieren. Die Funktion des Wettbewerbs liegt in einer Selektion der Anbieter gemäß deren relativer Effizienz mit der Folge einer stetigen Verbesserung des Marktergebnisses. Die Anbieterselektion erfolgt über einen Transfermechanismus, der bewirkt, daß die effizienteren Unternehmen weniger effiziente Wettbewerber verdrängen, und über einen Innovationsmechanismus, der darin besteht, daß Anreiz durch Gewinnmöglichkeiten und Bedrohung durch Sanktionsmechanismen zu ständigen Verbesserungen von Produkten und Produktionsverfahren bei Konkurrenten führen und Markteintritte neuer Wettbewerber initiieren. Dies führt dazu, daß vorhandene Wettbewerbsvorteile immer wieder erodiert werden, keine übermäßigen Renditen und keine Übermacht auf einer Marktseite entstehen (vgl. Großekettler, 1985, S. 170-246, Eickhof, 1986a, S. 470f, Demsetz, 1969).

Neben externen Effekten können Markt- und Wettbewerbsversagen[201] durch

- Unteilbarkeiten bzw. natürliches Monopol,
- transaktionales Marktversagen,
- unüberwindliche Koordinationshindernisse und
- irrationales Verhalten

hervorgerufen werden (vgl. Berkolova, 1992, S. 115ff, Eickhof, 1986a).[202] Auf das Problem der mangelnden Bereitstellung öffentlicher Güter wird hier nicht gesondert eingegangen, da sich diese Form des Marktversagens aus den vorstehenden Ursachen ableiten läßt (vgl. Head, 1968, S. 222f). Ebenfalls nicht weiter behandelt wird im folgenden das Phänomen des ruinösen Wettbewerbs, mit dem eine Selektion be-

---

201 Auf eine Trennung zwischen Markt- und Wettbewerbsversagen wird hier verzichtet, da zwischen beiden ein enger Zusammenhang besteht und es hier nicht um eine genaue theoretische Analyse der Phänomene geht, sondern um die Überprüfung ihres Vorliegens im praktischen Fall. Vgl. dazu auch Bögelein (1990, S. 100f).

202 Die Abgrenzung der Marktversagensphänomene ist unterschiedlich. Fritsch/Wein/Ewers (1993) teilen transaktionales Marktversagen in Informationsmängel und Flexibilitätsmängel bei der Marktanpassung auf.

zeichnet wird, die nicht dem Effizienzkriterium folgt, sondern die Durchsetzung finanz- oder marktmächtiger Anbieter ermöglicht (vgl. Berkelova, 1992, S. 143-151, Soltwedel u.a., 1986, S. 10). Ruinöser Wettbewerb entsteht aus einer spezifischen Konstellation von Anpassungsmängeln, die bei Strukturkrisen infolge langfristig zurückgehender Nachfrage auftreten können (vgl. Bögelein, 1990, S. 208f) und kann theoretisch als Unterfall des natürlichen Monopols behandelt werden (vgl. Laaser, 1991, S. 91, Soltwedel u.a., 1986, S. 10).

4.2.1.1 Unteilbarkeiten

Das neoklassische Modell der vollständigen Konkurrenz geht davon aus, daß Güter und Produktionsfaktoren beliebig teilbar sind. Technische oder ökonomische Gegebenheiten können dazu führen, daß Güter oder Anlagen in Mindestgrößen realisiert werden müssen oder nur in großen Sprüngen variiert werden können, wie z.B. im Fall von Verkehrsinfrastruktur (vgl. Jochimsen, 1966, S. 105). Verallgemeinert wurde das Phänomen der Unteilbarkeiten durch das Konzept der Subadditivität der Kostenfunktion: Eine Kostenfunktion $C(y)$ wird als streng subadditiv bezeichnet, wenn für ein beliebiges endliches K die Ungleichung

$$(66) \qquad C(y) < C(y_1) + C(y_2) + \ldots + C(y_K)$$

für alle Produktionsmengen y_k $(k = 1, \ldots, K)$ deren Summe y ergeben und von denen mindestens zwei ungleich null sind, erfüllt ist (vgl. Windisch, 1987, S. 43, Sharkey, 1982, S. 58f). Der Extremfall, bei dem die Durchschnittskosten über den gesamten Kapazitätsbereich sinken und die gesamte Produktion durch ein einziges Unternehmen mit geringeren Kosten hergestellt werden kann als durch mehrere, wird als natürliches Monopol bezeichnet (vgl. Baumol/Panzar/Willig, 1988, S. 17, Kruse, 1985, S. 15). Im Fall der Einzelproduktherstellung sind Economies of Scale eine hinreichende Bedingung, um strenge Subadditivität der Kostenfunktion nachzuweisen (vgl. Sharkey, 1982, S. 58-61). Economies of Scale können zum einen durch sinkende langfristige Durchschnittskosten bei zunehmender Größe des Produktionsbereichs entstehen; es wird dann auch von Economies of Firm Size oder horizontalen Größenvorteilen gesprochen. Zum anderen kann die zunehmende Auslastung der vorhandenen Kapazitäten zu sinkenden Durchschnittskosten führen, d.h., es liegen Economies of Density vor (vgl. Laaser, 1991, S. 64, Kruse, 1985, S. 34). Im Mehrproduktmodell reichen Economies of Scale und Kostenvorteile durch verbundene Produktion (Economies of Scope) nicht aus, um Subadditivität der Kosten nachzuweisen (vgl. Sharkey, 1982, S. 68f), sondern es müssen Vorteile durch die gemeinsame Produktion der Güter vorliegen. Diese können entweder über die Komplementarität der Kosten, d.h., die Steigerung des Outputs eines Produktes senkt die zusätzlichen Kosten der Herstellung anderer Produkte, oder über konvexe Strahlendurchschnittskostenverläufe, bei denen der Kostenverlauf entlang eines Strahls proportionaler Ausstoßveränderungen betrachtet wird, nachgewiesen werden (vgl. Baumol/Panzar/Willig, 1988, S. 175-183, Sharkey, 1982, S. 69-73). Der empirische Nachweis von Unteilbarkeiten auf der Grundlage der theoretischen Definitionen ist sehr schwierig. Er setzt voraus, daß der gesamte Verlauf der Kostenfunktion bekannt ist und eine disaggregierte Analyse der Kosten möglich ist (vgl. Windisch, 1987, S. 52-54).

Das Vorliegen von Unteilbarkeiten wird nicht als ausreichender Grund zur Rechtfertigung staatlicher Eingriffe anerkannt (vgl. Demsetz, 1968). Bereits die Möglichkeit eines Markteintritts durch potentielle Wettbewerber reicht aus, um zu verhindern, daß der Monopolanbieter seine Marktposition ausnutzt und garantiert ein effizientes Marktangebot. Voraussetzung dafür ist die wirksame Drohung des Markteintritts neuer Anbieter. Märkte, auf denen diese Voraussetzung erfüllt ist, werden als Contestable Markets bezeichnet und sind durch zwei Merkmale definiert (vgl. Baumol/Panzar/Willig, 1988, S. 5):

- Potentielle Neuanbieter können die vorhandene Marktnachfrage uneingeschränkt bedienen und haben Zugang zur gleichen Produktionstechnologie wie der Monopolanbieter, d.h., es existieren keine Markteintrittsbarrieren[203] und
- potentielle Neuanbieter bewerten die Profitabilität ihres Markteintritts anhand des niedrigeren Preises, mit dem sie den Monopolanbieter unterbieten.

Eine wichtige Voraussetzung für die Angreifbarkeit eines Monopolmarktes besteht darin, daß der Markteintritt reversibel ist, ohne daß nennenswerte Kosten entstehen. Nur in diesem Fall werden neue Anbieter den Markteintritt wagen, unabhängig von der Reaktion des Monopolisten und möglichen Preisänderungen. Die Möglichkeit zum kostenlosen Marktaustritt setzt voraus, daß keine irreversiblen oder versunkenen Kosten vorliegen (vgl. Baumol/Panzar/Willig, 1988, besonders S. 279-303). Versunkene Kosten entstehen, wenn Produktionsfaktoren mit verwendungsspezifischem Charakter eingesetzt werden, die in jeder anderen Verwendung einen erheblich geringeren Wert haben (vgl. Kruse, 1986). Das zentrale Ergebnis des Konzepts der angreifbaren Märkte für die Regulierung von natürlichen Monopolen besteht darin, daß neben Unteilbarkeiten irreversible Kosten vorliegen müssen, damit eine Gefahr zur Entstehung von Marktmacht vorliegt (vgl. Horn/Müller/Knieps, 1988, S. 46).

Ohne eine genaue Überprüfung vorzunehmen, ob im Falle eines GVZ Subadditivität der Kosten und Irreversibilität der Investitionen vorliegen, kann zweifellos festgestellt werden, daß GVZ in Substitutionskonkurrenz zu anderen Ansiedlungsflächen für Gewerbebetriebe stehen, so daß den GVZ-Nutzern Ausweichmöglichkeiten zur Verfügung stehen. Selbst wenn im Falle eines GVZ ein natürliches Monopol innerhalb eines Ballungsraumes vorliegen sollte[204], stellt dies keinen Grund für einen staatlichen Eingriff dar, denn es ist hinreichend gezeigt worden, daß Wettbewerbsdruck von Substitutionsgütern ausreicht, um zu verhindern, daß der Monopolanbieter seine Marktstellung mißbraucht (vgl. Horn/Knieps/Müller, 1988, S. 50f).[205]

Ob der Wettbewerb von GVZ mit anderen Gewerbeflächen als Substitutionsbeziehung oder Angreifbarkeit des Marktes bewertet wird, hängt von der Abgrenzung

---

203 Markteintrittsbarrieren bestehen in Kosten, die ein neuer Anbieter beim Eintritt in einen Markt tragen muß, die dem im Markt tätigen Anbieter nicht entstanden sind (vgl. Baumol/Panzar/Willig, 1988, S. 282f). Zu unterschiedlichen Definitionen von Markteintrittsbarrieren vgl. von Weizsäcker (1980, S. 13), Stigler (1968, S. 67) und Bain (1956).

204 Das Vorliegen eines natürlichen Monopols ist nur innerhalb eines Ballungsraumes denkbar, da dieser den relevanten Markt für das GVZ darstellt (vgl. dazu S. 275) und in anderen Ballungsgebieten eigene GVZ entstehen, zwischen denen Wettbewerb entstehen könnte.

205 Im Zusammenhang mit der Möglichkeit eines natürlichen Monopols bei der Eisenbahn wird in diesem Zusammenhang auf den intermodalen Wettbewerb verwiesen (vgl. Laaser, 1991, S. 68, Wink, 1995, S. 129).

des relevanten Marktes für das Gut GVZ ab und ist eine Ermessensfrage (vgl. Sohmen, 1976, S. 107). Das Ermessen besteht darin, welche Bedeutung der Produktdifferenzierung beigemessen wird. Unter Vernachlässigung des Qualitätsmerkmals Infrastrukturausstattung wird die Ansiedlungsfläche in einem GVZ auf dem Markt für Gewerbeflächen angeboten, auf dem Unteilbarkeiten und Irreversibilitäten keine Rolle spielen und zumindest potentiell eine Vielzahl von Anbietern konkurrieren. Probleme eines natürlichen Monopols können somit im Zusammenhang mit GVZ ausgeschlossen werden.

4.2.1.2 Transaktionales Marktversagen

Die Koordination der dezentral gebildeten Einzelpläne über den Markt erfolgt nicht kostenlos. Die Kosten die im Zusammenhang mit einem Vertragsabschluß zur Übertragung von Verfügungsrechten[206] (Property Rights) an Gütern und Dienstleistungen entstehen, werden als Transaktionskosten bezeichnet (vgl. Tietzel, 1981, S. 211). Bedeutung und Bestimmungsgründe der Kosten des Marktaustausches sind von der neuen Institutionenökonomik herausgearbeitet worden (vgl. Ebers/Gotsch, 1993, S. 193f, Schenk, 1992). Transaktionskosten beinhalten vor allem Informations- und Kommunikationskosten, die entstehen, um Informationen über die Absichten und Verhaltensweisen der Vertragspartner zu vervollständigen (vgl. Picot, 1982, S. 270). Anhand der Phasen der Vertragsschließung werden folgende Arten von Transaktionskosten unterschieden (vgl. Picot, 1991a, S. 344, Williamson, 1990, S. 23-25, Wegehenkel, 1980b, S. 15-30):

- Anbahnungskosten, die durch die Suche und Beschaffung erforderlicher Informationen über potentielle Transaktionspartner entstehen,
- Vereinbarungskosten die bei Verhandlung, Entscheidungsvorbereitung, Abstimmung, Einigung und Vertragsausfertigung anfallen,
- Abwicklungskosten, d.h. Kosten der Führung und Organisation bei der Erfüllung der Vertragsvereinbarung.
- Kontrollkosten für die Überprüfung der Einhaltung der Verträge und
- Anpassungskosten, wenn aufgrund veränderter Bedingungen bei Beteiligten oder in der Umwelt nachträgliche Änderungen der Vereinbarungen vorgenommen werden müssen.

Mit Hilfe des Transaktionskostenansatzes[207] wird versucht, die Wahl und Entwicklung des institutionellen Rahmens für Transaktionen zu erklären (vgl. Schenk, 1992, S. 353f). Der Begriff Institution ist dabei weit auszulegen und beinhaltet neben Märkten und Unternehmen alle möglichen Formen von Vereinbarungen, die auf Gewohnheit, Absprache oder Gesetzgebung basieren (vgl. Picot/Dietl, 1990, S. 178). Die Höhe der Transaktionskosten, die bei verschiedenen institutionellen Arrangements entstehen, wird anhand bestimmter Verhaltensannahmen und Umfeldkriterien, auf die noch näher eingegangen wird, bestimmt. Zentrale Aussage der Transak-

---

[206] Verfügungsrechte umfassen das Recht, eine Sache zu nutzen, ihre Form und Substanz zu ändern, ihre Erträge einzubehalten und sie teilweise oder ganz an Dritte zu veräußern und gehen damit über die engere Abgrenzung des Eigentumsbegriffs hinaus (vgl. Richter, 1990, S. 574f).

[207] Der Transaktionskostenansatz geht auf Coase (1937) zurück.

tionskostentheorie ist, daß die Wahl eines institutionellen Arrangements unter dem Hauptziel der Minimierung der Transaktionskosten erfolgt (vgl. Williamson, 1990, S. 19). Ein transaktionales Marktversagen liegt vor, wenn die Koordination der Einzelpläne über den Markt aufgrund zu hoher Transaktionskosten gestört ist (vgl. Eickhof, 1986, S. 471).[208]

Kritisiert wird der Transaktionskostenansatz wegen der ungenauen Definition und Abgrenzung der Transaktionskosten sowie geringer Operationalisierbarkeit. Eine genaue Bestimmung der Kosten einer Transaktion und eine exakte Quantifizierung sind unmöglich (vgl. Williamson, 1990, S. 328, Schneider, 1987, S. 480f). Dies ist für die Untersuchungsziele oftmals nicht erforderlich. Im Anwendungsfall reicht es aus, alternative institutionelle Lösungen für eine Transaktion anhand der noch zu erläuternden Kriterien, die die Höhe der Transaktionskosten determinieren, zu vergleichen (vgl. Ebers/Gotsch, 1993, S. 219). Die Beurteilung und Auswahl der institutionellen Arrangements folgt dann einem „Comparative Institutional Approach" nach Demsetz (1969). Allerdings bleibt die Aussagefähigkeit der Transaktionskostentheorie durch den Mangel an Operationalisierbarkeit begrenzt. Grundlegendere Kritik bezieht sich darauf, daß zum Vergleich der Koordinationsform Markt mit anderen Institutionen Kosten verwendet werden, deren Ermittlung die Existenz von Marktpreisen voraussetzt. Hierin besteht eine Inkonsistenz, denn der Maßstab Transaktionskosten ist nicht unabhängig von der zu bewertenden Alternative Markt (vgl. Schneider, 1987, S. 481-485). Antworten auf diese Kritik sind bei Schneider selbst zu finden. Transaktionskosten sind nicht als mit Marktpreisen bewerteter Ressourcenverzehr zu verstehen, sondern als Opportunitätskosten, die den Nutzenentgang der Wirtschaftssubjekte gegenüber dem Optimalzustand angeben (vgl. Schneider, 1987, S. 481). Weiterhin muß klar gestellt werden, daß Koordination über den Markt und andere institutionelle Arrangements (Hierarchie) nicht als Alternativen zu betrachten sind, da auch hierarchische Institutionen auf der Grundlage von Marktbeziehungen entstehen und auf Märkten agieren (vgl. Schneider, 1987, S. 484). Die im Rahmen der Transaktionskostentheorie betrachteten extremen Alternativen „Markt und Hierarchie" bezeichnen auf der einen Seite die Einzeltransaktion über den Markt und auf der anderen Seite zeitlich unbefristete Transaktionsbeziehungen, die in Form fester Organisationsstrukturen auftreten.

Zur Erklärung von Transaktionsproblemen und Ermittlung der Höhe der Transaktionskosten hat Williamson (1975, 1990) mit dem sogenannten Markt-Hierarchie-Paradigma einen Bezugsrahmen zur Beurteilung alternativer Koordinationsformen entwickelt. Wesentliche Erklärungsfaktoren in diesem Paradigma sind zwei grundlegende Verhaltensannahmen, denen jeweils ein Umweltcharakteristikum gegenübergestellt wird (vgl. Williamson, 1990, S. 49-68):

- Die erste Verhaltensannahme ist die der begrenzten Rationalität und beinhaltet die Probleme beschränkter Informationsverarbeitungskapazität sowie Kommunikationsmöglichkeiten des Menschen. Bei Transaktionen wird dies zum Problem, wenn Unsicherheit oder eine nicht überschaubare Komplexität relevanter Einflußgrößen vorliegt. Williamson unterscheidet dabei zwischen Unsicherheit über zu-

208 Da die Höhe der Transaktionskosten entscheidend von Informationsstand und -verteilung abhängig sind, werden transaktionale Marktversagen auch unter dem Begriff Informationsmängel (vgl. Fritsch/Wein/Ewers, 1993, S. 185-212) bzw. Unsicherheit und Informationsasymmetrien (vgl. Richter/Wiegard, 1993, S. 180-192) diskutiert.

künftige Umweltzustände und über das Verhalten von Transaktionspartnern. Die Komplexität einer Transaktion entsteht dadurch, daß eine Vielzahl von Umwelt- und Verhaltensfaktoren berücksichtigt werden müssen. Sie entsteht insbesondere dadurch, daß die auszutauschende Leistung in ihrer Qualität und Quantität nicht genau beschreibbar und festlegbar ist (vgl. Picot, 1982, S. 271).

- Die zweite Verhaltensannahme unterstellt den Menschen ein Potential für opportunistisches Verhalten. Ausgehend vom Konzept der individuellen Nutzenmaximierung wird in der Transaktionskostentheorie davon ausgegangen, daß die Wirtschaftssubjekte strategisch handeln und versuchen, ihre eigenen Interessen auch zum Nachteil anderer und unter Mißachtung bestimmter sozialer Normen durchzusetzen. Dieses Verhalten kann in Verbindung mit Spezifität zum Problem werden. Die Spezifität einer Ressource ist daran erkennbar, daß ihr Wert in verschiedenen Verwendungen unterschiedlich ist (vgl. Alchian, 1984, S. 36f). Spezifität entsteht durch Investitionen, die auf bestimmte Transaktionen spezialisiert sind und kann auf einen Standort, ein Produkt, einen Abnehmer oder Wissen bezogen sein (vgl. Williamson, 1990, S. 108f). Liegt die Spezifität einer Investition von vornherein vor, so wird von ex ante-Spezifität gesprochen, entsteht sie erst durch die Auswahl eines Transaktionspartners und Akkumulation von spezifischen Investitionen und Wissen, liegt ex post-Spezifität vor (vgl. Williamson, 1990, S. 70-72). Spezifität bildet die Hauptquelle für die Entstehung von Transaktionsproblemen (vgl. Picot/Dietl, 1990, S. 180).

Neben den Verhaltens- und Umweltannahmen sind zur Beurteilung der Höhe der Transaktionskosten weitere, indirekte Einflußfaktoren zu berücksichtigen, die die Unsicherheit, Spezifität oder strategische Position beeinflussen:

- Eine asymmetrische Informationsverteilung zwischen den Transaktionspartnern kann von der besser informierten Marktseite zu opportunistischem Verhalten genutzt werden.[209] Die Ausstattung der Transaktionspartner mit Wissen ist wichtig, um den Wert einer Handlungsoption und damit den Preis für eine Vereinbarung richtig einschätzen zu können (vgl. Schenk, 1992, S. 361). Aber auch bei gleichmäßiger Informationsverteilung zwischen den Transaktionspartnern können Probleme auftreten, wenn die Informationen für Dritte nicht zugänglich sind und im Fall einer Auseinandersetzung nicht nachgewiesen werden können (vgl. Williamson, 1975, S. 32).
- Mit dem Charakteristikum der Zentralität oder der strategischen Bedeutung wird der Nutzen einer Transaktion für einen Transaktionspartner beschrieben. Von hoher Zentralität ist eine Transaktion, die im Zusammenhang mit einer Leistung steht, die einen qualitativ oder quantitativ wesentlichen Beitrag zum Endprodukt leistet. Handelt es sich bei der Leistung um eine spezifische Leistung, verstärkt die Bedeutung die strategische Verwundbarkeit (vgl. Picot, 1991a, S. 346, Bonus, 1986, S. 328f).
- Die Anzahl der alternativen Handlungsoptionen bzw. Vertragspartner ist entscheidend für die Spezifität von Investitionen in eine Vertragsbeziehung (vgl. Schenk, 1992, S. 361).

---

209 Probleme asymmetrischer Informationsverteilung werden im Rahmen der neuen Institutionenökonomik als Principal-Agent-Probleme diskutiert (vgl. Ebers/Gotsch, 1993, Picot, 1991b, S. 150-152, Schneider, 1987, S. 26f, 553-564).

- Ein weiterer Einflußfaktor ist die Häufigkeit der Transaktion, da bei wiederholt auftretenden Transaktionen Skalen- oder Verbundvorteile durch einheitliche institutionelle Regelungen erzielt werden können. Die Häufigkeit an sich hat keinen entscheidungsrelevanten Einfluß auf die Wahl des optimalen institutionellen Arrangements, sondern hat lediglich verstärkende oder abschwächende Wirkung (vgl. Ebers/Gotsch, 1993, S. 222, Williamson, 1990, S. 69).
- Unter dem Begriff Transaktionsatmosphäre werden soziale und technologische Rahmenbedingungen der Transaktion zusammengefaßt, die Einfluß auf die Rationalität, die Unsicherheit, die Komplexität oder die Spezifität haben (vgl. Picot/Dietl, 1990, S.180).

Das Vorliegen hoher Transaktionskosten hat nicht automatisch zur Folge, daß kein Austausch stattfindet. Ist eine Transaktion durch einfache Koordination über den Markt nicht möglich, so kann mit Hilfe von institutionellen Arrangements eine Senkung der Transaktionskosten erreicht werden, indem z.B. Informationsdefizite verringert oder Anreize und Sanktionen zur Verhinderung von strategischem Verhalten geschaffen werden. Neben vertraglichen Vereinbarungen zwischen den beteiligten Wirtschaftssubjekten können dazu ebenso staatliche Regelungen und Normen geeignet sein. Es ist allerdings auch möglich, daß durch staatliche Interventionen Transaktionskosten erst entstehen bzw. ansteigen, so daß Transaktionen erschwert werden (vgl. Wink, 1995, S. 87f).

Zur Beurteilung der Möglichkeit eines Marktversagens im Fall von GVZ muß untersucht werden, inwiefern die transaktionskostenbestimmenden Umweltcharakteristika Unsicherheit, Komplexität und Spezifität vorliegen. Dazu werden die erforderlichen Transaktionen zur Errichtung eines GVZ in vier Gruppen zusammengefaßt:[210]

- der Erwerb der erforderlichen Verfügungsrechte an den Grundstücken,
- der externe Anschluß an die Infrastruktur inklusive Errichtung eines KLV-Umschlagbahnhofs,
- die internen Erschließungsinvestitionen und
- die Veräußerung von Ansiedlungsflächen an die Nutzer.

Am Beginn steht der Erwerb der erforderlichen Verfügungsrechte an den Grundstücken, d.h. der Eigentumsrechte und der erforderlichen planungsrechtlichen Genehmigungen für die Erschließung und Bebauung des Geländes. Die Standortwahl ist anfangs insofern eingeschränkt, als daß die Errichtung eines GVZ hohe Anforderungen an vorhandene Verkehrswege und die geographische Lage stellt, um eine optimale Infrastrukturanbindung und gute Erreichbarkeit zu gewährleisten. Mit der Durchführung erster standortgebundener Investitionen, z.B. durch die Errichtung einer KLV-Umschlaganlage oder Ankauf einzelner Grundstücke, entsteht ein hohes Maß an ex post-Standortspezifität, so daß ein Potential für strategisches Verhalten bei den Grundstücksalteigentümern vorliegt (vgl. auch Deutsche Verkehrs-Bank, 1993, S. 8, IVE/HaCon, 1991, S. 35). Wird die Gesamtfläche des GVZ sukzessive durch Grundstücke, die sich in Streubesitz befinden, zusammengekauft, dann führen standortgebundene Investitionen dazu, daß die Eigentümer noch zu erwerbender Grundstücke in strategische Positionen mit Monopolcharakter versetzt werden (vgl. Picot/Dietl,

210 Auf transaktionale Probleme während der Betriebsphase von GVZ, die im Zusammenhang mit den angestrebten Kooperationen auftreten können, wird in Kapitel 4.3.3.1 eingegangen.

1990, S. 179f).[211] Die strategische Position der Alteigentümer wird dadurch verstärkt, daß die Grundstücke und planungsrechtlichen Genehmigungen von zentraler strategischer Bedeutung für das GVZ sind.

Weiter verstärkt wird diese Position, wenn der Grundstückseigentümer über das Projekt und die Bedeutung des Grundstücks informiert ist. Sanktionierende Maßnahmen, die eine überhöhte Preisforderung für das Grundstück verbieten, bestehen nicht. Nur ein Wettbewerb unter den Bodeneigentümern an verschiedenen Standorten würde garantieren, daß beim Ankauf von Grundstücken ausschließlich echte Präferenzen entgolten werden und keine Quasi-Renten entstehen (vgl. Kandler, 1991, S. 87). Hierzu wäre erforderlich, daß der Investor glaubhaft mit Grundstückseigentümern an verschiedenen Standorten verhandeln kann, d.h., es darf a-priori keine Standortentscheidung gefällt worden sein. Hat der Investor aufgrund der geographischen und infrastrukturellen Gegebenheiten eine Priorität für einen bestimmten Standort, dürfte er diese nicht offenlegen, d.h., genaue Ziele und Inhalte des Projektes wären bis zum Vertragsabschluß geheimzuhalten (vgl. Suntum, 1986a, S. 171), um Rückschlüsse auf seine Präferenzen zu verhindern. Die Entstehung einer strategischen Position kann vermieden werden, wenn der Kauf der standortgebundenen Ressourcen geschlossen verhandelt wird, d.h., daß Verträge erst geschlossen werden, wenn mit allen Transaktionspartnern Einigung erzielt worden ist (vgl. Kandler, 1991, S. 87). In der Praxis der Planung und Errichtung von GVZ ist ein derartiges Vorgehen unmöglich. Die Zuführung einer Grundstücksfläche zu einer bestimmten Nutzung, wie der eines GVZ, und Erstellung baulicher Anlagen setzt planungsrechtliche Genehmigungen voraus, die eine Veröffentlichung des Projektes und eine frühe Festlegung auf einen Standort erfordern.

Der Erwerb der erforderlichen planungsrechtlichen Genehmigungen für die Grundstücke kann darüber hinaus transaktionskostensteigernd wirken, wenn er mit Unsicherheit verbunden ist. Zur Beurteilung der Frage sind einige Ausführungen zum Planungsrecht erforderlich: Im Planungsrecht kann zwischen der überfachlichen Planung zur Gestaltung struktureller Gesamtverhältnisse und der Fachplanung für raumrelevante Großprojekte von öffentlichen Fachstellen (z.B. Verkehr, Wasserwirtschaft, Abfallentsorgung) oder privaten Planungsträgern unterschieden werden. Das überfachliche Gesamtplanungsrecht der Bundesrepublik Deutschland untergliedert sich in

- die Raumordnung, deren Ziel die raumbezogene Koordinierung und Ausrichtung verschiedener Fachplanungen und öffentlicher Investitionen auf Bundes- und Landesebene ist sowie
- das Baurecht, daß zum einen den Rahmen zur Nutzung des Grund und Bodens auf Gemeindeebene aufstellt - die Bauleitplanung -, aber auch ein Instrumentarium zur Lösung städtebaulicher Probleme durch die öffentliche Hand liefert, wie die städtebauliche Entwicklungs- und Sanierungsmaßnahme.

Das Raumordnungsgesetz (ROG) gibt in Deutschland Leitvorstellungen zur Ordnung, Sicherung und Entwicklung des Raumes vor (§§ 1 und 2 ROG), die bei Planungen und sonstigen Maßnahmen, durch die Grund und Boden in Anspruch genommen wird, zur Anwendung kommen (§ 3 Nr. 1 ROG). Ziel der Raumordnung ist,

---

211 Dieses Problem wurde z.B. im Zusammenhang mit der Errichtung linienförmiger Verkehrsinfrastruktur untersucht (vgl. Wink, 1995, S. 89, Kandler, 1991, S. 87).

eine bestimmte Ordnung in der Raumstruktur zu verwirklichen, wozu die öffentliche Hand auf raumbedeutsame Vorhaben, Maßnahmen und Vorgänge Einfluß nehmen muß (vgl. Bielenberg/Erbguth/Söfker, RL 20. Lfg. VIII 1989, J620, S. 15). Durch ein Raumordnungsverfahren (§ 6a ROG) wird die Übereinstimmung raumwirksamer Projekte mit den Grundsätzen der Raumordnung und Landesplanung geprüft. Das Raumordnungsverfahren gibt betroffenen Trägern öffentlicher Belange, wie z.B. Naturschutzverbänden, Gelegenheit zur Stellungnahme und hat den Charakter einer gutachterlichen Stellungnahme, ist also nicht rechtlich bindend. In Ergänzung zum Raumordnungsverfahren werden mit Hilfe einer Umweltverträglichkeitsprüfung die Belastungen der Umwelt untersucht (vgl. Wink, 1995, S. 230f, 248f). Für die Errichtung oder Verlegung von Verkehrswegen sowie für den Bau eines KLV-Umschlagbahnhofs ist die Durchführung eines Raumordnungsverfahrens vorgeschrieben (siehe § 1 Nr. 8, 9, 11 Verordnung zu § 6a Abs. 2 des Raumordnungsgesetzes).

Die Fachplanung von großen Baumaßnahmen ist in zahlreichen speziellen Gesetzen des Bundes und der Länder geregelt. Dort ist festgelegt, daß öffentliche und private raumrelevante Großprojekte förmliche Planungsverfahren durchlaufen müssen, worunter das Planfeststellungsverfahren am stärksten formalisiert ist (vgl. Ronellenfitsch, 1986, S. 5-7). Für den Bau von Verkehrswegen und KLV-Umschlagbahnhöfen ist die Durchführung eines Planfeststellungsverfahrens vorgeschrieben (vgl. Ronellenfitsch, 1986, S. 118, 129). Mit einem Planfeststellungsverfahren wird die rechtliche, nach außen wirksame Grundlage[212] für die Durchführung einer Maßnahme geschaffen. Ziel des Planfeststellungsverfahrens ist, eine Gestaltung des Projekts zu erreichen, die die Planungsaufgabe unter Berücksichtigung und Abwägung zwischen allen beteiligten Interessen und der Umwelt optimal erfüllt. Im Rahmen des Planfeststellungsverfahrens sind die Maßnahmen öffentlich zu machen, und bei einem Erörterungstermin haben betroffene Drittbehörden (Fachbehörden und Gebietskörperschaften), Bürger und private Organisationen die Möglichkeit, Stellung zu nehmen (vgl. Ronellenfitsch, 1986, S. 109-111). Während Drittbehörden bereits bei der Erstellung des Planes beteiligt werden, beginnt die Einbeziehung der Öffentlichkeit offiziell erst nach Eröffnung des Planfeststellungsverfahrens mit der öffentlichen Auslegung der fertigen Pläne (vgl. Ronellenfitsch, 1986, S. 131f). Die Möglichkeit zur Einflußnahme von betroffenen Drittbehörden und Bürgern bleibt rechtlich auf die Stellungnahme begrenzt. Das Gewicht einer solchen Stellungnahme hängt von der strategischen Bedeutung ab, die dem Stellungnehmenden vom Entscheidungsträger beigemessen wird. Die Entscheidungsbefugnis liegt bei den zuständigen Landesfachbehörden[213], die im Rahmen der formalen Anforderungen über einen erheblichen Ermessensspielraum verfügen (vgl. Wink, 1995, S. 232f und 67-71). Der Planfeststellungsbeschluß ist einerseits Grundlage für den Grunderwerb durch die öffentliche Hand sowie die Durchführung von Enteignungen bei öffentlichen Projekten und andererseits für die Einlegung von Rechtsmitteln von Betroffenen gegen das Projekt (vgl. Ronellenfitsch, 1986, S. 113).

---

[212] Der Planfeststellungsbeschluß gilt als rechtsgestaltender Verwaltungsakt (vgl. Ronellenfitsch, 1986, S. 113).

[213] Im Falle von Schieneninfrastruktur ist eine regionale Außenstelle des Eisenbahnbundesamtes Planfeststellungsbehörde (vgl. Wink, 1995, S. 251).

Die Einhaltung raumordnerischer und landesplanerischer Ziele bei Bauvorhaben innerhalb von Gemeinden wird mit Hilfe der Bauleitplanung sichergestellt (siehe § 1 Abs. 4 BauGB). Die Bauleitplanung beinhaltet den Flächennutzungsplan, in dem die Art der Bodennutzung bestimmt wird (siehe § 5 BauGB) und den Bebauungsplan, in dem darüber hinaus die Art und die Ausmaße der erlaubten Bebauung genau festgelegt werden (siehe § 9 BauGB). Für Änderungen oder Ergänzungen der Bauleitpläne sind gemäß § 2 Abs. 1 BauGB die Gemeinden zuständig, sie müssen jedoch öffentlich bekannt gemacht werden, um Bürgern die Möglichkeit zu geben, Bedenken und Anregungen einzubringen (siehe § 3 BauGB). Für die Entscheidungsfindung gilt deshalb grundsätzlich das gleiche wie beim Planfeststellungsverfahren. Die Errichtung eines GVZ kann im Rahmen eines bestehenden Bauleitplanes erfolgen, sofern die baulichen Maßnahmen den Vorgaben entsprechen (vgl. z.B. Glaser/Gleim/Hilse, 1996, S. 13f). Um eine Änderung bestehender Pläne zu vermeiden, können gültige Bauleitpläne zu einem restringierenden Faktor bei der Flächenbeschaffung werden. Änderungen der Bauleitpläne setzen das Einverständnis der Kommune voraus und erfordern eine Veröffentlichung. Mangelnde Akzeptanz des Projektes in der betroffenen Gegend kann zu Widerständen in der Bevölkerung und in der öffentlichen Verwaltung führen.

Insgesamt ergibt sich aus dem Planungsrecht für einen Investor, der ein GVZ errichten will, eine erhebliche Unsicherheit. Damit liegt neben der Spezifität beim Grundstückserwerb ein weiterer Faktor für hohe Transaktionskosten vor. Die Unsicherheit entsteht zum einen aus dem Ermessensspielraum der entscheidenden Behörde, der die Entscheidungsfindung intransparent und nicht vorhersehbar macht, und zum anderen aus den Einflußmöglichkeiten betroffener Drittbehörden, Privatpersonen und privater Organisationen. Ein Erwerb der erforderlichen Flächen vor Erteilung der Genehmigungen ist riskant, weil der Wert der Fläche von der zukünftigen Nutzung und damit von der Planungsentscheidung abhängt. Wegen der langen Dauer des Verfahrens[214] würde ein frühzeitiger Erwerb zu hoher Kapitalbindung und zusätzlichen Finanzierungskosten führen. Im Rahmen des Genehmigungsverfahrens ist ein Investor gezwungen, seine Pläne vor Erwerb der Flächen offenzulegen, verliert dadurch seinen Informationsvorsprung und schafft Raum für strategisches Verhalten auf Seiten der Grundstückseigner, die zumindest versuchen werden, einen Teil der Produzentenrente abzuschöpfen (vgl. Suntum, 1986a, S. 171). Eine restriktive Einflußnahme durch betroffene Privatpersonen, Interessenvertretungen und einige Drittbehörden ist insbesondere deshalb zu erwarten, weil das GVZ durch die Versiegelung von Boden, betriebliche Aktivitäten und Verkehrsaufkommen negative externe Effekte erzeugt, wie oben nachgewiesen wurde. Da die Betroffenen, insbesondere die Anwohner des GVZ und der Zufahrtswege sowie die privaten und öffentlichen Vertreter von Umweltinteressen, keine gesicherten Verfügungsrechte für die Umweltqualität haben (vgl. Wink, 1995, S. 110), die die Verursacher von Umweltbelastungen zwingen würden, in Verhandlungen mit ihnen einzutreten, bleibt ihnen nur die Möglichkeit, die Planung des Projektes möglichst von Beginn an zu beeinflussen, so daß unerwünschte negative Wirkungen minimiert werden.[215] Die gedankliche

---

214 Die durchschnittliche Dauer des Raumordnungsverfahrens und des Planfeststellungsverfahrens beträgt bei Verkehrsinfrastrukturprojekten je zwei Jahre (vgl. Wink, 1995, S. 284).

215 Abwägung und Ausgleich der Interessen aller Betroffenen ist schließlich auch das Ziel des Planfeststellungsverfahrens. Läßt sich kein physisch-realer Ausgleich erreichen, so sehen die

Trennung zwischen den negativen externen Effekten der Anlage und des Betriebs wäre an dieser Stelle wenig sinnvoll, da aus der Sicht der Betroffenen der Bau des GVZ die betriebliche Nutzung zwangsläufig nach sich ziehen wird, so daß die Betroffenen versuchen werden, ihren Einfluß bereits vor dem Bau der Anlage geltend zu machen, um die negativen externen Effekte des Betriebs zu verhindern.[216] Beispiele privat entwickelter Gewerbegebiete, wie z.B. der „Brandenburg-Park" bei Genshagen südlich von Großbeeren, zeigen jedoch, daß die Transaktionskosten beim Erwerb größerer zusammenhängender Flächen nicht prohibitiv hoch sein müssen, so daß nicht grundsätzlich von einem transaktionalen Marktversagen auszugehen ist. Im Unterschied zu einem GVZ zieht ein Gewerbegebiet, das nicht auf das Transportgewerbe ausgerichtet ist, kein Verkehrsaufkommen in gleichem Umfang nach sich, und es beinhaltet kein KLV-Terminal.

Die Errichtung eines KLV-Umschlagbahnhofs und Anschlüsse an Fernverkehrswege erfordern planungsrechtliche Genehmigungen und öffentliche Investitionen. Die bisherigen Erfahrungen mit GVZ-Projekten in Deutschland haben gezeigt, daß die Errichtung eines KLV-Umschlagbahnhofs mit erheblicher zusätzlicher Unsicherheit für den Investor verbunden ist.[217] Die Unsicherheit ergibt sich aus der Notwendigkeit einer staatlichen Finanzierungsunterstützung. Grundsätzlich ist die DB AG für die Planung und Realisierung von KLV-Umschlagbahnhöfen zuständig und hat mit ihrem Masterplan ein bundesweites Standortkonzept vorgelegt (vgl. DB AG, o.J., Deutsche Bundesbahn/Deutsche Reichsbahn, 1992). Aus Mangel an einzelwirtschaftlicher Rentabilität (vgl. Arthur Andersen, 1993) ist die DB AG jedoch nicht in der Lage, die Finanzierung der KLV-Terminals selbst zu übernehmen. Das BMV hat zwar grundsätzlich eine finanzielle Beteiligung an den Investitionen zugesagt, ist aufgrund der angespannten Haushaltslage bei der konkreten Vergabe der Mittel jedoch restriktiv, d.h., es wurden zunächst nur Mittel für sieben Umschlagbahnhöfe genehmigt, die teilweise in geringeren Dimensionen erstellt werden und entsprechend der Nachfrage ausgebaut werden sollen (vgl. o.V., Terminals, 1996, BMV, 1994b, 2f). Für einige GVZ-Standorte, die im Masterplan der DB AG enthalten sind (vgl. DB, o.J.), z.B. Rostock, Magdeburg und Glauchau, wurde bisher keine Finanzierungszusage gegeben.[218] Für einige GVZ ergibt sich daraus die Unsicherheit, ob ein KLV-Terminal errichtet wird oder zumindest, zu welchem Zeitpunkt die Realisierung erfolgt. Mit dem Umschlagbahnhof fehlt ein Anziehungspunkt und eine wichtige Signalwirkung für potentielle Ansiedler, und die Nachfrage nach Grundstücken fällt

---

rechtlichen Bestimmungen auch die Möglichkeit einer Geldentschädigung vor (vgl. Ronellenfitsch, 1986, S. 134f).

216 Auf die Frage, wie eine optimale Allokation bei Vorliegen externer Effekte zu erreichen ist, wird in Abschnitt 4.3.1 eingegangen.

217 Das Problem der planungsrechtlichen Unsicherheit, das beim GVZ auftritt, schließt den KLV-Umschlagbahnhof mit ein, bzw. wird durch ihn verstärkt.

218 Die Zusage von Finanzierungsunterstützungen des BMV für den Bau von KLV-Terminals ist gemäß Vorgabe des Bundestags an den Nachweis der Wirtschaftlichkeit der Umschlaganlagen durch die DB AG gebunden. Da die DB AG Schwierigkeiten hat, diese Nachweise zu erbringen, kann das BMV korrekterweise keine Gelder für den Bau von KLV-Bahnhöfen bewilligen (vgl. o.V., Rechnungshof, 1997).

generell geringer aus[219], so daß für einen privaten Investor Unsicherheit bezüglich der Absatzentwicklung entsteht.

Die Durchführung interner Erschließungsinvestitionen beinhaltet Bauleistungen, die von einer großen Anzahl alternativer Anbieter angeboten wird und deren Qualität zumindest nach Fertigstellung festgestellt und beurteilt werden kann. Es liegt deshalb weder besondere Unsicherheit, Komplexität noch Spezifität vor. Von hohen Transaktionskosten, die eine private Erstellung verhindern können, ist deshalb bei der inneren Erschließung nicht auszugehen. Bei der Veräußerung von Ansiedlungsflächen an die Nutzer besteht Unsicherheit über Art und Umfang der Nachfrage und ex post-Spezifität bezüglich der angebotenen Leistung. Wegen der Langfristigkeit, mit der die Nachfrager Investitionen in Immobilien tätigen (vgl. Krink, 1972, S. 56), und der durch lange Planungs- und Bauzeiten bedingten langsamen Reaktion des Angebots ist die Situation auf dem Markt für Gewerbeimmobilien keinen starken kurzfristigen Schwankungen unterworfen. Es ist deshalb nicht davon auszugehen, daß prohibitiv hohe Informationskosten entstehen, um die Entwicklung des Bedarfs abzuschätzen. Die private Entwicklung und Vermarktung von Gewerbeflächen kann auch hier als Beweis dienen, daß bei ausreichend hoher Nachfrage ein privatwirtschaftliches Angebot an Gewerbeflächen entsteht.

Zusammenfassend kann festgehalten werden, daß die Errichtung eines GVZ aus der Sicht eines privaten Investors mit einer hohen ex post-Spezifität beim Grundstückserwerb und erheblichen Unsicherheiten bezüglich der staatlichen Genehmigungen und der Errichtung des KLV-Umschlagbahnhofs verbunden ist. Dadurch entstehen hohe Transaktionskosten, die praktischen Einschätzungen von Experten zufolge Gründe darstellen, die eine private Errichtung eines GVZ behindern und eine staatliche Beteiligung in der Planungsphase unerläßlich machen.[220]

4.2.1.3 Koordinationshemmnisse

Unter dem Begriff Koordinationshemmnisse werden Probleme behandelt, die dazu führen, daß kein Marktaustausch stattfindet, weil kein Gleichgewicht zwischen Angebot und Nachfrage zustande kommt oder weil das Gleichgewicht instabil ist (vgl. Eickhof, 1986, S. 472). Die Situation, daß kein Gleichgewicht existiert, bedeutet in der üblichen Darstellung eines Preis-Mengen-Diagramms, daß Angebots- und Nachfragekurve keinen Schnittpunkt aufweisen. Eine derartige Situation, in der für jede angebotene Menge ein höherer Preis verlangt wird, als die Nachfrager bereit sind, zu zahlen, kann nicht als Marktversagen bezeichnet werden, denn offensichtlich sind die Kosten der Bereitstellung höher als der empfundene Nutzen, und ein Austausch wäre ökonomisch nicht sinnvoll.

Diese Feststellung ist im Zusammenhang mit GVZ wichtig, weil von öffentlichen Stellen als ein Argument für die Förderung von GVZ vorgebracht wird, daß die anzusiedelnden Betriebe der Transportwirtschaft nicht bereit bzw. in der Lage sind, die

---

219 Angaben von Toni Schaller, GVZ-Entwicklungsgesellschaft mbH Glauchau, Gespräch am 3.12.1995 und Hans Friedrich Rockstuhl, LEG Brandenburg, Gespräch am 20.11.1995.

220 Einschätzungen von Philippe Manson, Garonor S.A., Gespräch am 3.1.1996 und Dietrich Fischer, Garonor Planungs- und Betriebsgesellschaft, Gespräch am 20.6.1994.

Marktpreise für Grundstücksflächen zu bezahlen.[221] Unter der Zielsetzung eines optimalen Einsatzes des Faktors Boden darf in dieser Situation jedoch kein staatlicher Eingriff erfolgen. Ein wichtiger Grund, warum trotzdem eingegriffen wird, liegt in der unerwünschten Anpassungsreaktion der Transportunternehmen. Entsprechend der Preisverhältnisse auf den Grundstücksmärkten, auf denen die Preise mit zunehmender Entfernung von Ballungsgebieten sinken, weichen Speditionen, die die hohen Grundstückskosten scheuen, in periphere ländliche Gegenden aus. Dieses Verhalten ist deshalb gesamtwirtschaftlich unerwünscht, weil durch die dezentrale Lage die Transportentfernungen zu den Quellen und Zielen des Transportaufkommens im Ballungsgebiet steigen und die verkehrsbedingten Umweltbelastungen zunehmen. Damit läßt sich das staatliche Eingreifen letzten Endes auf das Vorliegen externer Effekte zurückführen.

Weitere Konstellationen, in denen kein Marktgleichgewicht entsteht, sind die vollkommene Preiselastizität von Angebot und Nachfrage und die vollkommene Preisstarrheit von Angebot und Nachfrage. Es handelt sich dabei jedoch um theoretische Grenzfälle, und es geht bereits aus den vorstehenden Erläuterungen des Anpassungsverhaltens hervor, daß sie im Falle der Nachfrage nach Grundstücksflächen nicht vorliegen. Ebenso können Ursachen für eine unzureichende Tendenz zum Marktgleichgewicht wie inverse Angebots- oder Nachfragereaktionen oder eine gestörte Lenkungs- und Signalfunktion des Preises für GVZ ausgeschlossen werden (vgl. Bögelein, 1990, S. 120-125).

4.2.1.4 Nichtrationalität

Eine grundlegende Annahme der ökonomischen Theorie ist rationales Verhalten der Individuen, wobei mit Rationalität ein zweckgerichtetes, ergebnisorientiertes Handeln bezeichnet wird, weshalb auch von Zweckrationalität gesprochen wird. Unter Berücksichtigung des i.d.R. begrenzten Informationsstandes der entscheidenden Individuen wird zwischen objektiver und subjektiver Rationalität unterschieden. Während objektive Rationalität eine theoretische Extremsituation ist, in der vollständige Informationen und keine Unsicherheit vorliegt, geht die subjektive Rationalität von einem begrenzten Informationsstand und begrenzter Informationsverarbeitung aus (vgl. Kirchgässner, 1991, S. 18-33). Nach dem Konzept der subjektiven Zweckrationalität kann nur jedes Individuum für sich selbst entscheiden, was rational ist. Dritte können deshalb nur anhand bestimmter Kriterien überprüfen, ob sich ein Wirtschaftssubjekt rational verhält. Ein wichtiges Kriterium dafür ist die interne Konsistenz einer Entscheidung (vgl. Fritsch/Wein/Ewers, 1993, S. 248). In der Literatur wird zwischen folgenden Formen nichtrationalen Verhaltens unterschieden (vgl. Fritsch/Wein/Ewers, 1993, S. 249-251):

- Entscheidungs- oder Verhaltensanomalien liegen vor, wenn Individuen gegen zentrale Ergebnisse der wissenschaftlichen Entscheidungstheorie verstoßen.
- Diskrepanzen zwischen dem objektiv bestehenden und dem subjektiv wahrgenommenen Möglichkeitsraum liegen vor, wenn Individuen ihre Handlungsmöglichkeiten bewußt oder unbewußt systematisch über- oder unterschätzen.

---

221 Diese Argumentation vertritt z.B. Ferdinand von Peter, BMV, Gespräch am 11.2.1997.

- Irrationalität bezeichnet Verhaltensweisen, die die Wohlfahrt des Handelnden selbst beeinträchtigen.

Die wirtschaftspolitische Schlußfolgerung, die sich aus dem Vorliegen von nichtrationalem Verhalten ergibt, ist die Ablehnung des Prinzips der Konsumentensouveränität. Eine Diskussion um das Vorliegen nichtrationalen Verhaltens und die Erforderlichkeit staatlicher Eingriffe ist in der Literatur insbesondere unter dem Begriff der meritorischen Güter erörtert worden (vgl. Bögelein, 1990, S. 94). Nichtrationalität ist einer der wesentlichen Gründe für das Auftreten von meritorischen Gütern (vgl. Head, 1966, S. 5f).[222] Ein meritorisches Gut tritt im Zusammenhang mit GVZ in Form der Verkehrssicherheit auf (vgl. S. 134). Auch wenn die Relevanz des Phänomens meritorischer Güter oben nicht abgelehnt werden konnte, wurde im Rahmen der empirischen Kosten-Nutzen-Analyse am Konzept der Konsumentensouveränität festgehalten, d.h., es wurden bei der Bewertung der Reduzierung der Verkehrsunfälle lediglich die externen Kosten berücksichtigt.

Dem Konzept der meritorischen Güter zufolge ist das Verhalten von Verkehrsteilnehmern infolge einer falschen Wahrnehmung des objektiven Möglichkeitsraumes bezüglich der Verkehrssicherheit nicht rational, und sie gehen ein zu hohes Unfallrisiko ein (vgl. Rothengatter, 1989, S. 65f). Daraus ergibt sich, daß über die eingesparten externen Kosten hinaus durch eine Steigerung der Verkehrssicherheit weitere gesamtwirtschaftliche Vorteile entstehen würden, so daß in der oben durchgeführten Kosten-Nutzen-Analyse die Zahlungsbereitschaft für die Verbesserung der Verkehrssicherheit aufgrund nichtrationalen Verhaltens zu gering ausgewiesen würde. Dieser Argumentation folgend ist eine staatliche Förderung von GVZ geboten, weil das meritorische Gut Verkehrssicherheit nicht in ausreichendem Maße nachgefragt wird.

4.2.2 Verteilungspolitische Ziele

Die Allokation knapper Güter durch Markt- und Wettbewerbsprozesse erzeugt nicht unbedingt die Ergebnisse, die politisch oder gesellschaftlich als erstrebenswert angesehen werden, und auf bestimmten Märkten bestehen Konflikte zwischen den Ergebnissen des Wettbewerbsprozesses und den politischen Zielen (vgl. Külp u.a., 1984, S. 45f, Hayek, 1969b, S. 254f). Nicht alle staatlichen Eingriffe in das Wirtschaftsgeschehen werden deshalb mit Argumenten des Markt- oder Wettbewerbsversagens begründet. Häufig werden staatliche Maßnahmen eingesetzt, um politische Zielsetzungen zu verfolgen, die bei funktionierendem Markt und Wettbewerb nicht erreicht werden (vgl. Eickhof, 1986b, S. 124f, Soltwedel u.a., 1986, S. 15). Solche Zielsetzungen können der Allgemein- oder Sicherheitspolitik und der Verteilungspolitik zugeordnet werden, wobei die erste auf die Gewährleistung der inneren und äußeren Sicherheit und die zweite auf die materielle Absicherung einzelner Mitglieder oder Gruppen der Gesellschaft abzielt. Verteilungspolitische Ziele beziehen sich, ausgehend vom grundgesetzlich festgelegten Selbstverständnis der Bundesrepublik Deutschland als Sozialstaat, vor allem auf die Beeinflussung der sozialen Ein-

---

222 Auf meritorische Güter ist bereits im Zusammenhang mit der Konsumentensouveränität (vgl. S. 57) eingegangen worden.

kommensverteilung sowie, basierend auf das 1975 explizit formulierte raumordnungspolitische Ziel der Schaffung gleichwertiger Lebensverhältnisse, auf den Ausgleich der regionalen Einkommensverteilung (vgl. Wink, 1995, S. 77f). Als normative Vorgaben der Gesellschaft bzw. ihrer Repräsentanten können diese politischen Ziele genauso wie persönliche Präferenzen aus wirtschaftswissenschaftlicher Sicht nicht in Frage gestellt werden (vgl. Soltwedel u.a., 1986, S. 15). Die Frage der Sinnhaftigkeit dieser Ziele wird deshalb hier nicht weiter untersucht.

Im Rahmen der Kosten-Nutzen-Analyse ist bereits auf die distributiven Wirkungen des GVZ eingegangen worden (vgl. Abschnitt 3.3). Mit der Errichtung und dem Betrieb von GVZ werden verteilungspolitische Ziele in zwei Bereichen verfolgt:

- Die Förderung der Wettbewerbsfähigkeit kleiner und mittlerer Unternehmen der Transportwirtschaft durch Verbesserung der Kooperationsmöglichkeiten zielt auf eine Beeinflussung der branchenstrukturellen Einkommensverteilung ab.
- Die Sicherung und Schaffung von Arbeitsplätzen im GVZ durch ein vorteilhaftes Infrastrukturangebot und in seiner Umgebung durch ein attraktives Angebot logistischer Leistungen soll die regionale Einkommensverteilung beeinflussen.

Die anderen ermittelten distributiven Wirkungen, die nicht gezielt mit der Errichtung und dem Betrieb von GVZ verfolgt werden, sind in ihrer Art als unbeabsichtigtes Nebenprodukt nicht geeignet, als Begründung für eine staatliche Förderung von GVZ zu dienen.

Im Ergebnis läßt sich festhalten, daß bei der Bereitstellung von GVZ neben der Reduzierung der externen Kosten des Straßenverkehrs und der Erzeugung positiver externer Effekte durch die Sicherung und Schaffung von Arbeitsplätzen folgende Marktunvollkommenheiten auftreten: Bei der Errichtung von GVZ treten Unsicherheiten und Spezifität auf, die zu transaktionalem Marktversagen führen können. Unsicherheit entsteht vor allem durch die Ausgestaltung des staatlichen Genehmigungsverfahrens, das sehr langwierig und dessen Ausgang nicht vorhersehbar ist. Ein zusätzlicher Unsicherheitsfaktor ergibt sich aus dem Entscheidungsprozeß für die Errichtung des KLV-Umschlagbahnhofs, von dem eine wichtige Signalfunktion für das GVZ ausgeht. Beim Grundstückserwerb kann aufgrund der hohen Anforderungen an Lage, Umgebung und verkehrliche Anbindung des GVZ hohe ex post-Spezifität entstehen. Die Planungsunsicherheit bedingt, daß die Entstehung von Spezifität schlecht verhindert werden kann. Weitere Begründungen für die staatliche Förderung von GVZ sind die distributiven Ziele, die mit Hilfe der Anlagen verfolgt werden.

4.3 Überprüfung der Effizienz des staatlichen Eingreifens

Auch wenn bei der Bereitstellung eines Gutes ein Markt- oder Wettbewerbsversagen festgestellt wird, ist dies kein notwendiger Grund für staatliches Eingreifen (vgl. Maennig, 1995b, Richter/Wiegard, 1993, S. 178f). Da durch staatliche Eingriffe Ressourcen verschwendet und zusätzliche Störungen der Markt- und Wettbewerbsprozesse verursacht werden können, ist die Überlegenheit des öffentlichen Eingreifens gegenüber einer wettbewerblichen Lösung im Einzelfall nachzuweisen (vgl. Bögelein, 1990, S. 306f). Deshalb stellt sich im Falle eines Markt- oder Wettbewerbsversagens vielmehr die Frage, ob die Funktionsstörung durch einen wirtschaftspolitischen Eingriff behoben oder die institutionellen Arrangements geändert werden können, um das Ergebnis des Koordinationsprozesses zu verbessern (vgl. Demsetz, 1969, S. 1). Im folgenden wird deshalb geprüft, ob die gewählten staatlichen Maßnahmen bei der Bereitstellung von GVZ geeignet sind, die Marktunvollkommenheiten zu heilen, so daß im Gesamtergebnis des Allokationsprozesses eine höhere gesamtwirtschaftliche Effizienz erzielt wird als ohne staatliche Eingriffe, und ob die verteilungspolitischen Ziele erreicht werden.

Zur Überprüfung und Beurteilung der gesamtwirtschaftlichen Effizienz ist eine Präzisierung des Kriteriums erforderlich. Sie kann dazu in drei Subkriterien unterteilt werden (vgl. Bös, 1989, S. 69-80, Kruse, 1985, S. 67-133):[223]

- Technische Effizienz liegt vor, wenn ein gegebener Output zu den gesamtwirtschaftlich geringstmöglichen Kosten produziert wird.[224] Eine Abweichung vom technisch effizienten Produktionsprozeß erfordert gegenüber dem Optimum einen Mehreinsatz an Ressourcen. Ursachen für Abweichungen können zum einen das Rentenstreben am Produktionsprozeß beteiligter Wirtschaftssubjekte (Beschäftigte bzw. Insider)[225] und zum anderen suboptimale Produktionstechnologien, Betriebsgrößen oder -strukturen sein. Das Rentenstreben der Insider bezieht sich auf vier Bereiche: Steigerung von Gehältern und Nebenleistungen, Verbesserung von Status und Repräsentation, Reduzierung von Arbeitsleid und Sanktionsmöglichkeiten sowie Ausweitung des Einflußbereichs. Folgen des Rentenstrebens sind ineffiziente Unternehmensstrukturen und Abläufe, die über die Renten hinaus weitere Kosten verursachen können. Außerdem können Inkompetenzen des Managements und Veränderungen ökonomischer Rahmenbedingungen in Verbindung mit Irreversibilitäten zu Schwächen und Fehlentwicklungen bei Produktionsanlagen, -technologie, Unternehmensgröße oder -strukturen führen. Der Grad technischer Effizienz ist von der Intensität des Wettbewerbs abhängig. Der Innovationsmechanismus des Wettbewerbsprozesses beinhaltet einen permanenten Druck über die Preisabsatzfunktion auf die Produzentenrente und Insiderrenten. Je größer der äußere Druck ist, desto größer ist der Druck unternehmensinterner Kontrollmechanismen und desto geringer sind die Spielräume für technische Ineffizienzen.
- Die allokative Effizienz bezieht sich auf die Setzung der richtigen Preise und Mengen bei vorgegebenen Produkten, Kosten- und Nachfragefunktionen.[226] Maßstab

---

223 Die drei Subkriterien decken die erste und dritte wohlfahrtsökonomische Marginalbedingung für ein gesamtwirtschaftliches Optimum ab. Die zweite wohlfahrtsökonomische Marginalbedingung über die Aufteilung der Güter zwischen den Individuen sowie die Totalbedingung bleiben außer acht.

224 Die Forderung nach technischer Effizienz entspricht der ersten wohlfahrtsökonomischen Marginalbedingung für ein gesamtwirtschaftliches Optimum, nach der die Faktorallokation optimal ist, wenn die Grenzraten der Faktorsubstitution für sämtliche Güter identisch sind (vgl. Fritsch/Wein/Ewers, 1993, S. 17-21).

225 Diese Probleme werden in der Literatur auch unter dem Begriff X-Ineffizienz diskutiert, der auf Leibenstein (1966) zurückgeht. Zur Entwicklung des Konzeptes und der Diskussion vgl. De Alessi (1983) und die dort angegebene Literatur.

226 Die Forderung nach allokativer Effizienz entspricht der dritten wohlfahrtsökonomischen Marginalbedingung für ein gesamtwirtschaftliches Optimum, nach der ein simultanes Tausch- und Produktionsoptimum dann vorliegt, wenn unter den Bedingungen des Modells vollständiger Konkurrenz die Grenzrate der Transformation gleich der Grenzrate der Substitution ist (vgl. Fritsch/Wein/Ewers, 1993, S. 23-29).

der allokativen Effizienz ist die Maximierung der gesamtwirtschaftlichen Wohlfahrt. Im Regelfall elastischer Angebots- und Nachfragemengen kann das Problem allokativer Effizienz mit der Setzung des richtigen Preises gleichgesetzt werden. Die maximale Wohlfahrt wird dann erreicht, wenn die Grenzkosten-Preis-Regel erfüllt ist, d.h. der Grenznutzen der Nachfrager mit den langfristigen Grenzkosten der Anbieter und dem Preis übereinstimmt. Dies wird vor allem durch einen funktionierenden Wettbewerb garantiert, der verhindert, daß übermäßige Renditen oder Marktmacht entstehen.

- Unter qualitativer Effizienz[227] wird die optimale Anpassung des Angebots an die Präferenzen der Nachfrager hinsichtlich der Qualität unter den gegebenen Kostenbedingungen verstanden. Kruse (1985, S. 117) definiert die Qualität eines Produktes als die Gesamtheit der Merkmale eines Produktes, die in den Nutzenfunktionen einer nennenswerten Anzahl von Nachfragern enthalten ist. Die Anzahl der relevanten Qualitätskriterien ist nach Art des Produktes sehr unterschiedlich. Abweichungen von der qualitativen Effizienz ergeben sich, wenn eine Qualität höher, niedriger oder anders ist als gewünscht. Der Einsatz der Produktionsfaktoren erfolgt zwar in kostenminimaler Produktion, es wird aber nicht das maximale Nutzenniveau erreicht, das unter Verwendung der gleichen Ressourcen erzielt werden könnte. Die Messung qualitativer Ineffizienzen ist schwierig, da hierzu die individuellen Präferenzen bekannt sein müßten. Die Beurteilung der qualitativen Effizienz kann sich deshalb im folgenden daran orientieren, wie gut die individuellen Präferenzen in den Bereitstellungsprozeß eingehen.

Insgesamt beinhaltet die ökonomische Effizienz „die kostenminimale Erstellung der richtigen Produktqualitäten und -mengen und ihr Angebot zu den richtigen Preisen" (Kruse, 1985, S. 67). Die Kriterien sind aus zwei Gründen als Effizienzmaßstab nur unzureichend geeignet (vgl. Bombach, 1976, S. 408-410, Demsetz, 1969, S. 1):

- Die Erreichung eines Allokationsoptimums im Sinne eines paretianischen Wohlfahrtsoptimums ist an die Voraussetzungen des Modells vollständiger Konkurrenz geknüpft, deren restriktive Annahmen[228] wirklichkeitsfremd sind.
- Die Betrachtung ist auf stationäre Optimalzustände reduziert und vernachlässigt den dynamischen Charakter funktionierender Markt- und Wettbewerbsprozesse, auf die bereits zu Beginn des Abschnitts 4.2 (vgl. S. 239) eingegangen worden ist.

Bei der Überprüfung der Effizienz des staatlichen Eingreifens muß neben der statischen auch die dynamische Effizienz berücksichtigt werden (vgl. Bombach, 1976, S. 408-415, Demsetz, 1969). Die dynamische Effizienz bezieht sich zum einen auf die Fähigkeit eines Allokationsverfahrens, die individuellen Einzelpläne zu koordinieren. Um die in der Gesellschaft vorhandenen Informationen zu diesem Zweck möglichst vollständig zu nutzen, ist ein Verfahren erforderlich, das vor allem in der Lage ist, die Komplexität des Systems aus der Vielzahl der Einzelpläne zu reduzieren und zu bewältigen. Zum anderen soll der Allokationsprozeß Anreize für die Wirtschaftssubjekte schaffen, sich ständig an Veränderungen der Rahmenbedingungen anzupassen, wobei die Reaktionsgeschwindigkeit ein Effizienzmaßstab ist. Zudem soll das Ver-

---

227 Das Konzept der qualitativen Effizienz stellt eine Erweiterung der allokativen Effizienz, die sich lediglich auf die Dimensionen Preis und Menge bezieht, auf weitere Merkmalsausprägungen der Güter dar. Damit wird die Annahme der Homogenität der Güter des neoklassischen Modells der vollständigen Konkurrenz modifiziert.

228 Vgl. zu den Annahmen z.B. Fritsch/Wein/Ewers (1993, S. 15).

fahren Anreize bieten, neue wirtschaftliche Aktivitäten zu ergreifen, wie z.B. eine Verbesserung der Produktionstechnologie, der Organisationsstrukturen oder Änderung der Nachfrage. Die Anreize sollen möglichst so wirken, daß eine große Vielfalt von wirtschaftlichen Aktivitäten entfaltet wird, die Ressourcen in vielversprechende Verwendungen gelenkt werden und neu erworbenes Wissen weite Verbreitung und Anwendung findet.

Bisher existiert keine geschlossene dynamische Allokationstheorie, die alternativ zur paretianischen Wohlfahrtsökonomie Maßstäbe liefern könnte, an denen die gesamtwirtschaftliche Effizienz eines Allokationsverfahrens gemessen werden kann. Die Überprüfung der Effizienz des staatlichen Eingreifens bei der Bereitstellung von GVZ erfolgt deshalb im Sinne des „Comparative Institutional Approach" von Demsetz (1969). Dabei wird die Wirkung des vorliegenden institutionellen Arrangements mit alternativen existierenden oder realisierbaren Lösungen hinsichtlich ihrer Fähigkeit zur Behebung der ermittelten Markt- und Wettbewerbsversagen verglichen.

4.3.1 Internalisierung der externen Effekte

Eines der wichtigsten Ziele, das mit der Realisierung von GVZ verfolgt wird, ist die Reduzierung von Umweltbelastungen und Unfallkosten durch den Güterverkehr.[229] Mit Hilfe der Kosten-Nutzen-Analyse wurde oben nachgewiesen, daß durch die Reduzierung des Straßengüterverkehrs und Verlagerung von Transportaufkommen auf die Bahn eine erhebliche Senkung von externen Kosten aus Umweltschäden und Verkehrsunfällen erzielt wird. Ein staatlicher Eingriff erscheint grundsätzlich gerechtfertigt, da Umweltbelastungen und Unfallkosten in die Nutzenfunktionen der Betroffenen eingehen und durch ihre Verringerung eine Verbesserung der gesamtwirtschaftlichen Wohlfahrt erzielt wird. Diese Wirkung wird mittels GVZ durch das Angebot einer spezifischen Kombination von Einsatzfaktoren (Ansiedlungsflächen, KLV-Terminal, Infrastrukturanschlüsse) in bestimmter Qualität (räumliche Bündelung, geographische Lage) erzielt.

Der Grund für die unzureichende Koordinationsleistung des Marktes im Falle externer Effekte liegt in einer mangelhaften Definition exklusiver Handlungs- und Verfügungsrechte bezüglich der Nutzung der Umweltgüter und zu hoher Transaktionskosten (vgl. Coase, 1960, S. 8-19). Hätten die betroffenen Wirtschaftssubjekte exklusive Verfügungsrechte über die durch externe Effekte betroffenen Bereiche, wie z.B. die Reinheit der Luft oder den Geräuschpegel, würde es zu Markttransaktionen zwischen Verursachern und Betroffenen kommen, die bei Abwesenheit von laufenden Transaktionskosten[230] unabhängig von der Primärverteilung der Verfügungs-

---

229 Auf die externen Effekte des Betriebes, deren Reduzierung durch Verlagerung von Transportunternehmen zum Teil auch zum Zielkatalog von GVZ gehört, wird in diesem Abschnitt nicht explizit eingegangen. Die empirische Relevanz dieses Effektes wurde in der Kosten-Nutzen-Analyse als äußerst gering eingeschätzt. Die theoretische Argumentation entspricht der für die externen Effekte des Verkehrs.

230 Für die Institutionalisierung der Primärverteilung der Verfügungsrechte fallen ebenfalls Transaktionskosten an, die hier nicht angesprochen werden. Mit den laufenden Transaktionskosten sind diejenigen gemeint, die bei späteren Tauschvorgängen mit Verfügungsrechten zur Vorbereitung, Durchsetzung und Überwachung anfallen (vgl. Wegehenkel, 1980a, S. 15, 1980b, S. 12f).

rechte ein pareto-optimales Allokationsoptimum herbeiführen würden (vgl. Coase, 1960, S. 8, Wegehenkel, 1980b, S. 9-13).[231] Lägen exklusive Verfügungsrechte vor, könnten zu hohe laufende Transaktionskosten eine Durchsetzung der Rechte und vollständige Internalisierung der externen Kosten verhindern (vgl. Bögelein, 1990, S. 136). Ausgehend vom Coase-Theorem wird gegenüber der staatlichen Wirtschaftspolitik die Forderung erhoben, zur Internalisierung externer Effekte exklusive Verfügungsrechte zu definieren und diese so zu institutionalisieren, daß die laufenden Transaktionskosten minimiert werden (vgl. Wink, 1995, S. 103f, Wegehenkel, 1980b, S. 71-74). Im Rahmen des Property-Rights-Ansatzes wird insbesondere geprüft, welche Verteilung der Verfügungsrechte die laufenden Transaktionskosten minimieren würde (vgl. Wegehenkel, 1980a, S. 16, Nienhaus, 1983/84). Eine mögliche Form der Institutionalisierung besteht im Haftungsrecht, das in der Literatur teilweise als eigenständiges Instrument behandelt wird (vgl. Streissler, 1992, S. 102-107, Sohmen, 1976, S. 243f).[232] Die Verhandlungslösung wird von seiner statischen und dynamischen Effizienz[233] her als optimales Verfahren zur Internalisierung externer Effekte angesehen (vgl. Wegehenkel, 1981). Erhebliche Probleme aufgrund von Informationsverteilung und Transaktionskosten können die Effizienz einschränken und machen eine praktische Umsetzung in reiner Form bisher unmöglich.[234] Ein vereinfachendes, praktikables Verfahren, das Elemente des Coase-Theorems mit politischen Vorgaben vereint, ist das Konzept der handelbaren Schädigungsrechte oder Zertifikate. Dabei werden von den politischen Entscheidungsträgern Mengenbeschränkungen für den Schadstoffausstoß festgelegt und für diese Mengen handelbare Zertifikate ausgegeben, so daß das vorgegebene Niveau zu minimalen gesamtwirtschaftlichen Kosten erreicht wird (vgl. Tietenberg, 1985, Dales, 1968). Obwohl das Verfahren eine gewisse ökonomische Effizienz aufweist, wird durch die politische Vorgabe ein gesamtwirtschaftliches Optimum (ökologisch und ökonomisch) nur in Ausnahmefällen erreicht (vgl. Streissler, 1992, S. 96f, Nienhaus, 1983/84, S. 267).

Neben Lösungsansätzen, die auf dem Coase-Theorem basieren, gibt es noch eine Reihe weiterer Möglichkeiten staatlicher Eingriffe bei externen Effekten. Vor dem richtungsweisenden Beitrag von Coase (1960) wurde die Diskussion über die Internalisierung externer Effekte von fiskalischen Lösungen auf Basis der Pigouschen Wohlfahrtsökonomik dominiert (vgl. Wegehenkel, 1980a, S. 20f). Vereinfachend formuliert, wird nach diesem Konzept im Fall negativer Externalitäten eine Steuer in Höhe der externen Kosten auf die verursachende Aktivität erhoben, so daß

---

231 Zur Kritik und Diskussion des Coase-Theorems vgl. Wegehenkel (1980a) und die dort angegebene Literatur. Verteilungswirkungen sind dabei nicht berücksichtigt.

232 Zu den Problemen der Internalisierung externer Effekte mit Hilfe von Haftungsregeln vgl. Endres (1992).

233 In der umweltökonomischen Literatur wird zur Beurteilung umweltpolitischer Instrumente zur Internalisierung externer Effekte neben der statischen und dynamischen Effizienz die Treffsicherheit als drittes Kriterium verwendet (vgl. Fritsch/Wein/Ewers, 1993, S. 67, Endres, 1985, S. 85). Mit der Treffsicherheit wird die Fähigkeit eines Verfahrens bezeichnet, ein naturwissenschaftlich oder politisch vorgegebenes Emissionsniveau tatsächlich zu erreichen. Aus ökonomischer Sicht ist dieses Kriterium jedoch obsolet, da die optimale Ausstoßmenge bei vollständiger Erfassung und Internalisierung der externen Kosten im Pareto-Optimum erreicht wird, so daß dieses Kriterium mit dem der statischen Effizienz übereinstimmt.

234 Vgl. Richter/Wiegard (1993, S. 195-199) und die dort angegebene Literatur sowie Ewringmann/Hansmeyer (1992), Pearce/Turner (1990, S. 73-78), Endres (1985, S. 47f).

die Nachfrage auf das allokativ optimale Niveau zurückgeht.[235] Statische und dynamische Effizienz einer Pigou-Steuer sind optimal, sofern es gelingt, die Höhe der externen Kosten genau zu treffen (vgl. Streissler, 1992, S. 94, Endres, 1985, S. 28f).[236] Aufgrund von Problemen, die sich bei der Bestimmung der Höhe der Steuer ergeben sowie hoher Transaktionskosten ist eine praktische Umsetzung in dieser Form nicht möglich (vgl. Pearce/Turner, 1990, S. 85, Endres, 1985, S. 29). Basierend auf dem Konzept der Pigou-Steuer ist mit dem Preis-Standard-Ansatz ein praktikables Verfahren vorgeschlagen worden, bei dem die Festlegung der Steuer nicht auf der Erreichung des Allokationsoptimums, sondern auf einem politisch festgelegten Internalisierungsziel basiert (vgl. Baumol/Oates, 1971).

Die wissenschaftliche Diskussion über die Möglichkeiten zur Internalisierung externer Effekte favorisiert Zertifikats- und Abgabenlösungen.[237] Weitere Möglichkeiten zur Korrektur von externen Effekten sind öffentliche Ge- und Verbote oder eine staatliche Bereitstellung der betreffenden Güter. Die zumindest in der praktischen Umweltpolitik - vor allem auch in Deutschland - dominierenden Ge- und Verbote sowie staatliche Eingriffe in das Angebot werden wegen ihres außerordentlich hohen Potentials für statische und dynamische Ineffizienzen von Ökonomen als denkbar ungünstigste Maßnahmen zur Beseitigung externer Effekte angesehen (vgl. Streissler, 1992, S. 99-101, Pearce/Turner, 1990, S. 102-104).

Es stellt sich nun die Frage, wie GVZ als Maßnahme zur Reduzierung der externen Kosten des Verkehrs vor dem Hintergrund der vorgestellten Internalisierungsverfahren zu beurteilen sind. Ausgehend vom Coase-Theorem oder einer Pigou-Steuer wären zur Reduzierung der Umweltschäden des Verkehrs Änderungen bei den Verfügungsrechten der Geschädigten oder eine fiskalische Belastung der Verursacher angezeigt. Die Beeinflussung der Verkehrsleistung über Infrastruktur und Gewerbeflächen ist demgegenüber als Second best-Ansatz einzuordnen, d.h., es wird versucht, ein allokatives Optimum unter Berücksichtigung beschränkender Nebenbedingungen - in diesem Fall die negativen externen Effekte - gezielt durch direkte wirtschaftspolitische Maßnahmen zu erreichen (vgl. Schlieper, 1982, S. 486f). Kritisiert werden Second best-Lösungen wegen der Willkür und Unbestimmtheit, die mit ihnen verbunden sind, da sich keine Richtlinien für die Eingriffe ableiten lassen. Als Konsequenz werden durch Second best-Eingriffe häufig weitere Unvollkommenheiten geschaffen, die wiederum Gründe für staatliche Eingriffe liefern und dazu führen, daß sich das Gesamtergebnis weiter vom Allokationsoptimum entfernt (vgl. Sohmen, 1976, S. 435-438). Exemplarisch zeigt sich dieses Second best-Problem bei GVZ in Form der negativen externen Effekte des Flächenverbrauchs, die wiederum durch Ersatz- und Ausgleichsmaßnahmen versucht werden, internalisiert zu werden. Hinweise auf Fehlallokationen in Folge des Second best-Eingriffs liefern das Unvermögen der Unternehmen der Transportwirtschaft, die erforderlichen Grundstückspreise zu zahlen, und der Zuschußbedarf bei der Errichtung von KLV-Terminals.

---

235 Vgl. für eine genaue Darstellung des Konzeptes z.B. Sohmen (1986, S. 231- 236) oder Pearce/Turner (1990, 84-94).

236 Zum Problem der Zuteilung der Verfügungsrechte in diesem Zusammenhang vgl. Pearce/Turner (1990, S. 87f).

237 Vgl. zu den Ergebnissen der Diskussion Ewringmann/Hansmeyer (1992), Streissler (1992), Pearce/Turner (1990), Baumol/Oates (1988), Endres (1985), Bonus (1977).

Zur Beurteilung der Wirksamkeit der Internalisierung der externen Effekte des Verkehrs durch GVZ ist festzustellen, daß die staatlichen Eingriffe auf den Gewerbeimmobilienmärkten ganz andere Märkte betreffen als die, von denen die Externalitäten ausgehen. Transportleistungen werden nur indirekt und partiell beeinflußt, so daß der Eingriff weder statisch noch dynamisch effizient ist. Das Niveau der Reduktion der Schäden ergibt sich sekundär infolge von Anpassungsreaktionen der Transportunternehmen auf anderen Märkten. Die Präferenzen der Betroffenen bezüglich der Schäden gehen nicht ein, so daß sich statische Effizienz auf dem Partialmarkt nur zufällig einstellen könnte. Direkte Anreize zur Reduzierung der externen Kosten, die eine Voraussetzung für dynamische Effizienz wären, fehlen ganz.

Im Zusammenhang mit Verkehrsunfällen ist neben externen Effekten der meritorische Charakter des Gutes Verkehrssicherheit zu berücksichtigen. Demzufolge wird das Gut Verkehrssicherheit in zu geringen Mengen nachgefragt und muß deshalb von der öffentlichen Hand bereitgestellt werden (vgl. Musgrave, 1969, S. 14-17). Die Reduzierung der Unfallzahlen ergibt sich aus der GVZ-bedingten Reduzierung des Straßengüterverkehrs und der Verlagerung von Transportaufkommen von der Straße auf die Schiene. GVZ sind insofern keine Maßnahme, mit der das Angebot des Gutes Verkehrssicherheit direkt erhöht wird, sondern ebenfalls ein Second best-Ansatz. Durch die Willkür und Unbestimmtheit, auf denen der Second best-Eingriff basiert, entstehen somit zusätzliche Ineffizienzen für die Beseitigung einer Marktunvollkommenheit, deren Existenz nicht zweifelsfrei nachgewiesen ist.

Die Theorie des Zweitbesten kommt zu dem Ergebnis, daß die direkte Beseitigung der Marktunvollkommenheiten vorzuziehen ist (vgl. Schlieper, 1982, S. 492).[238] Für das Untersuchungsziel dieser Arbeit folgt daraus, daß die Reduzierung der externen Kosten des Verkehrs durch GVZ als ungeeignete Maßnahme abzulehnen ist. Durch welche Regelung eine Internalisierung der externen Effekte des Verkehrs optimalerweise zu erreichen wäre, soll hier nicht diskutiert werden. Diese Frage ist in der Literatur ausgiebig behandelt worden, und die Ergebnisse haben inzwischen Eingang in die politische Diskussion gefunden.[239] Für den Verkehr wird eine Abgabenlösung bevorzugt, die am einfachsten über eine erhöhte Besteuerung des Kraftstoffverbrauchs implementiert werden könnte. Die Internalisierung der externen Effekte würde dazu führen, daß die Kosten aus Schadstoffemissionen und Unfällen auf ein Niveau nahe dem gesamtwirtschaftlichen Optimum absinken würden. Wenn die konzentrierte Ansiedlung der Transportbetriebe am Rand der Ballungsgebiete in direkter Nähe zu einem KLV-Umschlagbahnhof eine effiziente Form ist, die externen Kosten zu reduzieren, würde sich das in der Zahlungsbereitschaft der Transportunternehmen widerspiegeln, und derartige Ansiedlungsstrukturen würden aufgrund von Marktprozessen entstehen. Ein Hindernis könnten allerdings zu hohe Transaktionskosten bei der Errichtung von GVZ darstellen.

Im Falle des nichtrationalen Verhaltens bezüglich der Verkehrssicherheit könnte die direkte Beseitigung der Marktunvollkommenheit durch eine verstärkte Aufklärung der Verkehrsteilnehmer über Risiken und Folgen von Verkehrsunfällen erfolgen. Demgegenüber stellen Auflagen und Gebote, wie z.B. die Gurtanlegepflicht oder

---

238 Dies entspricht dem Ergebnis des Vergleichs der verschiedenen Verfahren zur Internalisierung externer Effekte.

239 Vgl. z.B. Europäische Kommission (1996), Frey (1993/94), Ewringmann/Hansmeyer (1992), Suntum (1992), Wissenschaftlicher Beirat beim BMV (1992), Ahrens (1991).

Geschwindigkeitsbegrenzungen eine schlechtere Lösung aus Sicht der gesamtwirtschaftlichen Effizienz dar, bieten jedoch eine Möglichkeit, die Verkehrssicherheit mit wesentlich geringeren allokativen Verzerrungen zu erreichen, als durch GVZ. Abschließend kann festgehalten werden, daß GVZ unter dem Kriterium der gesamtwirtschaftlichen Effizienz kein geeigneter Eingriff zur Beseitigung nichtrationalen Verhaltens in bezug auf Verkehrssicherheit sind.[240]

4.3.2 Behebung des transaktionalen Marktversagens

Zwei Gründe wurden identifiziert, die zu transaktionalem Marktversagen bei der Errichtung von GVZ führen können: Planungsunsicherheit und Spezifität beim Grundstückserwerb. Die Unsicherheit ergibt sich aus der institutionellen Gestaltung der Handlungs- und Verfügungsrechte in Zusammenhang mit der Errichtung von raumwirksamen Großprojekten durch das Planungs- und Baurecht. Hier liegt kein Markt- sondern Staatsversagen vor, denn der Staat verursacht die hohen Transaktionskosten durch Beschränkungen bei der Flächennutzung und langwierige, intransparente Entscheidungsverfahren bei der Vergabe der erforderlichen Verfügungsrechte. Zur Beseitigung dieser Marktunvollkommenheit ist der Staat gefordert, die institutionelle Ausgestaltung so zu ändern, daß das Erlangen der Genehmigung zur Errichtung eines GVZ mit geringeren Unsicherheiten behaftet ist. Das Problem der ex post-Spezifität der Grundstücke kann durch geschicktes Vorgehen des Planungs- und Entwicklungsträgers vermieden werden, indem der Erwerb der erforderlichen Grundstücke geschlossen verhandelt und das Projekt geheimgehalten wird. Schwierig wird die Vermeidung von ex post-Spezifität erst im Zusammenhang mit dem Planungsrecht.

Über das Planungsrecht hinaus geht zusätzliche Unsicherheit von der Realisierung eines KLV-Terminals aus. Die mangelnde Wirtschaftlichkeit und die Notwendigkeit staatlicher Finanzierung führen dazu, daß die DB AG keine souveränen Entscheidungen über die Errichtung von KLV-Anlagen fällen kann. Bei der daraus entstehenden Unsicherheit handelt es sich um ein Staatsversagen. Dem politischen Willen, die Eisenbahn zu fördern und Verkehr von der Straße auf die Schiene zu verlagern, um die negativen Wirkungen des Straßenverkehrs einzuschränken, ist es zu verdanken, daß der Staat den Bau von KLV-Terminals fördert und in die Investitionsentscheidungen der DB AG eingreift. Aus Sicht der gesamtwirtschaftlichen Effizienz ist auch hier die Forderung zu stellen, die externen Kosten des Verkehrs zu internalisieren und dem Markt die Allokation der Ressourcen zu überlassen. Nach der Internalisierung der externen Effekte bestünde kein Grund mehr für eine Förderung der Bahn, und die Entscheidungen über die Errichtung von KLV-Anlagen könnten allein auf einzelwirtschaftlicher Basis gefällt werden.

Das Problem der Spezifität, das unter den gegebenen planungsrechtlichen Bedingungen beim Erwerb von Grundstücken auftreten kann, hat der Gesetzgeber erkannt. Für staatliche Projekte, die den Erwerb von Grundstücken erforderlich machen, sieht das BauGB zwei Eingriffsmöglichkeiten vor, mit denen strategischen Verhaltensweisen begegnet werden kann:

---

240 An dieser Stelle sei darauf hingewiesen, daß die Reduzierung von Verkehrsunfällen nicht expliziter Bestandteil der Ziele ist, die mit der Errichtung von GVZ verfolgt werden.

- Die öffentliche Hand hat das Recht, Grundstücke zu enteignen, wenn es dem Wohl der Allgemeinheit dient und dieses auf anderem Wege nicht zu erreichen ist (siehe § 87 Abs. 1 BauGB). Zur Verhinderung strategischer Positionen kann bereits das Drohpotential, eine Enteignung durchführen zu können, reichen. Eine Enteignung zugunsten eines privaten Unternehmens ist nicht möglich.
- Im Rahmen von städtebaulichen Entwicklungsmaßnahmen, die durch die öffentliche Hand initiiert werden, sieht das BauGB (siehe § 153 Abs. 1) vor, daß ein gutachterlicher Grundstückswert festgelegt wird, zu dem die öffentliche Hand die Grundstücke von den Alteigentümern erwirbt, um zu vermeiden, daß die Grundstücksalteigentümer antizipierte Grundstückswertsteigerung - die Produzentenrente - abschöpfen.

Damit hat der Staat bei Vorliegen von Spezifität deutliche Vorteile, das Abschöpfen von Produzentenrente zu verhindern und ein allokatives Optimum zu erreichen. Die Anwendung dieser Eingriffsmöglichkeiten erfordert jedoch den Erwerb der betreffenden Flächen und eine weitergehende Beteiligung durch die öffentliche Hand. Das staatliche Eigentum an den Flächen setzt voraus, daß Behörden und öffentliche Unternehmen zumindest an der Konzeption und Planung, möglicherweise auch an der Realisierung und Vermarktung des GVZ beteiligt sind. Die damit zusammenhängenden Entscheidungen werden dann innerhalb bürokratischer Systeme öffentlicher Organisationen gefällt.

Zur Beurteilung der Wirkung für die gesamtwirtschaftliche Effizienz von Entscheidungen, die innerhalb der öffentlichen Verwaltung gefällt werden, wird kurz auf die Koordination von Plänen innerhalb bürokratischer Organisationen eingegangen. In demokratischen Systemen wird ein Teil der Handlungs- und Verfügungsrechte der Individuen an politische Repräsentanten abgegeben, deren Entscheidungsbefugnis durch Wahlen legitimiert wird (vgl. Tietzel, 1985, S. 148f). Die Entscheidungsvorbereitung und -ausführung wird von den politischen Repräsentanten nach Aufgaben- und Fachbereichen getrennt an bürokratische Organisationen - vor allem Behörden und öffentliche Unternehmen - delegiert, die hierarchisch aufgebaut sind und innerhalb derer die Handlungs- und Verfügungsrechte durch formale Anweisungen weitergegeben, kontrolliert und sanktioniert werden.[241] Unmittelbare Anreiz- und Sanktionsmechanismen des Marktes durch Gewinne und Verluste entfallen. Im Idealfall sollen die bürokratischen Organisationen dazu dienen, die auf Grundlage individueller Präferenzen getroffenen gesellschaftlichen Allokationsentscheidungen über die zugewiesenen Handlungs- und Verfügungsrechte umzusetzen (vgl. Weber, 1922, S. 660-662). Von außen sind die bürokratischen Organisationen mangels Informationen und Eingriffsmöglichkeiten nur sehr schwer zu kontrollieren (vgl. Picot, 1984, S. 200). Infolge ineffektiver Anreiz-, Kontroll- und Sanktionsmechanismen[242] können Bürokraten eigene Zielsetzungen verfolgen, die in der Ausweitung des Einflußbereichs, der Macht, des Einkommens und des Ansehens sowie in der Minimierung der eigenen Anstrengungen bestehen (vgl. Niskanen, 1994, S. 38, Picot, 1984, S. 200, 204-206). Verfolgt werden diese Ziele über eine Maximierung der Differenz zwischen

---

241 Diese zweifache Delegierung wird in der Literatur als zweistöckiges Principal-Agent-Verhältnis betrachtet (vgl. Blankart, 1991, S. 395).

242 Gegenüber der Privatwirtschaft fehlen in öffentlichen Bürokratien insbesondere die Anreiz- und Sanktionsmechanismen des Arbeits- und des Kapitalmarktes (vgl. Franke, 1989, S. 163f, Picot, 1984, S. 208).

dem zugewiesenen Budget und den minimalen Kosten, die für die Erfüllung der gestellten Aufgaben erforderlich sind, so daß die politisch Verantwortlichen und die Bürokraten sich einen Spielraum für diskretionäres Verhalten schaffen. Im Ergebnis führt das dazu, daß die Bürokratie über ein zu hohes Budget verfügt, einen daran gemessen zu geringen Output produziert und technische Ineffizienz vorliegt (vgl. Niskanen, 1994, S. 273-275).

Der geringe direkte Einfluß der Gesellschaft auf die Bürokratie führt zu allokativen und qualitativen Ineffizienzen. Die Vielfältigkeit der Präferenzen der Individuen stellt ohnehin ein nicht zu bewältigendes Informationsproblem für zentralisierte Entscheidungsverfahren dar (vgl. Niskanen, 1994, S. 39). Typischerweise wird die Informationsbeschaffung auf wenige Quellen begrenzt. Die Auswahl der Quellen erfolgt nach ihrer Eignung zum Nachweis der fachlichen Qualifikation der beteiligten Bürokraten gegenüber höheren Hierarchieebenen. Interessengruppen bieten durch Bündelung von Präferenzen Größenvorteile bei der Informationsbeschaffung. Die Chance der Einflußnahme einer Interessengruppe wird durch ihre Durchsetzungsfähigkeit und die Relevanz der Informationen für den Nachweis der fachlichen Kompetenz bestimmt (vgl. Wink, 1995, S. 69f). Die Art der Informationsaufnahme und Auswahl der Informationen implizieren weitere Abweichungen von den gesellschaftlichen Präferenzen, d.h. weitere allokative und qualitative Ineffizienzen. Der Mangel an Anreiz- und Sanktionsmechanismen innerhalb der bürokratischen Entscheidungsstrukturen führt außerdem zu technischen Ineffizienzen beim Einsatz von Produktionsfaktoren (vgl. Bös, 1989, S. 73f). Im Zeitablauf sind weder Anreize für eine Ausweitung der Informationsbasis zur Einbeziehung der gesellschaftlichen Präferenzen noch für Innovationen und Verbesserungen bei den Lösungen zu erkennen, so daß die dynamische Effizienz ebenfalls schlecht beurteilt wird (vgl. Wink, 1995, S. 71). Auch wenn das staatliche Vorgehen bezogen auf das Problem der Transaktionskosten beim Grundstückserwerb Effizienzvorteile bringen kann, ist davon auszugehen, daß diese durch Nachteile, die in anderen Phasen der Errichtung von GVZ entstehen, überkompensiert werden. Die Lösung des Transaktionskostenproblems durch staatlichen Erwerb der Flächen ist deshalb nach dem Effizienzkriterium abzulehnen.

Dem Auftreten von Spezifität beim Grundstückserwerb könnte am einfachsten vorgebeugt werden, indem der Staat dem Grundstückseigentümer die vollständigen, erforderlichen Handlungs- und Verfügungsrechte zugestehen würde, die zur Errichtung von GVZ erforderlich sind. Mit dem Erwerb der Grundstücke würde ein Investor automatisch die erforderlichen Genehmigungen zur Errichtung sämtlicher Anlagen für ein GVZ erhalten. Es wäre unter diesen Bedingungen problemlos möglich, den Grundstückserwerb geschlossen zu verhandeln und Informationen über die Planungen bis nach dem Kauf der Flächen geheimzuhalten. Die unbeschränkte Zuordnung sämtlicher Handlungs- und Verfügungsrechte, die mit der Errichtung eines GVZ verbunden sind, insbesondere der Rechte zur Errichtung von Anlagen und Gebäuden, Versiegelung von Boden sowie von Lärm- und Schadstoffemissionen zum Grundstückseigentümer, ist unter Berücksichtigung der externen Effekte sowie möglicher räumlicher Effekte ökonomisch nicht vertretbar, denn sie würden zu allokativen Ineffizienzen führen. Für betroffene Bürger bietet die öffentliche Erörterung im Rahmen des Planfeststellungsverfahrens in Verbindung mit der anschließenden Möglichkeit, Rechtsmittel gegen den Beschluß einzulegen, die einzige Möglichkeit, Einfluß auf die Durchführung und Ausgestaltung einer Maßnahme zu nehmen und eigene Präferenzen durchzusetzen (vgl. S. 247). Damit zeigt sich die kausale Verknüpfung der Probleme Planungsunsicherheit und Spezifität, die eine Lösung besonders schwierig macht.

Das Planfeststellungsverfahren wird kritisiert, insbesondere die betroffenen Bürger erst zu spät, nachdem bereits eine Einigung zwischen Planungsträger und den wichtigsten beteiligten Behörden[243] getroffen worden ist, einzubeziehen, so daß es nicht zu der beabsichtigten Abwägung zwischen allen beteiligten Interessen kommt. Das gemeinsame Interesse des Planungsträgers und der frühzeitig beteiligten Behörden besteht dann nur noch in der Durchsetzung der fertigen Pläne beim öffentlichen Erörterungstermin (vgl. Zahn, 1993, S. 85f, 96-101). Aufgrund dieses Vorgehens werden nicht alle Teilpläne in ausreichendem Maße berücksichtigt, und die individuellen Präferenzen gehen nur unzureichend in den Allokationsprozeß ein, so daß das Ergebnis allokative und qualitative Ineffizienzen aufweist. Dies äußert sich darin, daß betroffene Bürger neben der Beteiligung am Planfeststellungsverfahren bereits vorher andere informelle Aktivitäten ergreifen, insbesondere die Bildung von Bürgerorganisationen, die sich schon während der Planung in den Diskussionsprozeß einschalten (vgl. Zahn, 1993, S. 101-104). Es ist zu erwarten, daß es aufgrund der Unzufriedenheit der Bürger zu einer Verschwendung von Ressourcen bei der Informationsbeschaffung und Bemühungen zur Durchsetzung der Interessen über inoffizielle Wege kommt.

Ziel einer Änderung der Ausgestaltung des Planungsrechts muß eine Lösung sein, bei der geringere Transaktionskosten auftreten und die statische und dynamische Effizienz des Bereitstellungsprozesses von GVZ optimiert wird. Das ließe sich durch ein institutionelles Arrangement erreichen, bei dem die externen Effekte möglichst effizient internalisiert, Unsicherheiten minimiert werden und keine spezifitätsverstärkenden Effekte auftreten. Das Problem bei der Realisierung von Infrastrukturprojekten mit negativen externen Effekten, wie auch von GVZ, besteht darin, daß die externen Nutzen weiträumig verteilt sind, während die Belastungen kleinräumig wirksam werden.[244] Für die Individuen ergibt sich bei rationaler Abwägung der Interessen das Ziel, von den externen Nutzen zu profitieren, ohne von den räumlich konzentrierten Belastungen betroffen zu werden. Negativ betroffene private Haushalte werden ihre Handlungs- und Verfügungsrechte deshalb nutzen, um die Errichtung eines GVZ in ihrer Nähe zu verhindern. Daraus ergibt sich fast zwangsläufig, daß die Errichtung eines GVZ zu konträren Interessen bei verschiedenen Betroffenen führt und keine Lösung existiert, die alle Präferenzen berücksichtigt. Das Fällen einer einstimmigen Entscheidung ist dann mit sehr hohen - im Extremfall prohibitiv hohen - Kosten verbunden (vgl. Wink, 1995, S. 179).

Hinweise zur Gestaltung eines möglichst effizienten Entscheidungsverfahrens lassen sich aus der ökonomischen Evolutions- und Kontrakttheorie, alternativen Ansätzen zur Erklärung der Existenz kollektiver Vereinbarungen, ableiten. Bei entgegengesetzten Interessen ist die Aussicht, eine Einigung im Zuge von Verhandlungen zu erzielen, dann am größten, wenn die Entscheidungsfindung auf einem Verfahren basiert, das von allen Beteiligten akzeptiert wird (vgl. Hayek, 1979, S. 35). Der Un-

---

243 Dies sind insbesondere die Planfeststellungsbehörde, die Anhörungsbehörde und die betroffenen Gebietskörperschaften.

244 Vgl. hierzu bezogen auf Verkehrswege Wink (1995, S. 37-41) und bezogen auf Abfallbeseitigungs- und Behandlungsanlagen Werbeck (1993b, S. 210f), Zahn (1993, S. 44).

terschied zwischen den Theorien besteht in der Erklärung, wie die Verfahrensregeln entstehen: Während der Evolutionismus davon ausgeht, daß die Verfahrensregeln im Laufe eines unbewußten gesellschaftlichen Entwicklungsprozesses aus Versuch und Irrtum entstehen, geht die Kontrakttheorie von einer expliziten, gezielten Aushandlung und Festschreibung der Regeln aus.[245] Unter Berücksichtigung beider Ansätze sollten auf übergeordneter Ebene allgemeingültige Verfahrensregeln für die Entscheidungsfindung festgelegt werden, die ausgehend von der Evolutionstheorie auf vorliegende gesellschaftliche Normen zurückgreifen und unter Berücksichtigung der Kontrakttheorie Regeln aufstellen, die auf der Basis individueller Kosten-Nutzen-Abwägungen aller Beteiligten akzeptiert werden. Werden die Verfahrensregeln einstimmig beschlossen, wird zumindest auf dieser Ebene allen individuellen Präferenzen entsprochen.[246] Für die Bewertung von raumwirksamen Projekten mit externen Effekten sind insbesondere Planungskriterien, ihre Operationalisierung und Gewichtung, um Nutzen und Kosten einer einheitlichen Bewertung unterwerfen zu können, Kompensationsregelungen für den Ausgleich von Nachteilen und die räumlichen Ebenen, auf denen die Abstimmung und Entscheidungsfindung erfolgen soll, festzulegen (vgl. Wink, 1995, S. 186-192, 208-210, Werbeck, 1993a, S. 198-221, 1993b, S. 217-221).

Das Entscheidungsverfahren erhöht die Wahrscheinlichkeit der Akzeptanz seitens der nachteilig betroffenen Individuen und senkt die Kosten, die außerhalb des offiziellen Verfahrens zur Beeinflussung der Entscheidung aufgewendet werden (vgl. Werbeck, 1993a, S. 195-197). Um ein möglichst effizientes Planungsresultat zu erzeugen, ist es wichtig, daß für alle Betroffenen Anreize bestehen, sich am Planungsverfahren zu beteiligen. Dies kann erreicht werden, wenn das Verhandlungsresultat eine hohe Verbindlichkeit hat, keine politischen Wege zur Einflußnahme bestehen und gerichtliche Einspruchsmöglichkeiten auf Verfahrensmängel beschränkt bleiben (vgl. Wink, 1995, S. 321f). Eine vollständige Übereinstimmung mit den Präferenzen aller Betroffenen läßt sich auch mit einem derartigen Verfahren bei der Entscheidung über eine einzelne Maßnahme nicht erzielen. Das Verfahren soll jedoch Anreize schaffen, die Abweichungen von einem effizienten Planungsresultat zu minimieren.

Um als Ergebnis einer Verhandlungslösung eine möglichst effiziente Allokation zu erreichen, ist eine genaue Veröffentlichung der Pläne einer Maßnahme und seiner Konsequenzen unerläßlich. Gerade unter der Zielsetzung der Erreichung eines statischen Wohlfahrtsoptimums ist die Geheimhaltung eines Projektes deshalb ausgeschlossen. Auch wenn die Unsicherheit durch das Entscheidungsverfahren reduziert werden kann, bestehen bereits in den Aufwendungen für das Entscheidungsverfahren spezifische Investitionen, und es entsteht eine Informationsverteilung, die Spielräume für strategische Verhaltensweisen eröffnet.[247] Auch im Rahmen eines auf Konsensfindung abzielenden Entscheidungsverfahrens ist es deshalb wichtig, daß

---

245 Vgl. dazu Baumann (1991), Vandenberg/Buchanan (1991), Vandenberg (1981), Hayek (1979, 1969a).

246 Eine Umsetzung dieser Vorschläge kann über Aushandlungsprozesse zwischen den Interessengruppen oder über Mediationsverfahren mit einem neutralen Vermittler erfolgen (vgl. Werbeck, 1993a, S. 195-197, 1993b, S. 215-217, Zahn, 1993, S. 114-137, Gaßner/Holznagel/Lahl, 1992).

247 Betroffene, die bereit sind, die Errichtung einer Anlage zu akzeptieren, könnten Kompensationsleistungen verlangen, die über die Abgeltung ihrer Präferenzen hinausgehen (vgl. Werbeck, 1993b, S. 221).

Durchsetzungsrechte existieren, mit deren Hilfe Entscheidungen in Einzelfällen im Rahmen begrenzender Regeln auch gegen den Willen betroffener Wirtschaftssubjekte durchgesetzt werden können (vgl. Werbeck, 1993b, S. 221). Das Problem der Unsicherheit über die planungsrechtlichen Genehmigungen und die daraus resultierenden hohen Transaktionskosten lassen sich somit nicht vollständig beseitigen.
Im Ergebnis ist folgendes festzuhalten:

- Der Staat hat durch das Enteignungsrecht und die städtebauliche Entwicklungsmaßnahme Eingriffsmöglichkeiten, die die allokative Effizienz beim Grundstückskauf erhöhen. Dies impliziert jedoch eine weitergehende staatliche Beteiligung an der Bereitstellung von GVZ, bei der erhebliche statische und dynamische Ineffizienzen auftreten, so daß dieser Weg möglichst vermieden werden sollte.
- Die Entstehung prohibitiv hoher Transaktionskosten beim Grundstückskauf wird am besten dadurch verhindert werden, daß eine Ausgangskonstellation, die zu hoher Spezifität führt, umgangen wird.
- Zur Erhöhung der gesamtwirtschaftlichen Effizienz und Senkung der Unsicherheiten, die mit der Planung raumwirksamer Projekte verbunden sind, wird die Einführung eines Verhandlungsverfahrens vorgeschlagen, daß auf allgemein akzeptierten Verfahrensregeln beruht. Vollkommen beseitigen lassen sich die planungsrechtlichen Unsicherheiten nicht.
- Nach einer Internalisierung der externen Kosten des Verkehrs würde der Grund für eine Förderung der Eisenbahn entfallen, und die Entscheidungen über die Errichtung von KLV-Umschlagbahnhöfen könnten autonom von der DB AG auf einzelwirtschaftlicher Basis gefällt werden.

4.3.3 Erreichung der distributiven Ziele

Mit GVZ werden zwei verteilungspolitische Ziele explizit verfolgt:

- Die Beeinflussung der branchenstrukturellen Einkommensverteilung durch Förderung kleinerer und mittlerer Unternehmen der Transportwirtschaft sowie
- der regionalen Einkommensverteilung durch Sicherung und Schaffung von Arbeitsplätzen.

Ziel des staatlichen Eingriffs ist hier - anders als bei den Marktunvollkommenheiten - nicht, eine Abweichung vom Allokationsoptimum auszugleichen, sondern herbeizuführen, weil das Ergebnis des Marktprozesses als suboptimal angesehen wird. Aufgabe der Wirtschaftswissenschaft ist in diesem Zusammenhang deshalb nicht die Überprüfung der gesamtwirtschaftlichen Effizienz, sondern ob der gewählte staatliche Eingriff - in diesem Fall die Förderung von GVZ - der geeignete Weg zur Erreichung der gesetzten politischen Ziele ist (vgl. Soltwedel u.a., 1986, S. 15).

Grundsätzlich können distributive Ziele verfolgt werden, ohne daß die wirtschaftliche Effizienz der Markt- und Wettbewerbsprozesse beeinträchtigt wird. Probleme ergeben sich bei interner Subventionierung zwischen verschiedenen Produkten, da hierbei Möglichkeiten zum „Rosinenpicken“ entstehen, so daß durch flankierende Maßnahmen der Marktzutritt beschränkt werden muß und eine ganze Kette regulierender Eingriffe ausgelöst werden kann. Die umsatzabhängige Subventionierung politisch erwünschter Leistungen aus allgemeinen Haushaltsmitteln oder gezielt erhobenen, leistungsbezogenen Sondersteuern - sogenannten Transfersteuern - hingegen ist mit einem freien Marktzutritt und ungehindertem Wettbewerb vereinbar (vgl. Horn/Knieps/Müller, 1988, S. 68-76).

4.3.3.1 Der Beitrag von GVZ zur Förderung mittlerer und kleinerer Unternehmen der Transportwirtschaft

Die politische Motivation zur Förderung des Mittelstandes in der Nachkriegszeit entstammte zum einen der neoliberalen wettbewerbspolitischen Idealvorstellung der polypolistischen Konkurrenz und zum anderen der gesellschaftspolitisch orientierten Zielvorstellung der Förderung der Selbständigen, Besitzenden, Verantwortungtragenden als Garant für politische und wirtschaftliche Stabilität (vgl. Wedemeier, 1994, S. 15- 17, Beyenburg-Weidenfeld, 1992, S. 14f). Ausgehend von den unterschiedlichen Zielvorstellungen und der ungenauen Definition und Abgrenzung des Mittelstandes (vgl. Beyenburg-Weidenfeld, 1992, S. 25-39), wird der Begriff der Mittelstandsförderung nicht einheitlich verwendet: Er bezieht sich zum Teil auf Selbständige und umfaßt dann Unternehmen in Industrie, Dienstleistungen, Handel, Handwerk sowie freien Berufen bis zu einer bestimmten Anzahl von Beschäftigten und andererseits nur auf gewerbliche Unternehmen (vgl. Beyenburg-Weidenfeld, 1992, S. 145). Maßnahmen der Mittelstandsförderung lassen sich in drei Gruppen unterteilen (vgl. Wedemeier, 1994, S. 17-19, Reske/Mortsiefer, 1978, S. 6):

- Verbesserung der relevanten Rahmenbedingungen,
- Verbesserung der Finanzierungsmöglichkeiten und
- Verbesserung der betrieblichen Leistungs- und Wettbewerbsfähigkeit (Gewerbeförderung). Hauptbestandteile der Gewerbeförderung sind die Förderung von Unternehmensberatung, Weiterbildung von Unternehmern und Beschäftigten und die Förderung von Forschung und Entwicklung.

Die Ablösung des wettbewerbspolitischen Leitbildes der vollständigen Konkurrenz durch die Funktionsfähigkeit des wettbewerblichen Koordinationsprozesses (vgl. S. 239) hat dazu geführt, daß das wettbewerbspolitische Argument für die Mittelstandsförderung, die Erhaltung einer polypolistischen Marktstruktur, entfallen ist, und die Mittelstandsförderung verlor ihre Bedeutung als zentrales Element der Wettbewerbspolitik. Die Sicherung des Wettbewerbs durch Erhalt einer Vielzahl kleiner Unternehmen wurde von den gesellschaftspolitischen und sozialen Motiven als zentrale Zielsetzung der Mittelstandsförderung abgelöst (vgl. Beyenburg-Weidenfeld, 1992, S. 173, 184, 360, 373). Entgegen der Idee der wettbewerbspolitisch motivierten Mittelstandsförderung wurde die Förderung von Kooperationen und Zusammenschlüssen zu einem Bestandteil der Mittelstandspolitik. Zusammenarbeit von mittelständischen Unternehmen wird als Mittel angesehen, Nachteile kleinerer Unternehmen, z.B. bei Forschung und Entwicklung, Einkauf und Markterschließung, gegenüber Großunternehmen auszugleichen und ihre Wettbewerbsfähigkeit zu stärken (vgl. Kapteina, 1980, S. 2-4, 184-186, Beyenburg-Weidenfeld, 1992, S. 213f).

Der Beitrag, den GVZ bei der Förderung von kleinen und mittleren Unternehmen der Transportwirtschaft leisten sollen, besteht in der Bereitstellung optimal gestalteter und infrastrukturell ausgestatteter Grundstücke und der Möglichkeit einer räumlich konzentrierten Ansiedlung, wodurch Kooperationen zwischen den Betrieben erleichtert werden sollen. Um nachzuweisen, daß die Errichtung von GVZ eine zieladäquate Maßnahme ist, ist zu zeigen, daß

- ein Defizit an Ansiedlungsmöglichkeiten besteht,
- Kooperationen zu einer Stärkung der Wettbewerbsfähigkeit führen,
- mit GVZ tatsächlich Kooperationen realisiert werden und
- die angestrebten Kooperationen ohne GVZ nicht möglich sind.

Die Errichtung von GVZ wäre dann eine zieladäquate Maßnahme, wenn Umfang und Ausstattung vorhandener Ansiedlungsflächen unzureichend sind, so daß die Wettbewerbsfähigkeit der kleinen und mittleren Unternehmen der Transportwirtschaft beeinträchtigt wird und durch das GVZ ein Hindernis oder Engpaß ausgeräumt wird. Die Verfügbarkeit von Gewerbeflächen ist in Deutschland nach Städten und Regionen unterschiedlich. In den neuen Bundesländern und Norddeutschland stehen allgemein ausreichend Gewerbeflächen zur Verfügung (vgl. Dosch/Müller-Keißler, 1996). Wegen der Anforderungen an Lage, Infrastruktur, Unempfindlichkeit der Umgebung und der begrenzten Zahlungsbereitschaft haben Betriebe der Transportwirtschaft häufig Probleme, eine geeignete Ansiedlungsfläche zu finden. In großen Ballungsgebieten wie München, Hamburg oder Frankfurt besteht für Betriebe der Transportwirtschaft ein Versorgungsengpaß bei geeigneten Grundstücken.[248] Die Vorteile der Ansiedlungsflächen im GVZ liegen in ihren Anschlüssen an leistungsfähige, überregionale Verkehrswege, einschließlich der erforderlichen Umschlaganlagen insbesondere für die Nutzung der Bahn, geeigneten Zuschnitt und günstige Lage innerhalb des Ballungsgebietes. Diese Faktoren sind eingangs (vgl. S. 50) bereits als Anforderungen an einen Betriebsstandort identifiziert worden. GVZ sind deshalb ein attraktives Angebot für Transportunternehmen, und die Ansiedlungsfläche stellt den wichtigsten Nutzen dar, den ein GVZ bietet (vgl. Bünck, 1994, Deecke u.a., 1993, S. II.9-8).

Als nächstes wird der Frage nachgegangen, ob Kooperationen zu einer Verbesserung der Wettbewerbsfähigkeit kleiner und mittlerer Unternehmen der Transportwirtschaft führen. Unter Kooperation wird die Zusammenarbeit von zwei oder mehreren selbständigen Unternehmen verstanden, die zur Erzielung größerer Rentabilität durch Rationalisierung oder Arbeitsteilung bestimmte Unternehmensfunktionen gemeinsam wahrnehmen (vgl. Gerth, 1971, S. 17). Kooperationen zielen grundsätzlich auf zwei Ziele ab (vgl. Meyer/Stabenau, 1989, S. 10f):

- Rationalisierung durch effizienteren Einsatz der Betriebsmittel und
- Markterweiterung durch gemeinsamen Einsatz von Betriebsmitteln und Fähigkeiten. Dies kann sich auf eine räumliche, quantitative oder qualitative Ausweitung des Leistungsangebots beziehen.

Die zu Beginn der Arbeit beschriebenen Entwicklungen im Güterverkehrsgewerbe - der Logistikeffekt, die Internationalisierung und die Liberalisierung der Märkte - haben in den letzten Jahren zu einer wesentlichen Verstärkung des Wettbewerbsdrucks und zu einem Konzentrationsprozeß in der Branche geführt. Der Logistikeffekt hat eine erhebliche Steigerung der Anforderungen von Industrie und Handel an Umfang, Qualität und Preis logistischer Leistungen bewirkt. Die Verlader erwarten integrierte Leistungspakete, mit denen individuelle logistische Probleme komplett aus

---

248 Angaben von Dietrich Fischer, Garonor Planungs- und Betriebsgesellschaft, Gespräch am 20.6.1994 und Ralf-Peter Koschny, Hamburgische Gesellschaft für Wirtschaftsförderung mbH, Gespräch am 13.1.1995.

einer Hand gelöst werden (vgl. Bretzke, 1990). Die Anforderungen beziehen sich zum einen auf zusätzliche Leistungen, darunter Informationsdienstleistungen, intelligente Warenwirtschaftssysteme, Just-in-time-Konzepte, Regalpflege beim Warenempfänger, Installation und Entsorgung technischer Geräte, Qualitätskontrollen, Transportversicherungen, Inkasso und Factoring (vgl. Aden, 1991, S. 37) und zum anderen auf die räumliche Abdeckung, die weiträumig, möglichst international und flächendeckend bei gleichbleibender Qualität sein soll. Der Kostendruck im Bereich logistischer Leistungen erfordert darüber hinaus systemweite Rationalisierungen (vgl. Stahl, 1995, S. 24). Besonders bei der Optimierung der Güterverteilung im Nahverkehr erwarten Experten erhebliche Einsparungspotentiale (vgl. Fiege, 1993, S. 16).

Um den gestiegenen Marktanforderungen gerecht zu werden, muß eine Logistikorganisation ein breites Leistungsspektrum zu geringen Kosten mit einer einheitlichen Schnittstelle anbieten können. Dieses Anforderungsprofil hat auf dem Speditionsmarkt zur Entstehung von Systemanbietern geführt, die idealtypisch lediglich die Organisation, Steuerung und Vermarktung der Leistungen übernehmen, während die Teilleistungen, die in modularer Weise flexibel kombiniert werden können, von anderen, spezialisierten Transportunternehmen erbracht werden. Die Spezialisierung innerhalb eines Logistiksystems kann sich sowohl auf einzelne Funktionsbereiche wie Transport, Lagerei und andere spezielle Dienstleistungen als auch auf regionale Teilbereiche beziehen, um ein flächendeckendes Leistungsangebot zu ermöglichen (vgl. Haubold/Stahl, 1994. S. 321f). Es läßt sich dann horizontale Zusammenarbeit, d.h. von Unternehmen auf der gleichen Produktionsstufe, und vertikale Zusammenarbeit, z.B. zwischen Speditionen, Frachtführern, Umschlag- und Lagereibetrieben, unterscheiden (vgl. Eckstein, 1985, S. 94-97). Ein wichtiger Erfolgsfaktor für die Vermarktung und Effizienzsicherung der Leistungen ist ein modernes Informations- und Kommunikationssystem.

Von dem beschriebenen Bedarfswandel geht ein starker Anpassungsdruck auf die Unternehmensstruktur der Transportbranche aus, die über sehr lange Zeit in einem geschützten Markt agiert hat und zu 80 % aus kleinen und mittelgroßen Unternehmen besteht. 1991 haben die Unternehmen des Straßengütertransportgewerbes im Durchschnitt mit 6,8 Mitarbeitern einen Umsatz von 1,2 Mio. DM erwirtschaftet (vgl. Abbildung 24).

Die mittelständischen Transportunternehmen verfügen meist nicht über die Ressourcen, um zum Systemanbieter für integrierte Logistikleistungen zu werden. Es bieten sich dann zwei grundsätzliche Strategien, um dem Konzentrationsprozeß zu entgehen (vgl. Haubold/Stahl, 1994, S. 323f):

- Spezialisierung, um zu einem unverzichtbaren Partner eines Systemanbieters zu werden oder
- Bildung von Speditionsnetzwerken, d.h. Aufbau von logistischen Systemleistungskapazitäten in fester Kooperation mit anderen kleineren Unternehmen, die im Idealfall nach außen einheitlich mit nur einer Schnittstelle auftreten.

Grundsätzlich ist davon auszugehen, daß Unternehmen nur Kooperationen eingehen und einen Teil ihrer Autonomie aufgeben, wenn ihnen daraus betriebswirtschaftliche Vorteile erwachsen. Nur wenn sich Vorteile realisieren lassen, entstehen langfristig stabile Kooperationen (vgl. Fiege, 1993, S. 15). Die Unternehmen des GVZ Bremen beurteilen Kooperationen günstig: Sie haben betriebswirtschaftliche Vorteile und eine Stärkung der Wettbewerbsposition gebracht (vgl. Deecke u.a., 1993, S. II.9-15f). Im

Rahmen der Kosten-Nutzen-Analyse wurde darauf hingewiesen, daß einzelwirtschaftliche Vorteile, die sich durch Kooperationen im GVZ ergeben, zu einer höheren Zahlungsbereitschaft für die Ansiedlung im GVZ führen müßten. Dies konnte in Bremen nicht beobachtet werden. Daraus ist die Schlußfolgerung zu ziehen, daß die realisierbaren wirtschaftlichen Vorteile für die Unternehmen nicht von großer Bedeutung sind.

Abbildung 24: Umsätze und Beschäftigte in den Unternehmen des Straßengütertransportgewerbes 1991

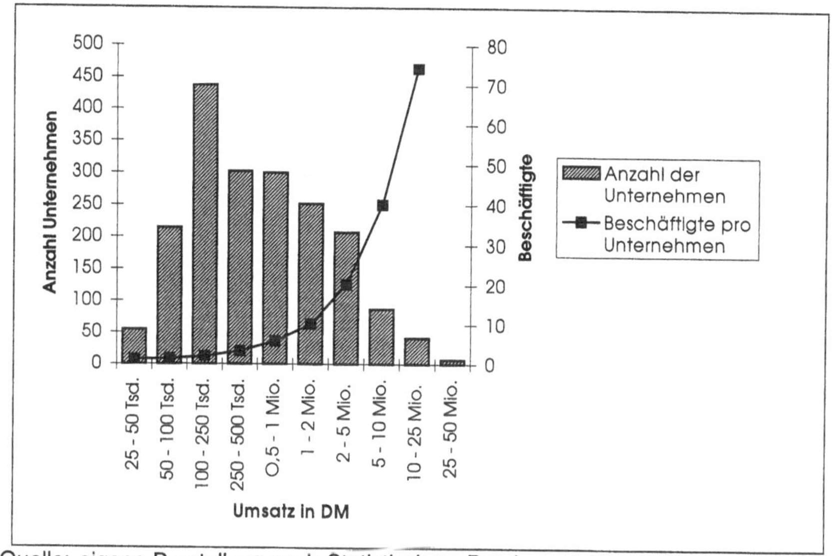

Quelle: eigene Darstellung nach Statistischem Bundesamt (Hrsg.), Fachserie 2, Unternehmen und Arbeitsstätten, Reihe 1.5.2, Kostenstruktur des gewerblichen Güterkraftverkehrs, der Speditionen und Lagereien, der Binnenschiffahrt (Güterbeförderung) und der See- und Küstenschiffahrt 1991, Stuttgart 1994, S. 20, 34.

Dieses Urteil deckt sich mit dem Ergebnis von Wittenbrink (1995, S. 182), der gezeigt hat, daß sich bei City-Logistik-Projekten keine Kosteneinsparungen für die beteiligten Unternehmen ergeben. Wittenbrink (1995, S. 181-183) schränkt dieses Ergebnis in seiner Absolutheit durch mehrere Argumente ein:

- Der Kostenvergleich bezieht sich nur auf den gesamten Verteilverkehr. Ein direkter Vergleich der Kosten pro Sendung ist mangels genauer Daten nicht möglich.
- In der Anfangsphase der Kooperation fallen hohe Transaktionskosten an, die mögliche Einsparungen kompensieren. Diese anfänglichen Transaktionskosten werden jedoch von den Beteiligten als eine zukunftsgerichtete Investition betrachtet.

- Der eigentliche Vorteil der City-Logistik wird von den Betrieben nicht in der Senkung der Kosten für die Verteilung pro Sendung gesehen, sondern in der geringeren Bindung von Transportkapazitäten. Durch die gemeinsame Verteilung werden Fahrzeuge und Fahrer freigestellt, und es entsteht eine höhere Dispositionsfreiheit für die Bearbeitung anderer Aufträge.
- Ein weiterer Vorteil der City-Logistik besteht in der positiven Image-Wirkung in der Öffentlichkeit und bei Verladern.
- Durch die City-Logistik ergeben sich Anknüpfungspunkte für weitere Kooperationen.

Weiterhin ist zu prüfen, ob zwischen den Unternehmen im GVZ tatsächlich Kooperationen durchgeführt werden, die zu Wettbewerbsvorteilen führen. Vorliegende Erfahrungen beschränken sich auf den Fall des GVZ Bremen, wo eine ganze Reihe von Kooperationsprojekten aufgenommen worden sind (vgl. Deecke u.a., 1993, S. II.9-7):

- Kontroll- und Sicherheitswesen,
- Gabelstaplerpool,
- Einkauf von Betriebsmitteln,
- LKW-Waschanlage,
- Gefahrgutlager,
- Industrielager,
- EDV-Anwendungssystem,
- Entwicklung einer Corporate Identity und Werbung,
- Ausbildungsaktivitäten,
- Kantine und Sozialeinrichtungen.

Diese Kooperationen sind überwiegend auf Rationalisierungen ausgerichtet, mit Hilfe des EDV-Systems und des Gefahrgutlagers werden Ausweitungen des Leistungsangebots ermöglicht. Im GVZ Bremen besteht außerdem die in Deutschland umfangreichste Kooperation bei der Verteilung von Gütern im Nahverkehr (vgl. Wittenbrink, 1995, S. 162). Derartigen Kooperationen, die als City-Logistik bezeichnet werden, wird aufgrund ihres Potentials für die Reduzierung der Umweltbelastungen durch den Straßengüterverkehr große Bedeutung beigemessen. GVZ werden als sehr gute Voraussetzung für die Realisierung von City-Logistik-Projekten angesehen (vgl. Wittenbrink, 1993, Vahrenkamp, 1995, Bretzke, 1993). Neben stärker organisierten Kooperationen, wie z.B. der Waschanlage und der City-Logistik in Form von GmbH (vgl. Wittenbrink, 1995, S. 195), haben sich lockere Formen der Kooperation beim Austausch von Laderaum, Ausleihen von Geräten und bei der Durchführung von Transporten gebildet, die auf einfachen Absprachen beruhen und flexibel gehandhabt werden (vgl. Deecke u.a., 1993, S. II.9-12f, II.9-16f). Ob die Kooperationserfahrungen des Bremer Beispiels auf andere GVZ übertragbar sind, kann nicht mit Sicherheit beurteilt werden. Zur Initiierung und Implementierung von Kooperationsprojekten bestehen in Bremen ein sogenannter „Stammtisch" zur informellen Kontaktpflege zwischen den Speditionen, Ausschüsse und eine GVZ-Entwicklungsgesellschaft für die Entwicklung und Durchführung neuer Kooperationsprojekte (vgl. Deecke u.a., 1993, S. II.9-10f). Als entscheidende Voraussetzung für die Entwicklung der Kooperationen werden die räumliche Nähe und die persönlichen Kontakte angesehen (vgl. Deecke u.a., 1993, S. II.9-15-II.9-17). Diese Voraussetzung ist in jedem GVZ gegeben. Abbildung 25 zeigt, daß gerade in den GVZ-affinen Marktsegmenten Paket- und Expreßdienste sowie Sammelgutverkehre ein überdurchschnittlich hoher Anteil der

Leistungen kooperativ erstellt wird, während bei Ladungsverkehren und Siloverkehren der Anteil sehr viel geringer ist.[249]

Abbildung 25: Anteil von kooperativer Leistungserstellung nach speditionellen Marktsegmenten

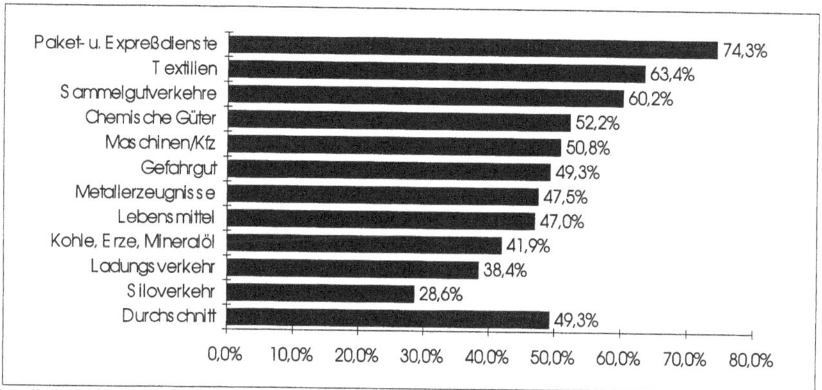

Quelle: Dirk Stahl, Internationale Speditionsnetzwerke. Eine theoretische und empirische Analyse im Lichte der Transaktionskostentheorie (Beiträge aus dem Institut für Verkehrswissenschaft an der Universität Münster, Nr. 135), Göttingen 1995, S. 48.

Schließlich ist zu überprüfen, ob GVZ eine notwendige Voraussetzung für die Kooperationen sind. Die Beantwortung dieser Frage ist von der Art der Kooperation abhängig. Für die Bildung von Netzwerken zur räumlichen Ausweitung des Geschäftgebiets ist eine Ansiedlung im GVZ von untergeordneter Bedeutung. Gerade die Bildung von Netzwerken nimmt bei den Zielen von Kooperationen jedoch eine besonders große Bedeutung ein (vgl. Stahl, 1995). Eine empirische Untersuchung von Kooperationsformen im Speditionsgewerbe (Meyer/Stabenau, 1989) zeigt, daß von zehn untersuchten Kooperationen neun vor allem darauf abzielen, durch Netzbildung ein flächendeckendes Angebot zu erreichen, teilweise mit speziellen qualitativen Merkmalen oder Rationalisierungszielen. Nur eine in Berlin ansässige Kooperation von Möbelspeditionen ist auf Rationalisierung durch Laderaumausgleich ausgerichtet. Einige Kooperationsformen, insbesondere die gemeinsame Nutzung von Anlagen, Geräten sowie der Laderaumausgleich, wie z.B. City-Logistik-Projekte, werden durch die konzentrierte Ansiedlung vereinfacht. Prinzipiell sind diese Kooperationen jedoch auch ohne GVZ möglich (vgl. Bünck, 1994, S. 21). Dies zeigen z.B. die zahlreichen City-Logistik-Projekte in Städten ohne GVZ, wie in Berlin, Bielefeld, Freiburg, Hamburg, Kassel, Köln, München, Stuttgart und Ulm (vgl. Wittenbrink, 1995). Die Untersuchung dieser Kooperationen hat allerdings ergeben, daß die räumliche Nähe der Kooperationspartner für eine Zusammenarbeit bei der Güterverteilung von großer Bedeutung ist (vgl. Wittenbrink, 1995, S. 122, 168). Eine konzentrierte Ansiedlung

---

249 Die Ergebnisse basieren auf einer repräsentativen, schriftlichen Befragung von 1.021 deutschen Speditionen. Mehrfachnennungen waren möglich (vgl. Stahl, 1995, S. 42, 193-195).

von Speditionen ist jedoch nicht an das Vorhandensein eines GVZ gebunden. In Hamburg gibt es in den Bereichen Hammerbrook, Hamm-Süd, Billwerder, in Berlin im Bereich Heidestraße historisch gewachsene, konzentrierte Ansiedlung von Transportbetrieben. In Transportgewerbegebieten werden solche Strukturen gezielt gefördert (vgl. Seebauer & Partner, 1994, S. 8).

Im Ergebnis kann festgehalten werden, daß GVZ eine attraktive Ansiedlungsmöglichkeit für Unternehmen der Transportwirtschaft darstellen, Vorteile aber keine notwendige Bedingung für einige Kooperationsformen bieten. GVZ sind für City-Logistik und die gemeinsame Nutzung von Anlagen förderlich. Wenn durch Kooperationen und konzentrierte Ansiedlung Wettbewerbsvorteile für die beteiligten Unternehmen entstehen, stellt sich die Frage, warum solche Strukturen nicht als Ergebnis des Marktprozesses entstanden sind. Dazu ist ein Rückblick auf die Rahmenbedingungen des Straßengüterverkehrsmarktes vor der Liberalisierung erforderlich. Die Verkehrsmarktordnung, die den Marktzutritt zum Straßengüterverkehrsgewerbe bis 1994 eingeschränkt hat, hatte dazu geführt, daß die Unternehmen hohe Renditeerwartungen realisieren konnten und der Konzentrationsgrad im Vergleich zu anderen Branchen gering geblieben war.[250] Solange die Renditeerwartungen der Unternehmer erfüllt wurden, bestand kaum Bereitschaft, Einschränkungen der unternehmerischen Unabhängigkeit hinzunehmen und Kooperationen einzugehen (vgl. Meyer/Stabenau, 1989, S. 68). Erst mit Änderung der Anforderungen der Verlader und Liberalisierung der Märkte sind verstärkt Kooperationen aufgenommen worden. Es ist deshalb zu erwarten, daß jetzt ein verstärktes Interesse der Spediteure besteht, sich in Transportgewerbegebieten anzusiedeln, so daß die Errichtung von GVZ sinnvoll ist und kleineren und mittleren Transportunternehmen Vorteile verschafft.[251]

Von elf Kooperationen, die Meyer/Stabenau (1989) untersucht haben, waren neun seit weniger als drei Jahren in Betrieb. Wittenbrink (1995, S. 162) hat in einer ökonomischen Analyse von Bündelungsstrategien im Speditionsbereich dreizehn City-Logistik-Projekte untersucht, von denen alle mit Ausnahme des Bremer seit 1993 entstanden waren. Eine repräsentative Befragung[252] von 1.021 Speditionsbetrieben 1993 in Deutschland hat ergeben, daß immerhin 33 % der Betriebe in nationale und 51 % in internationale Kooperationen involviert sind (vgl. Abbildung 26). Es zeigt sich allerdings, daß auf nationaler Ebene Niederlassungen die dominierende Form der Marktbearbeitung sind.

Die Bereitstellung der GVZ sollte allerdings zu Marktbedingungen erfolgen, um keine allokativen Ineffizienzen entstehen zu lassen. Werden die Flächen im GVZ zu subventionierten Preisen angeboten, so verliert der Preis seine Funktion als Knappheitsindikator, den Nutzern werden nicht mehr die vollständigen Kosten des Ressourcenverbrauchs in Rechnung gestellt, und es kommt zu Fehlallokationen. Nachdem auf dem Straßengüterverkehrsmarkt die Marktzutrittsbarrieren gefallen sind, hat der lange Zeit unterbundene Wettbewerbsprozeß eingesetzt und führt zu Selektion und Verdrängung. Durch die Errichtung von GVZ kann die Entstehung produktiverer

---

250 Der Konzentrationsgrad in der Kraftwagenspedition betrug 1989 zwischen 25 % und 30 %, d.h., die zehn größten Anbieter hatten einen Marktanteil dieser Größe (vgl. Meyer/Stabenau, 1989, S. 68).

251 Zu diesem Ergebnis kommt eine europaweite Untersuchung von Transportzentren (vgl. o.V., Transportzentren, 1995).

252 Vgl. zu der Befragung Fn. 249.

Ansiedlungsstrukturen gefördert werden, die sonst wegen versunkener Kosten und hoher Transaktionskosten nur sehr langsam entstehen würden. Für den Schutz vor Wettbewerb und eine Subventionierung mittelständischer Speditionen besteht allerdings kein Grund.[253] Dafür sind GVZ auch ungeeignet, da bei der Ansiedlung keine Selektion der Unternehmen nach ihrer Förderungswürdigkeit erfolgt, so daß die Förderung nicht gezielt wäre (vgl. Maennig, 1995a). Die wirtschaftliche Notwendigkeit, die erschlossenen Flächen zu vermarkten, läßt keinen Spielraum für eine Auswahl der Ansiedler nach Förderungskriterien, so daß sich z.B. auch internationale Speditionskonzerne oder Handelsunternehmen in GVZ ansiedeln können und in den Genuß subventionierter Flächen kommen. Wenn eine finanzielle Förderung mittelständischer Speditionen staatlich erwünscht ist, sollte dies über direkte subjektbezogene fiskalische Maßnahmen erfolgen, um keine weitergehenden ökonomischen Ineffizienzen zu erzeugen (vgl. Wink, 1995, S. 166, Horn/Knieps/Müller, 1988, S. 68-76, Hesse, 1980, S. 370f).

Abbildung 26: Nationale und internationale Marktbearbeitungsstrategien von Speditionen

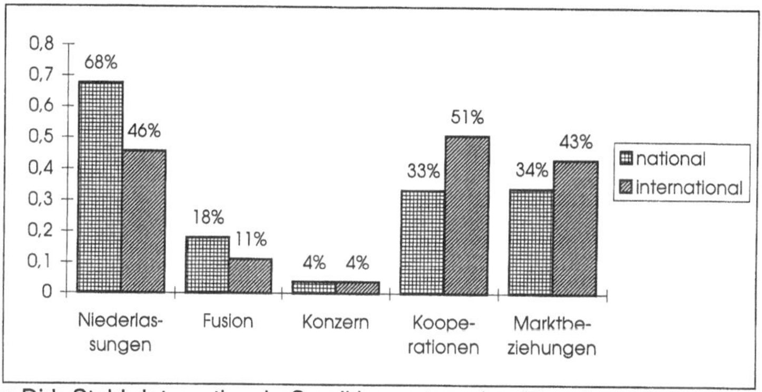

Quelle: Dirk Stahl, Internationale Speditionsnetzwerke. Eine theoretische und empirische Analyse im Lichte der Transaktionskostentheorie (Beiträge aus dem Institut für Verkehrswissenschaft an der Universität Münster, Nr. 135), Göttingen 1995, S. 43.

Die Bahn ist im Zusammenhang mit der Kooperationsförderung gezielt außer acht geblieben. Mit der konzentrierten Ansiedlung im GVZ soll zwar die Verlagerung von Transportaufkommen auf die Bahn gefördert werden, dabei wird jedoch keine distributive Zielsetzung verfolgt, sondern die Beeinflussung des Modal Splits, um die externen Kosten des Straßenverkehrs zu reduzieren. Die Verbesserung der Wettbewerbssituation der DB AG läßt sich mit Argumenten der Mittelstandsförderung nicht begründen. Unabhängig davon gelten die obigen Ausführungen zur Verbesserung

253 Eine sektorspezifische Subventionierung von Unternehmen des Straßengüterverkehrsgewerbes würde dazu führen, daß die Kosten für die Produktion sinken, der Preis zurückgeht und die abgesetzte Menge steigt (vgl. Soltwedel u.a., 1988, S. 60-64). Dabei wird mit der Errichtung von GVZ gerade das Ziel verfolgt, die Straßengütertransportleistungen.

der Wettbewerbssituation von Transportunternehmen grundsätzlich auch für die DB AG. Ob die Zusammenarbeit einer Spedition mit der DB AG als Markttransaktion oder Kooperation gesehen wird, spielt dabei keine Rolle. Übertragen auf die DB AG ergeben sich folgende Ergebnisse:

- Eine verstärkte Zusammenarbeit der Speditionen mit der DB AG verbessert die Wettbewerbssituation der DB AG.
- Die konzentrierte Ansiedlung im GVZ fördert die Einbeziehung der DB AG in die Leistungserstellung des Güterverkehrs.
- Problematisch für die Kooperation mit der DB AG ist die Forderung, daß eine Zusammenarbeit nur dann stabil sein kann, wenn sie betriebswirtschaftliche Vorteile erzeugt. Gerade dazu ist der KLV zur Zeit vielfach nicht in der Lage.

4.3.3.2 Der Beitrag von GVZ zur Schaffung und Sicherung von Arbeitsplätzen

Ein Ziel der Errichtung von GVZ ist, Betriebe der Transportwirtschaft durch Angebot von Grundstücksflächen mit optimalen qualitativen und infrastrukturellen Ausstattungsmerkmalen zur Ansiedlung zu bewegen. Theoretisch begründen läßt sich diese Maßnahme durch die Problematik regionaler Arbeitslosigkeit. Nach dem Mismatch-Konzept entsteht regionale Arbeitslosigkeit, weil Arbeitsplätze und Arbeitssuchende nicht sofort zusammentreffen können, da Qualifikationen und regionale Vorstellungen von Arbeitnehmern und Arbeitgebern auseinanderfallen. Es kommt dann gleichzeitig zu offenen Stellen und Arbeitssuchenden in unterschiedlichen Regionen (vgl. Brandt, 1995, S. 34, Carlberg, 1988, S. 131). Zur Bekämpfung regionaler Arbeitslosigkeit sind Maßnahmen geeignet, die die Mobilität von Arbeit und Kapital erhöhen. In bezug auf Betriebe sind dies Subventionen, Steueranreize oder Infrastrukturverbesserungen (vgl. Rothschild, 1994, S. 120). Darüber hinaus wird erwartet, daß durch Agglomerationseffekte weitere Unternehmen zur Niederlassung in der Umgebung des GVZ veranlaßt werden. D.h., durch das Angebot geeigneter Produktionsfaktoren sollen Unternehmen in ihrer Standortentscheidung beeinflußt werden, die durch ihr Leistungsangebot weitere Unternehmen anziehen. Durch diese Betriebsansiedlungen werden Arbeitsplätze verlagert[254], die die Arbeitslosigkeit lokal reduzieren. Ein Anstieg der Beschäftigung führt sowohl zu allokativen als auch zu distributiven Wirkungen. Die allokativen Wirkungen sind in der Kosten-Nutzen-Analyse quantifiziert worden (vgl. Abschnitt 3.2.8). Die distributive Wirkung besteht in der Beeinflussung der räumlichen Verteilung von Arbeitsplätzen. Weiterhin ergibt sich eine Beschäftigungswirkung durch die Investitionen in den Bau des GVZ. Die Diskussion der distributiven Wirkung des Beschäftigungseffekts bezieht sich im weiteren vornehmlich auf die Nutzungsphase, da die Beschäftigungswirkung der Bauphase wegen der zeitlichen Begrenzung von geringerem Umfang ist.

An dieser Stelle sind zwei Einwendungen zu machen:

---

254 Es geht hier nicht um die Frage, ob zusätzliche Arbeitsplätze entstehen, sondern lediglich um eine Beeinflussung der räumlichen Verteilung vorhandener Beschäftigung. Die Frage, inwiefern zusätzliche Arbeitsplätze entstehen oder vorhandene verlagert werden, wurde bereits im Rahmen der Kosten-Nutzen-Analyse beantwortet, und es wurde davon ausgegangen, daß die Beschäftigung weitgehend konstant bleibt (vgl. S. 212f).

- Der erste Einwand stellt die Effektivität der Steigerung der Mobilität von Unternehmen durch GVZ in Frage. Transportbetriebe wählen ihren Standort nachfragebezogen, d.h. in Abhängigkeit von dem Ort, an dem die Transportleistung zu erbringen ist. Die Standorte, an denen Transportbetriebe ihre Umschlaganlage errichten, bilden, sofern sie Linienverkehre und keine kundenspezifischen Haus-zu-Haus-Verkehre anbieten, die geographischen Anfangs- und Endpunkte ihrer Transportleistungen. Dies trifft insbesondere für GVZ-affine Sammelguttransporte zu, die in Speditionsanlagen gebündelt und auf Fernverkehrsfahrzeuge umgeschlagen wird. Mit der Entscheidung über einen Betriebsstandort wird damit gleichzeitig eine Entscheidung über die örtliche Komponente[255] des Leistungsangebots der Betriebe gefällt (vgl. Krink, 1972, S. 56). Um den Absatz der Verkehrsleistung sicherzustellen, muß eine ausreichende Nachfrage für die angebotenen Quell- und Zielpunkte bestehen, so daß Transportbetriebe bei ihrer Standortwahl auf die räumliche Verteilung der Quell- und Zielpunkte des Transportaufkommens ihrer Kunden festgelegt sind (vgl. Diederich, 1977, S. 102, Krink, 1972, S. 58). Da die Errichtung von Umschlaganlagen - außer bei vollkommener Spezialisierung - nicht an jedem nachgefragten Quell- und Zielpunkt der Verlader erfolgen kann, stimmen die angebotenen Quell- und Zielpunkte der Transportdienstleister nicht genau mit den nachgefragten überein (vgl. Krink, 1972, S. 61f). Deshalb entstehen sogenannte „gebrochene Verkehre", bei denen die zu befördernden Güter zunächst vom Kunden im Nahverkehr in die Umschlaganlage des Transportbetriebs gebracht werden und vom Zielpunkt des Transportbetriebs im Nahverkehr zu den Zielpunkten der Kunden verteilt werden. Die Sammlung und Verteilung im Nahverkehr ist durch den Nahverkehrsradius begrenzt, der ca. 80 km beträgt (vgl. Eckstein, 1985, S. 70), und steckt das abdeckbare Absatzgebiet eines Betriebsstandorts ab. Da von GVZ selbst keine Nachfrage nach Transportleistungen ausgeht, können sie die Standortwahl eines Transportbetriebes nur innerhalb seines auf den Nahverkehrsradius begrenzten Absatzgebietes beeinflussen. GVZ führen deshalb nicht zum Umzug eines Transportbetriebs von einem Ballungsgebiet in ein anderes, sondern nur zu Betriebsstättenverlagerungen innerhalb eines Ballungsgebietes. D.h., daß die im GVZ entstehenden Arbeitsplätze nur innerhalb eines Ballungsgebietes verlagert werden und die interregionale Mobilität nicht beeinflußt wird. Lediglich beim Agglomerationseffekt, durch den Produktions- oder Handelsbetriebe angezogen werden, können interregionale Standortentscheidungen beeinflußt werden. Infolge einer verstärkten Ansiedlung von Nachfragern nach Transportleistungen in der Nähe des GVZ können auch zusätzliche Transportdienstleister angezogen werden.
- Der zweite Einwand stellt die Effektivität der Beseitigung von struktureller Unterbeschäftigung durch GVZ in Frage. Strukturelle Arbeitslosigkeit besteht nur in dem Maße, in dem Arbeitslose in einem sektoralen oder regionalen Bereich offenen Stellen in einem anderen Bereich gegenüberstehen (vgl. Brandt, 1995, S. 34, Rothschild, 1994, S. 2). Die Förderung der Mobilität der Produktionsfaktoren ist dann eine sinnvolle Maßnahme, wenn sie an ihrem Standort wegen eines Mismatch nicht eingesetzt werden können, d.h., daß Arbeitsplätze in einem Betrieb

[255] Die örtliche Komponente stellt neben Art und Menge des beförderten Objekts, der Zeit sowie den Transportbedingungen das vierte Qualitätsmerkmal einer Verkehrsleistung dar (vgl. Riebel, 1975, S. 219f).

am Ausgangsort nicht besetzt werden können und deshalb zur Verlagerung an einen Ort mit Unterbeschäftigung bewegt werden. In Anbetracht der bundesweit hohen Arbeitslosigkeit und der geringen Anzahl der offenen Stellen (vgl. Abbildung 27) ist das Problem eines regionalen Mismatch von zweitrangiger Bedeutung. In seinem Jahresgutachten 1994/95 geht der Sachverständigenrat zur Begutachtung der gesamtwirtschaftlichen Entwicklung davon aus, daß 20 % der Arbeitslosigkeit einem Mismatch von Qualifikation, Lohn *oder* Ort zuzurechnen sind (vgl. Sachverständigenrat, 1994, Ziffer 433). Die Nettozunahme der gesamtwirtschaftlichen Beschäftigung durch die Verlagerung der Betriebe beträgt in diesem Fall nur einen kleinen Anteil an den verlagerten Arbeitsplätzen.

Abbildung 27: Arbeitslosigkeit und offene Stellen in der Bundesrepublik Deutschland

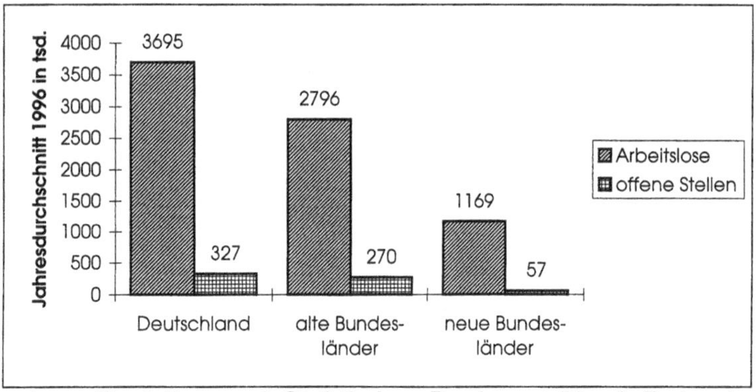

Quelle: eigene Darstellung nach Statistischem Bundesamt (Hrsg.), Fachserie 1, Bevölkerung und Erwerbstätigkeit, Reihe 4.3, Erwerbstätigkeit und Arbeitsmarkt, November 1996, Stuttgart 1996, S. 9f.

Wichtigstes Ziel der kommunalen Wirtschaftsförderung ist die Sicherung von Arbeitsplätzen und Steuereinnahmen (vgl. Ministerium für Wirtschaft und Technologie des Landes Brandenburg, 1995, S. 17). Die Aktivitäten kommunaler Wirtschaftsförderung konzentrieren sich dabei auf Entwicklung und Vermittlung von Gewerbeimmobilien. Bei bundesweit hoher Arbeitslosigkeit kann der Standortwettbewerb zu einem Subventionswettlauf werden, bei dem Gebietskörperschaften Unternehmen durch direkte Beihilfen und indirekte Subventionen unterstützen (vgl. Giersch, 1997). Dieser führt zu einem stetigen Anstieg der öffentlichen Ausgaben und ineffizienter Allokation der Ressourcen, durch die die gesamtwirtschaftliche Beschäftigung jedoch nicht ausgeweitet wird. Auch die Bereitstellung von Ansiedlungsflächen durch GVZ kann in der Situation hoher globaler Arbeitslosigkeit zu einem Standortwettbewerb werden, bei dem sich die Kommunen und Länder mit offenen oder versteckten Subventionen in die infrastrukturelle Ausstattung gegenseitig überbieten, um Unternehmen anzulocken (vgl. Aberle, 1991, S. 93). Einer solchen Entwicklung muß durch Wettbewerbsaufsicht oder gesetzliche Maßnahmen entgegengewirkt werden. Ein wirksames Mittel besteht auch in den Verschuldungskriterien des Maastricht-

Vertrages (vgl. Giersch, 1997). Eine effektive Bekämpfung der Arbeitslosigkeit muß an den Ursachen ansetzen. Gründe für die Unterbeschäftigung in Deutschland werden vor allem in den institutionellen Rahmenbedingungen des Arbeitsmarktes, Verteilungsansprüchen und Zutrittsbarrieren zu Produktmärkten gesehen, die durch entsprechende ordnungs- und beschäftigungspolitische Maßnahmen zu bekämpfen sind (vgl. Brandt, 1995, Holzheu, 1995 m.w.N.).

Im Ergebnis ist festzuhalten, daß eine interregionale Verlagerung von Betrieben nur infolge der Ansiedlung von Unternehmen im Umkreis des GVZ zu erwarten ist. Dieser Effekt wurde in Kapitel 3.2.8.3 auf 912 Arbeitsplätze geschätzt. Die regional stark differierende Arbeitslosenquote (vgl. Abbildung 28) kann dazu führen, daß durch die Verlagerung von Betrieben in ein Gebiet mit höherer regionaler Arbeitslosigkeit mehr Stellen mit zuvor Arbeitslosen besetzt werden, so daß die gesamtwirtschaftliche Arbeitslosigkeit sinkt. Dieser allokative Effekt wurde in der Kosten-Nutzen-Analyse quantifiziert und bewertet. Wenn tatsächlich alle geplanten GVZ-Projekte in Deutschland realisiert werden, schmilzt der regionale Standortvorteil, den heute das GVZ Bremen logistikintensiven Industrie- und Handelsbetrieben bietet, dahin. Je mehr GVZ erfolgreich etabliert werden können, desto geringer wird die Anziehung zusätzlicher Unternehmen interregional wirksam sein. Ein positiver gesamtwirtschaftlicher indirekter Beschäftigungseffekt kann ohnehin nur durch GVZ in Regionen mit überdurchschnittlicher Arbeitslosigkeit entstehen. GVZ sind jedoch bundesweit in den wichtigsten Ballungsgebieten geplant.

Abbildung 28: Arbeitslosenquote nach Bundesländern im Jahresdurchschnitt 1995

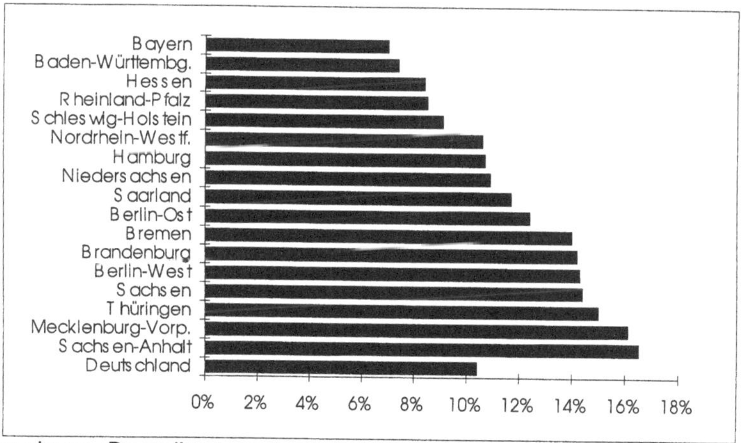

Quelle: eigene Darstellung nach Statistischem Bundesamt (Hrsg.), Statistisches Jahrbuch 1996, Stuttgart, S. 123f.

4.4 Praktische Umsetzbarkeit der theoretischen Resultate und wirtschaftspolitische Handlungsempfehlungen

> *„Wirtschaftspolitik ist nicht Wirtschaftswissenschaft. Wirtschaftswissenschaft sucht Wahrheiten, Wirtschaftspolitik braucht Mehrheiten. Was die Mehrheiten betrifft gilt immer noch das alte Politiker-Wort: Wir lassen uns durch noch so viel Sachverstand nicht von unserer politischen Meinung abbringen" (Storsberg, 1986, S. 111).*

Die praktische Umsetzung der wichtigsten theoretischen Forderungen wird in der Praxis durch verschiedene Faktoren verhindert:

- GVZ wurden als Second best-Ansatz zur Reduzierung negativer externer Effekte des Verkehrs identifiziert. Gesamtwirtschaftlich effizient wäre eine Internalisierung der externen Kosten über eine Zertifikats- oder Abgabenlösung. Modelle zur Umlegung der externen Kosten über die Mineralölsteuer werden bereits diskutiert. Das hohe Ausmaß der Abhängigkeit der gesamten Wirtschaft vom Straßenverkehr, einzelwirtschaftliche Interessen der Vertreter der Automobilindustrie und die Präferenzen der Bevölkerung für den motorisierten Individualverkehr sind wichtige Einflußfaktoren, die einer Internalisierung entgegenwirken. Erschwerend kommt hinzu, daß eine Lösung zur Vermeidung internationaler Wettbewerbsverzerrungen mindestens auf europäischer Ebene herbeizuführen wäre (vgl. Europäische Kommission, 1996, S. 62).
- Der einfachste Weg zur Vermeidung strategischer Positionen beim Erwerb der erforderlichen Flächen ist eine geschlossene Verhandlung des Grundstückserwerbs. Dieser wird nur in bestimmten Ausgangssituationen möglich sein. Zur Verbesserung der gesamtwirtschaftlichen Effizienz und Reduzierung der Unsicherheit öffentlicher Planungsentscheidungen wurde die Einführung eines auf Verfahrensgerechtigkeit beruhenden Verhandlungssystems vorgeschlagen. Dazu wären umfassende rechtliche Änderungen im Planungsrecht erforderlich, die aufgrund der geringen Flexibilität des politischen Systems kurzfristig nicht zu erwarten sind und langfristig am Interesse der Behörden, ihren bisher starken Einfluß und ihr großes Entscheidungspotential zu erhalten, scheitern könnten.
- Das distributive Ziel der Förderung von Unternehmen der Transportwirtschaft sollte möglichst über subjektbezogene Maßnahmen erfolgen. Eine derart offensichtliche Förderung von Unternehmen aus öffentlichen Haushaltsmitteln läßt sich in der gegebenen finanziellen Situation kaum durchsetzen und ist mit dem EG-Wettbewerbsrecht nicht vereinbar (vgl. Soltwedel u.a., 1988, S. 37-55). Die Bereitstellung von Grundstücksflächen unterhalb des Marktpreises hingegen läßt sich aus unterschiedlichen bestehenden Haushaltspositionen decken, wie z.B. dem GVFG, Regionalfördermitteln, Personalmitteln[256], oder führt lediglich zu Mindereinnahmen, wenn Flächen aus öffentlichem Eigentum veräußert werden.

256 Personalmittel können in die Förderung von Unternehmen fließen, indem die Kosten für Planungs- und Konzeptionsleistungen nicht in voller Höhe auf die Grundstückspreise umgelegt werden.

- Angesichts der bundesweit hohen Arbeitslosigkeit sollten Maßnahmen zur Schaffung und Sicherung von Arbeitsplätzen in der Ordnungs- und Beschäftigungspolitik auf nationaler Ebene ansetzen. Die lange Dauer, mit der das Problem der Arbeitslosigkeit Politik und Wirtschaftswissenschaft beschäftigt, ohne daß eine Verbesserung eingetreten ist, hat dazu geführt, daß spezielle Ansätze entwickelt worden sind, mit denen erklärt wird, warum die erforderlichen Maßnahmen nicht ergriffen werden (vgl. Brandt, 1995). In der Situation nationaler Beschäftigungsknappheit droht der regionale Standortwettbewerb zu einem Subventionswettlauf zu werden, dem durch gesetzliche Maßnahmen Einhalt geboten werden muß.

Im folgenden wird der Frage nachgegangen, wie die Ergebnisse der theoretischen Analyse unter den gegebenen ökonomischen und rechtlichen Rahmenbedingungen bei der Errichtung und dem Betrieb von GVZ umgesetzt werden können. Die Realisierung eines GVZ wird dafür in drei Bereiche unterteilt:

- Planung, einschließlich der Steuerung der Baumaßnahmen und Vermarktung,
- Finanzierung und
- Betrieb.

4.4.1 Planung, Steuerung und Vermarktung

Im Rahmen der empirischen Kosten-Nutzen-Analyse wurde nachgewiesen, daß das GVZ Großbeeren in erheblichem Umfang zur Reduzierung der externen Effekte des Verkehrs beiträgt und externe Nutzen durch die Schaffung und Sicherung von Arbeitsplätzen erzeugt. Solange die externen Kosten des Verkehrs nicht internalisiert werden, kann eine Berechtigung für staatliche Eingriffe zur Reduzierung der externen Kosten über Second best-Ansätze abgeleitet werden. Ob die Beeinflussung der Ansiedlung von Transportunternehmen und Infrastrukturanlagen unter den gegebenen Bedingungen der effizienteste Weg zur Reduzierung der externen Kosten des Verkehrs ist, kann hier nicht beurteilt werden. Die Kosten-Nutzen-Analyse hat zumindest gezeigt, daß die Situation mit GVZ gesamtwirtschaftlich vorteilhafter ist als der Status-Quo. Die Langlebigkeit der Investitionen in Speditionsanlagen und Verkehrsinfrastruktur bedingt, daß die erwünschten Strukturen einer konzentrierten Ansiedlung von Transportunternehmen mit einem KLV-Terminal in verkehrsgünstiger, immissionsunempfindlicher Lage nicht kurzfristig als Reaktion auf veränderte Marktbedingungen entstehen können. Selbst wenn eine Internalisierung der externen Kosten des Verkehrs in Zukunft erfolgen würde, könnten die Verkehrsinfrastruktur und die Unternehmensstandorte nicht kurzfristig angepaßt werden. Aufgrund dieser Situation haben staatliche Aktivitäten zur Förderung der Errichtung von GVZ grundsätzlich eine Berechtigung. Im folgenden wird entlang der wichtigsten Schritte bei der Planung, Steuerung der Errichtung und Vermarktung eines GVZ untersucht, welche staatlichen Eingriffe notwendig und sinnvoll sind.

Am Beginn der Planung eines GVZ steht die Prüfung der Eignung des Ballungsgebietes oder Wirtschaftsraumes als Makrostandort für ein GVZ. Ist die Entscheidung für einen Makrostandort positiv ausgefallen, erfolgt die Auswahl eines geeigneten Mikrostandorts innerhalb der Region. Ein entscheidender Einflußfaktor ist hierbei die Bahn, deren vorhandenes Netz und technische Restriktionen, die Standortwahl einschränken. Weitere Bewertungsfaktoren sind das Flächenangebot, die

Straßeninfrastruktur, die ökologische Belastbarkeit des Standorts und seiner Umgebung, die Zentralität und damit die betriebswirtschaftliche Eignung für die geplanten Kundenpotentiale sowie die Planungssicherheit (vgl. Eckstein, 1992, S. 33f). Die Untersuchung der Standorte wird regelmäßig im Auftrag von Landes- oder kommunalen Behörden von privatwirtschaftlichen Beratungsunternehmen oder unabhängigen öffentlichen Forschungsinstituten übernommen.[257] Da bei diesen Untersuchungen keine Abwägung von Kosten und Nutzen unterschiedlicher Standorte nach dem Kriterium des sozialen Überschusses bzw. von Zahlungsbereitschaften als Maßstab für die gesamtwirtschaftliche Wohlfahrt vorgenommen werden, sind die Ergebnisse in hohem Maße anfällig für interessengeleitete Manipulation. Hierin besteht ein erhebliches Potential an allokativer und qualitativer Ineffizienz, weil nur bestimmte Informationsquellen genutzt bzw. ausgewählte Aspekte berücksichtigt werden. Bei der Informationsbeschaffung selbst ist von technischer Ineffizienz auszugehen, da unter diesen Umständen der Nutzen der Informationen unterhalb der Kosten liegt und den Bürokraten lediglich dazu dient, sich gegenüber ihren Vorgesetzten abzusichern. Makro- und Mikrostandort sind oftmals durch einfache Rahmendaten, wie vorhandene Infrastrukturausstattung (KLV-Terminal, Fernverkehrsstraßen) vorgegeben.[258] Demgegenüber werden bei der Entscheidungsfindung innerhalb einzelwirtschaftlicher Organisationen ausschließlich die Interessen, Anforderungen und die Zahlungsbereitschaft der anzusiedelnden Unternehmen berücksichtigt, so daß ein wirtschaftliches Angebot gewährleistet wäre, doch die Gefahr besteht, daß es wegen mangelnder Definition von Handlungs- und Verfügungsrechten zur Vernachlässigung von Interessen der Anwohner, des Umweltschutzes und raumstruktureller Wirkungen kommt und eine allokativ suboptimale Entscheidung gefällt wird. Die Einbeziehung dieser gesamtwirtschaftlichen Wirkungen birgt jedoch gerade die Gefahr, daß das Ergebnis der Projektplanung von den Präferenzen der Unternehmen der Transportwirtschaft abweicht und deren Zahlungsbereitschaft für die Errichtung eines GVZ nicht ausreicht.

Die Auswahl eines Mikrostandorts erfordert eine Abstimmung mit der Raumordnung und Bauleitplanung. Aus dem Güterpotential und den wirtschaftlichen Rahmenbedingungen des Makrostandorts werden die Dimensionen und das Funktionsprogramm des GVZ abgeleitet und unter Berücksichtigung der Flächenverfügbarkeit ein Flächen-Layout entworfen. Daraus lassen sich alle für die einzuleitenden Planungsverfahren nötigen Informationen über Verkehrsanschlüsse, Besatz, Wirkungen und Etappierung der Maßnahmen ableiten (vgl. Eckstein, 1992, S. 33-38). Von ihrer funktionalen und baulichen Gestaltung erfordern GVZ im Flächennutzungsplan den Ausweis als Gewerbegebiet nach § 8 BauNVO. Denkbar wäre auch ein Ausweis als Sondergebiet, das den Vorteil böte, daß die Nutzung des Geländes als GVZ planungsrechtlich abgesichert werden könnte, aber den Nachteil einer jahrzehntelangen präzisen Festlegung hätte (vgl. Glaser/Gleim/Hilse, 1996, S. 16). Für die Baumaß-

---

257 Vgl. beispielsweise Dornier (1992, 1991), IVB (1991), IVE (1991b), Steierwald, Schönharting und Partner (1991), IVE/HaCon (1989).

258 In Köln wurden keine Standortstudien durchgeführt und die Planung des GVZ am bestehenden KLV-Terminal orientiert. In Hamburg wurden trotz eines 1993 neu errichteten KLV-Terminals auch andere Standorte untersucht, aber verworfen. In Berlin hatte Philippe Manson von der Garonor S.A. den Standort Großbeeren bereits vor Durchführung von Standortuntersuchungen präferiert (Angaben von Philippe Manson, Garonor S.A., Gespräch am 3.1.1996).

nahmen auf dem Gelände ist ein Bebauungsplan aufzustellen. Die Erforderlichkeit der staatlichen Genehmigungen macht eine enge Abstimmung mit den entscheidenden Behörden unerläßlich. Wegen der Raum- und Umweltbedeutsamkeit wird eine rein einzelwirtschaftliche Begründung von den Behörden als ungeeignet angesehen und reicht nicht aus, um die genehmigenden Behörden von der Vorteilhaftigkeit eines GVZ zu überzeugen. Hier kommt es durchaus zu gegenläufigen Interessen verschiedener Fachbehörden (vgl. Wink, 1995, S. 47-49): Während Behörden, die mit den Belangen der Wirtschaft betraut sind, vor allem die Ansiedlung und Förderung von Unternehmen verfolgen und tendenziell eine einzelwirtschaftlich optimale Lösung unterstützen, verfolgen Umweltbehörden das Ziel einer Minimierung der Umweltbelastung, Stadtentwicklungsbehörden stadtplanerische und räumliche Ziele. Für die mit der Planung betrauten Fachbehörden kann ein GVZ Mittel zur Profilierung und zum Beweis ihrer Innovationskraft und Kompetenz sein.

Durch die Festlegung des Mikrostandortes werden die Investitionserfordernisse für die Anschlüsse an das Fernstraßen- und Schienennetz determiniert. Die Errichtung von Verkehrswegen ist in der Bundesrepublik Deutschland einem komplexen System historisch gewachsener Planungs- und Entscheidungsregeln unterworfen, die auf eine öffentliche Bereitstellung ausgerichtet sind; privates Eigentum an Verkehrswegen ist jedoch rechtlich zulässig (vgl. Deutsche Eisenbahn-Consulting/Deutsche Bank, 1991, S. 12f). Das Straßennetz der Bundesrepublik Deutschland ist nach seiner Bedeutung hierarchisch in Zuständigkeitsbereiche des Bundes, der Länder, Kreise und Gemeinden gegliedert. Die Bedarfsplanung für Bundesfernstraßen wird vom BMV im BVWP durchgeführt. Der BVWP ist ein koordinierendes Planungsinstrument auf Bundesebene, in dessen Rahmen eine Auswahl zwischen konkurrierenden Projekten getroffen wird. Die detaillierte Planung mit genauer Linienführung bzw. Standortfestlegung erfolgt auf den nachfolgenden Planungsstufen, die die Raumordnung, Linienbestimmung und Planfeststellung beinhalten. Die Zuständigkeiten für die Detailplanungen sind in den entsprechenden gesetzlichen Vorschriften des Bundes- und Landesrechts geregelt (vgl. BMV, 1992, S. 23). Die Aufnahme einzelner Trassen in die BVWP erfolgt auf Vorschlag der Landesfachbehörden und wird im Bundestag entschieden (vgl. Wink, 1995, S. 229). Für Baumaßnahmen an Fernverkehrsstraßen sind Raumordnungsverfahren, Umweltverträglichkeitsprüfung und Planfeststellungsverfahren durchzuführen (vgl. Wink, 1995, S. 230-232). Werden im Rahmen eines GVZ-Projektes Errichtung oder Verlegung von Fernverkehrswegen erforderlich, ist eine genaue Abstimmung mit den zuständigen Behörden unerläßlich. Die Entscheidung über die Vergabe der Investitionsmittel liegt jeweils bei den gewählten Volksvertretern und ist dadurch mit erheblichen Unsicherheiten behaftet.[259]

Die Planungen für den Schienenanschluß und für einen KLV-Umschlagbahnhof müssen mit der DB AG abgestimmt werden.[260] Aufgrund der mangelnden Wirtschaftlichkeit ist die Errichtung von KLV-Terminals auf die finanzielle Unterstützung durch Haushaltsmittel des BMV angewiesen (vgl. Arthur Andersen, 1993), so daß die

259 Die Planungen des GVZ Bremen sehen einen direkten Autobahnanschluß durch Ausbau der A 281 vor. Obwohl der Ausbau der A 281 im BVWP vorgesehen ist, ist er derzeit noch nicht in Angriff genommen worden (vgl. Haller, 1993, S. 3, Glaser, 1993, S. 238).

260 Grundsätzlich ist die Errichtung eines KLV-Terminals auch durch andere Investoren als die DB AG möglich. In Bremen wurde die Roland-Umschlaganlage mit finanzieller Unterstützung der Stadt Bremen errichtet (vgl. Haller, 1993, S. 4f).

DB AG über Zeitpunkt und Umfang der Investitionen keine autonomen Entscheidungen fällen kann. Das Interesse der DB AG ist darauf ausgerichtet, die Anzahl der GVZ begrenzt zu halten, um ein möglichst großes Güterpotential an einem Standort zu vereinen (vgl. S. 51). Diese Situation macht die DB AG zu einem sehr schwierigen Verhandlungspartner für die Träger eines GVZ-Projektes. Für den Entwickler eines GVZ ist entscheidend, daß er gegenüber der DB AG glaubhaft als Träger des einzigen oder zentralen GVZ des betreffenden Makrostandorts auftreten kann.[261] Dies setzt voraus, daß die Planungen von den betreffenden Kommunen unterstützt werden, da nur so sichergestellt werden kann, daß er die erforderlichen Genehmigungen erhält und keine vergleichbare konkurrierende Anlage am Makrostandort entsteht. Gleichzeitig kann die DB AG keine sicheren Zusagen über die Errichtung einer KLV-Anlage oder zumindest über Zeitpunkt und Umfang der Investitionen geben, da sie auf die Finanzierungszusage des BMV angewiesen ist.

Auf die Probleme, die sich durch Unsicherheit und Spezifität im Zusammenhang mit dem Erwerb der Flächen ergeben können, ist bereits eingegangen worden. Sind große Flächen aus Streubesitz in einer unvorbelasteten Gegend zu erwerben, so ist die Unsicherheit, das gewünschte Baurecht zu erwerben, und die Wahrscheinlichkeit der Ablehnung durch betroffene Anlieger besonders groß und können Anlaß zu strategischem Verhalten sein. In dieser Situation hat die öffentliche Hand durch das Enteignungsrecht erhebliche Vorteile beim Grundstückserwerb. Die Unsicherheit wird reduziert, wenn bereits Infrastrukturanlagen wie ein Anschluß an das Fernstraßennetz und ein KLV-Terminal vorhanden sind und das GVZ auf Grundstücken errichtet wird, die im Flächennutzungsplan als Gewerbegebiet ausgewiesen sind. Die Gefahr strategischen Verhaltens ist gering, wenn alternative Flächen zur Verfügung stehen oder der Eigentümer selbst ein Interesse an der Errichtung des GVZ hat, z.B., wenn die Flächen im Eigentum der Kommune oder der DB AG sind.

Nach Erwerb des Geländes und Erlangen des Baurechts können die baulichen Maßnahmen zur Erschließung der Flächen mit Verkehrswegen, Ver- und Entsorgungsleitungen, zur Anbindung an die Verkehrswege und zum Ausgleich und Ersatz beginnen. Die Erschließungsplanung wird durch privatwirtschaftliche Ingenieurbüros, die baulichen Maßnahmen durch private Baufirmen übernommen. Mögliche Auflagen und Vorschriften zur Erfüllung von städtebaulichen, landschaftspflegerischen und umweltbezogenen Zielen sind in den Planungsgenehmigungen enthalten, über deren Einhaltung die zuständigen Fachbehörden wachen. Eine direkte Einflußnahme auf die baulichen Maßnahmen durch die öffentliche Verwaltung ist zu diesem Zeitpunkt nicht mehr erforderlich. Zur Gewährleistung einer möglichst hohen technischen und dynamischen Effizienz bei der Durchführung der Bauinvestitionen ist eine privatwirtschaftliche Trägerschaft und Koordination von Vorteil: der Markt bietet die stärksten Anreize und Sanktionen, die Bauausführung in kürzester Zeit zu den geringstmöglichen Kosten durchzuführen. Eine Notwendigkeit oder Vorteile einer staatlichen Beteiligung besteht bei dieser Aufgabe nicht.

Für die Vermarktung der Flächen bestehen grundsätzlich zwei Möglichkeiten:

- Direkte Vermarktung erschlossener, unbebauter Grundstücke oder

---

261 Diese Einschätzung gaben Dietrich Fischer, Garonor Planungs- und Betriebsgesellschaft, Gespräch am 20.6.1994 und Toni Schaller, GVZ-Entwicklungsgesellschaft mbH Glauchau, Gespräch am 3.12.1995 ab.

- Errichtung von Umschlaganlagen, Lagerhallen, Büros und Serviceeinrichtungen und Vermarktung der Gebäudeflächen.

Beide Formen der Vermarktung ließen sich prinzipiell in öffentlicher oder privater Trägerschaft realisieren. Bei der Errichtung von GVZ hat bisher die erste Form eine stärkere Affinität zu öffentlicher und die zweite zu privater Trägerschaft. Beim Verkauf unbebauter Flächen besteht das Risiko, daß aus wirtschaftlichen Erwägungen Grundstücke auch an Betriebe anderer Funktionen oder Branchen veräußert werden und die Entstehung eines GVZ verfehlt wird. Im Falle des GVZ Bremen mußte Speditionen im Rahmen des „Flächenmanagements" Priorität eingeräumt werden, um die gewünschte Branchenmischung zu erhalten (vgl. Eckstein, 1992, S. 11). Diese Form der Vermarktung ist deshalb nur eingeschränkt dafür geeignet, sie durch einen privaten Projektentwickler durchführen zu lassen, da er kein ausreichendes eigenes Interesse an der Entstehung der gewünschten branchenstrukturellen Zusammensetzung der Ansiedler hätte, so daß diese durch rechtliche Bindung festzulegen wäre. Für einen privaten Projektträger würde dies insofern eine Einschränkung der Attraktivität eines Projektes darstellen, als daß die Vermarktungschancen und damit die Gewinnaussichten eingeschränkt würden.

Die zweite Form der Vermarktung, die von der Garonor S.A. betrieben wird, für die aber auch andere Anbieter am Markt existieren (vgl. Glaser/Gleim/Hilse, 1996, S. 56f, Güterverkehrsrunde Köln, 1995, S. 12), bietet den Anbietern aufgrund der höheren Wertschöpfung durch die Errichtung von Hochbauten eine zusätzliche Möglichkeit der Gewinnerzielung. Wichtig ist, daß durch die funktionsspezifische Bebauung mit Lager- und Umschlaghallen der Kreis der potentiellen Nutzer auf die Zielgruppe eines GVZ vorbestimmt ist. Im Falle von GVZ ist dies von Vorteil, da dadurch gleichzeitig sichergestellt wird, daß die angestrebte Mischung von Unternehmen der Transportwirtschaft entsteht. Des weiteren bietet diese Form der Vermarktung die Möglichkeit einer engeren, kompakteren Bebauung, wie sie von Garonor in Aulnay-sous-Bois realisiert worden ist. Grund für ein öffentliches Angebot ist bei dieser Leistung nicht gegeben; wegen der mangelnden Anreiz- und Sanktionsmechanismen in der bürokratischen Organisation besteht große Gefahr technischer Ineffizienzen, die in Anbetracht des hohen erforderlichen Kapitaleinsatzes auf dieser Stufe der Leistungserstellung besonders gravierende Folgen hätten.

Die Frage, inwiefern eine staatliche Beteiligung an der Planung, Errichtung und Vermarktung eines GVZ erforderlich ist, muß im Ergebnis differenziert beantwortet werden:

- Aufgrund der erforderlichen planungsrechtlichen Genehmigungen ist die Errichtung eines GVZ nur in Abstimmung mit den kommunalen Behörden möglich. Über diesen Weg fließen die gesamtwirtschaftlichen Zielsetzungen in die Projektplanung ein. Eine zu starke Berücksichtigung gesamtwirtschaftlicher Belange kann dazu führen, daß das Projekt einzelwirtschaftlich unrentabel wird.
- Je höher die planungsrechtlichen Unsicherheiten und zu erwartenden Widerstände in Behörden und der Bevölkerung sind, desto stärker muß die Abstimmung und Einbindung mit den zuständigen Fachbehörden sein.
- Aufgrund der bürokratischen Entscheidungsstrukturen ist von der Beteiligung der öffentlichen Verwaltung an der Bedarfs- und Standortentscheidung nur eine geringe Steigerung der gesamtwirtschaftlichen Optimalität zu erwarten.

- Bestehen beim Grundstückserwerb starke Anreize und gute Möglichkeiten zu strategischem Verhalten der Alteigentümer, kann der staatliche Erwerb der Flächen vorteilhaft oder notwendig sein, um mit Enteignung drohen zu können.
- Der Bedarf an Erstellung von Verkehrsinfrastruktur zum Anschluß an überregionale Verkehrswege (KLV-Terminal, Autobahnzubringer) verursacht zusätzliche planungsrechtliche und politische Unsicherheiten und erfordert eine stärkere Abstimmung mit den entscheidenden Behörden.
- Die interne Erschließung, Errichtung von Hochbauten und Vermarktung des Geländes sollten so weit wie möglich von einem privatwirtschaftlichen Projektträger durchgeführt werden. Die mangelhaften Anreiz- und Sanktionsmechanismen der bürokratischen Strukturen in der öffentlichen Verwaltung bergen ein hohes Potential an Ineffizienz bei diesen Aktivitäten.

Aus diesen Ergebnissen ergeben sich folgende Hinweise für die Planung und Gestaltung von GVZ:

- Die Planungen eines GVZ sollten möglichst von Anfang an darauf ausgerichtet sein, daß möglichst geringe Widerstände gegen die Erteilung der planungsrechtlichen Genehmigungen zu erwarten sind. D.h., der Standort sollte leistungsfähige Anschlüsse an das Fernverkehrswegenetz, leistungsfähige Zufahrtsstraßen in die Quell- und Zielgebiete des Transportaufkommens im Ballungsgebiet und keine lärmempfindliche Umgebung haben sowie vorhandenen Flächennutzungsplänen entsprechen. Optimal wäre demnach, ein GVZ an einem bestehenden KLV-Terminal und vorhandener Autobahnanschlußstelle auf ausgewiesenen Gewerbeflächen zu errichten. Dabei ergeben sich die geringsten Planungsunsicherheiten.
- Strategischem Verhalten von Alteigentümern zu erwerbender Grundstücke kann am besten vorgebeugt werden, indem der Erwerb geschlossen verhandelt wird.

4.4.2 Finanzierung

Dem positiven Ergebnis der Kosten-Nutzen-Analyse für das GVZ Großbeeren zufolge wäre eine staatliche Beteiligung an der Finanzierung dieses GVZ gerechtfertigt. Die Überprüfung des Vorliegens weiterer Marktversagen neben den externen Effekten ergab, daß es aufgrund von Spezifität beim Grundstückserwerb und planungsrechtlicher Unsicherheit zu transaktionalem Marktversagen kommen kann. Als geeignete Maßnahmen zur Beseitigung dieser Probleme wurden Änderungen des institutionellen Arrangements für diese Transaktionen vorgeschlagen; ein Bedarf für finanzielle Unterstützung des Staates läßt sich daraus nicht ableiten. Für ein Marktversagen bei der Veräußerung von Grundstücken an die anzusiedelnden Unternehmen der Transportwirtschaft gibt es keine Hinweise. Es wurde vielmehr argumentiert, daß die Qualität und Ausstattung der Grundstücke zu einer verglichen mit anderen Gewerbeflächen höheren Zahlungsbereitschaft für die Ansiedlungsfläche führen müßte (vgl. S. 133). Die Überprüfung der Effizienz des staatlichen Eingreifens in die Bereitstellung von GVZ kam weiterhin zu dem Ergebnis, daß der Verkauf von Grundstücken an Unternehmen der Transportwirtschaft zu marktüblichen Bedingungen erfolgen sollte, um eine optimale Allokation zu gewährleisten. Es besteht also kein Grund für eine finanzielle Unterstützung des Staates bei der Bereitstellung von erschlossenen, baureifen Grundstücken. Die markübliche Bereitstellung von Gewerbeflächen beinhaltet allerdings keine Beteiligung der Käufer an den Investitionskosten für Verkehrsinfrastrukturanlagen, wie ein KLV-Umschlagbahnhof oder Anschlußstrecken an Autobahnen oder Fernverkehrsbahnlinien, da diese Anlagen üblicherweise vom Staat bereitgestellt werden bzw. sich im Falle der KLV-Anlage aus ihren eigenen Umsatzerlösen tragen sollten (vgl. BMV, 1994b, S. 2).

Die Planung, Realisierung und Betreibung eines KLV-Terminals auf private Initiative und durch privatwirtschaftliche Unternehmen ist rechtlich kein Problem, jedoch wirtschaftlich nicht rentabel durchführbar. Die durch die Roland-Umschlaggesellschaft mbH privatwirtschaftlich betriebene KLV-Umschlaganlage in Bremen wurde mit finanzieller Unterstützung der Stadt und des Landes Bremen sowie des Bundes in Höhe von 61 Mio. DM bei einem Gesamtinvestitionsvolumen von 80 Mio. DM errichtet (vgl. Dornier, 1993a, S. 104, GVZ-Entwicklungsgesellschaft Bremen, 1989, S. 2f). Die DB AG ist wegen der Aufkommensbündelung sehr an einer Integration der KLV-Terminals in GVZ interessiert und hat mit ihrem Masterplan ein bundesweites Standortkonzept vorgelegt (vgl. DB, o.J., S. 7 und 15), dessen Realisierung bis zum Jahr 2010 Investitionen in Höhe von 4,1 Mrd. DM erforderlich macht. Für diese Investitionen werden über den Bundesverkehrswegeplan Mittel aus dem Haushalt des BMV bereitgestellt.

Die Bundesregierung strebt an, die Investitionen soweit wie möglich privat finanzieren zu lassen (vgl. BMV, 1994b, S. 2). Der Bundesminister für Verkehr hat deshalb 1993 die Wirtschaftlichkeit der Errichtung und des Betriebes von KLV-Umschlagbahnhöfen anhand des Beispiels Erfurt untersuchen lassen (vgl. Arthur Andersen, 1993). In der Untersuchung wurden zwei Szenarien, mit und ohne Anbindung an das Schienennetz, berücksichtigt. Im Ergebnis wurde festgestellt, daß je nach erwarteter Kapitalrendite und Szenario nicht rückzahlbare staatliche Baukostenzuschüsse in Höhe von 73 % bis 97 % erforderlich sind, damit das Investitionsobjekt für einen privaten Investor attraktiv ist. Bei Gewährung eines zinslosen staatlichen Darlehens können ebenfalls maximal 4 % der Investitionssumme privat finanziert werden. Es hat sich allerdings am Beispiel Mannheim gezeigt, daß Anlagen, die geringe Erschließungskosten verursachen, vollständig privat finanzierbar sind (vgl. BMV, 1994b, S. 3). Der Bund macht seine weitere finanzielle Unterstützung für den Bau von KLV-Umschlaganlagen davon abhängig, ob die DB AG den Kostendeckungsgrad beim KLV zukünftig verbessern kann (vgl. BMV, 1994b, S. 4). Es wird sich zeigen, ob und wie die DB AG zukünftig in der Lage ist, das Betriebsergebnis im KLV zu verbessern. Die einzelwirtschaftliche Bereitstellung eines KLV-Terminals ist insofern ein eigenständiges Problem, das separat zu untersuchen und beurteilen ist.

Im folgenden soll überprüft werden, ob eine eigenwirtschaftliche Bereitstellung der Ansiedlungsflächen im GVZ, zu marktüblichen Bedingungen möglich ist. Dazu werden zwei Modellsituationen untersucht:

- Am Beispiel des GVZ Großbeeren bei Berlin wird die Modellsituation untersucht, in der die Grundstücke erschlossen und unbebaut an die Nutzer verkauft werden.
- Am Beispiel des projektierten GVZ in Hamburg-Moorfleet wird die Modellsituation untersucht, in der das gesamte Gelände von einer Entwicklungsgesellschaft mit Umschlag- und Lagerhallen bebaut wird, die an Transportunternehmen verpachtet werden.

Mit der Auswahl der beiden Beispiele sollen neben den verschiedenen Vermarktungskonzepten auch die unterschiedlichen Marktsituationen Berücksichtigung finden: ausreichende Flächenverfügbarkeit und niedrigere Zahlungsbereitschaft in der Peripherie von Berlin sowie Flächenknappheit und höhere Grundstückspreise mit dem Anreiz zur baulichen Verdichtung in Hamburg. Die beiden Vermarktungskonzepte entsprechen insofern den unterschiedlichen Marktsituationen (vgl. Glaser/ Gleim/Hilse, 1996, Ministerium für Wirtschaft, Mittelstand und Technologie des Landes Brandenburg, 1995, S. 60). Ziel der Modellrechnungen ist, exemplarisch zu zeigen, daß die Durchführung der Investitionsprojekte unter bestimmten realistischen Annahmen einzelwirtschaftlich möglich ist. Nicht erreicht werden kann hier, daß alle denkbaren Ausgangskonstellationen hinsichtlich ihrer Wirkung auf die einzelwirtschaftliche Vorteilhaftigkeit eines GVZ überprüft werden.

Um eine aussagefähige Investitionsrechnung durchführen zu können, die die Realität so genau wie möglich abbildet und über die klassischen Modelle der Investitionsrechnung[262] hinausgeht, ohne durch ihre Komplexität die begrenzte Informationsverarbeitungskapazität zu sprengen, wird auf finanzwirtschaftliche Partialmodelle mit vollständigen Finanzplänen zurückgegriffen (vgl. Schneider, 1992, S. 70-74, Grob, 1989, S. 2-4). Von einem Totalmodell unterscheidet sich das Partialmodell vor allem durch eine Reduktion der Anzahl der berücksichtigten Investitions- und Finanzierungsmöglichkeiten und durch eine Begrenzung des Betrachtungszeitraums. Im Rahmen der Partialmodelle werden nur zwei Investitionsalternativen - die Investitionsprojekte und die Kapitalmarktanlage - einbezogen. Die Finanzpläne werden als Ermittlungsmodell aufgestellt, d.h., es werden bestimmte Vorentscheidungen aufgestellt und dann überprüft, ob die Investition in ein GVZ einzelwirtschaftlich vorteilhaft ist (vgl. Grob, 1989, S. 9). Für die Finanzierung werden lediglich die Höhe des Eigenkapitalanteils festgelegt, ansonsten keine spezifischen Annahmen getroffen, sondern von einer unbegrenzten Kreditaufnahmemöglichkeit am Kapitalmarkt zu einem einheitlichen Sollzins, der über dem Habenzins liegt, ausgegangen. Die Möglichkeit der Innenfinanzierung ist durch die Einnahmeüberschüsse des Investitionsprojektes vorgegeben. Im Finanzplan werden sämtliche Zahlungen, die dem Investitionsprojekt zurechenbar sind, in tabellarischer Form erfaßt. Als exogene Größen gehen in den Finanzplan das Eigenkapital, die Investitionsausgaben, die Betriebsausgaben und die Einnahmen aus der Vermarktung des Investitionsprojektes ein. Daraus werden nach den vorgegebenen Zinssätzen und üblichen Abschreibungs- und Steuersätzen die Kreditaufnahme, Kapitalmarktanlage, Abschreibungen, Zinsaufwendungen und -erträge sowie Steuerzahlungen abgeleitet.

Ein derartiges Partialmodell stellt in einigen Punkten eine erhebliche Einschränkung gegenüber der Realität dar:

- Wechselwirkungen mit anderen Investitionsprojekten werden vernachlässigt.
- Es wird eine unbegrenzte Anlagemöglichkeit am Kapitalmarkt zu einem einheitlichen Habenzins angenommen.[263]
- Es wird von einer unbegrenzten Kreditaufnahme zu einem einheitlichen Sollzins ausgegangen, und es werden keine in der Realität gegebenen Kreditbeschränkungen berücksichtigt (vgl. Schneider, 1992, S. 128f). Der in der Praxis begrenz-

---

262 Dies sind insbesondere der Kapitalwert, der interne Zinsfuß, die Annuität und die Pay-off-Periode (vgl. z.B. Franke/Hax, 1990, S. 114-135).

263 Da keine Wahl zwischen verschiedenen Investitionsprojekten getroffen werden soll, hat die Anlage der Mittel zu den Bedingungen der Vergleichsalternative keinen Einfluß auf das Ergebnis (vgl. dazu Grob, 1989, S. 12f).

ten Kreditvergabe wird in der Modellrechnung dadurch Rechnung getragen, daß mit einem Eigenkapitalanteil in Höhe von 10 % der Investitionsausgaben gerechnet wird. Dies entspricht der Vergabepraxis der Banken.[264] Der hohe Fremdfinanzierungsanteil ist durch die Besicherung der Kredite durch Grundschulden möglich.

- In die Modellrechnung gehen Werte für zukünftige Zahlungen ein, über deren tatsächliche Höhe Unsicherheit besteht.

Für die Bewertung der Investitionsprojekte kann zwischen verschiedenen Zielsetzungen der Investoren unterschieden werden (vgl. Grob, 1989, S. 6-8, 11):

- Beim Vermögensstreben oder Endwertkonzept zielt der Investor auf die Maximierung seines Endwertes bei gegebener, fester, jährlicher Konsumentnahme ab.[265]
- Beim Entnahmestreben zielt der Investor auf die Maximierung seiner Konsumentnahmen während der Projektlaufzeit bei vorgegebenem Endvermögen ab.

Bei der Berücksichtigung verschiedener Zinssätze für Geldanlage und Kreditaufnahme können Endwertstreben und Entnahmestreben zu verschiedenen Ergebnissen bezüglich der Vorteilhaftigkeit eines Investitionsprojektes führen (vgl. Schneider, 1992, S. 69). Wegen der größeren praktischen Relevanz wird hier mit dem Ziel der Maximierung des Endwertes gerechnet (vgl. Melzer, 1981, S. 158).[266] Das Endwertkonzept bietet gegenüber dem Kapitalwert den Vorteil, das es nicht auf einen fiktiven Wert abstellt, sondern im vollständigen Finanzplan am Ende des Planungszeitraums als Bestand an verfügbaren Mitteln ausgewiesen wird und tatsächlich in den Konten der Finanzbuchhaltung des Investors zu finden wäre (vgl. Grob, 1989, S. 107-109). Um die Investitionsrechnungen so einfach und übersichtlich wie möglich zu erhalten, wird deshalb im Ergebnis der Endbestand an verfügbaren Mitteln mit dem Endwert der Kapitalmarktanlage verglichen. Nachrichtlich werden auch die Barwerte der Vermögensbestände und der Kapitalwert ausgewiesen. Dabei wird jedoch kein spezieller Kalkulationszinsfuß angesetzt, sondern mit der sicheren Kapitalmarktanlage verglichen, d.h. mit dem Habenzins abdiskontiert. Die Entscheidung welche Risikoprämie der Investor verlangt, bleibt damit offen.

Aufgrund seiner großen Bedeutung in der Praxis für die Beurteilung von Investitionsprojekten (vgl. Melzer, 1981, S. 44, Volkert, 1981, S. 23f) wird neben dem Vermögensendbestand der interne Zinsfuß der Investitionen ermittelt. Bei der Ermittlung des internen Zinsfußes wird entgegen der Ermittlung des Vermögensendbestandes davon ausgegangen, daß die freiwerdenden Mittel nicht zum Habenzins angelegt werden, sondern direkt in den Konsum des Investors oder in eine andere Verwendung fließen, die unabhängig vom betrachteten Projekt ist. Damit wird das Problem umgangen, eine explizite Annahme über die Reinvestition der freiwerdenden Mittel treffen zu müssen.[267] Als Vergleichsmaßstab sei darauf verwiesen, daß die erwartete Eigenkapitalrendite für Sachinvestitionen bei 14 % bis 16 % vor Steuern liegt (vgl. Arthur Andersen, 1993, S. 26). Ein Investor, der mit der Investition noch andere Ziele

---

264 Angaben von Philippe Manson, Garonor S.A., Gespräch am 3.1.1996.

265 Gegenüber dem Endwertkonzept ergeben sich aus dem Anfangs- oder Zwischenwertkonzept keine grundlegenden theoretischen Unterschiede. Sie unterscheiden sich nur in der Festlegung des Planungshorizonts auf der Zeitachse (vgl. Grob, 1989, S. 7f).

266 Zur Kritik am Endwertkonzept vgl. Schmidt (1992, S. 90f).

267 Vgl. zu den damit verbundenen Problemen Grob (1989, S. 131-145).

verfolgt, wird sich auch mit einer Verzinsung von 10 % zufrieden geben (vgl. Arthur Andersen, 1993, S. 26, DIG Dauber Ingenieurgesellschaft mbH, 1991, S. 270).

Zur besseren Handhabbarkeit und Übersichtlichkeit werden die Finanzpläne in fünf Teile untergliedert:

- die Ermittlung der Erlöse,
- die Ermittlung der Betriebskosten,
- die Ermittlung der Steuern, d.h. Gewerbe- und Grund-, Vermögen- und Körperschaftssteuer,
- die Ermittlung der Investitionen und Abschreibungen sowie
- die Errechnung der Zahlungsströme und des Vermögensendwertes als Ergebnis der Rechnung.

Abbildung 29: Ermittlung des Zahlungsstroms

Erlöse (Spalte 2[268])
– Betriebskosten (Spalte 3)
– Abschreibungen (Spalte 4)
– Fremdkapitalzinsen (Spalte 5)
– Objektsteuern (Spalte 6)

= Gewinn/Verlust vor Subjektsteuern (Spalte 7)
– Verlustvortrag (Spalte 8, falls vorhanden)
(= Bemessungsgrundlage für Körperschaftssteuer)
– Subjektsteuern (Spalte 9)

= Gewinn/Verlust nach Subjektsteuern (Spalte 10)
+ Abschreibungen (Spalte 4)

= Cash Flow (Spalte 11)
– Investitionen (Spalte 12)

= Zahlungsstrom (Kreditaufnahme/Tilgung) (Spalte 13)
– Eigenkapitaleinsatz der Periode (Spalte 14)

= Fremdkapitalbedarf (Spalte 15)/verfügbare Mittel (Spalte 16)

Quelle: eigene Zusammenstellung.

Wie in Finanzplänen üblich sind Auszahlungen des Investors negativ und Einzahlungen bzw. Rückflüsse an den Investor positiv verbucht. Zunächst wird der Gesamterlös berechnet; er setzt sich aus den Einnahmen aus Grundstücksverkäufen bzw. den Miet- und Pachteinnahmen für Hallenflächen, Verkehrsflächen und Büros zusam-

268 Die Spaltenangaben beziehen sich auf die Finanzpläne in Anhang 24, 28 und 34.

men. Im nächsten Schritt erfolgt die Ermittlung der Kosten für die Verwaltung und Instandhaltung des GVZ und anschließend die Bestimmung der Erst- und Ersatzinvestitionen sowie der Abschreibungen. In der Modellrechnung für das GVZ Hamburg werden separat in einem Vorschritt die Investitionen, Reinvestitionen und Abschreibungen der inneren Erschließung berechnet, da die Aufteilung der Investitionen auf die einzelnen Baumaßnahmen über einen Schlüssel ermittelt werden muß. In der Modellrechnung für das GVZ Großbeeren ist dies nicht erforderlich, da keine Reinvestitionen anfallen. Im folgenden Schritt werden die Ergebnisse mit den übrigen Teilinvestitionen zusammengeführt und das Gesamtergebnis für die Investitionen und Abschreibungen bestimmt. In einer separaten Tabelle erfolgt die Berechnung der Steuern. In der letzten Tabelle werden die Teile Erlöse, Kosten und Investitionen zusammengeführt und der Zahlungsstrom und der Vermögensendwert berechnet. Die Vorgehensweise ist in Abbildung 29 dargestellt:

Die Kumulierung des letzten Wertes gibt den jeweiligen Vermögensbestand an. Ist er negativ, entspricht er dem Fremdkapitalbestand, der die Grundlage für die Berechnung der Fremdkapitalzinsen der darauffolgenden Periode ist. Verbleibt am Ende des Betrachtungszeitraums ein Fremdkapitalbestand, ist dieser vom Investor zu tilgen und stellt einen Verlust für ihn dar. Bleiben über die Kredittilgung hinaus verfügbare Mittel übrig, werden diese am Kapitalmarkt angelegt. Die kumulierten, verzinsten verfügbaren Mittel am Ende des Betrachtungszeitraums stellen den Vorteil des Investitionsprojektes dar.

Für die Aufstellung der Finanzpläne werden folgende allgemeine Annahmen getroffen:

- Einheitlicher Bezugszeitpunkt und Preisstand ist das Jahr 1994. Auf den tatsächlichen zeitlichen Beginn der Projekte in Großbeeren und Hamburg wird aus Gründen der Vereinfachung keine Rücksicht genommen.
- Die jährliche Steigerungsrate der Preise für die Lebenshaltung betrug von 1985 bis 1994 durchschnittlich 2,29 % (vgl. Statistisches Bundesamt, Statistisches Jahrbuch, verschiedene Jg., Tab. 14.9.2 und 23.14). Die jährliche Inflationsrate wird deshalb mit 2,3 % angenommen.
- Der Habenzins orientiert sich an der Umlaufrendite für Bundesanleihen mit 10-jähriger Laufzeit. Die nominale Rendite langfristiger, festverzinslicher Wertpapiere öffentlicher Emissionen lag in Deutschland im Zeitraum von 1985 bis 1994 durchschnittlich bei 7,1 %[269], die in der Modellrechnung als Habenzins zugrundegelegt wird.
- Die Hypothekenzinsen betrugen in den Jahren 1985 bis 1994 im Mittel 8,12 % p.a. (vgl. Statistisches Bundesamt, Statistisches Jahrbuch, verschiedene Jg, Tab. 14.12). Der Sollzins wird mit 8,1 % angesetzt.
- Es wird angenommen, daß der Investor Eigenmittel in Höhe von 10 % der Investitionssumme einbringt.[270]
- Auf Gewerbekapital und Gewerbeertrag sind Gewerbesteuer zu zahlen, die als Kosten vom Gewinn abzusetzen sind. Gewinnabzugsfähige Steuern werden als

---

269 Nicht gewichteter Durchschnitt der Renditen von Pfandbriefen, Kommunalobligationen und Anleihen der öffentlichen Hand (vgl. Statistisches Bundesamt, Statistisches Jahrbuch, verschiedene Jg., Tab. 14.9.2).

270 Dies ist der Mindestanteil für ein derartiges Investitionsprojekt, um Fremdkapital aufnehmen zu können, Angaben von Philippe Manson, Garonor S.A., Gespräch am 3.1.1996.

Objektsteuern bezeichnet. Der Gewerbeertrag entspricht dem Gewinn, erhöht um die Hälfte der gezahlten Sollzinsen, gekürzt um 1,2 % des Einheitswertes des zum Betriebsvermögen gehörenden Grundbesitzes. Grundlage für die Berechnung des Gewerbekapitals ist der Einheitswert des Gewerbebetriebes, für das hier das Eigenkapital zugrundegelegt wird (siehe § 98a Bewertungsgesetz), erhöht um die Hälfte der Verbindlichkeiten, gekürzt um die Einheitswerte der Grundstücke und einen Freibetrag von 120.000 DM.[271] Die Steuermeßzahl für den Gewerbeertrag wird mit einheitlich 5 % angesetzt, die Steuermeßzahl für das Gewerbekapital mit 0,2 % (siehe §§ 11, 13 Gewerbesteuergesetz). Der gemeindeabhängige Hebesatz wird mit 400 % angenommen (vgl. Schneider, 1992, 276f, 309). Bei der Berechnung der Gewerbesteuer ist zu berücksichtigen, daß sie die Bemessungsgrundlage der Gewerbeertragsteuer vermindert.

- Eine weitere Objektsteuer ist die Grundsteuer, die in Höhe von 0,35 % vom Einheitswert des Grundstückes erhoben wird (siehe §§ 2, 13, 15 Abs. 1 Grundsteuergesetz). Es wird davon ausgegangen, daß der Einheitswert des Grundstückes 30 % des Verkehrswertes beträgt (vgl. Kommission zur Verbesserung der steuerlichen Bedingungen für Investitionen und Arbeitsplätze, 1991, Ziffer 156-166, Uelner, 1984, S. 284).
- Vom Unternehmensgewinn sind Körperschaftssteuer und Vermögenssteuer zu zahlen, die als Subjektsteuern bezeichnet werden. Der Körperschaftssteuersatz für einbehaltenen Unternehmensgewinn beträgt 45 % (siehe § 23 Abs. 1 Körperschaftssteuergesetz). Es wird angenommen, daß der Unternehmensgewinn jeweils im Unternehmen verbleibt und mit einem einheitlichen Körperschaftssteuersatz gerechnet. Der Vermögensteuersatz beträgt 0,60 % (siehe § 10 Abs. 2 Vermögensteuergesetz) und ist auf 75 % des Betriebsvermögens, für das Eigenkapital zugrundegelegt wird (siehe § 4 Abs. 1 Vermögensteuergesetz, § 98a Bewertungsgesetz), mit einem Freibetrag von 500.000 DM anzusetzen (siehe §117a Abs. 1 Bewertungsgesetz).
- Zur Berücksichtigung der Steuerbelastung der alternativen Geldanlage am Kapitalmarkt wird der Habenzins i um die steuerliche Belastung gekürzt. Der Habenzins nach Steuern i_{St} errechnet sich nach der Formel (vgl. Schneider, 1992, S. 313f)

$$(67) \quad i_{St} = i(1 - St_{Kö})(1 - St_{GwE}),$$

wobei $St_{Kö}$ der Körperschaftssteuersatz und St_{GwE} der Gewerbeertragsteuersatz ist. Unter den gegebenen Annahmen[272] ergibt sich für i_{St} ein Wert von 3,25 %. Ein Abzug für Substanzsteuern ist dabei nicht vorzunehmen (vgl. Schneider, 1992, S. 314f, 317-319).

---

271 Zur Ermittlung des Gewerbeertrages siehe §§ 7-10a Gewerbesteuergesetz, zur Ermittlung des Gewerbekapitals siehe §§ 12, 13 Gewerbesteuergesetz.

272 Die Gewerbeertragsteuer St_{GwE} errechnet sich nach der Formel $St_{GwE} = (GwE - St_{GwE}) \cdot 400\,\% \cdot 5\,\%$, wobei GwE der Gewerbeertrag ist, und beträgt 16,67 % des Gewerbeertrags.

4.4.2.1 Investitionsrechnung für das GVZ Großbeeren

Für die Investitionsrechnung des GVZ werden zwei Szenarien entworfen:
- Im Szenario I wird weitestgehend von den Plandaten des Projektträgers der LEG Brandenburg ausgegangen,
- im Szenario II werden Änderungen in Anlehnung an ein privat entwickeltes Gewerbegebiet vorgenommen.

Grundlage für die Ermittlung der Investitionsausgaben ist die Größe der Fläche ohne KLV-Terminal in Höhe von 260 ha; die Größenangaben zur Fläche sind in Tabelle 71 zusammengefaßt. Der Verkauf erschlossener, baureifer Grundstücke umfaßt 152 ha.

Tabelle 71: Flächenangaben zum GVZ Großbeeren

	qm
Gesamtfläche	3.290.000
KLV-Terminal	690.000
Gesamtfläche ohne KLV-Terminal	2.600.000
Nutzfläche	1.630.000
Ersatz- und Ausgleichsfläche	970.000
Verkehrsflächen	110.000
vermarktbare Fläche	1.520.000

Quelle: Hans Friedrich Rockstuhl, Projektleiter, Landesentwicklungsgesellschaft für Städtebau, Wohnen und Verkehr des Landes Brandenburg mbH, Gespräch am 20.11.1995.

Die Investitionsdaten für das Szenario I werden aus der Kosten-Nutzen-Analyse übernommen (vgl. Abschnitt 3.2.3), an einigen Daten werden jedoch Modifikationen vorgenommen. Die verwendeten Werte sind in Tabelle 72 zusammengefaßt. Die Angaben über Fördermittel entsprechen tatsächlich gewährten Fördermitteln. Da der Anschluß an die Verkehrswege (Anschluß an die B 101) von der öffentlichen Hand finanziert wird, wird hierfür eine vollständige Förderung unterstellt. Gegenüber den Plankosten der LEG Brandenburg und der Kosten-Nutzen-Analyse sind folgende Änderungen vorgenommen worden:
- Die LEG Brandenburg gibt für die Projektplanung und -steuerung Ausgaben in Höhe von 4,8 Mio. DM bzw. 2,95 DM/qm an, die im Vergleich zu anderen GVZ stark nach unten abweichen und zu gering erscheinen (vgl. Tabelle 11). Für die Projektplanung und -steuerung wird deshalb hier ein Wert von 10 DM/qm[273] angesetzt, so daß sich die Gesamtausgaben auf 15,2 Mio. DM belaufen.
- Ausgaben für Informationstechnologie in Höhe von 100.000 DM werden vernachlässigt, da sie im GVZ Großbeeren nicht vorgesehen sind.

[273] Diesen Wert gibt Reinald Walkemeier, TrizecHahn Europe GmbH, Gespräch am 30.1.1997, für die private Entwicklung eines Gewerbegebietes an.

Die Investitionsausgaben betragen insgesamt 194,1 Mio. DM, so daß das einzubringende Eigenkapital in Höhe von 10 % des Investitionsvolumens 19,4 Mio. DM beträgt.

Tabelle 72: Investitionsausgaben für das GVZ Großbeeren im Szenario I

	Investitions-ausgaben in TDM	Investitionen nach Umlegung der Planungskosten in TDM	Fördermittel in TDM	Investitionen abzüglich Förderung in TDM
Grundstück	58.000	62.929	600	62.329
GVZ	36.362	39.451	600	38.851
Ausgleichsfläche	21.638	23.477	0	23.477
äußere Erschließung	35.180	38.169	13.000	25.169
Anschluß Ver- u. Entsorgung	23.180	25.150	1.000	24.150
Anschluß Verkehrswege	12.000	13.020	12.000	1.020
innere Erschließung	77.197	83.757	9.000	74.757
ökolog. Ausgleichsmaßnahmen	8.500	9.222	0	9.222
Projektplanung und -steuerung	15.200			
gesamt	194.077	194.077	22.600	171.477

Quellen: Landesentwicklungsgesellschaft für Städtebau, Wohnen und Verkehr des Landes Brandenburg mbH, Voruntersuchung für die städtebauliche Entwicklungsmaßnahme GVZ Großbeeren. Zusammenfassender Bericht und Begründung, im Auftrag der Gemeinden Großbeeren und Osdorf, Juli 1994, S. 50-56, eigene Berechnungen.

Die Erlöse des Investitionsprojektes ergeben sich aus der verkauften Fläche und dem erzielten Grundstückspreis. Abweichend von der Kosten-Nutzen-Analyse wird hier davon ausgegangen, daß der Verkauf der Grundstücke nicht im Jahr des Ankaufs 1994 beginnt, sondern erst nach Abschluß wesentlicher Erschließungsarbeiten im Jahr 1997 und bis zum Jahr 2003 dauert (vgl. zur zeitlichen Verteilung Anhang 21). Mit dieser Modifikation soll der Vorgehensweise eines privaten Investors Rechnung getragen werden, der die Grundstücke aufgrund seiner Verhandlungsposition nicht wie die LEG Brandenburg kurzfristig kaufen, erschließen und wieder veräußern kann. Die Investitionsrechnung umfaßt deshalb einen Zeitraum von zehn Jahren. Der durchschnittliche Verkaufspreis für Flächen im GVZ Großbeeren beträgt 135 DM/qm.

Bei der Berechnung der Betriebskosten sind folgende Positionen zu berücksichtigen:

- Abschreibungen auf Anlagevermögen,
- Zinskosten in Höhe des Kapitalmarktsollzinses für den fremdfinanzierten Betrag,
- Instandhaltung von Anlagen,
- Personalkosten im Verwaltungsbereich,
- Gewerbekapitalsteuer, Gewerbeertragsteuer und Grundsteuer.

Die Höhe der Abschreibungen wird durch die Nutzungsdauer und die Abschreibungsmethode determiniert. Die handelsrechtliche Abschreibung hängt von der wirtschaftlichen Nutzungsdauer des Anlageobjektes ab, die anhand von Erfahrungswerten festgelegt wird. Am Ende der wirtschaftlichen Nutzungsdauer müssen Ersatzinvestitionen getätigt werden. Die steuerrechtliche Abschreibung wird von der steuerlichen Nutzungsdauer determiniert, die von der Finanzverwaltung in speziellen Tabellen (AfA-Tabellen) vorgegeben wird (vgl. Coenenberg, 1994, S. 99). Grundlage für die Berechnung des Barwertes einer Investition ist ihr Cash-Flow. Abschreibungen sind für den Cash-Flow und damit für die Rentabilität einer Investition ohne Wirkung, haben aber einen indirekten Einfluß, da sie als Kosten den Gewinn beeinflussen und damit die gewinnabhängigen Steuern reduzieren. In Tabelle 73 sind Anschaffungsjahr, wirtschaftliche und steuerliche Nutzungsdauer für die Anlagegüter angegeben. Aufgrund der langen Nutzungsdauer der Anlagegüter werden Ersatzinvestitionen innerhalb des gewählten Betrachtungszeitraums von 10 Jahren nicht fällig. Die Instandhaltung der Gebäude, Verkehrsflächen und Erschließungsanlagen wird mit Ausgaben in Höhe von 1 % der Anschaffungskosten berücksichtigt (vgl. Tress, 1984, S. 254).

Tabelle 73: Nutzungsdauer und Abschreibungen des Anlagevermögens

Vermögensgegenstand	Investitionsausgaben in TDM	Anteil an den Erschließungsausgaben	Anschaffungsjahr	Wirtschaftliche Nutzungsdauer in Jahren	Steuerliche Nutzungsdauer in Jahren
Grundstück	62.929				
GVZ	39.451		1994	unbegrenzt	unbegrenzt
Ausgleichsfläche	23.477		1996	unbegrenzt	unbegrenzt
äußere Erschließung	38.169				
Anschluß Ver- u. Entsorgung	25.150		1995	unbegrenzt	15
Anschluß Verkehrswege	13.020		1997	unbegrenzt	15
innere Erschließung	83.757	100%	1996	64	
Straßen	33.503	40%	1996	45	15
Verkehrssicherung	838	1%	1997	10	10
Gleise	9.213	11%	1997	90	10
Lärmschutzwände	4.188	5%	1997	20	15
Trink-, Regen- und Abwasseranlagen	29.315	35%	1995	90	15
Strom- und Gasversorgung	6.701	8%	1995	40	15
ökolog. Ausgleichsmaßnahmen	9.222		1998	unbegrenzt	15
gesamt	194.077				

Quellen: Planco Consulting GmbH, Gesamtwirtschaftliche Bewertung von Verkehrswegeinvestitionen. Bewertungsverfahren für den Bundesverkehrswegeplan 1992, Schlußbericht zum FE-Vorhaben 90372/92 des BMV, erstellt von Planco Consulting GmbH in Zusammenarbeit mit BVU Beratergruppe Verkehr + Umwelt GmbH, Ingenieurbüro Heusch/Boesefeldt GmbH, hrsg. v. BMV, Nr. 72 der eigenen Schriftenreihe, Essen, Bonn 1993, S. 11, Tress, Roland, Das Güterverkehrszentrum als infrastrukturelle Schnittstelle des Güterverkehrs, Düsseldorf 1984, S. 256, eigene Berechnungen.

Die Bestandteile und Annahmen der anfallenden Verwaltungskosten sind in Tabelle 74 aufgeführt.

Tabelle 74: Verwaltungskosten GVZ Großbeeren

Personal	Anzahl der Mitarbeiter	Personalkosten in DM p.a.
Projektmanagement	1	180.000
Vertrieb	1	150.000
Finanzen	1	150.000
Sekretariat	0,5	60.000
gesamt	3,5	540.000
Büroräume	Einheit	
Fläche pro Mitarbeiter	qm/MA	25
monatliche Kosten	DM/qm	30
gesamt	DM p.a.	31.500
Büroausstattung, Kommunikation, Material, Reisen etc.		
Kosten pro Mitarbeiter jährlich	DM p.a.	20.000
gesamt	DM p.a.	70000
Verwaltungskosten gesamt		
Personalkosten	DM p.a.	540.000
Miete	DM p.a.	31.500
Büroausstattung, Material, etc.	DM p.a.	70.000
gesamt	DM p.a.	641.500

Quelle: eigene Schätzungen und Berechnungen.

Die Tabellen der Investitionsrechnung befinden sich in Anhang 21-24. Im Ergebnis zeigt sich, daß die Investition unter den gegebenen Annahmen nicht rentabel ist. Nach dem Verkauf sämtlicher Flächen bleibt ein nicht zurückgeführter Fremdmittelbestand in Höhe von 33,3 Mio. DM, und der Kapitalwert der Investition beträgt bei einem Kalkulationszinssatz von 7,1 % -44,3 Mio. DM. Die Investition in das GVZ Großbeeren erweist sich damit als einzelwirtschaftlich nicht durchführbar.[274] Gegenüber den Plankosten der LEG Brandenburg ergeben sich vor allem wesentlich höhere Zinskosten und eine erhebliche Belastung durch Steuern. Die niedrigen Zinskosten in den Planungen der LEG lassen sich dadurch erklären, daß die Flächen kurzfristig angekauft, erschlossen und weiterverkauft werden. Diese Vorgehensweise ist

274 Dieses Ergebnis deckt sich mit der Einschätzung von Reinald Walkemeier, TrizecHahn Europe GmbH, Gespräch am 30.1.1997, dessen Urteil sich auf die Erfahrungen mit der Realisierung des benachbarten Gewerbegebietes „Brandenburg Park" stützen.

jedoch nur für einen öffentlichen Investor mit dem Drohpotential der Enteignung durchführbar. Für einen privaten Investor ist dieser Weg aufgrund der strategischen Position der Grundstückseigentümer ausgeschlossen. Darüberhinaus erhält die LEG möglicherweise Fremdkapital zu Vorzugskonditionen.[275]

In Szenario II werden deshalb einige Annahmen geändert. Anhaltspunkt für die veränderten Daten sind die Bedingungen, unter denen das Gewerbegebiet „Brandenburg Park" in Genshagen ca. 5 km südlich des GVZ Großbeeren von der Immobiliengesellschaft TrizecHahn Europe GmbH entwickelt wurde und vermarktet wird. Entscheidende Unterschiede zum GVZ Großbeeren sind

- der Ankaufspreis für die Fläche von 10 DM gegenüber 22,31 DM[276] beim GVZ Großbeeren,
- der Verkaufspreis für die erschlossenen Flächen, der bei 180 DM/qm liegt[277] und
- das Fehlen von staatlichen Fördermitteln.

Bei diesen Annahmen ergibt sich die Frage, ob die Unternehmen der Transportwirtschaft bereit wären, den Grundstückspreis zu bezahlen. Die Erfahrungen im „Brandenburg Park" zeigen, daß sich dort zwei Speditionen angesiedelt haben. Andere Speditionen haben sich zu vergleichbaren Konditionen ebenfalls in der südlichen Peripherie Berlins niedergelassen. Für diese Unternehmen war der Zeitpunkt der Ansiedlung wichtiger als die unsichere Aussicht, später Flächen zu günstigeren Konditionen erwerben zu können.[278] Unter der Zielsetzung einer optimalen Allokation der Ressourcen ist der niedrigere Preis der LEG im GVZ abzulehnen.

Die Angaben über die Flächen, Abschreibungen und Verwaltungs- und Instandhaltungskosten gelten unverändert wie in Szenario I. Die Investitionsausgaben des Szenario II sind in Tabelle 75 zusammengestellt. Sie betragen insgesamt 162,1 Mio. DM und liegen damit um 9,4 Mio. DM unterhalb des Betrages in Szenario I. Unter Berücksichtigung, daß in Szenario I Fördermittel in Höhe von 22,6 Mio. DM einbezogen wurden, liegen die Investitionsausgaben in Szenario II um 32,0 Mio. DM niedriger. Die Erlöse erreichen in Szenario II eine Gesamtsumme von 324,9 Mio. DM gegenüber 243,7 Mio. DM in Szenario I.

Die Finanzpläne der Investitionsrechnung befinden sich in Anhang 25-28. Im Ergebnis ist das Investitionsprojekt jetzt vorteilhaft. Der Endwert des Vermögensbestandes beträgt 32,8 Mio. DM, während die alternative Anlage am Kapitalmarkt zum Habenzins von 7,1 % vor Steuern bzw. 3,25 % nach Steuern lediglich zu einem Vermögensendwert von 21,6 Mio. DM führt. Der Kapitalwert beträgt beim Kalkulationszinsfuß von 7,1 % 8,4 Mio. DM, und die interne Verzinsung der Investition beträgt 18 % vor Steuern (vgl. Abbildung 30). Das Projekt kann damit als äußerst attraktiv gelten, und eine Überprüfung an der Modellrechnung zeigt, daß der Grundstücksver-

---

275 Ob die Planungen der LEG Brandenburg bezüglich der Sollzinsen realistisch sind, ist fraglich.

276 Dies ist ein Durchschnittspreis. Zum 30.5.1994 war für Bauerwartungsland ein gutachterlicher Bodenwert von 25 DM/qm, für Straßenland von 6 DM/qm und für Sondernutzungsflächen von 8 DM/qm ermittelt worden (vgl. LEG Brandenburg, 1994, S. 46).

277 Angaben von Reinald Walkemeier, TrizecHahn Europe GmbH, Gespräch am 30.1.1997, vgl. auch Ministerium für Wirtschaft, Mittelstand und Technologie des Landes Brandenburg, 1995, S. 53.

278 Angaben von Klaus-Dieter Martens, Verband der Spediteure Berlin und Brandenburg e.V., Geschäftsstelle Berlin, Gespräch am 4.7.1996.

kaufspreis c.p. bis auf 170,1 DM/qm gesenkt werden kann, bevor der Kapitalwert negativ wird.

Tabelle 75: Investitionsausgaben für das GVZ Großbeeren im Szenario II

	Investitions-ausgaben in TDM	Investitionen nach Umlegung d. Planungskosten in TDM	Fördermittel in TDM	Investitionen abzüglich Förderung in TDM
Grundstück	26.000	28.691	0	28.691
GVZ	16.300	17.987	0	17.987
Ausgleichsfläche	9.700	10.704	0	10.704
äußere Erschließung	35.180	38.821	0	38.821
Anschluß Ver- u. Entsorgung	23.180	25.579	0	25.579
Anschluß Verkehrswege	12.000	13.242	0	13.242
innere Erschließung	77.197	85.186	0	85.186
Ökolog. Ausgleichsmaßnahmen	8.500	9.380	0	9.380
Projektplanung und -steuerung	15.200			
gesamt	162.077	162.077	0	162.077

Quellen: Landesentwicklungsgesellschaft für Städtebau, Wohnen und Verkehr des Landes Brandenburg mbH, Voruntersuchung für die städtebauliche Entwicklungsmaßnahme GVZ Großbeeren. Zusammenfassender Bericht und Begründung, im Auftrag der Gemeinden Großbeeren und Osdorf, Juli 1994, S. 50-56, eigene Berechnungen.

Abbildung 30: Kapitalwert in Abhängigkeit vom Kalkulationszins für das GVZ Großbeeren im Szenario II

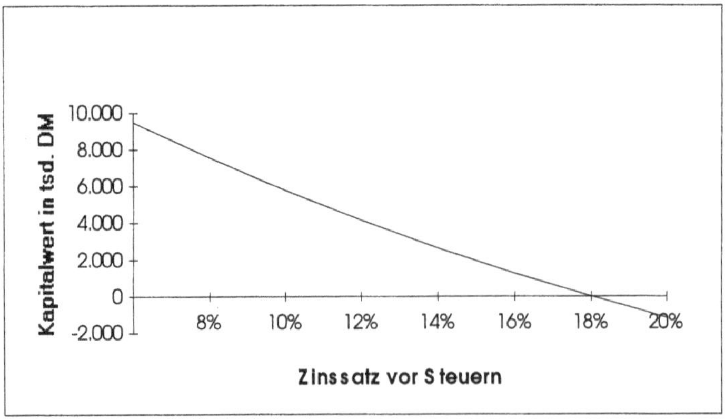

Quelle: eigene Berechnungen und Darstellung.

Im Ergebnis kann festgehalten werden:

- Zu den Bedingungen des GVZ Großbeeren ist ein privatwirtschaftliches Angebot von Grundstücksflächen nicht möglich.
- Verglichen mit dem privaten Projektträger TrizecHahn des Gewerbegebietes „Brandenburg Park" ist der öffentliche Projektträger des GVZ Großbeeren, die LEG Brandenburg, zu langsam vorgegangen (vgl. auch Vogt, 1995). TrizecHahn konnte durch schnelle Reaktion auf die Rahmenbedingungen einen erheblichen Zeitvorteil ausnutzen und hat von der günstigen Konstellation kurz nach der Wiedervereinigung profitiert: ein umfangreiches Flächenangebot, eine hohe Planungs- und Entscheidungsbereitschaft bei den Gebietskörperschaften und eine aufgestaute Grundstücksnachfrage durch die Berliner Insellage (vgl. auch o.V., Zeit, 1991).[279] Die Bedeutung des Faktors Zeit als Wettbewerbsvorteil ist vor allem auf die Änderung der wirtschaftlichen Strukturen in Ostdeutschland nach der Wiedervereinigung zurückzuführen und insofern nicht verallgemeinerbar.

Im folgenden Abschnitt werden die Marktchancen eines privatwirtschaftlichen GVZ in einem westdeutschen Ballungsgebiet untersucht.

4.4.2.2 Investitionsrechnung für das GVZ in Hamburg-Moorfleet

Das Projekt für ein GVZ in Hamburg unterscheidet sich vom GVZ Großbeeren in der Größe der zur Verfügung stehenden Fläche, die in erster Ausbaustufe nur 18 ha betragen wird, und in der Vermarktungsform, da hier geplant ist, das Gebiet einheitlich zu bebauen und Umschlag- und Lagerhallen an Speditionen zu vermieten. In Tabelle 76 ist die Flächenbilanz für die Kernfläche „Moorfleet" des GVZ Hamburg angegeben. Neben der Kernfläche umfaßt das geplante GVZ zwei weitere Teilflächen („Feldhofe" sowie 10 ha im Gewerbegebiet Allermöhe) und die KLV-Anlage Hamburg-Billwerder. Für die Bemessung der Ausgleichsfläche wurde davon ausgegangen, daß die Grün- und Ausgleichsflächen insgesamt 50 % der Nutzfläche betragen müssen.

Die Situation auf dem Hamburger Grundstücksmarkt ist im allgemeinen dadurch gekennzeichnet, daß die zur Verfügung stehenden Flächen knapp sind und größere zusammenhängende Flächen nur von der Stadt angeboten werden.[280] Die Preise für städtische Gewerbeflächen betrugen in Hamburg 1994 110 bis 280 DM/qm.[281] In dem 1994 neu erschlossenen Gewerbegebiet Allermöhe beträgt der Preis 150 DM/qm. Der Preis für Streuflächen liegt in der Regel bei etwa 200 DM/qm.[282] Die Preise für städtische Gewerbegrundstücke bewegen sich im unteren Drittel der Preisspanne[283], private Flächen kosten zwischen 350 und 550 DM/qm.[284] In den an-

---

279 Angaben von Reinald Walkemeier, TrizecHahn Europe GmbH, Gespräch am 30.1.1997.

280 Angaben von Ralf-Peter Koschny, Hamburgische Gesellschaft für Wirtschaftsförderung mbH, Gespräch am 13.1.1995. Vgl. auch Dosch/Müller-Keißler (1996, S. 120f).

281 Angaben von Angelika Klein-Beber, Wirtschaftsbehörde Hamburg, Gespräch am 12.1.1995.

282 Angaben von Ralf-Peter Koschny, Hamburgische Gesellschaft für Wirtschaftsförderung mbH, Gespräch am 13.1.1995.

283 Angaben von Angelika Klein-Beber, Wirtschaftsbehörde Hamburg, Gespräch am 12.1.1995.

grenzenden Gebieten im Hamburger Umland liegen die Grundstückspreise für Gewerbeflächen nicht oder nur wenig darunter.[285] 1993 betrug der durchschnittlich gezahlte Preis für Bauplätze für Gewerbebauten in der Hansestadt 158 DM/qm (vgl. Gutachterausschuß für Grundstückswerte in Hamburg, o.J., S. 92).

Tabelle 76: Flächenangaben zum GVZ Hamburg-Moorfleet

	qm
Gesamtfläche GVZ	180.000
Nutzfläche	144.000
Grün- und Ausgleichsflächen	72.000
innerhalb des GVZ	36.000
außerhalb des GVZ	36.000
Hallenfläche (vermietbar)	61.200
Umschlaghallen	25.200
Lagerhallen	32.400
Service	3.600
Büroflächen	10.800
Verkehrsfläche	72.000
Erschließungswege	18.000
Rangierflächen (verpachtbar)	54.000
vermarktbare Fläche	126.000

Quellen: Glaser, Jürgen/Gleim, Andreas/Hilse, Christoph, Güterverkehrszentrum (GVZ) Hamburg-Moorfleet. Konzeptentwicklung, erstellt im Auftrag der Freien und Hansestadt Hamburg, Baubehörde, durch die Hamburgische Gesellschaft für Wirtschaftsförderung mbH, Hamburg, März 1996, S. 37, eigene Annahmen und Berechnungen.

Die GVZ-Teifläche „Moorfleet“ befindet sich im Eigentum der Stadt Hamburg. Es besteht keine Bereitschaft, Flächen für das GVZ zu einem subventionierten Preis bereitzustellen.[286] In dem an das GVZ-Gelände angrenzenden Gewerbegebiet Allermöhe beträgt der Preis 150 DM/qm für erschlossene Gewerbegrundstücke (vgl. Glaser/Gleim/Hilse, 1996, S. 63). Um den Preis für unerschlossenes Bauland zu ermitteln, sind die Erschließungsausgaben abzuziehen. Beim Gewerbegebiet Allermöhe haben die Erschließungsausgaben von 57 DM/qm[287] betragen, so daß sich ein Grundstückspreis von 93 DM/qm für unerschlossenes Bauland ergibt, der hier zu-

284 Angaben von Ralf-Peter Koschny, Hamburgische Gesellschaft für Wirtschaftsförderung mbH, Gespräch am 13.1.1995.

285 Angaben von Ralf-Peter Koschny, Hamburgische Gesellschaft für Wirtschaftsförderung mbH, Gespräch am 13.1.1995.

286 Angaben von Andreas Gleim, Hamburgische Gesellschaft für Wirtschaftsförderung mbH, Gespräch am 13.11.1995.

287 Schriftliche Auskunft von Herrn Günther, Freie und Hansestadt Hamburg, Baubehörde, Tiefbauamt, Hauptabteilung Stadtverkehr, Stadthausbrücke 8, 20459 Hamburg, Tel. 040/34913-0, Stand: Februar 1994.

grundegelegt wird, so daß die Investitionssumme für die Fläche „Moorfleet" von 18 ha 16,7 Mio. DM beträgt.[288] Daneben sind 3,6 ha Ersatz- und Ausgleichsfläche zu erwerben. Da hierfür kein Rohbauland zu erwerben ist, sondern landwirtschaftliche Flächen gekauft werden können, wird hier ein Preis von 7 DM/qm angesetzt, so daß sich eine Investitionssumme von 252.000 DM ergibt.

Für die Berechnung der Erschließungskosten wird von dem Vergleichswert für das direkt angrenzende Gewerbegebiet Allermöhe von 57 DM/qm ausgegangen, der die komplette innere Erschließung und die äußere Anbindung an die Ver- und Entsorgungsnetze beinhaltet.[289] Zusätzlich zu berücksichtigen ist die äußere Anbindung an das Schienen- und Straßennetz. Die GVZ-Teilfläche „Moorfleet" grenzt an die Autobahnen A 1 und A 25 und schließt direkt an die Anschlußstelle Moorfleet an, so daß für die Straßenanbindung keine Investitionen erforderlich sind. Der Bau einer ca. 2,7 km langen Straßenverbindung vom Gewerbegebiet Allermöhe bis zur Autobahnanschlußstelle Moorfleet an der A 25 ist für die Anbindung der GVZ-Fläche „Moorfleet" nicht erforderlich, sondern dient der Anbindung des Gewerbegebietes Allermöhe an das GVZ (vgl. HaCon, 1994, S. 165). Für die Teilfläche „Moorfleet" ist ein knapp 2 km langes Verbindungsgleis erforderlich, um einen direkten Schienenanschluß anbieten zu können. Dafür sind Investitionen in Höhe von insgesamt 2,72 Mio. DM erforderlich, die sich wie folgt zusammensetzen:

- 2 Mio. DM für die Gleisanlagen bei einem Preis von 1.000 DM/m,
- 640.000 DM für ein ca. 8.000 qm großes Grundstück bei einem Bodenpreis von 80 DM/qm und
- 80.000 DM für die Aufschüttung des Bodens um einen Meter bei Aufschüttungskosten von 10 DM pro cbm (vgl. Seebauer & Partner, o.J., S. 85).

Tabelle 77: Investitionsausgaben für die Gebäude im GVZ Hamburg

	Grundfläche in qm	Höhe in m	Rauminhalt in cbm	Baukosten in DM/cbm	Baukosten in DM/qm	Gesamtkosten in TDM
Umschlag- u. Servicehallen	28.800	6	172.800	167	1.000	28.800
Lagerhallen	32.400	10	324.000	100	1.000	32.400
Büroflächen	10.800	3	32.400	333	1.000	10.800
Gebäude gesamt	72.000		529.200	136		72.000

Quelle: eigene Berechnungen.

Für die Gestaltung von Grün- und Ausgleichsflächen wird ein Wert von 17 DM/qm (vgl. Tabelle 50) und für die Kosten für Planung und Steuerung Geländeherrichtung

---

288 Glaser/Gleim/Hilse (1996, S. 63) schlagen einen Preis von 100 DM/qm vor, der allerdings bereits die Kosten für eine Geländeaufhöhung beinhaltet. Bei Aufschüttungskosten von 10 DM pro cbm würde dieser Grundstückspreis bei einer Geländeaufhöhung um 70 cm erreicht werden (vgl. Seebauer & Partner, o.J., S. 85).

289 Schriftliche Auskunft von Herrn Günther, Freie und Hansestadt Hamburg, Baubehörde, Tiefbauamt, Hauptabteilung Stadtverkehr, Stadthausbrücke 8, 20459 Hamburg, Tel. 040/34913-0, Stand: Februar 1994.

und Erschließung wie beim GVZ Großbeeren ein Wert von 10 DM/qm angesetzt. Zur Ermittlung der Kosten für die Errichtung der Hochbauten und Befestigung von Lade- und Rangierflächen wird auf die Werte zurückgegriffen, die zur Ermittlung des baubedingten Beschäftigungseffektes verwendet wurden (vgl. Kapitel 3.2.8.2). Für Umschlag- und Lagerhallen einschließlich Büros und Baunebenkosten wurden Investitionsausgaben in Höhe von 1000 DM/qm bzw. bei einer Hallenhöhe von 6 m von 167 DM/cbm angesetzt. Es ergeben sich dann Bauinvestitionen in einer Gesamthöhe von 72,0 Mio. DM (vgl. Tabelle 77). Weiterhin sind Investitionsausgaben für die Herrichtung befestigter Außenanlagen in Höhe von 100 DM/qm zu berücksichtigen, so daß sich eine Summe von 5,4 Mio. DM ergibt. Für Informationstechnologie werden Investitionen in Höhe von 100.000 DM (vgl. Kapitel 3.2.3.5) berücksichtigt.

Tabelle 78: Investitionsausgaben für das GVZ Hamburg

	Investitions-ausgaben in TDM	Investitionen nach Umlegung d. Planungskosten in TDM
Grundstück	16.992	17.221
GVZ	16.740	16.966
Ausgleichsfläche	252	255
äußere Erschließung	4.736	4.800
Anschluß Ver- u. Entsorgung	2.016	2.043
Anschluß Verkehrswege	2.720	2.757
innere Erschließung	6.192	6.276
Grün- und Ausgleichsflächen	1.224	1.241
Gebäude	72.000	72.972
Belade- und Rangierflächen	5.400	5.473
Informationstechnologie	100	101
Projektplanung und -steuerung	1.440	
gesamt	108.084	108.084

Quelle: eigene Berechnungen.

Die Erlöse des Investitionsprojektes entstehen durch Verpachtung der Hallen-, Verkehrs- und Büroflächen. In Hamburg lagen der zuständigen Gesellschaft für Wirtschaftsförderung 1993 Flächenbedarfe von Unternehmen der Transportwirtschaft in Höhe von 42,5 bis 49,3 ha vor. (vgl. HaCon, 1994, S. 132 und 135). Eine Befragung Hamburger Spediteure im Rahmen eines Gutachtens zur Errichtung eines GVZ in der Hansestadt ergab, daß 80 % der befragten Unternehmen der Transportwirtschaft 1993 über keine Flächenreserven an ihrem Standort verfügten, 67 % nicht in der Lage waren, ihren zusätzlichen Flächenbedarf am alten Standort zu decken und 56 % bereit waren, ihren Standort zu verlegen (vgl. HaCon, 1994, S. 129 und 132). HaCon (1994, S. 135) ermittelte eine Flächennachfrage für das GVZ von 25,6 ha. Konkrete

Gespräche mit Unternehmen in Hamburg haben Ende 1995 ergeben, daß umfangreiches Interesse an einer Ansiedlung im GVZ besteht.[290]

Der Mietpreis, der am Markt für Umschlag- und Lagerhallen gezahlt wird, liegt zwischen 9 und 12 DM/qm.[291] Wegen der verkehrsgünstigen Lage des GVZ-Geländes, der vorzüglichen Anbindung an das Verkehrsnetz und der guten Ausstattung mit den verschiedenen Funktionskomponenten sollte in einem GVZ in Hamburg-Moorfleet ein Mietpreis von 11 DM/qm zu erzielen sein. Verkehrsflächen werden, sofern sie nicht über den Mietpreis für die Hallen abgegolten werden, mit einem Mietzins von 2 bis 2,50 DM belegt.[292] Hier wird mit einem Preis von 2 DM/qm gerechnet. Für die Vermietung der Büroflächen wird ein Mietzins von 14 DM/qm angesetzt (vgl. Glaser/Gleim/Hilse, 1996, S. 58f). Für die Belegung wird angenommen, daß nach dem Baubeginn 1998 die ersten Flächen 1999 vermietet werden und eine Belegung von 25 % der Gesamtflächen erreicht wird. Im folgenden Jahr steigt die Belegung auf 50 %, im dritten Jahr auf 75 % und pendelt sich ab dem fünften Jahr bei durchschnittlich 90 % ein.

Tabelle 79: Verwaltungskosten GVZ Hamburg

Personal	Anzahl der Mitarbeiter	Personalkosten in DM p.a.
Projektmanagement/Vertrieb	1	180.000
Grundstücksverwaltung	1	150.000
Sekretariat/Buchhaltung	1	140.000
gesamt	3	470.000
Büroräume	Einheit	
Fläche pro Mitarbeiter	qm/MA	25
monatliche Kosten	DM/qm	30
gesamt	DM p.a.	27.000
Büroausstattung, Kommunikation, Material, Reisen etc.		
Kosten pro Mitarbeiter jährlich	DM p.a.	12.000
gesamt	DM p.a.	36.000
Verwaltungskosten gesamt		
Personal	DM p.a.	470.000
Büro	DM p.a.	27.000
Büroausstattung, Material, etc.	DM p.a.	36.000
gesamt	DM p.a.	533.000

Quelle: eigene Schätzungen und Berechnungen.

290 Angaben von Andreas Gleim, Hamburgische Gesellschaft für Wirtschaftsförderung mbH, Gespräch am 13.11.1995.

291 Angaben von Philippe Manson, Garonor S.A., Gespräch am 3.1.1996, Dr. Dietrich Fischer, Garonor Planungs- und Betriebsgesellschaft mbH, Gespräch am 20.6.94, außerdem Glaser/Gleim/Hilse, 1996, S. 58f, Seebauer & Partner, 1994, S. 12.

292 Angaben von Philippe Manson, Garonor S.A., Gespräch am 3.1.1996.

Die Ermittlung der Betriebskosten erfolgt analog der Vorgehensweise bei der Modellrechnung zum GVZ Großbeeren. Abschreibungen und Reinvestitionen werden auf der Grundlage der Tabelle 73 berechnet. Die Bestandteile und Annahmen der anfallenden Verwaltungskosten sind in Tabelle 79 aufgeführt. Die Tabellen der Investitionsrechnung befinden sich in Anhang 29-34. Im Ergebnis zeigt sich, daß die Investition unter den gegebenen Annahmen einzelwirtschaftlich vorteilhaft ist. Der Endwert des Vermögensbestandes beträgt 92,2 Mio. DM, während die alternative Anlage am Kapitalmarkt zum Habenzins von 7,1 % vor Steuern bzw. 3,25 % nach Steuern lediglich zu einem Vermögensendwert von 37,7 Mio. DM führt. Der Kapitalwert beträgt beim Kalkulationszinsfuß von 7,1 % 15,6 Mio. DM, die interne Verzinsung der Investition 12,97 % vor Steuern (vgl. Abbildung 31).

Abbildung 31: Kapitalwert in Abhängigkeit vom Kalkulationszins für das GVZ Hamburg

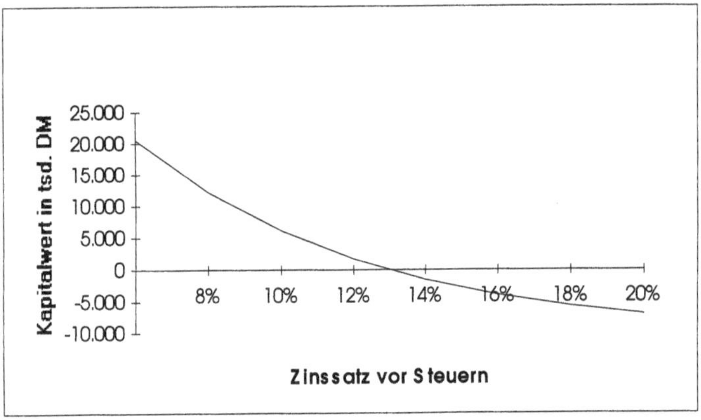

Quelle: eigene Berechnungen und Darstellung.

Im Ergebnis ist festzuhalten, daß ein privatwirtschaftliches Angebot von Umschlag- und Lagerhallen unter den Hamburger Rahmenbedingungen realisierbar ist. Die interne Rendite von 13 % liegt im Rahmen der Bandbreite von 10 % bis 16 %, die nach Erfahrungen der Arthur Andersen Management Beratung (1993, S. 26) erforderlich ist, um Investoren zu einer Sachinvestitionen zu bewegen und nahe bei der durchschnittlichen Kapitalertragsrate deutscher Kapitalgesellschaften, die im Durchschnitt der Jahre 1982 bis 1991 10,6 % betrug (vgl. Statistisches Bundesamt, Fachserie 2, Reihe 2.1, verschiedene Jg., Tab. 2 und 4, Statistisches Jahrbuch, verschiedene Jg., Tab. 7.8 und 7.9).[293] Aus diesem Resultat der Investitionsrechnung kann

293 Als durchschnittliche Kapitalertragsrate privater Unternehmen wird hier die Gesamtkapitalrentabilität angegeben, d.h. der Quotienten aus Jahresüberschuß vor Steuern sowie vor Fremdkapitalzinsen und Gesamtkapital. Sie kann aus Jahresabschlußdaten ermittelt werden, die vom Statistischen Bundesamt bis zum Geschäftsjahr 1991 einschließlich veröffentlicht wurden. Diese Statistik basiert auf den Handelsbilanzen von je nach Jahr 1.000 bis 1.500 großen Ka-

abgeleitet werden, daß die Marktbedingungen keinen Spielraum für die Anlastung umfangreicher zusätzlicher Infrastrukturkosten z.B. für ein KLV-Terminal oder einen Zubringer zu einer Autobahn bei den Ansiedlern im GVZ über die Hallenmiete zulassen, dazu ist die Rendite nicht hoch genug. Insbesondere für die Errichtung einer KLV-Anlage sind erhebliche zusätzliche Investitionen erforderlich: In das KLV-Terminal in Hamburg-Billwerder sind 200 Mio. DM (vgl. o.V., Billwerder, 1993) und in Großbeeren in der ersten Ausbaustufe 45 Mio. DM investiert worden (vgl. Baier-Fuchs, 1996). Dabei ist zu berücksichtigen, daß den Ergebnissen der Wirtschaftlichkeitsrechnung von Arthur Andersen (1993) zufolge ein Zuschuß zwischen 73% und 97% erforderlich ist, um den verbleibenden Teil der Investitionskosten aus den Umsatzerlösen des Umschlagbetriebs decken zu können. Im Szenario II für das GVZ Großbeeren lassen die Erlöse aus den Grundstücksverkäufen zwar die Übernahme der Investitionskosten für eine Anschlußstelle an die B 101 in Höhe von 12,0 Mio. DM zu, es handelt sich hierbei aber um sehr günstige Rahmenbedingungen, und die Investitionsausgaben für den Straßenanschluß haben gemessen am gesamten Investitionsvolumen von 162,1 Mio. DM nur einen geringen Anteil. Generell ist davon auszugehen, daß Investitionen in Anschlüsse an die überregionale Verkehrsinfrastruktur und insbesondere ein KLV-Terminal aus eigenen Umsatzerlösen bzw. aus öffentlichen Haushaltsmitteln finanziert werden müssen.

4.4.2.3 Überprüfung verschiedener Finanzierungsmodelle

Die durchgeführten Investitionsrechnungen haben gezeigt, daß die Gesamtheit der Bestandteile eines GVZ nicht privat finanziert werden kann. Während Ansiedlungsflächen unter Allokationsgesichtspunkten zu einzelwirtschaftlichen Bedingungen bereitgestellt und vermarktet werden sollten, besteht keine Möglichkeit, die Kosten für Investitionen in die Verkehrsinfrastruktur abzudecken. Straßeninfrastruktur, die an anderen Stellen unentgeltlich vom Staat bereitgestellt wird, kann hier nicht ausnahmsweise auf die Unternehmen umgelegt werden, da die angebotenen Gewerbeflächen im GVZ dann nicht mehr wettbewerbsfähig sind. Die geringe Wettbewerbsfähigkeit des KLV und die mangelnde Rentabilität eines KLV-Terminals (vgl. Arthur Andersen, 1993) machen eine finanzielle Unterstützung der öffentlichen Hand unerläßlich. Es soll deshalb geprüft werden, ob es sinnvoll ist, für die Finanzierung von GVZ innovative Finanzierungsmodelle einzusetzen, die im Zusammenhang mit der Errichtung von Verkehrsinfrastruktur diskutiert werden. Dies sind insbesondere[294]

- das Leasing,
- das Konzessionsmodell,
- das Betreibermodell und
- die Projektfinanzierung.

Beim Leasing übernimmt eine Objektgesellschaft die Planung, Durchführung und Finanzierung des Investitionsprojektes und fungiert als Leasinggeber, der die Anlagen langfristig an den Staat - den Leasingnehmer - gegen eine konstante Leasingrate verpachtet (vgl. Ostrowski, 1993, S. 55). Vorteile liegen für die öffentliche Hand

pitalgesellschaften im Sinne von § 267, Abs. 3 HGB mit über 100 Mio. DM Umsatzerlösen (vgl. Statistisches Bundesamt, 1994c, S.6f).

294 Vgl. Grosse (1993), Ostrowski (1993), Scheele (1993, S. 101-122), Klös (1989, S. 44-57).

in einem Liquiditätsgewinn, einer Verstetigung der Bautätigkeit und einer Entlastung der Verwaltung (Klös, 1989, S. 47). Dadurch, daß alle Aufgaben, die mit der Durchführung des Investitionsprojektes verbunden sind, von einer spezialisierten, privaten Objektgesellschaft übernommen werden, können Effizienzvorteile realisiert werden. Wegen der Refinanzierung der Leasinggesellschaft auf dem Kapitalmarkt sind die Finanzierungskosten des Leasing höher als die einer öffentlichen Kreditfinanzierung (vgl. Scheele, 1993, S. 107). Dieser Nachteil kann jedoch durch die Effizienzgewinne bei der Projektdurchführung kompensiert werden (vgl. Wissenschaftlicher Beirat der Gesellschaft für öffentliche Wirtschaft, 1993, S. 197). Ein Problem der Anwendung dieses Modells bei Infrastrukturprojekten wird darin gesehen, daß der Leasinggeber das Eigentum am Leasingobjekt hat und damit auch Eigentum am Grundstück erwerben muß (vgl. Grosse, 1993, S. 338).

Beim Konzessionsmodell vergibt der Staat eine Konzession für die Durchführung einer Infrastrukturinvestition an eine private Projektgesellschaft, die die Finanzmittel in eigenem Namen aufnimmt und das Bauvorhaben unter Einschaltung eines geeigneten Generalunternehmers durchführen läßt. Planungsaufgaben außerhalb des hoheitlichen Verantwortungsbereichs werden dabei auch von der Projektgesellschaft übernommen. Das Eigentum am Investitionsobjekt verbleibt von Anfang an beim Staat, und die Projektgesellschaft verbucht als Aktivum in ihrer Bilanz lediglich die Konzession. Nach Fertigstellung erhält die Projektgesellschaft vom Staat ein Nutzungsentgelt, bis die Konzession nach einer festgelegten Zeit an den Staat zurückgegeben wird. Vorteile einer Konzessionsvergabe gegenüber der öffentlichen Bereitstellung sind die Entlastung des Haushalts, die Nutzung privater Effizienzvorteile, transparente Finanzierungskosten sowie günstige Finanzierungskonditionen ähnlich denen der öffentlichen Hand (vgl. Grosse, 1993, S. 336f). Die Finanzierungsverantwortung und das Risiko bleiben letztlich bei der öffentlichen Hand.

Beim Betreibermodell holt der Staat im Tenderverfahren Angebote privater Unternehmen für eine ausgeschriebene Leistung ein und erteilt dem überlegenen Bieter eine zeitlich begrenzte Betreiberlizenz. Der Lizenznehmer übernimmt die Finanzierung, den Bau und den Betrieb der Anlage und ist berechtigt, für die erstellte Leistung Entgelte bei den Nutzern zu erheben, mit denen die Betriebskosten und der Kapitaldienst abgedeckt werden. Durch die Lizenzvergabe hat die erteilende Behörde ein entscheidendes Mittel zur Einflußnahme bei der Durchführung der Investition (vgl. Ostrowski, 1993, S. 57). Durch vertragliche Bindungen in einem Betreibervertrag können außerdem Standards für die Leistungserstellung und Grenzen für die Höhe des Nutzungsentgeltes festgelegt werden, so daß der Staat sich eine umfangreiche Kontrolle und Einsichtnahme sichern kann (vgl. Scheele, 1993, S. 177, 182, Klös, 1989, S. 50). Dies ist von großer Bedeutung, damit der Staat seiner Verantwortung für die betreffende Aufgabe nachkommen kann (vgl. Scheele, 1993, S. 185). Aus der Konstruktion ergibt sich ein erheblicher Kontrollaufwand für die Einhaltung der Vorgaben (vgl. Scheele, 1993, S. 186). Vorteil im Vergleich zu Leasing- und Konzessionsmodellen ist, daß die Finanzierung der Investition aus der eigenwirtschaftlichen Ertragskraft des Projektes erfolgt, die öffentlichen Haushalte vollkommen unberührt bleiben und durch die Erhebung von Nutzungsentgelten Anreize zu einer sparsamen Verwendung der Leistung gegeben werden (vgl. Scheele, 1993, S. 111). Praktiziert wird dieses Modell bisher bei kommunalen Kläranlagen in Niedersachsen (vgl. Scheele, 1993, S. 172-186).

Bei der Projektfinanzierung[295] handelt es sich um eine Finanzierungstechnik, bei der Kapitaldienst und Betriebskosten ausschließlich aus Einnahmen des Projektes gedeckt werden. In ihrer herkömmlichen Form wurden im Rahmen der Projektfinanzierung Kredite an die an einem Projekt beteiligten Unternehmen vergeben, die mit ihrem Vermögen und ihrem Einkommen für die Rückführung der Kredite hafteten. Die Finanzierung hat also nur mittelbar mit dem Projekt zu tun, und das Risiko liegt in erster Linie bei den beteiligten Unternehmen. Um die beteiligten Unternehmen an sehr großen Projekten von den damit verbundenen Risiken zu entlasten, wurde das herkömmliche Project related Financing zum Project based Financing weiterentwikkelt. Hierbei gründen die Träger des Projekts eine gemeinsame Projektgesellschaft (zumeist ein Joint Venture), die als Schuldner für das benötigte Fremdkapital auftritt. Die Haftung für die Kredite ist dabei auf das Projektvermögen beschränkt. Voraussetzung ist, daß das zu finanzierende Projekt Einnahmen erzielt, die neben den Betriebskosten ausreichen, um den Schuldendienst zu decken und eine ausreichende Rendite für die beteiligten Unternehmen abzuwerfen (vgl. Schmidt, 1993, McKay, 1989, S. 79-81).

Während beim Leasing und dem Konzessionsmodell der Staat weiterhin die finanziellen Mittel aufbringt, um Kapitaldienst und Betriebskosten abzudecken, sind Betreibermodell und Projektfinanzierung darauf ausgerichtet, daß die Investitionsprojekte selbst den erforderlichen Mittelrückfluß erwirtschaften, um die Kosten zu decken und die Kredite zu tilgen. Vorteile des Leasings und des Konzessionsmodells sind die Entlastung der Haushalte, weil die Auszahlungen über längere Zeiträume gestreckt werden und den Charakter von Abschreibungen bekommen (vgl. Grosse, 1993, S. 337f) sowie die Realisierung von Effizienzvorteilen bei der Durchführung von Investitionen. Eine wirkliche Privatfinanzierung der Investitionen liegt nur bei der Projektfinanzierung und dem Betreibermodell vor. Von einer vollständigen Privatisierung unterscheidet sich das Betreibermodell dadurch, daß es dem Staat eine stärkere Einflußmöglichkeit auf die Gestaltung des Investitionsobjektes gibt und eine Eigentumsübertragung auf den Staat vorgesehen werden kann. Die Projektfinanzierung unterscheidet sich von einem herkömmlichen privaten Investitionsprojekt durch seine Größe, die dazu führt, daß eine Vielzahl von Unternehmen an der Durchführung beteiligt ist und beim Project based Financing keine Risikoübernahme einer beteiligten Gesellschaft erfolgt, sondern nur das Projekt für die Kredite haftet. Wie sind diese Modelle im Zusammenhang mit der Errichtung von GVZ zu beurteilen?

Das Ergebnis der bisherigen Untersuchungen hat ergeben, daß Ansiedlungsflächen mit oder ohne Hallen für Unternehmen der Transportwirtschaft eigenwirtschaftlich angeboten werden können und unter der Zielsetzung einer optimalen Allokation eigenwirtschaftlich angeboten werden sollten. Leasing- oder Konzessionsmodell, bei dem die öffentliche Hand die Nutzungsentgelte aufbringt, sind deshalb hierfür nicht geeignet. Das Betreibermodell böte den zuständigen Behörden die Möglichkeit, detaillierten Einfluß auf die Gestaltung und Vermarktung des GVZ zu nehmen, während die Investition und Vermarktung selbst von einer privaten Gesellschaft erbracht werden, die dabei Effizienzvorteile realisieren kann. Hiergegen sind zwei Einwendungen zu machen:

---

295 Klös (1989, S. 52) bezeichnet diese Finanzierungsform als Konsortialmodell.

- Der mit einem Betreibermodell verbundene Kontrollaufwand während der Betriebsphase ist im Zusammenhang mit GVZ nicht gerechtfertigt: Es handelt sich bei GVZ nicht um ein Angebotsmonopol, wie im Falle der Abwasserbeseitigung, für die das Betreibermodell zur Anwendung gekommen ist. GVZ konkurrieren mit anderen Ansiedlungsflächen für Unternehmen, so daß keine Monopolposition entsteht, die ein privater Anbieter ausnutzen könnte. Der Bedarf zur Einflußnahme beschränkt sich auf die Planungsphase und kann über das Planungsrecht wahrgenommen werden. Eine fortdauernde staatliche Einflußnahme während der Betriebszeit ist nicht erforderlich.
- Effizienzgewinne einer privaten Erstellung eines GVZ sind weniger in der Bauphase zu erwarten, da auch öffentliche Auftraggeber hier auf private Unternehmen zurückgreifen, als in der Konzeptions- und Planungsphase, wie das Beispiel des „Brandenburg Parks" in der Nähe des GVZ Großbeeren gezeigt hat. Gerade diese Vorteile lassen sich aber nicht durch ein Betreibermodell realisieren, da die Konzeption und Planung bis zur Ausschreibung der gewünschten Leistung bei den Behörden verbleibt.

Das Beispiel von Garonor in Aulnay-sous-Bois bei Paris, die Angebote privater Investoren für das GVZ Köln-Eifeltor (vgl. Güterverkehrsrunde Köln, 1995, S. 12), der „Brandenburg Park" und die Investitionsrechnungen in den Kapiteln 4.4.2.1 und 4.4.2.2 zeigen, daß die Investitionen in Ansiedlungsflächen für Unternehmen von einzelnen, privaten Gesellschaften durchgeführt werden können. Risiko und Volumen der Investition in die Ansiedlungsflächen eines GVZ sind nicht so umfangreich, daß eine Projektfinanzierung erforderlich ist.

Das Problem bei der Errichtung von KLV-Umschlaganlagen besteht darin, daß sie nicht in der Lage sind, einen ausreichenden Cash-Flow zu erwirtschaften, um die Deckung der Kosten und Rückführung der Finanzierungsmittel zu gewährleisten. Daran kann die Art der Beschaffung der Finanzierungsmittel nichts ändern. Vorteile könnten entstehen, wenn bei der Planung und Durchführung der Investition durch eine private Projektgesellschaft (Leasinggeber oder Konzessionsnehmer) Effizienzgewinne realisiert werden. Die Investitionen in KLV-Anlagen werden jedoch auch bisher nicht von der öffentlichen Hand selbst, sondern von der DB AG durchgeführt (vgl. BMV, 1994b). Durch die Privatisierung der Deutschen Bundesbahn sind die Voraussetzungen geschaffen worden, um zukünftig eine einzelwirtschaftlich effiziente Errichtung von Eisenbahninfrastruktur zu gewährleisten. Es kann allerdings die Frage aufgeworfen werden, ob die derzeitige Organisationsstruktur der DB AG und die Finanzierungsvereinbarungen zwischen BMV und DB AG für die Errichtung von GVZ die richtigen Anreize und Sanktionen beinhalten, um eine effiziente Durchführung der Investitionen zu gewährleisten. Dieser Frage soll hier nicht nachgegangen werden. Problematisch ist mit Sicherheit die Zusammenfassung von Güterverkehrsbetrieb (DB Cargo) und Verantwortung für die Fahrwege und Umschlageinrichtungen in einem Unternehmen bzw. zukünftig in einer Holding (vgl. Aberle, 1996, S. 134f). Außerdem können durch die zugesagten Finanzierungsmittel des BMV falsche Anreize für die Errichtung von KLV-Anlagen gesetzt werden.

Die Benutzung von Straßenverkehrswegen ist in Deutschland nicht entgeltpflichtig, so daß hier keine direkten Einnahmen erzielt werden, aus denen die Betriebskosten und der Kapitaldienst gedeckt werden könnten. Die Erhebung eines Nutzungsentgelts nur bei den GVZ-Nutzern würde zu Verzerrungen führen, da genau wie bei der Umlegung der Infrastrukturkosten auf die GVZ-Nutzer über Grundstückspreise oder Hallenmieten ein Wettbewerbsnachteil gegenüber anderen Ansiedlungsmöglichkeiten entstehen würde, dem kein entsprechender Vorteil gegenüberstünde. Unter solchen Bedingungen wären die Flächen in einem GVZ nicht mehr vermarktbar. Solange die Straßenverkehrswege im allgemeinen öffentlich bereitgestellt werden, können bei der Anbindung von GVZ keine isolierten Sonderlösungen realisiert werden, bei denen die Kosten auf die Nutzer umgelegt werden. Eine Privatfinanzierung der Straßenverkehrswege müßte in einem bundesweiten Gesamtkonzept integriert sein (vgl. auch Ostrowski, 1993, S. 57).

Im Ergebnis ist festzuhalten:

- GVZ-Ansiedlern können keine Infrastrukturkosten angelastet werden, die sie an anderen Standorten (in anderen Gewerbegebieten) nicht tragen müssen. Zusätzliche Kosten für Anschlüsse an Fernverkehrswege und insbesondere ein KLV-Umschlagbahnhof lassen sich deshalb über die Grundstückskosten oder Hallenmiete nicht bzw. nur in geringem Umfang einnehmen. Ein GVZ läßt sich deshalb nicht vollständig privat finanzieren.
- Grundstücke, innere Erschließung und Hochbauten lassen sich einzelwirtschaftlich erstellen. Um eine optimale Allokation der Ressourcen zu gewährleisten, sollten diese möglichst privatwirtschaftlich realisiert werden oder zumindest zu marktmäßigen Konditionen erstellt und angeboten werden.
- Besondere Finanzierungsmodelle, die entwickelt worden sind, um fehlender Eigenwirtschaftlichkeit, staatlichen Ineffizienzen, besonderen Investitionsvolumina, Risikostrukturen oder monopolistischen Marktpositionen entgegenzuwirken, sind dafür nicht erforderlich. Gewerbeflächen oder Speditionshallen können durch unabhängige private Unternehmen finanziert werden. Der erforderliche staatliche Einfluß ist durch das Planungsrecht sichergestellt.

4.4.3 Betrieb

In der Nutzungsphase eines GVZ lassen sich zwei verschiedene Aufgabenbereiche ausmachen (vgl. Seebauer & Partner, 1994, S. 9):

- die Betreibung des Gewerbegebietes und
- die Realisierung der Ziele des GVZ in Form von Bündelung und Verlagerung von Transportströmen und Entwicklung von Kooperationen zwischen den Unternehmen.

Zu den klassischen Aufgaben der Betreibung eines Gewerbegebiets gehören die Straßenreinigung, Pflege von Grünanlagen und die Instandhaltung der Wege und Erschließungsanlagen. Die Kosten für diese Aufgaben werden über Umlagen an die Ansiedler weitergegeben. Diese Aufgaben werden bei privat entwickelten Gewerbegebieten von der Entwicklungsgesellschaft, bzw. wie bei öffentlichen Gewerbegebieten, von kommunalen Betrieben übernommen.[296] Die Aufgaben und die Verteilung der Zuständigkeiten sollen hier nicht weiter untersucht werden.

Von Interesse für diese Arbeit ist der zweite Aufgabenbereich, der die Verfolgung der gesamtwirtschaftlichen Ziele eines GVZ beinhaltet. Die Zielsetzungen umfassen

---

296 Angaben von Reinald Walkemeier, TrizecHahn Europe GmbH, Gespräch am 30.1.1997.

- die verstärkte Nutzung der Bahn als Verkehrsträger im Fernverkehr und
- die Initiierung, Entwicklung und Steuerung von Kooperationen zwischen den Betrieben im GVZ.

Prinzipiell führen Unternehmen nur dann freiwillig Transaktionen durch, wenn sie daraus einen Nutzen ziehen. Langfristig stabile Kooperationen entstehen deshalb ausschließlich, wenn dabei betriebswirtschaftliche Vorteile erzeugt werden. Auch eine verstärkte Nutzung der Bahn im Fernverkehr kann nur erfolgen, wenn dabei einzelwirtschaftliche Vorteile entstehen. Eine verbindliche Vorgabe eines bestimmten Modal Splits wird von den Unternehmen der Transportwirtschaft als eine inakzeptable Einschränkung ihrer unternehmerischen Freiheit angesehen und würde unter den gegebenen Umständen dazu führen, daß sie sich nicht im GVZ ansiedeln (vgl. Bünck, 1994). Durch die räumliche Zusammenführung der Speditionen und eines KLV-Umschlagbahnhofs im GVZ wird die Benutzung des KLV erleichtert, weil der Anfahrtsweg zum Terminal praktisch entfällt. Bei intensivem Wettbewerb werden Kooperationen, die zu betriebswirtschaftlichen Vorteilen führen, durch Marktprozesse initiiert. Folglich besteht grundsätzlich kein Bedarf für spezielle Maßnahmen in der Betriebsphase zur Förderung von Kooperation und Verkehrsverlagerung auf die Bahn. Ein Problem, das die Entstehung von Kooperationsprojekten verhindern kann, sind hohe Transaktionskosten, die bei der Aufnahme der Zusammenarbeit entstehen und die Vorteile überkompensieren. Die Einflußfaktoren von Transaktionskosten nach dem Markt-Hierarchie-Paradigma von Williamson (1990) sind bereits oben erläutert worden (vgl. S. 243f). Danach bestehen die zentralen Gründe für hohe Transaktionskosten in:[297]

- der Spezifität von Investitionen in Verbindung mit dem Hang der Wirtschaftssubjekte zu strategischem Verhalten und
- der Unsicherheit über das Verhalten des potentiellen Kooperationspartners in Verbindung mit begrenzter Rationalität.

Um in diesem Fall Kooperationen trotzdem zu ermöglichen, müssen entweder geeignete institutionelle Arrangements gefunden oder gezielte Maßnahmen ergriffen werden, um die Transaktionskosten zu senken. Die Reduzierung von spezifischen Investitionen kann auf zwei Wegen erfolgen:

- Das Investitionsvolumen kann verringert werden, indem für die Kooperation eine institutionelle Form gewählt wird, bei der die beteiligten Unternehmen möglichst geringe eigene Investitionen tätigen müssen. Die einfachste Möglichkeit wäre, die Leistung am Markt fremd zu beziehen. Dieses Vorgehen ist z.B. für eine LKW-Waschanlage, eine Kantine, Büroräume, Sicherheitsleistungen oder einen Geräteverleih geeignet.
- Eine weitere Möglichkeit besteht in der Reduzierung des Grades der Spezifität der Investitionen, indem eine institutionelle Form gewählt wird, die das investierte Kapital möglichst fungibel macht. Dies kann erreicht werden, indem die Investitionen über eine eigene, zu gründende Gesellschaft getätigt werden, deren Anteile veräußerbar sind. Um dadurch eine Reduzierung der Spezifität zu erreichen, muß es eine ausreichend große Anzahl potentieller Kooperationspartner geben, zwischen denen ein Austausch von Gesellschaftsanteilen stattfinden kann. Diese Möglich-

---

[297] Vgl. zur Betrachtung von Transaktionskosten im Zusammenhang mit zwischenbetrieblichen Kooperationen im Transportbereich Stahl (1995), Wittenbrink (1995).

keit bietet sich an, wenn eine Leistung kooperativ erstellt werden soll, die am Markt nicht angeboten wird. Beispiele, für die dieser Weg geeignet erscheint, sind City-Logistik oder Speziallager.

Außerdem kann eine Erleichterung zwischenbetrieblicher Zusammenarbeit durch eine Reduzierung der Unsicherheiten über das Verhalten der potentiellen Kooperationspartner erreicht werden. Dazu sind Maßnahmen geeignet, durch die Kontakte zwischen Betrieben besonders auf der Geschäftsführungsebene hergestellt werden, wie der „GVZ-Stammtisch“ oder Arbeitsausschüsse in Bremen, um Informationsaustausche zu ermöglichen und die Vertrauensbildung zwischen den Betrieben zu fördern (vgl. Deecke u.a., 1993, S. II.9-15-II.9-17).

Im Ergebnis kann festgehalten werden, daß prinzipiell kein Bedarf zur finanziellen Förderung von Kooperationen besteht. Einzelwirtschaftliche Vorteile führen dazu, daß Kooperationen im Zuge von Marktprozessen entstehen. Hohe Transaktionskosten können ein Hindernis für Kooperationen sein, sind jedoch keine grundsätzliche Rechtfertigung für staatliche Ausgaben zur Förderung von Kooperationen, denn das Nichteingehen der Kooperationen zeigt gerade, daß die Transaktionskosten höher eingeschätzt werden als der Nutzen bzw. die Gewinne aus den Kooperationen und können durch die Wahl eines geeigneten institutionellen Arrangements verringert werden (vgl. Eickhof, 1986, S. 471). Eine Einschränkung dieses Ergebnisses ist vorzunehmen, wenn durch die Kooperation eine Reduzierung externer Kosten bzw. Erzeugung externer Nutzen erreicht wird. Damit ließe sich die staatliche Förderung von Kooperationen rechtfertigen. Im Falle von GVZ betrifft dies Kooperationen, die zu einer Reduzierung von Verkehrsleistungen führen, also insbesondere City-Logistik-Projekte, nicht jedoch Kooperationen zur Förderung der Wettbewerbsfähigkeit der Unternehmen. Um eine wohlfahrtstheoretisch begründete Entscheidung über die Vorteilhaftigkeit der Förderung einzelner Kooperationsprojekte zu fällen, müßte für jedes einzelne abgrenzbare Projekt eine Kosten-Nutzen-Analyse durchgeführt werden; eine sehr aufwendige, teilweise unlösbare Aufgabe. Dies verdeutlicht hier noch einmal die Problematik von Second best-Ansätzen und unterstreicht die Forderung nach einer Internalisierung der externen Effekte des Verkehrs.

5 Zusammenfassung der Ergebnisse

Ziel dieser Arbeit war es, das staatliche Engagement bei der Errichtung und Betreibung von GVZ kritisch zu hinterfragen und Möglichkeiten für eine stärkere Beteiligung der Privatwirtschaft zu prüfen. Am Anfang stand dabei eine umfangreiche und detaillierte Untersuchung, inwieweit durch GVZ die erwarteten gesamtwirtschaftlichen Vorteile entstehen. Anhand einer Kosten-Nutzen-Analyse am Beispiel des GVZ Großbeeren bei Berlin konnte nachgewiesen werden, daß GVZ in umfangreichem Maße gesamtwirtschaftliche Vorteile erzeugen. Dem volkswirtschaftlichen Nutzen in Höhe von 370 Mio. DM stehen gesamtwirtschaftliche Kosten von 241 Mio. DM gegenüber, was einem Nutzen-Kosten-Verhältnis von 1,53 entspricht. Der Nutzen besteht zu 50 % aus den einzelwirtschaftlichen Vorteilen der angesiedelten Unternehmen, der in ihrer Zahlungsbereitschaft zum Ausdruck kommt, zu 40 % aus externem Nutzen in Form von Reduzierungen der Unfallkosten und Umweltbelastungen des Straßenverkehrs sowie zu 10 % aus der Beschäftigungswirkung während der Bauphase und durch die Ansiedlung von Unternehmen in der Umgebung des GVZ. Die Kosten bestehen zu 83 % aus dem Ressourcenverbrauch für die Erschließung des Geländes und die Errichtung der Infrastruktur inklusive eines KLV-Umschlagbahnhofs und zu 17 % aus negativen Umwelteffekten durch die Versiegelung des Bodens und das Verkehrsaufkommen in der Umgebung des GVZ.

Die Untersuchung, welche weiteren Arten von Marktversagen bei der Errichtung und Betreibung von GVZ vorliegen, ergab, daß neben externen Effekten transaktionales Marktversagen auftreten kann. Bei der Bereitstellung von GVZ können starke Unsicherheit und Spezifität entstehen, die nach dem Transaktionskostenansatz in Zusammenwirkung mit begrenzter Rationalität und opportunistischem Verhalten zu hohen Transaktionskosten führen. Durch die Ausgestaltung des Planungsrechts besteht bei der Errichtung eines GVZ große Unsicherheit für einen Investor, ob er die erforderlichen Genehmigungen erhält. Weitere Unsicherheit geht von der Errichtung der KLV-Anlage aus, die aufgrund mangelnder Eigenwirtschaftlichkeit auf finanzielle Unterstützung des BMV angewiesen ist, so daß die Entscheidungsbefugnis der ansonsten für die Investition zuständigen DB AG eingeschränkt ist. Beim Erwerb der erforderlichen Flächen kann aufgrund der Anforderungen an Umfeld, Lage und infrastrukturelle Anbindung starke Spezifität auftreten, die von Grundstücksalteigentümern ausgenutzt wird und zu überhöhten Preisforderungen führen kann.

Außerdem dienen GVZ der Verfolgung verteilungspolitischer Ziele, die ein staatliches Eingreifen begründen können. Es handelt sich dabei in erster Linie um die Förderung mittlerer und kleiner Unternehmen der Transportwirtschaft und die Sicherung und Schaffung von Arbeitsplätzen durch das infrastrukturelle Angebot und die Leistungen, die im GVZ erbracht werden.

Auch wenn aus den vorliegenden Marktversagen eine Berechtigung für staatliche Förderung von GVZ abgeleitet werden kann, wurde weiterhin gezeigt, daß die staatlichen Eingriffe vielfach keineswegs die angemessene, gesamtwirtschaftlich effiziente Reaktion auf die Marktversagen bzw. verteilungspolitischen Ziele sind. Im einzelnen wurde argumentiert:

- Der gesamtwirtschaftlich effiziente Weg zur Verringerung der unerwünschten externen Effekte des Straßenverkehrs ist die Internalisierung der externen Kosten. GVZ stellen diesbezüglich einen Second best-Ansatz dar, dessen Willkür und Unbestimmtheit zu Verzerrungen und Ineffizienzen auf anderen Märkten führt und kein effizientes Ergebnis bei der Reduzierung der Externalitäten erzeugt.
- Zur Erhöhung der gesamtwirtschaftlichen Effizienz und Reduzierung der Unsicherheit bei der Planung eines GVZ wurde die Einführung eines auf allgemein akzeptierten Verfahrensregeln basierenden Verhandlungsverfahrens vorgeschlagen. Die Unsicherheit bezüglich der erforderlichen planungsrechtlichen Genehmigungen kann damit jedoch nicht ausgeräumt werden.
- Die zusätzliche Unsicherheit, die sich im Zusammenhang mit der Investitionsentscheidung für ein KLV-Terminal ergibt, entsteht durch Staatsversagen. Nach einer Internalisierung der externen Effekte könnte sich der Staat aus der Förderung des Schienenverkehrs zurückziehen, und die Investitionsentscheidungen würden von der DB AG allein auf einzelwirtschaftlicher Basis gefällt werden.
- Das Auftreten von ex post-Spezifität beim Grundstückserwerb wird am besten durch geschlossene Ankaufsverhandlungen vor Veröffentlichung der Planung vermieden. Dieses Vorgehen steht allerdings in Konflikt mit der Planungsunsicherheit. Der Staat hat durch die Möglichkeit der Enteignung ein wirksames Instrument strategischen Positionen der Grundstücksalteigentümer zu begegnen, das privaten Unternehmen nicht zur Verfügung steht.
- Für eine gezielte Förderung kleiner und mittlerer Unternehmen der Transportwirtschaft sind GVZ nur begrenzt geeignet, da keine gezielte Auswahl der Unternehmen erfolgt. Ein GVZ stellt für die Unternehmen der Transportwirtschaft ein attraktives Angebot zur Ansiedlung dar. Unter Allokationsgesichtspunkten sollten die Flächen im GVZ zu Marktkonditionen veräußert werden und die Förderung von Unternehmen durch subjektbezogene Transfers erfolgen.
- In der Bauphase und durch Ansiedlung von Unternehmen in der Umgebung des GVZ werden zusätzliche Arbeitsplätze geschaffen und die räumliche Verteilung von Beschäftigung beeinflußt. Angesichts der bundesweit hohen Arbeitslosigkeit besteht jedoch die Gefahr, daß die Bereitstellung von Infrastruktur und Gewerbeflächen zu einem Subventionswettlauf wird. Um die Arbeitslosigkeit wirksam zu bekämpfen, sollten ordnungs- und beschäftigungspolitische Maßnahmen auf nationaler Ebene ergriffen werden.

Ausgehend von den Ergebnissen der theoriegeleiteten Analyse wurden Handlungsempfehlungen für die Errichtung von GVZ unter den gegebenen rechtlichen und ökonomischen Rahmenbedingungen abgeleitet. Es wurde herausgearbeitet, daß die Errichtung eines GVZ unter dem gültigen Planungsrecht nur in Abstimmung mit den zuständigen kommunalen Behörden möglich ist, die um so enger sein muß, je größer die zu erwartenden Widerstände in der Bevölkerung und öffentlichen Verwaltung sind. Die Planungen sollten deshalb von Anfang an darauf ausgerichtet sein, Widerstände zu vermeiden. Läßt sich eine hohe Spezifität beim Grundstückserwerb nicht vermeiden und kommt es zu strategischem Verhalten seitens der Alteigentümer, kann der staatliche Erwerb der Flächen vorteilhaft bzw. erforderlich sein. Investitionen in Erschließung und Hochbauten sowie die Vermarktung der Ansiedlungsflächen sollten möglichst durch private Unternehmen durchgeführt werden, da bei öffentlicher Trägerschaft ein großes Potential für Ineffizienzen besteht; zumindest sollten sie zu einzelwirtschaftlichen Konditionen durchgeführt werden.

Mit Hilfe von Investitionsrechnungen anhand von drei Szenarien wurde nachgewiesen, daß eine eigenwirtschaftliche Bereitstellung sowohl unbebauter Grundstücke als auch fertiger Hallenflächen möglich ist. Neben Grundstücks-, Erschließungs- und Baukosten können den Ansiedlern keine weiteren Investitionsausgaben für Verkehrsinfrastruktur, insbesondere ein KLV-Terminal, angelastet werden, da die Ansiedlungsflächen im GVZ gegenüber anderen Gewerbeflächen nicht mehr wettbewerbsfähig wären. Diese Investitionen müssen, soweit sie sich nicht aus eigenen Umsatzerlösen decken lassen, vom Staat getragen werden. Dieses Ergebnis deckt sich mit Erfahrungen aus Frankreich. Das Beispiel des GVZ Großbeeren zeigt jedoch, daß die ökonomischen Rahmenbedingungen nicht in jedem Fall eine privatwirtschaftliche Bereitstellung der Flächen zulassen. Das Ergebnis der Kosten-Nutzen-Analyse würde eine Subventionierung von Flächen im GVZ rechtfertigen, unter der Zielsetzung der Erreichung allokativer Effizienz ist dies jedoch abzulehnen, denn die Förderung kommt nur einer kleinen Zahl von Unternehmen zugute, die nicht gezielt nach ihrer Förderungswürdigkeit ausgewählt wurde.

Bezüglich der Unternehmenskooperationen in der Betriebsphase hat sich gezeigt, daß generell keine staatliche Förderung erforderlich ist, da betriebswirtschaftlich vorteilhafte Kooperationen durch Marktprozesse initiiert werden und nicht auf das Vorhandensein eines GVZ angewiesen sind. Lediglich wenn durch die Zusammenarbeit externe Nutzen entstehen bzw. externe Kosten gesenkt werden, wie z.B. durch kooperative Verteilfahrten bei City-Logistik-Projekten, ist staatliche Förderung berechtigt.

Ein wichtiger Problembereich im Zusammenhang mit GVZ sind die externen Kosten des Straßenverkehrs in den Bereichen Umwelt und Unfallfolgen. Sie sind der entscheidende Grund, warum öffentliche Stellen

- die Bahn fördern und versuchen, den Modal Split zugunsten des Schienenverkehrs zu beeinflussen,
- Einfluß auf die Ansiedlungsstruktur des Transportgewerbes nehmen und die Abwanderung in das entfernte Umland verhindern möchten sowie
- Kooperationen zwischen Unternehmen des Straßengüterverkehrsgewerbes fördern, um die Transportleistung zu vermindern.

Der zweite wichtige Problemkreis ist die hohe Arbeitslosigkeit. Durch Förderung von Verkehrsinfrastruktur, Gewerbeflächen und der Unternehmen selbst wird versucht, die Standortattraktivität zu erhöhen, um Arbeitsplätze zu schaffen und zu sichern.

In GVZ wird ein Mittel gesehen, die Ziele beider Problembereiche gleichzeitig zu verfolgen. Die Kosten-Nutzen-Analyse hat den Erfolg von GVZ bei der Verfolgung dieses Anliegens nachgewiesen. GVZ bekämpfen jedoch nicht die Ursachen der Probleme, sondern es handelt sich in beiden Fällen um einen Second best-Ansatz, und es treten in vielfacher Hinsicht die Probleme auf, die mit Second best-Ansätzen üblicherweise verbunden sind. Der Eingriff erzeugt kein gesamtwirtschaftlich optimales Ergebnis und führt zu Ineffizienzen auf anderen betroffenen Märkten, wie hier z.B. auf dem Grundstücksmarkt durch Verkauf von Flächen unter Marktpreisen, beim Wettbewerb zwischen den Unternehmen der Transportwirtschaft oder durch die Erzeugung weiterer externer Effekte, z.B. durch die Versiegelung von Flächen. Die abschließenden Forderungen dieser Arbeit müssen deshalb lauten, die externen Kosten des Verkehrs zu internalisieren und das Problem der Arbeitslosigkeit durch geeignete ordnungs- und beschäftigungspolitische Maßnahmen an seinen Ursachen zu bekämpfen. Dann werden vom Markt die richtigen Signale ausgehen, die optimale Ansiedlungsstrukturen und Verkehrsströme ohne staatliche Eingriffe entstehen lassen.

Anhang

Anhang 1: GVZ-affine Güter im deutschen Güterfernverkehr - Transportaufkommen und Modal Split

Anhang 1.1: Besonders GVZ-affine Güter

Gütergruppe	Nr.[298]	Transportaufkommen in tsd. t				Modal Split		
		Schiene	Straße	Binnenschiff	gesamt	Schiene	Straße	Binnenschiff
Getränke	12	530	22.613	43	23.185	2,3%	97,5%	0,2%
Genußmittel	13	870	13.097	43	14.010	6,2%	93,5%	0,3%
Fleisch, Fleischkonserven	147	3	1.553	144	1.700	0,2%	91,4%	8,5%
Fischkonserven	148	7	208	0	215	3,3%	96,7%	0,0%
Mehl, Grieß, Grütze	161	55	2.347	182	2.584	2,1%	90,8%	7,0%
sonstige Getreideerzeugnisse	163	75	3.173	57	3.305	2,3%	96,0%	1,7%
konserviertes Obst	164	74	6.148	184	6.406	1,2%	96,0%	2,9%
konserviertes Gemüse	166	16	3.122	50	3.188	0,5%	97,9%	1,6%
pharmazeutische Erzeugnisse	893	93	3.791	27	3.911	2,4%	96,9%	0,7%
elektrotechnische Erzeugnisse	931	238	5.011	82	5.331	4,5%	94,0%	1,5%
Eisen-, Blech-, Metallwaren	949	586	9.606	66	10.258	5,7%	93,6%	0,6%
Leder, Textilien, Bekleidung	96	292	5.757	12	6.061	4,8%	95,0%	0,2%
Papier- und Pappwaren	973	237	4.966	45	5.248	4,5%	94,6%	0,9%
Druckereierzeugnisse	974	27	2.485	2	2.514	1,1%	98,8%	0,1%
sonstige Fertigwaren	979	199	13.642	19	13.860	1,4%	98,4%	0,1%
Sammel- und Stückgut	999	21.877	55.846	3.125	80.848	27,1%	69,1%	3,9%
gesamt		25.179	153.365	4.081	182.624	13,8%	84,0%	2,2%

Quellen: Statistisches Bundesamt (Hrsg.), Fachserie 8, Verkehr, Reihe 1, Güterverkehr der Verkehrszweige 1993, Stuttgart 1994, S. 28-40, 106, eigene Berechnungen.

298 Gütergruppennummern nach Klassifikation des Statistischen Bundesamtes.

Anhang 1.2: Bedingt GVZ-affine Güter

Gütergruppe	Nr.	Transportaufkommen in tsd. t				Modal Split		
		Schiene	Straße	Binnenschiff	gesamt	Schiene	Straße	Binnenschiff
Spinnstoffe und textile Abfälle	4	282	1.590	32	1.904	14,8%	83,5%	1,7%
sonstige pflanzliche u. tierische Rohstoffe	9	160	4.408	21	4.589	3,5%	96,1%	0,5%
raffinierter Zucker	112	791	1.585	133	2.509	31,5%	63,2%	5,3%
Fleisch	141	141	6.753	5	6.899	2,0%	97,9%	0,1%
Fische	142	75	1.380	0	1.455	5,2%	94,8%	0,0%
frische Milch, Sahne	143	350	6.904	0	7.254	4,8%	95,2%	0,0%
Butter, Käse u. Milchwaren	144	71	6.423	2	6.496	1,1%	98,9%	0,0%
Margarine und andere Speisefette	145	29	460	45	534	5,4%	86,1%	8,4%
Eier	146	0	1.087	0	1.087	0,0%	100,0%	0,0%
Malz	162	132	1.056	123	1.311	10,1%	80,5%	9,4%
getrocknete Hülsenfrüchte	165	5	298	169	472	1,1%	63,1%	35,8%
Hopfen	167	13	29	0	42	31,0%	69,0%	0,0%
Stahlhalbzeug	52	17.984	520	2.039	20.543	87,5%	2,5%	9,9%
Stab- und Formstahl	531	4.773	5.515	2.918	13.206	36,1%	41,8%	22,1%
Walzdraht	535	2.810	326	1.663	4.799	58,6%	6,8%	34,7%
sonstiger Eisen- und Stahldraht	536	38	1.615	18	1.671	2,3%	96,6%	1,1%
Stahlbleche, Bandstahl u.ä.	54	11.599	11.977	2.974	26.550	43,7%	45,1%	11,2%
NE-Metalle, NE-Metallhalbzeug	56	1.181	6.419	741	8.341	14,2%	77,0%	8,9%
grobkeramische Baustoffe	692	632	9.923	98	10.653	5,9%	93,1%	0,9%
Zellstoff und Altpapier	84	984	598	1.665	3.247	30,3%	18,4%	51,3%
Kunststoffe	891	820	11.829	102	12.751	6,4%	92,8%	0,8%
Farbstoffe, Farben	892	63	2.001	20	2.084	3,0%	96,0%	1,0%
Sprengstoffe	894	58	45	0	103	56,3%	43,7%	0,0%
Stärke und Kleber	895	68	770	15	853	8,0%	90,3%	1,8%
sonst. chemische Erzeugnisse	896	2.212	15.471	1.631	19.314	11,5%	80,1%	8,4%

Anhang 1.2: Bedingt GVZ-affine Güter (Fortsetzung)

Gütergruppe	Nr.	Transportaufkommen in tsd. t				Modal Split		
		Schiene	Straße	Binnenschiff	gesamt	Schiene	Straße	Binnenschiff
Fahrzeuge	91	7.365	14.083	378	21.826	33,7%	64,5%	1,7%
landwirtschaftl. Maschinen	92	154	671	11	836	18,4%	80,3%	1,3%
sonstige Maschinen	939	1.329	8.114	143	9.586	13,9%	84,6%	1,5%
Glaswaren u.ä.	952	168	5.731	22	5.921	2,8%	96,8%	0,4%
Kautschukwaren	971	71	2.296	13	2.380	3,0%	96,5%	0,5%
Papier und Pappe	972	4.101	16.542	304	20.947	19,6%	79,0%	1,5%
Holz u. Korkwaren	976	268	9.999	33	10.300	2,6%	97,1%	0,3%
gebrauchte Verpackungen	991	956	9.616	618	11.190	8,5%	85,9%	5,5%
gesamt		59.683	166.034	15.936	241.653	24,7%	68,7%	6,6%

Quellen: Statistisches Bundesamt (Hrsg.), Fachserie 8, Verkehr, Reihe 1, Güterverkehr der Verkehrszweige 1993, Stuttgart 1994, S. 28-40, 106, eigene Berechnungen.

Anhang 2: Übersicht zur geographischen Lage des GVZ Großbeeren bei Berlin

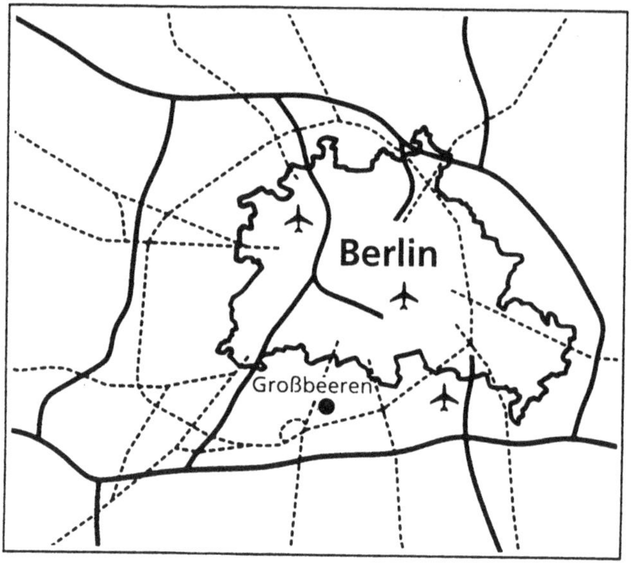

Anhang 3: Planungsentwurf für das GVZ Großbeeren

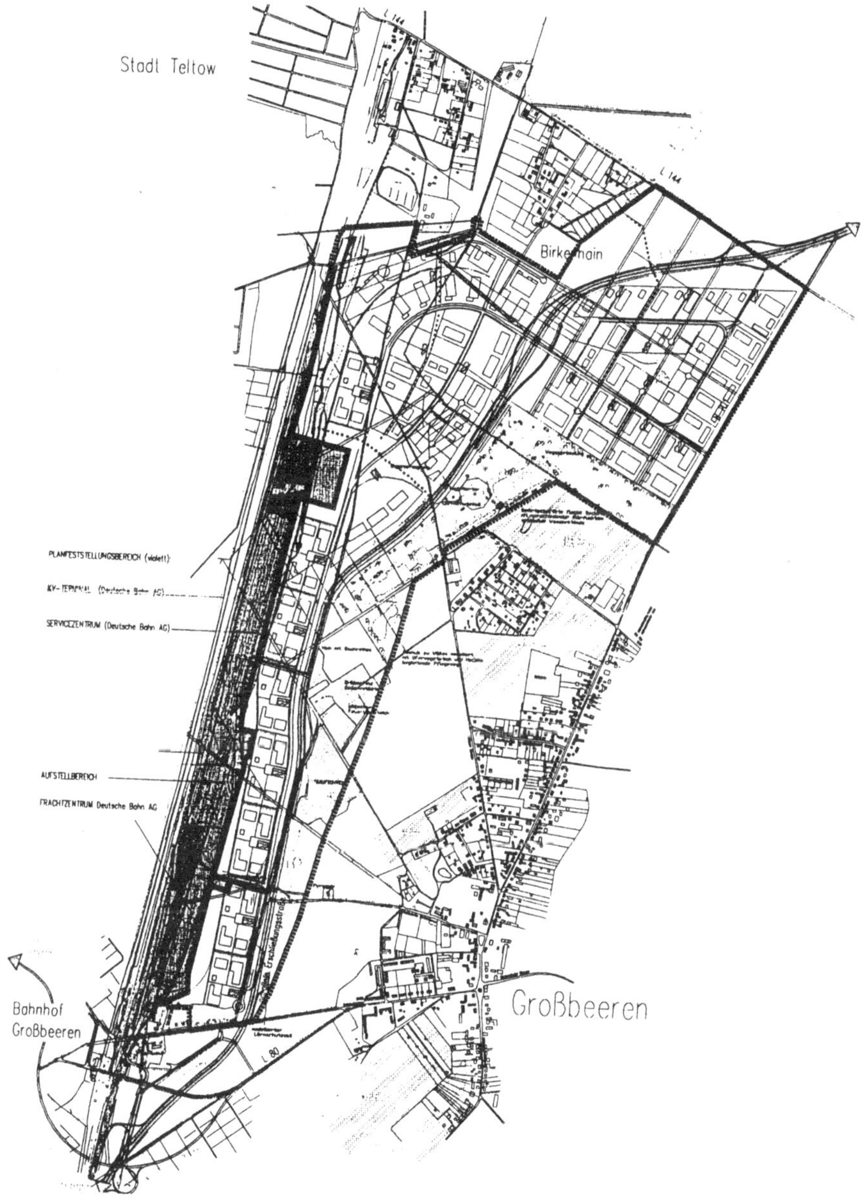

Anhang 4: Verkehrseffekte des GVZ Großbeeren für den Schienengüterverkehr

Zugart	Menge im Durchschnitt	Entfernung im Durchschnitt	Leistung gesamt	Anteil am Güterfernverkehr	KLV-Umschlag	KLV-Umschlag
	tsd. t	km	tsd. tkm	%	t/Tag	LE/Tag
Schienengüterfernverkehr ohne GVZ						
Wagenladung	168	320	53.760	6,4%		
BahnTrans	56	320	17.920	2,1%	220	26
KLV	336	320	107.520	12,8%	1.323	156
gesamt	560	320	179.200	21,3%	1.543	182
Schienengüterfernverkehr mit GVZ						
Wagenladung	109	331	36.123	4,1%		
BahnTrans	73	327	23.813	2,8%	287	34
KLV	546	325	177.257	20,7%	2.150	253
gesamt	728	326	237.194	27,7%	2.436	287

Quellen: Helmut Baumgarten u.a., Güterverkehrszentren und Umwelt. Ein Forschungsprojekt im Auftrag der Kühne-Stiftung mit Beteiligung des Deutschen Verkehrsforums, Bern u.a., S. 228, 230, eigene Berechnungen.

Anhang 5: Verkehrseffekte des GVZ Großbeeren für den Straßengüterverkehr

Anhang 5.1: Straßengüterverkehr ohne GVZ

Fahrzeugart	zulässiges Gesamtgewicht	Nutzlast	Menge gesamt	Entfernung im Durchschnitt	Auslastung im Durchschnitt	Leistung gesamt	Fahrzeuge	Fahrten gesamt	Fahrtstrecke gesamt
	t	t	tsd. t	km	%	tsd. tkm	Anzahl	Anzahl	tsd. km
Fernverkehr ohne GVZ									
SF	< 3,5	1,5	0	320	50%	0	0	0	0
SF	3,5 - 7,5	3,5	0	320	50%	0	0	0	0
SF	7,5 - 14	6	41	320	50%	13.261	66	13.813	4.420
SF	14 - 20	8	83	320	50%	26.522	99	20.720	6.630
SF	20 - 24	12	145	320	50%	46.413	115	24.173	7.735
LZ	< 20	7	41	320	50%	13.261	56	11.840	3.789
LZ	20 -28	13	166	320	50%	53.043	121	25.502	8.160
LZ	28 - 32	17	207	320	60%	66.304	97	20.314	6.500
LZ	> 32	25	456	320	60%	145.869	145	30.389	9.725
SZ	< 32	12	104	320	50%	33.152	82	17.267	5.525
SZ	> 32	25	829	320	60%	265.216	263	55.253	17.681
ges.		16,6	2.072	320	56,8%	663.040	1.044	219.271	70.167
City ohne GVZ									
SF	< 3,5	1,5	252	20	30%	5.040	667	560.000	11.200
SF	3,5 - 7,5	3,5	252	25	40%	6.300	286	180.000	4.500
SF	7,5 - 14	6	84	25	60%	2.100	56	23.333	583
SF	14 - 20	8	59	25	60%	1.470	29	12.250	306
SF	20 - 24	12	34	25	60%	840	11	4.667	117
LZ	< 20	7	59	25	60%	1.470	33	14.000	350
LZ	20 -28	13	34	25	60%	840	10	4.308	108
LZ	28 - 32	17	17	25	60%	420	4	1.647	41
LZ	> 32	25	0	25	60%	0	0	0	0
SZ	< 32	12	42	25	60%	1.050	14	5.833	146
SZ	> 32	25	8	25	60%	210	1	560	14
ges.		2,5	840	24	41,4%	19.740	1.111	806.598	17.365

Anhang 5.1 (Fortsetzung)

Fahrzeugart	zulässiges Gesamtgewicht	Nutzlast	Menge gesamt	Entfernung im Durchschnitt	Auslastung im Durchschnitt	Leistung gesamt	Fahrzeuge	Fahrten gesamt	Fahrtstrecke gesamt
	t	t	tsd. t	km	%	tsd. tkm	Anzahl	Anzahl	tsd. km
Stadt ohne GVZ									
SF	< 3,5	1,5	224	26	30%	5.824	593	497.778	12.942
SF	3,5 - 7,5	3,5	448	31	40%	13.888	508	320.000	9.920
SF	7,5 - 14	6	134	31	70%	4.166	76	32.000	992
SF	14 - 20	8	90	31	70%	2.778	38	16.000	496
SF	20 - 24	12	34	32	80%	1.075	8	3.500	112
LZ	< 20	7	101	31	70%	3.125	49	20.571	638
LZ	20 -28	13	34	32	80%	1.075	8	3.231	103
LZ	28 - 32	17	11	32	70%	358	2	941	30
LZ	> 32	25	0	32	70%	0	0	0	0
SZ	< 32	12	34	32	80%	1.075	8	3.500	112
SZ	> 32	25	11	32	70%	358	2	640	20
ges.		2,8	1.120	30	45%	33.723	1.292	898.161	25.366
Region ohne GVZ									
SF	< 3,5	1,5	0	15	30%	0	0	0	0
SF	3,5 - 7,5	3,5	123	15	30%	1.848	140	117.333	1.760
SF	7,5 - 14	6	123	25	40%	3.080	81	51.333	1.283
SF	14 - 20	8	74	25	40%	1.848	55	23.100	578
SF	20 - 24	12	62	33	80%	2.033	12	6.417	212
LZ	< 20	7	74	33	40%	2.439	42	26.400	871
LZ	20 -28	13	55	33	80%	1.830	13	5.331	176
LZ	28 - 32	17	31	20	70%	616	6	2.588	52
LZ	> 32	25	6	20	70%	123	1	352	7
SZ	< 32	12	62	33	80%	2.033	15	6.417	212
SZ	> 32	25	6	20	70%	123	1	352	7
ges.		5,73	616	26	45%	15.973	366	239.623	5.157

Anhang 5.1 (Fortsetzung)

Fahrzeugart	zulässiges Gesamtgewicht	Nutzlast	Menge gesamt	Entfernung im Durchschnitt	Auslastung im Durchschnitt	Leistung gesamt	Fahrzeuge	Fahrten gesamt	Fahrtstrecke gesamt
	t	t	tsd. t	km	%	tsd. tkm	Anzahl	Anzahl	tsd. km
Umland ohne GVZ									
SF	< 3,5	1,5	0	50	30%	0	0	0	0
SF	3,5 - 7,5	3,5	45	60	30%	2.688	51	42.667	2.560
SF	7,5 - 14	6	45	60	40%	2.688	30	18.667	1.120
SF	14 - 20	8	27	60	40%	1.613	20	8.400	504
SF	20 - 24	12	22	60	80%	1.344	4	2.333	140
LZ	< 20	7	27	60	40%	1.613	15	9.600	576
LZ	20 -28	13	20	60	80%	1.210	5	1.938	116
LZ	28 - 32	17	11	60	70%	672	2	941	56
LZ	> 32	25	2	60	70%	134	0	128	8
SZ	< 32	12	22	60	80%	1.344	6	2.333	140
SZ	> 32	25	2	60	70%	134	0	128	8
ges.		5,73	224	60	45%	13.440	133	87.136	5.228

Quellen: Helmut Baumgarten u.a., Güterverkehrszentren und Umwelt. Ein Forschungsprojekt im Auftrag der Kühne-Stiftung mit Beteiligung des Deutschen Verkehrsforums, Bern u.a., S. 228-232, eigene Berechnungen.

Anhang 5.2: Straßengüterverkehr mit GVZ

Fahrzeugart	zulässiges Gesamtgewicht	Nutzlast	Menge gesamt	Entfernung im Durchschnitt	Auslastung im Durchschnitt	Leistung gesamt	Fahrzeuge	Fahrten gesamt	Fahrtstrecke gesamt
	t	t	tsd. t	km	%	tsd. tkm	Anzahl	Anzahl	tsd. km
Fernverkehr mit GVZ									
SF	< 3,5	1,5	0	314,8	56%	0	0	0	0
SF	3,5 - 7,5	3,5	0	314,8	56%	0	0	0	0
SF	7,5 - 14	6	38	314,8	56%	11.988	54	11.333	3.568
SF	14 - 20	8	76	314,8	56%	23.975	81	17.000	5.352
SF	20 - 24	12	114	314,8	56%	35.963	81	17.000	5.352
LZ	< 20	7	38	314,8	56%	11.988	46	9.714	3.058
LZ	20 -28	13	133	314,8	56%	41.957	87	18.308	5.763
LZ	28 - 32	17	152	314,8	66%	47.950	65	13.576	4.274
LZ	> 32	25	457	314,8	66%	143.851	132	27.695	8.718
SZ	< 32	12	76	314,8	56%	23.975	54	11.333	3.568
SZ	> 32	25	819	314,8	66%	257.733	236	49.619	15.620
ges.		17,2	1.904	314,8	63,2%	599.379	836	175.578	55.272
City mit GVZ									
SF	< 3,5	1,5	50	25	31%	1.260	129	108.387	2.710
SF	3,5 - 7,5	3,5	311	35	41%	10.878	344	216.585	7.580
SF	7,5 - 14	6	193	35	60%	6.762	128	53.667	1.878
SF	14 - 20	8	126	35	60%	4.410	63	26.250	919
SF	20 - 24	12	17	35	61%	588	5	2.295	80
LZ	< 20	7	126	35	60%	4.410	71	30.000	1.050
LZ	20 -28	13	0	35	61%	0	0	0	0
LZ	28 - 32	17	0	35	61%	0	0	0	0
LZ	> 32	25	0	35	60%	0	0	0	0
SZ	< 32	12	17	35	61%	588	5	2.295	80
SZ	> 32	25	0	35	61%	0	0	0	0
ges.		3,9	840	34,4	48,9%	28.896	745	439.479	14.298

Anhang 5.2 (Fortsetzung)

Fahrzeugart	zulässiges Gesamtgewicht	Nutzlast	Menge gesamt	Entfernung im Durchschnitt	Auslastung im Durchschnitt	Leistung gesamt	Fahrzeuge	Fahrten gesamt	Fahrtstrecke gesamt
	t	t	tsd. t	km	%	tsd. tkm	Anzahl	Anzahl	tsd. km
Stadt mit GVZ									
SF	< 3,5	1,5	134	26	30%	3.494	356	298.667	7.765
SF	3,5 - 7,5	3,5	493	31	40%	15.277	559	352.000	10.912
SF	7,5 - 14	6	134	31	70%	4.166	76	32.000	992
SF	14 - 20	8	90	31	70%	2.778	38	16.000	496
SF	20 - 24	12	45	32	80%	1.434	11	4.667	149
LZ	< 20	7	101	31	70%	3.125	49	20.571	638
LZ	20 -28	13	45	32	80%	1.434	10	4.308	138
LZ	28 - 32	17	11	32	70%	358	2	941	30
LZ	> 32	25	0	32	70%	0	0	0	0
SZ	< 32	12	45	32	80%	1.434	11	4.667	149
SZ	> 32	25	22	32	70%	717	3	1.280	41
ges.		3,2	1.120	31	47%	34.216	1.115	735.100	21.311
Region mit GVZ									
SF	< 3,5	1,5	0	15	35%	0	0	0	0
SF	3,5 - 7,5	3,5	123	15	35%	1.848	120	100.571	1.509
SF	7,5 - 14	6	123	25	40%	3.080	81	51.333	1.283
SF	14 - 20	8	74	25	40%	1.848	55	23.100	578
SF	20 - 24	12	62	33	80%	2.033	12	6.417	212
LZ	< 20	7	74	33	40%	2.439	42	26.400	871
LZ	20 -28	13	55	33	80%	1.830	13	5.331	176
LZ	28 - 32	17	31	20	70%	616	6	2.588	52
LZ	> 32	25	6	20	70%	123	1	352	7
SZ	< 32	12	62	33	80%	2.033	15	6.417	212
SZ	> 32	25	6	20	70%	123	1	352	7
ges.		5,90	616	26	47%	15.973	346	222.861	4.906

Anhang 5.2 (Fortsetzung)

Fahrzeugart	zulässiges Gesamtgewicht	Nutzlast	Menge gesamt	Entfernung im Durchschnitt	Auslastung im Durchschnitt	Leistung gesamt	Fahrzeuge	Fahrten gesamt	Fahrtstrecke gesamt
	t	t	tsd. t	km	%	tsd. tkm	Anzahl	Anzahl	tsd. km
Umland mit GVZ									
SF	< 3,5	1,5	0	45	35%	0	0	0	0
SF	3,5 - 7,5	3,5	45	55	35%	2.464	44	36.571	2.011
SF	7,5 - 14	6	45	55	40%	2.464	30	18.667	1.027
SF	14 - 20	8	27	55	40%	1.478	20	8.400	462
SF	20 - 24	12	22	55	80%	1.232	4	2.333	128
LZ	< 20	7	27	55	40%	1.478	15	9.600	528
LZ	20 -28	13	20	55	80%	1.109	5	1.938	107
LZ	28 - 32	17	11	55	70%	616	2	941	52
LZ	> 32	25	2	55	70%	123	0	128	7
SZ	< 32	12	22	55	80%	1.232	6	2.333	128
SZ	> 32	25	2	55	70%	123	0	128	7
ges.		5,90	224	55	47%	12.320	126	81.040	4.457

Quellen: Helmut Baumgarten u.a., Güterverkehrszentren und Umwelt. Ein Forschungsprojekt im Auftrag der Kühne-Stiftung mit Beteiligung des Deutschen Verkehrsforums, Bern u.a., S. 028-232, eigene Berechnungen.

Anhang 6: Basisemissionsfaktoren und -kraftstoffverbräuche für das Bezugsjahr 1990 nach Fahrzeugklassen und Straßenkategorien für eine Längsneigung von 0 %

Straßen-kategorie	Geschwin-digkeit	VOC	CO	NO_X	CO_2	mKr	Partikel	SO_2
	km/h	g/km	g/km	g/km	g/km	g/km	g/km	g/km
SF	**< 3,5 t**							
BAB	85,00	0,17	1,00	1,21	291,00	93,00	0,29	0,08
AOM	76,70	0,20	1,00	1,20	289,00	91,00	0,26	0,08
AOZ	60,60	0,31	1,00	1,12	266,00	85,00	0,33	0,08
IOHS	46,20	0,44	1,20	1,09	269,00	86,00	0,34	0,08
IOGK	32,00	0,60	1,50	1,19	295,00	94,00	0,41	0,08
IOKK	19,90	0,85	1,90	1,43	350,00	112,00	0,59	0,10
SF	**3,5 - 7,5 t**							
BAB	83,60	0,72	1,97	4,14	451,60	143,90	0,30	0,13
AOM	78,50	0,82	1,97	3,73	423,40	135,10	0,29	0,12
AOZ	64,70	1,05	1,94	3,08	357,40	114,60	0,30	0,10
IOHS	46,00	1,46	1,95	2,72	317,60	102,40	0,33	0,09
IOGK	27,30	2,27	2,79	4,08	446,30	144,20	0,51	0,13
IOKK	18,40	3,45	3,97	5,24	580,60	188,30	0,74	0,17
SF	**7,5 - 14 t**							
BAB	84,10	0,92	1,71	4,93	574,00	182,60	0,40	0,16
AOM	79,00	1,01	1,86	4,65	533,20	169,90	0,42	0,15
AOZ	64,80	1,17	1,92	4,43	456,90	146,00	0,44	0,13
IOHS	46,00	1,56	2,37	4,97	472,80	151,60	0,52	0,14
IOGK	27,10	2,24	3,05	7,59	609,40	195,70	0,72	0,18
IOKK	18,30	3,31	4,48	9,72	723,50	233,40	1,03	0,21
SF	**14 - 20 t**							
BAB	84,10	0,92	1,97	7,31	733,20	232,80	0,42	0,21
AOM	79,00	1,01	2,16	7,15	696,10	221,30	0,45	0,20
AOZ	64,80	1,21	2,23	7,25	639,00	203,60	0,49	0,18
IOHS	46,00	1,55	3,04	8,37	719,10	229,50	0,59	0,21
IOGK	27,10	2,34	3,79	12,57	969,00	309,40	0,80	0,28
IOKK	18,30	3,48	5,65	15,51	1.155,00	370,00	1,15	0,33
SF	**20 - 24 t**							
BAB	84,10	1,11	2,51	8,98	810,50	257,60	0,45	0,23
AOM	79,00	1,20	2,62	8,78	773,00	245,90	0,45	0,22
AOZ	64,80	1,34	2,65	9,00	730,10	232,60	0,48	0,21
IOHS	46,00	1,73	3,70	10,50	857,50	273,60	0,55	0,25
IOGK	26,90	2,59	4,49	16,09	1.154,30	368,30	0,76	0,33
IOKK	18,20	3,80	6,83	18,69	1.332,50	426,80	1,06	0,38

Anhang 6 (Fortsetzung)

Straßen-kategorie	Geschwin-digkeit	VOC	CO	NO_X	CO_2	mKr	Partikel	SO_2
	km/h	g/km	g/km	g/km	g/km	g/km	g/km	g/km
LZ	**< 20 t**							
BAB	82,30	0,65	3,42	5,41	572,90	182,80	0,63	0,16
AOM	76,00	0,84	3,07	4,97	531,40	169,70	0,57	0,15
AOZ	63,50	1,05	2,98	4,59	486,20	155,70	0,56	0,14
IOHS	46,10	1,54	2,87	5,01	527,30	169,00	0,53	0,15
IOGK	26,20	2,35	3,73	6,98	697,40	223,80	0,73	0,20
IOKK	17,90	3,58	4,48	7,98	789,40	254,40	0,86	0,23
LZ	**20 - 28 t**							
BAB	83,90	0,85	2,10	5,06	654,40	208,00	0,53	0,19
AOM	77,40	0,95	2,18	5,05	615,30	195,80	0,53	0,18
AOZ	63,90	1,05	2,18	5,35	576,70	183,70	0,54	0,17
IOHS	46,20	1,43	2,51	6,07	638,40	203,70	0,60	0,18
IOGK	26,20	2,07	3,26	9,49	841,90	268,80	0,84	0,24
IOKK	17,90	2,92	4,27	11,42	871,50	279,50	1,05	0,25
LZ	**28 - 32 t**							
BAB	83,70	0,75	2,56	9,04	768,90	244,10	0,53	0,22
AOM	76,40	0,79	2,64	8,53	714,80	227,20	0,52	0,20
AOZ	63,40	0,86	2,65	8,51	701,80	223,20	0,53	0,20
IOHS	46,10	1,24	2,98	9,95	828,70	263,70	0,56	0,24
IOGK	26,10	1,83	3,92	14,31	1.094,70	348,50	0,78	0,31
IOKK	17,90	2,83	4,91	15,44	1.187,50	379,20	0,94	0,34
LZ	**32 - 40 t**							
BAB	84,30	0,91	2,16	10,71	950,20	301,20	0,50	0,27
AOM	78,10	0,97	2,41	10,63	899,20	285,40	0,54	0,26
AOZ	64,20	1,13	2,31	11,26	900,80	286,00	0,57	0,26
IOHS	46,20	1,50	3,00	13,09	1.061,30	337,20	0,66	0,30
IOGK	26,30	2,33	3,69	19,83	1.435,90	456,40	0,91	0,41
IOKK	17,90	3,43	5,45	22,75	1.586,90	505,90	1,23	0,46
SZ	**< 32 t**							
BAB	83,70	0,74	2,25	7,78	771,30	244,80	0,55	0,22
AOM	76,60	0,83	2,31	7,10	700,10	222,50	0,53	0,20
AOZ	63,60	0,90	2,25	7,12	669,20	212,80	0,53	0,19
IOHS	46,10	1,24	2,62	8,04	754,80	240,20	0,56	0,22
IOGK	26,20	1,85	3,41	11,87	987,00	314,40	0,80	0,28
IOKK	17,90	2,71	4,61	12,82	1.024,20	327,60	1,01	0,29

Anhang 6 (Fortsetzung)

Straßen-kategorie	Geschwin-digkeit	VOC	CO	NO_X	CO_2	mKr	Partikel	SO_2
	km/h	g/km	g/km	g/km	g/km	g/km	g/km	g/km
SZ	**> 32 t**							
BAB	84,30	0,90	2,07	11,72	949,90	301,10	0,49	0,27
AOM	78,30	0,92	2,27	11,46	879,00	278,90	0,54	0,25
AOZ	64,30	1,06	2,08	12,16	875,90	277,90	0,60	0,25
IOHS	46,20	1,34	2,50	13,82	1.005,40	319,20	0,73	0,29
IOGK	25,80	2,06	3,16	21,38	1.346,00	427,50	1,04	0,38
IOKK	17,60	2,92	4,53	24,62	1.458,60	464,50	1,44	0,42

Quellen: Dieter Hassel u.a., Abgas-Emissionsfaktoren von PKW in der Bundesrepublik Deutschland, Umweltforschungsplan des Bundesministeriums für Umwelt, Naturschutz und Reaktorsicherheit, bearbeitet durch TÜV Rheinland Sicherheit und Umweltschutz GmbH, hrsg. v. UBA (Berichte 8/94), Berlin 1994, S. 11.9, Dieter Hassel u.a., Abgasemissionsfaktoren von Nutzfahrzeugen in der Bundesrepublik Deutschland für das Bezugsjahr 1990, Umweltforschungsplan des Bundesministers für Umwelt, Naturschutz und Reaktorsicherheit, bearbeitet durch TÜV Rheinland Sicherheit und Umweltschutz GmbH, hrsg. v. UBA (Berichte 5/95), Berlin 1995.

Anhang 7: Anteile der Längsneigungsklassen am BAB-Gesamtnetz

	alte Bundes-länder	neue Bundes-länder	Berliner Fernverkehr	gesamt
BAB-Netzlänge in km	9.194	1.879		11.073
Längsneigung				
> 5 %	0,60%	0,50%	0,55%	0,58%
von 3% bis 5%	3,60%	2,25%	2,93%	3,37%
von 1% bis 3%	15,75%	13,50%	14,63%	15,37%
von 1% bis -1%	60,10%	67,50%	63,80%	61,36%
von -1% bis -3%	15,75%	13,50%	14,63%	15,37%
von -3% bis -5%	3,60%	2,25%	2,93%	3,37%
< -5%	0,60%	0,50%	0,55%	0,58%

Quelle: Ingo Palm/Olaf Regniet/Gerhard Schmidt, Ermittlung der PKW- und Nfz-Jahresfahrleistungen 1993 auf allen Straßen der Bundesrepublik Deutschland, im Auftrag des BMV, FE-Nr. 90434/94, bearbeitet durch Heusch-Boesefeldt, Beratende Ingenieure für Verkehrstechnik und Datenverarbeitung GmbH, Aachen 1996, S. 52, 54, 56.

Anhang 8: Basisemissionsfaktoren und -kraftstoffverbräuche für das Bezugsjahr 1990 nach Fahrzeugklassen und Längsneigung für die BAB

Längs-neigung	Geschwin-digkeit	VOC	CO	NO_X	CO_2	mKr	Partikel	SO_2
%	km/h	g/km	g/km	g/km	g/km	g/km	g/km	g/km
SF	**3,5 - 7,5 t**							
6	41,30	1,53	4,00	7,86	877,70	279,90	0,59	0,25
4	56,40	1,08	3,01	6,43	688,50	219,40	0,46	0,20
2	69,50	0,87	2,41	5,25	558,40	177,90	0,37	0,16
0	83,60	0,72	1,97	4,14	451,60	143,90	0,30	0,13
-2	84,00	0,86	1,48	2,35	270,20	86,70	0,23	0,08
-4	74,30	1,06	1,28	1,36	165,60	53,80	0,22	0,05
-6	49,90	1,58	1,48	1,08	122,30	40,80	0,28	0,04
gewichteter Durchschnitt	79,82	0,80	1,98	4,02	439,04	140,03	0,30	0,13
SF	**7,5 - 14 t**							
6	41,30	1,94	3,95	11,91	1.367,50	434,60	0,95	0,39
4	56,50	1,46	2,98	9,03	1.050,70	333,80	0,74	0,30
2	69,70	1,17	2,30	6,85	799,60	254,10	0,57	0,23
0	84,10	0,92	1,71	4,93	574,00	182,60	0,40	0,16
-2	84,20	1,01	1,36	2,88	275,00	88,30	0,32	0,08
-4	74,30	1,17	1,25	2,04	122,70	40,40	0,31	0,04
-6	49,90	1,68	1,58	2,87	123,30	41,30	0,41	0,04
gewichteter Durchschnitt	80,19	1,01	1,79	4,98	565,57	180,04	0,43	0,16
SF	**14 - 20 t**							
6	42,10	1,96	4,07	19,83	1.939,70	614,80	0,99	0,55
4	57,00	1,46	2,97	14,84	1.460,70	463,00	0,73	0,42
2	69,90	1,16	2,38	10,90	1.079,00	342,10	0,56	0,31
0	84,10	0,92	1,97	7,31	733,20	232,80	0,42	0,21
-2	84,20	1,11	1,82	4,76	375,00	120,10	0,39	0,11
-4	74,30	1,35	1,93	3,78	207,20	67,60	0,41	0,06
-6	49,90	1,97	2,69	5,11	264,90	86,70	0,56	0,08
gewichteter Durchschnitt	80,24	1,03	2,06	7,66	742,39	235,84	0,45	0,21
SF	**20 - 24 t**							
6	40,90	2,30	5,16	29,17	2.473,90	784,00	1,24	0,71
4	56,10	1,68	3,77	21,11	1.806,30	572,40	0,92	0,52
2	69,50	1,35	3,03	14,72	1.280,60	406,10	0,67	0,37
0	84,10	1,11	2,51	8,98	810,50	257,60	0,45	0,23
-2	84,20	1,15	2,21	5,66	399,90	1.128,20	0,32	1,02
-4	74,30	1,32	2,21	4,06	202,80	66,30	0,28	0,06
-6	49,90	1,93	2,87	4,53	248,90	81,70	0,41	0,07
gewichteter Durchschnitt	80,15	1,19	2,59	9,69	839,15	420,42	0,48	0,38

Anhang 8 (Fortsetzung)

Längs-neigung	Geschwin-digkeit	VOC	CO	NO_X	CO_2	mKr	Partikel	SO_2
%	km/h	g/km	g/km	g/km	g/km	g/km	g/km	g/km
LZ	**< 20 t**							
6	33,30	1,47	9,58	15,14	1.608,30	512,70	1,81	0,46
4	46,60	1,04	7,36	11,10	1.194,60	380,90	1,37	0,34
2	62,40	0,81	5,24	7,91	850,20	271,10	0,97	0,24
0	82,30	0,65	3,42	5,41	572,90	182,80	0,63	0,16
-2	84,00	1,07	1,93	2,47	251,10	81,10	0,36	0,07
-4	74,30	1,37	1,24	1,09	94,70	31,80	0,25	0,03
-6	49,90	1,73	1,40	1,29	99,90	33,90	0,30	0,03
gewichteter Durchschnitt	77,56	0,79	3,55	5,42	574,18	183,38	0,66	0,17
LZ	**20 - 28 t**							
6	35,30	2,28	6,43	16,77	2.169,90	688,80	1,63	0,62
4	49,20	1,67	4,74	12,35	1.591,60	505,30	1,18	0,45
2	64,80	1,22	3,31	8,43	1.084,80	344,50	0,82	0,31
0	83,90	0,85	2,10	5,06	654,40	208,00	0,53	0,19
-2	84,50	0,99	1,29	3,04	251,70	80,90	0,35	0,07
-4	74,30	1,09	0,91	2,28	53,30	18,30	0,26	0,02
-6	49,90	1,26	1,05	3,25	62,30	21,40	0,30	0,02
gewichteter Durchschnitt	79,08	0,97	2,23	5,48	675,37	214,79	0,56	0,19
LZ	**28 - 32 t**							
6	32,20	1,59	8,57	31,94	2.606,00	825,60	1,76	0,74
4	45,20	1,14	5,96	22,86	1.871,60	593,50	1,23	0,53
2	61,90	0,90	3,99	15,10	1.251,40	397,00	0,83	0,36
0	83,70	0,75	2,56	9,04	768,90	244,10	0,53	0,22
-2	84,50	1,04	1,99	4,18	353,30	113,30	0,38	0,10
-4	74,30	1,16	1,62	1,75	137,70	45,30	0,29	0,04
-6	49,90	1,09	1,35	1,76	109,40	36,20	0,28	0,03
gewichteter Durchschnitt	78,36	0,85	2,80	9,54	801,94	254,75	0,57	0,23
LZ	**32 - 40 t**							
6	36,30	2,02	6,42	40,42	3.469,60	1.097,90	1,63	0,99
4	50,60	1,45	4,57	29,08	2.517,80	796,60	1,17	0,72
2	66,00	1,13	3,23	19,25	1.681,40	532,30	0,80	0,48
0	84,30	0,91	2,16	10,71	950,20	301,20	0,50	0,27
-2	84,70	0,94	1,58	5,87	401,70	128,20	0,37	0,12
-4	74,30	1,09	1,41	3,81	139,30	45,60	0,35	0,04
-6	49,90	1,61	1,93	5,23	187,10	61,50	0,51	0,06
gewichteter Durchschnitt	79,60	0,98	2,31	11,81	1.014,02	321,46	0,55	0,29

Anhang 8 (Fortsetzung)

Längs-neigung	Geschwin-digkeit	VOC	CO	NO_X	CO_2	mKr	Partikel	SO_2
%	km/h	g/km	g/km	g/km	g/km	g/km	g/km	g/km
SZ	**< 32 t**							
6	33,90	1,86	6,75	24,82	2.364,00	749,70	1,70	0,67
4	47,20	1,34	4,91	18,27	1.743,90	553,00	1,22	0,50
2	63,20	1,00	3,43	12,51	1.207,50	383,00	0,85	0,34
0	83,70	0,74	2,25	7,78	771,30	244,80	0,55	0,22
-2	84,40	0,71	1,39	3,24	301,60	96,40	0,33	0,09
-4	74,30	0,78	1,03	1,16	72,80	24,20	0,24	0,02
-6	49,90	1,11	1,35	1,86	92,00	30,70	0,33	0,03
gewichteter Durchschnitt	78,62	0,81	2,37	8,00	780,72	247,88	0,58	0,22
SZ	**> 32 t**							
6	36,30	2,17	6,71	43,82	3.359,90	1.063,60	1,47	0,96
4	50,70	1,55	4,89	31,53	2.443,70	773,60	1,08	0,70
2	66,10	1,17	3,38	20,92	1.645,40	521,10	0,76	0,47
0	84,30	0,90	2,07	11,72	949,90	301,10	0,49	0,27
-2	84,70	0,91	1,35	6,27	385,90	123,10	0,43	0,11
-4	74,30	1,03	1,08	3,99	115,00	37,80	0,46	0,03
-6	49,90	1,46	1,48	5,78	160,10	52,60	0,68	0,05
gewichteter Durchschnitt	79,61	0,98	2,25	12,86	1.001,77	317,60	0,55	0,29

Quelle: Dieter Hassel u.a. (1995).

Anhang 9: Emissionen des Straßengüterverkehrs im Bereich City und Stadt ohne GVZ

Straßen-kategorie	VOC	CO	NO_X	CO_2	mKr	Partikel	SO_2
	t	t	t	t	t	t	t
SF	**< 3,5 t**						
BAB	0,2	1,2	1,5	351,3	112,3	0,3	0,1
AOM	0,0	0,0	0,0	0,0	0,0	0,0	0,0
AOZ	0,0	0,0	0,0	0,0	0,0	0,0	0,0
IOHS	1,1	2,9	2,6	649,4	207,6	0,8	0,2
IOGK	1,4	3,6	2,9	712,2	226,9	1,0	0,2
IOKK	15,4	34,4	25,9	6.337,3	2.027,9	10,6	1,8
SF	**3,5 - 7,5 t**						
BAB	0,5	1,4	3,0	325,6	103,8	0,2	0,1
AOM	0,0	0,0	0,0	0,0	0,0	0,0	0,0
AOZ	0,0	0,0	0,0	0,0	0,0	0,0	0,0
IOHS	2,1	2,8	3,9	458,0	147,7	0,5	0,1
IOGK	3,3	4,0	5,9	643,6	207,9	0,7	0,2
IOKK	37,3	42,9	56,7	6.279,2	2.036,5	8,0	1,8
SF	**7,5 - 14 t**						
BAB	0,1	0,1	0,4	45,2	14,4	0,0	0,0
AOM	0,0	0,0	0,0	0,0	0,0	0,0	0,0
AOZ	0,0	0,0	0,0	0,0	0,0	0,0	0,0
IOHS	0,2	0,4	0,8	74,5	23,9	0,1	0,0
IOGK	0,4	0,5	1,2	96,0	30,8	0,1	0,0
IOKK	3,9	5,3	11,5	854,8	275,8	1,2	0,2
SF	**14 - 20 t**						
BAB	0,0	0,1	0,3	29,4	9,3	0,0	0,0
AOM	0,0	0,0	0,0	0,0	0,0	0,0	0,0
AOZ	0,0	0,0	0,0	0,0	0,0	0,0	0,0
IOHS	0,1	0,2	0,7	57,7	18,4	0,0	0,0
IOGK	0,2	0,3	1,0	77,7	24,8	0,1	0,0
IOKK	2,1	3,4	9,3	694,9	222,6	0,7	0,2
SF	**20 - 24 t**						
BAB	0,0	0,0	0,1	9,3	2,9	0,0	0,0
AOM	0,0	0,0	0,0	0,0	0,0	0,0	0,0
AOZ	0,0	0,0	0,0	0,0	0,0	0,0	0,0
IOHS	0,0	0,1	0,2	19,6	6,3	0,0	0,0
IOGK	0,1	0,1	0,4	26,4	8,4	0,0	0,0
IOKK	0,7	1,2	3,2	228,5	73,2	0,2	0,1

Anhang 9 (Fortsetzung)

Straßen-kategorie	VOC	CO	NO_X	CO_2	mKr	Parti-kel	SO_2
	t	t	t	t	t	t	t
LZ	**< 20 t**						
BAB	0,0	0,2	0,3	28,3	9,0	0,0	0,0
AOM	0,0	0,0	0,0	0,0	0,0	0,0	0,0
AOZ	0,0	0,0	0,0	0,0	0,0	0,0	0,0
IOHS	0,2	0,3	0,5	52,1	16,7	0,1	0,0
IOGK	0,2	0,4	0,7	68,9	22,1	0,1	0,0
IOKK	2,7	3,3	5,9	584,8	188,5	0,6	0,2
LZ	**20 - 28 t**						
BAB	0,0	0,0	0,1	6,9	2,2	0,0	0,0
AOM	0,0	0,0	0,0	0,0	0,0	0,0	0,0
AOZ	0,0	0,0	0,0	0,0	0,0	0,0	0,0
IOHS	0,0	0,1	0,1	13,5	4,3	0,0	0,0
IOGK	0,0	0,1	0,2	17,8	5,7	0,0	0,0
IOKK	0,5	0,7	1,8	138,0	44,2	0,2	0,0
LZ	**28 - 32 t**						
BAB	0,0	0,0	0,0	2,7	0,9	0,0	0,0
AOM	0,0	0,0	0,0	0,0	0,0	0,0	0,0
AOZ	0,0	0,0	0,0	0,0	0,0	0,0	0,0
IOHS	0,0	0,0	0,1	5,9	1,9	0,0	0,0
IOGK	0,0	0,0	0,1	7,8	2,5	0,0	0,0
IOKK	0,2	0,3	0,8	63,5	20,3	0,1	0,0
LZ	**32 - 40 t**						
BAB	0,0	0,0	0,0	0,0	0,0	0,0	0,0
AOM	0,0	0,0	0,0	0,0	0,0	0,0	0,0
AOZ	0,0	0,0	0,0	0,0	0,0	0,0	0,0
IOHS	0,0	0,0	0,0	0,0	0,0	0,0	0,0
IOGK	0,0	0,0	0,0	0,0	0,0	0,0	0,0
IOKK	0,0	0,0	0,0	0,0	0,0	0,0	0,0
SZ	**< 32 t**						
BAB	0,0	0,0	0,1	9,9	3,2	0,0	0,0
AOM	0,0	0,0	0,0	0,0	0,0	0,0	0,0
AOZ	0,0	0,0	0,0	0,0	0,0	0,0	0,0
IOHS	0,0	0,1	0,2	19,5	6,2	0,0	0,0
IOGK	0,0	0,1	0,3	25,4	8,1	0,0	0,0
IOKK	0,5	0,9	2,5	198,1	63,3	0,2	0,1

Anhang 9 (Fortsetzung)

Straßen-kategorie	VOC	CO	NO_X	CO_2	mKr	Parti-kel	SO_2
	t	t	t	t	t	t	t
SZ	**> 32 t**						
BAB	0,0	0,0	0,0	1,6	0,5	0,0	0,0
AOM	0,0	0,0	0,0	0,0	0,0	0,0	0,0
AOZ	0,0	0,0	0,0	0,0	0,0	0,0	0,0
IOHS	0,0	0,0	0,0	3,5	1,1	0,0	0,0
IOGK	0,0	0,0	0,1	4,6	1,5	0,0	0,0
IOKK	0,1	0,1	0,6	37,7	12,0	0,0	0,0
gesamt	73,6	111,5	145,8	19.261,1	6.195,6	26,0	5,6
innerorts	73,6	111,5	145,8	19.261,1	6.195,6	26,0	5,6
außerorts	0,0	0,0	0,0	0,0	0,0	0,0	0,0

Quelle: eigene Berechnungen.

Anhang 10: Emissionen des Straßengüterverkehrs im Bereich Region ohne GVZ

Straßen-kategorie	VOC	CO	NO_X	CO_2	mKr	Parti-kel	SO_2
	t	t	t	t	t	t	t
SF	**< 3,5 t**						
BAB	0,0	0,0	0,0	0,0	0,0	0,0	0,0
AOM	0,0	0,0	0,0	0,0	0,0	0,0	0,0
AOZ	0,0	0,0	0,0	0,0	0,0	0,0	0,0
IOHS	0,0	0,0	0,0	0,0	0,0	0,0	0,0
IOGK	0,0	0,0	0,0	0,0	0,0	0,0	0,0
IOKK	0,0	0,0	0,0	0,0	0,0	0,0	0,0
SF	**3,5 - 7,5 t**						
BAB	0,2	0,4	0,9	95,4	30,4	0,1	0,0
AOM	0,1	0,2	0,4	44,7	14,3	0,0	0,0
AOZ	0,8	1,5	2,4	283,1	90,8	0,2	0,1
IOHS	0,3	0,4	0,5	61,5	19,8	0,1	0,0
IOGK	0,4	0,5	0,8	86,4	27,9	0,1	0,0
IOKK	0,9	1,0	1,4	153,3	49,7	0,2	0,0
SF	**7,5 - 14 t**						
BAB	0,1	0,3	0,8	88,4	28,1	0,1	0,0
AOM	0,1	0,1	0,4	41,1	13,1	0,0	0,0
AOZ	0,7	1,1	2,6	263,9	84,3	0,3	0,1
IOHS	0,2	0,3	0,7	66,7	21,4	0,1	0,0
IOGK	0,3	0,4	1,1	86,0	27,6	0,1	0,0
IOKK	0,6	0,9	1,9	139,3	44,9	0,2	0,0
SF	**14 - 20 t**						
BAB	0,1	0,1	0,5	50,8	16,1	0,0	0,0
AOM	0,0	0,1	0,2	24,1	7,7	0,0	0,0
AOZ	0,3	0,6	1,9	166,1	52,9	0,1	0,0
IOHS	0,1	0,2	0,5	45,7	14,6	0,0	0,0
IOGK	0,1	0,2	0,8	61,6	19,7	0,1	0,0
IOKK	0,3	0,5	1,3	100,1	32,1	0,1	0,0
SF	**20 - 24 t**						
BAB	0,0	0,1	0,2	20,6	6,5	0,0	0,0
AOM	0,0	0,0	0,1	9,8	3,1	0,0	0,0
AOZ	0,1	0,3	0,9	69,6	22,2	0,0	0,0
IOHS	0,0	0,1	0,2	20,0	6,4	0,0	0,0
IOGK	0,1	0,1	0,4	26,9	8,6	0,0	0,0
IOKK	0,1	0,2	0,6	42,3	13,6	0,0	0,0

Anhang 10 (Fortsetzung)

Straßen-kategorie	VOC	CO	NO_X	CO_2	mKr	Parti-kel	SO_2
	t	t	t	t	t	t	t
LZ	**< 20 t**						
BAB	0,1	0,4	0,6	59,9	19,1	0,1	0,0
AOM	0,0	0,2	0,3	27,8	8,9	0,0	0,0
AOZ	0,4	1,2	1,8	190,6	61,0	0,2	0,1
IOHS	0,1	0,3	0,5	50,5	16,2	0,1	0,0
IOGK	0,2	0,4	0,7	66,8	21,4	0,1	0,0
IOKK	0,5	0,6	1,0	103,2	33,2	0,1	0,0
LZ	**20 - 28 t**						
BAB	0,0	0,0	0,1	13,8	4,4	0,0	0,0
AOM	0,0	0,0	0,1	6,5	2,1	0,0	0,0
AOZ	0,1	0,2	0,4	45,7	14,5	0,0	0,0
IOHS	0,0	0,0	0,1	12,4	3,9	0,0	0,0
IOGK	0,0	0,1	0,2	16,3	5,2	0,0	0,0
IOKK	0,1	0,1	0,3	23,0	7,4	0,0	0,0
LZ	**28 - 32 t**						
BAB	0,0	0,0	0,1	4,8	1,5	0,0	0,0
AOM	0,0	0,0	0,0	2,2	0,7	0,0	0,0
AOZ	0,0	0,1	0,2	16,3	5,2	0,0	0,0
IOHS	0,0	0,0	0,1	4,7	1,5	0,0	0,0
IOGK	0,0	0,0	0,1	6,2	2,0	0,0	0,0
IOKK	0,0	0,0	0,1	9,2	2,9	0,0	0,0
LZ	**32 - 40 t**						
BAB	0,0	0,0	0,0	0,8	0,3	0,0	0,0
AOM	0,0	0,0	0,0	0,4	0,1	0,0	0,0
AOZ	0,0	0,0	0,0	2,9	0,9	0,0	0,0
IOHS	0,0	0,0	0,0	0,8	0,3	0,0	0,0
IOGK	0,0	0,0	0,0	1,1	0,4	0,0	0,0
IOKK	0,0	0,0	0,0	1,7	0,5	0,0	0,0
SZ	**< 32 t**						
BAB	0,0	0,1	0,2	19,6	6,2	0,0	0,0
AOM	0,0	0,0	0,1	8,9	2,8	0,0	0,0
AOZ	0,1	0,2	0,7	63,8	20,3	0,1	0,0
IOHS	0,0	0,1	0,2	17,6	5,6	0,0	0,0
IOGK	0,0	0,1	0,3	23,0	7,3	0,0	0,0
IOKK	0,1	0,1	0,4	32,5	10,4	0,0	0,0

Anhang 10 (Fortsetzung)

Straßen-kategorie	VOC	CO	NO_X	CO_2	mKr	Partikel	SO_2
	t	t	t	t	t	t	t
SZ	**> 32 t**						
BAB	0,0	0,0	0,0	0,8	0,3	0,0	0,0
AOM	0,0	0,0	0,0	0,4	0,1	0,0	0,0
AOZ	0,0	0,0	0,0	2,8	0,9	0,0	0,0
IOHS	0,0	0,0	0,0	0,8	0,2	0,0	0,0
IOGK	0,0	0,0	0,0	1,0	0,3	0,0	0,0
IOKK	0,0	0,0	0,0	1,5	0,5	0,0	0,0
gesamt	8,1	13,9	30,0	2.887,4	924,4	2,7	0,8
innerorts	4,8	6,8	14,3	1.262,1	405,6	1,4	0,4
außerorts	3,3	7,1	15,8	1.625,3	518,8	1,4	0,5

Quelle: eigene Berechnungen.

Anhang 11: Emissionen des Straßengüterverkehrs im Bereich Umland ohne GVZ

Straßen-kategorie	VOC	CO	NO_X	CO_2	mKr	Partikel	SO_2
	t	t	t	t	t	t	t
SF	**< 3,5 t**						
BAB	0,0	0,0	0,0	0,0	0,0	0,0	0,0
AOM	0,0	0,0	0,0	0,0	0,0	0,0	0,0
AOZ	0,0	0,0	0,0	0,0	0,0	0,0	0,0
IOHS	0,0	0,0	0,0	0,0	0,0	0,0	0,0
IOGK	0,0	0,0	0,0	0,0	0,0	0,0	0,0
IOKK	0,0	0,0	0,0	0,0	0,0	0,0	0,0
SF	**3,5 - 7,5 t**						
BAB	0,3	0,8	1,6	173,4	55,3	0,1	0,0
AOM	0,1	0,3	0,6	65,0	20,8	0,0	0,0
AOZ	1,4	2,6	4,2	484,9	155,5	0,4	0,1
IOHS	0,3	0,4	0,6	65,0	21,0	0,1	0,0
IOGK	0,5	0,6	0,8	91,4	29,5	0,1	0,0
IOKK	0,9	1,0	1,3	148,6	48,2	0,2	0,0
SF	**7,5 - 14 t**						
BAB	0,2	0,3	0,8	96,4	30,7	0,1	0,0
AOM	0,1	0,1	0,3	35,8	11,4	0,0	0,0
AOZ	0,7	1,1	2,6	271,2	86,7	0,3	0,1
IOHS	0,1	0,2	0,4	42,4	13,6	0,0	0,0
IOGK	0,2	0,3	0,7	54,6	17,5	0,1	0,0
IOKK	0,4	0,5	1,1	81,0	26,1	0,1	0,0
SF	**14 - 20 t**						
BAB	0,1	0,1	0,6	55,4	17,6	0,0	0,0
AOM	0,0	0,1	0,2	21,1	6,7	0,0	0,0
AOZ	0,3	0,6	1,9	170,7	54,4	0,1	0,0
IOHS	0,1	0,1	0,3	29,0	9,3	0,0	0,0
IOGK	0,1	0,2	0,5	39,1	12,5	0,0	0,0
IOKK	0,2	0,3	0,8	58,2	18,6	0,1	0,0
SF	**20 - 24 t**						
BAB	0,0	0,1	0,2	17,0	5,4	0,0	0,0
AOM	0,0	0,0	0,1	6,5	2,1	0,0	0,0
AOZ	0,1	0,2	0,7	54,2	17,3	0,0	0,0
IOHS	0,0	0,0	0,1	9,6	3,1	0,0	0,0
IOGK	0,0	0,1	0,2	12,9	4,1	0,0	0,0
IOKK	0,1	0,1	0,3	18,7	6,0	0,0	0,0

Anhang 11 (Fortsetzung)

Straßen-kategorie	VOC	CO	NO_X	CO_2	mKr	Partikel	SO_2
	t	t	t	t	t	t	t
LZ	**< 20 t**						
BAB	0,1	0,3	0,5	49,5	15,8	0,1	0,0
AOM	0,0	0,1	0,2	18,4	5,9	0,0	0,0
AOZ	0,3	0,9	1,4	148,4	47,5	0,2	0,0
IOHS	0,1	0,1	0,2	24,3	7,8	0,0	0,0
IOGK	0,1	0,2	0,3	32,1	10,3	0,0	0,0
IOKK	0,2	0,3	0,5	45,5	14,7	0,0	0,0
LZ	**20 - 28 t**						
BAB	0,0	0,0	0,1	11,4	3,6	0,0	0,0
AOM	0,0	0,0	0,0	4,3	1,4	0,0	0,0
AOZ	0,1	0,1	0,3	35,5	11,3	0,0	0,0
IOHS	0,0	0,0	0,1	5,9	1,9	0,0	0,0
IOGK	0,0	0,0	0,1	7,8	2,5	0,0	0,0
IOKK	0,0	0,0	0,1	10,1	3,3	0,0	0,0
LZ	**28 - 32 t**						
BAB	0,0	0,0	0,1	6,5	2,1	0,0	0,0
AOM	0,0	0,0	0,0	2,4	0,8	0,0	0,0
AOZ	0,0	0,1	0,3	21,0	6,7	0,0	0,0
IOHS	0,0	0,0	0,0	3,7	1,2	0,0	0,0
IOGK	0,0	0,0	0,1	4,9	1,6	0,0	0,0
IOKK	0,0	0,0	0,1	6,7	2,1	0,0	0,0
LZ	**32 - 40 t**						
BAB	0,0	0,0	0,1	8,0	2,6	0,0	0,0
AOM	0,0	0,0	0,0	3,0	1,0	0,0	0,0
AOZ	0,0	0,1	0,3	27,0	8,6	0,0	0,0
IOHS	0,0	0,0	0,1	4,8	1,5	0,0	0,0
IOGK	0,0	0,0	0,1	6,5	2,1	0,0	0,0
IOKK	0,0	0,0	0,1	9,0	2,9	0,0	0,0
SZ	**< 32 t**						
BAB	0,0	0,0	0,0	0,9	0,3	0,0	0,0
AOM	0,0	0,0	0,0	0,3	0,1	0,0	0,0
AOZ	0,0	0,0	0,0	2,7	0,9	0,0	0,0
IOHS	0,0	0,0	0,0	0,5	0,1	0,0	0,0
IOGK	0,0	0,0	0,0	0,6	0,2	0,0	0,0
IOKK	0,0	0,0	0,0	0,8	0,3	0,0	0,0

Anhang 11 (Fortsetzung)

Straßen-kategorie	VOC	CO	NO_X	CO_2	mKr	Partikel	SO_2
	t	t	t	t	t	t	t
SZ	**> 32 t**						
BAB	0,0	0,0	0,2	19,9	6,3	0,0	0,0
AOM	0,0	0,0	0,1	7,4	2,3	0,0	0,0
AOZ	0,1	0,2	0,9	65,0	20,6	0,0	0,0
IOHS	0,0	0,0	0,2	11,3	3,6	0,0	0,0
IOGK	0,0	0,0	0,2	15,1	4,8	0,0	0,0
IOKK	0,0	0,1	0,3	20,4	6,5	0,0	0,0
gesamt	7,4	12,9	28,0	2.744,1	878,0	2,5	0,8
innerorts	3,4	4,6	9,7	860,6	276,7	0,9	0,2
außerorts	4,0	8,3	18,4	1.883,5	601,3	1,5	0,5

Quelle: eigene Berechnungen.

Anhang 12: Emissionen des Straßengüterfernverkehrs ohne GVZ

Straßen-kategorie	VOC	CO	NOx	CO_2	mKr	Partikel	SO_2
	t	t	t	t	t	t	t
SF	**< 3,5 t**						
BAB	0,0	0,0	0,0	0,0	0,0	0,0	0,0
AOM	0,0	0,0	0,0	0,0	0,0	0,0	0,0
AOZ	0,0	0,0	0,0	0,0	0,0	0,0	0,0
IOHS	0,0	0,0	0,0	0,0	0,0	0,0	0,0
IOGK	0,0	0,0	0,0	0,0	0,0	0,0	0,0
IOKK	0,0	0,0	0,0	0,0	0,0	0,0	0,0
SF	**3,5 - 7,5 t**						
BAB	0,0	0,0	0,0	0,0	0,0	0,0	0,0
AOM	0,0	0,0	0,0	0,0	0,0	0,0	0,0
AOZ	0,0	0,0	0,0	0,0	0,0	0,0	0,0
IOHS	0,0	0,0	0,0	0,0	0,0	0,0	0,0
IOGK	0,0	0,0	0,0	0,0	0,0	0,0	0,0
IOKK	0,0	0,0	0,0	0,0	0,0	0,0	0,0
SF	**7,5 - 14 t**						
BAB	3,3	5,9	16,5	1.875,0	596,9	1,4	0,5
AOM	0,2	0,3	0,8	94,3	30,0	0,1	0,0
AOZ	0,8	1,3	2,9	302,9	96,8	0,3	0,1
IOHS	0,1	0,2	0,4	41,8	13,4	0,0	0,0
IOGK	0,2	0,3	0,7	53,9	17,3	0,1	0,0
IOKK	0,3	0,4	0,9	64,0	20,6	0,1	0,0
SF	**14 - 20 t**						
BAB	5,1	10,2	38,1	3.691,8	1.172,8	2,2	1,1
AOM	0,3	0,6	1,9	184,6	58,7	0,1	0,1
AOZ	1,2	2,2	7,2	635,5	202,5	0,5	0,2
IOHS	0,2	0,4	1,1	95,4	30,4	0,1	0,0
IOGK	0,3	0,5	1,7	128,5	41,0	0,1	0,0
IOKK	0,5	0,7	2,1	153,2	49,1	0,2	0,0
SF	**20 - 24 t**						
BAB	6,9	15,0	56,2	4.868,4	2.439,1	2,8	2,2
AOM	0,4	0,8	2,7	239,2	76,1	0,1	0,1
AOZ	1,6	3,1	10,4	847,1	269,9	0,6	0,2
IOHS	0,3	0,6	1,6	132,7	42,3	0,1	0,0
IOGK	0,4	0,7	2,5	178,6	57,0	0,1	0,1
IOKK	0,6	1,1	2,9	206,2	66,0	0,2	0,1

Anhang 12 (Fortsetzung)

Straßen-kategorie	VOC	CO	NO_X	CO_2	mKr	Partikel	SO_2
	t	t	t	t	t	t	t
LZ	**< 20 t**						
BAB	2,2	10,1	15,4	1.631,6	521,1	1,9	0,5
AOM	0,1	0,5	0,8	80,5	25,7	0,1	0,0
AOZ	0,6	1,7	2,6	276,3	88,5	0,3	0,1
IOHS	0,1	0,2	0,4	40,0	12,8	0,0	0,0
IOGK	0,2	0,3	0,5	52,8	17,0	0,1	0,0
IOKK	0,3	0,3	0,6	59,8	19,3	0,1	0,0
LZ	**20 - 28 t**						
BAB	6,0	13,6	33,5	4.133,5	1.314,6	3,5	1,2
AOM	0,3	0,7	1,6	200,8	63,9	0,2	0,1
AOZ	1,3	2,7	6,5	705,9	224,9	0,7	0,2
IOHS	0,2	0,4	1,0	104,2	33,2	0,1	0,0
IOGK	0,3	0,5	1,5	137,4	43,9	0,1	0,0
IOKK	0,5	0,7	1,9	142,2	45,6	0,2	0,0
LZ	**28 - 32 t**						
BAB	4,2	13,7	46,5	3.909,7	1.242,0	2,8	1,1
AOM	0,2	0,7	2,2	185,9	59,1	0,1	0,1
AOZ	0,8	2,6	8,3	684,3	217,6	0,5	0,2
IOHS	0,2	0,4	1,3	107,7	34,3	0,1	0,0
IOGK	0,2	0,5	1,9	142,3	45,3	0,1	0,0
IOKK	0,4	0,6	2,0	154,4	49,3	0,1	0,0
LZ	**32 - 40 t**						
BAB	7,2	16,9	86,1	7.395,7	2.344,5	4,0	2,1
AOM	0,4	0,9	4,1	349,8	111,0	0,2	0,1
AOZ	1,6	3,4	16,4	1.314,0	417,2	0,8	0,4
IOHS	0,3	0,6	2,5	206,4	65,6	0,1	0,1
IOGK	0,5	0,7	3,9	279,3	88,8	0,2	0,1
IOKK	0,7	1,1	4,4	308,6	98,4	0,2	0,1
SZ	**< 32 t**						
BAB	3,3	9,8	33,2	3.235,3	1.027,2	2,4	0,9
AOM	0,2	0,5	1,6	154,7	49,2	0,1	0,0
AOZ	0,7	1,9	5,9	554,6	176,4	0,4	0,2
IOHS	0,1	0,3	0,9	83,4	26,5	0,1	0,0
IOGK	0,2	0,4	1,3	109,1	34,7	0,1	0,0
IOKK	0,3	0,5	1,4	113,2	36,2	0,1	0,0

Anhang 12 (Fortsetzung)

Straßen-kategorie	VOC	CO	NO_X	CO_2	mKr	Partikel	SO_2
	t	t	t	t	t	t	t
SZ	**> 32 t**						
BAB	13,0	29,8	170,5	13.284,2	4.211,7	7,3	3,8
AOM	0,7	1,6	8,1	621,7	197,2	0,4	0,2
AOZ	2,8	5,5	32,3	2.323,0	737,0	1,6	0,7
IOHS	0,5	0,9	4,9	355,5	112,9	0,3	0,1
IOGK	0,7	1,1	7,6	476,0	151,2	0,4	0,1
IOKK	1,0	1,6	8,7	515,8	164,3	0,5	0,1
gesamt	74,9	172,0	673,0	58.222,7	19.388,1	39,1	17,4
innerorts	9,5	16,0	60,5	4.442,2	1.416,4	3,7	1,3
außerorts	65,4	156,0	612,5	53.780,5	17.971,6	35,4	16,2

Quelle: eigene Berechnungen.

Anhang 13: Emissionen des Straßengüterverkehrs im Bereich City und Stadt mit GVZ

Straßen-kategorie	VOC	CO	NO_X	CO_2	mKr	Partikel	SO_2
	t	t	t	t	t	t	t
SF	**< 3,5 t**						
BAB	0,1	0,4	0,5	129,1	41,3	0,1	0,0
AOM	0,3	1,6	2,0	470,1	148,0	0,4	0,1
AOZ	0,0	0,0	0,0	0,0	0,0	0,0	0,0
IOHS	0,5	1,4	1,3	317,5	101,5	0,4	0,1
IOGK	0,5	1,3	1,1	261,8	83,4	0,4	0,1
IOKK	5,4	12,0	9,1	2.215,4	708,9	3,7	0,6
SF	**3,5 - 7,5**						
BAB	0,6	1,5	3,2	353,7	112,7	0,2	0,1
AOM	2,4	5,7	10,7	1.215,8	387,9	0,8	0,3
AOZ	0,0	0,0	0,0	0,0	0,0	0,0	0,0
IOHS	3,0	4,1	5,7	661,7	213,3	0,7	0,2
IOGK	3,6	4,4	6,4	699,1	225,9	0,8	0,2
IOKK	38,6	44,4	58,6	6.488,0	2.104,2	8,3	1,9
SF	**7,5 - 14**						
BAB	0,1	0,2	0,6	69,8	22,2	0,0	0,0
AOM	0,5	0,8	2,1	237,6	75,7	0,2	0,1
AOZ	0,0	0,0	0,0	0,0	0,0	0,0	0,0
IOHS	0,5	0,8	1,6	152,9	49,0	0,2	0,0
IOGK	0,5	0,7	1,8	148,2	47,6	0,2	0,0
IOKK	5,7	7,8	16,9	1.254,9	404,8	1,8	0,4
SF	**14 - 20 t**						
BAB	0,1	0,1	0,4	43,9	14,0	0,0	0,0
AOM	0,2	0,5	1,6	152,9	48,6	0,1	0,0
AOZ	0,0	0,0	0,0	0,0	0,0	0,0	0,0
IOHS	0,2	0,5	1,3	114,6	36,6	0,1	0,0
IOGK	0,3	0,5	1,5	116,1	37,1	0,1	0,0
IOKK	3,0	4,8	13,3	987,4	316,3	1,0	0,3
SF	**20 - 24 t**						
BAB	0,0	0,0	0,1	7,9	2,5	0,0	0,0
AOM	0,0	0,1	0,3	27,6	8,8	0,0	0,0
AOZ	0,0	0,0	0,0	0,0	0,0	0,0	0,0
IOHS	0,0	0,1	0,3	22,2	7,1	0,0	0,0
IOGK	0,1	0,1	0,3	22,5	7,2	0,0	0,0
IOKK	0,5	0,9	2,6	184,9	59,2	0,1	0,1

Anhang 13 (Fortsetzung)

Straßen-kategorie	VOC	CO	NO_X	CO_2	mKr	Partikel	SO_2
	t	t	t	t	t	t	t
LZ	**< 20 t**						
BAB	0,0	0,2	0,4	41,0	13,1	0,0	0,0
AOM	0,2	0,8	1,3	139,3	44,5	0,1	0,0
AOZ	0,0	0,0	0,0	0,0	0,0	0,0	0,0
IOHS	0,3	0,5	1,0	100,3	32,1	0,1	0,0
IOGK	0,3	0,5	1,0	99,7	32,0	0,1	0,0
IOKK	3,7	4,6	8,1	805,1	259,5	0,9	0,2
LZ	**20 - 28 t**						
BAB	0,0	0,0	0,0	3,8	1,2	0,0	0,0
AOM	0,0	0,0	0,1	13,2	4,2	0,0	0,0
AOZ	0,0	0,0	0,0	0,0	0,0	0,0	0,0
IOHS	0,0	0,0	0,1	9,9	3,2	0,0	0,0
IOGK	0,0	0,0	0,1	9,8	3,1	0,0	0,0
IOKK	0,2	0,4	1,0	72,6	23,3	0,1	0,0
LZ	**28 - 32 t**						
BAB	0,0	0,0	0,0	1,0	0,3	0,0	0,0
AOM	0,0	0,0	0,0	3,3	1,1	0,0	0,0
AOZ	0,0	0,0	0,0	0,0	0,0	0,0	0,0
IOHS	0,0	0,0	0,0	2,8	0,9	0,0	0,0
IOGK	0,0	0,0	0,0	2,8	0,9	0,0	0,0
IOKK	0,1	0,1	0,3	21,6	6,9	0,0	0,0
LZ	**32 - 40 t**						
BAB	0,0	0,0	0,0	0,0	0,0	0,0	0,0
AOM	0,0	0,0	0,0	0,0	0,0	0,0	0,0
AOZ	0,0	0,0	0,0	0,0	0,0	0,0	0,0
IOHS	0,0	0,0	0,0	0,0	0,0	0,0	0,0
IOGK	0,0	0,0	0,0	0,0	0,0	0,0	0,0
IOKK	0,0	0,0	0,0	0,0	0,0	0,0	0,0
SZ	**< 32 t**						
BAB	0,0	0,0	0,1	7,5	2,4	0,0	0,0
AOM	0,0	0,1	0,3	25,0	7,9	0,0	0,0
AOZ	0,0	0,0	0,0	0,0	0,0	0,0	0,0
IOHS	0,0	0,1	0,2	19,5	6,2	0,0	0,0
IOGK	0,0	0,1	0,2	19,2	6,1	0,0	0,0
IOKK	0,4	0,6	1,8	142,1	45,5	0,1	0,0

Anhang 13 (Fortsetzung)

Straßen-kategorie	VOC	CO	NO_X	CO_2	mKr	Partikel	SO_2
	t	t	t	t	t	t	t
SZ	**> 32 t**						
BAB	0,0	0,0	0,0	1,6	0,5	0,0	0,0
AOM	0,0	0,0	0,1	5,6	1,8	0,0	0,0
AOZ	0,0	0,0	0,0	0,0	0,0	0,0	0,0
IOHS	0,0	0,0	0,1	4,6	1,5	0,0	0,0
IOGK	0,0	0,0	0,1	4,7	1,5	0,0	0,0
IOKK	0,1	0,1	0,6	36,1	11,5	0,0	0,0
gesamt	72,2	103,1	160,0	17.947,8	5.774,9	21,4	5,2
innerorts	68,5	93,5	141,6	15.657,4	5.046,4	19,6	4,5
außerorts	3,7	9,6	18,4	2.290,3	728,5	1,7	0,7

Quelle: eigene Berechnungen.

Anhang 14: Emissionen des Straßengüterverkehrs im Bereich Region mit GVZ

Straßen-kategorie	VOC	CO	NO_X	CO_2	mKr	Partikel	SO_2
	t	t	t	t	t	t	t
SF	**< 3,5 t**						
BAB	0,0	0,0	0,0	0,0	0,0	0,0	0,0
AOM	0,0	0,0	0,0	0,0	0,0	0,0	0,0
AOZ	0,0	0,0	0,0	0,0	0,0	0,0	0,0
IOHS	0,0	0,0	0,0	0,0	0,0	0,0	0,0
IOGK	0,0	0,0	0,0	0,0	0,0	0,0	0,0
IOKK	0,0	0,0	0,0	0,0	0,0	0,0	0,0
SF	**3,5 - 7,5**						
BAB	0,1	0,4	0,7	81,8	26,1	0,1	0,0
AOM	0,1	0,2	0,3	38,3	12,2	0,0	0,0
AOZ	0,7	1,3	2,1	242,6	77,8	0,2	0,1
IOHS	0,2	0,3	0,5	52,7	17,0	0,1	0,0
IOGK	0,4	0,5	0,7	74,1	23,9	0,1	0,0
IOKK	0,8	0,9	1,2	131,4	42,6	0,2	0,0
SF	**7,5 - 14**						
BAB	0,1	0,3	0,8	88,4	28,1	0,1	0,0
AOM	0,1	0,1	0,4	41,1	13,1	0,0	0,0
AOZ	0,7	1,1	2,6	263,9	84,3	0,3	0,1
IOHS	0,2	0,3	0,7	66,7	21,4	0,1	0,0
IOGK	0,3	0,4	1,1	86,0	27,6	0,1	0,0
IOKK	0,6	0,9	1,9	139,3	44,9	0,2	0,0
SF	**14 - 20 t**						
BAB	0,1	0,1	0,5	50,8	16,1	0,0	0,0
AOM	0,0	0,1	0,2	24,1	7,7	0,0	0,0
AOZ	0,3	0,6	1,9	166,1	52,9	0,1	0,0
IOHS	0,1	0,2	0,5	45,7	14,6	0,0	0,0
IOGK	0,1	0,2	0,8	61,6	19,7	0,1	0,0
IOKK	0,3	0,5	1,3	100,1	32,1	0,1	0,0
SF	**20 - 24 t**						
BAB	0,0	0,1	0,2	20,6	6,5	0,0	0,0
AOM	0,0	0,0	0,1	9,8	3,1	0,0	0,0
AOZ	0,1	0,3	0,9	69,6	22,2	0,0	0,0
IOHS	0,0	0,1	0,2	20,0	6,4	0,0	0,0
IOGK	0,1	0,1	0,4	26,9	8,6	0,0	0,0
IOKK	0,1	0,2	0,6	42,3	13,6	0,0	0,0

Anhang 14 (Fortsetzung)

Straßen-kategorie	VOC	CO	NO_X	CO_2	mKr	Partikel	SO_2
	t	t	t	t	t	t	t
LZ	**< 20 t**						
BAB	0,1	0,4	0,6	59,9	19,1	0,1	0,0
AOM	0,0	0,2	0,3	27,8	8,9	0,0	0,0
AOZ	0,4	1,2	1,8	190,6	61,0	0,2	0,1
IOHS	0,1	0,3	0,5	50,5	16,2	0,1	0,0
IOGK	0,2	0,4	0,7	66,8	21,4	0,1	0,0
IOKK	0,5	0,6	1,0	103,2	33,2	0,1	0,0
LZ	**20 - 28 t**						
BAB	0,0	0,0	0,1	13,8	4,4	0,0	0,0
AOM	0,0	0,0	0,1	6,5	2,1	0,0	0,0
AOZ	0,1	0,2	0,4	45,7	14,5	0,0	0,0
IOHS	0,0	0,0	0,1	12,4	3,9	0,0	0,0
IOGK	0,0	0,1	0,2	16,3	5,2	0,0	0,0
IOKK	0,1	0,1	0,3	23,0	7,4	0,0	0,0
LZ	**28 - 32 t**						
BAB	0,0	0,0	0,1	4,8	1,5	0,0	0,0
AOM	0,0	0,0	0,0	2,2	0,7	0,0	0,0
AOZ	0,0	0,1	0,2	16,3	5,2	0,0	0,0
IOHS	0,0	0,0	0,1	4,7	1,5	0,0	0,0
IOGK	0,0	0,0	0,1	6,2	2,0	0,0	0,0
IOKK	0,0	0,0	0,1	9,2	2,9	0,0	0,0
LZ	**32 - 40 t**						
BAB	0,0	0,0	0,0	0,8	0,3	0,0	0,0
AOM	0,0	0,0	0,0	0,4	0,1	0,0	0,0
AOZ	0,0	0,0	0,0	2,9	0,9	0,0	0,0
IOHS	0,0	0,0	0,0	0,8	0,3	0,0	0,0
IOGK	0,0	0,0	0,0	1,1	0,4	0,0	0,0
IOKK	0,0	0,0	0,0	1,7	0,5	0,0	0,0
SZ	**< 32 t**						
BAB	0,0	0,1	0,2	19,6	6,2	0,0	0,0
AOM	0,0	0,0	0,1	8,9	2,8	0,0	0,0
AOZ	0,1	0,2	0,7	63,8	20,3	0,1	0,0
IOHS	0,0	0,1	0,2	17,6	5,6	0,0	0,0
IOGK	0,0	0,1	0,3	23,0	7,3	0,0	0,0
IOKK	0,1	0,1	0,4	32,5	10,4	0,0	0,0

Anhang 14 (Fortsetzung)

Straßen-kategorie	VOC	CO	NO_X	CO_2	mKr	Partikel	SO_2
	t	t	t	t	t	t	t
SZ	**> 32 t**						
BAB	0,0	0,0	0,0	0,8	0,3	0,0	0,0
AOM	0,0	0,0	0,0	0,4	0,1	0,0	0,0
AOZ	0,0	0,0	0,0	2,8	0,9	0,0	0,0
IOHS	0,0	0,0	0,0	0,8	0,2	0,0	0,0
IOGK	0,0	0,0	0,0	1,0	0,3	0,0	0,0
IOKK	0,0	0,0	0,0	1,5	0,5	0,0	0,0
gesamt	7,7	13,3	29,1	2.783,9	891,1	2,6	0,8
innerorts	4,5	6,5	13,9	1.219,1	391,7	1,3	0,4
außerorts	3,2	6,8	15,2	1.564,8	499,4	1,3	0,4

Quelle: eigene Berechnungen.

Anhang 15: Emissionen des Straßengüterverkehrs im Bereich Umland mit GVZ

Straßen-kategorie	VOC	CO	NO_X	CO_2	mKr	Partikel	SO_2
	t	t	t	t	t	t	t
SF	**< 3,5 t**						
BAB	0,0	0,0	0,0	0,0	0,0	0,0	0,0
AOM	0,0	0,0	0,0	0,0	0,0	0,0	0,0
AOZ	0,0	0,0	0,0	0,0	0,0	0,0	0,0
IOHS	0,0	0,0	0,0	0,0	0,0	0,0	0,0
IOGK	0,0	0,0	0,0	0,0	0,0	0,0	0,0
IOKK	0,0	0,0	0,0	0,0	0,0	0,0	0,0
SF	**3,5 - 7,5**						
BAB	0,2	0,6	1,2	136,3	43,4	0,1	0,0
AOM	0,1	0,2	0,5	51,1	16,3	0,0	0,0
AOZ	1,1	2,1	3,3	381,0	122,2	0,3	0,1
IOHS	0,2	0,3	0,4	51,1	16,5	0,1	0,0
IOGK	0,4	0,4	0,7	71,8	23,2	0,1	0,0
IOKK	0,7	0,8	1,1	116,8	37,9	0,1	0,0
SF	**7,5 - 14**						
BAB	0,1	0,3	0,8	88,4	28,1	0,1	0,0
AOM	0,1	0,1	0,3	32,8	10,5	0,0	0,0
AOZ	0,6	1,0	2,4	248,6	79,4	0,2	0,1
IOHS	0,1	0,2	0,4	38,8	12,5	0,0	0,0
IOGK	0,2	0,3	0,6	50,1	16,1	0,1	0,0
IOKK	0,3	0,5	1,0	74,3	24,0	0,1	0,0
SF	**14 - 20 t**						
BAB	0,1	0,1	0,5	50,8	16,1	0,0	0,0
AOM	0,0	0,1	0,2	19,3	6,1	0,0	0,0
AOZ	0,3	0,5	1,8	156,5	49,9	0,1	0,0
IOHS	0,1	0,1	0,3	26,6	8,5	0,0	0,0
IOGK	0,1	0,1	0,5	35,8	11,4	0,0	0,0
IOKK	0,2	0,3	0,7	53,4	17,1	0,1	0,0
SF	**20 - 24 t**						
BAB	0,0	0,0	0,2	15,6	5,0	0,0	0,0
AOM	0,0	0,0	0,1	6,0	1,9	0,0	0,0
AOZ	0,1	0,2	0,6	49,7	15,8	0,0	0,0
IOHS	0,0	0,0	0,1	8,8	2,8	0,0	0,0
IOGK	0,0	0,0	0,2	11,9	3,8	0,0	0,0
IOKK	0,0	0,1	0,2	17,1	5,5	0,0	0,0

Anhang 15 (Fortsetzung)

Straßen-kategorie	VOC	CO	NO_X	CO_2	mKr	Partikel	SO_2
	t	t	t	t	t	t	t
LZ	**< 20 t**						
BAB	0,1	0,3	0,4	45,4	14,5	0,0	0,0
AOM	0,0	0,1	0,2	16,8	5,4	0,0	0,0
AOZ	0,3	0,8	1,3	136,1	43,6	0,2	0,0
IOHS	0,1	0,1	0,2	22,3	7,1	0,0	0,0
IOGK	0,1	0,2	0,3	29,5	9,5	0,0	0,0
IOKK	0,2	0,2	0,4	41,7	13,4	0,0	0,0
LZ	**20 - 28 t**						
BAB	0,0	0,0	0,1	10,5	3,3	0,0	0,0
AOM	0,0	0,0	0,0	3,9	1,3	0,0	0,0
AOZ	0,1	0,1	0,3	32,6	10,4	0,0	0,0
IOHS	0,0	0,0	0,1	5,4	1,7	0,0	0,0
IOGK	0,0	0,0	0,1	7,2	2,3	0,0	0,0
IOKK	0,0	0,0	0,1	9,3	3,0	0,0	0,0
LZ	**28 - 32 t**						
BAB	0,0	0,0	0,1	6,0	1,9	0,0	0,0
AOM	0,0	0,0	0,0	2,2	0,7	0,0	0,0
AOZ	0,0	0,1	0,2	19,3	6,1	0,0	0,0
IOHS	0,0	0,0	0,0	3,4	1,1	0,0	0,0
IOGK	0,0	0,0	0,1	4,5	1,4	0,0	0,0
IOKK	0,0	0,0	0,1	6,1	2,0	0,0	0,0
LZ	**32 - 40 t**						
BAB	0,0	0,0	0,0	1,0	0,3	0,0	0,0
AOM	0,0	0,0	0,0	0,4	0,1	0,0	0,0
AOZ	0,0	0,0	0,0	3,4	1,1	0,0	0,0
IOHS	0,0	0,0	0,0	0,6	0,2	0,0	0,0
IOGK	0,0	0,0	0,0	0,8	0,3	0,0	0,0
IOKK	0,0	0,0	0,0	1,1	0,4	0,0	0,0
SZ	**< 32 t**						
BAB	0,0	0,0	0,1	14,8	4,7	0,0	0,0
AOM	0,0	0,0	0,1	5,4	1,7	0,0	0,0
AOZ	0,1	0,2	0,5	45,5	14,5	0,0	0,0
IOHS	0,0	0,0	0,1	7,7	2,5	0,0	0,0
IOGK	0,0	0,0	0,1	10,1	3,2	0,0	0,0
IOKK	0,0	0,1	0,2	13,1	4,2	0,0	0,0

Anhang 15 (Fortsetzung)

Straßen-kategorie	VOC	CO	NO_X	CO_2	mKr	Partikel	SO_2
	t	t	t	t	t	t	t
SZ	**> 32 t**						
BAB	0,0	0,0	0,0	1,0	0,3	0,0	0,0
AOM	0,0	0,0	0,0	0,4	0,1	0,0	0,0
AOZ	0,0	0,0	0,0	3,3	1,0	0,0	0,0
IOHS	0,0	0,0	0,0	0,6	0,2	0,0	0,0
IOGK	0,0	0,0	0,0	0,8	0,2	0,0	0,0
IOKK	0,0	0,0	0,0	1,0	0,3	0,0	0,0
gesamt	6,2	11,0	23,2	2.305,6	737,8	2,1	0,7
innerorts	2,9	4,0	8,0	721,7	232,1	0,8	0,2
außerorts	3,4	7,0	15,2	1.583,8	505,7	1,3	0,5

Quelle: eigene Berechnungen.

Anhang 16: Emissionen des Straßengüterfernverkehrs mit GVZ

Straßen-kategorie	VOC	CO	NO_x	CO_2	mKr	Partikel	SO_2
	t	t	t	t	t	t	t
SF	**< 3,5 t**						
BAB	0,0	0,0	0,0	0,0	0,0	0,0	0,0
AOM	0,0	0,0	0,0	0,0	0,0	0,0	0,0
AOZ	0,0	0,0	0,0	0,0	0,0	0,0	0,0
IOHS	0,0	0,0	0,0	0,0	0,0	0,0	0,0
IOGK	0,0	0,0	0,0	0,0	0,0	0,0	0,0
IOKK	0,0	0,0	0,0	0,0	0,0	0,0	0,0
SF	**3,5 - 7,5**						
BAB	0,0	0,0	0,0	0,0	0,0	0,0	0,0
AOM	0,0	0,0	0,0	0,0	0,0	0,0	0,0
AOZ	0,0	0,0	0,0	0,0	0,0	0,0	0,0
IOHS	0,0	0,0	0,0	0,0	0,0	0,0	0,0
IOGK	0,0	0,0	0,0	0,0	0,0	0,0	0,0
IOKK	0,0	0,0	0,0	0,0	0,0	0,0	0,0
SF	**7,5 - 14**						
BAB	2,7	4,8	13,3	1.513,4	481,8	1,1	0,4
AOM	0,0	0,0	0,1	13,5	4,3	0,0	0,0
AOZ	0,4	0,7	1,6	162,1	51,8	0,2	0,0
IOHS	0,0	0,0	0,0	3,0	1,0	0,0	0,0
IOGK	0,0	0,0	0,0	3,8	1,2	0,0	0,0
IOKK	0,0	0,0	0,1	4,6	1,5	0,0	0,0
SF	**14 - 20 t**						
BAB	4,1	8,3	30,8	2.979,7	946,6	1,8	0,9
AOM	0,1	0,1	0,4	39,5	12,6	0,0	0,0
AOZ	1,0	1,8	5,8	510,2	162,5	0,4	0,1
IOHS	0,0	0,0	0,1	10,2	3,3	0,0	0,0
IOGK	0,0	0,1	0,2	13,8	4,4	0,0	0,0
IOKK	0,0	0,1	0,2	16,4	5,3	0,0	0,0
SF	**20 - 24 t**						
BAB	4,8	10,4	38,9	3.368,1	1.687,5	1,9	1,5
AOM	0,1	0,2	0,6	51,2	16,3	0,0	0,0
AOZ	1,2	2,5	8,4	680,0	216,7	0,4	0,2
IOHS	0,0	0,1	0,2	14,2	4,5	0,0	0,0
IOGK	0,0	0,1	0,3	19,1	6,1	0,0	0,0
IOKK	0,1	0,1	0,3	22,1	7,1	0,0	0,0

Anhang 16 (Fortsetzung)

Straßen-kategorie	VOC	CO	NO_X	CO_2	mKr	Partikel	SO_2
	t	t	t	t	t	t	t
LZ	**< 20 t**						
BAB	1,8	8,2	12,4	1.316,9	420,6	1,5	0,4
AOM	0,0	0,1	0,1	9,9	3,1	0,0	0,0
AOZ	0,3	0,8	1,2	126,7	40,6	0,1	0,0
IOHS	0,0	0,0	0,0	2,4	0,8	0,0	0,0
IOGK	0,0	0,0	0,0	3,2	1,0	0,0	0,0
IOKK	0,0	0,0	0,0	3,7	1,2	0,0	0,0
LZ	**20 - 28 t**						
BAB	4,2	9,6	23,7	2.919,3	928,4	2,4	0,8
AOM	0,1	0,2	0,4	46,3	14,7	0,0	0,0
AOZ	1,1	2,3	5,7	610,3	194,4	0,6	0,2
IOHS	0,0	0,0	0,1	12,0	3,8	0,0	0,0
IOGK	0,0	0,1	0,2	15,8	5,1	0,0	0,0
IOKK	0,1	0,1	0,2	16,4	5,3	0,0	0,0
LZ	**28 - 32 t**						
BAB	2,7	9,0	30,6	2.570,4	816,5	1,8	0,7
AOM	0,0	0,1	0,4	31,8	10,1	0,0	0,0
AOZ	0,5	1,7	5,3	438,7	139,5	0,3	0,1
IOHS	0,0	0,0	0,1	9,2	2,9	0,0	0,0
IOGK	0,0	0,0	0,2	12,2	3,9	0,0	0,0
IOKK	0,0	0,1	0,2	13,2	4,2	0,0	0,0
LZ	**32 - 40 t**						
BAB	6,4	15,1	77,2	6.630,4	2.101,9	3,6	1,9
AOM	0,1	0,3	1,4	122,0	38,7	0,1	0,0
AOZ	2,2	4,4	21,5	1.718,3	545,6	1,1	0,5
IOHS	0,1	0,1	0,4	36,0	11,4	0,0	0,0
IOGK	0,1	0,1	0,7	48,7	15,5	0,0	0,0
IOKK	0,1	0,2	0,8	53,8	17,2	0,0	0,0
SZ	**< 32 t**						
BAB	2,2	6,3	21,4	2.089,0	663,3	1,6	0,6
AOM	0,0	0,1	0,2	22,1	7,0	0,0	0,0
AOZ	0,4	1,0	3,2	296,8	94,4	0,2	0,1
IOHS	0,0	0,0	0,1	6,0	1,9	0,0	0,0
IOGK	0,0	0,0	0,1	7,8	2,5	0,0	0,0
IOKK	0,0	0,0	0,1	8,1	2,6	0,0	0,0

Anhang 16 (Fortsetzung)

Straßen-kategorie	VOC	CO	NO_X	CO_2	mKr	Partikel	SO_2
	t	t	t	t	t	t	t
SZ	**> 32 t**						
BAB	11,5	26,3	150,6	11.735,8	3.720,8	6,4	3,3
AOM	0,4	1,0	5,1	388,4	123,2	0,2	0,1
AOZ	6,6	12,9	75,6	5.442,9	1.726,9	3,7	1,6
IOHS	0,1	0,3	1,5	111,1	35,3	0,1	0,0
IOGK	0,2	0,3	2,4	148,7	47,2	0,1	0,0
IOKK	0,3	0,5	2,7	161,1	51,3	0,2	0,0
gesamt	56,5	130,6	546,9	46.610,2	15.417,0	30,4	13,9
innerorts	1,5	2,5	11,2	776,5	247,3	0,6	0,2
außerorts	55,0	128,1	535,7	45.833,7	15.169,8	29,8	13,7

Quelle: eigene Berechnungen.

Anhang 17: Zusammenfassung der GVZ-bedingten Emissionsänderungen des Straßen- und Schienengüterverkehrs inkl. Kraftstoffbereitstellung und Elektrotraktion

			VOC	CO	NO	CO_2	mKr	Partikel	SO_2
Emissionen des Straßengüterverkehrs									
ohne GVZ	gesamt	t	164,0	310,3	876,9	83.115,3	27.386,0	70,3	24,6
	innerorts	t	91,3	138,9	230,2	25.826,1	8.294,3	32,0	7,5
mit GVZ	gesamt	t	142,6	258,0	759,2	69.647,4	22.820,8	56,5	20,5
	innerorts	t	77,4	106,4	174,6	18.374,7	5.917,4	22,3	5,3
Differenz	gesamt	t	-21,4	-52,3	-117,7	-13.467,9	-4.565,2	-13,7	-4,1
	innerorts	t	-13,9	-32,5	-55,6	-7.451,3	-2.376,9	-9,6	-2,1
Veränderung	Gesamt	%	-13,0%	-16,9%	-13,4%	-16,2%	-16,7%	-19,6%	-16,7%
	innerorts	%	-15,2%	-23,4%	-24,1%	-28,9%	-28,7%	-30,1%	-28,7%
Emissionen der Bahn aus Dieseltraktion									
ohne GVZ	gesamt	t	1,9	5,4	16,6	958,1	301,8	0,9	0,1
	innerorts	t	0,4	1,1	3,3	191,6	60,4	0,2	0,0
mit GVZ	gesamt	t	1,8	5,0	15,4	888,3	279,8	0,8	0,1
	innerorts	t	0,4	1,0	3,1	177,7	56,0	0,2	0,0
Differenz	gesamt	t	-0,1	-0,4	-1,2	-69,8	-22,0	-0,1	0,0
	innerorts	t	0,0	-0,1	-0,2	-14,0	-4,4	0,0	0,0
Veränderung	gesamt	%	-7,3%	-7,3%	-7,3%	-7,3%	-7,3%	-7,3%	-7,3%
Emissionen der Kraftstoffbereitstellung									
ohne GVZ	gesamt	t	18,8	8,4	43,2	10.192,4		2,2	56,4
	innerorts	t	0,2	1,8	6,8	5.537,2		0,0	15,5
mit GVZ	gesamt	t	15,7	7,0	36,0	8.503,7		1,8	47,1
	innerorts	t	0,2	1,5	5,6	4.619,8		0,0	12,9
Differenz	gesamt	t	-3,1	-1,4	-7,2	-1.688,6		-0,4	-9,3
	innerorts	t	0,0	-0,3	-1,1	-917,4		0,0	-2,6
Veränderung	gesamt	%	-16,6%	-16,6%	-16,6%	-16,6%		-16,6%	-16,6%
Emissionen der Bahn aus Elektrotraktion									
ohne GVZ	gesamt	t	0,2	0,8	17,3	5.423,9		0,6	11,4
	innerorts	t	0,1	0,4	8,6	2.712,0		0,3	5,7
mit GVZ	gesamt	t	0,2	1,1	22,2	6.958,3		0,7	14,6
	innerorts	t	0,1	0,5	11,1	3.479,1		0,4	7,3
Differenz	gesamt	t	0,1	0,2	4,9	1.534,4		0,2	3,2
	innerorts	t	0,0	0,1	2,4	767,2		0,1	1,6
Veränderung	gesamt	%	28,3%	28,3%	28,3%	28,3%		28,3%	28,3%

Anhang 17 (Fortsetzung)

			VOC	CO	NO	CO_2	mKr	Partikel	SO_2
Emissionen gesamt									
ohne GVZ	gesamt	t	184,9	324,9	953,9	99.689,7	27.687,8	73,9	92,6
	innerorts	t	92,0	142,3	249,0	34.266,9	8.354,6	32,5	28,7
mit GVZ	gesamt	t	160,3	271,1	832,7	85.997,7	23.100,6	59,9	82,3
	innerorts	t	78,1	109,4	194,4	26.651,3	5.973,4	22,9	25,6
Verände-rung	gesamt	t	-24,6	-53,9	-121,2	-13.692,0	-4.587,2	-14,0	-10,2
	innerorts	t	-13,9	-32,8	-54,5	-7.615,5	-2.381,3	-9,6	-3,1
Verände-rung	gesamt	%	-13,3%	-16,6%	-12,7%	-13,7%	-16,6%	-18,9%	-11,1%
	innerorts	%	-15,1%	-23,1%	-21,9%	-22,2%	-28,5%	-29,5%	-10,8%
Reduzie-rung	gesamt	t	-24,6	-54,1	-126,1	-15.226,4	-4.587,2	-14,2	-13,5
	innerorts	t	-13,9	-32,9	-57,0	-8.382,7	-2.381,3	-9,7	-4,7
Zunahme	gesamt	t	0,1	0,2	4,9	1.534,4	0,0	0,2	3,2
	innerorts	t	0,0	0,1	2,4	767,2	0,0	0,1	1,6

Quelle: eigene Berechnungen.

Anhang 18: Hauptverkehrsstrecken zwischen dem GVZ und den Berliner Stadtzentren West (Charlottenburg) und Ost (Mitte), auf denen die zusätzliche Lärmbelastung bewertet wird

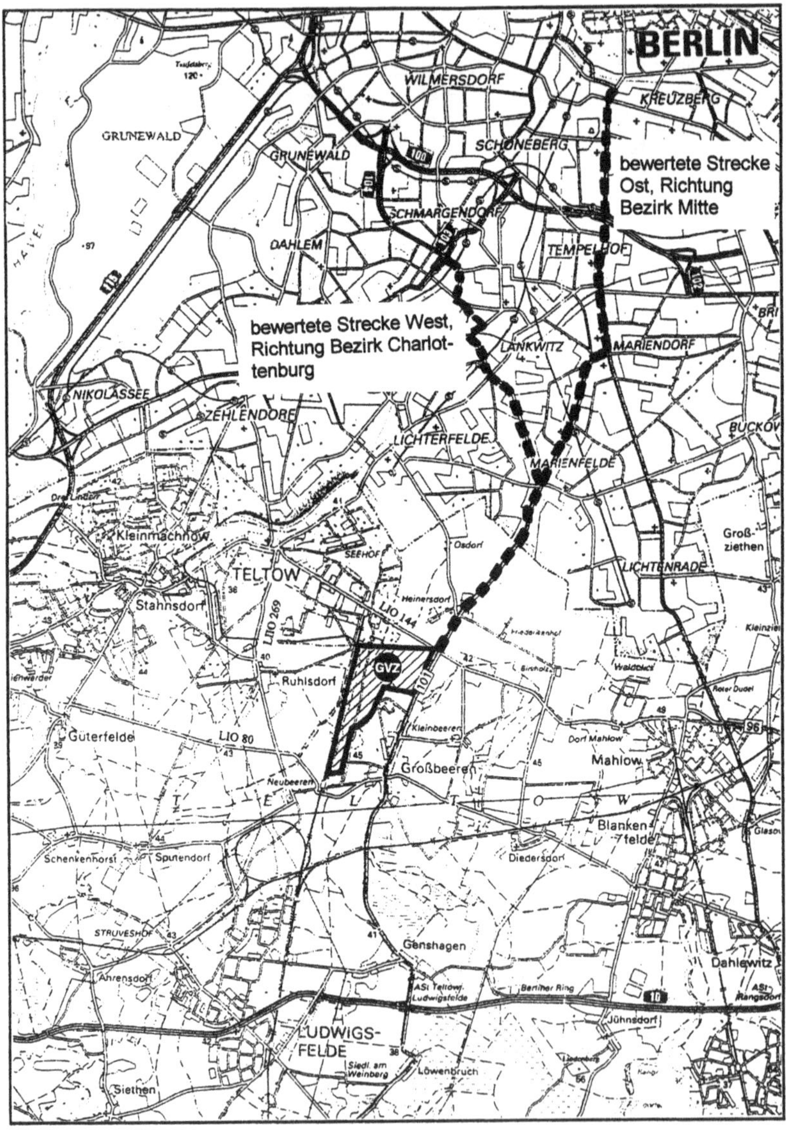

Anhang 19: Ermittlung der Lärmbelastung durch Fahrten vom GVZ ins Berliner Zentrum nach Streckenabschnitten und Häuserfronten ohne GVZ

Zeile	Stadt-modell-baust.	Wohn-bev. je km	Anteil am Streckenabschnitt I. %	II. %	III. %	IV. %	V. %	VI. %	VII. %	VIII. %	Koeffi-zient b	Verkehrs-menge nachts	Mitte-lungs-pegel
1	M3	1700				75%					42,8	440	69,2
2	M3	1700					25%				42,8	528	70,0
3	M3	1700						35%			42,8	176	65,3
4	M3	1700							30%		42,8	341	68,1
5	M3	1700								30%	42,8	352	68,3
6	M5	500					40%				41,8	528	69,0
7	M5	500						10%			41,8	176	64,3
8	M5	500								10%	41,8	352	67,3
9	M7	500	60%								38,9	198	61,9
10	M7	500		80%							38,9	198	61,9
11	M7	500			60%						38,9	352	64,4
12	M7	500					10%				38,9	528	66,1
13	M7	500						35%			38,9	176	61,4
14	M7	500							40%		38,9	341	64,2
15	M7	500								40%	38,9	352	64,4
16	ges.		60%	80%	60%	75%	75%	80%	70%	80%			

(Fortsetzung)

Zeile	Pegelminderung nach Häuserfront dS_2	dS_3	dS_4	dS_5	Ziel-pegel S_Z	zu bewertender Schallpegel nach Häuserfronten S_1	S_2	S_3	S_4	S_5
1	26				40	29,23	3,23			
2	26				40	30,03	4,03			
3	26				40	25,26	0,00			
4	26				40	28,13	2,13			
5	26				40	28,27	2,27			
6	25				40	29,03	4,03			
7	25				40	24,26	0,00			
8	25				40	27,27	2,27			
9	25				40	21,87	0,00			
10	25				40	21,87	0,00			
11	10	15	19	22	40	24,37	14,37	9,37	5,37	2,37
12	10	15	19	22	40	26,13	16,13	11,13	7,13	4,13
13	10	15	19	22	40	21,36	11,36	6,36	2,36	0,00
14	10	15	19	22	40	24,23	14,23	9,23	5,23	2,23
15	10	15	19	22	40	24,37	14,37	9,37	5,37	2,37
16										

Anhang 19 (Fortsetzung)

Zeile	Betroffene pro km Anzahl	Betroffene gesamt Anzahl	Zahlungsbereitschaft nach Häuserfronten 1. tsd. DM	2. tsd. DM	3. tsd. DM	4. tsd. DM	5. tsd. DM	gesamt tsd. DM
1	1275	4.208	3.424	379	0	0	0	3.803
2	425	1.403	1.172	157	0	0	0	1.330
3	595	2.142	1.506	0	0	0	0	1.506
4	510	714	559	42	0	0	0	601
5	510	1.428	1.124	90	0	0	0	1.214
6	200	660	533	74	0	0	0	607
7	50	180	122	0	0	0	0	122
8	50	140	106	9	0	0	0	115
9	300	450	274	0	0	0	0	274
10	400	640	390	0	0	0	0	390
11	300	660	448	264	172	99	43	1.026
12	50	165	120	74	51	33	19	297
13	175	630	375	199	111	41	0	726
14	200	280	189	111	72	41	17	430
15	200	560	380	224	146	84	37	870
16	5.240	14.259						13.311

Quellen: Planco Consulting GmbH, Gesamtwirtschaftliche Bewertung von Verkehrswegeinvestitionen. Bewertungsverfahren für den Bundesverkehrswegeplan 1992, hrsg. v. BMV, Nr. 72 der eigenen Schriftenreihe, Essen, Bonn 1993, S. 155f, eigene Berechnungen.

Anhang 20: Ermittlung der Lärmbelastung durch Fahrten vom GVZ ins Berliner Zentrum nach Streckenabschnitten und Häuserfronten mit GVZ

Zeile	Stadt-modell-baust.	Wohn-bev. je km	Anteil am Streckenabschnitt I. %	II. %	III. %	IV. %	V. %	VI. %	VII. %	VIII. %	Koeffi-zient b	Verkehrs-menge nachts	Mitte-lungs-pegel
1	M3	1700				75%					42,8	457	69,4
2	M3	1700					25%				42,8	543	70,1
3	M3	1700						35%			42,8	200	65,8
4	M3	1700							30%		42,8	363	68,4
5	M3	1700								30%	42,8	372	68,5
6	M5	500					40%				41,8	543	69,1
7	M5	500						10%			41,8	200	64,8
8	M5	500								10%	41,8	372	67,5
9	M7	500	60%								38,9	242	62,7
10	M7	500		80%							38,9	218	62,3
11	M7	500			60%						38,9	372	64,6
12	M7	500					10%				38,9	543	66,2
13	M7	500						35%			38,9	200	61,9
14	M7	500							40%		38,9	363	64,5
15	M7	500								40%	38,9	372	64,6
16	ges.		60%	80%	60%	75%	75%	80%	70%	80%			

(Fortsetzung)

Zeile	Pegelminderung nach Häuserfront dS2	dS3	dS4	dS5	Ziel-pegel S_Z	zu bewertender Schallpegel nach Häuserfronten S_1	S_2	S_3	S_4	S_5
1	26				40	29,39	3,39			
2	26				40	30,15	4,15			
3	26				40	25,80	0,00			
4	26				40	28,39	2,39			
5	26				40	28,50	2,50			
6	25				40	29,15	4,15			
7	25				40	24,80	0,00			
8	25				40	27,50	2,50			
9	25				40	22,74	0,00			
10	25				40	22,29	0,00			
11	10				40	24,61	14,61	9,61	5,61	2,61
12	10				40	26,25	16,25	11,25	7,25	4,25
13	10				40	21,90	11,90	6,90	2,90	0,00
14	10				40	24,49	14,49	9,49	5,49	2,49
15	10				40	24,60	14,60	9,60	5,60	2,60
16										

Anhang 20 (Fortsetzung)

Zeile	Betroffene pro km	Betroffene gesamt	Zahlungsbereitschaft nach Häuserfronten					
			1.	2.	3.	4.	5.	gesamt
1	Anzahl	Anzahl	tsd. DM	tsd. DM	tsd. DM	tsd. DM	tsd. DM	tsd. DM
2	1275	4.208	3.443	398	0	0	0	3.841
3	425	1.403	1.177	162	0	0	0	1.339
4	595	2.142	1.539	0	0	0	0	1.539
5	510	714	564	48	0	0	0	612
6	510	1.428	1.133	99	0	0	0	1.233
7	200	660	536	76	0	0	0	612
8	50	180	124	0	0	0	0	124
9	50	140	107	10	0	0	0	117
10	300	450	285	0	0	0	0	285
11	400	640	397	0	0	0	0	397
12	300	660	452	268	177	103	48	1.048
13	50	165	121	75	52	33	20	300
14	175	630	384	209	121	51	0	765
15	200	280	191	113	74	43	19	440
16	200	560	384	228	150	87	41	889
	5.240	14.259						13.539

Quellen: Planco Consulting GmbH, Gesamtwirtschaftliche Bewertung von Verkehrswegeinvestitionen. Bewertungsverfahren für den Bundesverkehrswegeplan 1992, hrsg. v. BMV, Nr. 72 der eigenen Schriftenreihe, Essen, Bonn 1993, S. 155f, eigene Berechnungen.

Anhang 21: Berechnung der Erlöse und Betriebskosten für das GVZ Großbeeren, Szenario I

ERLÖSE				
Jahr	verkaufter Flächen-anteil %	verkaufte Fläche qm	Preis DM/qm	Erlös tsd. DM
gesamt	100%	1.520.000		243.655
1994	0%	0	135,00	0
1995	0%	0	138,11	0
1996	0%	0	141,28	0
1997	2%	30.400	144,53	4.394
1998	3%	45.600	147,86	6.742
1999	5%	76.000	151,26	11.495
2000	10%	152.000	154,73	23.520
2001	20%	304.000	158,29	48.121
2002	30%	456.000	161,93	73.842
2003	30%	456.000	165,66	75.540

Quelle: eigene Berechnungen

BETRIEBSKOSTEN			
Jahr	Verwaltungs-kosten tsd. DM	Instand-haltung tsd. DM	gesamt tsd. DM
1994	-642	-52	-694
1995	-656	-398	-1.054
1996	-671	-595	-1.266
1997	-687	-800	-1.487
1998	-703	-819	-1.521
1999	-719	-838	-1.556
2000	-735	-857	-1.592
2001	-752	-877	-1.629
2002	-769	-897	-1.666
2003	-787	-917	-1.705

Quelle: eigene Berechnungen

Anhang 22: Investitionen, Ersatzinvestitionen und Abschreibungen für das GVZ Großbeeren, Szenario I

Investitionen, Ersatzinvestitionen und Abschreibungen (tsd. DM)								
in tsd. DM	Grundstück		äußere Erschließung				innere Erschließung	
	GVZ	Aus-gleichs-fläche	Anschluß Ver- und Entsorgung		Anschluß Verkehrswege			
	Investition	Investition	Investition	Abschrei-bungen	Investition	Abschrei-bungen	Investition	Abschrei-bungen
geplant	-39.451	-23.477	-24.150		-1.020		-74.757	
realisiert	-40.041	-24.570	-25.145	-13.776	-1.079	-539	-77.632	-43.115
Anschaf-fungsjahr	1994	1996	1995		1996		1995	
wirtschaft-liche ND	unbe-grenzt	unbe-grenzt	30		30		30	
steuer-liche ND	unbe grenzt	unbe-grenzt		15		15		15
1994	-13.808						-5.233	-349
1995	-26.233		-10.129	-675			-34.414	-2.643
1996		-24.570	-10.362	-1.366	-534	-36	-18.776	-3.895
1997			-4.654	-1.676	-546	-72	-19.208	-5.175
1998				-1.676		-72		-5.175
1999				-1.676		-72		-5.175
2000				-1.676		-72		-5.175
2001				-1.676		-72		-5.175
2002				-1.676		-72		-5.175
2003				-1.676		-72		-5.175

Anhang 22 (Fortsetzung)

Investitionen, Ersatzinvestitionen und Abschreibungen (tsd. DM)				
in tsd. DM	ökologische Ausgleichsmaßnahmen		gesamt	gesamt
	Investition	Abschreibungen	Investition	Abschreibungen
geplant	-9.222		-172.077	0
realisiert	-9.742	-4.926	-178.210	-62.356
Anschaf-fungsjahr	1996			
wirtschaft-liche ND	unbegrenzt			
steuer-liche ND		15		
1994			-19.041	-349
1995			-70.777	-3.318
1996	-5.694	-380	-59.936	-5.676
1997	-4.048	-649	-28.456	-7.573
1998		-649	0	-7.573
1999		-649	0	-7.573
2000		-649	0	-7.573
2001		-649	0	-7.573
2002		-649	0	-7.573
2003		-649	0	-7.573

Quelle: eigene Berechnungen

Anhang 23: Berechnung der Steuern für das GVZ Großbeeren, Szenario I

Steuern (tsd. DM)								
			Gewerbekapitalsteuer			Gewerbeertragsteuer		
Jahr	Einheitswert Betriebsvermögen	Einheitswert Grundstücke	Gewerbekapital	Steuermeßbetrag Gewerbekapital	Gewerbekapitalsteuer	Gewerbeertrag	Gewerbeverlustvortrag	Steuermeßbetrag Gewerbeertrag
1994	19.408	4.142	15.089	30	-121	-761		-38
1995	19.408	12.012	-27.125	-54	0	-1.253	-761	-101
1996	19.408	19.383	-65.144	-130	0	-4.366	-2.014	-319
1997	19.408	18.996	-79.111	-158	0	-2.670	-6.380	-453
1998	19.408	18.426	-78.673	-157	0	-1.509	-9.050	-528
1999	19.408	17.504	-75.533	-151	0	3.213	-10.560	-367
2000	19.408	15.754	-65.838	-132	0	14.506	-7.346	358
2001	19.408	12.603	-47.245	-94	0	34.205	0	1.710
2002	19.408	8.822	-25.355	-51	0	56.557	0	2.828
2003	19.408	6.176	-3.518	-7	0	59.050	0	2.953

(Fortsetzung)

Steuern (tsd.DM)							
Jahr	Objektsteuern				Subjektsteuern		
	Steuermeßbetrag Gewerbesteuer	Gewerbesteuer	Grundsteuer	Objektsteuern gesamt	Vermögensteuer	Körperschaftssteuer	Subjektsteuern gesamt
1994	0	0	-17	-17	-116	0	-116
1995	0	0	-50	-50	-116	0	-116
1996	0	0	-81	-81	-116	0	-116
1997	0	0	-80	-80	-116	0	-116
1998	0	0	-77	-77	-116	0	-116
1999	0	0	-74	-74	-116	0	-116
2000	226	-904	-66	-970	-116	0	-116
2001	1.616	-6.464	-53	-6.517	-116	-5.310	-5.426
2002	2.777	-11.108	-37	-11.145	-116	-23.532	-23.649
2003	2.945	-11.784	-26	-11.810	-116	-25.300	-25.417

Quelle: eigene Berechnungen

Anhang 24: Cash Flow- und Barwertberechnung für das GVZ Großbeeren, Szenario I

CASH FLOW- UND BARWERT BERECHNUNG (tsd. DM)									
1. Jahr	2. Erlös	3. Betriebskosten	4. Abschreibungen	5. Zinsen	6. Objektsteuern	7. Gewinn/ Verlust vor Subjektsteuern	8. Verlustvortrag	9. Subjektsteuern	10. Gewinn/ Verlust nach Steuern
1994	0	-694	-349		-17	-711		-116	-828
1995	0	-1.054	-3.318	-9	-50	-1.113	-711	-116	-1.230
1996	0	-1.266	-5.676	-5.573	-81	-6.920	-1.825	-116	-7.037
1997	4.394	-1.487	-7.573	-10.538	-80	-7.711	-8.745	-116	-7.827
1998	6.742	-1.521	-7.573	-12.863	-77	-7.720	-16.456	-116	-7.836
1999	11.495	-1.556	-7.573	-12.885	-74	-3.019	-24.176	-116	-3.136
2000	23.520	-1.592	-7.573	-12.525	-970	8.432	-26.484	-116	8.316
2001	48.121	-1.629	-7.573	-11.238	-6.517	28.737	-16.938	-5.426	23.311
2002	73.842	-1.666	-7.573	-8.737	-11.145	52.294	0	-23.649	28.645
2003	75.540	-1.705	-7.573	-5.803	-11.810	56.223	0	-25.417	30.806

(Fortsetzung)

CASH FLOW- UND BARWERT BERECHNUNG (tsd. DM)								
1. Jahr	11. Cash Flow	12. Investitionen	13. Mittelaufnahme/ Tilgung	14. Eigenkapitaleinsatz	15. verzinster Bestand verfügbarer Mittel	16. Verzinsung der verfügbaren Mittel	17. Fremdkapitalbestand	Vergleich: Kapitalmarktanlage
1994	-479	-19.041	-19.520	-19.408	0	0	-112	19.408
1995	2.089	-70.777	-68.688	0	0	0	-68.800	20.039
1996	-1.360	-59.936	-61.296	0	0	0	-130.096	20.691
1997	-254	-28.456	-28.710	0	0	0	-158.807	21.365
1998	-263	0	-263	0	0	0	-159.070	22.060
1999	4.438	0	4.438		0	0	-154.632	22.778
2000	15.889	0	15.889		0	0	-138.743	23.519
2001	30.884	0	30.884		0	0	-107.859	24.284
2002	36.219	0	36.219		0	0	-71.640	25.075
2003	38.380	0	38.380		0		-33.260	25.891
Endwert des Vermögensbestandes					0		-33.260	25.891
Barwert des Vermögensbestandes					0		-24.932	19.408
Kapitalwert des Vermögensbestandes					0		-44.340	0

Quelle: eigene Berechnungen

Anhang 25: Berechnung der Erlöse und Betriebskosten für das GVZ Großbeeren, Szenario II

ERLÖSE				
Jahr	verkaufter Flächen-anteil %	verkaufte Fläche qm	Preis DM/qm	Erlös tsd. DM
gesamt	100%	1.520.000		324.873
1994	0%	0	180,00	0
1995	0%	0	184,14	0
1996	0%	0	188,38	0
1997	2%	30.400	192,71	5.858
1998	3%	45.600	197,14	8.990
1999	5%	76.000	201,67	15.327
2000	10%	152.000	206,31	31.360
2001	20%	304.000	211,06	64.162
2002	30%	456.000	215,91	98.456
2003	30%	456.000	220,88	100.721

Quelle: eigene Berechnungen

BETRIEBSKOSTEN			
Jahr	Verwaltungs-kosten tsd. DM	Instand-haltung tsd. DM	gesamt tsd. DM
1994	-642	-60	-701
1995	-656	-453	-1.109
1996	-671	-678	-1.349
1997	-687	-912	-1.599
1998	-703	-933	-1.636
1999	-719	-954	-1.673
2000	-735	-976	-1.712
2001	-752	-999	-1.751
2002	-769	-1.022	-1.791
2003	-787	-1.045	-1.833

Quelle: eigene Berechnungen

Anhang 26: Investitionen, Ersatzinvestitionen und Abschreibungen für das GVZ Großbeeren, Szenario II

Investitionen, Ersatzinvestitionen und Abschreibungen (tsd. DM)						
	Grundstück		äußere Erschließung			
	GVZ	Ausgleichsfläche	Anschluß Ver- und Entsorgung		Anschluß Verkehrswege	
	Investition	Investition	Investition	Abschreibungen	Investition	Abschreibungen
geplant	-17.987	-10.704	-25.579		-13.242	
realisiert	-18.256	-11.202	-26.633		-14.017	
Anschaffungsjahr	1994	1996	1995		1996	
wirtschaftl. ND	unbegrenzt	unbegrenzt	30		30	
steuerliche ND	unbegrenzt	unbegrenzt		15		15
1994	-6.295					
1995	-11.960		-10.729	-715		
1996		-11.202	-10.975	-1.447	-6.929	-462
1997			-4.929	-1.776	-7.088	-934
1998				-1.776		-934
1999				-1.776		-934
2000				-1.776		-934
2001				-1.776		-934
2002				-1.776		-934
2003				-1.776		-934

Anhang 26 (Fortsetzung)

Investitionen, Ersatzinvestitionen und Abschreibungen (tsd.DM)						
	innere Erschließung		ökologische Ausgleichsmaßnahmen		gesamt	gesamt
	Investition	Abschreibungen	Investition	Abschreibungen	Investition	Abschreibungen
geplant	-85.186		-9.380		-162.077	0
realisiert	-88.462		-9.909		-168.479	-75.735
Anschaffungsjahr	1995		1996			
wirtschaftl. ND	30		unbegrenzt			
steuerl. ND		15		15		
1994	-5.963	-398			-12.258	-398
1995	-39.215	-3.012			-61.904	-3.727
1996	-21.396	-4.438	-5.791	-386	-56.294	-6.733
1997	-21.888	-5.897	-4.117	-661	-38.023	-9.268
1998		-5.897		-661	0	-9.268
1999		-5.897		-661	0	-9.268
2000		-5.897		-661	0	-9.268
2001		-5.897		-661	0	-9.268
2002		-5.897		-661	0	-9.268
2003		-5.897		-661	0	-9.268

Quelle: eigene Berechnungen

Anhang 27: Berechnung der Steuern für das GVZ Großbeeren, Szenario II

Steuern (tsd. DM)								
			Gewerbekapitalsteuer			Gewerbeertragsteuer		
Jahr	Einheits-wert Be-triebs-vermögen	Einheits-wert Grund-stücke	Gewer-be-kapital	Steuer-meßbetrag Gewerbe-kapital	Gewer-be-kapital-steuer	Gewer-be-ertrag	Gewer-be-verlust-vortrag	Steuer-meßbetrag Gewerbe-ertrag
1994	16.208	1.889	14.199	28	-114	-732		-37
1995	16.208	5.477	-17.265	-35	0	-1.198	-732	-96
1996	16.208	8.837	-48.405	-97	0	-3.750	-1.930	-284
1997	16.208	8.661	-65.051	-130	0	-389	-5.680	-303
1998	16.208	8.401	-62.417	-125	0	1.347	-6.069	-236
1999	16.208	7.981	-56.351	-113	0	7.702	-4.721	149
2000	16.208	7.183	-43.549	-87	0	20.550	0	1.028
2001	16.208	5.746	-25.323	-51	0	48.561	0	2.428
2002	16.208	4.022	1.678	3	-13	78.083	0	3.904
2003	16.208	2.816	13.272	27	-106	81.577	0	4.079

(Fortsetzung)

Steuern (tsd. DM)							
	Objektsteuern				Subjektsteuern		
Jahr	Steuer-meßbetrag Gewerbe-steuer	Gewerbe-steuer	Grund-steuer	Objekt-steuern gesamt	Vermögen-steuer	Körper-schafts-steuer	Subjekt-steuern gesamt
1994	0	0	-8	-8	-97	0	-97
1995	0	0	-23	-23	-97	0	-97
1996	0	0	-37	-37	-97	0	-97
1997	0	0	-36	-36	-97	0	-97
1998	0	0	-35	-35	-97	0	-97
1999	36	-144	-34	-178	-97	0	-97
2000	940	-3.760	-30	-3.790	-97	-578	-676
2001	2.377	-9.508	-24	-9.532	-97	-10.971	-20.069
2002	3.907	-15.628	-17	-15.645	-97	-33.859	-33.956
2003	4.105	-16.424	-12	-16.436	-97	-36.346	-36.444

Quelle: eigene Berechnungen

Anhang 28: Cash Flow- und Barwertberechnung für das GVZ Großbeeren, Szenario II

CASH FLOW- UND BARWERT BERECHNUNG (tsd. DM)									
1. Jahr	2. Erlös	3. Betriebskosten	4. Abschreibungen	5. Zinsen	6. Objektsteuern	7. Gewinn/ Verlust vor Subjektsteuern	8. Verlustvortrag	9. Subjektsteuern	10. Gewinn/ Verlust nach Steuern
1994	0	-701	-398		-8	-709		-97	-806
1995	0	-1.109	-3.727	0	-23	-1.132	-709	-97	-1.230
1996	0	-1.349	-6.733	-4.516	-37	-5.902	-1.841	-97	-5.999
1997	5.858	-1.599	-9.268	-9.016	-36	-4.793	-7.743	-97	-4.890
1998	8.990	-1.636	-9.268	-11.741	-35	-4.423	-12.536	-97	-4.520
1999	15.327	-1.673	-9.268	-11.357	-178	2.120	-16.959	-97	2.023
2000	31.360	-1.712	-9.268	-10.442	-3.790	15.415	-14.130	-676	14.740
2001	64.162	-1.751	-9.268	-8.498	-9.532	44.381	0	-20.069	24.312
2002	98.456	-1.791	-9.268	-5.778	-15.645	75.242	0	-33.956	41.286
2003	100.721	-1.833	-9.268	-1.683	-16.436	80.770	0	-36.444	44.326

(Fortsetzung)

CASH FLOW- UND BARWERT BERECHNUNG (tsd. DM)								
1. Jahr	11. Cash Flow	12. Investitionen	13. Mittelaufnahme/ Tilgung	14. Eigenkapitaleinsatz	15. verzinster Bestand verfügbarer Mittel	16. Verzinsung d. verfügbaren Mittel	17. Fremdkapitalbestand	Vergleich: Kapitalmarktanlage
1994	-409	-12.258	-12.667	-12.667	3.541	115	0	16.208
1995	2.497	-61.904	-59.407	-3.541	0	0	-55.751	16.735
1996	734	-56.294	-55.559	0	0	0	-111.310	17.280
1997	4.378	-38.023	-33.645	0	0	0	-144.955	17.842
1998	4.748	0	4.748		0	0	-140.207	18.423
1999	11.291	0	11.291		0	0	-128.917	19.022
2000	24.008	0	24.008		0	0	-104.909	19.641
2001	33.580	0	33.580		0	0	-71.328	20.280
2002	50.554	0	50.554		0	0	-20.774	20.940
2003	53.594	0	53.594		32.820		0	21.622
Endwert des Vermögensbestandes					32.820		0	21.622
Barwert des Vermögensbestandes					24.602		0	16.208
Kapitalwert des Vermögensbestandes					8.394		0	0

Quelle: eigene Berechnungen.

Anhang 29: Berechnung der Erlöse für das GVZ Hamburg

ERLÖSE									
	Mieteinnahmen Hallenflächen			Pacht Verkehrsflächen		Mieteinnahmen Büros		Gesamt-erlös
	Preis	Belegung	Erlös	Preis	Erlös	Preis	Erlös	
Jahr	DM	%	tsd. DM	DM	tsd. DM	DM	tsd. DM	tsd. DM
1994	11,00	0	0	2,00	0	15,00	0	0
1995	11,25	0	0	2,05	0	15,35	0	0
1996	11,51	0	0	2,09	0	15,70	0	0
1997	11,78	25%	2.162	2,14	347	16,06	520	3.029
1998	12,05	50%	4.424	2,19	710	16,43	1.065	6.198
1999	12,32	75%	6.788	2,24	1.089	16,81	1.634	9.511
2000	12,61	90%	8.333	2,29	1.337	17,19	2.005	11.676
2001	12,90	90%	8.525	2,35	1.368	17,59	2.051	11.944
2002	13,19	90%	8.721	2,40	1.399	17,99	2.099	12.219
2003	13,50	90%	8.922	2,45	1.431	18,41	2.147	12.500
2004	13,81	90%	9.127	2,51	1.464	18,83	2.196	12.787
2005	14,13	90%	9.337	2,57	1.498	19,26	2.247	13.082
2006	14,45	90%	9.552	2,63	1.532	19,71	2.299	13.382
2007	14,78	90%	9.771	2,69	1.568	20,16	2.351	13.690
2008	15,12	90%	9.996	2,75	1.604	20,62	2.405	14.005
2009	15,47	90%	10.226	2,81	1.641	21,10	2.461	14.327
2010	15,83	90%	10.461	2,88	1.678	21,58	2.517	14.657
2011	16,19	90%	10.702	2,94	1.717	22,08	2.575	14.994
2012	16,56	90%	10.948	3,01	1.756	22,59	2.635	15.339
2013	16,94	90%	11.200	3,08	1.797	23,11	2.695	15.692
2014	17,33	90%	11.457	3,15	1.838	23,64	2.757	16.052
2015	17,73	90%	11.721	3,22	1.880	24,18	2.821	16.422
2016	18,14	90%	11.990	3,30	1.924	24,74	2.885	16.799
2017	18,56	90%	12.266	3,37	1.968	25,31	2.952	17.186
2018	18,98	90%	12.548	3,45	2.013	25,89	3.020	17.581
2019	19,42	90%	12.837	3,53	2.059	26,48	3.089	17.985
2020	19,87	90%	13.132	3,61	2.107	27,09	3.160	18.399
2021	20,33	90%	13.434	3,70	2.155	27,72	3.233	18.822
2022	20,79	90%	13.743	3,78	2.205	28,35	3.307	19.255
2023	21,27	90%	14.059	3,87	2.255	29,01	3.383	19.698
2024	21,76	90%	14.383	3,96	2.307	29,67	3.461	20.151
2025	22,26	90%	14.713	4,05	2.360	30,36	3.541	20.614
2026	22,77	90%	15.052	4,14	2.415	31,05	3.622	21.089
2027	23,30	90%	15.398	4,24	2.470	31,77	3.705	21.574
2028	23,83	90%	15.752	4,33	2.527	32,50	3.791	22.070
2029	24,38	90%	16.114	4,43	2.585	33,25	3.878	22.577
2030	24,94	90%	16.485	4,53	2.645	34,01	3.967	23.097
2031	25,51	90%	16.864	4,64	2.705	34,79	4.058	23.628
2032	26,10	90%	17.252	4,75	2.768	35,59	4.152	24.171
2033	26,70	90%	17.649	4,85	2.831	36,41	4.247	24.727

Quelle: eigene Berechnungen.

Anhang 30: Berechnung der Betriebskosten für das GVZ Hamburg

BETRIEBSKOSTEN			
Jahr	Verwaltungs-kosten tsd. DM	Instand-haltung tsd. DM	gesamt tsd. DM
1994	-533	-6	-539
1995	-545	-35	-581
1996	-558	-307	-865
1997	-571	-588	-1.159
1998	-584	-869	-1.453
1999	-597	-889	-1.486
2000	-611	-909	-1.520
2001	-625	-930	-1.555
2002	-639	-952	-1.591
2003	-654	-975	-1.629
2004	-669	-997	-1.666
2005	-684	-1.020	-1.705
2006	-700	-1.044	-1.744
2007	-716	-1.069	-1.785
2008	-733	-1.095	-1.827
2009	-750	-1.120	-1.869
2010	-767	-1.146	-1.912
2011	-785	-1.172	-1.956
2012	-803	-1.199	-2.001
2013	-821	-1.228	-2.049
2014	-840	-1.256	-2.096
2015	-859	-1.285	-2.144
2016	-879	-1.315	-2.194
2017	-899	-1.351	-2.250
2018	-920	-1.384	-2.304
2019	-941	-1.416	-2.357
2020	-963	-1.448	-2.411
2021	-985	-1.482	-2.467
2022	-1.007	-1.516	-2.523
2023	-1.031	-1.553	-2.583
2024	-1.054	-1.588	-2.643
2025	-1.079	-1.625	-2.704
2026	-1.103	-1.662	-2.766
2027	-1.129	-1.702	-2.831
2028	-1.155	-1.743	-2.898
2029	-1.181	-1.783	-2.965
2030	-1.209	-1.824	-3.033
2031	-1.236	-1.866	-3.103
2032	-1.265	-1.909	-3.174
2033	-1.294	-1.956	-3.249

Quelle: eigene Berechnungen.

Anhang 31: Investitionen der inneren Erschließung für das GVZ Hamburg

Innere Erschließung (tsd. DM)								
	Straßen		Verkehrssicherung		Gleise		Lärmschutz	
	Investition	Abschreibungen	Investition	Abschreibungen	Investition	Abschreibungen	Investition	Abschreibungen
geplant	-2.510	-2.601	-63	-388	-690	-715	-314	-854
realisiert	-2.601	-2.601	-65	-348	-715	-715	-325	-854
Anschaffungsjahr	1996		1997		1997		1997	
wirtschaftl. ND	45		10		90		20	
steuerl. ND		15		10		10		15
1994	-251		-6		-69		-31	
1995	-1.156		-29		-318		-144	
1996	-657	-173	-16		-181		-82	
1997	-537	-173	-13	-7	-148	-72	-67	-22
1998		-173		-7		-72		-22
1999		-173		-7		-72		-22
2000		-173		-7		-72		-22
2001		-173		-7		-72		-22
2002		-173		-7		-72		-22
2003		-173		-7		-72		-22
2004		-173		-7		-72		-22
2005		-173		-7		-72		-22
2006		-173		-7		-72		-22
2007		-173	-84	-8				-22
2008		-173		-8				-22
2009		-173		-8				-22
2010		-173		-8				-22
2011				-8				-22
2012				-8				
2013				-8				
2014				-8				
2015				-8				
2016				-8				
2017			-106	-11			-529	-35
2018				-11				-35
2019				-11				-35
2020				-11				-35

Anhang 31 (Fortsetzung)

Innere Erschließung (tsd. DM)	Straßen		Verkehrssicherung		Gleise		Lärmschutz	
	Investition	Abschreibungen	Investition	Abschreibungen	Investition	Abschreibungen	Investition	Abschreibungen
2021				-11				-35
2022				-11				-35
2023				-11				-35
2024				-11				-35
2025				-11				-35
2026				-11				-35
2027			-133	-13				-35
2028				-13				-35
2029				-13				-35
2030				-13				-35
2031				-13				-35
2032				-13				
2033				-13				

Anhang 31 (Fortsetzung)

Innere Erschließung (tsd. DM)	Wasserver- und entsorgung		Energieversorgung		gesamt	
	Investition	Abschrei-bungen	Investition	Abschrei-bungen	Investition	Abschrei-bungen
geplant	-2.196	-2.276	-502	-520	-6.276	-7.315
realisiert	-2.276	-2.276	-520	-520	-6.502	-7.315
Anschaffungsjahr	1995		1995			
wirtschaftl. ND	90		40			
steuerl. ND		15		15		
1994	-220		-50		-628	
1995	-1.011	-152	-231	-35	-2.889	-186
1996	-575	-152	-131	-35	-1.642	-360
1997	-470	-152	-107	-35	-1.344	-459
1998		-152		-35		-459
1999		-152		-35		-459
2000		-152		-35		-459
2001		-152		-35		-459
2002		-152		-35		-459
2003		-152		-35		-459
2004		-152		-35		-459
2005		-152		-35		-459
2006		-152		-35		-459
2007		-152		-35	-84	-390
2008		-152		-35		-390
2009		-152		-35		-390
2010						-203
2011						-30
2012						-8
2013						-8
2014						-8
2015					-635	-46
2016						-46
2017						-46
2018						-46
2019						-46
2020						-46

Anhang 31 (Fortsetzung)

Innere Erschließung (tsd. DM)						
	Wasserver- und entsorgung		Energieversorgung		gesamt	
	Investition	Abschrei-bungen	Investition	Abschrei-bungen	Investition	Abschrei-bungen
2021						-46
2022						-46
2023						-46
2024						-46
2025						-46
2026						-46
2027					-133	-49
2028						-49
2029						-49
2030						-49
2031						-49
2032						-13
2033						-13

Quelle: eigene Berechnungen.

Anhang 32: Investitionen, Ersatzinvestitionen und Abschreibungen für das GVZ Hamburg

Investitionen, Ersatzinvestitionen und Abschreibungen (tsd. DM)	Grundstück		äußere Erschließung				innere Erschließung		ökologische Ausgleichsmaß-nahmen	
	GVZ	Aus-gleich	Anschluß Ver- und Entsorgung		Anschluß Ver-kehrswege					
	Investi-tion	Investi-tion	Investi-tion	Abschrei-bungen	Investi-tion	Abschrei-bungen	Investi-tion	Abschrei-bungen	Investi-tion	Abschrei-bungen
geplant	-16.966	-255	-2.043		-2.757		-6.276		-1.241	
realisiert	-17.083	-273	-2.114	-2.114	-2.918	-2.918	-6.502	-7.315	-1.374	-1.374
Anschaffung	1994	1997	1995		1997		versch.		1998	
wirtschaftl. ND	unbegr.	unbegr.	unbegr.		unbegr.		versch.		unbegr.	
steuerliche ND				15		15		versch.		15
1994	-11.876						-628			
1995	-5.207		-1.045	-141			-2.889	-186		
1996			-1.069	-141	-1.442		-1.642	-360		
1997		-273		-141	-1.476	-195	-1.344	-459		
1998				-141		-195		-459	-679	-92
1999				-141		-195		-459	-695	-92
2000				-141		-195		-459		-92
2001				-141		-195		-459		-92
2002				-141		-195		-459		-92
2003				-141		-195		-459		-92
2004				-141		-195		-459		-92
2005				-141		-195		-459		-92
2006				-141		-195		-459		-92
2007				-141		-195	-84	-390		-92
2008				-141		-195		-390		-92
2009				-141		-195		-390		-92
2010						-195		-203		-92
2011						-195		-30		-92
2012								-8		-92
2013								-8		
2014								-8		
2015								-8		
2016								-8		
2017							-635	-46		
2018								-46		
2019								-46		
2020								-46		

Anhang 32 (Fortsetzung)

Investitionen, Ersatzinvestitionen und Abschreibungen (tsd. DM)										
	Grundstück		äußere Erschließung				innere Erschließung		ökologische Ausgleichsmaßnahmen	
	GVZ	Ausgleich	Anschluß Ver- und Entsorgung		Anschluß Verkehrswege					
	Investition	Investition	Investition	Abschreibungen	Investition	Abschreibungen	Investition	Abschreibungen	Investition	Abschreibungen
2021								-46		
2022								-46		
2023								-46		
2024								-46		
2025								-46		
2026								-46		
2027							-133	-49		
2028								-49		
2029								-49		
2030								-49		
2031								-49		
2032								-13		
2033								-13		

Anhang 32 (Fortsetzung)

Investitionen, Ersatzinvestitionen und Abschreibungen (tsd. DM)	Gebäude		Belade- und Rangierflächen		Informations-technologie		gesamt	gesamt
	Investition	Abschreibungen	Investition	Abschreibungen	Investition	Abschreibungen	Investition	Abschreibungen
geplant	-72.972		-5.473		-101		-108.084	
realisiert	-78.137	-78.137	-5.927	-5.927	-111	-1.171	-114.441	-98.956
Anschaffung	1997				1998			
wirtschaftl. ND	40		45		5			-98.956
steuerliche ND		25		15		5		
1994							-12.504	
1995							-9.141	-327
1996	-25.456						-29.609	-501
1997	-26.041	-3.125	-2.930	-395			-32.064	-4.316
1998	-26.640	-3.125	-2.997	-395	-111	-22	-30.428	-4.429
1999		-3.125		-395		-22	-695	-4.429
2000		-3.125		-395		-22		-4.429
2001		-3.125		-395		-22		-4.429
2002		-3.125		-395		-22		-4.429
2003		-3.125		-395	-124	-25	-124	-4.432
2004		-3.125		-395		-25		-4.429
2005		-3.125		-395		-25		-4.429
2006		-3.125		-395		-25		-4.432
2007		-3.125		-395		-25	-84	-4.362
2008		-3.125		-395	-139	-28	-139	-4.365
2009		-3.125		-395		-28		-4.365
2010		-3.125		-395		-28		-4.038
2011		-3.125		-395		-28		-3.865
2012		-3.125				-28		-3.253
2013		-3.125			-156	-31	-156	-3.165
2014		-3.125				-31		-3.165
2015		-3.125				-31		-3.165
2016		-3.125				-31		-3.165
2017		-3.125				-31	-635	-3.203
2018		-3.125			-175	-35	-175	-3.206
2019		-3.125				-35		-3.206
2020		-3.125				-35		-3.206

Anhang 32 (Fortsetzung)

Investitionen, Ersatzinvestitionen und Abschreibungen (tsd. DM)								
	Gebäude		Belade- und Rangierflächen		Informations-technologie		gesamt	gesamt
	Investi-tion	Abschrei-bungen	Investi-tion	Abschrei-bungen	Investi-tion	Abschrei-bungen	Investi-tion	Abschrei-bungen
2021		-3.125				-35		-3.206
2022						-35		-81
2023					-196	-39	-196	-85
2024						-39		-85
2025						-39		-85
2026						-39		-85
2027						-39	-133	-88
2028					-220	-44	-220	-92
2029						-44		-92
2030						-44		-92
2031						-44		-92
2032						-44		-57
2033					-246	-49	-246	-62

Quelle: eigene Berechnungen.

Anhang 33: Berechnung der Steuern für das GVZ Hamburg

Steuern (tsd. DM)								
			Gewerbekapitalsteuer			Gewerbeertragsteuer		
Jahr	Einheitswert Betriebs-vermögen	Einheits-wert Grund-stücke	Gewerbe-kapital	Steuermeß-betrag Ge-werbekapital	Gewerbe-kapital-steuer	Gewerbe-ertrag	Gewerbe-verlustvor-trag	Steuermeß-betrag Ge-werbeertrag
1994	10.808	3.563	8.283	17	-66	-597		-30
1995	10.808	5.125	11.718	23	-94	-1.085	-597	-84
1996	10.808	5.125	27.497	55	-220	-1.947	-1.682	-181
1997	10.808	5.207	44.332	89	-355	-4.306	-3.629	-397
1998	10.808	5.207	60.363	121	-483	-2.915	-7.935	-543
1999	10.808	5.207	61.187	122	-489	-934	-10.850	-589
2000	10.808	5.207	60.665	121	-485	1.129	-11.188	-503
2001	10.808	5.207	59.984	120	-480	1.405	-8.974	-378
2002	10.808	5.207	59.128	118	-473	1.699	-5.621	-196
2003	10.808	5.207	58.505	117	-468	1.285	0	64
2004	10.808	5.207	57.667	115	-461	1.542	0	77
2005	10.808	5.207	56.657	113	-453	1.817	0	91
2006	10.808	5.207	55.459	111	-444	2.113	0	106
2007	10.808	5.207	54.104	108	-433	2.482	0	124
2008	10.808	5.207	52.556	105	-420	2.809	0	140
2009	10.808	5.207	50.702	101	-406	3.159	0	158
2010	10.808	5.207	48.612	97	-389	3.807	0	190
2011	10.808	5.207	46.250	92	-370	4.355	0	218
2012	10.808	5.207	43.631	87	-349	5.289	0	264
2013	10.808	5.207	40.953	82	-328	5.815	0	291
2014	10.808	5.207	38.452	77	-308	6.270	0	313
2015	10.808	5.207	35.770	72	-286	6.725	0	336
2016	10.808	5.207	32.897	66	-263	7.199	0	360
2017	10.808	5.207	30.134	60	-241	7.656	0	383
2018	10.808	5.207	26.943	54	-216	8.145	0	407
2019	10.808	5.207	23.447	47	-188	8.675	0	434
2020	10.808	5.207	19.719	39	-158	9.238	0	462

Anhang 33 (Fortsetzung)

Steuern (tsd. DM)									
			Gewerbekapitalsteuer			Gewerbeertragsteuer			
Jahr	Einheitswert Betriebs-vermögen	Einheits-wert Grund-stücke	Gewerbe-kapital	Steuermeß-betrag Ge-werbekapital	Gewerbe-kapital-steuer	Gewerbe-ertrag	Gewerbe-verlust-vortrag	Steuermeß-betrag Ge-werbeertrag
2021	10.808	5.207	15.747	31	-126	9.824	0	491
2022	10.808	5.207	12.367	25	-99	13.031	0	652
2023	10.808	5.207	8.852	18	-71	13.595	0	680
2024	10.808	5.207	5.481	11	-44	14.186	0	709
2025	10.808	5.207	5.481	11	-44	14.745	0	737
2026	10.808	5.207	5.481	11	-44	15.089	0	754
2027	10.808	5.207	5.481	11	-44	15.439	0	772
2028	10.808	5.207	5.481	11	-44	15.791	0	790
2029	10.808	5.207	5.481	11	-44	16.160	0	808
2030	10.808	5.207	5.481	11	-44	16.535	0	827
2031	10.808	5.207	5.481	11	-44	16.921	0	846
2032	10.808	5.207	5.481	11	-44	17.344	0	867
2033	10.808	5.207	5.481	11	-44	17.739	0	887

Anhang 33 (Fortsetzung)

Steuern (tsd. DM)							
	Objektsteuern				Subjektsteuern		
Jahr	Steuermeßbetrag Gewerbesteuer	Gewerbesteuer	Grundsteuer	Objektsteuern gesamt	Vermögensteuer	Körperschaftssteuer	Subjektsteuern gesamt
1994	0	0	-15	-15	-65	0	-65
1995	0	0	-22	-22	-65	0	-65
1996	0	0	-22	-22	-65	0	-65
1997	0	0	-22	-22	-65	0	-65
1998	0	0	-22	-22	-65	0	-65
1999	0	0	-22	-22	-65	0	-65
2000	0	0	-22	-22	-65	0	-65
2001	0	0	-22	-22	-65	0	-65
2002	0	0	-22	-22	-65	0	-65
2003	181	-724	-22	-746	-65	0	-65
2004	192	-768	-22	-790	-65	0	-65
2005	204	-816	-22	-838	-65	0	-65
2006	217	-864	-22	-886	-65	0	-65
2007	232	-928	-22	-950	-65	0	-65
2008	246	-980	-22	-1.002	-65	0	-65
2009	259	-1.036	-22	-1.058	-65	0	-65
2010	288	-1.152	-22	-1.174	-65	0	-65
2011	310	-1.240	-22	-1.262	-65	0	-65
2012	352	-1.408	-22	-1.430	-65	0	-65
2013	373	-1.488	-22	-1.510	-65	-376	-441
2014	390	-1.564	-22	-1.586	-65	-1.556	-1.621
2015	408	-1.632	-22	-1.654	-65	-1.853	-1.918
2016	426	-1.704	-22	-1.726	-65	-2.164	-2.228
2017	443	-1.772	-22	-1.794	-65	-2.474	-2.539
2018	461	-1.844	-22	-1.866	-65	-2.795	-2.860
2019	481	-1.924	-22	-1.946	-65	-3.150	-3.215
2020	501	-2.004	-22	-2.026	-65	-3.530	-3.595

Anhang 33 (Fortsetzung)

Steuern (tsd. DM)							
	Objektsteuern				Subjektsteuern		
Jahr	Steuermeßbetrag Gewerbesteuer	Gewerbesteuer	Grundsteuer	Objektsteuern gesamt	Vermögensteuer	Körperschaftssteuer	Subjektsteuern gesamt
2021	523	-2.088	-22	-2.110	-65	-3.930	-3.995
2022	676	-2.704	-22	-2.726	-65	-5.518	-5.583
2023	697	-2.792	-22	-2.814	-65	-5.895	-5.960
2024	720	-2.880	-22	-2.902	-65	-6.289	-6.354
2025	748	-2.996	-22	-3.018	-65	-6.664	-6.728
2026	765	-3.064	-22	-3.086	-65	-6.818	-6.883
2027	783	-3.132	-22	-3.154	-65	-6.976	-7.040
2028	801	-3.204	-22	-3.226	-65	-7.134	-7.199
2029	819	-3.276	-22	-3.298	-65	-7.300	-7.365
2030	838	-3.352	-22	-3.374	-65	-7.469	-7.534
2031	857	-3.428	-22	-3.450	-65	-7.642	-7.707
2032	878	-3.512	-22	-3.534	-65	-7.833	-7.898
2033	898	-3.592	-22	-3.614	-65	-8.011	-8.076

Quelle: eigene Berechnungen

Anhang 34: Cash Flow- und Barwertberechnung für das GVZ Hamburg

CASH FLOW- UND BARWERT BERECHNUNG (tsd. DM)									
1. Jahr	2. Erlös	3. Betriebs-kosten	4. Abschrei-bungen	5. Zinsen	6. Objekt-steuern	7. Gewinn/ Verlust vor Subjektsteuern	8. Verlust-vortrag	9. Subjekt-steuern	10. Gewinn/ Verlust nach Steuern
1994	0	-539	0		-15	-554		-65	-619
1995	0	-581	-327	-187	-22	-1.117	-554	-65	-1.182
1996	0	-865	-501	-997	-22	-2.384	-1.671	-65	-2.449
1997	3.029	-1.159	-4.316	-3.553	-22	-6.020	-4.055	-65	-6.085
1998	6.198	-1.453	-4.429	-6.294	-22	-6.000	-10.075	-65	-6.065
1999	9.511	-1.486	-4.429	-8.891	-22	-5.317	-16.075	-65	-5.382
2000	11.676	-1.520	-4.429	-9.024	-22	-3.320	-20.838	-65	-3.385
2001	11.944	-1.555	-4.429	-8.940	-22	-3.002	-23.042	-65	-3.067
2002	12.219	-1.591	-4.429	-8.829	-22	-2.653	-23.660	-65	-2.718
2003	12.500	-1.629	-4.432	-8.691	-746	-2.998	-20.293	-65	-3.063
2004	12.787	-1.666	-4.432	-8.590	-790	-2.691	-17.291	-65	-2.756
2005	13.082	-1.705	-4.432	-8.454	-838	-2.347	-14.664	-65	-2.412
2006	13.382	-1.744	-4.432	-8.290	-886	-1.970	-13.691	-65	-2.035
2007	13.690	-1.785	-4.362	-8.096	-950	-1.503	-12.659	-65	-1.568
2008	14.005	-1.827	-4.365	-7.877	-1.002	-1.066	-11.509	-65	-1.131
2009	14.327	-1.869	-4.365	-7.626	-1.058	-592	-9.578	-65	-657
2010	14.657	-1.912	-4.038	-7.326	-1.174	207	-7.479	-65	142
2011	14.994	-1.956	-3.865	-6.987	-1.262	924	-4.925	-65	859
2012	15.339	-2.001	-3.253	-6.604	-1.430	2.050	-4.001	-65	1.985
2013	15.692	-2.049	-3.165	-6.180	-1.510	2.787	-1.952	-441	2.346
2014	16.052	-2.096	-3.165	-5.746	-1.586	3.459	0	-1.621	1.838
2015	16.422	-2.144	-3.165	-5.341	-1.654	4.117	0	-1.918	2.200
2016	16.799	-2.194	-3.165	-4.907	-1.726	4.808	0	-2.228	2.580
2017	17.186	-2.250	-3.203	-4.441	-1.794	5.497	0	-2.539	2.959
2018	17.581	-2.304	-3.206	-3.994	-1.866	6.211	0	-2.860	3.351
2019	17.985	-2.357	-3.206	-3.477	-1.946	6.999	0	-3.215	3.785
2020	18.399	-2.411	-3.206	-2.910	-2.026	7.845	0	-3.595	4.250

Anhang 34 (Fortsetzung)

CASH FLOW- UND BARWERT BERECHNUNG (tsd. DM)									
1. Jahr	2. Erlös	3. Betriebskosten	4. Abschreibungen	5. Zinsen	6. Objektsteuern	7. Gewinn/ Verlust vor Subjektsteuern	8. Verlustvortrag	9. Subjektsteuern	10. Gewinn/ Verlust nach Steuern
2021	18.822	-2.467	-3.206	-2.306	-2.110	8.733	0	-3.995	4.738
2022	19.255	-2.523	-81	-1.663	-2.726	12.262	0	-5.583	6.679
2023	19.698	-2.583	-85	-1.115	-2.814	13.100	0	-5.960	7.140
2024	20.151	-2.643	-85	-546	-2.902	13.975	0	-6.354	7.622
2025	20.614	-2.704	-85	0	-3.018	14.808	0	-6.728	8.080
2026	21.089	-2.766	-85	0	-3.086	15.152	0	-6.883	8.269
2027	21.574	-2.831	-88	0	-3.154	15.501	0	-7.040	8.461
2028	22.070	-2.898	-92	0	-3.226	15.853	0	-7.199	8.655
2029	22.577	-2.965	-92	0	-3.298	16.222	0	-7.365	8.857
2030	23.097	-3.033	-92	0	-3.374	16.598	0	-7.534	9.064
2031	23.628	-3.103	-92	0	-3.450	16.983	0	-7.707	9.276
2032	24.171	-3.174	-57	0	-3.534	17.406	0	-7.898	9.509
2033	24.727	-3.249	-62	0	-3.614	17.802	0	-8.076	9.726

Anhang 34 (Fortsetzung)

CASH FLOW- UND BARWERT BERECHNUNG (tsd. DM)								
1. Jahr	11. Cash Flow	12. Investitionen	13. Mittelaufnahme/ Tilgung	14. Eigenkapitaleinsatz	15. verzinster Bestand verfügbarer Mittel	16. Verzinsung der verfügbaren Mittel	17. Fremdkapitalbestand	Vergleich: Kapitalmarktanlage
1994	-619	-12.504	-13.123	-10.808	-2.314	0	0	10.808
1995	-854	-9.141	-9.995	0	-12.310	0	0	11.160
1996	-1.948	-29.609	-31.558	0	-43.868	0	0	11.523
1997	-1.769	-32.064	-33.833	0	-77.701	0	0	11.898
1998	-1.635	-30.428	-32.063	0	-109.764	0	0	12.285
1999	-953	-695	-1.648		-111.411	0	0	12.685
2000	1.044	0	1.044		-110.367	0	0	13.098
2001	1.362	0	1.362		-109.005	0	0	13.524
2002	1.712	0	1.712		-107.293	0	0	13.964
2003	1.370	-124	1.245		-106.048	0	0	14.419
2004	1.676	0	1.676		-104.372	0	0	14.888
2005	2.020	0	2.020		-102.352	0	0	15.373
2006	2.397	0	2.397		-99.954	0	0	15.873
2007	2.794	-84	2.710		-97.244	0	0	16.389
2008	3.234	-139	3.095		-94.150	0	0	16.923
2009	3.709	0	3.709		-90.441	0	0	17.473
2010	4.180	0	4.180		-86.261	0	0	18.042
2011	4.724	0	4.724		-81.537	0	0	18.629
2012	5.238	0	5.238		-76.299	0	0	19.235
2013	5.512	-156	5.355		-70.944	0	0	19.861
2014	5.003	0	5.003		-65.941	0	0	20.508
2015	5.365	0	5.365		-60.576	0	0	21.175
2016	5.745	0	5.745		-54.831	0	0	21.864
2017	6.161	-635	5.526		-49.305	0	0	22.575
2018	6.558	-175	6.383		-42.923	0	0	23.310
2019	6.991	0	6.991		-35.932	0	0	24.069
2020	7.456	0	7.456		-28.475	0	0	24.852

Anhang 34 (Fortsetzung)

CASH FLOW- UND BARWERT BERECHNUNG (tsd. DM)								
1. Jahr	11. Cash Flow	12. Investitionen	13. Mittelaufnahme/ Tilgung	14. Eigenkapitaleinsatz	15. verzinster Bestand verfügbarer Mittel	16. Verzinsung der verfügbaren Mittel	17. Fremdkapitalbestand	Vergleich: Kapitalmarktanlage
2021	7.945	0	7.945		-20.531	0	0	25.661
2022	6.760	0	6.760		-13.771	0	0	26.496
2023	7.225	-196	7.029		-6.741	0	0	27.358
2024	7.707	0	7.707		0	965	31	28.248
2025	8.165	0	8.165		0	9.161	298	29.167
2026	8.354	0	8.354		0	17.813	580	30.116
2027	8.549	-133	8.416		0	26.809	872	31.097
2028	8.747	-220	8.527		0	36.209	1.178	32.108
2029	8.950	0	8.950		0	46.337	1.508	33.153
2030	9.156	0	9.156		0	57.001	1.855	34.232
2031	9.368	0	9.368		0	68.224	2.220	35.346
2032	9.566	0	9.566		0	80.010	2.604	36.496
2033	9.789	-246	9.542		0	92.157	2.999	37.684
Endwert des Vermögensbestandes					0	92.157		37.684
Barwert des Vermögensbestandes					0	26.432		10.808
Kapitalwert des Vermögensbestandes					0	15.624		0

Quelle: eigene Berechnungen.

LITERATUR- UND QUELLENVERZEICHNIS

Aberle, Gerd [1985], Zur Frage der Ermittlung kardinal skalierter regionalwirtschaftlicher Beschäftigungseffekte von Fernstraßeninvestitionen im Rahmen eines standardisierten Bewertungsverfahrens, in: Raumforschung und Raumordnung, 43. Jg., Nr. 3, S. 97-102

Aberle, Gerd [1991], Räumliche und verkehrssystembezogene Optimierung durch Güterverkehrszentren? - Potentiale und ihre Grenzen -, in: DVWG (Hrsg.), Systemtechnische Kooperation im Verkehrssektor (Schriftenreihe der DVWG, Reihe B, Nr. 142), S. 85-97

Aberle, Gerd [1992], Ungeliebt und unverzichtbar. Der Güterverkehr läßt sich effizienter gestalten, in: FAZ, Nr. 232, 6.10., S. B 5

Aberle, Gerd [1994], Dokumentation sozio-ökonomischer und technischer Forschungsarbeiten auf dem Gebiet des Verkehrs, Dokumentation 192, Kosten-/Nutzen-Analyse von Güterverkehrszentren - Pilot-Analyse am Beispiel des GVZ Bremen -, in: Internationales Verkehrswesen, 46. Jg., Nr. 12, S. 727-729

Aberle, Gerd [1996], Transportwirtschaft. Einzel- und gesamtwirtschaftliche Aspekte, München

Aberle, Gerd/Engel, Michael [1992], Verkehrswegerechnung und Optimierung der Verkehrsinfrastrukturnutzung, Hamburg

Aberle, Gerd/Engel, Michael [1994], Umfassende Systembetrachtung erforderlich. Volkswirtschaftliche Beurteilung des Straßengüterverkehrs, in: Internationales Verkehrswesen, 46. Jg., Nr. 1/2, S. 13-19

Aberle, Gerd/Mager, Norbert [1980], Wegerechnung, Wegefinanzierung und Straßengüterverkehrssystem (Schriftenreihe des Verbandes der Automobilindustrie (VDA) e.V., Bd. 28), Frankfurt

Aden, Detthold [1991], Konzepte für Europa gewinnen, in: Jahrbuch der Logistik, 5. Jg., S. 36-38

Ahrens, Gerd-Axel [1991], Minderung von Schadstoffemissionen im Straßenverkehr durch verkehrsbeeinflussende Maßnahmen, in: Informationen zur Raumentwicklung, Nr. 1/2, S. 31-37

Alfaro, J.-L./Chapuis, M./Fabre, F. [1994] (Hrsg.), Socioeconomic Cost of Road Accidents, Transport Research Series, Cost 313, European Communities - Commission, Luxemburg

Allemeyer, Werner [1991], Der Kombinierte Ladungsverkehr (KLV) - Element oder Störfaktor des GVZ?, in: Netzwerk (Berichte aus dem Institut für Verkehrswissenschaft an der Universität Münster, Ausgabe Nr. 1), Schwerpunktthema: Güterverkehrszentren, Münster, S. 6

Andel, Norbert [1977], Nutzen-Kosten-Analysen, in: Neumark, Fritz/Andel, Norbert/Haller, Heinz (Hrsg.), Handbuch der Finanzwissenschaft, Bd. 1, 3. Aufl., Stuttgart, S. 475-518

Andel, Norbert [1992], Finanzwissenschaft, 3., überarbeitete und erweiterte Aufl., Tübingen

Appelt, Kerstin/Blödorn, Joachim/Zacharias, Uwe [1994], Konzeptionelle Untersuchung zur Planung der Straßen- und Schienenanbindung des Güterverkehrszentrums (GVZ) Großbeeren einschließlich der Auswirkung auf das Brandenburger und Berliner Schienen- und Straßennetz. Schlußbericht, im Auftrag der Senatsverwaltung für Verkehr und Betriebe, Berlin, bearbeitet durch Studiengesellschaft Verkehr mbH Berlin

Arbeitsgruppe Wegekosten im Bundesverkehrsministerium [1969], Bericht über die Kosten der Wege des Eisenbahn-, Straßen- und Binnenschiffsverkehrs in der Bundesrepublik Deutschland (Schriftenreihe des BMV, Nr. 34), Bad Godesberg

Arnold, Volker [1980], Nutzen-Kosten-Analyse II: Anwendung, in: Albers, Willi u.a. (Hrsg.), Handwörterbuch der Wirtschaftswissenschaften, Bd. 5, Stuttgart, S. 382-399

Arrow, Kenneth J. [1971], A Utilitarian Approach to the Concept of Equality in the Public Expenditure, in: Quarterly Journal of Economics, 85. Jg., S. 409-415

Arthur Andersen Management Beratung [1993], Untersuchung der Wirtschaftlichkeit des geplanten KV Terminals in Erfurt, im Auftrag des BMV, FE 904031/93, Juni

Baier-Fuchs, Anfried [1996], Baubeginn für Umschlagbahnhof Großbeeren. Zentrale Nahtstelle zwischen Schiene und Straße, Presse-Information, hrsg. v. der DB AG, Zentralbereich Konzernkommunikation, Medienbetreuung

Bain, Joe S. [1956], Barriers to New Competition, Cambridge (Mass.)

Baugesetzbuch (BauGB) vom 23.6.1960 (BGBl. I S. 341) in der Fassung der Bekanntmachung vom 8.12.1986 (BGBl. I S. 2253), zuletzt geändert durch Jahressteuergesetz 1997 vom 20.12.1996 (BGBl. I S. 2049, 2076)

Baum, Herbert [1982], Beschäftigungswirkungen von Straßenbauinvestitionen. Eine Multiplikatorberechnung auf der Grundlage von Input-Output-Analysen, Hamburg

Baum, Herbert u.a. [1994], Strukturelle Hemmnisse einer Integration der Verkehrssysteme, hrsg. v. Deutschen Verkehrsforum e.V., Bonn

Baumgarten, Helmut u.a. [1996], Güterverkehrszentren und Umwelt. Ein Forschungsprojekt im Auftrag der Kühne-Stiftung mit Beteiligung des Deutschen Verkehrsforums, Bern u.a.

Baumol, William J. [1968], On the Social Rate of Discount, in: The American Economic Review, 58. Jg., S. 788-802

Baumol, William J./Oates, Wallace E. [1971], The Use of Standards and Prices for Protection of the Environment, in: Swedish Journal of Economics, 73. Jg., S. 42-54

Baumol, William J./Oates, Wallace E. [1994], The Theory of Environmental Policy, Cambridge, 2. Aufl., wiederabgedruckt

Baumol, William J./Panzar, John C./Willig, Robert D. [1988], Contestable Markets and the Theory of Industry Structure, San Diego u.a., 2., überarbeitete Aufl.

Becker, Udo/Bertram, Michael [1992], Externe Effekte im Straßenverkehr, Prognos Schriftenreihe „Identifizierung und Internalisierung externer Kosten der Energieversorgung", im Auftrag des Bundesministeriums für Wirtschaft, Prognos AG, Basel

Berkelova, Marie [1992], Die Vollendung des europäischen Binnenverkehrsmarktes und der Reformbedarf der deutschen Verkehrspolitik dargestellt am Beispiel des Straßengüterverkehrs (Beiträge zur Struktur- und Konjunkturforschung, Bd. 31), Bochum, zugl.: Bochum, Univ., Diss.

Bewertungsgesetz (BewG) vom 16.10.1934 (RGBl. I S. 1035), in der Fassung der Bekanntmachung vom 1.2.1991 (BGBl. I S. 230), zuletzt geändert durch das Steuergesetz 1992 vom 25.2.1992 (BGBl. I S. 297)

Beyenburg-Weidenfeld, Ursula [1992], Wettbewerbstheorie, Wirtschaftspolitik und Mittelstandsförderung 1948-1963 (Vierteljahresschrift für Sozial- und Wirtschaftsgeschichte, Beihefte, Nr. 96), Stuttgart, zugl.: Bonn, Univ., Diss., 1989

Bickel, Peter/Friedrich, Rainer [1995], Was kostet uns die Mobilität? Externe Kosten des Verkehrs, Berlin u.a.

Bidlingmaier, Johannes [1973], Unternehmensziele und Unternehmensstrategien, Wiesbaden

Bidlingmaier, Johannes/Schneider, Dieter J.G. [1978], Ziele, Zielsysteme und Zielkonflikte, in: Grochla, Erwin, Betriebswirtschaftslehre, Bd. 1, Stuttgart

Bielenberg, Walter/Erbguth, Wilfried/Söfker, Wilhelm [1979], Raumordnungs- und Landesplanungsrecht des Bundes und der Länder. Ergänzbarer Kommentar und systematische Sammlung der Rechts- und Verwaltungsvorschriften, Stand: April 1996 (32. Lfg.), Bielefeld, Loseblatt-Ausgabe

Binnenbruck, Horst-Hermann [1989], Das Rheine Güterverkehrszentrum. Bedarfsanalyse (Konzeptstudie), hrsg. v. der Stadt Rheine, Rheine

Bishop, Richard C. [1982], Option Value: An Exposition and Extension, in: Land Economics, 58. Jg., S. 1-15

Blankart, Charles B. [1991], Öffentliche Finanzen in der Demokratie, München

Blomquist, Glenn [1982], Estimating the Value of Life and Safety: Recent Developments, in: Jones-Lee, Michael W. (Hrsg.), The Value of Life and Safety. Proceedings of a Conference held by the „Geneva Association", Amsterdam u.a., S. 27-41

Böbel, Ingo [1979], Das Konzept der Konsumentenrente, in: Wirtschaftswissenschaftliches Studium, 8. Jg., Nr. 5, S. 206-211

Bödefeld-Reimer, Marianne [1990], Güterverkehrszentren. Eine strategische Herausforderung für den Güterverkehr der Deutschen Bundesbahn, in: Die Bundesbahn, 66. Jg., Nr. 7, S. 674-677

Bögelein, Margareta [1990], Ordnungspolitische Ausnahmebereiche. Marktwirtschaftliche Legitimation und wirtschaftspolitische Konsequenzen, Wiesbaden, zugl.: Bamberg, Univ., Diss.

Bohm, Peter [1972], Estimating Demand for Public Goods: An Experiment, in: European Economic Review, 3. Jg., S. 111-130

Bombach, Gottfried [1976], Wettbewerbstheorie und -politik. Rückblick und Ausblick, in: Bombach, Gottfried/Gahlen, Bernhard/Ott, Alfred E. (Hrsg.), Probleme der Wettbewerbstheorie und -politik (Schriftenreihe des Wirtschaftswissenschaftlichen Seminars Ottobeuren, Bd. 5), Tübingen, S. 397-418

Bonus, Holger [1977], Umweltschutz durch Umweltzertifikate, in: Umwelt, 7. Jg., S. 248-252

Bonus, Holger [1978], Ordnungspolitische Aspekte öffentlicher Güter, in: Helmstädter, Ernst (Hrsg.), Neuere Entwicklungen in den Wirtschaftswissenschaften, Schriften des Vereins für Socialpolitik, Neue Folge, Bd. 98, Berlin, S. 51-73

Bonus, Holger [1986], The Cooperative Association as a Business Enterprise: A Study in the Economics of Transaction, in: Zeitschrift für die gesamte Staatswissenschaft, 142. Jg., S. 310-339

Borjans, Rita [1983], Immobilienpreise als Indikatoren der Umweltbelastungen durch den städtischen Kraftverkehr, Düsseldorf

Bös, Dieter [1989], Public Enterprise Economics. Theory and Application, Amsterdam u.a., 2., überarbeitete Aufl.

Böttger, W. u.a. [1962], Methodische Probleme der vergleichenden Wegekostenrechnung für Schiene, Straße und Binnenwasserstraße. Gutachten erstattet dem BMV, Bundestagsdrucksache IV/1449 vom 2.8.1962, Anlage 5, S. 45-81

Böventer, Edwin von [1979], Standortentscheidung und Raumstruktur (Veröffentlichungen der Akademie für Raumforschung und Landesplanung, Abhandlungen, Bd. 76), Hannover

Böventer, Edwin von [1980], Raumwirtschaft I: Theorie, in: Albers, Willi u.a. (Hrsg.), Handwörterbuch der Wirtschaftswissenschaften, Bd. 5, Stuttgart u.a., S. 407-429

Brandt, Andreas [1995], Ursachen der Arbeitslosigkeit und Perspektiven der Beschäftigungspolitik in Deutschland (Europäische Hochschulschriften, Reihe V, Bd. 1702), Frankfurt u.a., zugl.: Würzburg, Univ., Diss., 1994

Brandtner, Michael Johannes [1988], Zielbildungsprozesse in der Wirtschaftspolitik - Theoretische Befunde zur Ableitung von Gestaltungshilfen für die Praxis, Köln, Univ., Diss.

Bretzke, Wolf-Rüdiger [1990], Unternehmensplanung in der Verkehrswirtschaft. Strategische Optionen der Spedition im europäischen Binnenmarkt, in: Internationales Verkehrswesen, 42. Jg., Nr. 5, S. 272-279

Bretzke, Wolf-Rüdiger [1993], City-Logistik. Problemlösung durch logistische Dienstleistungszentren?, in: Internationales Verkehrswesen, 45. Jg., Nr. 12, S. 703-706

Brookshire, David S./Randall, Alan/Stoll, John R. [1980], Valuing Increments and Decrements in Natural Resource Service Flows, in: American Journal of Agricultural Economics, 63. Jg., S. 478-488

Brümmerhoff, Dieter [1988], Finanzwissenschaft, 3. Aufl., München

Brüngger, Heinrich [1974], Health in Cost-Benefit Analysis: The Case of the New Drug L-DOPA, in: Schweizerische Zeitschrift für Volkswirtschaft und Statistik, 108. Jg., S. 347-374

Buchanan, James M. [1965], The Public Finances, Homewood (Ill.), revised edition

Buchanan, James M./Stubblebine, William C. [1962], Externality, in: Economica, New Series, 29. Jg., S. 371-384

Bünck, Bernhardt [1994], Keine Vorbehalte gegen "marktwirtschaftliche" GVZ, in: DVZ, 48. Jg., Nr. 115 (27.9.), S. 18 und 21

Bundesanstalt für Straßenwesen (BASt) (Hrsg.) [1996], Schätzung der gesamtwirtschaftlichen Unfallkosten für das Jahr 1994, vom 18.3.1996

Bundeshaushaltsordnung (BHO) vom 19. August 1969 (BGBl. I, S. 1284), zuletzt geändert durch Gesetz vom 22. September 1994 (BGBl. I, S. 2605)

Bundesministerium der Finanzen (Hrsg.) [1991], Bericht der Arbeitsgruppe "Private Finanzierung öffentlicher Infrastruktur" (Schriftenreihe des Bundesministeriums der Finanzen, Nr. 44), Bonn

Bundesminister für Verkehr [1990]: Verkehrspolitik der 90er Jahre, Bonn, September

Bundesminister für Verkehr [1992], Bundesverkehrswegeplan 1992: Beschluß der Bundesregierung vom 15. Juli

Bundesminister für Verkehr (Hrsg.) [1994a], Verkehr in Zahlen 1994, verantwortlich für den Inhalt: DIW, 23. Jg., Berlin, September

Bundesminister für Verkehr [1994b], Bericht über den Stand der Realisierung von Güterverkehrszentren und Umschlagbahnhöfen des Kombinierten Verkehrs, Anlage zum Schreiben des BMV vom 27. Juni, A 14/26.70.03-00

Bundesminister für Verkehr [1994c], Rede des Bundesministers für Verkehr - Matthias Wissmann - anläßlich des DVZ-Forums zum Thema: „Güterverkehrszentren in Deutschland“ am 1. September in Bonn

Bundesminister für Verkehr [1994d], Perspektiven der Verkehrspolitik, Bonn, Juli

Bundesminister für Verkehr [1994e], Verkehrspolitik. Perspektiven und Bilanz, Bonn, 14. Dezember

Bundesminister für Verkehr [1994f], Verkehrspolitik im Zeichen der Sicherung des Wirtschaftsstandortes in Deutschland, Bonn, 16. Mai

Bundesminister für Verkehr (Hrsg.) [1995a], Verkehr in Zahlen 1995, verantwortlich für den Inhalt: DIW, 24. Jg., Berlin, September

Bundesminister für Verkehr (Hrsg.) [1995b], Strukturreform der Bundesbahn, o.O., Stand: Mai 1995

Bundesminister für Verkehr (Hrsg.) [1996a], Verkehr in Zahlen 1996, verantwortlich für den Inhalt: DIW, 25. Jg., Berlin, September

Bundesverband des Deutschen Güterfernverkehrs (BDF) e.V. (Hrsg.) [1991], Stellungnahme des BDF zu Güterverkehrszentren. Rundschreiben, Frankfurt 7.3.

Bundesverband des Deutschen Güterfernverkehrs (BDF) e.V. (Hrsg.) [1996], Besteuerung von Straßentransportunternehmen in Europa, Rundschreiben, Frankfurt 9.7.

Bundesverband des Deutschen Güterfernverkehrs (BDF) e.V./Dornier System GmbH [1975], Gestaltung von Güterverteilzentralen. Studie im Auftrag des Bundesministers für Forschung und Technologie, VE 7405, hrsg. v. BSL, Dezember 1975

Carlberg, Michael [1988], Theorie der Arbeitslosigkeit. Angebots- versus Nachfragepolitik, München

Cerwenka, Peter [1991], Entlastung der Straße durch die Schiene? Möglichkeiten und Grenzen einer Verlagerung des Güterverkehrs, in: Internationales Verkehrswesen, 43. Jg., Nr. 5, S. 179-182

Chemnitz, Hans-Dieter [1982], Die Verkehrsteilung im inländischen Güterfernverkehr - Darstellung mit Hilfe des Affinitätsdiagramms, in: Internationales Verkehrswesen, 34. Jg., Nr. 4, S. 239-246

Claassen, Emil-Maria [1990], Ökonomische Aspekte gesellschaftlicher Probleme, in: Vahlens Kompendium der Wirtschaftstheorie und Wirtschaftspolitik, Bd. 2, von Dieter Bender, 4., überarbeitete Aufl., München, S. 120-155

Cline William R. [1992], The Economics of Global Warming, Institute for International Economics, Washington

Coase, Ronald H. [1937], The Nature of the Firm, In: Economica, 4. Jg., S. 386-405

Coase, Ronald H. [1960], The Problem of Social Cost, in: The Journal of Law and Economics, 3. Jg., S. 1-44

Coenenberg, Adolf Gerhard [1994], Jahresabschluß und Jahresabschlußanalyse: betriebswirtschaftliche, handels- und steuerrechtliche Grundlagen, 15., überarbeitete Aufl., Landsberg/Lech

Commons, John R. [1961], Institutional Economics. Ist Place in Political Economy, Bd. 1, Madison

Currie, John M./Murphy, John A./Schmitz, Andrew [1971], The Concept of Economic Surplus and its Use in Economic Analysis, in: The Economic Journal, 81. Jg., Dezember, S. 741-799

Dales, John H. [1968], Pollution, Property and Prices: An Essay in Policy-Making and Economics, Toronto

Dallmann, B. [1988], Kosten-Nutzen-Untersuchung einer kommunalen Großveranstaltung, Freiburg

Dasgupta, Ajit K./Pearce, David W. [1972], Cost-Benefit Analysis: Theory and Practice, London u.a.

De Alessi, Louis [1983], Property Rights, Transaction Costs, and X-Efficiency: An Essay in Economic Theory, in American Economic Review, 73. Jg., Nr. 1, S. 64-81

Deecke, Helmut u.a. [1993], Die neue Rolle der Transportwirtschaft. Marktanforderungen und moderne Arbeitskonzepte für den Güterverkehr (RKW-Arbeitsbuch), Eschborn

Deffke, Hermann u.a. [1995], Kostensätze für die volkswirtschaftliche Bewertung von Verkehrsunfällen - Preisstand 1995, in: Straße und Autobahn, 46. Jg. , Nr. 1, S. 23-33

Demsetz, Harold [1968], Why Regulate Utilities?, in: Journal of Law and Economics, 11 Jg., S. 55-65

Demsetz, Harold [1969], Information and Efficiency: Another Viewpoint, in: Journal of Law and Economics, 12. Jg., S. 1-22

Deutsche Bundesbahn/Deutsche Reichsbahn (Hrsg.) [1992], Masterplan GVZ Deutschland, Frankfurt, Berlin

Deutsche Bahn AG (Hrsg.) [o.J.], Masterplan II. Beitrag der Deutschen Bahn AG zur Planung der Güterverkehrszentren in Deutschland. Standortkonzeption für Güterverkehrszentren, Frankfurt, Berlin

Deutsche Eisenbahn-Consulting GmbH/Deutsche Bank AG [1991], Privatwirtschaftliche Finanzierung von Infrastrukturprojekten. Kurzstudie, hrsg. v. Deutschen Verkehrsforum e.V., Bonn, Juli

Deutsche Verkehrs-Bank AG (Hrsg.) [1993], Die Finanzierung von integrierten Verkehrsanlagen am Beispiel der Güterverkehrszentren, hrsg. v. Deutschen Verkehrsforum e.V., Bonn, Mai

Deutsche Verkehrs-Bank AG (Hrsg.) [1995], Die Finanzierung von integrierten Verkehrsanlagen am Beispiel der Güterverkehrszentren, hrsg. v. Deutschen Verkehrsforum e.V., 2., überarbeitete, aktualisierte Aufl., Bonn, Mai

Deutsches Institut für Urbanistik (Hrsg.) [1995], Möglichkeiten zur Steuerung des Flächenverbrauchs und der Verkehrsentwicklung. Zwischenbericht. Berlin

Deutsches Institut für Wirtschaftsforschung (DIW) (Hrsg.) [1992], Güterfernverkehr bis zum Jahre 2010. Verringerung der Umweltbelastung dringend geboten, in: DIW Wochenbericht, 59. Jg., Nr. 40 (1.10.), S. 493-501

Deutsches Institut für Wirtschaftsforschung (DIW) (Hrsg.) [1994], Öffentliche Haushalte 1994/1995: Trotz Ausgabenkürzungen und Steuererhöhungen weiterhin hohe Finanzierungsdefizite, in: DIW Wochenbericht, 61. Jg., Nr. 36 (8.9.), S. 627-639

Diederich, Helmut [1977], Verkehrsbetriebslehre, Wiesbaden

Diekmann, Achim [1990], Nutzen und Kosten des Automobils. Vorstellung zu einer Bilanzierung, in: Internationales Verkehrswesen, 42. Jg., S. 332-340

DIG Dauber Ingenieur-Gesellschaft mbH [1991], Transportlogistik im Donauraum. Konzeption, Planung, Errichtung und Betrieb von logistischen Dienstleistungszentren. Schlußbericht, Bd. II 'Konzeption und Realisierung', Dortmund, Bremen

Dogs, Ernst/Platz, Holger [1991], Externe Kosten des Verkehrs. Schiene, Straße, Binnenschiff, Gutachten im Auftrag der Deutschen Bundesbahn, Planco Consulting GmbH, Essen

Domrös, Christof [1994], Innovationen und Institutionen. Eine transaktionskostenökonomische Analyse unter besonderer Berücksichtigung strategischer Allianzen (Volkswirtschaftliche Schriften, Nr. 436), Berlin, zugl. Münster, Univ., Diss., 1993

Dornier System GmbH [1988], Dimensionierung und Optimierung von Güterabfertigungen/Frachtzentren im Hinblick auf eine Neuorganisation/Neustrukturierung des DB-Stückgutsystems, Studie im Auftrag der Hauptverwaltung der Deutschen Bundesbahn, Friedrichshafen

Dornier GmbH [1990], Güterverkehrszentrum Rheine, Konzeption zur Entwicklung des GVZ Rheine, im Auftrag der Stadt Rheine, Friedrichshafen, Oktober

Dornier GmbH [1991], Konzept zur Bewältigung des Güterverkehrs im Gebiet des Umlandverbandes Frankfurt bzw. des Rhein-Main-Gebietes, im Auftrag des Umlandverbandes Frankfurt, Friedrichshafen, Juli

Dornier GmbH [1992], Standortstudie für multifunktionale Güterverkehrszentren im Wirtschaftsraum Hamburg, im Auftrag der Freien und Hansestadt Hamburg, Friedrichshafen, März

Dornier GmbH [1993a], Kosten-/Nutzen-Analyse von Güterverkehrszentren. Pilot-Analyse am Beispiel des GVZ Bremen. Schlußbericht zum FE-Vorhaben 90366/92 im Auftrag des Bundesministers für Verkehr, Friedrichshafen, August

Dornier GmbH [1993b], Kosten-/Nutzen-Analyse von Güterverkehrszentren. Pilot-Analyse am Beispiel des GVZ Bremen. Referat für die Informationsveranstaltung „Güterverkehr in Städten und Gemeinden" am 19. Oktober 1993 in Bonn, Friedrichshafen, Oktober

Dornier System GmbH/Bundesverband des deutschen Güterfernverkehrs e.V. (Hrsg.) [1975], Gestaltung von Güterverteilzentralen, Forschungsprojekt im Auftrag des Bundesministers für Forschung und Technologie (unveröffentlicht), Bonn

Dornier System GmbH/MBB/ERNO Raumfahrttechnik GmbH [1984], Güterverkehrszentrum Bremen. Konzeptphase, im Auftrag des Senators für Häfen, Schifffahrt und Verkehr und des Senators für Wirtschaft und Außenhandel, Bremen und Friedrichshafen September

Dosch, Fabian/Müller-Keißler, Renate [1996], Gewerbebauland-Umfrage 1995, in: Materialien zur Raumentwicklung, Nr. 77, Wohn- und Gewerbebaulandreserven, hrsg. v. der Bundesforschungsanstalt für Landeskunde und Raumordnung, Bonn

Drechsler, Wolfgang [1988], Markteffekte logistischer Systeme - Auswirkungen von Logistik- und unternehmensübergreifenden Informationssystemen im Logistikmarkt (Beiträge aus dem Institut für Verkehrswissenschaft an der Universität Münster, Nr. 116), Göttingen

Drèze, Jean/Stern, Nicholas [1987], The Theory of Cost-Benefit-Analysis, in: Handbook of Public Economics, Bd. 2, hrsg. v. Alan J. Auerbach und Martin Feldstein, Amsterdam u.a. 1987, S. 909-989

Dupuis, Jules [1844], De la Mesure de l´Utilité des Travaux Publics, in: Annales des Ponts et Chaussées, 2. Serie, Bd. 8, zitiert nach der englischen Übersetzung „On the Measurement of the Utility of Public Works", Übersetzung von R. H. Barback, in: International Economic Papers. Translations Prepared for the International Economic Society, Nr. 2, 1952, S. 83-110

Ebers, Mark/Gotsch, Wilfried [1993], Institutionenökonomische Theorien der Organisation, in: Kieser, Alfred (Hrsg.) Organisationstheorien, Stuttgart u.a., S. 193-242

Eckstein, Otto [1957], Investment Criteria for Economic Development and the Theory of Intertemporal Welfare Economics, in: Quarterly Journal of Economics, 71. Jg., S. 56-85

Eckstein, Otto [1961], A Survey of the Theory of Public Expenditure Criteria, in: Public Finances: Needs, Sources, and Utilization, hrsg. v. National Bureau of Economic Research, Princeton N.J., S. 439-494

Eckstein, Werner E. [1985], Kooperative Systembildung in der Transportwirtschaft. Innovationschancen mittelständischer Betriebe (Karlsruher Beiträge zur Wirtschaftspolitik und Wirtschaftsforschung, Nr. 11), Karlsruhe

Eckstein, Werner E. [1991], Güterverkehrszentren. Mode oder regionale Notwendigkeit?, in: Internationales Verkehrswesen, 43. Jg., Nr. 3, S. 104-107

Eckstein, Werner E. [1992], Ziele, Planungen und Probleme bei der Realisierung von Güterverkehrszentren (GVZ), Friedrichshafen

Eckstein, Werner/Pautsch, Peter R./Teßmann, Günter [1992], Güterverkehrszentren. Logistische Schnittstelle im Transport, in: Jahrbuch der Logistik 1992, hrsg. v. Carlheinz Bonny, 6. Jg., Düsseldorf

ECOPLAN [1992], Die externen Nutzen des Verkehrs, Studie im Auftrag des Dienstes für Gesamtverkehrsfragen und des Nationalen Forschungsprogramms 25 „Stadt und Verkehr“, Bern

Eickhof, Norbert [1986a], Theorien des Markt- und Wettbewerbsversagens, in: Wirtschaftsdienst, 66. Jg., S. 468-476

Eickhof, Norbert [1986b], Staatliche Regulierung zwischen Marktversagen und Gruppeninteressen. Ein Beitrag zur Weiterentwicklung der Regulierungstheorie, in: Jahrbuch für Neue Politische Ökonomie, Bd. 5, S. 122-139

Ellis, Howard S./Fellner, William [1943], External Economies and Diseconomies, in: The American Economic Review, 33 Jg., S. 493-511

Elsholz, Günter [1977], Nutzen-Kosten-Analyse. Methode zur Beurteilung öffentlicher Investitionen, in: Simonis, Udo Ernst (Hrsg.), Infrastruktur. Theorie und Politik, Köln

Elsholz, Günter [1981], Zur Methodik der Bewertung von Verkehrsunfallfolgen, in: ZfV, 52. Jg., S. 63-88

Emch und Berger GmbH, Ingenieure und Planer [1995], Güterverkehrszentrum Kassel. Umweltverträglichkeitsstudie. Erläuterungsbericht, im Auftrag der Güterverkehrszentrum-Entwicklungsgesellschaft mbH Kassel (GVZ-E), September

Enderlein, Heinz/Kunert, Uwe [1990], Berechnung der Kosten und der Ausgaben für die Wege des Eisenbahn-, Straßen-, Binnenschiffs- und Luftverkehrs in der Bundesrepublik Deutschland für das Jahr 1987, Gutachten im Auftrag des BMV, DIW, Berlin

Enderlein, Heinz/Link, Heike [1992], Berechnung der Wegekosten- und Wegeausgabendeckungsgrade für den Straßenverkehr in der Bundesrepublik Deutschland für das Jahr 1991, Gutachten im Auftrag des BMV, DIW, Berlin

Endres, Alfred [1982], Ökonomische Grundprobleme der Messung sozialer Kosten, in: List Forum, 11. Jg. (1981/82), Nr. 4 (Januar 1982), S. 251-269

Endres, Alfred [1985], Umwelt- und Ressourcenökonomie, Darmstadt

Endres, Alfred [1992], Umwelthaftung zur Harmonisierung von unternehmerischer Risikopolitik und Internalisierung externer Effekte, in: Wagner, Gerd Rainer (Hrsg.), Ökonomische Risiken und Umweltschutz, München, S. 303-318

Engel, Michael [1996], Modal-Split-Veränderungen im Güterverkehr. Analyse und Bewertung der Kosten- und Qualitätseffekte einer Verkehrsverlagerung Straße/Schiene, Hamburg

Enquete-Kommission „Schutz der Erdatmosphäre" des Deutschen Bundestages (Hrsg.) [1994], Mobilität und Klima. Wege zu einer klimaverträglichen Verkehrspolitik, 2. Bericht der Enquete-Kommission „Schutz der Erdatmosphäre" des 12. Deutschen Bundestages, Bonn

ERNO Raumfahrttechnik GmbH [1979], Problemstudie. Güterverteilzentrum in der Region Bremen, im Auftrag des Senators für Häfen, Schiffahrt und Verkehr und des Senators für Wirtschaft und Außenhandel der Freien Hansestadt Bremen, Bremen, August

Essling, Heinz/Gutsche, Andreas [1992], BahnTrans. Strategische Neuausrichtung der Bahn im Teilladungsbereich, in: Die Deutsche Bahn, 68. Jg., Nr. 7, S. 771-778

Europäische Kommission [1996], Faire und effiziente Preise im Verkehr. Politische Konzepte zur Internalisierung der externen Kosten des Verkehrs in der Europäischen Union. Grünbuch, in: Bulletin der Europäischen Union, Beilage 2/96

Europäisches Parlament der EG [1961], Terminologische Liste der verkehrswirtschaftlichen Begriffe mit Berücksichtigung der Kostenfrage. Anlage zum Bericht von Herrn Paul J. Kapteyn über Fragen der gemeinsamen Verkehrspolitik im Rahmen der Europäischen Wirtschaftsgemeinschaft (Sitzungsdokument Nr. 106), Luxemburg

Ewers, Hans-Jürgen [1986a], Kosten der Umweltverschmutzung - Probleme ihrer Erfassung, Quantifizierung und Bewertung, in: UBA (Hrsg.), Kosten der Umweltverschmutzung, Tagungsband zum Symposium im Bundesministerium des Innern am 12. und 13. September 1985 (Berichte 7/86), Berlin, S. 9-19

Ewers, Hans-Jürgen [1986b], Zur Monetarisierung der Waldschäden in der Bundesrepublik Deutschland, in: UBA (Hrsg.), Kosten der Umweltverschmutzung, Tagungsband zum Symposium im Bundesministerium des Innern am 12. und 13. September 1985 (Berichte 7/86), Berlin, S. 121-143

Ewers, Hans-Jürgen u.a. [1986], Zur monetären Bewertung von Umweltschäden. Methodische Untersuchung am Beispiel der Waldschäden, im Auftrag des UBA (Berichte 4/86), Berlin

Ewringmann, Dieter/Hansmeyer, Karl-Heinrich [1992], Der Stand der Dikussion bei den marktsteuernden Instrumenten der Umweltpolitik. Die Sicht der Wissenschaft, in: Informationen zur Raumentwicklung, Nr. 2/3, S. 81-95

Feldstein, Martin S. [1965], The Derivation of Social Time Preference Rates, in: Kyklos, 18. Jg., S. 277-287

Fiege, Hugo [1993], GVZ - Schnittstelle zu logistischen Netzen, in: Netzwerk (Berichte aus dem Institut für Verkehrswissenschaft an der Universität Münster, Ausgabe Nr. 5), Schwerpunktthema: City Logistik, Münster, S. 15-18

Field, Barry C. [1994], Environmental Economics. An Introduction, New York u.a.

Fischer, Dietrich [1992], Fordert die Transportlogistik im europäischen Binnenmarkt die Einrichtung von Güterverkehrszentren? Kurzbeitrag GARONOR, Taufkirchen

Fischer, Josef [1984], Ansätze zur Quantifizierung regionaler Inputwirkungen der Infrastruktur, in: Klaus, Joachim (Hrsg.), Entscheidungshilfen für die Infrastrukturplanung, Baden-Baden, S. 179-214

Fisher, Irving [1930], The Theory of Interest, New York 1930

Föhse, Doris [1993], Güterverkehrszentren. Ein Beitrag zum Umweltschutz? (Bund-Berichte, Nr. 14), Hannover

Fonger, Matthias [1993], Gesamtwirtschaftliche Effizienz alternativer Transportketten. Eine Analyse unter besonderer Berücksichtigung des multimodalen Verkehrs Schiene/Straße, Göttingen

Franke, Günter/Hax, Herbert [1990], Finanzwirtschaft des Unternehmens und Kapitalmarkt, 2., verbesserte Aufl., Berlin u.a.

Franke, Siegfried F. [1989], Opportunismus als Form politischer Rationalität der öffentlichen Verwaltung. Ein Beitrag zur ökonomischen Theorie der Bürokratie, in: Jahrbuch für Neue Politische Ökonomie, Bd. 8, S. 158-171

Freeman III, A. Myrick [1979a], The Benefits of Environmental Improvement. Theory and Practice, second printing (paperback) 1981, Baltimore und London

Freeman III, A. Myrick [1979b], Hedonic Prices, Property Values, and Measuring Environmental Benefits. A Survey of the Issues, in: Scandinavian Journal of Economics, 81. Jg., S. 154-173

Freeman III, A. Myrick [1984], The Sign and Size of Option Value, in: Land Economics, 60. Jg., S. 1-13

Freie Hansestadt Bremen [1994], Der Senator für Umweltschutz und Stadtentwicklung Bremen, Bericht zur Gewerbeflächenumfrage, Bremen, April

Frey, René L. [1993/94], Kostenwahrheit im Verkehr: Von der wissenschaftlichen Analyse zur Politik, in: Jahrbuch der Schweizerischen Verkehrswissenschaft, hrsg. v. Claude Kaspar, S. 51-71

Fritsch, Michael/Wein, Thomas/Ewers, Hans-Jürgen [1993], Marktversagen und Wirtschaftspolitik. Mikroökonomische Grundlagen staatlichen Handelns, München

Fünfundzwanzigster Rahmenplan der Gemeinschaftsaufgabe „Verbesserung der regionalen Wirtschaftsstruktur“ für den Zeitraum 1996 bis 1999 (2000), Unterrichtung durch die Bundesregierung, Bundestags-Drucksache 13/4291, vom 9.4.1996

Gaidzik, Marian/Gödde, Maria/Nöthlich, Manfred [1990], Umschlagbahnhöfe - Planung, Betrieb und Standorte -, Bd. 6, hrsg. v. Forschungskonsortium Kombinierter Verkehr, Neu-Isenburg

Garonor Planungs- und Betriebsgesellschaft/IABG [1992], Nutzungs-Grobkonzept GVZ Osnabrück Hafen, Taufkirchen, Ottobrunn August

Garonor S.A. (Hrsg.) [1988], Le guide Garonor, Aulnay-sous-Bois

Garonor S.A. [1989], In Frankreich erworbene Erfahrungen mit Lagerungs- und Auslieferungskomplexen, Würzburger Konferenz, 9. November

Garonor S.A. [1990], Rapport de Gestion 1989, Aulnay-sous-Bois

Garonor S.A. [1993], Garonor in einigen Worten und Zahlen, Januar

Garonor S.A. [o.J.], Aulnay-sous-Bois

Gaßner, Hartmut/Holznagel, Bernd/Lahl, Uwe [1992], Mediation. Verhandlungen als Mittel der Konsensfindung bei Umweltrisiken (Planung und Praxis im Umweltschutz, Bd. 5), Bonn

Gawel, Erik [1994], Positive externe Effekte des Automobilverkehrs - eine Schimäre?, in: Zeitschrift für angewandte Umweltforschung, 7. Jg., Nr. 2, S. 158-162

Gemünden, Hans-Georg [1995], Zielbildung, in: Costen, Hans/Reiß, Michael (Hrsg.), Handbuch der Unternehmensführung, Wiesbaden, S. 251-266

Gerth, Erich [1971], Zwischenbetriebliche Kooperation, Stuttgart

Gesellschaft für Informatik, Verkehrs- und Umweltplanung mbH/Hamburg Consult, Gesellschaft für Verkehrsberatung und Verfahrenstechniken mbH [1993], Informations- und Kommunikationssysteme für den Wirtschaftsverkehr in Hamburg, Berlin, Hamburg, Dezember

Gesellschaft für Informatik, Verkehrs- und Umweltplanung mbH/HaCon Ingenieurgesellschaft mbH/Institut für Verkehrswesen, Eisenbahnbau und -betrieb, Universität Hannover [1994], Güterverkehrszentrum Hannover. Untersuchung über regionalwirtschaftliche, verkehrliche, städtebauliche und umweltbezogene Auswirkungen, Hannover, Berlin

Gesetz über den Ausbau der Schienenwege des Bundes (Bundesschienenwegeausbaugesetz) vom 15. November 1993 (BGBl. I, S. 1874), zuletzt geändert durch das Eisenbahnneuordnungsgesetz vom 27.12.1993 (BGBl. I S. 2378, 2423)

Gesetz über Finanzhilfen des Bundes zur Verbesserung der Verkehrsverhältnisse der Gemeinden (Gemeindeverkehrsfinanzierungsgesetz - GVFG) vom 18.3.1971 (BGBl. I, S. 239), zuletzt geändert durch das Eisenbahnneuordnungsgesetz vom 27.12.1993 (BGBl. I, S. 2378, 2417)

Gesetz über die Gemeinschaftsaufgabe „Verbesserung der regionalen Wirtschaftsstruktur" vom 6.10.1969 (BGBl. 1, S. 1861), zuletzt geändert durch das Steueränderungsgesetz vom 24.6.1991 (BGBl. 1, S. 1322)

Gesetz über die Grundsätze des Haushaltsrechts des Bundes und der Länder (Haushaltsgrundsätzegesetz - HGrG) vom 19. August 1969 (BGBl. I, S. 1273), zuletzt geändert durch Gesetz vom 26. November 1993 (BGBl. I, S. 1928)

Gesetz über Naturschutz und Landschaftspflege (Bundesnaturschutzgesetz - BNatSchG) vom 20.12.1976 (BGBl. I, S. 3574, 1977 S. 650), zuletzt geändert durch das Gesetz über die Errichtung eines Bundesamtes für Naturschutz und zur Änderung von Vorschriften auf dem Gebiet des Artenschutzes vom 6.8.1993 (BGBl. I, S. 1458)

Gewerbesteuergesetz 1991 (GewStG 1991) vom 1.12.1936 (RGBl. I S. 979), in der Fassung der Bekanntmachung vom 21. März 1991 (BGBl. I S. 814), zuletzt geändert durch das Steueränderungsgesetz 1992 vom 25.2.1992 (BGBl. I S. 297)

Giersch, Herbert [1997], Das Jahrhundert der Globalisierung, in: FAZ, Nr. 9 (11.1.), S. 13

Ginter, Dorothee/Schmutzler, Armin [1996], Die Aufteilung des Güterverkehrs auf Bahn, LKW und Schiff - eine dynamische Analyse, in: Zeitschrift für Verkehrswissenschaft, 67. Jg., Nr. 1, S. 49-68

Glaser, Christian [1992], Externe Kosten des Straßenverkehrs: Darstellung und Kritik von Meßverfahren und empirischen Studien, München, zugl.: München, Univ., Diss., 1992

Glaser, Jürgen [1993], Güterverkehrszentren (GVZ). Konzepte zwischen Euphorie und Skepsis, in: Güterverkehr, Logistik und Umwelt, hrsg. v. Dieter Läpple, Berlin, S. 207-253

Glaser, Jürgen/Gleim, Andreas/Hilse, Christoph [1996], Güterverkehrszentrum (GVZ) Hamburg-Moorfleet. Konzeptentwicklung, erstellt im Auftrag der Freien und Hansestadt Hamburg, Baubehörde, durch die Hamburgische Gesellschaft für Wirtschaftsförderung mbH, Hamburg, März

Glück, K./Krasser, G./Koppen, G.F. [1982], Bewertung von Abgasemissionen des Straßenverkehrs (Forschung Straßenbau und Straßenverkehrstechnik, Nr. 357, hrsg. v. BMV), Bonn

Graaf, Jan de V. [1957], Theoretical Welfare Economics, Cambridge

Grob, Lothar [1989], Investitionsrechnung mit vollständigen Finanzplänen, München, zugl.: Münster, Univ., Habilitationsschrift

Grosse, Paul B. [1993], Privatwirtschaftliche Realisierung von öffentlichen Aufgaben am Beispiel von Verkehrsinfrastruktur, in: Frank, Hans-Joachim/Walter, Norbert (Hrsg.), Strategien gegen den Verkehrsinfarkt, Stuttgart, S. 335-344

Großekettler, Heinz [1985], Wettbewerbstheorie, in: Borchert, Manfred/Großekettler, Heinz, Preis- und Wettbewerbstheorie. Marktprobleme als analytisches Problem und ordnungspolitische Gestaltungsaufgabe, Stuttgart u.a., S. 115-335

Grundsteuergesetz (GrStG) vom 7.8.1973 (BGBl. I S. 965) (BGBl. III 611-7), zuletzt geändert durch das Postneuordnungsgesetz vom 14.9.1994 (BGBl. I S. 2325, 2389)

Grupp, Hariolf [1986], Die sozialen Kosten des Verkehrs. Grundriß zu ihrer Berechnung, in: Verkehr und Technik, 39. Jg., Nr. 9, Teil I S. 359-366, Teil II S. 403-407

Gutachterausschuß für Grundstückswerte in Hamburg (Hrsg.) [o.J.], Der Grundstücksmarkt in Hamburg 1992/93, Hamburg

Güterverkehrsrunde Köln [1995], Güterverkehrskonzept Köln, Köln, September

Gütter, Reinhold [1992a], Güterverkehrszentren - Trendverstärker oder Instrumente der Verkehrspolitik?, in: Der Städtetag, Nr. 5, S. 347-351

Gütter, Reinhold [1992b], Güterverkehrszentren, in: Handbuch der kommunalen Verkehrsplanung. Grundwerk, hrsg. v. Dieter Apel und Helmut Holzapfel, Stand: Dezember 1995, Bonn, Loseblatt-Ausgabe, Abschnitt 3.3.7.1

GVZ-Entwicklungsgesellschaft Bremen mbH (Hrsg.) [1989], GVZ Brief, Nr. 5, 15.9.

GVZ-Entwicklungsgesellschaft Rheine mbH [1994], Erläuterungen zum Stand der Entwicklung des Güterverkehrszentrums Rheine, Rheine 15.6.

HaCon Ingenieurgesellschaft mbH [1994], Untersuchung der Rahmenbedingungen für ein Güterverkehrszentrum GVZ Hamburg-Ost, im Auftrag der Freien und Hansestadt Hamburg, Baubehörde, Amt für Verkehr, Hannover, Mai

HaCon Ingenieurgesellschaft mbH [1995], Verkehrliche Ergänzungsuntersuchung zum GVZ Kassel, im Auftrag der GVZ-Entwicklungsgesellschaft Kassel mbH, Hannover

Haller, Frank [1993], Regionalwirtschaftliche Effekte des Güterverkehrszentrums in Bremen, in: Traffic Networks 93. Güterverkehrszentren, City-Logistik, Datenkommunikation, Kongreß am 22. und 23. Juni 1993, Congress Centrum Bremen, hrsg. v. KPS Messe- und Ausstellungs GmbH, Bremen

Hamm, Walter [1987], Strukturwandel im Güterverkehr als Grund für verkehrspolitischen Handlungsbedarf, in: Internationales Verkehrswesen, 39. Jg., Nr. 6, S. 422-426

Handelsgesetzbuch (HGB) vom 10.5.1897 (RGBl. S. 219), zuletzt geändert durch das Gesetz zur Bereinigung des Umwandlungsgesetzes vom 28.10.1994 (BGBl. I S. 3210, 3257)

Hanken, Ewald I./Kampfmeyer Rolf [1995], Ideen für Verladerkooperationen in der Logistik. Verteilzentren für die Regionen, in: DVZ, 49. Jg., Nr. 64 (30.5.), S. 7

Hanser, Christian [1985], Auswirkungen von Investitionen zur Erschließung von Industriegelände, in: Hanser, Christian (Hrsg.), Auswirkungen von Infrastrukturinvestitionen. Empirischer Beitrag zur Erfolgskontrolle der Regionalpolitik des Bundes, Grüsch, S. 93-314

Hanusch, Horst [1994], Nutzen-Kosten-Analyse, 2., überarbeitete Aufl., München

Hassel, Dieter u.a. [1994], Abgas-Emissionsfaktoren von PKW in der Bundesrepublik Deutschland, Umweltforschungsplan des Bundesministeriums für Umwelt, Naturschutz und Reaktorsicherheit, bearbeitet durch TÜV Rheinland Sicherheit und Umweltschutz GmbH, hrsg. v. UBA (Berichte 8/94), Berlin

Hassel, Dieter u.a. [1995], Abgasemissionsfaktoren von Nutzfahrzeugen in der Bundesrepublik Deutschland für das Bezugsjahr 1990, Umweltforschungsplan des Bundesministers für Umwelt, Naturschutz und Reaktorsicherheit, bearbeitet durch TÜV Rheinland Sicherheit und Umweltschutz GmbH, hrsg. v. UBA (Berichte 5/95), Berlin

Haubold, Verena/Stahl, Dirk [1994], Lean Production in der Industrie. Implikationen für die Speditionsbranche, in: Internationales Verkehrswesen, 46. Jg., Nr. 6, S. 317-325

Hauschildt, Jürgen [1977], Entscheidungsziele: Zielbildung in innovativen Entscheidungsprozessen. Theoretische Ansätze und empirische Prüfung, Tübingen

Hautau, Heiner u.a. [1987], Monetäre Bewertungsansätze von Umweltbelastungen (Wirtschaftspolitische Studien aus den Instituten für Europäische Wirtschaftspolitik und für Industrie- und Gewerbepolitik der Universität Hamburg, Nr. 73), Göttingen

Haveman, Robert H./Krutilla, John V. [1968], Unemployment, Idle Capacity and the Evaluation of Public Expenditures: National and Regional Analysis, Baltimore 1968

Hayek, Friedrich A. von [1969a], Grundsätze einer liberalen Gesellschaftsordnung, in: Hayek, Friedrich A. von, Freiburger Studien, Tübingen, S. 108-125

Hayek, Friedrich A. von [1969b], Der Wettbewerb als Entdeckungsverfahren, in: Hayek, Friedrich A. von, Freiburger Studien, Tübingen, S. 249-265

Hayek, Friedrich A. von [1979], Law, Legislation and Liberty, Bd. 3: The Political Order of a Free People, London u.a.

Head, John G. [1966], On Merit Goods, in: Finanzarchiv, Neue Folge, 25. Jg., S. 1-29

Head, John G. [1968], The Theory of Public Goods, in: Rivista di Diritto Finanziario e Scienza della Finanze, 27. Jg., S. 209-236

Head, John G. [1988], On Merit Wants. Reflections on the Evolution, Normative Status and Policy Relevance of a Controversial Public Finance Concept, in: Finanzarchiv, Neue Folge, 46. Jg., S. 1-37

Hector, Bernhard [1995a], Die Ertragssituation ist weiterhin stark angespannt, in: DVZ, 49. Jg., Nr. 138 (18.11.), S. 9

Hector, Bernhard [1995b], Mit Kooperationen Speditionskonzernen Paroli bieten, in: DVZ, 49. Jg., Nr. 153 (23.12.), S. 3

Heinen, Edmund [1976], Grundlagen betriebswirtschaftlicher Entscheidungen. Das Zielsystem der Unternehmung, 3., durchgesehene Aufl., Wiesbaden

Heinz, Ingo [1986], Zur ökonomischen Bewertung von Materialschäden durch Luftverschmutzung, in: UBA (Hrsg.), Kosten der Umweltverschmutzung, Tagungsband zum Symposium im Bundesministerium des Innern am 12. und 13. September 1985 (Berichte 7/86), Berlin, S. 83-95

Heinz, Ingo/Klaaßen-Mielke, Renate [1990], Krankheitskosten durch Luftverschmutzung, Heidelberg

Henderson, Alexander M. [1940/41], Consumer´s Surplus and the Compensating Variation, in: The Review of Economic Studies, 8. Jg., S. 117-121

Hesse, Helmut [1980], Nutzen-Kosten-Analyse I: Theorie, in: Albers, Willi u.a. (Hrsg.), Handwörterbuch der Wirtschaftswissenschaften, Bd. 5, Stuttgart u.a., S. 361-382

Hesse, Markus [1993], Güterverkehrszentren in räumlicher Perspektive. Integration oder Diffusion?, in: Informationen zur Raumentwicklung, Nr. 5/6, S. 339-350

Hicks, John R. [1939], The Foundations of Welfare Economics, in: The Economic Journal, 49. Jg., S. 696-712

Hicks, John R. [1940/41], The Rehabilitation of Consumer´s Surplus, in: The Review of Economic Studies, 8. Jg., S. 108-116

Hicks, John R. [1943], The Four Consumer´s Surpluses, in: The Review of Economic Studies, 11. Jg., S. 31-41

Hicks, John R. [1945/46], The Generalised Theory of Consumer´s Surplus, in: The Review of Economic Studies, 13. Jg., S. 68-74

Hicks, John R. [1946], Value and Capital, 2. Aufl., Oxford 1946

Holm-Müller, Karin u.a.[1991], Die Nachfrage nach Umweltqualität in der Bundesrepublik Deutschland, Umweltforschungsplan des Bundesministers für Umwelt, Naturschutz und Reaktorsicherheit, Forschungsvorhaben Nr. 10103110/11, im Auftrag des UBA (Berichte 4/91), Berlin

Holocher, Klaus Harald [1988], Wegerechnungen für Straßen. Untersuchung der grundlegenden Kostenrechnungsansätze und differenzierte Berechnung der Ausgabendeckung für das Straßennetz der Bundesrepublik Deutschland, Darmstadt

Holzheu, Franz [1995], Standortwettbewerb, institutionelle Infrastruktur und strukturelle Arbeitslosigkeit, in: Finanzarchiv, 52. Jg., Nr. 1, S. 43-70

Hopf, Rainer, u.a. [1994], Verminderung der Luft- und Lärmbelastungen im Güterfernverkehr 2010 (Umweltforschungsplan des Bundesministers für Umwelt, Naturschutz und Reaktorsicherheit, Forschungsvorhaben Nr. 10405962), im Auftrag des UBA, bearbeitet durch DIW, IFEU, IVU/HaCon, Berlin

Horn, Manfred/Knieps, Günter/Müller, Jürgen [1988], Deregulierungsmaßnahmen in den USA: Schlußfolgerungen für die Bundesrepublik Deutschland, Gutachten des DIW, Baden-Baden

Huckestein, Burkhard/Strobl-Edvartsen, Sabine [1993], Externe Kosten und Nutzen des Verkehrs. Nicht nur eine theoretische Diskussion, in: Die Deutsche Bahn, 47. Jg., Nr. 12, S. 926-928

Huckestein, Burkhard/Verron, Hedwig [1995], Externe Effekte des Verkehrs in Deutschland, Beitrag zum Workshop „Mobilität um jeden Preis?", überarbeitete Fassung, Umweltbundesamt, unveröffentlichtes Manuskript

Ihde, Gösta B. [1991], Transport, Verkehr, Logistik: gesamtwirtschaftliche Aspekte und einzelwirtschaftliche Handhabung, 2., völlig überarbeitete und erweiterte Aufl., München

Industrieanlagen-Betriebsgesellschaft (IABG) (Hrsg.) [1991], Anforderungsprofile und Standortkonzeptionen für Güterverkehrszentren in Bayern. Berichtsband, Ottobrunn

INFRAS/Bundesamt für Energiewirtschaft [1992], CO_2-Perspektiven im Verkehr, Bern

Ingenieurgesellschaft Verkehr Berlin GmbH (IVB) [1991], Logistisches Dienstleistungszentrum Berlin. Innovative Technologie und organisatorische Konzepte. Bericht zum AP 100. Güterverkehrsanalyse des Großraumes Berlin und Auswahl sowie Bewertung potentieller GVZ-Standorte. Zusammenfassung, Berlin, Mai

Institut für Verkehrswesen, Eisenbahnbau und -betrieb [1991a], Kriterien und Anforderungsprofile als Planungs- und Bewertungsgrundlage für Güterverkehrszentren in Nordrhein-Westfalen. Endbericht, Hannover

Institut für Verkehrswesen, Eisenbahnbau und -betrieb [1991b], Landesentwicklung in Norddeutschland. Untersuchung über mögliche Standorte von Güterverkehrszentren in Norddeutschland, hrsg. von der Akademie für Raumforschung und Landesplanung, ARL Arbeitsmaterial, Hannover

Institut für Verkehrswesen, Eisenbahnbau und -betrieb/HaCon Ingenieurgesellschaft mbH [1989], Funktions- und Standortuntersuchung für ein Güterverkehrszentrum Hannover, Hannover

Institut für Verkehrswesen, Eisenbahnbau und -betrieb/HaCon Ingenieurgesellschaft mbH [1991], Güterverkehrszentren. Netzkonzeption und Handlungsbedarf. Memorandum zum Forum am 5. Juni 1991 in Berlin, Hannover

Isard, Walter [1956], Location and Space-Economy. A General Theory Relating to Industrial Location, Market Areas, Land Use, Trade and Urban Structure, Cambridge (Mass.)

Isecke, Bernd [1986], Einfluß von Luftverunreinigung auf das Korrosionsverhalten verschiedener Materialien, in: UBA (Hrsg.), Kosten der Umweltverschmutzung, Tagungsband zum Symposium im Bundesministerium des Innern am 12. und 13. September 1985 (Berichte 7/86), Berlin, S. 67-81

Isecke, Bernd/Weltchev, Margit/Heinz, Ingo [1991], Volkswirtschaftliche Verluste durch umweltverschmutzungsbedingte Materialschäden in der Bundesrepublik Deutschland, im Auftrag des UBA, Texte 36/91, Berlin

Jeanrenaud, Claude u.a. [1993], Die sozialen Kosten des Verkehrs in der Schweiz: Eine Gesamtrechnung nach Verkehrsträgern, Studie im Auftrag des Dienstes für Gesamtverkehrsfragen, Auftrag Nr. 174, bearbeitet durch IRER-Universität Neuburg, Bern

Jochimsen, Reimut [1966], Theorie der Infrastruktur, Tübingen

Jones-Lee, Michael W./Hammerton, M./Philips, P. R. [1985], The Value of Safety: Results of a National Sample Survey, in: The Economic Journal, 95. Jg., März, S. 49-72

Kageson, Per [1993], Getting the Prices Right. A European Scheme for Making Transport Pay ist True Cost, European Federation of Transport and Environment, Stockholm

Kahnert, Rainer [1993], Gewerblicher Flächenverbrauch in Produktion und Lagerhaltung. Entwicklungstendenzen, Flächensparstrategien und Handlungsansätze, in: Informationen zur Raumentwicklung, Nr. 1/2, S. 55-69

Kaldor, Nicholas [1939], Welfare Propositions of Economics and Interpersonal Comparisons of Utility, in: The Economic Journal, 49. Jg., S. 549-552

Kandler, Jakob [1991], Markt und Staat im Verkehr - Wer kann die Probleme besser bewältigen?, in: Faller, Peter/Witt, Dieter (Hrsg.), Dienstprinzip und Erwerbsprinzip: Fragen der Grundorientierung in Verkehr und öffentlicher Wirtschaft (Schriften zur öffentlichen Verwaltung und öffentlichen Wirtschaft, Bd. 128), Baden-Baden, S. 84-101

Kapteina, Gerd-Ulrich [1980], § 5b GWB - Mittelstandskooperation (Bochumer juristische Schriften Nr. 13), Bochum

Kayser, Hans Josef/Holzmüller, Franz-Josef [1990], Die Entwicklung des Güterverkehrsaufkommens nach Verkehrszweig und Güterart, in: ZfV, 61. Jg., Nr. 1, S. 43-55

Kern, Norbert H. [1993], Perspektiven des Güterverkehrs in der Deutschen Bahn AG, in: Die Deutsche Bahn, 69. Jg., Nr. 12, S. 833f

Kirchgässner, Gebhard [1991], Homo oeconomicus: Das ökonomische Modell individuellen Verhaltens und seine Anwendung in den Wirtschafts- und Sozialwissenschaften, Tübingen

Klatt, Sigurd [1990], Die Finanzierung der Verkehrsinfrastruktur, in: Hamburger Jahrbuch für Wirtschafts- und Gesellschaftspolitik, 35. Jg., S. 207-223

Klaus, Joachim [1981], Freizeitnutzen und wirtschaftsfördernder Wert von Naherholungsprojekten, Berlin

Klaus, Joachim/Lerch, Bernd [1971], Probleme der Regionalisierung der Cost-Benefit-Analyse, in: Hess, Bernhard (Hrsg.), Analyse und Prognose in der quantitativen Wirtschaftsforschung, S. 251-266

Klaus, Patricia [1994], Antwort auf die Aufhebung obligatorischer Tarife: Kosteninformationssystem im Straßengüterverkehr, in: Internationales Verkehrswesen, 46. Jg., Nr. 5, S. 270-273

Klös, Hans-Peter [1989], Öffentliches Infrastrukturmonopol - noch zeitgemäß? (Beiträge zur Wirtschafts- und Sozialpolitik, Nr. 172, hrsg. v. Institut der deutschen Wirtschaft), Köln

Köhler, Karl Gregor [1967], Die Aussagefähigkeit der Formen verschiedener Wegekostenrechnungen für verkehrspolitische Entscheidungen unter besonderer Berücksichtigung der Zurechnungsproblematik, Hamburg, Univ., Diss.

Kommission der Europäischen Gemeinschaft [1993], Wachstum, Wettbewerbsfähigkeit, Beschäftigung. Weißbuch, Beilage 6/93, Bulletin der Europäischen Gemeinschaft

Kommission zur Verbesserung der steuerlichen Bedingungen für Investitionen und Arbeitsplätze [1991], Gutachten der Kommission zur Verbesserung der steuerlichen Bedingungen für Investitionen und Arbeitsplätze (Schriftenreihe des Bundesministeriums der Finanzen, Nr. 46), Bonn, Juni

Körperschaftssteuergesetz 1996 (KStG 1996) vom 31.8.1976 (BGBl. I S. 2597) in der Fassung der Bekanntmachung vom 22. 2.1996 (BGBl. I S. 340)

Kraft, Klaus/Deffke, Hermann/Dörries, Wolfgang [1992], Bundesverkehrswegeplan 1992. Zukunftsorientiertes Infrastrukturprogramm in einem integrierten Gesamtverkehrskonzept, in: Internationales Verkehrswesen, 44. Jg., Nr. 10, S. 368-376

Kraftfahrzeugsteuergesetz 1994 vom 21.12.1927 (BGBl. I S. 509) in der Fassung der Bekanntmachung vom 24.12.1994 (BGBl. I S. 1102)

Kriedel, Thomas [1979], Der Dikontsatz in Nutzen-Kosten-Analysen. Eine empirische Schätzung, in: Wirtschaftsdienst, 59. Jg., S. 631-636

Krink, Joachim [1972], Standorte von Verkehrsbetrieben. Ein Beitrag zur betrieblichen Standorttheorie (Verkehrswissenschaftliche Studien aus dem Institut für Verkehrswissenschaft der Universität Hamburg, Nr. 17), Göttingen, zugl.: Hamburg, Univ., Diss. 1971

Krupp, Rudolf [1991], Versicherung und Straßenverkehrssicherheit aus makroökonomischer Sicht, in: Zeitschrift für Verkehrssicherheit, 37 Jg., Nr. 3, S. 116-120

Krupp, Rudolf/Hundhausen, Gerd [1984], Volkswirtschaftliche Bewertung von Personenschäden im Straßenverkehr, Bundesanstalt für Straßenwesen, Bergisch-Gladbach

Kruppa, Adolf/Witte, Hermann/Zuppe, Claudia [1995], Nutzen eines Güterverkehrszentrums in Osnabrück (Arbeitsberichte aus dem Fachbereich Wirtschaft, Bd. 28/95), Fachhochschule Osnabrück

Kruse, Jörn [1985], Ökonomie der Monopolregulierung, Hamburg, Univ., Habilitationsschrift

Kruse, Jörn [1986], Irreversibilität und natürliche Markteintrittsbarrieren (Universität Hamburg, Institut für Industrie- und Gewerbepolitik, Dikussionspapiere, Nr. 8), Hamburg

Krutilla, John V. [1967], Conservation Reconsidered, in: American Economic Review, 57. Jg., S. 777-786

Kuhla, Eckhard [1990], Wachstumsmarkt Kombinierter Verkehr: Die Strategie, in: Eisenbahntechnische Rundschau, 39. Jg., Nr. 5, S. 271-276

Külp, Bernhard u.a. [1984], Sektorale Wirtschaftspolitik, Berlin u.a.

Kuntscher, Helmut/Bloch, Gerard [1989], Die Garonor-Güterverkehrszentren, in: BMV (Hrsg.), Die Rolle von Güterverkehrszentren im Verkehrsmarkt der Zukunft. Tagungsband, 8./9. November 1989 in Würzburg, Bonn, S. 57-67

Kurth, Michael [1991], Kraftfahrzeugverkehr und Umwelt: Nutzen-Kosten-Analyse für die Bewertung des Projekts „Westumgehung Aalen“, Tübingen, Univ., Diss.

Laaser, Claus-Friedrich [1991], Wettbewerb im Verkehrswesen. Chancen für eine Deregulierung in der Bundesrepublik (Kieler Studien, Nr. 236), Tübingen

Lammich, Klaus [1994], Deutschland nach dem Tarifaufhebungsgesetz: Was bleibt übrig von der kontrollierten Verkehrsmarktordnung, in: Internationales Verkehrswesen, 46. Jg., Nr. 1/2, S. 20-24

Landesentwicklungsgesellschaft für Städtebau, Wohnen und Verkehr des Landes Brandenburg mbH (LEG Brandenburg) [1994], Voruntersuchung für die städtebauliche Entwicklungsmaßnahme GVZ-Großbeeren. Zusammenfassender Bericht und Begründung, im Auftrag der Gemeinden Großbeeren und Osdorf, Juli

Langhorst, Ralf [1993a], GVZ Entwicklungsgesellschaft, in: Traffic Networks 93. Güterverkehrszentren, City-Logistik, Datenkommunikation, Kongreß am 22. und 23. Juni 1993, Congress Centrum Bremen, hrsg. v. KPS Messe- und Ausstellungs GmbH, Bremen

Langhorst, Ralf [1993b], Kooperative Verteilerverkehre, in: Der BMV (Hrsg.), Güterverkehr in Städten und Gemeinden. Tagungsband, Bonn

Lave, Lester B./Seskin, Eugene P. [1970], Air Pollution and Human Health, in: Science, 169. Jg., S. 723-733

Leibenstein, Harvey [1966], Allocative Efficiency vs. ´X-Efficiency´, in: American Economic Review, 56 Jg., Nr. 6, S. 392-415

Liebscher, Peter/Fahl, Ulrich/Kolb, Alexander/Wacker, Manfred [1995], Primärenergieeinsatz und CO_2-Emissionen im Personen- und Güterverkehr, in: Internationales Verkehrswesen, 47. Jg., Nr. 4, S. 171-179

Little, Ian M. D. [1963], A Critique of Welfare Economics, 2. Aufl., Oxford

Lüdeke, Reinar [1991], Externe Effekte, öffentliche Güter und optimale Besteuerung, in: WISU, 20. Jg., Nr. 10, S. 765-777

Maas, Hans/Jäger, Hans-Günther [1994], Die Erweiterung des Umschlagbahnhofes Köln-Eifeltor, in: Eisenbahntechnische Rundschau, 43. Jg., Nr. 10, S. 679-684

Maennig, Wolfgang [1991], Kosten-Nutzen-Analysen Olympischer Spiele in Deutschland, in: List-Forum, 17. Jg., S. 336-362

Maennig, Wolfgang [1995a], Von vielen Projekten bisher erst eines realisiert. Güterverkehrszentren. Die Finanzierungsfrage, in: Das Handelsblatt, 33. Jg., Nr. 158 (17.8.), S. 18

Maennig, Wolfgang [1995b], Güterverkehrszentren. Öffentlich oder privat finanzieren?, in: Verkehrs-Rundschau, 41. Jg., S. 10

Maennig, Wolfgang [1997], Kosten-Nutzen-Analyse der Hauptstadtverlagerung, in: Hamburger Jahrbuch für Wirtschafts- und Gesellschaftspolitik, 39. Jg. S. 281-312

McKay, Charles [1989], Möglichkeiten der privatwirtschaftlichen Finanzierung von Verkehrsinfrastrukturinvestitionen in der EG (Beiträge aus dem Institut für Verkehrswissenschaft an der Universität Münster, Nr. 119), Göttingen, zugl. Münster, Univ., Diss.

McKean, Roland N. [1958], Efficiency in Government through Systems Analysis. With Emphasis on Water Resources Development, New York

McKean, Roland N. [1968], The Use of Shadow Prices, in: Chase, Samuel B. Jr. (Hrsg.), Problems in Public Expenditure Analysis, Washington D.C., S. 33-65

McMillan, John [1979], The Free Rider Problem: A Survey, in: Economic Record, 56 Jg., S. 95-107

Maier, Jörg [1992], Verkehrsgeographie: Verkehrsstrukturen, Verkehrspolitik, Verkehrsplanung, Stuttgart

Marburger, Ernst Albrecht [1986], Zur direkten Bewertung volkswirtschaftlicher Zusatzkosten in Form gesundheitlicher Schäden durch Abgasemissionen des Straßenverkehrs, in: ZfV, 48 Jg., S. 195-212

Marburger, Ernst Albrecht [1979], Ein monetärer Bewertungsfaktor für die Beurteilung von Luftverunreinigungen des Straßenverkehrs in den RAS-W, in: ZfV, 50 Jg., S. 235-244

Marburger, Ernst Albrecht [1986], Zur ökonomischen Bewertung gesundheitlicher Schäden durch Luftverschmutzung, in: UBA (Hrsg.), Kosten der Umweltverschmutzung, Tagungsband zum Symposium im Bundesministerium des Innern am 12. und 13. September 1985 (Berichte 7/86), Berlin, S. 51-61

Marglin, Stephen A. [1970], Diskontsatz und öffentliche Investition (The Discount Rate in Public Investment Evaluation, deutsch), Übersetzung von Gisela Todt, in: Recktenwald, Horst Claus (Hrsg.), Nutzen-Kosten-Analyse und Programmbudget. Grundlage staatlicher Entscheidung und Planung, Tübingen, S. 143-153

Marshall, Alfred [1961], Principles of Economics, Bd. 1 Text, 9. (Variorum) Aufl. (1. Aufl. 1890), London

Mauch, Samuel P. u.a. [1995], Externe Effekte des Verkehrs, im Auftrag des Internationalen Eisenbahnverbands (UIC), bearbeitet durch Universität Karlsruhe, Institut für Wirtschaftspolitik und Wirtschaftsforschung und INFRAS AG, Berater für Umwelt, Wirtschaft und Politik, Paris

Melzer, Frank [1981], Investitionsrechnung in deutschen Industriebetrieben (Arbeitsbericht: Institut für Unternehmensforschung, Nr. 12) Ruhr-Universität Bochum, 5. Aufl.

Menke, Jürgen [1995], Spedition Heinrich Gustke, Ansiedler im GVZ Rostock. „Startphase wird Unternehmen noch viel zu schwer gemacht“, in: DVZ, 49. Jg., Nr. 103 (29.8.), S. 27f

Menke, Jürgen [1996], Wirtschaftlicher Druck zwingt zu neuen Wegen. DVZ-Gespräch mit Rainer Welz und Gerhard Ostwald vom Verband der Spediteure in Berlin und Brandenburg, in: DVZ, 50. Jg., Nr. 97 (13.8.), S. 3

Meyer, Joachim/Stabenau, Hanspeter [1989], Bestehende Kooperationsformen im Speditionsgewerbe. Ergebnisse einer empirischen Untersuchung im Auftrag des BMV, Deutsche Außenhandels- und Verkehrsakademie, DAV-Forschungsberichte, Bremen

Mineralölwirtschaftsverband e.V., Abteilung Öffentlichkeitsarbeit (Hrsg.) [1995], MWV aktuell, Nr. 8/95, 4. September, Hamburg

Ministerium für Wirtschaft, Mittelstand und Technologie des Landes Brandenburg (Hrsg.) [1995], Ergebnisbericht zur Erfassung von Gewerbegebieten im Land Brandenburg, Berichtsstand: September

Mishan, Edward J. [1968], What is Producer´s Surplus, in: The American Economic Review, 58. Jg., S. 1269-1282

Mishan, Edward J. [1969], The Relationship between Joint Products, Collective Goods, and External Effects, in: Journal of Political Economy, 77. Jg., S. 329-348

Mishan, Edward J. [1972], Elements of Cost-Benefit Analysis, London

Mishan, Edward J. [1988], Cost-Benefit Analysis: An Informal Introduction, 4. Aufl., London u.a.

Moosmayer, Erhard [1983], Gibt es eine objektiv richtige Diskontierungsrate? Ein Beitrag zur Theorie der Investitionsrentabilität von Verkehrswegeprojekten, in: ZfV, 54 Jg., S. 95-100

Moosmayer, Erhard [1994], Verkehrswege, Raumnutzung, Sozialprodukt und Staatshaushalt: Zum ökonomietheoretischen Horizont infrastruktureller Verbesserungen für Beförderungsprozesse, in: ZfV, 65. Jg., S. 276-297

Musgrave, Richard A. [1969], Finanztheorie (The Theory of Public Finance, deutsch), Übersetzung von Lore Kullmer unter Mitarbeit von Hans Fecher, 2., ergänzte und verbesserte Aufl., Tübingen

Musgrave, Richard A./Musgrave, Peggy B./Kullmer, Lore [1990], Die öffentlichen Finanzen in Theorie und Praxis, Bd. 1, 5., überarb. Aufl., Tübingen

Nehm, Arnold u.a. [1992], Gebäudekosten 1993. Baupreistabellen, Stuttgart

Nienhaus, Volker [1983/84], Externe Effekte, Transaktionskosten, Verfügungsrechte und wirtschaftspolitischer Handlungsbedarf, in: List-Forum, Bd. 12, S. 258-271

Niskanen, William A. [1994], Bureaucracy and Public Economics, 2. Aufl., Aldershot u.a.

Nordhaus, William D. [1991], To Slow or not to Slow: The Economics of the Greenhouse Effect, in: The Economic Journal, 101. Jg., S. 920-937

Ostrowski, Rüdiger [1993], Neue Wege zur Infrastrukturfinanzierung, in: Zeitschrift für Verkehrswissenschaft, 64. Jg., Nr. 1, S. 49-66

Ottinger, Richard L. [1991], Environmental Costs of Electricity, New York u.a.

O.V. [Zeit, 1991], Prof. Gerd Aberle zu Güterverkehrszentren. In den neuen Ländern läuft die Zeit davon, in: DVZ, 45. Jg., Nr. 44 (13.4.), S. 2

O.V. [Europa, 1992], Krause: "Deutsche Verkehrspolitik im zusammenwachsenden Europa", in: Die Bundesbahn, Nr. 4, S. 387-394

O.V. [Billwerder, 1993], KV setzt in Hamburg neue Maßstäbe, Umschlagbahnhof Billwerder eingeweiht, in: Der Containerverkehr, 12. Jg., Nr. 5, S. 1 und 4

O.V. [Autobahngebühren, 1994], Autobahngebühren für LKW, in: Internationales Verkehrswesen, 46. Jg., Nr. 10, S. 551

O.V. [DUSS, 1994], Kombinierter Verkehr. DUSS übernimmt alle Terminals, in : DVZ, 48. Jg., Nr. 51 (30.4.), S. 1

O.V. [Eröffnungsbilanz, 1994], Eröffnungsbilanz der Deutsche Bahn AG stimmt nachdenklich, in: Internationales Verkehrswesen, 46. Jg., Nr. 1, S. 7

O.V. [BahnTrans, 1995], Der Stückgut-Spediteur BahnTrans ist mit seinem Start zufrieden, in: FAZ, Nr. 134 (12.6.), S. 14

O.V. [Thüringen, 1995], Ein Logistik- und Businesszentrum für Thüringen, in: Das Wirtschaftsjournal Erfurt ´95, hrsg. v. Jürgen Gall, S. 14f

O.V. [Transportzentren, 1995], Technologie-Investitionen werden durch gemeinsamen Nutzen billiger. Transportzentren bieten dem Mittelstand Zukunftschancen, in: DVZ, 49. Jg., Nr. 70 (13.6.), S. 15

O.V. [Trier, 1995], Trier gründet für das GVZ eine Planungsgesellschaft, in: DVZ, 49. Jg., Nr. 29 (9.3.), S. 6

O.V. [Verkehrsstatistik, 1995], Verkehrsstatistik: Straßengüterverkehr fundamental unterschätzt, in: Internationales Verkehrswesen, 47. Jg., Nr. 10, S. 587

O.V. [Kombiverkehr, 1996], Kombiverkehr umstrukturiert - Verbände wechseln in den Beirat, in: DVZ, 50 Jg., Nr. 81 (6.7.), S. 6

O.V. [Kontingente, 1996], Deutsche Kontingente im Straßengüterverkehr laufen aus, in: Internationales Verkehrswesen, 48. Jg., Nr. 5, S. 7

O.V. [Lastwagen, 1996], Lastwagen sollen auf Autobahnen mehr zahlen, in: FAZ, Nr. 164, (17.7.), S. 11

O.V. [Pleiten, 1996], 1350 Pleiten im Güterfernverkehr, in: Internationales Verkehrswesen, 48. Jg., Nr. 6, S. 11

O.V. [Preispolitische Instrumente, 1996], Preispolitische Instrumente im Straßenverkehr, in: Internationales Verkehrswesen, 48. Jg., Nr. 9, S 36-38

O.V. [Sonderbelastung, 1996], EU-Kommission: Sonderbelastung für LKW, in: Internationales Verkehrswesen, 48. Jg., Nr. 4, S. 7

O.V. [Straßengüterverkehrsgewerbe, 1996], Schwierige wirtschaftliche Situation im Straßengüterverkehrsgewerbe, in: Internationales Verkehrswesen, 48. Jg., Nr. 5, S. 7f

O.V. [Streckeninvestitionen, 1996], DB AG übernimmt Finanzierung von Streckeninvestitionen, in: Internationales Verkehrswesen, 48. Jg., Nr. 4, S 7f

O.V. [Terminals, 1996], Bonn sagt Geld für sieben Terminals zu, in: DVZ, 50 Jg., Nr. 27 (2.3.), S. 1

O.V. [Bauwirtschaft, 1997], Die Bauwirtschaft ruft zu Investitionen auf, in: FAZ, Nr. 51 (1.3.), S. 13

O.V. [Job, 1997], Germany. Gimme a Job, in: The Economist, 342. Bd., Nr. 7998 (4.1.), S. 26f

O.V. [Rechnungshof, 1997], Der Rechnungshof rügt den Verkehrsminister. „Der Aufbau des kombinierten Verkehrs wurde von der Bahn verschleppt", in: FAZ, Nr. 28, (3.2.), S. 11

Palm, Ingo/Regniet, Olaf/Schmidt, Gerhard [1996], Ermittlung der PKW- und Nfz-Jahresfahrleistungen 1993 auf allen Straßen der Bundesrepublik Deutschland, im Auftrag des BMV, FE-Nr. 90434/94, bearbeitet durch Heusch-Boesefeldt, Beratende Ingenieure für Verkehrstechnik und Datenverarbeitung GmbH, Aachen

Pannek, Gernot/Talke, Wolfgang [1994], Güterverkehrszentren. Funktionalität und Handlungsbedarf, in: Internationales Verkehrswesen, 46. Jg., Nr. 4, S. 104-113

Pareto, Vilfredo [1927], Manual d´économie politique, Übersetzung aus dem Italienischen von Alfred Bonnet, 2. Aufl., Genf

Patyk, Andreas [1996], Energiebereitstellung. IFEU-Materialien: Basisdaten zur ökologischen Bilanzierung Teil 1, Heidelberg, eigene Berechnungen

Pearce, David W. [1983], Cost-Benefit Analysis, 2. Aufl., London

Pearce, David W./Markandya, Anil [1989], Environmental Policy Benefits: Monetary Valuation, hrsg. v. der OECD, Paris

Pearce, David W./Nash, C. A. [1981], The Social Appraisal of Projects. A Text in Cost-Benefit Analysis, London u.a.

Pearce, David W./Turner, R. Kerry [1990], Economics of Natural Resources and the Environment, New York u.a.

Peters, Hans-Rudolf [1995], Wirtschaftspolitik, München

Pflügner, Walter [1988], Nutzen-Analysen im Umweltschutz. Der ökonomische Wert von Wasser und Luft, Göttingen, zugl.: Erlangen, Nünberg, Univ., Diss.

Picot, Arnold [1982], Transaktionskostenansatz in der Organisationstheorie: Stand der Diskussion und Aussagewert, in: Die Betriebswirtschaft, 42. Jg., S. 267-284

Picot, Arnold [1984], Verfügungsrechte und Wettbewerb als Determinanten der Entwicklung des Verwaltungsbereichs von Organisationen, in: Jahrbuch für Neue Politische Ökonomie, Bd. 3, S. 198-222

Picot, Arnold [1991a], Ein neuer Ansatz zur Gestaltung der Leistungstiefe, in: Schmalenbachs Zeitschrift für betriebswirtschaftliche Forschung (zfbf), 43. Jg., S. 336-357

Picot, Arnold [1991b], Ökonomische Theorie der Organisation. Ein Überblick über neuere Ansätze und deren betriebswirtschaftliches Anwendungspotential, in: Ordelheide, Dieter/Rudolph, Bernd/Büsselmann, Elke (Hrsg.), Betriebswirtschaftslehre und ökonomische Theorie, Stuttgart, S. 143-170

Picot, Arnold/Dietl, Helmut [1990], Transaktionskostentheorie, in: Wirtschaftswissenschaftliches Studium, 19. Jg., Nr. 4, S. 178-184

Piduch, Erwin Adolf [1995], Bundeshaushaltsrecht. Kommentar zu den Artikeln 109 bis 115 des Grundgesetzes, zur Bundeshaushaltsordnung und zum Haushaltsgrundsätzegesetz mit rechtsvergleichenden Hinweisen auf das Haushaltsrecht der Bundesländer und ihrer Gemeinden, Stand: Januar 1995 (32. Lfg.), Stuttgart u.a., Loseblatt-Ausgabe 1970/95

Piesk, Susanne/Höhne, Jörg [1991], Gewerbeflächenentwicklung Heppenheim. Teil C: Entwicklungskonzept, HTL Report Nr. 297, hrsg. v. HTL Gesellschaft für Forschung Planung Entwicklung mbH, Wiesbaden

Pirschel, Michael [1993], Organisation des Wirtschaftsverkehrs in Hamburg. Ziel und Maßnahmen im Rahmen des Projekts „Integrative Verkehrsentwicklung in Hamburg und Region“, Freie und Hansestadt Hamburg, Wirtschaftsbehörde, Amt für Hafen, Technologie, Luft- und Schiffahrt, Abteilung Verkehrswirtschaft und Beteiligungen, Hamburg, August

Planco Consulting GmbH [1991], Modernisierung von Methoden der BVWP, Gutachten im Auftrag des BMV, FE-Nr. 90298/90, Schlußbericht, Essen

Planco Consulting GmbH [1993], Gesamtwirtschaftliche Bewertung von Verkehrswegeinvestitionen. Bewertungsverfahren für den Bundesverkehrswegeplan 1992, Schlußbericht zum FE-Vorhaben 90372/92 des BMV, hrsg. v. BMV (eigene Schriftenreihe, Nr. 72), Essen, Bonn

Pommerehne, Werner W. [1986], Der monetäre Wert einer Flug- und Straßenlärmreduktion: Eine empirische Analyse auf der Grundlage individueller Präferenzen, in: UBA (Hrsg.), Kosten der Umweltverschmutzung, Tagungsband zum Symposium im Bundesministerium des Innern am 12. und 13. September 1985, (Berichte 7/86), Berlin, S. 199-213

Pommerehne, Werner W. [1987], Präferenzen für öffentliche Güter. Ansätze zu ihrer Erfassung, Tübingen

Pommerehne, Werner W. [1990], Genügt bloßes Reprivatisieren?, in: Aufderheide, Detlef (Hrsg.), Deregulierung und Privatisierung, Symposium Oeconomicum Münster, Stuttgart u.a., S. 27-63

Porstmann, Reiner [1971], Zur Theorie der Nachfrage unter besonderer Berücksichtigung des Konsumentenüberschusses (Volkswirtschaftliche Schriften, Nr. 168), Berlin

Prest, Alan R./Turvey, Ralph, Cost-Benefit Analysis: A Survey, in: The Economic Journal, 75. Jg. (1965) Dezember, S. 683-735

Puf, Peter-Rüdiger [1979], Wirtschaftlicher Wandel in der Bundesrepublik Deutschland, in: Wirtschaftlicher Strukturwandel und Verkehr, Schriftleitung Peter-Rüdiger Puf, (Beiträge aus dem Institut für Verkehrswissenschaft an der Universität Münster, Nr. 89), Göttingen, S. 7-79

Raumordnungsgesetz (ROG) in der Fassung der Bekanntmachung vom 28.4.1993 (BGBl. I S. 630), zuletzt geändert durch Art. 2 Magnetschwebebahnplanungsgesetz vom 23.11.1994 (BGBl. I S. 3486)

Regniet, Olaf/Schmidt, Gerhard [1994], Nutzfahrzeug-Jahresfahrleistungen 1990 (1986) auf den Straßen der Bundesrepublik Deutschland, im Auftrag des BMV, FE-Nr. 90343/91, bearbeitet durch Heusch-Boesefeldt, Beratende Ingenieure für Verkehrstechnik und Datenverarbeitung GmbH, Aachen

Reihlen, Dieter [1995], Reform der Besteuerung des Verkehrs, in: Internationales Verkehrswesen, 47. Jg., Nr. 1/2, S. 26-32

Reineke, Wilken/Klocke, Rudolf von [1995], Ein guter Grund für Investitionen, in: Logistik Heute, Nr. 9, S. 25-28

Reske, Winfried/Mortsiefer, Hans-Jürgen [1978], Mittelstandsförderung in der Bundesrepublik Deutschland. Anregungen zur Neugestaltung der Größenklassengrenzen bei der Vergabe staatlicher Förderungsmittel (Beiträge zu Mittelstandsforschung, Nr. 47), Göttingen

Ribbert, Dietrich u.a. [1996], Grundstücksmarktbericht 1995, Land Brandenburg, hrsg. v. Oberer Gutachterausschuß für Grundstückswerte im Land Brandenburg, Berlin

Richey, Albert [1994], Der Kombinierte Verkehr als Hoffnungsträger - Problematik der Wirtschaftlichkeit, in: Eisenbahntechnische Rundschau, 43. Jg., Nr. 4, S. 203f

Richter, Rudolf [1990], Sichtweise und Fragestellung der Neuen Institutionenökonomik, in: Zeitschrift für Wirtschafts- und Sozialwissenschaften, 110. Jg., S. 571-591

Richter, Wolfram F./Wiegard, Wolfgang [1993], Zwanzig Jahre „Neue Finanzwissenschaft". Teil 1: Überblick und Theorie des Marktversagens, in: Zeitschrift für Wirtschafts- und Sozialwissenschaften 113. Jg., S. 169-224

Ridker, Ronald G. [1967], Economic Costs of Air Pollution. Studies in Measurement, New York u.a.

Riebel, Paul [1975], Anforderungen der Transportrationalisierung an die Leistungs- und Kostenanalyse, in: Internationales Verkehrswesen, 27. Jg., S. 217-226

Ringle, Harry [1993], GVZ-Masterplan der Deutschen Bahnen, in: Die Deutsche Bahn, 69. Jg., Nr. 12, S. 869-871

Röhling, W., u.a. [1991], Güterverkehrsprognose 2010 für Deutschland. Kurzbericht, Forschungsprojekt FE 90299/90 des BMV, Kessel und Partner, Verkehrsconsultants, Freiburg, Juli

Ronellenfitsch, Michael [1986], Einführung in das Planungsrecht, Darmstadt

Rothengatter, Werner [1974a], Konsumentenrente und kompensierende Einkommensvariation - Planungshilfen für die Preis- und Investitionspolitik im Verkehr?, in: ZfV, 45. Jg., S. 1-26

Rothengatter, Werner [1974b], Kosten- und nachfrageorientierte Preisbildung im Verkehrssektor (Karlsruher Beiträge zur Wirtschaftspolitik und Wirtschaftsforschung), Karlsruhe

Rothengatter, Werner [1989], Soziale Zusatzkosten des Verkehrs, in: Vierteljahreshefte zur Wirtschaftsforschung, 58. Jg., Nr. 1, DIW (Hrsg.), S. 62-84

Rothengatter, Werner [1990], Germany, in: ECMT (Hrsg.), Round Table 81. Private and Public Investment in Transport: Possibilities and Cost, Paris, S. 49-92

Rothengatter, Werner [1996], Faire und effiziente Preise im Verkehr. Der Gastkommentar, in: Der Nahverkehr, 14. Jg., Nr. 6, S. 6f

Rothschild, Kurt W. [1992], Ethik und Wirtschaftstheorie, Tübingen

Rothschild, Kurt W. [1994], Theorien der Arbeitslosigkeit, 2. Aufl., München

Sachverständigenrat zur Begutachtung der gesamtwirtschaftlichen Entwicklung [1994], Den Aufschwung sichern - Arbeitsplätze schaffen, Jahresgutachten 1994/95, Stuttgart

Samuelson, Paul A. [1942], Constancy of the Marginal Utility of Income, in: Lange, Oscar u.a. (Hrsg.), Studies in Mathematical Economics and Econometrics, Freeport (N.Y.), S. 75-91

Samuelson, Paul A. [1954], The Pure Theory of Public Expenditure, in: Review of Economics and Statistics, 36. Jg., S. 387-389

Sandhäger, Heinz [1994], GVZ verbessern Rahmenbedingungen für City-Logistik, in: DVZ, 48. Jg., Nr. 115 (27.9.), S. 3

Sassone, Peter G./Schaffer, William A. [1978], Cost-Benefit Analysis. A Handbook, New York u.a.

Schavoir, Ronald [1994], „Logistik-Angebote werden zunehmend wichtiger“, in: DVZ, 48. Jg., Nr. 88 (26.7.), S. 3

Scheele, Ulrich [1993], Privatisierung von Infrastruktur: Möglichkeiten und Alternativen, Köln

Schenk, Karl-Ernst [1992], Die neue Institutionenökonomie - Ein Überblick über wichtige Elemente und Probleme der Weiterentwicklung, in: Zeitschrift für Wirtschafts- und Sozialwissenschaften, 112. Jg., S. 337-378

Schlieper, Ulrich [1982], Wohlfahrtsökonomik II: Theorie des Zweitbesten, in: Albers, Willi u.a. (Hrsg.), Handwörterbuch der Wirtschaftswissenschaften, Bd. 9, Stuttgart u.a., S. 486-493

Schmidt, Frank O. [1993], Projektfinanzierung. Privates Kapital für den öffentlichen Verkehr, in: Die Bank, Nr. 9, S. 524-529

Schmidt, Kunibert [1976], Verkehrsinfrastrukturinvestitionen als Mittel einer wachstumsorientierten Konjunkturpolitik, Bentheim, zugl. Köln, Univ., Diss. 1975

Schmidt, Reinhard H. [1992], Grundzüge der Investitions- und Finanzierungstheorie, 2., durchgesehene Aufl., Nachdruck, Wiesbaden

Schneider, Dieter [1966], Die Preis-Absatz-Funktion und das Dilemma der Preistheorie, in: Zeitschrift für die gesamte Staatswissenschaft, 122. Jg., S. 587-628

Schneider, Dieter [1987], Allgemeine Betriebswirtschaftslehre, 3., neu bearbeitete und erweiterte Auflage, München

Schneider, Dieter [1992], Investition, Finanzierung und Besteuerung, 7., vollständig überarbeitete und erweiterte Auflage, Wiesbaden

Schröder, Ernst-Jürgen [1989], Auswirkungen wirtschaftsstruktureller Änderungen auf den Güterverkehr in der Bundesrepublik Deutschland seit 1974, in: Raumforschung und Raumordnung, 47. Jg., Nr. 1, S. 28-32

Schulz, Werner [1985], Der monetäre Wert besserer Luft. Eine empirische Analyse individueller Zahlungsbereitschaften und ihrer Determinanten auf der Basis von Repräsentativumfragen, Frankfurt a.M. u.a.

Scitovsky, Tibor [1941], A Note on Welfare Propositions in Economics, in: Review of Economic Studies, 9. Jg., S. 77-88

Scitovsky, Tibor [1954], Two Concepts of External Economies, in: The Journal of Political Economy, 62. Jg., S. 143-151

Sechzehnte Verordnung zur Durchführung des Bundesimmissionsschutzgesetzes (Verkehrslärmschutzverordnung - 16. BImSchV) vom 20.6.1990 (BGBl. I S. 1036)

Seebauer & Partner, Dr., Gesellschaft für strategische Unternehmensberatung mbH [1994], Aufbau einer GVZ Betreibergesellschaft Brandenburg Berlin im Auftrag der GVZ-E Gesellschaft Brandenburg-Berlin mbH, München, Januar

Seebauer & Partner, Dr., Gesellschaft für strategische Unternehmensberatung mbH [o.J.], Nutzungsstruktur Güterverkehrszentrum Magdeburg. Schlußbericht. Im Auftrag des Ministeriums für Wirtschaft, Technologie und Verkehr des Landes Sachsen-Anhalt, München

Seidenfuß, Hellmuth Stefan [1974], Die volkswirtschaftliche Bedeutung des kombinierten Verkehrs, in: Gesamtkonzeption des kombinierten Verkehrs (Schriftenreihe der DVWG, Reihe D, Bd. 60/61), Köln

Senator für Wirtschaft, Technologie und Außenhandel [1990], Gewerbeflächen-Erschließungsprogramm 1997 für die Stadt Bremen (GEP '97), in: Bremer Zeitschrift für Wirtschaftspolitik, hrsg. v. Bremer Ausschuß für Wirtschaftsforschung, Dezember, S. 51-71

Senatsverwaltung für Bauen, Wohnen und Verkehr Berlin, Straßenverkehrserhebungen H VIII E 5, Jahresmittelwerte 1993, alle Werktage, DTV

Seufert, Claus [1992], Güterverkehrszentren - die neue Erfolgsreligion? Die Rolle der Bahn bei der Entwicklung des GVZ-Konzeptes, in: Internationales Verkehrswesen, 44. Jg., Nr. 3, S. 68-74

Sharkey, William W. [1982], The Theory of Natural Monopoly, Cambridge u.a.

Siebert, Horst [1978], Ökonomische Theorie der Umwelt, Tübingen

Sinnecker, Eberhard [1994], GVZ bringen die Deutschen Bahnen näher an ihre Kunden heran, in: DVZ, 48. Jg., Nr. 115 (27.9.), S. 6-7

Sohmen, Egon [1963], Grundlagen, Grenzen und Entwicklungsmöglichkeiten der Welfare Economics, in: Beckerath, Erwin von/Giersch, Herbert (Hrsg.), Probleme der normativen Ökonomik und der wirtschaftlichen Beratung, Berlin, S. 69-98

Sohmen, Egon [1976], Allokationstheorie und Wirtschaftspolitik, Tübingen

Soltwedel, Rüdiger u.a. [1986], Deregulierungspotentiale in der Bundesrepublik (Kieler Studien, Bd. 202), Tübingen

Soltwedel, Rüdiger u.a. [1988], Subventionssysteme und Wettbewerbsbedingungen in der EG. Theoretische Analysen und Fallbeispiele (Kieler Sonderpublikationen), Kiel

Sonntag, Herbert/Meimbresse, Bertram/Castendiek, Uwe [1995], Entwicklung eines Wirtschaftsverkehrsmodells, im Auftrag des BMV, FE-Nr. 77370/93, bearbeitet durch IVU, Berlin

Stabenau, Hanspeter [1981], Verkehrsbetriebslehre, Düsseldorf

Stahl, Dirk [1995], Internationale Speditionsnetzwerke. Eine theoretische und empirische Analyse im Lichte der Transaktionskostentheorie (Beiträge aus dem Institut für Verkehrswissenschaft an der Universität Münster, Nr. 135), Göttingen

Stadt Köln - der Oberstadtdirektor - Dezernat für Wirtschaft und Stadtentwicklung, Arbeitsgruppe Güterverkehrszentrum Eifeltor [o.J.], Güterverkehrszentrum Köln-Eifeltor. Funktionsskizze, Köln

Stadt Regensburg, Planungs- und Baureferat, Amt für Stadtentwicklung (Hrsg.) [1994], Güterverkehrszentrum (GVZ) Regensburg. Konzept und Planungsstand, März

Statistisches Bundesamt (Hrsg.) [1994], Statistisches Jahrbuch 1994, Stuttgart

Statistisches Bundesamt (Hrsg.) [1995], Statistisches Jahrbuch 1995, Stuttgart

Statistisches Bundesamt (Hrsg.) [1996a], Statistisches Jahrbuch 1996, Stuttgart

Statistisches Bundesamt (Hrsg.) [1996b], Statistisches Jahrbuch für das Ausland 1996, Stuttgart

Statistisches Bundesamt (Hrsg.), Fachserie 1, Bevölkerung und Erwerbstätigkeit, Reihe 1, Gebiet und Bevölkerung, Stuttgart 1992

Statistisches Bundesamt (Hrsg.), Fachserie 1, Bevölkerung und Erwerbstätigkeit, Reihe 4.3, Erwerbstätigkeit und Arbeitsmarkt, November 1996, Stuttgart 1996

Statistisches Bundesamt (Hrsg.), Fachserie 2, Unternehmen und Arbeitsstätten, Reihe 1.5.2, Kostenstruktur des gewerblichen Güterkraftverkehrs, der Speditionen und Lagereien, der Binnenschiffahrt (Güterbeförderung) und der See- und Küstenschiffahrt 1991, Stuttgart 1994

Statistisches Bundesamt (Hrsg.), Fachserie 2, Unternehmen und Arbeitsstätten, Reihe 2.1, Abschlüsse von Kapitalgesellschaften, Stuttgart, verschiedene Jg.

Statistisches Bundesamt (Hrsg.), Fachserie 8, Verkehr, Reihe 1, Güterverkehr der Verkehrszweige 1993, Stuttgart 1994

Statistisches Bundesamt (Hrsg.), Fachserie 8, Verkehr, Reihe 7, Verkehrsunfälle, Stuttgart, verschiedene Jg.

Statistisches Bundesamt (Hrsg.), Fachserie 16, Löhne und Gehälter, Reihe 4.3, Index der Tariflöhne und Gehälter, Stuttgart, verschiedene Jg.

Statistisches Bundesamt (Hrsg.), Fachserie 17, Preise, Reihe 4, Meßzahlen für Bauleistungspreise und Preisindizes für Bauwerke, Mai 1994, Stuttgart 1994

Statistisches Bundesamt (Hrsg.), Fachserie 17, Preise, Reihe 5, Kaufwerte für Bauland, 1. Vierteljahr 1994, Stuttgart 1994

Statistisches Bundesamt (Hrsg.), Fachserie 17, Preise, Reihe 1, Preise und Preisindizes für die Land- und Forstwirtschaft 1994, Stuttgart 1995

Steierwald, Schönharting und Partner GmbH, Beratende Ingenieure [1991], Güterverkehrszentren in Rheinland-Pfalz. Pilotstudie, im Auftrag des Ministeriums für Wirtschaft und Verkehr Rheinland-Pfalz, Stuttgart, September

Stigler, George J. [1968], The Organization of Industry, Homewood (Ill.)

Stober, William J./Falk, L. H./Ekelund, Robert B. Jr. [1968], Cost Bias in Benefit-Cost Analysis: Comment, in: Southern Economic Journal, 34. Jg., S: 563-568

Storsberg, Günther [1986], Regulierung und Deregulierung im Verkehrswesen, in: Konjunkturpolitik. Beiheft Nr. 32, Deregulierung als ordnungspolitische Aufgabe, Berlin, S. 111-116

Streissler, Erich [1992], Das Problem der Internalisierung, in: König, Heinz (Hrsg.), Umweltverträgliches Wirtschaften als Problem von Wissenschaft und Politik (Schriften des Vereins für Socialpolitik, Gesellschaft für Wirtschafts- und Sozialwissenschaften, Neue Folge, Bd. 224), Berlin

Stuchtey, Rolf W. [1991], „Verkehrsinfarkt" vermeiden. Ohne Ausbau der Infrastruktur geht es nicht, in: Internationales Verkehrswesen, 43. Jg., Nr. 12, S. 573-575

Sturm, Peter [1992], „GVZ Rhein-Main" - ein dezentrales Konzept, in: Internationales Verkehrswesen, 44. Jg., Nr. 10, S. 387-394

Sugden, Robert/Williams, Alan [1978], The Principle of Practical Cost-Benefit Analysis, Oxford u.a.

Suntum, Ulrich van [1984], Methodische Probleme der volkswirtschaftlichen Bewertung von Verkehrsunfällen, in: ZfV, 55. Jg., H. 3, S. 153-167

Suntum, Ulrich van [1986a], Konsumentenrente und Verkehrssektor. Der soziale Überschuß als Basis für öffentliche Allokationsentscheidungen (Quaestiones Oeconomicae, Bd. 8), Berlin

Suntum, Ulrich van [1986b], Verkehrspolitik, München

Suntum, Ulrich van [1992], Begründung und Wirkungsvoraussetzungen umweltökonomischer Instrumente. Das Beispiel des Verkehrssektors, in Informationen zur Raumentwicklung, Nr. 2/3, S. 151-157

Teufel, Dieter u.a. [1994], Umweltwirkungen von Finanzinstrumenten im Verkehrsbereich, im Auftrag des Ministeriums für Stadtentwicklung und Verkehr des Landes Nordrhein-Westfalen, UPI Umwelt- und Prognose-Institut Heidelberg e.V. (UPI-Bericht Nr. 21), 4., erweiterte Aufl.

Tietenberg, Thomas H. [1985], Emissions Trading: An Exercise in Reforming Pollution Policy, Washington D.C.

Tietzel, Manfred [1981], Die Ökonomie der Property Rights. Ein Überblick, in: Zeitschrift für Wirtschaftspolitik, Bd. 30, S. 207-243

Tietzel, Manfred [1985], Wirtschaftstheorie und Unwissen (Die Einheit der Gesellschaftswissenschaften, Studien in den Grenzbereichen der Wirtschafts- und Sozialwissenschaften, Bd. 39), Tübingen

Tress, Roland [1984], Das Güterverkehrszentrum als infrastrukturelle Schnittstelle des Güterverkehrs, Düsseldorf

Tuchtfeld, Egon [1982], Wirtschaftspolitik, in: Albers, Willi u.a. (Hrsg.), Handwörterbuch der Wirtschaftswissenschaften, Bd. 9, Stuttgart u.a., S. 178-206

Uelner, Adalbert [1984], Die Problematik der Einheitsbewertung, in: Raupach, Arndt (Hrsg.), Werte und Wertermittlung im Steuerrecht (Veröffentlichungen der Deutschen Steuerjuristischen Gesellschaft e.V., Nr. 7), Köln, S. 275-292

Umweltbundesamt [1992], Geräuschbelastungssituation, Schriftliche Mitteilung von Jens Ortscheid, Fachgebiet II.5.2, Bismarckplatz 1, 14193 Berlin, Tel. 030/8903-2638, Stand: 1992

Umweltbundesamt [1996], Emissionen nach Emittentengruppen, Schriftliche Mitteilung von Herrn Strogies, Bismarckplatz 1, 14193 Berlin, Tel. 030/8903-2088, Stand: Juni 1996

Umsatzsteuergesetz (UStG) 1993 vom 27.4.1993 (BGBl. I S. 566, berichtigt S. 1160), zuletzt geändert durch Artikel 1 Gesetz zur Änderung des Umsatzsteuergesetzes vom 22.3.1996 (BGBl. I, S. 526)

Vahrenkamp, Richard [1995], Güterverkehrszentren und City-Logistik. Konzepte und Erfahrungen, in: Internationales Verkehrswesen, 47. Jg., Nr. 7/8, S. 467-472

Vandenberg, Viktor J. [1981], Liberaler Evolutionismus oder vertragstheoretischer Konstitutionalismus? Zum Problem institutioneller Reformen bei F.A. von Hayek und J.M. Buchanan (Walter Eucken Institut, Vorträge und Aufsätze, Nr. 80), Tübingen

Vandenberg, Viktor J./Buchanan, James M. [1991], Constitutional Choice, Rational Ignorance and the Limits of Reason, in: Jahrbuch für Neue Politische Ökonomie, Bd. 10, S. 61-78

Varian, Hal R. [1994], Mikroökonomie (Microeconomic analysis, deutsch), Übersetzung von Michaela Kleber und Martin Weigert, 3., völlig überarbeitete und stark erweiterte Aufl., München, Wien

Vermögensteuergesetz (VStG) vom 17.4.1974 (BGBl. I S. 949) in der Fassung der Bekanntmachung vom 14.11.1990 (BGBl. I S. 2467), zuletzt geändert durch das Gesetz zur Umsetzung des Föderalen Konsolidierungsprogramms vom 23.6.1993 (BGBl. I S. 944, 972)

Verordnung über die bauliche Nutzung der Grundstücke (Baunutzungsverordnung - BauNVO) vom 26.6.1962 (BGBl. I S. 429), in der Fassung der Bekanntmachung vom 23. Januar 1990 (BGBl. I S. 132), zuletzt geändert durch das Investitionserleichterungs- und Wohnbaulandgesetz vom 22.4.1993 (BGBl. I S. 466, 479)

Verordnung zu § 6a Abs. 2 des Raumordnungsgesetzes (Raumordnungsverordnung - RoV) vom 13.12.1990 (BGBl. I S. 2766), zuletzt geändert Magnetschwebebahnplanungsgesetz vom 23.11.1994 (BGBl. I S. 3486)

Vogt, Eberhard [1995], Güterverkehr. Bau von Schnittstellen Straße/Schiene in Brandenburg. Milliarden Investitionen fehlgeleitet, in: DVZ, 33. Jg., Nr. 158 (17.8.)

Vogt, Jürgen [1990], Folgen des Strukturwandels im deutschen Export für den Verkehrssektor (Verkehrswissenschaftliche Studien aus dem Institut für Verkehrswissenschaft der Universität Hamburg, Nr. 41), Göttingen, zugl.: Hamburg, Univ., Diss.

Voigt, Fritz [1973], Verkehr, Bd. 1, Erste Hälfte, Berlin

Voigt, Fritz [1975], Koordinierung der Verkehrswegeinvestitionen. Zum gleichnamigen Bericht der Kommission der Europäischen Gemeinschaften, in: Internationales Verkehrswesen, 27. Jg., Nr. 1, S. 13-16

Volkert, Rudolf [1981], Zeitgemäße Investitionsanalyse, in: Management-Zeitschrift Industrielle Organisation, 50. Jg., S. 23-29

Weber, Alfred [1909], Über den Standort der Industrien, Erster Teil: Reine Theorie des Standorts, Tübingen

Weber, Max [1922], Wirtschaft und Gesellschaft, Tübingen

Wedemeier, Claus [1994], Einzel- und gesamtwirtschaftliche Aspekte der staatlichen Förderung von Beratungen kleiner und mittlerer Unternehmen (Europäische Hochschulschriften, Reihe V, Bd. 1586), Frankfurt, zugl.: Köln, Univ., Diss., 1993

Wegehenkel, Lothar [1980a], Coase-Theorem und Marktsystem (Walter Eucken Institut, Wirtschaftswissenschaftliche und wirtschaftsrechtliche Untersuchungen, 15), Tübingen

Wegehenkel, Lothar [1980b], Transaktionskosten, Wirtschaftssystem und Unternehmertum (Walter Eucken Institut, Vorträge und Aufsätze, 74), Tübingen

Wegehenkel, Lothar [1981], Marktsysteme und exklusive Verfügungsrechte an Umwelt, in: Wegehenkel, Lothar (Hrsg.), Marktwirtschaft und Umwelt (Walter Eucken Institut, Wirtschaftswissenschaftliche und wirtschaftsrechtliche Untersuchungen, 17), Tübingen, S. 236-270

Wehner, Ursula [1976], Ökologische soziale Kosten und volkswirtschaftliche Gesamtrechnung, Köln, Univ., Diss.

Weinberger, Marius/Thomassen, Hans-Günter/Willeke, Rainer [1991], Kosten des Lärms in der Bundesrepublik Deutschland, im Auftrag des UBA (Berichte 9/91), Berlin

Weisbrod, Burton A. [1964], Collective Consumption of Individual Consumption Goods, in: Quarterly Journal of Economics, 78. Jg., S. 471-477

Weizsäcker, Carl Christian von [1980], Barries to Entry, Berlin

Wenk, Rüdiger [1992], Verkehrsinfrastrukturpolitik in der EG, in: ZfV, 63. Jg., Nr. 3, S. 180-188

Werbeck, Nicola [1993a], Konflikte für Abfallbehandlungs- und beseitigungsanlagen. Ursachen und Lösungsansätze aus ökonomischer Sicht (Schriftenreihe des RWI, Neue Folge, Nr. 55), Berlin

Werbeck, Nicola [1993b], Beteiligungsrechte und Kompensationsleistungen als Instrumente zur Erhöhung der Akzeptanz von Abfallanlagen - eine ökonomische Analyse -, in: Zeitschrift für angewandte Umweltforschung, 6. Jg., Nr. 2, S. 210-222

Werner, Michael [1988], Regulierung und Deregulierung des Verkehrssektors in der wirtschaftswissenschaftlichen Diskussion - Die Theorie der Regulierung -, in: Zeitschrift für Verkehrswissenschaft, 59. Jg., S. 45-70 und 128-161

Wichmann, Heinz Erich/Schlipköter, Hans Werner/Fülgraff, Georges [1992], Handbuch der Umweltmedizin: Toxikologie, Epidemiologie, Hygiene, Belastungen, Wirkungen, Diagnostik, Prophylaxe, Stand: 6/1994 (4. Lfg.), Loseblatt-Ausgabe, Landsberg am Lech

Wicke, Lutz [1986], Die ökologischen Milliarden. Das kostet die zerstörte Umwelt, München 1986

Wicke, Lutz [1993], Umweltökonomie. Eine praxisorientierte Einführung, unter Mitarbeit von Lieselotte Blenk, 4., überarbeitete, erweiterte und aktualisierte Aufl., München

Willeke, Rainer [1984], Soziale Kosten und Nutzen der Siedlungsballung und des Ballungsverkehrs (Schriftenreihe des Verbandes der Automobilindustrie e.V. (VDA) Nr. 41), Frankfurt

Willeke, Rainer [1992], Nutzen des Verkehrs und der verschiedenen Verkehrsmittel, in: ZfV, 63. Jg., S. 137-152

Willeke, Rainer [1993], Zur Frage der externen Kosten und Nutzen des motorisierten Straßenverkehrs, in: ZfV, 64. Jg., S. 215-236

Williamson, Oliver E. [1975], Markets and Hierarchies: Analysis and Antitrust Implications. A Study in the Economics of Internal Organization, London

Williamson, Oliver E. [1990], Die ökonomischen Institutionen des Kapitalismus (The Economic Institutions of Capitalism, deutsch), Übersetzung von Monika Streissler, Tübingen

Winch, David M. [1965], Consumer´s Surplus and the Compensation Principle, in: American Economic Review, 55. Jg., S. 395-423

Windisch, Rupert [1987], Privatisierung natürlicher Monopole: Theoretische Grundlagen und Kriterien, in: Windisch, Rupert (Hrsg.), Privatisierung natürlicher Monopole im Bereich von Bahn, Post und Telekommunikation, Tübingen, S. 1-146

Wink, Rüdiger [1995], Verkehrsinfrastrukturpolitik in der Marktwirtschaft. Eine institutionenökonomische Analyse (Schriftenreihe des Rheinisch-Westfälischen Instituts für Wirtschaftsforschung, Neue Folge, Nr. 59), Berlin

Wiedemann, Thomas [1993], Masterplan - Güterverkehrszentren (GVZ) Deutschland. Bedeutung des Kombinierten Verkehrs (KV) und des Bahntrans-Projektes, in: Internationales Verkehrswesen, 45. Jg., Nr. 10, S. 575-579

Wiegand, Herbert [1986], Wirkungen von Luftverunreinigungen auf den Menschen, in: UBA (Hrsg.), Kosten der Umweltverschmutzung, Tagungsband zum Symposium im Bundesministerium des Innern am 12. und 13. September 1985 (Berichte 7/86), Berlin, S. 35-49

Wiese, Harald [1986], Zahlungsbereitschaft kontra Entschädigungsforderung - Alternative Rentenkonzepte zur Bewertung von Umweltschäden, in: Zeitschrift für Umweltpolitik und Umweltrecht, 9. Jg., Nr. 1, S. 81-93

Willig, Robert D. [1976], Consumer´s Surplus without Apology, in: American Economic Review, 66. Jg., S. 589-597

Wissenschaftlicher Beirat beim BMV, Gruppe A, Verkehrswirtschaft [1992], Marktwirtschaftliche Instrumente zur Reduktion von Luftschadstoffemissionen des Verkehrs, in: Zeitschrift für Verkehrswissenschaft, 63. Jg., Nr. 2, S. 114-133

Wissenschaftlicher Beirat der Gesellschaft für öffentliche Wirtschaft [1993], Finanzierung der Infrastruktur in den neuen Bundesländern. Stellungnahme des Wissenschaftlichen Beirats der Gesellschaft für öffentliche Wirtschaft vom September 1991, in: Eichhorn, Peter (Hrsg.), Finanzierung und Organisation der Infrastruktur in den neuen Bundesländern: Referate und Diskussionsbeiträge eines Kolloquiums des Wissenschaftlichen Beirats der Gesellschaft für öffentliche Wirtschaft am 26./27. März 1992 in der Universität Würzburg, Baden-Baden, S. 189-204

Wittenbrink, Paul [1993], City-Logistik. Handlungsoptionen für Betrieb und Kommunen, in: Netzwerk (Berichte aus dem Institut für Verkehrswissenschaft an der Universität Münster, Ausgabe Nr. 5), Schwerpunktthema: City Logistik, Münster, S. 18-30

Wittenbrink, Paul [1995], Bündelungsstrategien der Speditionen im Bereich der City-Logistik. Eine ökonomische Analyse (Beiträge aus dem Institut für Verkehrswissenschaft an der Universität Münster, Nr. 136), Göttingen

Yeager, Leland B. [1969], Methodenstreit over Demand Curves, in: Journal of Political Economy, 68. Jg., S. 53-64

Zahn, Günter [1993], Analyse von Akzeptanzproblemen bei der Errichtung von Entsorgungsanlagen (Ruhr-Forschungsinstitut für Innovations- und Strukturpolitik e.V., Nr. 5) Bochum

Zobel, Adolf [1994], Straßenbenutzungsgebühren. Fiskalharmonisierung und Lösung der Wegekostenfrage?, in: Internationales Verkehrswesen, 46. Jg., Nr. 1/2, S. 32-36

VERZEICHNIS DER GESPRÄCHSPARTNER

Abraham, Herr, Freie und Hansestadt Hamburg, Baubehörde, Gutachterausschuß für Grundstückswerte in Hamburg, Stadthausbrücke 8, 20459 Hamburg, Tel. 040/34913-2360, Telefongespräch am 19.1.1996

Arps, Hans-Peter, Geschäftsführer, Bahn-Sped Speditionsgesellschaft mbH, Stockmeyerstraße 43, 20457 Hamburg, Tel. 040/32819080, Gespräch am 3.5.1995

Billwitz, Herr, Land Berlin, Senatsverwaltung Bauen, Wohnen und Verkehr, Referat 12, Verkehrsplanung, An der Urania 4-10, 10787 Berlin, Tel. 030/2122-2350, Telefongespräch am 1.7.1996

Bredehöft, Heinz D., Freie und Hansestadt Hamburg, Behörde für Stadtentwicklung, Alter Steinweg 4, 20459 Hamburg, Tel. 040/3504-3203, Gespräch am 18.1.1995

Buch, Herr, Freie und Hansestadt Hamburg, Baubehörde, Amt für Verkehr, Hauptabteilung Verkehrsplanung, Stadthausbrücke 8, 20459 Hamburg, Tel. 040/34913-2488, Gespräch am 17.8.1995

Dettmar, Herr, Freie und Hansestadt Hamburg, Behörde für Stadtentwicklung, Alter Steinweg 4, 20459 Hamburg, Tel. 040/3504-3054, Gespräch am 18.1.1995

Dorn, Herr, DB AG, Geschäftsbereich Umschlagbahnhöfe, Friedrich-Ebert-Anlage 43-45, 60327 Frankfurt, 069/265-16110, Telefongespräch am 7.11.1996

Fischer, Dietrich, Geschäftsführer, Garonor Planungs- und Betriebsgesellschaft, Ritter-Hilprand-Straße 8, 82024 Taufkirchen, Tel. 089/6126501, Gespräch am 20.6.1994

Flohe, Friedhelm, Stadt Köln - der Oberstadtdirektor - Dezernat für Wirtschaft und Stadtentwicklung, Augustinerstr. 10, 50667 Köln, Tel. 0221/221-2129, Gespräch am 5.1.1996

Franke, Klaus, Freie und Hansestadt Hamburg, Baubehörde, Amt für Verkehr, Hauptabteilung Verkehrsplanung, Stadthausbrücke 8, 20459 Hamburg, Tel. 040/34913-2643, Gespräch am 17.1.1995 und Telefongespräch am 6.7.1995

Gleim, Andreas, Project Manager, Hamburgische Gesellschaft für Wirtschaftsförderung mbH, Hamburger Str. 11, 22083 Hamburg, Tel. 040/227019-17, Gespräch am 13.11.1995

Gollnick, Joachim, Landesentwicklungsgesellschaft für Städtebau, Wohnen und Verkehr des Landes Brandenburg mbH, Seeburger Chaussee 2, 14476 Groß Glienicke, Tel. 033201/27-366, Telefongespräch am 18.11.1996

Gorißen, Herr, Leiter der Abteilung Verkehr und Umwelt, UBA, Bismarckplatz 1, 14193 Berlin, Tel. 030/8903-2758, Telefongespräch am 13.8.1996

Grüneberg, Herr, BMV, Referat A 14/10.00.00, Postfach 200100, 53170 Bonn, Tel. 0228/300-2442, Telefongespräch am 17.1.1996

Hoewert, Herr, Freie und Hansestadt Hamburg, Baubehörde, Stadthausbrücke 8, 20459 Hamburg, Tel. 040/34913-3162, Telefongespräch am 29.11.1994

Jörke, Jens, Technische Universität Berlin, Bereich Materialflußtechnik und Logistik, Hardenbergstr. 4-5, 10623 Berlin, Tel. 030/314-26749, Gespräch am 3.7.1996

Klein-Beber, Angelika und Rüdiger Klee, Freie und Hansestadt Hamburg, Behörde für Wirtschaft, Verkehr und Landwirtschaft -Unternehmensförderung-, Alter Steinweg 4, 20459 Hamburg, Tel. 040/3504-1572 und -1403, Gespräch am 12.1.1995

Koschny, Ralf-Peter, Project Manager, Hamburgische Gesellschaft für Wirtschaftsförderung mbH, Hamburger Str. 11, 22083 Hamburg, Tel. 040/227019-17, Gespräch am 13.1.1995

Kraatz, Eckhard, Projektgesellschaft Güterverkehrszentrum Rostock, Neuer Markt 1, 18055 Rostock, Tel. 0381/466-9235, Gespräch am 23.1.1995 und Telefongespräch am 19.1.1996

Köger, Heino, Geschäftsführender Gesellschafter, Zippert & Co. Hamburg, Internationale Spedition (GmbH & Co.), Werner-Siemens-Str. 100, 22113 Hamburg, Tel. 040/73628-222, Gespräch am 25.7.1995

Liebscher, Jürgen, Bevollmächtigter der Sachsen LB, Sachsen LB, GVZ-Entwicklungsgesellschaft mbH, Löhrstr. 16, 04105 Leipzig, Tel. 0341/979-7201, Gespräch am 29.11.1995

Link, Heike, DIW, Königin-Luise-Str. 5, 140195 Berlin, Tel. 030/89789-312, Telefongespräch am 18.9.1996

Männel, Ulrich, Geschäftsführer, GVZ-Entwicklungsgesellschaft Kassel mbH, Mauerstr. 11, 34117 Kassel, Tel. 0561/10970-27, Gespräch am 24.11.1995

Manson, Philippe, Projektleiter, Garonor Services, Postfach 780, 93614 Aulnay-sous-Bois, Frankreich, Tel. 0033/1/4814-5444, Gespräch am 3.1.1996

Martens, Klaus-Dieter, Stellvertr. Geschäftsführer, Verband der Spediteure Berlin und Brandenburg e.V., Geschäftsstelle Berlin, zugleich: Güterverkehrszentren in Brandenburg Entwicklungsgesellschaft Großbeeren und Wustermark bei Berlin mbH, Juliusstr. 52, 12051 Berlin, Tel.: 030/6255747, Gespräch am 4.7.1996

Möller, Heinrich, Wirtschaftsförderungsgesellschaft der Freien Hansestadt Bremen GmbH, Hanseatenhof 8, 28195 Bremen, Tel. 0421/3088537, Gespräch am 6.12.1994

Naujokat, Dirk, Geschäftsführer, Verband für das Güternahverkehrsgewerbe Hamburg e.V., Basedowstr. 2, 20537 Hamburg, Tel. 040/25150220, Gespräch am 6.3.1995

Nobel, Herr, Geschäftsführer, Speditionsgesellschaft Hamburg Transport mbH, Ausschläger Weg 76, 20537 Hamburg, Tel. 040/257241, Gespräch am 17.5.1995

Pahlke, Günter, UBA, Fachgebiet III.2.6, Bismarckplatz 1, 14193 Berlin, Tel. 030/ 8903-2386, Telefongespräch am 12.8.1996

Peter, Ferdinand von und Robert Kühner, BMV, Robert-Schuman-Platz 1, 53175 Bonn, Tel. 0228/300-2440/-2443, Gespräch am 11.2.1997

Pirschel, Michael, Freie und Hansestadt Hamburg, Behörde für Wirtschaft, Verkehr und Landwirtschaft, Amt für Hafen, Technologie, Luft- und Schiffahrt, Abteilung Verkehrswirtschaft und Beteiligungen, Alter Steinweg 4, 20459 Hamburg, Tel. 040/3504-1591, Gespräch am 11.3.1994

Rockstuhl, Hans Friedrich, Projektleiter, Landesentwicklungsgesellschaft für Städtebau, Wohnen und Verkehr des Landes Brandenburg mbH, Seeburger Chaussee 2, 14476 Groß Glienicke, Tel. 033201/27-362, Gespräch am 20.11.1995 und Telefongespräch am 6.11.1996

Sager, Herr, Verband der Schadensversicherer e.V., Glockengießerwall 1, 20095 Hamburg, Tel. 040/32107-305, Telefongespräch am 31.10.1996

Schaller, Toni, Geschäftsführer, GVZ-Entwicklungsgesellschaft mbH, Waldenburger Str. 36, 08371 Glauchau, Tel. 03763/15128, Gespräch am 3.12.1995

Schimmelpfeng, Kurt-Jürgen, Geschäftsführer, Verein Hamburger Spediteure e.V., Speditionshaus, Ost-West-Straße 69, 20457 Hamburg, Tel. 040/ 37476422 , Gespräch am 2.2.1995

Teßmann, Günter, ETC Transport Consultants GmbH, Am Karlsbad 11, 10785 Berlin, Tel. 030/25465-229, Gespräch am 29.1.1997

Waischnor, Georg, Geschäftsführer, Dachser GmbH & Co., Zweigniederlassung Hamburg, Großmannstr. 114, 20539 Hamburg, Tel. 040/78116-0, Gespräch am 18.5.1995

Walkemeier, Reinald, Director of Operations Germany, TrizecHahn Europe GmbH, Kurfürstendamm 31, 10719 Berlin, Tel. 030/8859010, Gespräch am 30.1.1997

Wolff, Albin, GVZ-Entwicklungsgesellschaft mbH Thüringen, Herrenbreitengasse 5-10, Haus 2, 99084 Erfurt, Tel. 0361/6431938, Gespräch am 27.11.1995

Ziegler, Joachim, Ziegler Consult, Stettenstr. 25, 60322 Frankfurt, Tel. 069/556472, Gespräch am 8.5.1995

FSC
www.fsc.org
MIX
Papier | Fördert
gute Waldnutzung
FSC® C083411

Kolibri 360 GmbH
Ferdinand-Jühlke-Straße 7
99095 Erfurt, Deutschland
produktsicherheit@kolibri360.de

Druck:
CPI Druckdienstleistungen GmbH
im Auftrag der
Kolibri 360 GmbH
Ferdinand-Jühlke-Str. 7
99095 Erfurt